山溪ハンディ図鑑1

増補改訂新版 野に咲く花

DNA分類体系準拠

監修
林 弥栄

改訂版監修
門田裕一

写真
平野隆久

解説
畔上能力・菱山忠三郎・西田尚道

被子植物 基部被子植物群
15

被子植物 単子葉植物
23

被子植物 真正双子葉植物
231

山と溪谷社

目次

はじめに …………………………4
本書で採用した分類体系について
　　　　　　　　　　　　　…6
主な変更一覧 ……………………8
主な植物用語 …………………10

被子植物 基部被子植物群

スイレン科 ……………………16
ハゴロモモ科 …………………16
ドクダミ科 ……………………18
ウマノスズクサ科 ……………19
クスノキ科 ……………………21
センリョウ科 …………………22

被子植物 単子葉植物

ショウブ科 ……………………24
サトイモ科 ……………………25
オモダカ科 ……………………30
トチカガミ科 …………………34
ヒルムシロ科 …………………36
ヤマノイモ科 …………………37
シュロソウ科 …………………41
シオデ科 ………………………42
ユリ科 …………………………43
イヌサフラン科 ………………52
ラン科 …………………………53
アヤメ科 ………………………62

ワスレグサ科 …………………66
ヒガンバナ科 …………………68
ネギ科 …………………………74
キジカクシ科 …………………77
ミクリ科 ………………………86
ガマ科 …………………………87
ホシクサ科 ……………………90
イグサ科 ………………………94
カヤツリグサ科 ………………98
イネ科 …………………………150
ツユクサ科 ……………………226
ミズアオイ科 …………………228
ショウガ科 ……………………230

被子植物 真正双子葉植物

キンポウゲ科 …………………232
ケシ科 …………………………244
ツゲ科 …………………………249
モウセンゴケ科 ………………250
イソマツ科 ……………………252
タデ科 …………………………253
ナデシコ科 ……………………272
ヒユ科 …………………………282
ザクロソウ科 …………………293
スベリヒユ科 …………………294
ハマミズナ科 …………………294
ヤマゴボウ科 …………………295
ビャクダン科 …………………296

ツチトリモチ科	296
ユキノシタ科	297
ベンケイソウ科	300
アリノトウグサ科	304
ブドウ科	305
フウロソウ科	307
ミソハギ科	308
アカバナ科	312
ハマビシ科	320
スミレ科	321
トウダイグサ科	336
コミカンソウ科	343
オトギリソウ科	344
カタバミ科	346
マメ科	348
ヒメハギ科	378
バラ科	380
アサ科	386
クワ科	387
イラクサ科	388
ウリ科	392
アブラナ科	396
アオイ科	407
ツリフネソウ科	410
サクラソウ科	411
ヤッコソウ科	417
ムラサキ科	418
アカネ科	421
リンドウ科	430
マチン科	432
キョウチクトウ科	433
ナス科	436
ヒルガオ科	441
イワタバコ科	448
ゴマノハグサ科	449
キツネノマゴ科	450
クマツヅラ科	451
シソ科	452
ハエドクソウ科	468
ハマウツボ科	470
アゼトウガラシ科	474
オオバコ科	476
タヌキモ科	486
ウコギ科	488
セリ科	490
レンプクソウ科	502
スイカズラ科	503
キキョウ科	505
ミツガシワ科	511
キク科	512

学名索引	617
五十音順総合索引	639
あとがき	663

はじめに

初版監修／林 弥栄

　私ども編・解説を担当したスタッフは，山と渓谷社から，山渓カラー名鑑シリーズとして，1983年に『日本の野草』，1985年に『日本の樹木』を出版しました。幸いこの2冊は多くの読者に支持され，現在でも好評を得続けています。愛読者カードなどを通して感想をうかがってみると，"花や実や葉などのディテールをはっきり見たい"という意見が圧倒的に多かったようです。こうした読者の要望にも応えられるものとして企画したのが，この『山渓ハンディ図鑑』というシリーズです。野外に持っていけるということを重視し，本の大きさや重さ（紙の種類）を決めました。名前はハンディでも，それぞれとりあげる種類が500〜1000，収録カラー写真1500〜2400枚とボリュームは大図鑑並みです。これまであまりとりあげられなかったイネ科やカヤツリグサ科，帰化植物をたくさん入れたことも，この本の特徴のひとつと思います。

　このシリーズの目玉は超アップ写真です。ちょっと特殊なカメラを使って撮影した写真を見ると，今まで目立たなかった花や実などが，ハッと息をのむほど美しかったり，巧妙なつくりになっている様子がリアルに写しだされ，アップ写真をパラパラと見ていくだけでも楽しいはずです。全体を写した生態写真と超アップ写真の組み合わせで，区別点や特徴を目ではっきり確認できるので，種類を見分けるのに役立つと思います。解説も形態説明に加え，和名の由来，食用・薬用等の利用法など，ひとつの植物にまつわる情報をできるだけ盛りこみ，さらに超アップ写真を目で読んでいただくために詳細な写真説明をつけました。とにかく天がつくってくれた植物のミクロの世界，偉大さと神秘の世界にしばし没入してください。そしてこの本がルーペ片手の本格的な植物観察への道案内になったなら，監修者としては大満足です。

　すばらしい写真を撮影してくれた平野隆久君ありがとう。解説を担当した畔上能力君，菱山忠三郎君，西田尚道君ご苦労さま。手探りの状態からついにひとつの形にまでまとめあげた編集部の皆さんに深く感謝いたします。

改訂版監修／門田裕一

　この「山渓ハンディ図鑑」シリーズを始めとして，山と渓谷社から出版される図鑑には独特のスタンスがあると思う。上手く表現できないが，学問（ここでは植物分類学）の第一線を具現化するバリバリの図鑑と，山歩きを趣味とする一般の読者を繋ぐような立ち位置，それが山と渓谷社のスタンスではないだろうか。このスタンスを支えたのが平野隆久さんの写真とそれを実際に形にする編集と印刷サイドだろう。

　このシリーズが世に出てから随分時間が経つが，結局のところ，類書は日本のみならず，世界的にも出ていない。これは，多分，誇って良いことなのだと思う。それにしても思うのは，文章による記載の難しさである。この方面は大きな進歩を遂げたとは言いがたいのが，残念ながら現状である。

写真／平野隆久

「野に咲く花」の取材を始めてから今年で27年目になる。あっと言う間の年月の早さに言葉もないくらいだ。この間に思うのは、植物の変遷である。帰化植物の撮影で江東区の有明・台場辺りに何度も行ったが、そのころは空地だらけで、トラックやダンプカーが走り回り、帰化植物の宝庫だった。ちょうど1985年に「江東区の野草」が出版され、渡辺ヨシノさんらに案内していただいた。今では様々な場所で普通に咲く姿が見られるが、赤味がかったナガミヒナゲシの色は新鮮で、今でもあの感激を覚えている。そんな江東区も現在は、ビジネスや若者に人気のスポットとなっており、マンションもたくさん立ち並んでいる。空地もほとんどなく、昔撮影した場所がどこだったかが全く分からない状態である。

その当時、カメラはフィルムだったので、撮影後すぐに現像所に出して、上がるまでの時間が待ち遠しかったことが思い出される。しかし、今、カメラはデジタルに代わり、撮影結果をすぐに確認できるので失敗もほとんどなくなった。フィルムだと露出をアンダーにしたりオーバーにしたりと、適正な明るさ・色にするのにも無駄なシャッターを切らなければならなかった。ロスが多くあり、経費も大変だったが、それも今では懐かしい時代となった。今回、追加した写真の多くは、デジタルカメラで撮影したものである。

超アップの撮影のほとんどは、レンズの前に取りつけるリングフラッシュという丸型のストロボを使っている。また三脚を使わず、手持ちで写したものが多い。そんなことができるのも開放でピントをあわせられるのとリングフラッシュの光のおかげである。慣れてしまうと手持ちのほうが自由がきいていい。38㍉に中間リングをすこし入れたものを多用し、風が強いときや、倍率を上げなければならないときには宿や車のなかで撮影した。いずれにしても上がりはシャープで、自分としても満足できる写真が撮れたと思っている。

林弥栄先生、畔上能力・菱山忠三郎・西山尚道・新井二郎・酒井藤夫・啓子氏にはたいへんお世話になりました。本当にありがとうございました。

本書をお読みになる前に

＊科の配列は大場秀章編著『植物分類表』によった。
＊学名は基本的に米倉浩司・梶田忠の『BG Plants和名—学名インデックス（YList）』によったが、一部監修者の判断で変更したものもある。
＊本書及び『山に咲く花』に別亜種の存在しない基本亜種については亜種名を省略した（変種や品種についても同様）。例）Daucus carota ssp. carota → Daucus carota
＊種Aに基本亜種Aと別亜種Bという種内分類群がある場合、別亜種Bは本来「種Aの別亜種」とすべきところだが、表記が煩雑になるため、本書では、単にAの亜種と表記した（変種や品種についても同様）。
＊写真の撮影地は撮影時の地名を記載している。

本書で採用した分類体系について

　本書はマバリー(2008)の分類体系に基づいている。この体系に大きな影響を与えたのがAPG分類体系である。APG（エーピージー）とはAngiosperm Phylogeny Group（被子植物系統研究グループ），つまり被子植物の系統進化を研究テーマとする研究者群が構築した体系であり，現在その第3版が公表されている。APG体系で用いられているのはDNAの塩基配列を元にした分子系統学的手法である。

●これまでの分類体系との違い

　これまでの図鑑類はエングラー体系あるいはクロンキスト体系にもとづいて各科が配列されてきた。これらの体系が形態的形質の差に基づいて構築されていて，直感的に理解しやすいことがその理由である。しかし，例えばシンプルな花の構造はそれが原始的であることを表すのか，あるいは逆に無駄なものを排除する形でより進化した状態を示すのか，そのどちらであるかを決めるのにこれらの体系には主観が入り込む余地があった。これに対して，APG体系では，全生物がもつDNAを対象として，それを構成する4種の塩基の配列の違いに進化の歴史を読み取るという分子系統学の手法を用いているため，より客観性が高いということができる。

　分子系統学的手法は，DNAの抽出，複製，塩基配列の読み取り，系統樹の構築などが容易にかつ迅速に，そして安価にできるようになって始めて可能になった。新しい研究機器や手法の開発によって，学問が一ランク上に到達するということは歴史上何度かあった。進化系統学も分子系統学的手法のお陰で新しい地平に到達したといえる。この手法の哲学と方法論の実際は専門書に譲ることにして，ここではAPG体系にもとづいた結果，従来の分類体系と大きく変わったところをみてみよう。

　まず，花弁が合着するかどうかで区別されていた，合弁花と離弁花の区別がなくなった。直感的で分かりやすかった区別点だが，人為的な区別法であって，進化的傾向を反映したものではないという訳だ。そして，単子葉類と双子葉類の相互関係が変った。単子葉類は双子葉類に対応する植物ではなく，双子葉類の中の一つのまとまりをもったグループであることがより鮮明に打ち出された。

　各科の構成と配列も変わった。ユリ科やユキノシタ科のように，科の名前は同じだが，科の中身が大きく変わった科もいくつかある。科の中身が変わったケースでは，ある科の一部の属が別の科に含まれたり，ある科がまるごと別の科に移っている。ここで，属の中身そのものは基本的に変わりがないことに注意していただきたい。

●APG分類体系と分類学のこれから

　APG分類体系は1990年代の後期に姿を表し，2003年にAPGⅡ，2009年にAPGⅢと改訂が試みられている。これからも，研究対象とする分類群や遺伝子マーカーを新たに加えて，改良が続けられるだろう。

　生物の系統関係を推定するには分子系統学的な解析が必須である。換言すれば，分子系統学的解析なくして生物の系統関係を論議することはできない。この方向はこれからも変わることはないと考えられる。そして，分子系統学的な手法での解析結果と従来の古典的な体系との間に食い違いがあれば，その違いを形態学や解剖学などにフィードバックさせて，それらの学問領域の新たな研究課題となるだろう。　　　　（門田裕一）

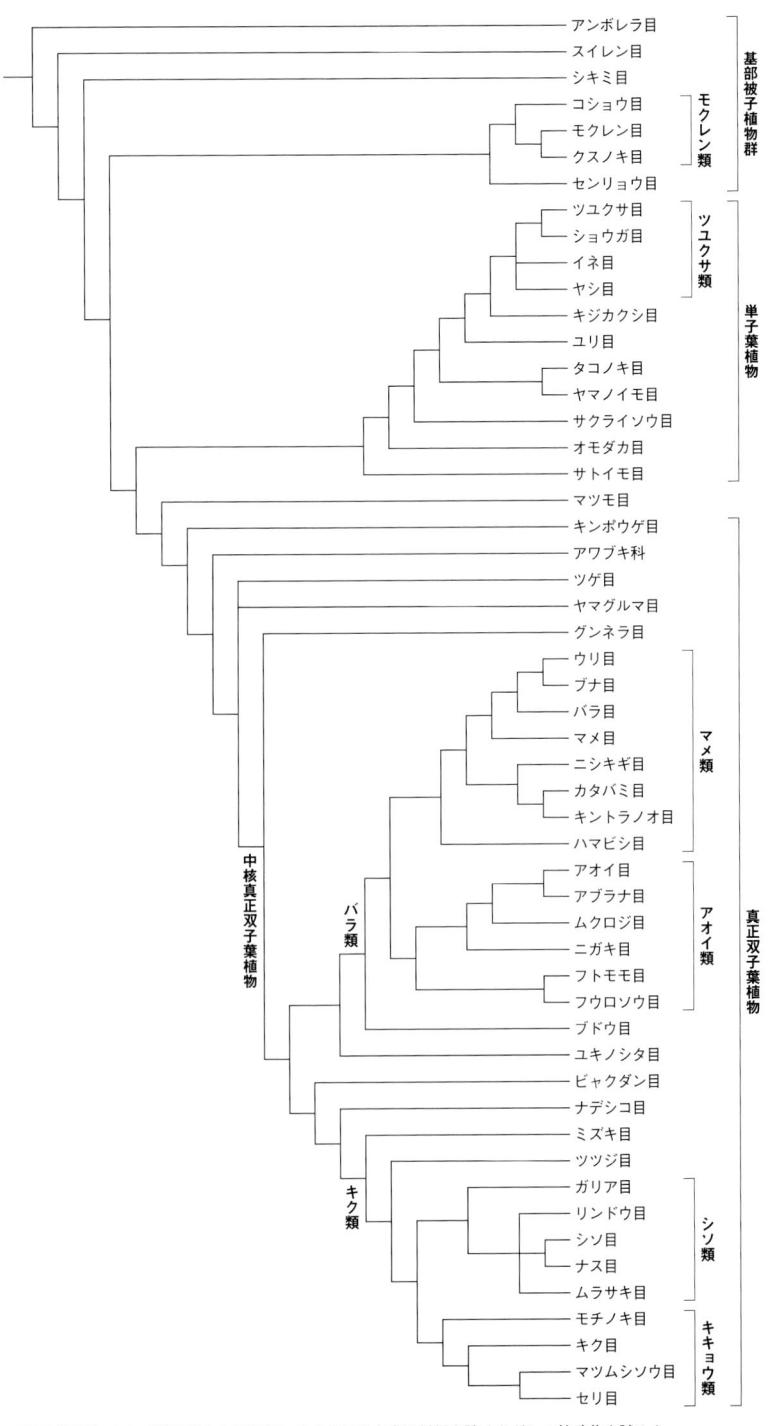

APGIII (2009) として公表された系統樹。ここでは日本産の種類を除くなどして簡略化を試みた。
本書では大場の「植物分類表」に準拠したため、分類群の配列の一部に違いがある。

主な変更一覧

本書の掲載種について、旧版で採用していた分類体系から所属する科の変更があった属を以下に挙げました。特にユリ科やゴマノハグサ科が複数の科に細分化されました。

【オミナエシ科から変更になった属】

オミナエシ属（Patrinia）
オミナエシ科 → スイカズラ科
（例 オトコエシ、オミナエシ）

ノヂシャ属（Valerianella）
オミナエシ科 → スイカズラ科
（例 ノヂシャ）

【スイカズラ科から変更になった属】

ニワトコ属（Sambucus）
スイカズラ科 → レンプクソウ科
（例 ソクズ）

【ゴマノハグサ科から変更になった属】

アゼトウガラシ属（Lindernia）
ゴマノハグサ科 → アゼトウガラシ科
（例 アゼトウガラシ、ウリクサ、アゼナなど）

アブノメ属（Dopatrium）
ゴマノハグサ科 → オオバコ科
（例 アブノメ）

ウンラン属（Linaria）
ゴマノハグサ科 → オオバコ科
（例 ウンラン）

クチナシグサ属（Monochasma）
ゴマノハグサ科 → ハマウツボ科
（例 クチナシグサ）

クワガタソウ属（Veronica）
ゴマノハグサ科 → オオバコ科
（例 オオイヌノフグリ、フラサバソウ、ムシクサ、カワヂシャ、トウテイラン）

コシオガマ属（Phtheirospermum）
ゴマノハグサ科 → ハマウツボ科
（例 コシオガマ）

ゴマクサ属（Centranthera）
ゴマノハグサ科 → ハマウツボ科
（例 ゴマクサ）

サギゴケ属（Mazus）
ゴマノハグサ科 → ハエドクソウ科
（例 サギゴケ、トキワハゼなど）

シソクサ属（Limnophila）
ゴマノハグサ科 → オオバコ科
（例 キクモ）

ヒキヨモギ属（Siphonostegia）
ゴマノハグサ科 → ハマウツボ科
（例 ヒキヨモギ）

【ガガイモ科から変更になった属】

ガガイモ属（Metaplexis）
ガガイモ科 → キョウチクトウ科
（例 ガガイモ）

カモメヅル属（Vincetoxicum）
ガガイモ科 → キョウチクトウ科
（例 イヨカズラ、スズサイコ、コバノカモメヅル）

【フジウツギ科から変更になった属】

アイナエ属（Mitrasacme）
フジウツギ科 → マチン科
（例 アイナエ、ヒメナエ）

【リンドウ科から変更になった属】

アサザ属（Nymphoides）
リンドウ科 → ミツガシワ科
（例 アサザ、ガガブタ）

【セリ科から変更になった属】

チドメグサ属（Hydrocotyle）
セリ科 → ウコギ科
（例 チドメグサ、ヒメチドメ、ノチドメなど）

【ヒシ科から変更になった属】

ヒシ属（Trapa）
ヒシ科 → ミソハギ科
（例 ヒシ）

【シナノキ科から変更になった属】

カラスノゴマ属（Corchoropsis）
シナノキ科 → アオイ科
（例 カラスノゴマ）

【トウダイグサ科から変更になった属】

コミカンソウ属（Phyllanthus）
トウダイグサ科 → コミカンソウ科
（例 コミカンソウ、ヒメミカンソウ）

【アワゴケ科から変更になった属】

アワゴケ属（Callitriche）
アワゴケ科 → オオバコ科
（例 アワゴケ、ミズハコベ）

【ベンケイソウ科から変更になった属】

タコノアシ属（Penthorum）
ベンケイソウ科 → ユキノシタ科
（例 タコノアシ）

【スイレン科から変更になった属】

ジュンサイ属（Brasenia）
スイレン科 → ハゴロモモ科
（例 ジュンサイ）

ハゴロモモ属（Cabomba）
スイレン科 → ハゴロモモ科
（例　ハゴロモモ）

[ツルナ科から変更になった属]
ザクロソウ属（Mollugo）
ツルナ科 → ザクロソウ科
（例　ザクロソウ，クルマバザクロソウ）
ツルナ属（Tetragonia）
ツルナ科 → ハマミズナ科
（例　ツルナ）

[アカザ科から変更になった属]
アカザ属（Chenopodium）
アカザ科 → ヒユ科
（例　シロザ，アカザ，ケアリタソウなど）
アッケシソウ属（Salicornia）
アカザ科 → ヒユ科
（例　アッケシソウ，カブダチアッケシソウ）
オカヒジキ属（Salsola）
アカザ科 → ヒユ科
（例　オカヒジキ）
ハマアカザ属（Atriplex）
アカザ科 → ヒユ科
（例　ハマアカザ，ホコガタアカザなど）
ホウキギ属（Bassia）
アカザ科 → ヒユ科
（例　ホウキギ）
マツナ属（Suaeda）
アカザ科 → ヒユ科
（例　マツナ，ハママツナ）

[クワ科から変更になった属]
カラハナソウ属（Humulus）
クワ科 → アサ科
（例　カナムグラ）

[ユリ科から変更になった属]
アマドコロ属（Polygonatum）
ユリ科 → キジカクシ科
（例　アマドコロ，ナルコユリなど）
キチジョウソウ属（Reineckea）
ユリ科 → キジカクシ科
（例　キチジョウソウ）
ギボウシ属（Hosta）
ユリ科 → キジカクシ科
（例　コバギボウシ，オオバギボウシなど）
クサスギカズラ属（Asparagus）
ユリ科 → キジカクシ科
（例　クサスギカズラ）
シオデ属（Smilax）
ユリ科 → シオデ科
（例　シオデ，タチシオデ）
ジャノヒゲ属（Ophiopogon）
ユリ科 → キジカクシ科
（例　ジャノヒゲ，オオバジャノヒゲ，ノシラン）
シュロソウ属（Veratrum）
ユリ科 → シュロソウ科
（例　ナガバシュロソウ）
ショウジョウバカマ属（Helonias）
ユリ科 → シュロソウ科
（例　ショウジョウバカマなど）
チゴユリ属（Disporum）
ユリ科 → イヌサフラン科
（例　ホウチャクソウ，チゴユリ，オオチゴユリ）
ツルボ属（Scilla）
ユリ科 → キジカクシ科
（例　ツルボ）
ネギ属（Allium）
ユリ科 → ネギ科
（例　アサツキ，イトラッキョウ，ニラ，ヒメニラ，ステゴビル，ノビル）
ヤブラン属（Liriope）
ユリ科 → キジカクシ科
（例　ヤブラン，ヒメヤブラン）
ワスレグサ属（Hemerocallis）
ユリ科 → ワスレグサ科
（例　ノカンゾウ，ヤブカンゾウ，ハマカンゾウ）

[ウキクサ科から変更になった属]
アオウキクサ属（Lemna）
ウキクサ科 → サトイモ科
（例　アオウキクサ）
ウキクサ属（Spirodela）
ウキクサ科 → サトイモ科
（例　ウキクサ）
ミジンコウキクサ属（Wolffia）
ウキクサ科 → サトイモ科
（例　ミジンコウキクサ）

[サトイモ科から変更になった属]
ショウブ属（Acorus）
サトイモ科 → ショウブ科
（例　ショウブ，セキショウ）

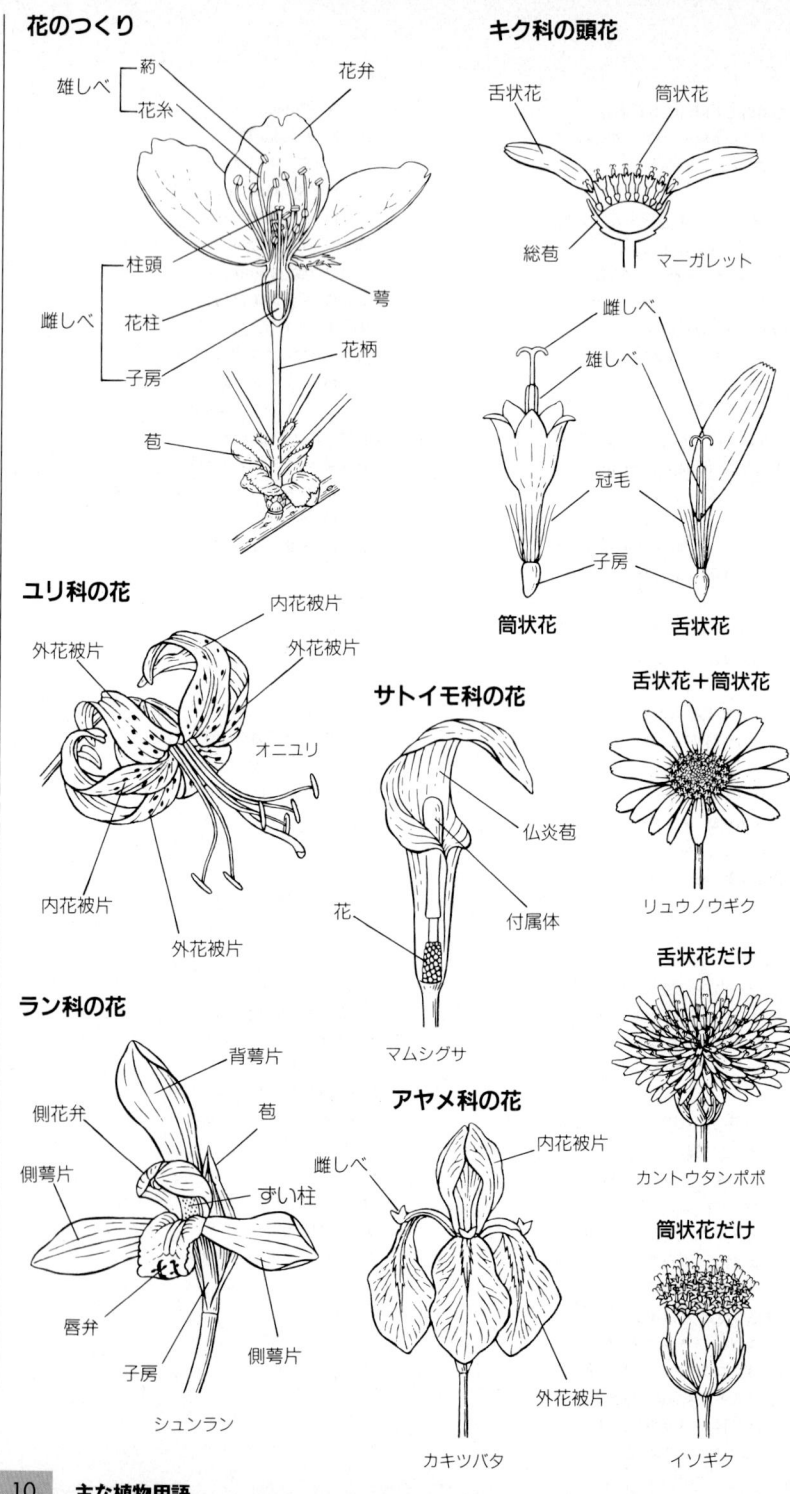

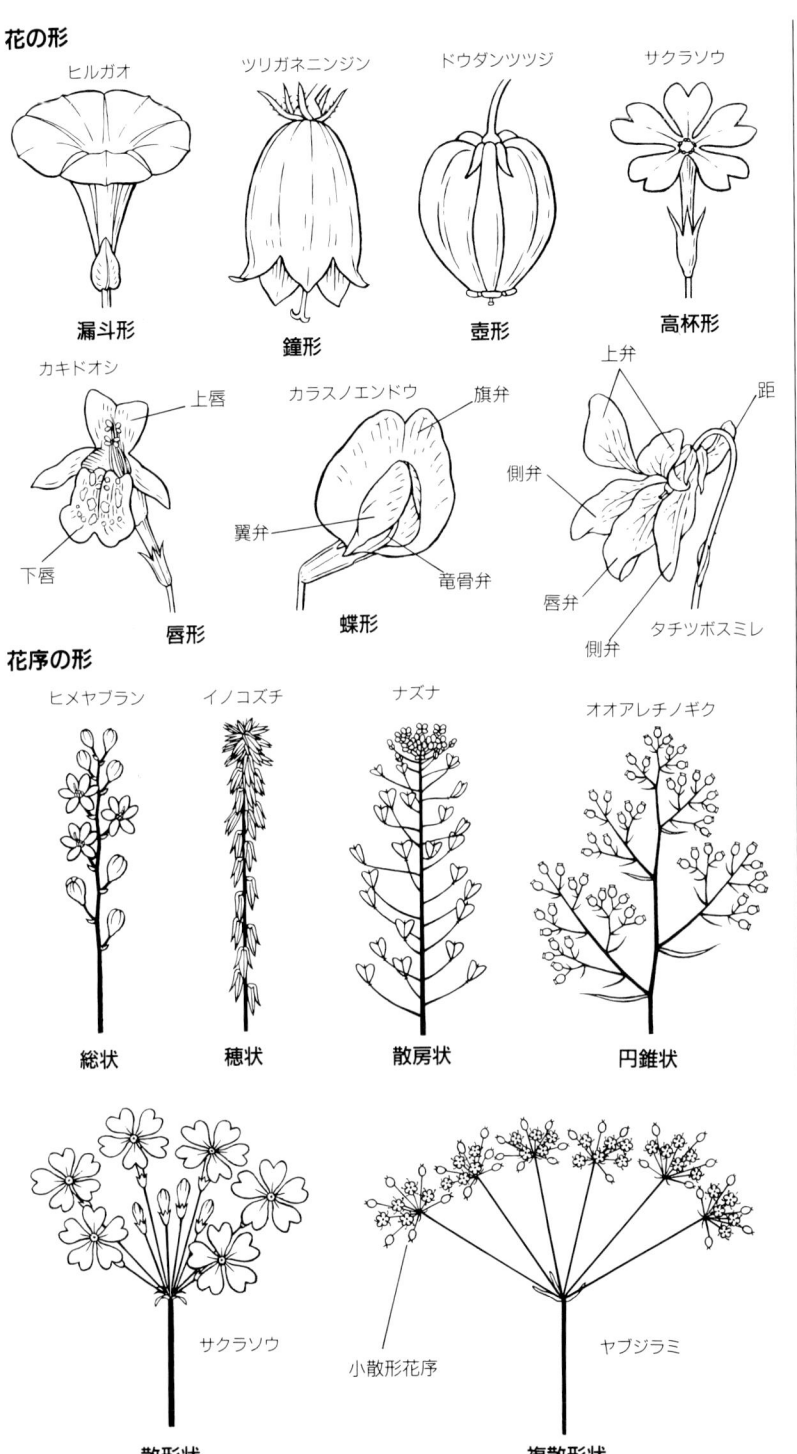

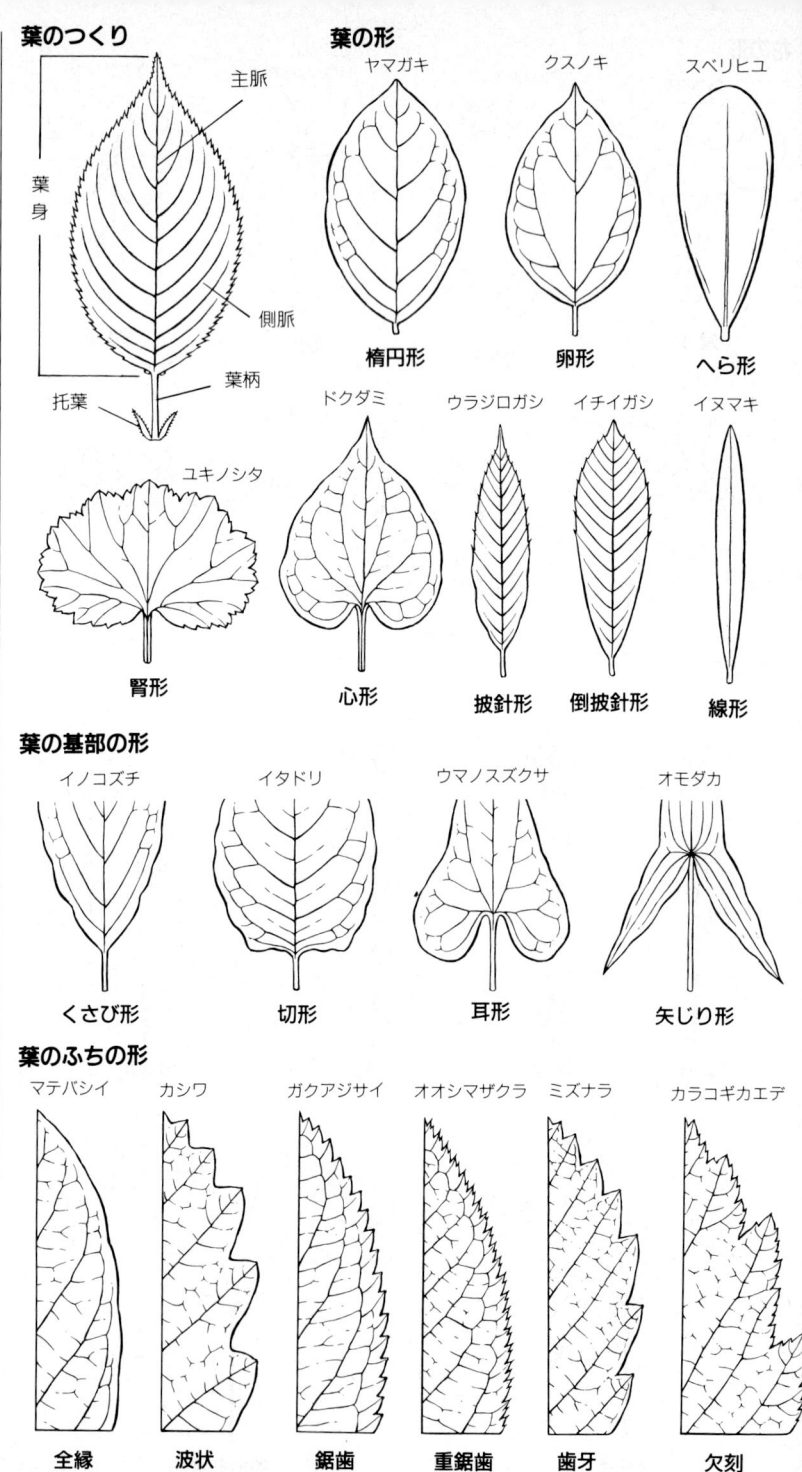

葉のつき方

ケヤキ	ネズミモチ	アカネ	ハルジオン
互生	対生	輪生	根生

ハルジオン: 茎葉、根生葉

ヤハズヒゴタイ	コマツナ	ツキヌキニンドウ	スズメノカタビラ
茎に流れる	茎を抱く	つきぬき	葉鞘のある

スズメノカタビラ: 葉舌、葉鞘

複葉

エンジュ	ムクロジ	ジャケツイバラ	ナンテン
奇数羽状	偶数羽状	2回偶数羽状	3回奇数羽状

タカノツメ	コボタンヅル	アケビ
3出	2回3出	掌状

主な植物用語

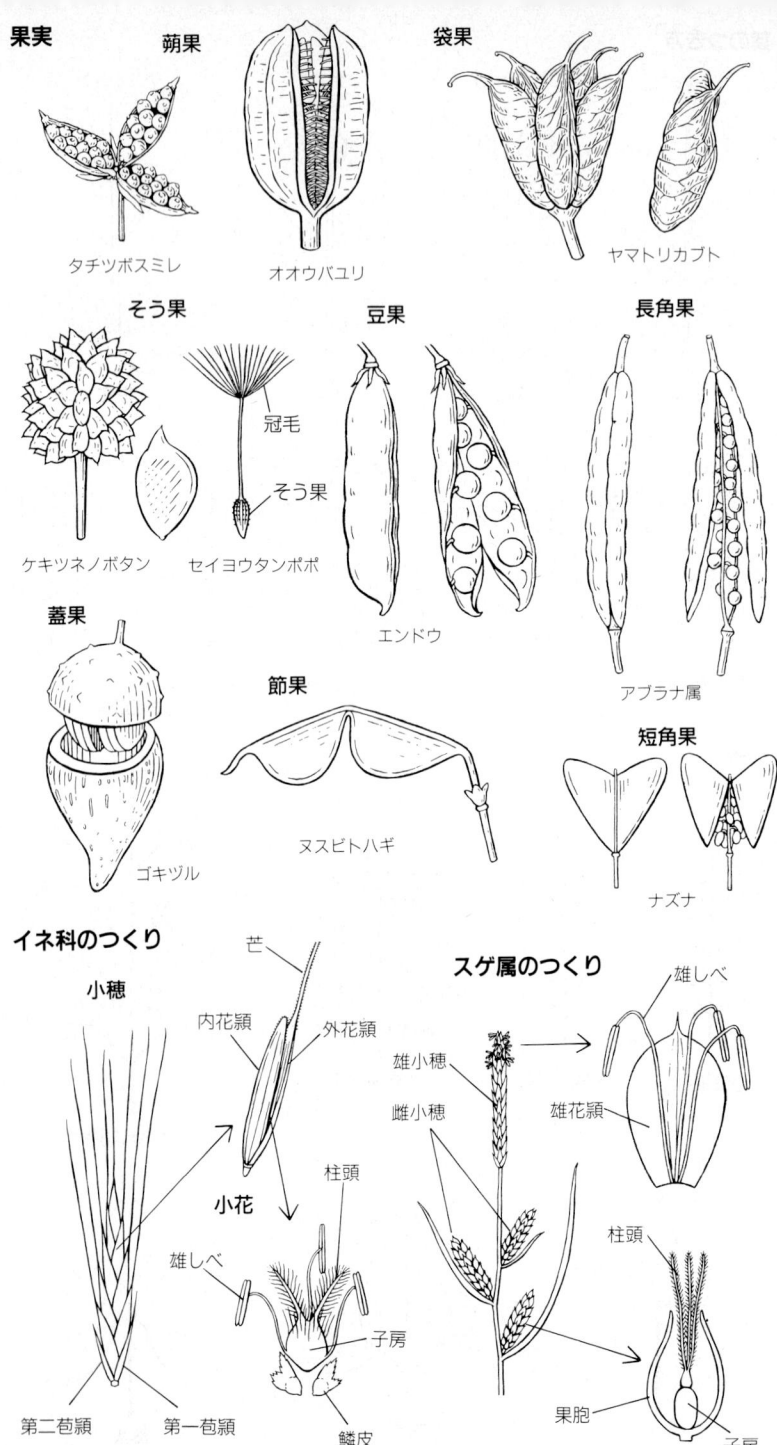

主な植物用語

被子植物
ANGIOSPERMS

基部被子植物群
BASAL ANGIOSPERMS

スイレン科
NYMPHAEACEAE

オニバス属 Euryale

オニバス
E. ferox

〈鬼蓮〉葉や萼、果実など、全体に刺があるのを鬼にたとえたもの。池や沼に生える大型の1年生の水草。葉は直径2㍍を超えるものもあり、しわが目立つ。花は直径約4㌢。萼片は緑色で刺が多く、内側は紫色を帯びる。花弁は紫色で多数ある。果実は球形で刺が多い。
花期 8～10月
分布 本、四、九

ハゴロモモ科
CABOMBACEAE

ハゴロモモ属
Cabomba

ハゴロモモ
C. caroliniana

〈羽衣藻／別名フサジュンサイ〉水中の糸状に細かく裂けた葉を羽衣にたとえたもの。北アメリカ東南部原産の水草。金魚や熱帯魚の水槽に入れるが、野生化しているものも見られる。夏に狭楕円形の水上葉をだし、そのわきに直径約1.5㌢の

オニバス 葉に比べて花は小さく、昼間開き夜は閉じている 11.8.21 新潟市

ハゴロモモ 87.8.12 琵琶湖

❶

❷

❸

❶オニバスの葉の裏面は紫色で、網目状の脈が太くふくれて隆起する。葉柄は葉身のまんなかあたりに楯状についているのがわかる。
❷ジュンサイの花は花被片がすべて花弁状で6個ある。雄しべは多数あり、紫紅色でよく目立つ。果実は花被片に包まれて水中で熟す。
❸ハゴロモモの花も花被片はすべて花弁状で6個あり、基部は黄色。内側の花被片は基部の両側に小さな突起がある。

スイレン目 スイレン科・ハゴロモモ科

白い花をつける。花期 7〜9月 分布 北アメリカ東南部原産

ジュンサイ属
Brasenia

ジュンサイ
B. schreberi

〈蓴菜〉 漢名の蓴(チュン)がなまってジュンになり,食用になるので菜をつけたもの。古名はヌナワで,沼に生え,長い茎を縄にたとえた沼縄がなまったものという。『古事記』にもヌナワででてくる。池や沼に生える多年生の水草。茎や葉柄,葉の裏面などが粘質物におおわれているのが特徴。葉は水面に浮かび,長さ5〜10㌢の楕円形で,裏面は紫色を帯びる。花は直径約2㌢で紫褐色。花期 5〜8月 分布 日本全土 ✚ジュンサイの若芽はぬるぬるした粘質物をかぶっている。これを摘んで三杯酢や汁の実にすると独特の風味とぬめりが楽しめる。最近は野生のものは少なくなり,東北地方などの池や水田で栽培されている。

ジュンサイ 水質が酸性で有機質に富む古い池や沼に生える 08.6.10 岐阜県御嵩町

ハス

❹大賀ハス。❺は若い果床の断面。そう果は果床に埋まったまま熟す。

スイレン科ハス属 Nelumbo は2種ある。ハス N. nucifera はオーストラリアやアジアからヨーロッパ東南部にかけて分布し,キバナハス N. lutea はアメリカ大陸に分布する。ハスは中国から日本に渡来したといわれるが,京都府の洪積層から果実の化石が発見されていることなどから,かつては日本にも自生していたという説もある。ハスの種子は寿命が長く,古代ハスとして有名な大賀ハスは2000年前の種子といわれるが,そんなに古くはないという説もある。大賀ハスは,1951年に千葉県検見川の泥炭層から出土した種子を大賀一郎が発芽させたもので,気品のある大型の美しい花が咲く。
ハスの花は朝開いて一定時間たつと閉じてしまう。これを3日間くりかえし,4日目に花弁が散る。雌しべは多数あり,花床に埋まるようについた姿はジョウロの口のように見える。これが成熟して果床になると,ハチの巣のようなあながあき,このあなのなかに1個ずつそう果ができる。ハスの古名ハチス(蜂巣)はこの果床から連想したもので,なまってハス(蓮)になったという。ハスの園芸品種は江戸時代からつくられ,現在日本では約70品種が知られている。このなかにはキバナハス系のものもある。ハスの地下茎は夏から秋にかけて先の方が肥大する。これが蓮根で,各地の池や畑で栽培されている。種子も食用,薬用に利用されている。

スイレン目 ハゴロモモ科

ドクダミ科
SAURURACEAE

ドクダミ属
Houttuynia

ドクダミ
H. cordata

〈蕺草〉 毒や痛みに効くということから「毒痛み」が転じたものといわれる。民間薬として利用され，10種の薬効があるという意味で，十薬とも呼ぶ。半日陰地に群生することが多い高さ15〜50㌢の多年草。全体に特有の臭気がある。葉は互生し，長さ約3〜8㌢の心形で，先は短くとがる。茎の上部に長さ1〜3㌢の花穂をだし，小さな花を多数つける。白い花弁のように見えるのは総苞片で4個ある。
❀**花期** 6〜7月
分布 本，四，九，沖

ハンゲショウ属
Saururus

ハンゲショウ
S. chinensis

〈半夏生／別名カタシログサ〉 夏至から11日目にあたる半夏生のころ花を開き，葉が白くなるからという。また葉の表面が白いので片白草とも呼び，半化粧と書く場合もある。水辺や湿地に生える高さ0.6〜1㍍の多年草。全体に臭気がある。葉は互生し，長さ5〜15㌢の卵状心形。上部の葉腋から長さ10〜15㌢の花穂をだし，小さな花を多数つける。花穂ははじめ垂れているが，下の方から開花するにつれて立ち上がる。花が開くころ，茎の上部の葉は白くなり，8月ごろから再び淡緑色になる。❀**花期** 6〜8月 **分布** 本，四，九，沖

ドクダミ 消炎，利尿，緩下などの民間薬として有名 87.6.19 伊豆

ハンゲショウ 白い葉が目立つ 85.6.28 館山市

ドクダミ科は花に花弁も萼もない。❶ドクダミの花穂。白い花弁のように見える総苞片の上に，花柱が3裂した雌しべと雄しべ3個をもつ小さな花がびっしりつく。❷ハンゲショウの花。4個に分かれた雌しべと雄しべ6個がある。

コショウ目 ドクダミ科

ウマノスズクサ科
ARISTOLOCHIACEAE

つる性で花が左右相称のウマノスズクサ属と、茎が地をはい、花が放射相称のカンアオイ属に大きく分けられる。

カンアオイ属 Asarum

花には花弁がなく、3個の萼片（花被片）が集まって筒形になる。この萼片は離生しているものから、下半部が完全に合生しているものまである。下半部合生型ではその部分が萼筒となり、入口内側に環状にはりだしたつばがある。また花糸は葯より短い。

タマノカンアオイ
A. tamaense
〈多摩の寒葵〉　東京都の多摩丘陵で発見されたことによる。
丘陵や低山の林内に生える常緑の多年草。茎は黒紫色で地をはい、切ると芳香がある。葉は長い柄があり、長さ5〜13㌢の卵円形〜広楕円形で、基部は深い心形。表面は深緑色で鈍い光沢があり、白色または淡緑色の斑紋があるものが多い。葉脈はへこむ。花は暗紫色で直径3〜4㌢。萼頭は筒状鐘形で太い。萼片のふちは波打つ。🌸花期　3〜4月　🗾分布　本（関東地方南西部）

カンアオイ
A. nipponicum
〈寒葵〉
山地の林内に生える常緑の多年草。茎は地をはい、節が多く、芳香がある。葉は長さ6〜10㌢の卵形〜広卵形で、基部は心形。花は暗紫色で直径約2㌢。🌸花期　10〜2月　🗾分布　本（千葉〜静岡県）

タマノカンアオイ　地面すれすれのところに花をつける　08.4.12　多摩市

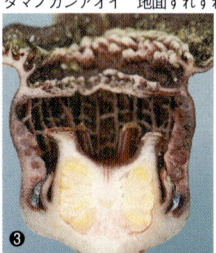

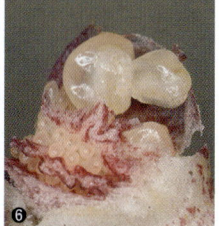

❸タマノカンアオイの花の断面。萼筒の入口に環状のつばと突起があり、内面には格子状の隆起がある。花柱は6個あり、長靴をさかさにしたような形をしている。長靴の底にあたる部分が柱頭。❹❺カンアオイの花。萼筒内面の格子状の隆起が盛り上がってよく目立つ。花柱の先は2裂し、裂片の基部のまるくふくれた部分が柱頭。雄しべは12個あり、花糸は葯より短い。❻カンアオイの種子。果実は液果状で熟すとくずれ、種子をだす。種子には多肉の種枕があり、アリの好物。

コショウ目　ウマノスズクサ科

ウマノスズクサ属
Aristolochia

花には花弁はなく、3個の萼片が合着して筒状になり、先端は広がり、左右相称。

ウマノスズクサ
A. debilis

〈馬の鈴草〉 果実が熟すと、基部から6裂し、果柄も糸状に6裂してぶら下がる。この形が馬の首につける鈴に似ているからという。
川の土手や畑、林のふちなどに生えるつる性の多年草。全体に無毛で粉白を帯びる。茎は細く丈夫でよく分枝し、ほかの木や草にからみつく。葉は互生し、長さ4〜7㌢の三角状卵形。基部は心形で両側が耳状にはりだす。葉腋にサキソフォンに似た形の花が1個ずつつく。萼筒は長さ2〜4㌢でゆるく湾曲し、先端は斜めにスパッと切り落としたような形で、ややそり返る。果実はやや細長い球形の蒴果。

花期　7〜9月
分布　本（関東地方以西）, 四, 九, 沖

ウマノスズクサ　果実はめったに見られない　87.8.17　東京都薬用植物園

❶

❷

❸

❹

❺

❶ウマノスズクサの花の先端部には内側に向いた毛が密生して虫が入りやすく、でにくくなっている。❷横断面。6個の花柱が集まっているのがわかる。❸縦断面。葯は花柱に合着している。❹果実は落花生のような形をした蒴果で、6つに裂開し、長い果柄の先にぶら下がる。❺なかには扁平な種子が多数入っている。

コショウ目　ウマノスズクサ科

クスノキ科
LAURACEAE

木本のクスノキ亜科が大部分を占め，草本のスナヅル亜科は少ない。

スナヅル属 Cassytha

葉緑素をもたず，葉が鱗片状に退化している寄生植物。茎はつる性で長くのび，寄生根をだしてほかの植物にからみつく。クスノキ科のなかでは異色の存在で，かつては独立のスナヅル科としてあつかわれたこともある。

スナヅル
C. filiformis
〈砂蔓〉

熱帯から亜熱帯の海岸の砂地に生える地上寄生のつる草。茎は無毛で，黄緑色，直径約1〜2㍉。葉は鱗片状に退化している。花は淡黄色で直径約3㍉と小さく，穂状花序にまばらにつく。花弁と萼片の区別はなく，花被片は6個で，3個ずつ2輪に並ぶ。果実は肉質になった花被に包まれ，直径6〜7㍉で，熟すと淡黄色になる。🌸花期 通年 ◎分布 九(佐多岬以南)，沖，小笠原

スナヅル　熱帯や亜熱帯の海岸に多い寄生植物　88.11.14　奄美大島

熱帯や亜熱帯の海岸に多いスナヅルは，ほぼ1年中花が見られる。❻花は直径約3㍉で，花弁と萼片の区別はない。花被片は6個で，花のあとも残り，肉質になって筒部が❼果実を包む。日本では利用されていないが，果実を薬用にしたり，食用にする国もあり，東アフリカでは茎の汁を染料にする。

クスノキ目　クスノキ科

センリョウ科
CHLORANTHACEAE

雌しべ1個と1～3個の雄しべだけという単純な構造の花をつける。

チャラン属
Chloranthus

ヒトリシズカ
C. japonicus

〈一人静／別名ヨシノシズカ〉

山野の林内や草地に生える高さ10～30㌢の多年草。茎は直立し，下部の節には膜質の鱗片状の葉がつく。上部には2対の葉が十字形に対生するが，節間がごく短いので，4個の葉が輪生しているように見える。長さ4～10㌢の楕円形～卵状楕円形。葉の中心から白い花穂を1個(まれに2個)のばす。花には花弁も萼もなく，雌しべ1個と雄しべ3個がある。果実は核果で長さ2.5～3㍉のゆがんだ広倒卵形。

🌱花期　4～5月 ☀
分布　北，本，四，九

フタリシズカ
C. serratus

〈二人静〉　花穂が2個のものが多いので，ヒトリシズカに対してつけられたもの。
山野の林内に生える高さ30～60㌢の多年草。葉は上部の節に2～3対がやや間隔をあけて対生する。葉は緑色で光沢はなく，ふちに細かい刺状の鋸歯がある。花穂は2個のものが多いが，1個のものも，3～5個つくものもある。花糸は短く，内側に曲がって雌しべを包む。中央の雄しべは基部の内側に葯が2個つき，外側の2個の雄しべは1個ずつ葯をつける。

🌱花期　4～6月 ☀
分布　北，本，四，九

ヒトリシズカ　静御前の名をもらった白い清楚な花が咲く　85.4.20　戸隠高原

フタリシズカ　12.5.8　小平市

❶ヒトリシズカの花。花弁も萼もなく，緑色の子房の横腹に雄しべが3個つく。白い糸のようにのびているのは花糸で，外側の雄しべの基部に黄色の葯が見える。❷フタリシズカの果実は長さ約3㍉の核果。熟しても緑色で，しかも小さいので目立たない。❸フタリシズカはふつうの花が終わったあと，しばしば茎の下部の節から閉鎖花をつけた花序をだす。

センリョウ目　センリョウ科

被子植物
ANGIOSPERMS

単子葉植物
MONOCOTS

ショウブ科
ACORACEAE
ショウブ属
Acorus

花序の基部につく苞は葉にそっくりで，花序を包まず，花序には付属体はない。花は小さいが，花被片6個，雄しべ6個，雌しべ1個からなる。

ショウブ
A. calamus

〈菖蒲〉 菖蒲は本来はセキショウの漢名。ショウブの正しい漢名は白菖。『万葉集』などで菖蒲と書いて「あやめ」と呼んでいたのは本種のことで，アヤメ科のアヤメではない。全体に芳香があり，根茎は健胃剤に使われる。5月の端午の節句にたてる菖蒲湯には，このショウブの葉を使う。水辺に群生する多年草。根茎はよく分枝して横にはう。葉は長さ0.5～1㍍，幅1～2㌢の剣形で，中脈が目立つ。花茎の先に長さ4～7㌢，直径0.6～1㌢の肉穂花序を斜め上向きにつける。花序の基部からのびた花茎も苞も葉とよく似ているので，葉の途中に花序がついているように見える。
花期 5～7月
分布 北，本，四，九

セキショウ
A. gramineus

〈石菖〉
水辺に群生する常緑の多年草。よく栽培され，斑入りなどの園芸品種もある。ショウブより小型で，葉の中脈は目立たない。肉穂花序は長さ5～10㌢で，細長く，苞は花序と同長またはやや長い。
花期 3～5月
分布 本，四，九

ショウブ 苞は葉にそっくりで，花序より長い 81.6.4 長野県黒姫村

セキショウ 08.3.30 八王子市

❶ショウブの花序。小さな両性花がびっしりとつき，花序の下部の方から咲く。
❷セキショウの花。雌しべの子房は淡黄緑色で押しつぶされたような六角形をしている。子房は3室。周囲には雄しべの葯が見える。花粉をだしたものは赤みを帯びる。子房と子房の間からのぞいている淡褐色の薄片が花被片。

オモダカ目 ショウブ科

サトイモ科
ARACEAE

花のころ目立つ大型の苞は，仏像のうしろにある光背に見立てて，仏炎苞という。花は小さく，仏炎苞に包まれた花軸に密着してつき，肉穂花序をつくる。

テンナンショウ属
Arisaema

花は単性で花被がなく，ふつう雌雄異株。雌雄は栄養の貯蔵量，つまり地中の球茎の大きさで決まる。雌株の方が大きく，数は少ない。

ウラシマソウ
A. thunbergii
　　ssp. urashima

〈浦島草〉 花序の付属体が仏炎苞から長くのびているのを，浦島太郎が釣り糸を垂らしている姿に見立てたもの。山野の木陰に生える多年草。地中の球茎は多数の子球をつくり，盛んに栄養繁殖をするので，かたまって生えることが多い。葉はふつう1個根生し，11～17個の小葉からなる鳥足状複葉。葉柄は高さ40～50cmで，太くて茎のように見える。葉柄の基部から花茎をだし，葉の陰に紫褐色の仏炎苞に包まれた肉穂花序をつける。雌雄異株。花序の先の付属体は紫黒色で，長さ60cmもある。花期　3～5月　分布　北(南部)，本，四(東部)，九

ウラシマソウ　花序の付属体は仏炎苞の外にのびでる　86.5.10　新潟県西山町

❸❹ウラシマソウの雄花序。仏炎苞を切り開くと，雄花がまばらについた肉穂花序が見える。下部の花は葯が裂開して花粉をだしている。❺雌花序。花被がないので子房が露出して，すきまなくびっしりとつく。中央につきている白い部分が柱頭。成熟すると赤い液果になる。この仲間は若い株は雄花，肥大した球茎をもつ大きな株になると雌花をつける。この中間の段階で❻のように雄花と雌花が同居する株も見られる。

オモダカ目　サトイモ科

テンナンショウ属
Arisaema

ムサシアブミ
A. ringens

〈武蔵鐙〉 仏炎苞の形が、昔武蔵の国でつくられた鐙に似ていることによる。

海岸に近いやや湿った林内に生える多年草。葉は2個つき、小葉は3個。葉柄は高さ15〜30㌢。葉柄の間から葉よりやや低い花茎をだし、仏炎苞に包まれた肉穂花序をつける。仏炎苞は暗紫色から緑色まで変化があり、白いすじがある。筒部は長さ4〜7㌢で、口辺部は耳状にはりだし、舷部は袋状に巻きこむ。花序の付属体は白い棒状。🌸花期 3〜5月 🗾分布 本(関東地方以西)、四、九、沖

ミミガタテンナンショウ
A. limbatum

〈耳形天南星〉 仏炎苞の口辺部が耳たぶのようにはりだすことによる。

山野の林内に生える多年草。葉は2個つき、小葉は7〜11個。花のころの葉柄は花茎より短いが、花のあと全体に大きくなる。仏炎苞は濃紫色または暗紫色で、口辺部は耳状に広くはりだす。花序の付属体は棒状で直径0.3〜1㌢。🌸花期 4〜5月 🗾分布 本、四

マムシグサ
A. japonicum

〈蝮草〉 偽茎には斑点があり、ふつう赤紫褐色。葉は2個、小葉9〜17個。仏炎苞は葉身より早く展開し、淡緑褐色〜紫褐色、ときに緑色。縦に白筋がある。花序の付属体は淡緑色、

ムサシアブミ　小葉は3個で、仏炎苞の形が独特　87.3.26　高知市

ミミガタテンナンショウ

❶ムサシアブミの仏炎苞の内部。紫色の雄花をつけた肉穂花序の上に柄があり、その上に白い付属体がついている。❷ミミガタテンナンショウ。緑色の雌花がびっしりつき、付属体は先がややふくれる。❸ムサシアブミの雄花序。❹ミミガタテンナンショウの雌花序。この仲間の花は花被がなく、雄花は雄しべだけ、雌花は子房だけの簡単な構造。❺マムシグサの果実。この仲間の果実は赤く熟す液果で、果軸にびっしりとつく。

オモダカ目　サトイモ科

マムシグサ　92.4.23　大分県両子山

オオマムシグサ　00.5.29　茨城県七会村

カントウマムシグサ　箱根湿生花園

ホソバテンナンショウ　87.4.26　奥多摩町

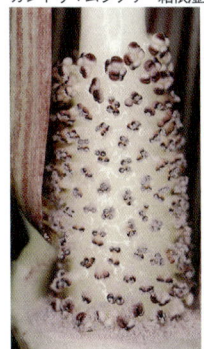

棒状で直立。🌼**花期** 3〜4月 🌸**分布** 四, 九

オオマムシグサ
A. takedae

〈大蝮草〉山野のやや湿った草地などに生える多年草。ふつう偽茎や鞘状葉は斑がなく, 淡緑色。葉は1〜2個。葉軸の先は巻き上がる傾向がある。仏炎苞は葉におくれて開く。筒部は太く, 淡色で, 口辺部はやや広く開出する。舷部はふつう黒紫色〜紫褐色で白条がある。内面に著しい隆起脈がある。花序付属体は太い棒状〜棍棒状。🌼**花期** 5〜6月 🌸**分布** 北（南部）, 本

カントウマムシグサ
A. serratum

〈関東蝮草〉マムシグサ, オオマムシグサによく似ているが, 色, 形とも非常に変異に富む。マムシグサよりややおそく開花し, 舷部は筒部とほぼ同長。花序付属体は棍棒状に肥大する。🌼**花期** 5〜7月 🌸**分布** 本（東北地方以南）, 四, 九

ホソバテンナンショウ
A. angustatum

〈細葉天南星〉山地に生える多年草。関東〜近畿地方にかけて分布する。鞘状葉や偽茎部に紫褐色斑点がある。花序は葉よりやや早く開く。仏炎苞は細く緑色で, 舷部は筒部より短い。花序付属体は先が細い。🌼**花期** 5〜6月 🌸**分布** 本（関東〜近畿地方）太平洋側
＊テンナンショウ属のなかでマムシグサ, オオマムシグサ, カントウマムシグサ, ホソバテンナンショウは, 変異に富む。

ハンゲ属 Pinellia

テンナンショウ属と似ているが、肉穂花序の下部は仏炎苞と合着して、開口部側に雌花群がつき、その上の離生した部分に雄花群がつく。雄花群と雌花群の間は離れている。花には花被がなく、雄花は雄しべ2個、雌花は雌しべ1個からなる。

カラスビシャク
P. ternata
〈烏柄杓／別名ハンゲ〉
仏炎苞をひしゃくに見立てたもの。別名の半夏は漢方での呼び名で、球茎を吐きけ止めなどの薬用にする。
畑の雑草としてふつうに生える多年草。葉は1〜2個根生し、3小葉からなる。小葉は長さ5〜11㌢の楕円形〜長楕円形で先はとがる。葉柄の途中と小葉の基部に珠芽をつけ、これでふえる。花茎は高さ20〜40㌢で葉より高く、緑色または帯紫色の仏炎苞に包まれた肉穂花序をつける。仏炎苞は長さ5〜6㌢で、舷部の内側には短毛が密生する。花序の付属体は長く糸状にのび、仏炎苞の外にでて直立する。
✿花期 5〜8月
分布 日本全土

オオハンゲ
P. tripartita
〈大半夏〉
常緑林の林内に生える多年草。カラスビシャクに似ているが、全体に大きく、葉は3深裂する単葉で、珠芽をつけない。葉の裂片は広卵形〜狭卵形。花茎は高さ20〜50㌢になり、葉とほぼ同じ高さ。✿花期 6〜8月 分布 本(岐阜・福井県以西)、四、九(奄美大島まで)

カラスビシャク 珠芽や子球でふえ、駆除がやっかいな雑草 87.5.26 八王子市

オオハンゲ 84.6.11 鹿児島市

❶カラスビシャクの仏炎苞の内部。肉穂花序の下部は仏炎苞と合着し、片側にだけ卵形の子房がむきだしになった雌花がつく。雄花は花軸が仏炎苞から離れている部分にびっしりとつく。花には花被がない。雄花の雄しべは花糸もなく、淡黄色の葯だけになっている。❷カラスビシャクの果実は液果で緑色。

オモダカ目　サトイモ科

アオウキクサ　シダ植物のアカウキクサもまじっている　86.6.27　日野市

一番大きいのはウキクサ，その次がアオウキクサ，小さいのはミジンコウキクサ

サンショウモ Salvinia natans
サンショウの葉に似た形の水生のシダ植物（サンショウモ目サンショウモ科）で，根はなく，水中にひげ根のような形に変形した葉が垂れている。

ウキクサ属 Spirodela

ウキクサ
S. polyrhiza
〈浮草〉

水田や池などにふつうに見られる。葉状体は長さ0.5〜1㌢，幅4〜8㍉の広倒卵形で，裏面は紫色を帯びる。根は5〜12個あり，基部から芽をだしてふえるので，ふつう3〜5個の葉状体がつながっている。秋に越冬芽をつくり，水底に沈んで冬を越す。春になると浮き上がって発芽する。花序は雄花2個，雌花1個だが，花はめったに見られない。🌼**花期** 8〜9月　**分布** 日本全土

アオウキクサ属 Lemna

アオウキクサ
L. aoukikusa
〈青浮草／別名チビウキクサ〉

水田や池などにふつうに見られる。葉状体は長さ3〜5㍉の倒卵状楕円形で，裏面は淡緑色。根は1個しかない。花序は雄花2個，雌花1個からなり，よく開花し，種子で越冬する。🌼**花期** 8〜10月　**分布** 日本全土

ミジンコウキクサ属 Wolffia

ミジンコウキクサ
W. globosa
〈微塵粉浮草／別名コナウキクサ〉

世界の温帯〜熱帯に広く分布し，関東地方以西に帰化している。葉状体は長さ0.3〜0.7㍉と小さく，根はない。雄花1個，雌花1個の花序が葉状体の中央に生じるが，花はほとんど咲かず，越冬芽をつくる。🌼**花期** 7〜10月　**分布** ヨーロッパ南部原産

オモダカ目　サトイモ科

オモダカ科
ALISMATACEAE

サジオモダカ属
Alisma

花は両性で、花弁と萼片は3個、雄しべは6個ある。雌しべは多数あり、平たい花床の上に1列に輪生する。

サジオモダカ
A. plantago-aquatica var. orientale

〈匙面高〉 葉がさじのような形なのでつけられた。根茎を乾燥したものを漢方で沢瀉と呼び、利尿などの薬用にする。
水田や池など、浅い水中に生える多年草。根茎は短く、多数のひげ根がある。葉は根生し、長さ20〜50㌢の柄がある。葉身は長さ5〜17㌢、幅3〜7㌢の卵状楕円形〜卵状長楕円形。花茎は高さ0.5〜1.2㍍になり、数個ずつ枝を輪生し、各枝はさらに小枝を輪生する。これをくり返して、枝先に白い小さな花をつける。花は直径7〜8㍉で、午後開く1日花。そう果は平たい花床の上に1列に輪生し、扁平で背面に浅い溝が2個ある。花期 6〜10月 分布 北、本(中部地方以北)

ヘラオモダカ
A. canaliculatum

〈箆面高〉 葉がへらのような形なのでつけられた。
浅い水中に生え、サジオモダカと似ているが、葉身は披針形または狭長楕円形で、基部はしだいに細くなって葉柄に続く。花は直径約1㌢。そう果の背面には深い溝が1個ある。
花期 7〜10月 分布 日本全土

サジオモダカ 葉はさじ形。根茎は利尿剤などにする 88.7.10 箱根湿生花園

オモダカ属 Sagittaria

花は単性で,花序の上部に雄花,下部に雌花をつける。花床は球形にふくらみ,雄花では多数の雄しべ,雌花では多数の雌しべがつく。

ウリカワ
S. pygmaea

〈瓜皮〉葉が,むいたマクワウリの皮に似ていることによる。

水田や沼などに生える多年草。地中に匐枝をのばし,先端に小さな球茎をつくってふえる。葉は根生し,長さ10〜20㌢,幅0.6〜1㌢の線形で柄はなく,下部はやや多肉質で白っぽい。花茎は高さ10〜30㌢になり,白い花を1〜2段輪生する。上部には雄花が2〜6個つき,雌花は下部に1〜2個つく。雄花は直径1.5〜2㌢で,長さ1〜3㌢の花柄がある。雌花には柄がない。そう果は長さ3〜5㍉の扁平な広倒卵形で,多数集まってつく。そう果のふちには不規則な突起のある翼がある。❀花期 7〜9月 ◉分布 本(福島県以西),四,九,沖

ヘラオモダカ 葉はへら形 86.8.23 八王子市

❶ウリカワは白いひげ根のほか,細長い匐枝を2〜3個のばし,先端に小さな球茎をつくる。この球茎で冬を越し,春に芽をだして新しい株をつくる。水田などに入りこむと,駆除がやっかいな雑草。❷ウリカワの雄花。花序の上部につき,長さ1〜3㌢の柄がある。雄しべは12〜24個。雌花は無柄で花序の下部につく。

ウリカワ 86.8.27 新城市

オモダカ属 Sagittaria
オモダカ
S. trifolia

〈面高／別名ハナグワイ〉人の顔のようにも見える葉身が，水面から高くのびでた葉柄についていることによる。水田や浅い沼，湿地などに生える多年草。地中に匐枝をのばし，先端に小さな球茎をつくる。葉は根生し，若い株のものは線形で水中にあるが，ふつうは長い柄があって直立し，水面上にでる。葉身は基部が2つに裂けた矢じり形で長さ7〜15㌢。基部の2個の裂片の方が頂裂片より長く，先端は鋭くとがる。花茎は高さ20〜80㌢になり，上部の節ごとに白い花を3個ずつ輪生する。花序の上部には雄花，下部には雌花がつく。花は直径1.5〜2㌢で，緑色の萼片3個，白色の花弁3個がある。花床は球形にふくらみ，雄花では多数の雄しべ，雌花では多数の雌しべがつく。そう果は扁平な倒卵形で広い翼がある。🌼花期 8〜10月

オモダカ 種子と球茎でふえる。花は朝開き，夕方にはしぼむ 83.9.2 行田市

クワイ〈左〉とオモダカ〈右〉
昔ながらのおせち料理につきもののクワイはオモダカの品種で，球茎がオモダカの2〜3倍ある。ほろ苦い独特の風味があり，含め煮やクワイせんべいなどにする。大阪府吹田市の名産スイタクワイもオモダカの品種で，クワイより球茎がやや小さい。

❶オモダカの雄花。花序の上部につき，黄色の雄しべがよく目立つ。雄しべの中心に，退化した緑色の雌しべもすこし見える。❷雌花は花序の下部につく。緑色の雌しべが多数集まって球形になっている。雄花も雌花も白色の花弁が3個，緑色の萼片が3個ある。花弁はすぐに散ってしまうが，萼片は宿存する。

◎**分布** 日本全土

✛**オモダカの品種 クワイ** 'Caerulea' は中国から渡来し, 球茎を食用にするため, 水田などで古くから栽培されている。オモダカより全体に大型で, 球茎もはるかに大きい。クワイの漢名は慈姑。日本でもともとクワイと呼んでいたのはカヤツリグサ科のクログワイのことで, 烏芋と書いていた。ところが, 中国から慈姑が入ってくると, 烏芋は球茎が黒いことからクログワイと呼ばれるようになった。

アギナシ
S. aginashi

〈顎無し〉 アギはあごの古名。若いころの葉の基部が裂けないところからきている。
オモダカによく似ているが, 葉身が細く, 基部の裂片は頂裂片よりやや短くて, 先端はとがらず, まるみを帯びている。また匐枝をださず, 葉柄の基部の内側に多数の小さな球茎をつけるのが特徴。🌱
花期 6～10月 ◎**分布** 北, 本, 四, 九

アギナシ 葉がオモダカより細く, 裂片の先はまるい 88.9.8 長野県白馬村

❸オモダカ, ❹アギナシの果実。どちらも長さ3～4㍉の扁平なそう果が多数集まって, 球形になったもの。キンポウゲの仲間の果実に似ている。❺アギナシは葉柄の基部に小さな球茎をびっしりつけ, 匐枝はださない。❻オモダカは地中に匐枝をのばし, 先端に直径1㌢ほどの球茎をつける。オモダカとアギナシのもうひとつの区別点は葉。❼オモダカの葉の基部の裂片は細く糸状にとがっているのに対し, ❽アギナシは先がとがらず, まるみを帯びている。

オモダカ目 オモダカ科

トチカガミ科
HYDROCHARITACEAE

トチカガミ属
Hydrocharis

トチカガミ
H. dubia

〈鼈鏡〉　鼈はスッポンのことで，光沢のあるまるい葉を鏡に見立てたといわれる。

池や溝などに生える多年草。水底に横にのびる匐枝がある。葉は長い柄があり，水面に浮かぶ。葉身は直径4〜7㌢の円形で基部は心形。裏面にスポンジ状にふくらんだ気胞があり，浮袋の役目をする。密生すると葉身は立ち，気胞もなくなる。花は白色で1日でしぼむ。雌雄異株。花期　8〜10月　分布　本，四，九，沖

ミズオオバコ属
Ottelia

ミズオオバコ
O. alismoides

〈水大葉子〉　葉の形がオオバコに似ていることによる。

水田や溝に生える1年草。葉は水中にあり，葉身は長さ10〜30㌢，幅2〜15㌢の広披針形で長い柄があり，ふちは波状に縮れる。葉の間から花茎をのばし，水面に直径2〜3㌢の白色または淡紅紫色を帯びた花を開く。苞鞘には波状に縮れた翼がある。花期　8〜10月　分布　本，四，九

セキショウモ属
Vallisneria

セキショウモ
V. natans

〈石菖藻〉

流水中に多い多年草。葉は根生し，長さ30〜70㌢，幅0.4〜1㌢の線形。雌雄異株。雄花は成熟すると花柄が切

トチカガミ　葉は水面に浮き，群生することが多い　87.9.10　霞ガ浦

ミズオオバコ　87.8.9　三重県浜島町

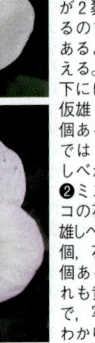

❶トチカガミの雌花。花弁は3個あり，長さ1〜1.5㌢。花柱は6個あり，それぞれが2裂しているので，12個あるように見える。花柱の下には小型の仮雄しべが6個ある。雄花では6個の雄しべが目立つ。

❷ミズオオバコの花は両性。雄しべは3〜6個，花柱は6個あるが，どれも黄色なので，写真ではわかりにくい。

セキショウモ　白いのは雌花　87.9.10 　　ヤナギスブタ　88.9.8　長野県白馬村

クロモ　88.8.28　能代市 　　オオカナダモ　87.8.12　琵琶湖

トチカガミ科の花序は2個の苞の下部が合着した苞鞘に包まれている。花は単性または両性で、雌花や両性花は苞鞘のなかから1個だけでる。雄花はふつう苞鞘のなかに数個あり、1個ずつ開花する。❸セキショウモの雌花。白い毛が密生しているのは雌しべの花柱で3個あり、それぞれ2裂している。花弁はなく、長さ約3㍉の紫褐色の萼片が3個ある。雄花の苞鞘は水中にあり、小さな雄花が多数できる。雄花は成熟すると花柄が切れて水面に浮き、萼片がそり返って花粉をだす。花粉は水に運ばれて雌しべの柱頭につく。受粉すると雌花の柄はらせん状にねじれて、子房を水中に引きこむ。❹ヤナギスブタの花は両性。花弁は3個で細長く、長さ7〜8㍉。萼片も3個。花柄のように見えるのは萼筒で、この下に苞鞘に包まれた子房があり、苞鞘は無柄。水深が深いと萼筒は長くのび、浅いと短くなって、水面で花を開く。❺オオカナダモの雄花。萼筒が長くのびて水面で花を開き、1日でしぼむ。花弁は長さ約1㌢。雄しべは9個。雌雄異株だが、日本には雄株だけ帰化している。

れて水面に浮いて花粉をだす。雌花は水面で開花し、水に運ばれた花粉が柱頭につくと、水中に沈んで結実する。
🌸花期　8〜10月　　分布　北、本、四、九

スブタ属 Blyxa
ヤナギスブタ
B. japonica

水田や溝の水中に生える1年草。細い茎に紫褐色の葉が多数互生する。葉は線形で長さ3〜5㌢、幅1.5〜2㍉。花は両性で、萼片と花弁は3個。雄しべと花柱も3個ある。🌸花期8〜10月　分布　本、四、九、沖

クロモ属 Hydrilla
クロモ
H. verticillata
〈黒藻〉

池や流水中に生える多年草。秋に越冬芽をつくり、水底に沈んで冬を越す。茎は水中に長くのび、長さ1〜1.5㌢の線形の葉を2〜6個ずつ輪生する。雌雄異株。セキショウモと同じく水媒花で、雄花は成熟すると水面に浮き、花粉は水に流されて雌花の柱頭につく。
🌸花期　8〜10月　分布　日本全土

オオカナダモ属 Egeria
オオカナダモ
E. densa

アルゼンチン原産の水中に生える多年草。大正時代に渡来し、関東地方以西に帰化している。茎は水中に長くのび、長さ1.5〜3㌢の線形の葉がふつう4〜5個ずつ輪生する。雌雄異株だが、日本には雄株しかなく、栄養繁殖でふえる。🌸花期　6〜10月　分布　アルゼンチン原産

オモダカ目　トチカガミ科

ヒルムシロ科
POTAMOGETONACEAE

ヒルムシロ属
Potamogeton

ヒルムシロのように水中の沈水葉と水面に浮かぶ浮水葉をもつグループと，ヤナギモのように沈水葉だけしかないグループとがある。

ヒルムシロ
P. distinctus

〈蛭蓆／別名ヒルナ・サジナ〉 ヒルがいるような池や沼に生えるので，葉をヒルの居所にたとえたもの。

地下茎は横にはい，先端に越冬芽をつくる。地下茎の節から水中茎をだし，下部に披針形の沈水葉，上部に浮水葉をつける。浮水葉は長さ5〜10ギ，幅2〜4ギの長楕円形。葉柄は水深によって変化があり，長さ5〜20ギ。浮水葉の葉腋から水面に穂状花序を直立し，黄緑色の小さな花を密につける。果実は長さ3〜4ミリの扁平な広卵形。❀花期 6〜10月 ◎分布 日本全土

✤ヒルムシロとよく似ているフトヒルムシロ P. fryeri は，浮水葉の葉柄の上部が広がり，ふちが波状になる。

ヤナギモ
P. oxyphyllus

〈柳藻〉 葉の形からつけられたもの。

池や流水中に多い多年草。茎は糸状でよく分枝し，沈水葉だけしかつかない。沈水葉は長さ5〜10ギ，幅2〜3.5ミリの線形で，先は鋭くとがる。水面上に長さ0.5〜1.5ギの穂状花序をだし，小さな両性花を多数つける。❀花期 6〜9月 ◎分布 北,本,四,九

ヒルムシロ 花が終わると花序は倒れて水中に沈む 87.8.26 茨城県谷田部町

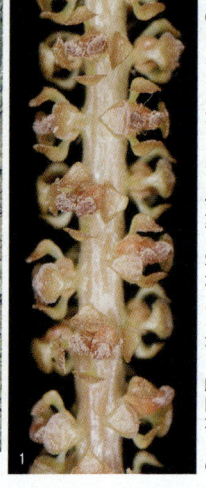

ヤナギモ 柳のような葉をつける

❶ヒルムシロの花序。柄のない小さな花が穂状に多数つく。花には花被片はない。さじ形の花被片のように見えるのは，4個の雄しべの葯隔が発達したもの。この写真はすでに花粉をだしたあとで，葯は目立たない。花の中央に雌しべがある。雌しべの数は同じ花序でも花によって異なり，1〜3個のものが多い。

オモダカ目 ヒルムシロ科

ヤマノイモ科
DIOSCOREACEAE

ヤマノイモ属
Dioscorea

葉腋に珠芽がつき，根が肥厚するヤマノイモの仲間と，横にのびる根茎はあるが，根は肥厚しないオニドコロの仲間に分けられる。

ヤマノイモ
D. japonica

〈山の芋／別名ジネンジョ〉 サトイモ（里芋）に対する名。別名の自然薯も山野に自然に生えるイモの意味。山野にふつうに生えるつる性の多年草。葉は対生し，長さ5～10cmの三角状披針形で基部は心形，先は長くとがる。葉腋にしばしば珠芽がつく。雌雄異株。雄花序は葉腋から直立し，白い小さな花を多数つける。雌花序は葉腋から垂れ下がり，白い花がまばらにつく。蒴果は下向きにつき，扁平なまるい翼が3個ある。種子は円形でまわりには薄い翼がある。
花期 7～8月
分布 本，四，九，沖

ヤマノイモ雌花序 86.8.17 八王子市 　ヤマノイモ雄花序 87.8.25 茨城県岩間町

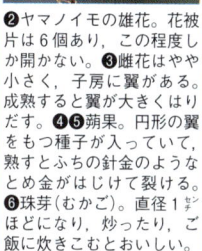

❷ヤマノイモの雄花。花被片は6個あり，この程度しか開かない。❸雌花はやや小さく，子房に翼がある。成熟すると翼が大きくはりだす。❹❺蒴果。円形の翼をもつ種子が入っていて，熟すとふちの針金のようなとめ金がはじけて裂ける。❻珠芽（むかご）。直径1cmほどになり，炒ったり，ご飯に炊きこむとおいしい。

❼ヤマノイモのイモは同一のイモが生長し続けるわけではなく，毎年新しいイモができて，古いイモの養分を吸収し，より大きなイモをつくる。食べられるような大きさのイモになるまで4～5年かかる。栽培のナガイモに比べて，きめが細かく，粘り気がある。

ヤマノイモ 80.2.10 八王子市

ヤマノイモ目　ヤマノイモ科

ヤマノイモ属
Dioscorea

ナガイモ
D. polystachya
〈長芋〉

中国原産のつる性の多年草。古い時代に渡来し、食用に栽培されているが、ときに野生化したものも見られる。ヤマノイモによく似ているが、茎や葉柄はふつう紫色を帯びる。葉は厚くて光沢があり、基部が左右に大きくはりだす。🌼花期 7〜8月 ◎分布 中国原産

✣ヤマノイモとナガイモは地中に肥厚して多肉になった根があり、これを晩秋に掘って食用にする。このいわゆるイモは、形態上は根だが、発生上は根とも茎ともつかないので、担根体と呼ばれる。多数のひげ根のうち1個だけ肥厚してイモをつくるが、これがどんどん生長していくわけではなく、春に古いイモの先端に別の新しいイモができ、新しいイモが古いイモから養分を吸収して大きくなる。つまり毎年より大きな新しいイモをつくるわけである。ヤマノイモのイモは細長く、粘り気が強い。ナガイモのイモは、いろいろな形のものがあり、円柱形のものをナガイモ、塊状のものをツクネイモ、扁平なものをイチョウイモなどと呼んでいる。葉腋につく珠芽（むかご）も食べられる。

ナガイモ　厚くて基部が耳状にはりだした葉が特徴。珠芽もついている

❶栽培されるナガイモはツクネイモ、イチョウイモなど形の違うものがあるが、代表格は写真の柱状のナガイモ。すりおろしてとろろにしたり、細く刻んで生食する。

ヤマノイモ目　ヤマノイモ科

オニドコロ
D. tokoro
〈鬼野老／別名トコロ〉

牧野富太郎によれば、野老は海老に対する名で、肥厚して横にはう根茎があり、ひげ根が多いのを老人にたとえたものという。根茎は長寿を祈る正月の飾りに使われるが、苦みが強く食べられない。
山野にごくふつうに生えるつる性の多年草。葉は互生し、長さ、幅とも5〜12㌢の円心形〜三角状心形で、先は長くとがる。葉柄は長さ3〜7㌢で、基部に珠芽はつかない。雌雄異株。雄花序は葉腋から直立し、淡緑色の小さな花をつける。雄花には6個の雄しべがある。雌花序は垂れ下がる。蒴果は上向きにつき、3個の翼がある。種子は楕円形で、片側に長楕円形の翼がある。

花期 7〜8月
分布 北, 本, 四, 九

オニドコロ 雄株は葉腋から1〜5個の雄花序を上向きにだす 86.7.12 日野市

❷オニドコロの雄花。花被片6個は平開し、完全な雄しべが6個ある。❸オニドコロの種子。長さ4〜5㍉の楕円形で、片側にだけ翼が発達するのが特徴。

オニドコロの雌花序は垂れ下がる 86.7.27

ヤマノイモ目　ヤマノイモ科

ヤマノイモ属
Dioscorea

ヒメドコロ
D. tenuipes

〈姫野老／別名エドドコロ〉葉がオニドコロより細いのでつけられた。別名は京都で江戸の産と考えられ，江戸野老と呼んでいたことによる。根茎はそれほど苦くなく食べられる。
山野にふつうに生えるつる性の多年草。葉は互生し，長さ5〜12㌢，幅3〜6㌢の三角状披針形。基部は心形で，はりだした部分がやや角ばる。葉柄の基部には小さな突起が1対ある。雌雄異株。雄花序も雌花序も垂れ下がり，淡緑色の小さな花をつける。蒴果には3個の翼がある。種子は楕円形で周囲に翼がある。
花期 7〜8月
分布 本（関東地方以西），四，九，沖

タチドコロ
D. gracillima

〈立野老〉

丘陵や山地に生えるつる性の多年草。茎ははじめ直立し，のびるにつれて上部はつる状になる。葉は互生し，長さ5〜10㌢，幅3〜7㌢の三角状卵形または楕円形で，先は鋭くとがり，基部は心形。ふちには細かい波状の鋸歯がある。雌雄異株。雄花序は直立し，雌花序は垂れ下がる。雄花も雌花も黄緑色，ときに橙色を帯びる。雄花は6個の雄しべのうち3個が完全で，3個は退化して仮雄しべになっている。蒴果には3個の翼がある。種子は楕円形で周囲に翼がある。
花期 6〜7月
分布 本，四，九

ヒメドコロ　写真は雄株だが，雌花序も垂れ下がる　86.7.19　八王子市

タチドコロの雄株　87.5.24　八王子市

❶ヒメドコロの雄花の雄しべは6個とも完全。❷雌花。❸タチドコロの雄花の雄しべはオニドコロやヒメドコロと違って，3個だけが完全で，3個は退化して仮雄しべになっている。❹雌花。この仲間は子房下位なので，雌花には太い柄があるように見える。花柱は3裂する。写真のように退化した雄しべがついているものもある。❺蒴果。

ヤマノイモ目　ヤマノイモ科

シュロソウ科
MELANTHIACEAE

シュロソウ属
Veratrum

ナガバシュロソウ
V. maackii var. maackii
〈長葉綜櫚草／別名ホソバシュロソウ〉

丘陵から亜高山帯まで広く分布する多年草。低いところでは落葉樹林の林内に多い。茎は高さ0.6〜1㍍になる。葉は長さ20〜40㌢、幅1〜2.5㌢の線状披針形。茎の先に長さ30〜50㌢の花序をだし、黒紫褐色の花をつける。🌸花期 7〜9月 ◎分布 本（関東地方以西の太平洋側）、四、九
✤葉の幅が2〜10㌢と広く、花柄が長さ4〜7㍉と短いものをシュロソウ var. japonicum という。

ナガバシュロソウ 87.8.3 八王子市

❻❼ナガバシュロソウの花は直径0.8〜1㌢。花序には白い縮毛が多く、花柄は長さ1〜1.7㌢と長い。写真は両性花で花序の上部につく。花序の下部には雄花がつく。

ショウジョウバカマ属
Helonias

コチョウショウジョウバカマ
H. breviscapa
〈胡蝶猩猩袴〉

本州と四国のシロバナショウジョウバカマ、及び九州のツクシショウジョウバカマとしてこれまで別にされていたものを合一した。根生葉は長さ7〜15㌢の倒披針形で、ショウジョウバカマよりやや薄く、ふちはしばしば細かく波打つ。この葉は冬を越し、春に中心から花茎をのばす。花茎は高さ10〜20㌢になり、白色の花を3〜5個つける。花が終わると花茎はさらにのび、花被片は淡緑色になって果期まで残る。🌸花期 3〜4月 ◎分布 本（関東地方以西の太平洋側）、四、九

コチョウショウジョウバカマ 越冬した葉の間から花茎をだす 87.4.1 多摩市

ショウジョウバカマ
H. orientalis

北海道〜九州に分布するが、九州には少ない。4〜5月に高さ10〜30㌢の花茎が立ち、頂に3〜10個の花を総状につける。花の色は変化が多く、白花もある。葉は厚くて光沢があり、ときに先端に小苗をつける。

シオデ科
SMILACACEAE
シオデ属 Smilax

つる性のものが多く、葉柄の基部に托葉が変形した巻きひげがあるのが特徴。草本のシオデの仲間のほか、サルトリイバラなどのように半低木のものもある。花は単性で雌雄異株。

シオデ
S. riparia

〈牛尾菜〉 アイヌの方言シュウオンテからきたものという。牛尾菜は漢名。若芽はアスパラガスそっくりの味。山野に生える多年草。茎はつる状に長くのびる。葉は互生し、長さ5〜15㌢の卵状長楕円形で5〜7脈があり、やや厚くて光沢がある。葉柄は長さ1〜2.5㌢で、基部に托葉の変形した巻きひげがあり、これでからみつく。葉腋から散形花序をだし、淡黄緑色の小さな花をつける。雌雄異株。雄花の花被片は長さ4〜5㍉の披針形。雌花の花被片は長楕円形でやや小さい。液果は直径約1㌢の球形で黒く熟す。

花期 7〜8月
分布 北, 本, 四, 九

タチシオデ
S. nipponica

〈立牛尾菜〉
山野に生える多年草。シオデと似ているが、葉は薄くて光沢がなく、裏面は白っぽく、やや柄が長い。またシオデは茎がすぐにほかのものによりかかるが、タチシオデの茎ははじめ直立し、のちに上部がつる状になる。花期はシオデより早く、液果は白粉をかぶった黒色。

花期 5〜6月
分布 本, 四, 九

シオデの雌株 托葉が変形した巻きひげでからみつくつる植物　87.7.8　八王子市

❶シオデの雄花。花被片は細くてそり返る。まだ開きはじめで葯の形成はこれからのものが多い。❷シオデの雌花。花被片はやや幅が広い。花柱はほとんどなく、緑色の子房の上に3裂してそり返った柱頭がのっている。❸タチシオデの果実。シオデの果実とよく似ているが、白粉をかぶった黒色。❹シオデの若芽。タチシオデの若芽も食べられる。

タチシオデの花　99.5.25　長野県白馬村

ユリ目　シオデ科

ユリ科
LILIACEAE

カタクリ属
Erythronium

カタクリ
E. japonicum
〈片栗／別名カタカゴ〉
雪国に多く，林内に群生する多年草。実生から開花まではふつう7～8年かかる。葉は淡緑色で紫褐色の斑紋をもつことが多く，はじめ1枚で開花するときには2枚になる。長い柄をもち，葉身は長楕円形で長さ6～12ギ。花は早春，花茎の先に1個つき，下向きに開く。花被片は6個あり，淡紅色，披針形で長さ4～5ギ，基部近くに濃紫色のW字形の斑紋があり，上方に強くそり返る。雄しべは花被片の半分ほどの長さ，葯は濃紫色で線形。鱗茎から澱粉がとれる。これが真正の片栗粉。
🌸花期 3～5月
分布 北，本，四，九

カタクリ やや湿り気のあるところを好む 07.3.23 高尾山

❺カタクリの鱗茎。毎年この鱗茎の下に新鱗茎がつき，さらに地中にもぐる。❻果実（蒴果）。❼果実が大きくなってくる。❽果実が熟し，種子を地面に落とす。❾花。

ユリ目 ユリ科

ユリ属 Lilium

多年草で、鱗茎をもつ。花色には白、黄、オレンジ、ピンク、赤、紫があり、大きな美しい花を咲かせるものが多い。雄しべの葯は花糸に対してT字状につく。果実は蒴果。北半球の亜熱帯から亜寒帯に約100種あり、日本には15種がある。観賞価値の高い花を咲かせるものや、鱗茎が百合根として食用や薬用とされるものがある。

オニユリ
L. lancifolium
〈鬼百合〉

古くから栽培され、人里近くにしばしば野生している多年草。茎は高さ1～2㍍になり、暗紫色の斑点がある。茎の上部にははじめ白い綿毛がある。葉は互生し、長さ5～18㌢、幅0.5～1.5㌢の披針形～広披針形で先はとがる。葉には柄がなく、基部に黒紫色の珠芽ができる。茎の上部に直径10～12㌢の花を4～20個つけ、横向きまたは下向きに咲く。花被片は強くそり返り、橙赤色で濃い色の斑点がある。花粉は暗紫色。花期 7～8月 分布 北、本、四、九 ✢日本に分布するオニユリは、古い時代に鱗茎を食用にするため渡来したものらしい。ほとんどが3倍体で結実せず、珠芽でふえる。対馬から朝鮮南部にかけて2倍体が発見され、このあたりが原産地と考えられている。オニユリとよく似ているコオニユリ L. leichtlinii var. maximowiczii は山地のやや湿ったところに生える。オニユリよ

オニユリ 珠芽をつけるユリは日本ではこのオニユリだけ 82.8.3 福島市

カノコユリ 10.7.23 鹿児島県甑島 撮影／長石

❶❷オニユリの珠芽と鱗茎。種子のできないオニユリは葉腋ごとに黒紫色の珠芽をつけ、この珠芽が地面に落ちてふえる。ユリの仲間の鱗茎は毎年鱗片の数をふやし、肥大生長してゆく。鱗片は葉が多肉化したもので、でんぷん質に富む。オニユリ、コオニユリ、ヤマユリなど、古くから食用にされているものが多い。

ヤマユリ　むせかえるほど香りの強い大輪の花を咲かせる　86.6.13　八王子市

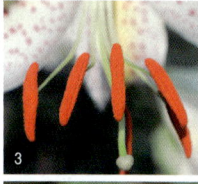

❸ヤマユリの花。ユリの仲間は雄しべが6個あり、細い花糸の先に線形の葯がTの字形につく。花粉が衣服などにつくとなかなかとれない。雌しべは雄しべよりやや長く、柱頭は粘液をだしてぬるぬるしている。❹ヤマユリの蒴果は長さ5〜8㌢の円筒形。つぼみは下向き、花は横向き、果実は上を向く。

サクユリ　87.7.18　伊豆諸島利島

り全体にひとまわり小型で、よく結実する。葉腋に珠芽ができないので見分けやすい。

カノコユリ
L. speciosum

〈鹿の子百合〉　花に鹿の子絞りのような乳頭状突起があることによる。

暖地の海岸の崖地や渓谷の岩上などに生える多年草。葉は長さ12〜18㌢、幅2〜6㌢の卵状披針形で、先はとがる。花は直径約10㌢で、斜め下向きに開く。花被片は強くそり返り、淡紅色を帯びた白色で、濃紅色の斑点と乳頭状突起がある。花粉は赤褐色。🌱花期　7〜9月　◎分布　四、九
✤カノコユリとヤマユリは古くから観賞用に栽培されている。19世紀にヨーロッパに紹介されると、美しい花が注目を集め、カノコユリとヤマユリとの雑種もつくられた。

ヤマユリ
L. auratum

〈山百合〉
山野に広く自生するほか、観賞用に栽培される高さ1〜1.5㍍の多年草。葉は長さ10〜15㌢の広披針形〜狭披針形。花は直径22〜24㌢と大きく、強い芳香がある。花被片はそり返り、白色に黄色のすじと赤褐色の斑点があり、基部には乳頭状の突起がある。花粉は赤褐色。🌱花期　7〜8月　◎分布　本（中部地方以北）
✤伊豆諸島には、全体にヤマユリより大きく、花も大きくて数が多く、芳香も強いサクユリ var. platyphyllum がある。花被片の斑点は色が淡く、目立たない。

ユリ目　ユリ科

ユリ属 Lilium

スカシユリ
L. maculatum

〈透し百合／別名イワトユリ〉 花被片の基部が細く,すきまがあいていることによる。海岸近くの砂地や岩場に生える高さ30〜80 cmの多年草。茎は稜があり,下部には乳頭状突起が多い。葉は長さ8〜12 cmの披針形〜広披針形。茎の先に直径13〜14 cmの杯形の花を上向きに開く。花被片はふつう橙赤色で赤褐色の斑点がある。つぼみには白い綿毛がすこしある。葯は赤褐色。**花期** 6〜8月 **分布** 本(静岡県御前崎・新潟県以北,伊豆諸島)
✚園芸上スカシユリというのはスカシユリ,エゾスカシユリからつくられた園芸品種の総称で,自生種はイワトユリと呼ばれている。

エゾスカシユリ
L. maculatum
    ssp. dauricum

〈蝦夷透し百合〉
スカシユリの亜種。スカシユリより茎の下部の乳頭状突起が少なく,花柄やつぼみには白い綿毛が密生する。花は直径9〜10 cm。**花期** 6〜7月 **分布** 北
✚青森県北端の大間崎,弁天島のエゾスカシユリは真の自生ではないといわれる。

ササユリ
L. japonicum

〈笹百合／別名サユリ〉葉が笹の葉に似ていることによる。別名は早百合。
平地から丘陵,山地にかけての草地に生える高さ0.5〜1 mの多年草。葉は長さ7〜15 cmの披針形〜狭披針形。茎の

エゾスカシユリ 北海道の夏を彩る花としておなじみ。学名上はスカシユリの変種だが,

スカシユリ 86.7.24 館山市　　ササユリ 09.6.20 岐阜県御嵩町

❶エゾスカシユリの花。色は濃淡の変化が多く,まれに黄色のものもある。❷スカシユリの花。エゾスカシユリよりやや小さく,色が淡いものが多い。ともに花被片の基部にすきまがある。❸ウバユリの蒴果。冬になってもドライフラワーのようになって残り,縦に割れて翼のある種子をだす。

ユリ目　ユリ科

先に長さ約10cmの漏斗形の花を横向きに開く。花はふつう淡紅色で芳香がある。花が紅紫色や白色のものもあり、葉も幅などに変化がある。花期 7～8月 分布 本(中部地方以西)，四，九

テッポウユリ
L. longiflorum

〈鉄砲百合〉 ラッパ形の花が昔のラッパ銃に似ているからという。海岸近くの崖などに生える高さ0.3～1mの多年草。葉は長さ10～18cmの披針形で光沢がある。花は純白で芳香があり、長さ10～12cm。花期 3～6月 分布 九(種子島，屋久島)，沖
✤テッポウユリはもっとも広く栽培されているユリで、多くの園芸品種がある。ひのもとは切り花用の主要品種。

ウバユリ属
Cardiocrinum

葉が細長く、平行脈をもつものが多いユリ属のなかで、ウバユリは葉が幅広く、脈は網状なのが特徴。

ウバユリ
C. cordatum

〈姥百合〉 花のころ葉が枯れていることが多いので、「歯がない」の語呂合わせという。山野の林内に生える高さ0.6～1mの多年草。葉は茎の中部に数個つき、長さ15～25cm、幅7～15cmの卵状楕円形で先はとがり、基部は心形。茎の上部に長さ12～17cmの緑白色の花が横向きに咲く。花被片の内側に紫褐色の斑点があるものもある。花期 7～8月 分布 本(関東地方以西)，四，九

アジア東北部の寒冷地に広く分布する　81.7.19　北海道斜里町

テッポウユリの園芸品種ひのもと

❸

ウバユリ　84.8.7　伊豆

ユリ目　ユリ科　47

アマナ属 Amana

葉は花茎の下部に2個つき、この部分が地中に埋まっているため、根生しているように見える。花茎の上部にはふつう2〜3個の苞がある。アマナ属の学名に Amana を使用し、花が大きく、葉の幅が広いチューリップの仲間をチューリップ属 Tulipa とする考えもある。

アマナ
A. edulis

〈甘菜／別名ムギグワイ〉 地中のまるい鱗茎が食用になり、甘みがあることによる。鱗茎の形がクワイに似ているので麦慈姑ともいう。日当たりのよい草地、田畑のあぜ、林のふちなどに生える多年草。葉は長さ15〜25㌢、幅0.5〜1㌢の線形で白緑色。中脈はしばしば白いすじになる。花茎は高さ15〜20㌢になり、細くてやわらかい。花はふつう1個つき、日が当たると開く。花被片は6個あり、長さ2〜2.5㌢で、白色に暗紫色の脈がある。雄しべは6個で花被片より短い。❀花期 3〜4月 ◎分布 本（東北地方南部以西）、四、九

アマナ 花は日が当たると開く。花茎や葉はやわらかい 86.4.21 八王子市

ヒロハアマナ
A. erythronioides
〈広葉甘菜〉

日当たりのよい草地や雑木林の林床などに生える多年草。アマナに似ているが、葉は長さ15〜20㌢、幅0.7〜1.5㌢とやや短くて幅が広く、暗紫緑色で中央に白色の広い線があるのが特徴。花茎は高さ15〜20㌢。❀花期 3〜4月 ◎分布 本（関東〜近畿地方）、四

ヒロハアマナ 葉の中央を縦にのびた白い線がよく目立つ 86.4.12 清瀬市

キバナノアマナ属 Gagea

キバナノアマナ
G. lutea
〈黄花の甘菜〉

日当たりのよい草地や林のふちなどに生える多年草。鱗茎は卵形で帯黄色の外皮に包まれている。根生葉は1個つき、長さ15～30㌢の線形で白緑色。花茎は高さ15～25㌢になり、上部に2個の苞葉がつく。花茎の先に、花柄の長さが1～5㌢と不規則な黄色の花を散形状に3～10個つける。花被片は6個あり、長さ1.2～1.5㌢の線状長楕円形で、裏面はやや緑色を帯びる。そのため天気が悪くて花が半開きのときは、あまり目立たない。雄しべは6個あり、花被片より短い。葯は黄色。

花期 4～5月
分布 北,本(中部地方以北,広島県),四

キバナノアマナ 黄色の花が散形状に3～10個つく 87.3.30 八王子市

バイモ属 Fritillaria

カイコバイモ
F. kaiensis
〈甲斐小貝母〉

丘陵や山地の林内にまれに生える多年草。花茎は高さ10～20㌢になり、上部に葉を5個つける。下方の2個の葉は対生し、長さ4～6.5㌢の披針形～広披針形。上の3個は輪生し、細くて小さい。花は杯状鐘形で、花茎の先に斜め下向きに1個つく。花被片は長さ1.5～2㌢の長楕円形で、内側に紫色を帯びた網状の斑紋があるが、あまり目立たないものもある。花被片の基部から4分の1ほどのところに黄色を帯びた腺体がある。

花期 3～4月
分布 本(中部)

カイコバイモ 関東地方とその周辺にまれに見られる 85.3.31 八王子市

ホトトギス属 Tricyrtis

花が上向きに咲くホトトギスの仲間と，鐘形の花が下向きに咲くジョウロウホトトギスの仲間とに分けられる。ジョウロウホトトギスの仲間は山地に生え，いずれも分布域が狭い。

ホトトギス
T. hirta

〈杜鵑草〉 花の斑点を鳥のホトトギスの胸の斑点に見立てたものという。

山地のやや湿ったところに生える多年草。茎はふつう分枝せず，高さ0.4～1mになり，崖などに生えたものは垂れ下がる。茎には上向きの褐色の毛が密生する。葉は長さ8～18cm，幅2～5cmの長楕円形または披針形で先はとがり，基部は茎を抱く。花は葉腋にふつう1～3個ずつつき，上向きに咲く。花被片は斜めに開き，長さ2.5～2.7cmで内側に紅紫色の斑点が多数あり，下部には黄色の斑紋がある。

花期 8～9月 分布 北(西南部)，本(関東地方以西)，四，九

ホトトギス 花被片の内側に紅紫色の斑点が多い 99.10.18 千葉県大網白里町

❶ホトトギスの花。花被片は6個あり，外花被片は内花被片より幅が広い。内側には紅紫色の斑点が多数あり，下部には黄色の斑紋がある。ユニークなのは雌しべと雄しべの形。花柱は深く3裂して平らに開き，裂片はさらに浅く2裂し，腺毛状の突起が多数ある。雄しべ6個は子房を囲んで立ち上がり，上部で外側に開き，T字形に紫色を帯びた葯をつける。花糸と花柱にまで斑点がある。❷左は開きかけた花，右は若い蒴果。外花被片の基部にまるいふくらみがあるのはホトトギスの仲間の特徴のひとつ。❸蒴果は3室に分かれ，各室に扁平な種子がびっしりと積み重なっている。❹ホトトギスの茎には斜め上向きの毛が密生している。

ユリ目 ユリ科

ヤマホトトギス
T. macropoda
〈山杜鵑草〉

山野の林内に生える高さ40〜70㌢の多年草。茎には下向きの毛が生えるが、毛の量は変化が多い。葉は長さ8〜13㌢。茎の先や葉腋から散房花序をだす。花は上向きにつき、花被片の上半部がそり返るのが特徴。ホトトギスより花被片の紅紫色の斑点は少なく、ほとんど目立たないものや黄色の斑紋があるものなど、変化が多い。🌼**花期** 7〜9月 **分布** 北（西南部）,本,四,九

ヤマジノホトトギス
T. affinis
〈山路の杜鵑草〉

山野の林内に生える高さ30〜60㌢の多年草。茎には斜め下向きの毛が密生する。葉は長さ8〜18㌢。花は茎の先や葉腋に1〜3個つき、上向きに咲く。花被片は紅紫色〜暗紫色の斑点があり、上半部は平開するが、ヤマホトトギスのようにそり返ることはない。🌼**花期** 8〜10月 **分布** 北（西南部）,本,四,九

タイワンホトトギス
T. formosana
〈台湾杜鵑草〉

台湾ではもっともふつうに見られるホトトギスで、沖縄の西表島にも野生する。観賞用によく栽培される。茎はよく分枝して高さ0.6〜1㍍になる。花は散房状につき、上向きに咲く。花被片は斜めに開き、淡紅色で紅紫色の斑点がある。外花被片の基部に球状のふくらみが2個あるのが特徴。🌼**花期** 9〜10月 **分布** 沖（西表島）

ヤマホトトギス　花は散房状につき，花被片はそり返る　87.8.24　八王子市

ヤマジノホトトギス　奥多摩

タイワンホトトギス　87.10.10　植栽

ユリ目　ユリ科

イヌサフラン科
COLCHICACEAE

チゴユリ属 Disporum

ホウチャクソウ
D. sessile

〈宝鐸草〉 花を寺院や五重塔の軒に下げる宝鐸に見立てたもの。

丘陵の林内に生える多年草。茎は上部で分枝し、高さ30〜60㌢になる。葉は互生し、長さ5〜15㌢、幅1.5〜4㌢の長楕円形〜広楕円形で先はとがり、表面は光沢がある。枝先に淡緑白色の花が1〜2個垂れ下がってつく。花被片は長さ2.5〜3㌢で筒状に集まり、平開しない。花被片の基部はふくらみ、上半部は緑色が濃い。液果は直径約1㌢の球形で黒く熟す。
花期 4〜5月 分布 日本全土

ホウチャクソウ 花被片はこれ以上開かない 12.5.29 長野県白馬村

チゴユリ
D. smilacinum

〈稚児百合〉

山野の林内に生える高さ20〜35㌢の多年草。茎はまれに分枝する。葉は長さ4〜7㌢、幅2〜3㌢の楕円形〜長楕円形で先はとがる。茎の先に白色の花が1〜2個斜め下向きにつく。花被片は長さ1.2〜1.6㌢の披針形で、6個が広鐘形に開く。雄しべは6個あり、葯は花糸の半長。子房は花柱の半長。液果は黒く熟す。花期 4〜6月 分布 本、四、九

✤北海道や本州の中部地方以北に分布するオオチゴユリ D. viridescens は、チゴユリより全体に大きく、よく分枝し、高さ40〜70㌢。花はわずかに緑色を帯びる。葯は花糸と同長、子房は花柱と同長となるのがチゴユリとの違い。

チゴユリ 小さく可憐な花を稚児行列の稚児にたとえたもの 12.5.12 渋川市

ユリ目 イヌサフラン科

ラン科
ORCHIDACEAE

アツモリソウ属
Cypripedium

クマガイソウ
C. japonicum

〈熊谷草〉 袋状の唇弁を源平一谷の戦で平敦盛を討った熊谷直実の母衣に見立てたもの。これに対して平敦盛のアツモリソウもある。山野の林内，とくに杉林や竹林に多い多年草。根茎は横にのびる。茎は高さ20〜40㌢で白い毛が密生し，基部に膜質の鞘状葉が数個つく。葉は2個がほぼ対生状につき，直径10〜20㌢の扇状円形で，放射状の縦じわが目立つ。花は大型で茎の先に1個つく。萼片は淡緑色。背萼片は長さ4〜5㌢の卵状楕円形で先はとがる。側萼片2個は合着して舟形になり，唇弁のうしろにある。側花弁も淡緑色で内側の基部に紅紫色の斑点があり，軟毛が散生する。唇弁は袋状にふくらみ，紅紫色の脈がある。ずい柱は長さ約2㌢で内側に曲がる。先端が柱頭で，その下の両側に葯室がある。●花期 4〜5月 ●分布 北（西南部），本，四，九

袋状に大きくふくれているのが唇弁。唇弁を抱きかかえるように左右に開いているのが側花弁。側花弁の基部から唇弁に向かってのびているのがずい柱。

竹林に生えたクマガイソウ。杉林では林床が暗くなると姿を消す　81.4.29　大宮市

キジカクシ目　ラン科

エビネ属 Calanthe

エビネ
C. discolor

〈海老根〉 地中に球状の偽鱗茎があり、これが横に連なっている形をエビに見立てたもの。林内に生える多年草。葉は2～3個根生し、長さ15～30cm、幅4～6cm。花茎は高さ30～50cmになる。花はふつう萼片と側花弁が暗褐色。唇弁が淡紅白色～白色だが、色の変化が多い。萼片と側花弁が紫褐色で唇弁が淡紅色のものを**アカエビネ** f. rosea、萼片と側花弁が黄褐色で、唇弁が白色のものを**ダイダイエビネ** f. rufoaurantiacaという。花期 4～5月 分布 北（西南部）、本、四、九、沖

キエビネ
C. striata

〈黄海老根／別名オオエビネ〉

エビネより全体に大きく、葉の幅も広い。花の色は鮮黄色で、唇弁の中裂片は2裂しない。花期 4～5月 分布 本（和歌山・山口県など）、四、九

✚近年、東日本型のエビネが西日本にまで分布を広げた結果、キエビネとの交雑が起こり、純粋のキエビネは減少しつつあるという。

シュンラン属 Cymbidium

シュンラン
C. goeringii

〈春蘭／別名ホクロ〉

別名は唇弁の斑点をほくろに見立てたもの。乾燥した林内に生える多年草。葉は長さ20～35cm、幅0.6～1cmの線形。花茎は肉質で太く、高さ10～25cmになり、膜質の鱗片におおわれ

エビネ 左はしに昨年の果実が残っている 87.5.3 多摩市

ラン科の花で目立つのは唇弁で、基部が袋状の距になっているものが多い。距の入口にはずい柱がある。ずい柱は雄しべと雌しべが合着して1個の柱のようになったもので、ラン科とガガイモ科だけに見られる。❶エビネの花。下向きに開いているのが唇弁で、わずかに紅色を帯び、大きく3裂し、中裂片はさらに浅く2裂している。花の中心の白い部分がずい柱。花の左右に斜め上向きに開いているのが側花弁で、その下と上にあるやや幅の広いのが萼片。花の色は変化が多く、❷アカエビネ、❸ダイダイエビネなどの品種がある。

54 キジカクシ目 ラン科

る。花はふつう1個つき、萼片は帯緑色〜帯黄緑色で長さ3〜3.5㌢。側花弁はやや小さい。唇弁は白色で濃赤紫色の斑点がある。🌼花期 3〜4月 ✤分布 北、本、四、九

フウラン属 Neofinetia

フウラン
N. falcata

〈風蘭〉 風蘭は漢名。江戸時代には斑入り葉などの多くの品種がつくられ、富貴蘭と呼ばれた。

細い気根をだし、樹木などに着生する常緑の多年草。葉は厚くてかたく、長さ5〜10㌢、幅6〜8㍉の広線形で弓状に湾曲する。葉の基部に関節があり、冬を越した葉は関節から落ちるため、茎は古い葉鞘におおわれている。花茎は長さ3〜10㌢になり、白い花を3〜5個つける。萼片と側花弁は長さ約1㌢の線状披針形。唇弁は3裂する。距は細長く、ゆるく湾曲して垂れ下がる。🌼花期 7月 ✤分布 本(関東地方以西)、四、九、沖

シュンラン 関東地方ではジジババという名で親しまれている 08.4.2 あきる野市

キエビネの園芸種

フウラン 87.7.14 植栽

キジカクシ目 ラン科 55

ネジバナ属 Spiranthes
ネジバナ
S. sinensis var. amoena
〈捩花／別名モジズリ〉

花序がねじれていることによる。別名は捩摺。捩摺は捩れ模様に染めた絹織物の一種で、ねじれた花序をこれにたとえた。

日当たりのよい草地や芝生などに生える。根は白く、紡錘状に肥厚する。葉は長さ5〜20㌢、幅0.3〜1㌢の線状倒披針形で先はとがる。花茎は高さ10〜40㌢になり、1〜3個の鱗片状の葉がつく。花序は長さ5〜15㌢で白い毛があり、小さな花をらせん状につける。苞は長さ4〜8㍉の狭卵形で子房に密着する。花は淡紅色、ときに白色で長さ4〜6㍉。背萼片と側花弁は重なってかぶと状になる。唇弁は色が淡く、ふちに細かな歯牙がある。❀**花期** 5〜8月 ❀**分布** 日本全土
✣花序のねじれ方は一定しているわけではなく、よく見ると左巻きと右巻きの両方あり、なかには途中で巻き方が変わるものもある。

キンラン属 Cephalanthera
キンラン
C. falcata
〈金蘭〉

山野の林内に生える高さ40〜80㌢の多年草。葉は互生し、長さ8〜15㌢、幅2〜4.5㌢の広披針形で数脈があり、基部は茎を抱く。花は黄色で半開する。苞はごく小さく長さ約2㍉。萼片は長さ1.4〜1.7㌢の卵状長楕円形。側花弁はやや小さい。唇弁は3裂し、側裂片は三

ネジバナ　日当たりのよい草地や芝生などに生え、道路の中央分離帯などにしばしば群

❶ネジバナの花は横向きにねじれて咲くのが特徴。淡紅色の背萼片と側花弁はかぶと状に重なり、側萼片は水平にはりだす。白い舌のように下につきでているのが唇弁で、ふちに細かい歯牙があり、内側に短毛状の突起が密生している。

キンラン　87.5.26　高尾山

角状で内側に巻き、ずい柱を抱く。中裂片の内側には5〜7個の隆起条がある。距は短い。子房は下位で細長く、まるで花柄のように見える。🌸**花期** 4〜6月 ⊛**分布** 本,四,九

ギンラン
C. erecta

〈銀蘭〉 花が黄色の金蘭に対し、花が白色であることによる。

山野の林内に映える高さ20〜40㌢の多年草。キンランやササバギンランより全体にやや小型で、葉は長さ3〜8.5㌢、幅1〜2.5㌢。花は白色で半開きのまま終わる。苞は短く、長いものでも花序より短い。萼片は長さ7〜9㍉の披針形。側花弁は広披針形で萼片よりやや短い。唇弁は3裂し、中裂片は幅の広い楕円形で短くとがる。🌸**花期** 5月 ⊛**分布** 北,本,四,九

ササバギンラン
C. longibracteata

〈笹葉銀蘭〉 ギンランに似て花が白色で、葉が長く笹の葉を思わせることによる。

山野の林内に生える高さ30〜50㌢の多年草。茎の稜上、葉の裏側やふち、花序、子房に白い短毛状の突起があるので、茎や葉が無毛のギンランと区別できる。また下部の苞は葉状で長く、花序と同長またはやや長い点も異なる。葉は長さ7〜15㌢、幅1.5〜3㌢の狭長楕円形で、先は鋭くとがり、脈はしわ状に隆起する。花は白色でキンランより小さい。唇弁は3裂し、中裂片は心形。🌸**花期** 5〜6月 ⊛**分布** 北,本,四,九

生する。らせん状態の花序は左巻き、右巻きの両方ある 87.6.19 厚木市

ギンラン 86.5.15 八王子市 　　ササバギンラン 10.5.13 小平市

キジカクシ目 ラン科

カキラン属 Epipactis

カキラン
E. thunbergii
〈柿蘭／別名スズラン〉

花の色からつけられた。別名はつぼみの形が鈴に似ていることによる。湿地に生える高さ30〜70cmの多年草。根茎は横にはい、節から根をだす。茎の基部は紫色を帯び、少数の鞘状葉がある。葉は互生し、長さ7〜12cm、幅2〜4cmの狭卵形で、脈沿いに著しい縦じわあり、基部は短い鞘状になって茎を抱く。花は茎の上部に10個ほどつく。萼片は長さ1.2〜1.5cmの長卵形で先はとがり、緑褐色を帯びる。側花弁は卵形で橙黄色を帯びる。唇弁は内側に紅紫色の斑紋があり、関節によって2つに分かれる。唇弁の側裂片は耳状にはりだす。
花期 6〜8月 分布 北,本,四,九

ハマカキラン
E. papillosa
var. sayekiana
〈浜柿蘭〉

太平洋側の海岸のクロマツ林に生える多年草。高さ50〜70cmになり、全体に褐色の短い縮毛がある。葉は長さ7〜12cm、幅2〜4cmの卵状楕円形〜広披針形で、脈上とふちに短毛状の突起がある。萼片と側花弁は帯黄緑色。唇弁は白色〜黄緑色で赤紫色の斑紋がある。唇弁の側裂片は耳状につきでない。花期 7〜8月 分布 本(青森県〜愛知県)

✤ ハマカキランの母種のエゾスズラン(アオスズラン)は低山から亜高山の林内に生え、緑色の花をつける。

カキラン 丘陵の谷すじなど、湿地にときに見られる 84.7.27 長野県白馬村

ハマカキラン 87.7.9 大洗海岸

❶ ハマカキランの花。3個の萼片と2個の側花弁は帯黄緑色。唇弁は関節で上唇と下唇に分かれている。前につきでているのが上唇。下唇は半球形の袋状になっているので、見分けやすい。下唇の上におおいかぶさるようにのびているのは、雄しべと雌しべが合着したずい柱で、黄色いのは葯。ラン科の花粉はひとかたまりになっていて、花粉塊と呼ばれる。花粉塊ごと虫の体にくっついて運ばれる。

キジカクシ目　ラン科

オニヤガラ属
Gastrodia

オニヤガラ
G. elata

〈鬼の矢柄〉 まっすぐにのびた花茎を鬼の矢柄にたとえたもの。雑木林の林内に生える葉緑素のない腐生植物。ナラタケの菌糸と共生し、ジャガイモのような肥厚した塊茎をつくる。塊茎は地上部の生長につれて養分をとられ、中空に近くなるが、養分が残っている場合には細長い地下茎をのばす。地下茎はナラタケの菌糸から養分をとり、やがて新しい塊茎をつくる。花茎は高さ0.6～1mで黄赤色を帯び、まばらに膜質の鱗片をつける。花は黄褐色を帯び、総状に多数つく。丈が低く、花や花茎が淡黄白色になるものを**シロテンマ** f. pallens という。また地上部に葉緑素をもち、花や花茎が緑色を帯びるものをアオテンマ（アオオニノヤガラ） f. viridis という。
花期 6～7月 分布 北、本、四、九

オニノヤガラ 葉緑素をもたず、ナラタケと共生する腐生ラン 87.6.5 日野市

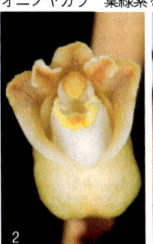

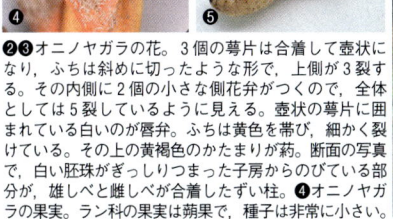

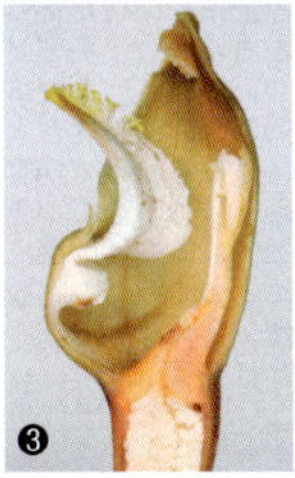

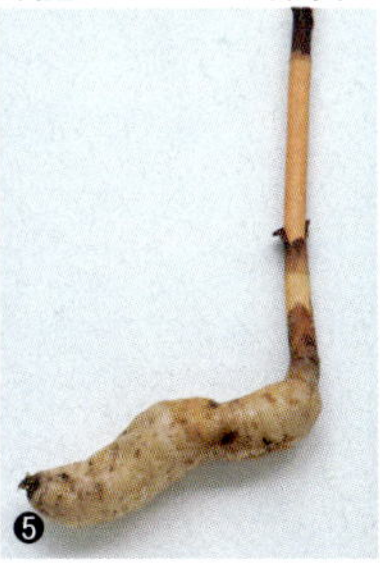

❷❸オニノヤガラの花。3個の萼片は合着して壺状になり、ふちは斜めに切ったような形で、上側が3裂する。その内側に2個の小さな側花弁がつくので、全体としては5裂しているように見える。壺状の萼片に囲まれている白いのが唇弁。ふちは黄色を帯び、細かく裂けている。その上の黄褐色のかたまりが葯。断面の写真で、白い胚珠がぎっしりつまった子房からのびている部分が、雄しべと雌しべが合着したずい柱。❹オニノヤガラの果実。ラン科の果実は蒴果で、種子は非常に小さい。❺オニノヤガラの塊茎。表面に節が多い。

シロテンマ 88.7.1 八王子市

キジカクシ目 ラン科

トキソウ属 Pogonia

トキソウ
P. japonica

〈鴇草〉 花の色がトキの羽の色を思わせることによる。

日当たりのよい酸性の湿地に生える多年草。地下茎は細く横にはう。茎は高さ15～30㌢になり、なかほどに葉が1個つく。葉は長さ4～10㌢、幅0.7～1.2㌢の披針形～線状狭長楕円形で、基部はなかば茎を抱く。花は淡紅色で茎の先に1個つく。苞は長さ2～4㌢の披針形で葉状。背萼片は長さ1.5～2.5㌢、幅3～5㍉。側萼片は幅がやや狭い。側花弁2個はかぶと状に重なる。唇弁は3裂する。中裂片は大きく、ふちや内側に肉質の突起が密生する。距はない。蒴果は長さ約3㌢。

花期 5～7月
分布 北, 本, 四, 九

ツレサギソウ属 Platanthera

オオバノトンボソウ
P. minor

〈大葉の蜻蛉草／別名ノヤマノトンボソウ〉

丘陵や浅い山の林内に生える多年草。根は紡錘状に肥厚する。茎は高さ30～60㌢になり、翼状の稜がある。葉は互生し、下方の2～3個が大きく、上のものほど小さい。最下の葉は長さ7～12㌢、幅2.5～3.5㌢の長楕円形または狭長楕円形で基部は茎を抱き、裏面の主脈の下半部は翼状にはりだして茎の翼に続く。花は黄緑色。背萼片と側花弁はかぶと状に重なる。距は長さ1.2～1.5㌢で子房より長い。

花期 6～7月
分布 本, 四, 九

トキソウ　モウセンゴケが生えるような酸性湿地に生える　87.6.14　会津若松市

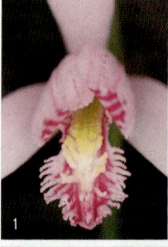

オオバノトンボソウ　86.7.18　日野市

❶❷トキソウの花。唇弁は3裂し、中裂片には黄色の突起が密生してよく目立つ。側裂片は小さく、上に折れ曲がって白っぽいずい柱を抱いている。❸トキソウの蒴果。❹❺オオバノトンボソウの花。まんなかにあいているあなは距の入口。その上にずい柱があり、左右に開いて葯室がついている。なかに淡黄色の花粉塊が入っている。❺で葯室から針のようにつきでているのは、虫にくっつくための粘着体。唇弁はそり返り、距は子房より長い。太い花柄のように見える部分が子房。

キジカクシ目　ラン科

サギソウ属
Pecteilis

サギソウ
P. radiata

〈鷺草〉 シラサギが翼を広げたような形の花。山野の日当たりのよい湿原に生える高さ15〜40㌢の多年草。地中に楕円形の球茎があり、細い地下匐枝をだして、その先に新しい球茎をつくる。葉は互生し、長さ5〜10㌢、幅3〜6㍉の広線形で、基部は鞘状になって茎を抱く。花は1〜4個つき、白色で直径約3㌢。萼片は緑色で背萼片は側萼片より小さい。側花弁は菱形状卵形でずい柱をおおうように立つ。唇弁は3裂する。側裂片は扇状に展開し、糸状に細かく裂ける。中裂片は線形。距は長さ3〜4㌢で垂れ下がる。
🌸花期 8月 🌐分布 本、四、九

サギソウ 葉は茎の下部に3〜5個、上部には鱗片葉がある 87.8.6 愛知県葦毛湿原

ミズトンボ属
Habenaria

ミズトンボ
H. sagittifera

〈水蜻蛉／別名アオサギソウ〉
日当たりのよい湿地に生える高さ40〜70㌢の多年草。葉は茎の下半部に数個つき、長さ5〜20㌢、幅3〜6㍉の線形で、基部は鞘状になって茎を抱く。花は緑白色で直径0.8〜1㌢。背萼片は円心形。側萼片はねじれた倒卵形。側花弁はゆがんだ卵形。唇弁は長さ約2㌢で3裂して十字形になる。裂片は線形で、側裂片はふつう後方に斜上する。距は長さ約1.5㌢で垂れ下がり、先端は球状にふくらむ。
🌸花期 7〜9月
🌐分布 北、本、四、九

❻サギソウの花。距の入口の上にあるずい柱の左右についている黄色の部分が葯室。葯室の間に直立しているのは、3個の柱頭のうちの1個が変形したもので、嘴体と呼ばれる。葯室の下からのぞいている黄緑色の部分が柱頭。葯室の外側には白い仮雄しべがある。❼ミズトンボの花。唇弁が3裂して十字形になっている。ずい柱は白い側花弁に抱きかかえられている。

ミズトンボ 87.8.25

キジカクシ目 ラン科

アヤメ科
IRIDACEAE

花は左右相称または放射相称で花弁状のよく目立つ花被片があり，子房は下位。66属約2000種がある。

アヤメ属 Iris

花は左右相称で，花被片は花弁状でよく目立つ。雌しべの花柱分枝は花弁状となる。

アヤメ
I. sanguinea

〈菖蒲〉 葉のつき方が文目模様になっているからとか，外花被片に網状の模様があるので綾目と呼ぶようになったとかいわれる。『万葉集』などで，菖蒲と書いて「あやめ」と読んでいたのはサトイモ科のショウブのこと。やや乾いた草地に生える多年草。葉は長さ30～60㌢，幅0.5～1㌢の剣形。花茎は高さ30～60㌢になり，紫色の花を2～3個つける。外花被片は長さ約6㌢で先は垂れ，中央から爪部にかけて，黄色の網状の模様がある。
花期 5～7月 分布 北，本，四，九

カキツバタ
I. laevigata

〈杜若・燕子花〉 牧野富太郎によれば書き附

アヤメ 平地では写真のような群落は少なくなった 86.7.21 日光戦場ガ原

❶アヤメは外花被片に黄色の網状の模様がある。❷カキツバタは外花被片に白い斑紋がある。❸ノハナショウブの花は赤みが強く，外花被片に淡黄色の小さな斑紋がある。いずれも内花被片は直立する。外花被片の上に水平にのびて，小型の花弁のように見えるのは花柱で，裏面に雄しべがついている。❹カキツバタの果実。アヤメ科の果実は蒴果で，熟すと3裂する。カキツバタの種子はアヤメより大きくて厚みがある。

キジカクシ目 アヤメ科

け花の転訛で、杜若も燕子花も誤りであるという。書き附けとはこすりつけることで、この花の汁を布にこすりつけて染める昔の行事に由来する。

アヤメの仲間ではもっとも水湿を好み、水辺に群生することが多い。葉は長さ30〜60㌢、幅2〜3㌢のやや幅の広い剣形。花茎は高さ40〜80㌢になり、紫色の花を2〜3個つける。外花被片の中央部には白斑があり、爪部にかけては黄色を帯びる。
花期 5〜6月 分布 北、本、四、九

ノハナショウブ
I. ensata
　var. spontanea
〈野花菖蒲〉

湿地や草地に群生する多年草。葉は長さ30〜60㌢、幅0.5〜1.2㌢で太い中脈が目立つ。花茎は高さ0.4〜1㍍になり、赤紫色の花をつける。外花被片は長さ約7㌢で、中央部に淡黄色の細い斑紋がある。
花期 6〜7月 分布 北、本、四、九
✤園芸植物として古くから愛好されているハナショウブは、ノハナショウブを改良してつくられたもの。

キショウブ
I. pseudacorus
〈黄菖蒲〉

ヨーロッパ原産の多年草で、明治時代に渡来し、現在は日本全土の湿地に野生化している。葉は長さ0.5〜1㍍、幅2〜3㌢で、太い中脈が目立つ。花茎は高さ0.5〜1㍍になり、上部で分枝し、鮮黄色の花をつける。
花期 5〜6月 分布 ヨーロッパ原産

ノハナショウブ　水辺や湿地に群生することが多い　87.6.19　箱根湿生花園

キショウブ　ヨーロッパ原産の帰化植物　86.6.19　大町市

キジカクシ目　アヤメ科

アヤメ属 Iris

シャガ
I. japonica
〈射干〉 射干は本来はヒオウギの漢名。
林内に群生することが多い常緑の多年草。古い時代に中国から渡来したともいわれる。葉は長さ30〜60㌢、幅2〜3.5㌢で光沢のある鮮緑色。花茎は高さ30〜70㌢になり、上部で分枝して、淡白紫色の花をつける。花は直径4〜5㌢で、朝開いて夕方しぼむ。外花被片のふちは細かく切れこみ、中央部に橙黄色の斑点ととさか状の突起があり、そのまわりには淡紫色の斑点がある。内花被片はやや細く、先は浅く2裂する。花柱の裂片の先は2裂し、さらに細かく裂け、花弁のように見える。3倍体植物なので結実しない。花期 4〜5月 分布 本, 四, 九

ヒメシャガ
I. gracilipes
〈姫射干〉
やや乾燥した林内や岩上に生える多年草。シャガに比べて全体に小型で、葉もやわらかい。花茎は高さ15〜30㌢になり、淡紫色の花をつける。外花被片には紫色の脈と黄色の斑点があり、シャガと同じようにとさか状の突起がある。よく結実し、蒴果は直径約8㍉の球形。花期 5〜6月 分布 本, 四, 九

ヒオウギズイセン属
Crocosmia

ヒメヒオウギズイセン
C. × crocosmiiflora
〈姫檜扇水仙〉
ヨーロッパでヒオウギズイセン C. aurea とヒメトウショウブ C. pottsii

シャガ 果実はできず、根茎をのばしてふえる 87.4.19 鎌倉市

ヒメシャガ 86.6.8 奥多摩

ヒメヒオウギズイセン 86.7.23 植栽

キジカクシ目 アヤメ科

との交雑によってつくられた園芸植物といわれる。明治中期に渡来し、暖地に野生化しているものも多い。地下茎を横にのばし、その先に球茎をつくってふえる。花茎は高さ50〜80㌢になり、上部で分枝し、朱赤色の花をつける。花は直径2〜3㌢。花期 6〜8月

ニワゼキショウ属
Sisyrinchium

花被片6個はすべて同形で、3裂した花柱の裂片が糸状である点がアヤメ属と異なる。

ニワゼキショウ
S. rosulatum

〈庭石菖〉 葉がセキショウに似ていることによる。

北アメリカ原産の多年草で、明治中期に渡来し、各地に広く帰化している。日当たりのよい芝生や道ばたなどに生え、高さ10〜20㌢になる。茎は扁平でごく狭い翼がある。葉は幅2〜3㍉。茎の先に細い花柄をだし、小さな花を次々に開く。花は直径約1.5㌢で、1日でしぼむ。花被片は紫色または白紫色で、濃い色のすじがあり、中心部は黄色。蒴果は直径約3㍉の球形。花期 5〜6月 分布 北アメリカ原産

オオニワゼキショウ
S. angustifolium

〈大庭石菖／別名ルリニワゼキショウ・アイイロニワゼキショウ〉 北アメリカ原産の多年草。高さ20〜30㌢と、ニワゼキショウより大きくなるが、花は逆に小さく、直径約1㌢。蒴果はやや大きい。花期 5〜6月 分布 北アメリカ原産

ニワゼキショウ ナンキンアヤメの名で親しまれている 81.5.25 府中市

❶ニワゼキショウの花と蒴果。花被の基部は短い筒状になり、その下に球形の子房がある。蒴果は球形で、熟すと下向きになり、3裂して種子を散らす。

オオニワゼキショウ 88.6.16 銚子港

キジカクシ目 アヤメ科

ワスレグサ科
HEMEROCALLIDACEAE

かつてのユリ科の1つで，よく知られた和名からキスゲ科，ゼンテイカ科とも呼ばれる。ここでは独立した科として扱う。ワスレグサ科は約20属90種以上あるが，少数の属にまとめられることもある。

ワスレグサ属
Hemerocallis

科名と同様に，キスゲ属，ヘメロカリス属，あるいはカンゾウ属と呼ばれることもある。根は一部が紡錘状となる。花は1日花，左右相称で，花被片の基部は合生する。果実は蒴果。ユーラシアの温帯に約20種が分布する。観賞用に栽培され，多くの品種がある。

ヤブカンゾウ
H. fulva var. kwanso
〈藪萱草／別名オニカンゾウ〉

道ばたや土手，林のふちなどに多い多年草。有史前に中国から帰化したと考えられている。根はところどころ紡錘状にふくらむ。葉は長さ40〜60㌢，幅2.5〜4㌢の広線形。花茎は高さ0.8〜1㍍になり，直径約8㌢の橙赤色の花を数個つける。花は八重咲きで，雄しべと雌しべが花弁状になっている。花筒は長さ約2㌢。結実しない。🌸**花期** 7〜8月 **分布** 北，本，四，九

✤ヤブカンゾウの母種は中国原産のホンカンゾウ H. fulva var. fulva で，各地で栽培されている。漢名は萱草。花は一重で，花筒は長さ2〜2.5㌢。この仲間の開花直前のつぼみを乾燥したものを金針菜と呼び，

ヤブカンゾウ　人里近くに多く，八重咲きの花をつける　82.7.12　小金井市

ハマカンゾウ　横須賀市佐島

❶ヤブカンゾウの花。雄しべと雌しべが弁化して八重咲きになる。完全に弁化していない雄しべもまじっている。❷ヤブカンゾウの若葉。おいしい山菜のひとつ。

食用にするほか、消炎や利尿などの薬用に用いる。また紡錘状にふくらんだ根も薬用にする。若葉は甘みがあっておいしい。ノカンゾウやハマカンゾウとは葉の幅などで区別されるが、ノカンゾウとハマカンゾウもホンカンゾウの変種。

ハマカンゾウ
H. fulva var. littorea
〈浜萱草〉

暖地の海岸近くの岩上や草地に生える多年草。葉は長さ60〜70㌢、幅1〜1.5㌢で厚みがあり、冬も枯れないで残る。花茎は高さ70〜90㌢になり、橙赤色の花を3〜6個つける。花筒は長さ2.5〜2.8㌢。❀**花期** 7〜9月 ✿**分布** 本(関東地方南部以西)、四、九

ノカンゾウ
H. fulva var. disticha
〈野萱草／別名ベニカンゾウ〉

田のあぜや溝のふちなど、やや湿ったところに多い多年草。ヤブカンゾウよりひとまわり小型で、葉は幅1〜1.5㌢と細い。花茎は高さ70〜90㌢。花は直径約7㌢。花筒は長さ3〜4㌢あり、ヤブカンゾウやハマカンゾウより細くて長い。花の色は橙赤色から赤褐色まで変化が多く、とくに赤みの強いものをベニカンゾウと呼ぶこともある。ふつう結実しない。❀**花期** 7〜8月 ✿**分布** 本、四、九、沖 ✚東京都西部の丘陵に自生し、**ムサシノキスゲ**と呼ばれているものは、5月に淡橙黄色の芳香のある花を開く。ゼンテイカの変異品と考える説もある。

ノカンゾウ 花は一重で、ヤブカンゾウより葉が細い 87.8.7 愛知県作手村

❸❹ノカンゾウの花。花被片は6個あり、筒状に合着した部分はヤブカンゾウやハマカンゾウより細くて長い。ノカンゾウの若葉やつぼみも食べられる。

ムサシノキスゲ 東京都西部の丘陵に自生する

キジカクシ目 ワスレグサ科

ヒガンバナ科
AMARYLLIDACEAE

花のつくりはユリ科と似ているが、子房下位という点が異なる。

ヒガンバナ属 Lycoris

葉は花が終ってから現われることが特徴。

ヒガンバナ
L. radiata

〈彼岸花／別名マンジュシャゲ〉 秋の彼岸のころに花が咲くことによる。地方によって様々な名がある。
田のあぜや土手などに群生する多年草。葉は晩秋にのびはじめ、長さ30～60cm、幅6～8mmの線形。深緑色で光沢があり、中脈沿いは白っぽい。冬を越して翌年の春に枯れる。花茎は高さ30～50cmになり、鮮紅色の花を散形状に5～7個つける。花被片は長さ約4cmの狭披針形で6個あり、強くそり返る。雄しべ6個と雌しべは花の外に長くつきでる。❀花期 9月 ❀分布 日本全土
✤ヒガンバナはもとから日本に自生していたものではなく、古い時代に中国から渡来した帰化植物と考えられている。日本のものはほとんど結実せず、種子ができても発芽しない。

ヒガンバナの鱗茎はアルカロイドを含み、有毒だが、昔は飢饉のとき、水によくさらして食用にした。吐剤や去痰剤にも用いる。

ヒガンバナ マンジュシャゲ（曼珠沙華）のほか、ハミズハナミズ（葉見ず花見ず）、シ

ビトバナ（死人花）など，地方名が500以上ある。欧米では観賞用に栽培されている　08.9.24　伊東市

ヒガンバナ属 Lycoris

キツネノカミソリ
L. sanguinea

〈狐の剃刀〉 葉の形をカミソリにたとえた。山野に生える多年草。葉は早春にのびだし,長さ30〜40センチ,幅0.8〜1センチで,夏になると枯れる。葉が枯れたあと,花茎がのびて高さ30〜50センチになり,黄赤色の花を散形状に3〜5個つける。花被片は斜開し,そり返らない。雄しべは花被片とほぼ同じ長さで,葯は淡黄色。果実は蒴果で直径約1.5センチの扁球形。花期 8〜9月 分布 本,四,九

✤北海道でもキツネノカミソリが見られるが,本来の自生ではなく,野生化したもの。関東地方以西には,葉や花が大型で,雄しべが花から長くつきでる**オオキツネノカミソリ** var. kiushiana が分布する。

ナツズイセン
L. ×squamigera

〈夏水仙〉 葉がスイセンに似ていて,花が夏咲くことによる。
古い時代に中国から渡来したといわれる多年草。観賞用に栽培されるほか,人里近くの日当たりのよい草地にしばしば野生化している。葉は早春にのびだし,粉白を帯びた緑色で,長さ20〜30センチ,幅1.8〜2.5センチ。初夏には枯れる。花茎は高さ50〜70センチになり,淡紅紫色の花を数個つける。花は直径約8センチとヒガンバナ属のなかではもっとも大きく,横向きに開く。花被片はややそり返る。果実はできない。花期 8〜9月 分布 中国原産

キツネノカミソリ 春でた葉が枯れたあと,花茎がのびてくる。ヒガンバナよりひと月

キジカクシ目 ヒガンバナ科

ほど早く黄赤色の花が咲き,半日陰のところにもよく生える　86.8.18　日野市

❶キツネノカミソリは早春に広卵形の鱗茎から葉をのばす。粉白を帯びた緑色で一見スイセンに似ている。❷キツネノカミソリの花。雄しべと雌しべは花の外につきでない。❸オオキツネノカミソリの花。雄しべと雌しべは花の外へ長くつきでる。❹❺キツネノカミソリの果実。ヒガンバナやナツズイセンはふつう結実しないが、キツネノカミソリはよく結実する。果実は蒴果で、直径約1.5cmの扁球形。なかは3室に分かれている。種子は平たく、直径5～7mmの円形で黒色。果実の縦断面の写真を見ると、種子が中央の軸についているのがわかる。子房のまんなかの軸に胚珠(種子)がつく状態を中軸胎座という。

ナツズイセン　85.8.15　長野県白馬村

キジカクシ目　ヒガンバナ科

スイセン属 Narcissus

花被片6個は下部が合着して筒状になり、のどの部分に副花冠があるのが特徴。ヒガンバナ属にも副花冠があるが、非常に小さいので目立たない。属名は、水に映る自分の姿に恋した美少年ナルシスがスイセンの花に化身したという、ギリシャ神話にちなむ。

スイセン
N. tazetta

〈水仙〉 漢名の水仙を音読みしたもの。
地中海沿岸原産の多年草。古い時代に中国を経て日本に入ってきたといわれる。本州の関東地方以西、四国、九州の海岸に野生化している。地中に黒い外皮に包まれた卵球形の鱗茎がある。葉は晩秋にのびだし、粉白を帯びた緑色で長さ20～40㌢、幅0.8～1.6㌢。葉の中心から高さ20～40㌢の花茎をのばし、芳香のある花を5～7個横向きに開く。花被片はわずかにクリーム色を帯びた白色で、平開する。のどの部分にある副花冠は黄色で杯形。雄しべは花筒の上部に3個、下部に3個つき、花糸はごく短い。果実はできない。花期 12～4月 分布 地中海沿岸原産

✚スイセンは広く栽培され、八重咲き、花被片が黄色のもの、副花冠が白色のものなどの園芸品種もある。母種のフサザキズイセン var. tazetta のほか、ラッパズイセン N. pseudonarcissus、キズイセン N. jonquilla、クチベニズイセン N. poeticusなどもよく栽培されている。

群生するスイセン。切り花としても出荷されている　09.1.13　福井県越前海岸

キジカクシ目　ヒガンバナ科

ハマオモト属 Crinum

熱帯や亜熱帯の海岸に広く分布し，葉は常緑で大型。花にはスイセン属のような副花冠はなく，6個の花被片は下部が合着して，長い筒状になる。

ハマオモト
C. asiaticum
　var. japonicum

〈浜万年青／別名ハマユウ〉　常緑の葉がオモト（万年青）に似ていることによる。別名の浜木綿は，『万葉集』などにも登場し，白い鱗茎を木綿に見立てたものという。木綿はコウゾの繊維からつくった糸のことで，この糸で祭事の榊につける幣をつくる。白い花が木綿に似ているからという説もある。ハマユウの名で多くの詩歌によまれている。

暖地の海岸の砂地に生える常緑の多年草。葉は長さ30〜70ｾﾝﾁ，幅4〜10ｾﾝﾁで先はとがり，厚くて光沢がある。基部は鞘状になって鱗茎を包む。花茎は太く，高さ50〜80ｾﾝﾁになり，白い花を散形状に多数つける。花には芳香があり，とくに夜は香りが強い。花被片は長さ7〜8.5ｾﾝﾁの線形で強くそり返る。雄しべ6個は花筒の入口につく。花糸と花柱は糸状で上部は紫色を帯びる。蒴果は直径2〜2.5ｾﾝﾁの球形。成熟すると花茎は倒れ，蒴果は不規則に割れる。種子は直径2〜3ｾﾝﾁと大きく，灰白色の海綿質の種皮に包まれていて，水に浮くので，海流にのって運ばれる。🌼花期　7〜9月　🗾分布　本（関東地方以西），四，九

ハマオモト　年平均気温15度の等温線が分布の北限　11.8.9　横須賀市佐島

❶ハマオモトの花。夕方近くに開きはじめ，完全に開ききる夜中がとくに香りが強い。❷❸若い蒴果。大きな種子が数個入っている。

キジカクシ目　ヒガンバナ科

ネギ科
ALLIACEAE

多年草で鱗茎あるいは根茎をつけ、独特のネギ(ニンニク)臭をもつものが多い。葉は線形または円筒形、時に長楕円形。花は散形花序につき、子房上位。果実は蒴果。世界に20属760種があり、北半球に多い。

ネギ属 Allium

アサツキ
A. schoenoprasum
  var. foliosum

〈浅葱〉 葉がネギよりも浅い緑色なのでつけられた。葉や鱗茎を食用にするため、古くから栽培されている。山野の草地や海岸近くに生える多年草。鱗茎は狭卵形で淡紫褐色の外皮に包まれている。花茎は高さ40〜60㌢になり、2〜3個の葉がつく。葉は茎より短く、細い円筒形で中空。花茎の先に淡紅紫色の花を散形状に多数つける。花序ははじめ紫色を帯びた膜質の総苞に包まれている。花被片は長さ0.9〜1.2㌢の披針形または広披針形で先は鋭くとがる。雄しべは花被片より短い。✿花期 5〜6月 ❀分布 北,本,四

✢アサツキはワケギに似ているが、葉はワケギより辛みがあり、冬は枯れる。ワケギの葉は夏に枯れ、花はほとんど咲かない。

イトラッキョウ
A. virgunculae

〈糸辣韮〉 長崎県平戸島に特産する多年草。鱗茎は狭長楕円形。根生葉は長さ10〜20㌢のごく細い円筒形。花茎は高さ8〜22㌢になり、葉をつけない。花茎の

アサツキ 浅い緑色のネギの意味から浅葱の名がある 85.7.10 北海道浦河町

イトラッキョウ 84.11.1 平戸島

❶アサツキの花序。つぼみのとき、花序は紫色を帯びた膜質の苞に包まれ、先のとがった卵形をしている。❷アサツキの花茎は円筒形で中空。葉も断面は円形。❸イトラッキョウの花。写真ではわかりにくいが、雄しべの花糸の間に突起がある。

キジカクシ目 ネギ科

先に紅紫色の花が散形状に2〜12個つく。まれに白色の花がある。花被片は長さ約5.5㍉の広卵形。雄しべは花被片より長く、花糸の間に小さな突起がある。🌼花期 11月 🌐分布 九(長崎県平戸島)

ニラ
A. tuberosum
〈韮〉『古事記』にはカミラ(加美良)の名で登場し、これがなまったという説がある。韮は漢名。インド、パキスタン、中国、日本などに野生するといわれるが、日本のものは真の野生か、栽培されていたものが野生化したものかよくわかっていない。全体に特有の臭気がある。鱗茎は小さく、シュロ状の毛に包まれ、横に連なっている。葉は長さ20〜30㌢の扁平な線形。花茎は高さ30〜50㌢になり、先端に白い花を散形状に多数つける。花被片は長さ5〜6㍉の狭長楕円形で先はとがる。🌼花期 8〜9月

ヒメニラ
A. monanthum
〈姫韮〉
山野に生える繊細な多年草。わずかにニラに似た臭気がある。鱗茎は卵形。葉は花茎の基部に2個つき、長さ10〜20㌢で、断面は三日月状。花茎は高さ6〜10㌢になり、先端に白色またはわずかに淡紅色を帯びた花を1個つける。ときに花が2個つくものもある。花被片は長さ4〜5㍉の長楕円形または狭卵形。雄しべのないものが多く、鱗茎でふえる。🌼花期 3〜5月 🌐分布 北、本(近畿地方以北)、四

ニラ 畑のふちなどに植えておくと、花も楽しめる野菜だ 87.9.5 日野市

❹ニラの花。花被片は先がとがり、開出する。雄しべの花糸は下部の方が太い。
❺ヒメニラの花。ふつう花茎の先に1個つき、花被片は半開開しない。この写真では雄しべが1個見えているが、ほとんどのものは雄しべがまったくない。

ヒメニラ 87.3.30 八王子市

キジカクシ目 ネギ科

ネギ属 Allium

ノビル
A. macrostemon

〈野蒜〉 蒜はネギやニンニクなどの総称。鱗茎や若葉を食用にする。畑や道ばた,土手などにふつうに生える多年草。鱗茎は直径1〜2㌢の球形で,白い膜質の外皮に包まれている。根生葉は長さ25〜30㌢の線形で断面は三日月状。花茎は高さ50〜80㌢になり,中部以下に2〜4個の葉をつける。花茎の先に淡紅紫色の花を散形状に多数つける。つぼみのとき花序は膜質の総苞に包まれ,先がくちばしのようにとがった卵形をしている。花序にはしばしば珠芽がつき,ときに珠芽だけで花がないものもある。花被片は長さ4〜5㍉。花期 5〜6月 分布 日本全土

ステゴビル
A. inutile

〈捨小蒜・捨子蒜〉 ネギ臭がまったくなく,食用にならないので,人が捨てて省みない蒜(ネギ,ニンニクなどの総称)の意味といわれる。
林のふちや草地などにまれに生える多年草。根生葉は長さ約30㌢の扁平な線形で,秋にでて翌年の夏に枯れる。葉が枯れたあと花茎がでる。花茎は高さ15〜20㌢になり,先端に白い花を散形状に5〜6個つける。花序ははじめ薄い膜質の総苞に包まれている。花被片は長さ7〜8㍉で6個あり,下部が合着して広鐘形になる。花期 9〜10月 分布 本(関東地方〜近畿地方)

ノビル つぼみを包んだ総苞は先がくちばしのようにとがる 87.5.24 日野市

ステゴビル 86.9.27 東京都五日市町

❶ノビルの花。花被片はわずかに紅紫色を帯びる。日当たりがよいと,花よりも珠芽になることが多く,花茎についたまま芽をだすこともある。❷ステゴビルの花。花被片は白色で中脈が緑色を帯びる。花被片の下部が合着しているので,合弁花のように見えるのが特徴。❸ノビルの鱗茎 ❹ノビルの茎は中空で断面は鈍三角形。

キジカクシ科
ASPARAGACEAE

かつてのユリ科の1つで、クサスギカズラ科、アスパラガス科とも。ここではスズラン科やヒヤシンス科なども含める。多年草で、果実は液果あるいは蒴果。92属2000種以上ある。

ツルボ属 Scilla
鱗茎をつける多年草。ユーラシアに80種以上が知られる。

ツルボ
S. scilloides

〈蔓穂／別名サンダイガサ〉 ツルボの語源は不明だが、蔓穂の字をあてることが多い。別名は参内傘。公家が参内するとき、従者がさしかけた長い柄の傘をたたんだ形と花序が似ていることによる。山野の日当たりのよいところに生える多年草。鱗茎は卵球形で黒褐色の外皮に包まれ、ネギのようなにおいがする。葉は2個根生し、長さ15〜25㌢の扁平な線形。花茎は高さ20〜40㌢になり、淡紅紫色の花を総状に多数つける。花のころ根生葉があるものとないものがある。花茎にはふつう葉がつかない。花期 8〜9月 分布 日本全土

ツルボ　日当たりがよいところでは花のころも根生葉があるものが多い　87.8.28　府中市

ツルボの花。花被片は長さ3〜4㍉で平らに開く。

キジカクシ目　キジカクシ科

ギボウシ属 Hosta

東アジアの特産属で約40種ある。花だけでなく、葉も美しく、丈夫で育てやすいので、古くから栽培されている。この仲間の若いつぼみが橋の欄干につける擬宝珠に似ていることから、これがなまってギボウシの名がついたといわれる。葉は根生し、平行脈が目立つ。ギボウシ類の若葉はウルイと呼ばれ、山菜のなかでもおいしいもののひとつ。花は花茎の先に総状につき、ふつう朝開いて夕方にはしぼむ。花被片は6個あり、中部以下が合着して筒状になる。葉の形や花の基部の苞の形などが区別点になっているが、雑種ができやすく、中間型も多いため、見分けるのは難しい。

コバギボウシ
H. sieboldii
　　var. sieboldii
　　　f. spathulata
〈小葉擬宝珠〉

山野の日当たりのよい湿地に生える多年草。横にはう根茎がある。葉は多数根生し、斜上する。葉身は長さ10〜16㌢、幅5〜8㌢の狭卵形〜卵状長楕円形で先はとがり、基部は翼状になって葉柄に流れる。表面は灰緑色で光沢はなく、脈がへこむ。花茎は高さ30〜40㌢になり、淡紫色〜濃紫色の花を横向きに開く。花は長さ4〜5㌢の筒状鐘形で、下半部は細く、上部は広がる。花の基部には舟形の苞がある。
🌸花期　7〜8月
分布　本、四、九

ミズギボウシ
H. longissima
〈水擬宝珠／別名ナガ

コバギボウシ　葉は小型で細長く、基部は葉柄に流れる　87.8.4　箱根湿生花園

ミズギボウシ　花は少ない　87.8.7　愛知県作手村

❶コバギボウシと❷ミズギボウシの花は内側に濃紫色のすじがあり、花の基部の苞は緑色で舟形にくぼんでいる。ミズギボウシの方が花の数が少ない。

キジカクシ目　キジカクシ科

バミズギボウシ〉

日当たりのよい湿地に生える多年草。葉は直立または斜上し、日本のギボウシ属のなかでもっとも細く、葉身は長さ17〜30㌢、幅1.7〜2㌢の線状倒披針形で、基部は翼状になって葉柄に流れる。表面は光沢がある。花茎は高さ40〜65㌢になり、淡紫色の花を3〜5個横向きに開く。花は長さ3.5〜4.5㌢の筒状鐘形で、基部に舟形の苞がある。🌸**花期** 8〜10月 **分布** 本(愛知県以西)

オオバギボウシ
H. sieboldiana
〈大葉擬宝珠〉

山野の草地や林内などに生える多年草。根茎は太くて短く、横にはう。葉は大きく、長い柄がある。葉身は長さ18〜30㌢、幅10〜15㌢の卵状楕円形で先はとがり、基部は心形。裏面は脈が隆起し、脈上に小さな突起がすこしある。花茎は高さ0.6〜1㍍になり、白色〜淡紫色の花を横向きに多数つける。花は長さ4.5〜5㌢の筒状鐘形。花の基部には緑白色の苞がある。果実は蒴果、種子は扁平な楕円形で片側に翼がある。🌸**花期** 7〜8月 **分布** 北,本,四,九

✤ギボウシのなかでもよく栽培されるもののひとつ。本州の日本海側の山地に生えるものは花茎はそれほど高くならず、葉が粉白を帯びるものが多い。これをトウギボウシと称し、オオバギボウシをトウギボウシの亜種または変種とする考え方もある。

オオバギボウシ　葉は大きくて幅が広く、基部は心形　07.7.18　町田市

❸オオバギボウシの花は白色またはわずかに紫色を帯びる。苞は白っぽくつぼみのときから開出している。

❹果実は蒴果。熟すと縦に割れ、黒い種子をだす。

オオバギボウシ　若葉はぬめりがあっておいしい

キジカクシ目　キジカクシ科　79

アマドコロ属
Polygonatum

花は葉腋に垂れ下がってつき，アマドコロやナルコユリ，ミヤマナルコユリ，ヒメイズイなどのように花柄に苞がないものと，ワニグチソウなどのように苞があるものとに大きく分けられる。花被片は6個あり，先端部を残して筒状に合着する。雄しべも6個あり，花糸の下半部は花筒に合着する。果実は球形の液果。キジカクシ科の果実には蒴果と液果がある。液果のものはアマドコロ属のほか，キチジョウソウ属，クサスギカズラ属，ジャノヒゲ属，スズラン属，などがある。

アマドコロ
P. odoratum
　　var. pluriflorum

〈甘野老〉　黄白色の太い根茎がヤマノイモ科のオニドコロに似ていて，甘くて食用になることによる。根茎を乾燥したものを萎蕤（いずい）と呼び，滋養強壮に用いる。生をすりおろしたものは打ち身などに効くといわれる。山野の草地などに生える高さ30～60㌢の多年草。茎は稜があり，上半部は弓状に曲がる。葉は互生し，長さ5～10㌢，幅2～5㌢の長楕円形～狭長楕円形で，ほとんど無柄。裏面はふつう粉白を帯びる。葉腋に白い筒状の花が1～2個ずつ垂れ下がってつく。花は長さ1.5～2㌢で，先の方は緑色を帯びる。液果は直径約1㌢の球形で，秋に黒紫色に熟す。❀花期　4～5月　❀分布　北，本，四，九

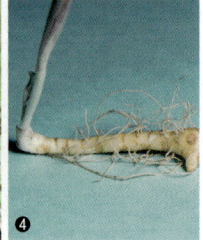

アマドコロ　葉が上に向かって開くので花がよく見える　86.5.7　新潟県西山町

❶アマドコロの花。アマドコロ属の花は6個の花被片が先端部を残して筒状に合着している。❷アマドコロの果実は球形の液果。直径1㌢ほどで，黒紫色に熟し，白粉をかぶる。❸アマドコロの若芽。さっとゆでると甘みがあり，おいしい。ナルコユリの若芽も食べられる。❹アマドコロの根茎は太い円柱状で節間が長い。まるくふくれた節のところに前年の茎のあとが見える。ナルコユリの根茎は節間が短い。❺ナルコユリの花。まだ完全に開ききっていない。❻ミヤマナルコユリの花の縦断面。この仲間は雄しべの花糸の下半部が花筒に合着している。ミヤマナルコユリは花糸に白い軟毛が密生しているのが特徴。

キジカクシ目　キジカクシ科

ナルコユリ
P. falcatum

〈鳴子百合〉 葉腋から垂れ下がって咲く花の列を，鳥を追う鳴子に見立てたもの。
山野の林内に生える高さ50～80cmの多年草。茎の上部は弓状に曲がり，アマドコロと似ているが，茎はまるくて稜がない。またアマドコロの根茎は節間が長いのに対し，ナルコユリの節間は短い。葉はやや細長く，長さ8～15cm，幅1～2.5cmの披針形～狭披針形で，裏面の脈上に粒状の突起がすこしある。若葉は中央に白い縦すじが入ることが多い。葉腋に緑白色の筒状の花がふつう1～5個ずつ垂れ下がってつく。花は長さ約2cmで，先端部は緑色が濃い。液果は直径0.7～1cmで黒紫色に熟す。🌸花期 5～6月 🌏分布 北，本，四，九

ナルコユリ この仲間では葉がもっとも細く，茎はまるい 87.5.30 日野市

ミヤマナルコユリ
P. lasianthum

〈深山鳴子百合〉
山野の林内にふつうに見られる高さ30～60cmの多年草。根茎は節間が短く，ナルコユリに似ているが，茎には稜がある。葉は長さ6～11cm，幅3～4.5cmの狭長楕円形～広楕円形で短い柄があり，裏面は粉白を帯びる。花柄は葉腋から斜上して2～3に枝分かれし，先端に白い筒状の花が垂れ下がってつく。花は長さ1.7～2cmで，先は緑色を帯びる。雄しべの花糸に長い軟毛が密生しているのが特徴。液果は直径0.8～1.2cmで黒紫色に熟す。🌸花期 5～6月 🌏分布 北，本，四，九

ミヤマナルコユリ 87.5.26 高尾山

キジカクシ目　キジカクシ科

アマドコロ属
Polygonatum

ワニグチソウ
P. involucratum

〈鰐口草〉 苞が, 神社や寺の鰐口に似ている。山野の林内に生える高さ20〜40cmの多年草。葉は長さ5〜10cm, 幅2.5〜4cmの狭倒卵形〜倒卵状楕円形。葉腋から垂れ下がった花柄の先に2個の苞がつき, その内側に花が2個つく。苞は卵形。花は長さ2〜2.4cmの筒状。🌸**花期** 5〜6月 ❀**分布** 北, 本, 四, 九

ヒメイズイ
P. humile

〈姫萎蕤〉 萎蕤はアマドコロの根茎のこと。山地や海岸の草地に生える高さ8〜30cmの多年草。茎は直立し, 稜がある。葉は長さ4〜7cmの長楕円形〜広楕円形で, 裏面は淡緑色。葉腋に淡緑白色の花がふつう1個ずつ垂れ下がってつく。花は長さ1.5〜2cmの筒状。液果は黒紫色。🌸**花期** 6〜7月 ❀**分布** 北, 本(中部地方以北), 九

クサスギカズラ属
Asparagus

葉は鱗片状に退化し, 枝が葉のように見える葉状枝をもつ。アスパラガスもこの仲間。

クサスギカズラ
A. cochinchinensis

〈草杉蔓〉 葉状枝が杉の葉に似ている。海岸の砂地や岩上に生える多年草。茎の下部は木質化し, 上部はややつる状。葉状枝は長さ1〜2cmの線形で, 葉腋に淡黄色の花を1〜3個ずつつける。雌雄異株。🌸**花期** 5〜6月 ❀**分布** 本(静岡県以西), 四, 九, 沖

ワニグチソウ 卵形の苞に抱かれるように2個の花がつく 86.5.22 高尾山

ヒメイズイ 13.06.01 群馬県嬬恋村

クサスギカズラ 果実は球形 86.11.20 伊豆

キジカクシ目 キジカクシ科

ヤブラン　庭や公園などによく植えられている。匐枝はださない　87.8.25　茨城県岩間町

ヒメヤブラン　87.7.27　高尾山 　　　キチジョウソウ　88.10.20　八王子市

❶ヤブランの花は数個ずつ束生する。花被片は6個。雄しべも6個あり、花糸は太い。❷種子は直径6～7㍉で、黒くて光沢があり、まるで果実のように見える。ヤブラン属の果実は蒴果だが、果皮が薄くて脱落しやすく、種子がむきだしになって成熟する。種子が果実のように見えるのはキジカクシ科のなかでヤブラン属とジャノヒゲ属だけに見られる特徴。❸ヒメヤブランの花。❹種子。❺キチジョウソウの花。花被片の下半部は合着して筒状になっている。写真は花柱が雄しべより長い両性花だが、花序の上部には雌しべが退化した雄花もまじる。❻果実は直径6～9㍉の球形の液果で赤く熟す。

ヤブラン属 Liriope

花は総状につき、花糸は太い糸状。果実は蒴果だが、果皮は成熟する前に落ち、種子がむきだしになって果実のように見えるのが特徴。

ヤブラン
L. muscari
〈藪蘭〉

山野の木陰に生える多年草。葉は根生し、長さ30～60㌢、幅0.8～1.2㌢の線形。花茎は高さ30～50㌢になり、淡紫色の小さな花が総状に多数つく。花被片は長さ約4㍉。種子は直径6～7㍉の球形で光沢のある黒色。🌷花期 8～10月 ✿分布 本、四、九、沖

ヒメヤブラン
L. minor
〈姫藪蘭〉

日当たりのよい草地などに生える小型の多年草。匐枝をだしてふえる。葉は細い線形で長さ10～20㌢、幅2～3㍉。花茎は高さ10～15㌢になり、淡紫色の小さな花がまばらにつく。種子は直径4～6㍉。🌷花期 7～9月 ✿分布 日本全土

キチジョウソウ属
Reineckea

キチジョウソウ
R. carnea

〈吉祥草〉　吉事があると開花するという伝説に由来する。

暖地の林内に生える常緑の多年草。葉は根生し、長さ10～30㌢の広線形。花茎は高さ8～12㌢になり、淡紅紫色の花が穂状につく。花被片は長さ0.8～1.2㌢で、下半部は筒状に合着する。液果は赤く熟す。🌷花期 8～10月 ✿分布 本（関東地方以西）、四、九

ジャノヒゲ　碧色の果実のように見える種子はよくはずむので，子供が投げつけて遊ぶ　82.3.13　八王子市

キジカクシ目　キジカクシ科

ジャノヒゲ属
Ophiopogon

果皮が早く落ち、種子が果実のように見えるのはヤブラン属と同じだが、花は下向きに咲き、花糸はごく短い。

ジャノヒゲ
O. japonicus

〈蛇の鬚／別名リュウノヒゲ〉 細い葉を蛇や竜のひげにたとえたもの。ひげ根の一部が肥大したものを麦門冬と呼び、薬用にする。山野の林内に生える多年草。匐枝をだしてふえ、群生することが多い。葉は根生し、長さ10〜20㌢、幅2〜3㍉の線形。花茎はやや扁平で高さ7〜15㌢になり、白色または淡紫色の花を総状につける。種子は直径約7㍉で碧色。花期 7〜8月 分布 北、本、四、九

オオバジャノヒゲ
O. planiscapus

〈大葉蛇の鬚〉
山野の林内に群生する多年草。葉は長さ15〜30㌢、幅4〜7㍉で、ジャノヒゲより幅が広く、やや厚みがある。花茎はやや太く、高さは14〜26㌢。花は淡紫色または白色。種子は灰緑黒色。花期 7〜8月 分布 本、四、九

ノシラン
O. jaburan

海岸近くの林内に群生する多年草。匐枝はださない。葉は長さ30〜80㌢、幅1〜1.5㌢の線形で厚くて光沢がある。花茎は扁平で狭い翼があり、高さ30〜50㌢になる。花は白色または淡紫色で、総状に多数つく。種子は碧色で倒卵形。花期 7〜9月 分布 本(紀伊半島以西)、四、九、沖

オオバジャノヒゲ ジャノヒゲより葉の幅が広く厚みがある 87.7.3 八王子市

❶❷オオバジャノヒゲの花と種子。ジャノヒゲ属はヤブラン属と似ているが、花は下向きに咲き、花糸はごく短い。果皮は早く落ちるので、種子がむきだしになって成熟する。オオバジャノヒゲの種子はくすんだ灰緑黒色。❸ノシランの花。花柄の途中に関節があり、関節から上が太くなっているので、合弁状に見える。

ノシラン 撮影／畔上

キジカクシ目　キジカクシ科

ミクリ科
SPARGANIACEAE

ミクリ属1属だけの科で、日本には約10種ある。科名も属名も「ベルト」を意味するギリシャ語の sparganion からきたもので、線形の葉に由来する。花は小さく、多数集まって球形の頭花をつくる。雌雄同株で、枝の上部に雄頭花、下部に雌頭花をつける。

ミクリ属 Sparganium

ミクリ
S. erectum

〈実栗〉 小さな果実が球形に集まった集合果をクリのいがに見立てたもの。

池や沼、溝などの浅い水中に生える高さ0.5～1.5㍍の多年草。葉は直立して茎より長く、幅0.8～2㌢の線形で、裏面中央に低い稜がある。葉の下部は葉鞘となって茎を抱く。上部の葉腋から枝をだし、それぞれの枝の下部に1～3個の雌頭花、上部に雄頭花を多数つける。雄頭花にも雌頭花にも柄はない。雄頭花は直径約6㍉の球形。雄の花被片は3～4個あり、雄しべ3個が花被片より長くつきでて目立つ。雌頭花は雄頭花よりやや大きく、直径0.7～1㌢。雌花の花被片は3個。花柱の先の片側に長さ3～6㍉の糸状の柱頭がある。日本産のほかの種類は柱頭が2㍉以下なので、見分けやすい。雌頭花は成熟すると直径1.5～2㌢の集合果になる。果実は堅実で、長さ0.5～1㌢の広倒卵形。先端には花柱が残る。

花期 6～8月 分布 北、本、四、九

ミクリ 集合果をクリのいがに見立てて実栗の名がある 86.6.24 日野市

❶ミクリの雄頭花。花被片より長い雄しべが目立つ。ほとんどの葯は花粉をだしたあと。❷雌頭花。白い部分が柱頭で、長さ3～6㍉あり、ミクリ属のなかではもっとも長いので見分けやすい。❸枝の上部に雄頭花、下部に雌頭花がつく。黄色いのは開きかけの雄頭花。雌頭花はすでに果実になっている。

イネ目　ミクリ科

ガマ科
TYPHACEAE

ガマ属1属だけの科で、日本には3種ある。ガマの穂と呼ばれる円柱形の花序が特徴。雌雄同株で、茎の先に雄花穂、その下に雌花穂がつく。花は小さく、雄花も雌花も基部に長い毛がある。

ガマ属 Typha

ガマ
T. latifolia
〈蒲〉

池や沼、川のふちなどに群生する高さ1.5～2㍍の大型の多年草。地下茎は横に長くのびる。葉は幅1～2㌢の線形で、厚くて無毛。基部は鞘状になって茎を抱く。茎の先に円柱形の花穂をつける。下部は雌花穂で長さ10～20㌢あり、そのすぐ上に雄花穂が接してつく。雄花穂は雌花穂より細く、長さ7～12㌢。花粉は黄色で、4個ずつくっついている。雌花穂ははじめ直径約6㍉だが、果期には子房の柄と花柱が長くのび、直径1.5～2㌢になる。🌼**花期** 6～8月 **分布** 北、本、四、九

ガマ　雄花穂は枯れ、雌花穂はいわゆるガマの穂になっている　87.8.19　韮崎市

❹ガマの雄花穂。黄色の花粉のかたまりのように見えるが、ごく小さな花がぎっしりと集まったもの。黒っぽい点々が葯で、花粉をだし終わると赤褐色になる。
❺ガマの雌花穂。柱頭がへら形の雌しべがすきまなくついている。花のあと花柱はのび、柱頭は赤褐色になる。
❻ガマの花穂。上が黄色い花粉をいっぱいつけた雄花穂。下の緑色の部分が雌花穂。雄花穂にはまだ苞がついている。

イネ目　ガマ科

ガマ属 Typha

コガマ
T. orientalis
〈小蒲〉

雄花穂と雌花穂がくっついてつき、ガマに似ているが、全体に小さい。茎は高さ1〜1.5㍍で、葉は幅約1㌢と細い。雄花穂は長さ3〜9㌢、雌花穂は長さ6〜10㌢と、ガマの10〜20㌢の約半分。花粉は1個ずつ離れている。
花期 6〜8月
分布 本、四、九

ヒメガマ
T. domingensis
〈姫蒲〉

上部の雄花穂と下部の雌花穂の間が離れて、軸が裸出しているのが特徴。茎は高さ1.5〜2㍍になり、葉はガマよりやや細い。花粉は1個ずつ離れている。
花期 6〜8月
分布 日本全土

✜ガマの仲間の花粉は漢方で蒲黄と呼び、古くから止血剤に使われている。『古事記』のなかの「因幡の白兎」で、皮をはがれて赤裸になったウサギが、大国主命に教えられてくるまったのはガマの花。つまり花粉で傷を治したわけで、奈良時代以前にすでにガマの花粉の薬効が知られていたことがわかる。

コガマ ガマよりひとまわり小さい 87.8.17 八王子市

❶コガマの雄花穂と雌花穂はくっついてついている。ガマもくっついているが、長さ約2倍。
❷ヒメガマ。雄花穂と雌花穂が離れている。❸ヒメガマの雌花穂の断面。柱頭はすでに赤褐色になっている。

イネ目 ガマ科

コガマの果穂。雄花はすでに落ち，軸だけになっている。果実の基部にはガマの穂綿と呼ばれる白い毛があり，風に乗って飛び散る。秋が深まり，果実が飛び散るころの果穂は白い毛のかたまりのようになる。

イネ目　ガマ科

ホシクサ科
ERIOCAULACEAE

雄花と雌花は頭状花序につく。世界に10属約1200種がある。

ホシクサ属 Eriocaulon

ホシクサ
E. cinereum

〈星草／別名ミズタマソウ〉 頭花を星や水滴に見立てたもの。水田や湿地に生える1年草。葉は長さ3～8㌢，幅1～2㍉の線形。花茎は高さ4～15㌢になり，先端に灰白色～淡灰褐色の頭花を1個つける。頭花は幅約4㍉の卵球形。総苞片は灰白色で頭花より短い。雄花の葯は白色。雌花の萼片は2個で，花弁はない。花期 8～9月 分布 本，四，九，沖

クロホシクサ
E. parvum

〈黒星草〉

湿地に生える1年草。葉は長さ4～10㌢，幅1～3㍉の線形で，先端は鋭くとがる。花茎はややねじれ，高さ10～20㌢になり，藍黒色の頭花をつける。頭花は直径4～5㍉の球形で，白い毛が多い。総苞片は頭花より短い。花期 8～9月 分布 本（関東地方・富山県以西），四，九，沖

シラタマホシクサ
E. nudicuspe

〈白玉星草〉 頭花に白い毛が多く，白い球のようなのでつけられた。伊勢湾沿岸の湿地にだけ生える1年草。葉は長さ14～20㌢，幅1～3㍉の線形で先は針状にとがる。花茎はややねじれ，高さ20～40㌢になる。頭花は直径6～8㍉の球形。花期 8～10月 分布 本（静岡・愛知・三重県）

ホシクサ　まるい頭花が夜空の星のように点々とつく　87.10.5　八王子市

クロホシクサ　87.10.10

❶ホシクサの頭花。少数の雄花と多数の雌花が集まったもの。花はうろこのように重なった花苞の内側につく。先端部に白い花柱が見える。❷クロホシクサの頭花は黒っぽく，白い短毛が多い。❸シラタマホシクサの頭花。白い短毛におおわれている。外側の開いているのは雄花で，黒いのは葯。

シラタマホシクサ　伊勢湾沿岸の湿地にだけ生え，白くて大きな頭花が美しい　81.9.23　愛知県葦毛湿原

イネ目　ホシクサ科

ホシクサ属 Eriocaulon

ニッポンイヌノヒゲ
E. taquetii
〈日本犬の髭〉

湿地に生える1年草。葉は多数叢生し、長さ10〜20㌢、幅5〜8㍉の披針状線形で、やや厚くて光沢がある。花茎は5稜があってややねじれ、高さ15〜22㌢になる。花茎の基部は長さ5〜9㌢の鞘に包まれる。頭花は花茎の先に1個つき、直径6〜8㍉の半球形。総苞片は披針形で先がとがり、頭花よりはるかに長い。頭花の中心部に雄花、周辺部に雌花がつく。花苞も萼も緑白色。花苞はほとんど無毛。雄花の萼は無毛。雌花の萼は内側に白い毛があるほかは無毛で、花弁の先にも毛はない。
花期 8〜9月 分布 北, 本, 四, 九
ニッポンイヌノヒゲは総苞片が頭花より長くのびている。これと似ているのがイヌノヒゲ E. miquelianum で、長くのびた総苞片を犬のひげに見立てて名づけられた。イヌノヒゲは葉の幅が細く、頭花も小さく、花苞、萼片、花弁の上部に白い短毛がある。ヒロハイヌノヒゲは総苞片が頭花より短い点が異なる。

ヒロハイヌノヒゲ
E. robustius
〈広葉犬の髭〉

水田や湿地に生える1年草。葉は多数叢生し、長さ9〜17㌢、幅0.5〜1㌢の披針状線形。花茎は5稜があってややねじれ、高さ5〜20㌢になる。基部の鞘は長さ4〜7㌢。頭花は直径7〜9㍉の半球形で淡褐色。総苞片は頭花

ニッポンイヌノヒゲ 頭花より長い総苞片が目立つ 87.9.3 茨城県岩間町

ヒロハイヌノヒゲ 86.10.12 八王子市

イネ目 ホシクサ科

より短い。雌花の萼片と花弁の内側に毛があるほかはほとんど無毛。
🌼花期　9～10月
分布　北，本，四，九

イトイヌノヒゲ
E. decemflorum
〈糸犬の髭／別名コイヌノヒゲ〉

山野の湿原に生える1年草。葉は長さ3～10㌢の線形で先は鋭くとがる。花茎は細くてややねじれ，高さ5～30㌢になる。基部の鞘は長さ3～5㌢の筒状。頭花は直径3～7㍉の倒円錐状。総苞片は緑白色で頭花よりやや長い。花苞は白色の膜質。雄花も雌花も2数性で，萼片と花弁は2個，雄しべはふつう4個ある。
🌼花期　8～9月
分布　北，本，四，九
✚イトイヌノヒゲは非常に変異が多く，やせた土地に生えたものは全体に小さく，頭花も小型で数も少ない。以前は高さ10㌢以下のものをコイヌノヒゲ var. decemflorum，高さ20～30㌢のものをイトイヌノヒゲ var. nipponicum として分けられていた。

イトイヌノヒゲ　花茎が糸のように細いのでこの名がある　87.10.9　八王子市

ホシクサ属の花のつくり

ホシクサ科は世界に10属ある。日本にはホシクサ属だけが分布し，約40種ある。いずれも水湿地に生え，葉はふつう根生してロゼット状になる。葉の間から花茎を何本ものばし，先端に頭花を1個つける。頭花の基部には総苞がある。総苞片は頭花より長いものや短いもの，同じ長さのもの，先が鋭くとがるものやあまりとがらないものなど，形も質もさまざまで，区別点のひとつになっている。頭花は長さ2～5㍉の小さな花が集まったもので，雄花と雌花がまじってつく。雄花も雌花も外側に乾膜質の花苞がある。花苞の上部にはふつう白い短毛があるが，ニッポンイヌノヒゲなどのように無毛のものもある。萼片と花弁はふつう3個あるが，まれにイトイヌノヒゲのように萼片も花弁も2個のものもある。花弁の先端の内側にはふつう黒腺がある。雄花の萼片は仏炎苞状に合着し，先端に短毛があるものが多い。雄しべはふつう6個あり，葯は大部分が黒色だが，ホシクサのように白色のものもある。雌花の萼片は離生しているものと合生しているものとがある。花弁は離生しているが，ホシクサのように花弁がないものもある。雄花はどれもたいした違いはないが，雌花は萼や花弁がそれぞれ特徴をもっている。ホシクサ属の分類では花の各部の形質が重視されているが，肉眼でも識別できる総苞片はともかく，萼や花弁となると実体顕微鏡が必要である。

❶❷ニッポンイヌノヒゲの頭花。総苞片は頭花よりはるかに長く，先は鋭くとがる。中心部に雄花，そのまわりに雌花がつく。雄花の雄しべは6個で葯は黒色。❸イトイヌノヒゲの若い果実。総苞片に囲まれて，中央部がくびれて2個の球をくっつけたような形の蒴果が集まっている。なかは2室に分かれ，先端には2裂した花柱が残っている。ほかの仲間は3室に分かれ，3つにくびれている。

イネ目　ホシクサ科

イグサ科
JUNCACEAE

花は小型で、イネ科やカヤツリグサ科のような小穂をつくらない。花被片は6個で蒴果の時期まで残る。日本には葉鞘の片側が開いているイグサ属と、筒状で閉じているスズメノヤリ属とがある。

✛従来、イグサ属のコウガイゼキショウ類には小苞がないとされてきた。しかし右下の花の拡大写真にも示されているように、小花のひとつひとつの基部に花被片と紛らわしい苞がある。これは苞葉ではなく、小苞にあたるものと考えられる。

イグサ属 Juncus

コウガイゼキショウ
J. leschenaultii
〈笄石菖〉 全体の感じをサトイモ科のセキショウに、平たい葉を笄にたとえたものという。笄は日本髪にさす細長い装身具。湿地に生える多年草。茎は扁平で狭い翼があり、高さ20〜40チになる。葉は剣状線形で多管質、幅2〜3ミリ。花序は集散状に開出して頭花を多数つけ、1頭花は3〜10個の小花からなる。雄しべは3個。蒴果は長三角錐状で鋭尖頭、花被片と同長かやや長い。❀花期 5〜6月
◎分布 日本全土

ヒロハノコウガイゼキショウ
J. diastrophanthus
〈広葉笄石菖〉 コウガイゼキショウと同様の湿性環境に生育し、混生することもある多年草。植物体は赤みが少なく、高さ20〜50チで直立性が強い。葉は剣状線形で葉幅は3〜5

コウガイゼキショウ 花序は成熟すると赤みが強くなる 86.6.14 八王子市

ヒロハノコウガイゼキショウ 撮影／内野

❶コウガイゼキショウの蒴果。花被片よりやや長い程度。❷ヒロハノコウガイゼキショウの蒴果。先は長くとがり、花被片の2倍の長さに達する。

ミリと前種より幅広い。1頭花は4〜12花からなり、雄しべは3個。長三角錐状の蒴果は花被片より常に長く尾状に突出することも、コウガイゼキショウとのよい区別点である。
花期 6〜7月 分布 日本全土

ハナビゼキショウ
J. alatus

〈花火石菖〉原野や休耕田などの湿地に生育する多年草。茎は2稜形で広い翼があり、高さは20〜40㌢。葉は多管質、この仲間でもっとも幅が広く4〜5㍉。集散状の頭花は4〜10花からなる。雄しべは6本。蒴果は三角状長卵形で花被片よりやや長い。花後、蒴果は著しく赤変し光沢が目立つ。花期 5〜7月 分布 本、四、九

アオコウガイゼキショウ
J. papillosus

〈青笄石菖/別名ホソバノコウガイゼキショウ〉湿地に生える多年草で15〜40㌢と大きさに変化が大きい。葉は扁円筒形で単管質、茎より短い。花は2〜6個の小花からなる頭花を集散状に咲かせる。雄しべは3個。蒴果は長三角錐状で花被片より明らかに長く、先は細くとがる。果実の熟期には本種も植物体が赤変する場合が多い。花期 8〜10月 分布 北、本、四、九

✚ アオコウガイゼキショウに酷似するものに、植物体がさらに大きく、果実が3稜状楕円形で花被片と同長、雄しべは6〜3本のタチコウガイゼキショウがある。

ハナビゼキショウ　花序は花火のように賑やか　05.06.20　町田市　撮影／内野

❸ハナビゼキショウの蒴果。ずんぐりとした蒴果は熟すと赤褐色に染まり、強い光沢がある。
❹アオコウガイゼキショウの蒴果。小花は2〜6個で、鋭くとがる3稜状。

アオコウガイゼキショウ　昭島市　撮影／内野

イネ目　イグサ科

イグサ属 Juncus

イ
J. effusus var. decipiens

〈藺／イグサ・トウシンソウ〉 山野の湿地に生える多年草。茎は円柱形で高さ0.7〜1m，下部に鱗片状に退化した赤褐色の葉がある。集散花序から先には茎に連続した苞葉があり，花序は茎の途中についているように見える。雄しべは3個。花期 6〜9月 分布 北,本,四,九
✚畳表に使うのはイの栽培品種。

ホソイ
J. setchuensis var. effusoides

〈細藺〉 イと同様に明るい湿地に生える高さ20〜100cmほどの多年草。茎は白緑色を帯び，光沢がない。花序の枝は著しく不同長。花期 5〜6月 分布 本,四,九

コゴメイ
J. polyanthemus

〈小米藺〉 オーストラリア原産の大型の多年草で高さは100cmを超える。花序は密に分枝して多数の花をつける。雄しべは3個で花被片より短い。花被片の縁は膜質。河川敷など，各地の水辺に帰化している。花期 5〜6月 分布 オーストラリア原産

クサイ
J. tenuis

〈草藺〉 山野・路傍の人里近くに多い多年草。高さ10〜50cm。葉は扁平で細く，葉鞘と葉身の境に膜質の葉耳がある。花は集散花序に単生し，雄しべは6個。花期 5〜9月 分布 北,本,四,九

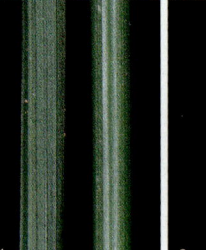

イ 花序の基部から上にのびている部分は茎ではなく苞 86.6.14 多摩市

ホソイ 撮影／内野　　コゴメイ 撮影／内野　　クサイ

❶ホソイとイの茎の比較（生品）。ホソイの茎（左）は光沢がなく縦筋が顕著に隆起する。イ（右）は光沢があるが，縦筋は不明瞭。❷コゴメイ 茎内部の髄の発達は不完全で階段状に空隙がある。❸スズメノヤリの雌性期の花。この仲間は雌しべ先熟で，3個の柱頭が受粉したあと花被片が開き，❹の雄性期に移る。❺ヤマスズメノヒエの雌性期の花（上）と雄性期の花（下）。❻ヤマスズメノヒエの蒴果。

イネ目 イグサ科

スズメノヤリ属
Luzula

葉は線形でふちに長い毛があり、葉鞘は完全な筒形になっている。花の基部には1対の小苞がある。花は1個ずつ花柄の先につくものと、頭状に集まってつくものとがある。

スズメノヤリ
L. capitata

〈雀の槍／別名スズメノヒエ〉 多数の花が集まった頭花の形が、大名行列の毛槍に似ていることによる。
海岸から山地にかけて草地にごくふつうに生える多年草。茎は高さ10〜30㌢になる。根生葉は長さ7〜15㌢、幅2〜6㍉の線形〜広線形で、ふちに白色の長い毛がある。茎葉は2〜3個。茎の先に赤褐色の花が多数集まった卵球形の頭花をふつう1個、まれに2〜3個つける。花被片は長さ2.5〜3㍉。雄しべは6個あり、花被片より短い。花糸はごく短く、葯が目立つ。蒴果は褐色で花被片とほぼ同長。種子には種子の半分ほどの大きさの白い種枕がある。
花期 4〜5月 分布 北,本,四,九

スズメノヤリ 葉のふちに白い毛が多く、葉先は黒くてかたい 83.4.7 岡山市

ヤマスズメノヒエ
L. multiflora

〈山雀の稗／別名ヤマスズメノヤリ〉 山野の草地に生える多年草。スズメノヤリに似ているが、全体にほっそりとした感じで、茎は高さ20〜40㌢になる。頭花はスズメノヤリより小さく、茎の先から散形状にのびた柄の先につく。雄しべの葯は花糸と同長。
花期 5〜7月 分布 北,本,四,九

ヤマスズメノヒエ

イネ目 イグサ科

カヤツリグサ科
CYPERACEAE

単子葉類のなかではイネ科，ラン科に次ぐ大きな科で，世界に約70属4000種ある。イネ科とは茎が中実で3稜形であること，葉鞘が完全な筒形になっていることなどで区別できる。花は小さく，数個以上集まって小穂をつくる。

カヤツリグサ属
Cyperus

花は両性で花被はなく，小穂の軸に2列に並んだ鱗片に1個ずつ抱かれている。柱頭が3個で果実が3稜形のグループと，柱頭が2個で果実がレンズ形のグループとに分けられる。

カヤツリグサ
C. microiria

〈蚊帳吊草／別名マスクサ〉 茎の両端をつまんで裂くと，まんなかに四角形ができる。この形を蚊帳に見立てたもの。別名は枡草で枡を連想したもの。畑や荒れ地，道ばたなどにふつうに生える高さ20～60㌢の1年草。茎は3稜形。葉は根もとに1～3個つき，幅2～3㍉の線形。茎の先に葉と同形の苞が3～4個あり，その間から5～10個の枝をのばす。枝の先はさらにふつう3つに分かれ，黄褐色の小穂がややまばらにつく。花序の枝や小穂の軸には翼がある。小穂は長さ0.7～1.2㌢の線形で，10～20個の小花が2列に並んでつく。鱗片は広倒卵形で，先端は短くとがる。柱頭は3個。果実は3稜のある倒卵形で，鱗片よりやや短い。🌸**花期** 8～10月 **分布** 本，四，九

カヤツリグサ 田園地帯ならどこでも見られる雑草のひとつ 86.8.25 日野市

コゴメガヤツリ 86.8.25 日野市

❶

❷

98　イネ目　カヤツリグサ科

コゴメガヤツリ
C. iria

〈小米蚊帳吊〉 小穂がカヤツリグサよりやや小さいことによる。
やや湿ったところに多い1年草。カヤツリグサによく似ているが、花序の枝に翼がないこと、小穂がやや黄色っぽいこと、鱗片の先がまるみを帯びることなどで区別できる。🌼**花期** 8〜10月 **分布** 本、四、九、沖

チャガヤツリ
C. amuricus

〈茶蚊帳吊〉 小穂が茶褐色を帯びることによる。
田畑や道ばたなどに生える高さ10〜60cmの1年草。カヤツリグサやコゴメガヤツリほど多くない。全体にカヤツリグサによく似ているが、花序の枝は分枝せず、小穂がひとつにまとまってつく。🌼**花期** 8〜10月 **分布** 本、四、九

ウシクグ
C. orthostachyus

〈牛莎草〉
田のあぜや荒れ地の湿ったところに生える高さ20〜70cmの1年草。茎や葉をもむと、レモンのような香りがする。葉は茎より長く、幅2〜8mmの線形。葉鞘は黄褐色。茎の先に葉と同形の苞が3〜5個あり、その間から5〜7個の枝をだし、褐紫色の小穂を多数つける。花序の枝は長さが不ぞろいで、長いものは20cm以上ある。小穂は長さ0.5〜1cmで、約15個の小花がつく。鱗片は広楕円形。柱頭は3個。果実は3稜のある倒卵形。🌼**花期** 8〜10月 **分布** 北、本、四、九

チャガヤツリ 小穂は開出してブラシのような花穂をつくる 86.9.5 八王子市

❶カヤツリグサの小穂。鱗片が左右に2列に並んでつくのはカヤツリグサ属の特徴のひとつ。鱗片はそれぞれ1個ずつ花を抱いているが、写真はもう果実になっている。鱗片の中脈は緑色で、先端はややつきでる。❷コゴメガヤツリの小穂。鱗片の先はカヤツリグサよりまるい。下部の果実はもう落ちている。❸チャガヤツリの小穂。鱗片の中脈が芒状に長くつきでて、ややそり返るのが特徴。

ウシクグ 86.10.12 八王子市

イネ目 カヤツリグサ科

カヤツリグサ属
Cyperus

ヌマガヤツリ
C. glomeratus

〈沼蚊帳吊〉 水湿地に生える高さ30～90㌢の1年草。茎は太くてなめらか。葉は幅2～8㍉の線形で、葉鞘は濃褐色。茎の先に葉と同形の長い苞が3～6個あり、その間から3～5個の枝をだして、先端に長卵形の花穂を密集してつける。花穂は長さ3～4㌢あり、さび褐色の小穂が密につく。小穂は長さ0.5～1㌢、幅約1.5㍉の扁平な線形で、10～20個の小花が2列に並んでつく。鱗片は狭長楕円形。柱頭は3個。果実は3稜のある扁平な狭長楕円形で、鱗片のほぼ2分の1の長さ。❀花期 9～10月 ❀分布 本(中部)

ハマスゲ
C. rotundus

〈浜菅〉 海岸に多いことによる。塊茎を乾燥したものは漢方で香附子と呼び、婦人薬に使われる。

海岸や畑、道ばたなど、日当たりのよい乾燥したところに多い高さ15～40㌢の多年草。地中に細い匍枝をのばし、先端に塊茎をつくってふえる。茎は細くてかたい。葉は根もとに数個つき、幅2～6㍉の線形で短い。茎の先に花序よりやや長い苞が1～2個あり、その間から1～7個の枝をだして、先端に赤褐色の小穂を3～8個つける。小穂は長さ1.5～3㌢、幅1.5～2㍉の線形で、20～30個の小花が2列に並んでつく。鱗片は長さ約3.5㍉の狭卵形。

ヌマガヤツリ 苞が非常に長く、小穂が密生するのが特徴 86.9.5 八王子市

ハマスゲ 87.9.12 三浦半島

❶

❷

イネ目 カヤツリグサ科

柱頭は3個。果実は3稜のある扁平な長楕円形。🌸**花期** 7〜10月 🌏**分布** 本,四,九,沖

カンエンガヤツリ
C. exaltatus
　　var. iwasakii

〈灌園蚊帳吊〉 江戸時代末期の本草学者の岩崎灌園の名にちなんだもの。岩崎灌園はその著『本草図譜』で,カンエンガヤツリの図をはじめて紹介した。池や沼,川岸などの水湿地に生える高さ0.8〜1.2㍍の1年草。葉は茎と同じくらいの長さがあり,幅0.8〜1.5㌢の線形。茎の先に葉と同形の苞が4〜5個あり,その間から5〜10個の枝をだす。枝はさらに散形状に枝分かれし,先端に長さ2〜4㌢,幅1〜1.5㌢の花穂が1〜5個つく。花穂には黄緑色〜黄褐色の小穂が開出してつく。小穂は長さ0.5〜1㌢あり,10〜20個の小花が2列に並んでつく。鱗片は長さ約2㍉の卵形。柱頭は3個。果実は3稜のある扁平な楕円形。🌸**花期** 9〜10月 🌏**分布** 本(青森・埼玉・千葉県,東京都)

✚カンエンガヤツリは,東京上野の不忍池でしばしば大群生するが,年によって消長が激しい。朝鮮半島では莞草(ワングル)と呼ばれ,敷物などをつくるため栽培されている。東アジアに広く分布しているが,日本のものは渡り鳥によってもたらされたものではないかともいわれている。最近,多摩川中流域に出現しているのも,カモ類の増加と関連があるのかもしれない。

カンエンガヤツリ　最近,多摩川中流域にも出現しはじめた　86.11.14　日野市

❶ヌマガヤツリの果穂。もう果実はほとんど脱落し,残っているのは小穂の軸。❷ハマスゲの地下匍枝。茎の基部のふくらんだ部分が塊茎ですでに新芽ができている。塊茎は香りがよく,薬用に用いられる。❸ハマスゲの小穂。鱗片は赤褐色の狭卵形で,緑色の中脈の先端はほとんど突出しない。鱗片の間からのびだしているのは柱頭で,花期にはよく目立つ。❹カンエンガヤツリの果穂。果実の半分はすでに脱落し,小穂が開出しているのがよくわかる。

イネ目　カヤツリグサ科

カヤツリグサ属
Cyperus

キンガヤツリ
C. odoratus
〈金蚊帳吊／別名ムツオレガヤツリ〉

熱帯に広く分布する1年草で、千葉県や東京都、徳島県、沖縄県などに帰化している。茎は高さ20〜60㎝になり、基部は太い。葉は根もとに集まり、幅0.5〜1㎝の線形。茎の先に葉と同形の長い苞が数個あり、その間から5〜10個の枝をだし、多数の小穂がブラシのように開出してつく。小穂は長さ1〜1.5㎝、幅約1㎜の円柱形で、6〜16個の小花がつく。鱗片は長さ2.5〜3㎜の楕円形。柱頭は3個。果実は3稜形。🌼花期 8〜10月 🌏分布 熱帯原産

イヌクグ
C. cyperoides
〈犬莎草／別名クグ〉

暖地の海岸の日当たりのよい草地に生える高さ30〜80㎝の多年草。茎の基部は暗褐色の古い葉鞘に包まれる。葉は幅3〜6㎜の線形で、根もとに数個集まる。茎の先に葉と同形の苞が3〜5個あり、その間から10個ほど枝をだし、多数の小穂がブラシのように開出してつく。枝は長短があり、しばしば短くなって、全体が頭状に集まる。小穂は長さ4〜5㎜の円柱形で、1〜2個の小花がつく。鱗片は長さ約3㎜の長楕円形。柱頭は3個。果実は3稜のある狭長楕円形。🌼花期 8〜10月 🌏分布 本(房総半島、伊豆諸島、近畿地方以西)、四、九、沖

キンガヤツリ　花穂が黄色いのでこの名がついた　87.9.16　東京都江東区

イヌクグ　86.11.5　高知県立牧野植物園

❶キンガヤツリの小穂は細い円柱形で、先はとがる。多数の小穂が花序の枝に開出してつくので、花穂はブラシのように見える。小穂には6〜16個の小花が軸に密着してつく。小花と小花の間に関節があり、ひっぱると関節の部分で切れるのが特徴。❷イヌクグの花序の枝は短く、花穂が頭状に集まるものが多い。小穂の小花は1個だけのものが多い。白い柱頭と黄色の葯が見えている。

イネ目　カヤツリグサ科

タマガヤツリ
C. difformis

〈球蚊帳吊〉 花序がまるいことによる。

田のあぜや溝のふちなどにごくふつうに生える高さ15〜40㌢の1年草。葉は幅2〜5㍉の線形で茎より短い。葉鞘は黄褐色。茎の先に葉と同形の苞が2〜3個あり、その間から1〜6個の枝をだし、多数の小穂が球形に集まった直径約1㌢の花穂をつける。小穂は長さ0.3〜1㌢の扁平な線形で、10〜20個の小花が2列に並んでつく。鱗片は倒卵形。柱頭は3個。果実は3稜のある倒卵形で、鱗片とほぼ同長。🌼**花期** 8〜10月 **分布** 日本全土

アオガヤツリ
C. nipponicus

〈青蚊帳吊／別名オオタマガヤツリ〉 花序が緑色であることによる。別名は花序がタマガヤツリより大きいことによる。

湿ったところに生える高さ10〜30㌢の1年草。茎はしばしば放射状に広がる。葉は幅1〜2.5㍉の線形。葉鞘は褐色、ときに赤紫色を帯びる。茎の先に花序よりはるかに長い苞が2〜3個あり、その間に小穂が直径1.5〜2.5㌢の球形に集まってつく。ときに短い枝をだして球形の花穂をつけることもある。小穂は長さ3〜7㍉、幅1.5〜2㍉の扁平な披針形で、10〜30個の小花が2列に並んでつく。鱗片は長さ約2㍉の卵形。柱頭は3個。果実は3稜のある卵状楕円形で、鱗片より短い。🌼**花期** 8〜10月 **分布** 本,四,九

タマガヤツリ 田のあぜなどでふつうに見られる 86.9.4 八王子市

❸タマガヤツリの花穂。花序の枝の先に小穂が球形に集まってつく。鱗片は黒褐色を帯びる。❹アオガヤツリの小穂は苞の間に頭状につく。鱗片の先はとがる。

アオガヤツリ 87.9.16 東京都江東区

イネ目 カヤツリグサ科

カヤツリグサ属
Cyperus

コアゼガヤツリ
C. haspan var. tuberiferus
〈小畔蚊帳吊／別名ミズハナビ〉

田のあぜや溝のふちなどの湿ったところに生える高さ20〜60cmの多年草。地下茎は横に長くのびるが、乾いたところではあまりのびない。葉は幅2〜6mmの線形で短く、葉鞘だけのものもある。茎の先の苞の間から枝を数個だし、先端に赤褐色の小穂を4〜5個つける。小穂は長さ0.5〜1.5cmの扁平な線状長楕円形で、10〜20個の小花が2列に並んでつく。鱗片は長楕円形。柱頭は3個。果実は3稜のある広卵形で、鱗片より短い。花期 8〜11月 分布 本, 四, 九
✤ コアゼガヤツリとよく似たヒメガヤツリ C. tenuispica にもミズハナビの別名がある。いずれも小穂が線香花火のようにつくことによるが、ヒメガヤツリは1年草で根茎はない。

ヒナガヤツリ
C. flaccidus
〈雛蚊帳吊〉

田のあぜや川のふちなどに生える高さ3〜15cmの1年草。葉はふつう短い葉身のある葉鞘になっている。茎の先に長い葉状の苞があり、そのわきから3〜6個の枝をだし、先端に淡緑色の小穂を掌状に2〜6個つける。小穂は扁平で長さ0.5〜1.2cmあり、12〜30個の小花が2列に並んでつく。鱗片は広卵形で先端は芒状にとがる。柱頭は3個。果実は3稜のある

コアゼガヤツリ　赤褐色の小穂が線香花火のようにつく　87.9.3　水海道市

ヒナガヤツリ　86.8.17　八王子市

❶ コアゼガヤツリの花穂。枝の先端に小穂が3〜4個つく。
❷ ヒナガヤツリの花序の枝は3〜6個でて、先端に小穂を2〜6個掌状につける。

イネ目　カヤツリグサ科

広倒卵形で、鱗片より短い。💮**花期** 8～10月 **分布** 本、四、九

ユメノシマガヤツリ
C. congestus

〈夢の島蚊帳吊〉 1984年に浅井康宏が東京湾の埋立地、夢の島で発見したことによる。アフリカ南部からオーストラリアに分布する多年草で、東京湾の埋立地に帰化している。茎は高さ30～70㌢になる。葉は茎よりやや短く、幅4～6㍉の線形。茎の先に花序よりはるかに長い葉状の苞が3～4個あり、その間から2～7個の枝をだし、先端に長さ2～3㌢のやや球形の花穂をつける。小穂は長さ1～2㌢の扁平な狭披針形で、7～16個の小花が2列に並んでつく。鱗片は長楕円形。柱頭は3個。果実は3稜のある長倒卵形で鱗片より短い。💮**花期** 8～10月 **分布** アフリカ南部・オーストラリア原産

ヒメクグ
C. brevifolius
　var. leiolepis
〈姫莎草〉
日当たりのよい湿ったところにふつうに生える高さ5～20㌢の多年草。根茎を長くのばしてふえる。葉は幅2～3㍉の線形。茎の先に長い葉状の苞が2～3個あり、その間に緑色の小穂が集まった直径0.7～1㌢の球形の花序をふつう1個、ときに2～3個つける。小穂は長さ3～3.5㍉の扁平な狭披針形で、鱗片4個のうち、最上部の1個だけ小花がある。柱頭は2個。果実はレンズ形。💮**花期** 7～10月 **分布** 日本全土

ユメノシマガヤツリ　東京湾の埋立地に帰化している　86.7.4　東京都江東区

❸ユメノシマガヤツリの小穂には鱗片に抱かれた小花が7～16個ある。❹ヒメクグの花序は球形で、小花1個の小穂が密につく。

ヒメクグ　87.9.10　佐原市

イネ目　カヤツリグサ科

カヤツリグサ属
Cyperus

カワラスガナ
C. sanguinolentus

〈河原菅菜〉 河原に多く、スゲに似ているからという。
田のあぜや川のふちなどの湿った草地にふつうに生える1年草。茎の下部は地をはい、上部は直立して高さ10〜40㌢になる。葉は茎より短く、幅2〜3㍉の線形。茎の先に花序よりはるかに長い葉状の苞が2〜3個あり、その間に赤褐色を帯びた小穂が頭状につく。小穂は長さ1〜2㌢、幅2.5〜3.5㍉の扁平な長楕円形で、10〜30個の小花が2列に並んでつく。鱗片は広卵形。柱頭は2個。果実はレンズ状にふくらんだ広倒卵形。花期 7〜10月 分布 日本全土

ミズガヤツリ
C. serotinus

〈水蚊帳吊／別名オオガヤツリ〉
湿地に生える高さ0.5〜1㍍の多年草。秋になると、根茎の先に小さな塊茎をつくって冬を越す。葉は長さ50〜60㌢、幅5〜8㍉の線形。茎の先に花序よりはるかに長い葉状の苞が3〜4個あり、その間から5〜8個の枝をだす。枝の上部からさらに2〜3個の枝をだし、赤褐色を帯びた小穂をややまばらにつける。小穂は長さ1〜2㌢、幅2〜2.5㍉の長楕円形で、約20個の小花が2列に並んでつく。鱗片は広卵形。柱頭はふつう2個。果実はレンズ状にふくらんだ円形。花期 8〜10月 分布 日本全土

カワラスガナ 茎の下部は横にはい、節から根をだす 86.9.18 八王子市

ミズガヤツリ 86.9.18 八王子市

❶カワラスガナの小穂は頭状に集まる。小花の数が少ないタイプ。❷ミズガヤツリの花穂。小穂は総状につく。白い糸状の柱頭が鱗片の間からのびだしている。

106 イネ目 カヤツリグサ科

イガガヤツリ　クリのいがのような花序がよく目立つ　87.9.10　霞ガ浦

❸イガガヤツリの花序の枝はごく短く、小穂は頭状に集まる。❹アゼガヤツリの花穂。小穂はややまばらにつく。小穂の基部には関節のようなふくらみがある。　アゼガヤツリ　86.9.4　日野市

イガガヤツリ
C. polystachyos

〈毬蚊帳吊〉　球形の花序がクリのいがのように見えることによる。海岸近くの砂地や草地に生える高さ10〜40㌢の多年草。茎はかたくて叢生する。葉は茎より短く、幅2〜3㍉の線形。葉鞘は淡赤褐色。茎の先に花序より長い葉状の苞が3〜5個あり、その間に赤褐色の小穂が頭状に集まって球形の花序をつくる。ときに長さ5㌢ほどの枝をだし、その先に球形の花穂をつけることもある。小穂は長さ1〜2.5㌢、幅1.5〜2㍉の扁平な線状披針形で、15〜40個の小花が2列に並んでつく。鱗片は長さ約1.5㍉の狭卵形。柱頭は2個。果実はレンズ状にふくらんだ長倒卵形。❀花期　8〜10月　❀分布　本(関東地方以西),四,九,沖

アゼガヤツリ
C. flavidus

〈畔蚊帳吊〉　田のあぜや湿地にふつうに生える高さ20〜40㌢の1年草。茎は細くてかたい。葉は茎より短く、幅1〜2㍉の線形。葉鞘は濃褐色。茎の先に花序よりはるかに長い葉状の苞が2〜4個あり、その間から3〜5個の枝をだし、先端に赤褐色の小穂が開出して5〜10個つく。小穂は長さ1〜2.5㌢、幅2〜2.5㍉の扁平な線状披針形で、14〜50個の小花が2列に並んでつく。鱗片は長さ1.5〜2㍉の卵状楕円形。柱頭は2個。果実はレンズ状にふくらんだ倒卵形。❀花期　8〜10月　❀分布　本,四,九,沖

ヒトモトススキ属
Cladium

小穂には数個の小花がつき、そのうち1個だけ結実する。

ヒトモトススキ
C. jamaicense
　　ssp. chinense

〈一本薄／別名シシキリガヤ〉　カヤツリグサ科には珍しく茎葉があり、1本の茎に多数の葉がつくのをススキにたとえた。別名は、葉のふちが非常にざらつき、イノシシも切れそうだということから。海岸に近い湿地に生える高さ1～2mの多年草。茎はかたく、叢生して大きな株をつくる。葉はかたく、幅0.8～1cmの線形。茎の上部に多数の小穂が密生した花穂を5～7個つける。小穂は長さ約3mmの長楕円形。果実は3稜形で外果皮は海綿質。花期　8～10月　分布　本（関東地方南部以西）、四、九、沖

ヒンジガヤツリ属
Lipocarpha

果実が膜質の鱗片に包まれているのが特徴。

ヒンジガヤツリ
L. microcephala

〈品字蚊帳吊〉　卵形の小穂が3個集まった形が「品」にという字に似ていることによる。水田や湿地に生える高さ5～20cmの1年草。葉は幅1～2mmの線形でやわらかく、茎より短い。茎の先に葉と同形の長い苞がふつう2個あり、その間に3個の小穂が頭状につく。小穂は長さ3～5mmの卵形で、多数の鱗片がらせん状に並んでつく。鱗片は膜質で広披針形。花期　8～10月　分布　本、四、九、沖

ヒトモトススキ　葉は非常にざらつき、刃物のように切れる　86.10.11　三浦半島

ヒンジガヤツリ　87.8.24　日野市

❶ヒトモトススキの小穂は楕円形で、数個ずつ球状に集まる。小穂には約10個の鱗片がらせん状につくが、上部の2個の鱗片だけ小花を抱き、しかも最上部の1個だけが結実する。❷ヒンジガヤツリの小穂は3個が品の字形につく。小穂には緑色の鱗片が多数らせん状に並び、それぞれ小花を1個ずつ抱く。

イネ目　カヤツリグサ科

アブラガヤ属 Scirpus

水生の多年草。葉身が明瞭な根生葉を多数つけ、花序が茎に頂生する姿は同じカヤツリグサ科のスゲ属に似る。茎頂につく花序は散房状で、小型で多数の小穂をつける。北半球に約35種ある。茎頂に葉身が発達した総苞が輪生し、小穂が大型で小数個のものをウキヤガラ属、根生葉が鞘状に退化し、花序が偽側生となるものをフトイ属として区別する。

マツカサススキ
S. mitsukurianus

〈松毬薄〉 小穂が球状に集まった花穂を松かさに見立てたもの。日当たりのよい湿地に生える高さ1〜1.5mの多年草。茎は鈍い3稜形で、5〜7個の節がある。葉はかたく、幅4〜8mmの線形。葉鞘は長さ5〜10cmで、茎をぴったりと包む。茎の先や上部の葉腋から花序の枝をだし、10〜20個の小穂が球状に集まった花穂を散房状につける。茎の先の花穂がもっとも大きい。小穂は長さ4〜6mmの楕円形で黒褐色を帯びる。花期 8〜10月 分布 本,四,九

コマツカサススキ
S. fuirenoides

〈小松毬薄〉
日当たりのよい湿地に生える高さ0.8〜1.2mの多年草。マツカサススキと同じように、10〜20個の小穂が球状に集まって花穂をつくるが、花穂は茎の先には数個、葉腋には1〜2個と少ない。小穂は長さ5〜7mm。花期 8〜10月 分布 本,四,九

マツカサススキ 小穂がまるく集まった花穂が多数つく 87.9.8 浦和市

❸マツカサススキの小穂は10〜20個ずつ集まって、まるい花穂をつくる。小穂には狭卵形の鱗片がらせん状に多数つき、鱗片は1個ずつ小花を抱いている。鱗片は果実が熟すと黒褐色を帯びる。❹コマツカサススキも小穂が10〜20個ずつ球形に集まるが、小穂の先はマツカサススキに比べてまるみがある。

コマツカサススキ 86.8.27 作手村

イネ目 カヤツリグサ科

アブラガヤ属 Scirpus

アブラガヤ
S. wichurae

〈油茅〉 花序が油光りし,油くさい。

山野の湿地に生える高さ1〜1.5㍍の多年草。茎は太くてかたく,鈍い3稜形で,5〜8個の節がある。葉は幅0.5〜1.5㌢の線形。葉鞘は茎にぴったりと包む。茎の先や上部の葉腋から花序の枝をだし,それぞれ数回分枝して,小穂を多数つける。小穂は1〜5個ずつ集まってつき,長さ4〜8㍉の楕円形〜長楕円形で,多数の鱗片がらせん状につき,果実が熟すと鱗片が赤褐色になる。●花期 8〜10月 ●分布 北,本,四,九
✣アブラガヤは変異が多く,次のように細かく分ける考え方もある。エゾアブラガヤは花序が茎の先に1個だけつき,小穂が球形のもの。アイバソウは小穂が単生するもの。シデアブラガヤは小穂が細く,かつ長いもの。チュウゴクアブラガヤは果実が鱗片より長い。

ウキヤガラ属 Bolboschoenus

ウキヤガラ
B. fluviatilis ssp. yagara

〈浮矢柄／別名ヤガラ〉 冬になると枯れて水に浮く茎を矢柄に見立てたもの。

池や川などの浅い水中に生える高さ0.7〜1.5㍍の多年草。直径3〜4㌢の球状の根茎から地下匍枝をのばしてふえる。茎は太い3稜形。葉は茎の中部より下につき,幅0.5〜1㌢の線形。葉鞘はときに褐色を帯びる。茎の先に花

アブラガヤ 小穂が1個ずつ離れてつくアイバソウ型 86.8.8 長野県白馬村

❶アブラガヤの標準的なタイプで,茎の先や葉腋に花序をだし,小穂は数個ずつ集まってつく。茎の先の花序は大型で,枝を数個だし,枝はさらに分枝する。葉腋の花序は小型。❷アブラガヤの1変異でアイバソウと呼ばれるタイプ。小穂は1個ずつ離れ離れにつく。鱗片はらせん状につき,先端は芒状にとがる。

イネ目 カヤツリグサ科

序よりはるかに長い葉状の苞が2～4個あり，その間から3～8個の枝をだし，枝先に1～4個の小穂をつける。小穂は長さ1～2㌢の長楕円形で，膜質の鱗片がらせん状に並ぶ。鱗片には細毛が多い。柱頭は3個。果実は3稜のある倒卵形で光沢のある灰褐色。果実よりやや短い刺針が6個ある。🌸**花期** 7～10月
❁**分布** 北，本，四，九

コウキヤガラ
B. koshevnikovii
〈小浮矢柄／別名エゾウキヤガラ〉
海岸近くの湿地や河口などに生える高さ0.4～1㍍の多年草。ウキヤガラより全体に小さく，葉は幅2～5㍉でふつう根もとに集まる。また花序の枝はほとんどのびず，茎の先に1～6個の小穂が頭状に密集してつく。小穂は長さ0.8～1.5㌢の卵状楕円形。柱頭は2個。果実はレンズ状の広倒卵形で光沢のある黄褐色。刺針はふつうない。🌸**花期** 7～10月 ❁**分布** 日本全土

ウキヤガラ 池や川などの浅い水中に群生することが多い 86.6.2 八王子市

❸ウキヤガラの雌性期の小穂。鱗片の間から白い柱頭が3個ずつのびている。❹雄性期の小穂。柱頭はすでにしなびて褐色になり，雄しべの葯がのびて，花粉を散らしている。❺コウキヤガラの果実は広倒卵形で，中央がへこんだレンズ状になる。刺針はないものが多い。扁平なひも状のものは葯が落ちたあとの花糸。

コウキヤガラ 86.6.28 東京都江東区

イネ目　カヤツリグサ科

フトイ属
Schoenoplectus

ホタルイ
S. hotarui

〈蛍藺〉 ホタルがいそうな場所に生えるからといわれる。

湿地に生える高さ15〜60cmの1年草。茎は円柱形で叢生して株をつくる。葉は葉身が退化して葉鞘だけになっている。小穂は茎の先に2〜7個が頭状につくが、苞が茎から続いて直立するので、茎の途中についているように見える。小穂は長さ0.6〜1.4cm、幅4〜6mmの卵形。柱頭は3個。果実は3稜のある扁平な広倒卵形で光沢のある黒褐色。果実よりやや長い刺針が6個ある。
🌼**花期** 7〜10月 ❁**分布** 日本全土

イヌホタルイ
S. juncoides

〈犬蛍藺〉

しばしばホタルイと混生し、高さ20〜70cmとひとまわり大型の1年草。前種と同じく苞は茎状で直立する。小穂は長さ0.9〜1.8cmの長楕円形で、ホタルイより細長い。柱頭は2個で、果実はレンズ形になる。🌼**花期** 8〜10月 ❁**分布** 日本全土
✤ホタルイとイヌホタルイを一緒にして、ホタルイ S. hotarui とする考えもある。

ヒメホタルイ
S. lineolatus

〈姫蛍藺〉

やや砂質の湿地に生える高さ7〜30cmの多年草。ホタルイより全体に小型で、根茎が横に長くのび、節から茎を1個ずつ立てる。秋になると根茎の先に越冬芽をつくる。小穂は長

ホタルイ　苞が直立するので花序は側生のように見える　87.8.7　愛知県下山村

イヌホタルイ　86.10.12　八王子市

ヒメホタルイ　86.8.15　本栖湖

イネ目　カヤツリグサ科

さ0.7〜1センチの長楕円形で、ふつう1個、ときに2〜3個つく。柱頭は2個。果実はレンズ状の広倒卵形で光沢のある黒褐色。果実より長い刺針が4〜5個ある。🌸**花期** 7〜10月 **分布** 日本全土

カンガレイ
S. triangulatus

〈寒枯藺〉 枯れた茎が冬になっても残っていることからつけられたといわれる。

池や沼、河原などにふつうに生える高さ0.5〜1.2メートルの多年草。茎は鋭い3稜形で、多数叢生して大きな株をつくる。葉は葉身が退化して葉鞘だけになっている。茎の先に長さ3〜7センチの苞が1個直立または開出し、そのわきに4〜10個の小穂が頭状につく。小穂は長さ1〜2センチ、幅4〜6ミリの長楕円形。柱頭は3個。果実は3稜のある扁平な広倒卵形で光沢のある黒褐色。表面には横じわが多く、刺針は6個あり、果実より長い。🌸**花期** 8〜10月 **分布** 日本全土

カンガレイ 浅い水中にしばしば大株をつくって群生する 86.9.5 八王子市

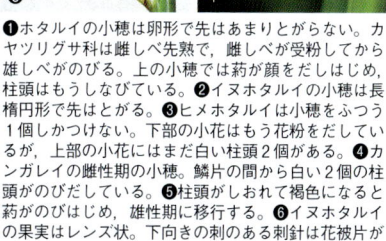

❶ホタルイの小穂は卵形で先はあまりとがらない。カヤツリグサ科は雌しべ先熟で、雌しべが受粉してから雄しべがのびる。上の小穂では葯が顔をだしはじめ、柱頭はもうしなびている。❷イヌホタルイの小穂は長楕円形で先はとがる。❸ヒメホタルイは小穂をふつう1個しかつけない。下部の小花はもう花粉をだしているが、上部の小花にはまだ白い柱頭2個がある。❹カンガレイの雌性期の小穂。鱗片の間から白い2個の柱頭がのびだしている。❺柱頭がしおれて褐色になると葯がのびはじめ、雄性期に移行する。❻イヌホタルイの果実はレンズ状。下向きの刺のある刺針は花被片が変形したもの。扁平なひも状のものは雄しべの花糸。

イネ目 カヤツリグサ科

フトイ属
Schoenoplectus

サンカクイ
S. triqueter

〈三角藺／別名サギノシリサシ〉 茎の断面が三角形なのでつけられた。別名は直立した苞の先がとがっていることによる。

池や沼, 川岸などに生える高さ0.5～1.2㍍の多年草。細い根茎が横にのび, 節から茎を立てて群生する。茎は三角形。葉はふつう葉鞘だけになっているが, ときに短い葉身がある。茎の先に長さ2～5㌢の苞が1個直立し, そのわきから2～3個の枝をだし, 先端に2～3個ずつ小穂をつける。小穂は長さ0.8～1.2㌢の長卵形。柱頭は2個。果実はレンズ状で黄褐色。果実より長い3～5個の刺針がある。 花期 7～10月 分布 日本全土

フトイ
S. tabernaemontani

〈太藺／別名オオイ・マルスゲ〉 和名も別名も全体に大きく茎が太くてまるいことによる。

池や沼, 川岸などに生える高さ0.8～2㍍の多年草。根茎は太くて横にはう。茎は直径1～2㌢の太い円柱形。葉は葉鞘だけになっているが, ときに短い葉身がある。茎の先に短い苞が1個直立し, そのわきから4～7個の枝をだし, 枝はさらに分枝して小穂をつける。小穂は長さ0.5～1㌢の卵形～長卵形。柱頭は2個。果実はレンズ状で黄褐色。果実と同長の刺針が4～5個ある。 花期 7～10月 分布 日本全土

サンカクイ 茎は三角形。花序より上にのびているのは苞 86.6.24 八王子市

フトイ 茎は太くてまるい 11.8.18 新潟市

イネ目 カヤツリグサ科

ハタガヤ属 Bulbostylis

テンツキ属と似ているが、花柱の基部が円盤状にふくれ、花柱が落ちたあとも果実に残っているのが特徴。小穂には鱗片がらせん状に並び、小花を1個ずつ抱いている。花は両性で花被片はない。柱頭は3個。果実は3稜のある倒卵形。

イトハナビテンツキ
B. densa

〈糸花火点突〉 茎や葉が糸のように細く、花序が花火のように見えることによる。

日当たりのよい畑や荒れ地に生える高さ8〜40cmの1年草。茎は糸状で多数叢生する。葉も糸状で茎より短い。茎の先から2〜5個の枝をだし、茶褐色の小穂をややまばらな散房状につける。苞はほとんどない。小穂は長さ3〜5mmの卵状長楕円形。鱗片は卵形で先は芒状にはならない。果実には細点がある。🌱 **花期** 8〜10月 **分布** 日本全土

ハタガヤ
B. barbata

〈畑茅〉 畑に多いことからつけられた。

日当たりのよい畑や荒れ地に生える高さ10〜40cmの1年草。茎は糸状で多数叢生する。葉も糸状で茎より短い。葉鞘は淡褐色でふちに毛がある。茎の先に葉と同形の苞が1〜3個あり、その間に淡褐色の小穂が5〜15個頭状に集まってつく。小穂は長さ3〜7mmの披針形で、鱗片の先は短い芒状にとがる。果実はなめらか。🌱**花期** 8〜10月 **分布** 本、四、九、沖

イトハナビテンツキ　茎も葉も糸のように細い　86.11.4　日野市

❶サンカクイの小穂は枝先に2〜3個ずつつく。鱗片はらせん状に並び、長さ約4mmの長楕円形。茶褐色の薄い膜質で、緑色の中脈が目立つ。各鱗片の先端部から白っぽい柱頭が2個ずつのびだしている。❷サンカクイの茎の断面は完全な三角形で、内部には格子状になった白い髄がある。❸フトイの茎の断面はまるく、内部にはやはり格子状の白い髄がある。髄にも維管束や繊維が多い。❹ハタガヤの花序。5〜15個の小穂が頭状に集まる。鱗片は卵形、中脈は緑色で、先端は芒状に短くとがって、ややそり返る。苞は花序より長い。

ハタガヤ　砂地を好む　87.10.9　九十九里浜

イネ目　カヤツリグサ科　115

テンツキ属 Fimbristylis

果実は長さ1㍉前後で小さいが、表面にいろいろな模様があり、ルーペでみるとおもしろい。花は両性で花被片はない。柱頭が2個で果実がレンズ形のグループと、柱頭が3個で果実が3稜形のグループがある。

テンツキ
F. dichotoma
　var. tentsuki

〈点突〉　牧野富太郎は「点突は、その小穂で点をつけ得るとの意味か、または小穂が上向きなので天を衝くとの意味であろうか」と推測している。また小穂が小さいので点付という説もある。

田のあぜや道ばたのやや湿った草地に生える高さ15〜60㌢の1年草。茎や葉には多少とも毛がある。葉は幅1.5〜4㍉の線形。葉鞘は茶褐色。茎の先に葉状の苞が数個あり、その間から枝を数個だし、黄褐色の小穂をややまばらにつける。小穂は長さ5〜8㍉、幅2.5〜3㍉の長卵形で、鱗片は広卵形。柱頭は2個。果実はレンズ形で、表面に格子状の模様がある。

花期　7〜10月
分布　日本全土

ヤマイ
F. subbispicata
〈山藺〉

山地にも生えるが、平地の湿地にふつうに生える高さ15〜50㌢の多年草。葉は幅0.7〜1.5㍉で茎より短い。茎の先に葉状の苞が1個あり、そのわきに小穂をふつう1個つける。小穂は長さ0.8〜2.5㌢、幅4〜6㍉の長楕円状卵形で、鱗片は広卵形。

テンツキ　田のあぜなどにごくふつうに生える　86.9.5　日野市

ヤマイ　86.9.18　日野市

❶

❷

イネ目　カヤツリグサ科

柱頭は2個。果実はレンズ形で，表面はなめらか。🌸花期 7〜10月 🌏分布 日本全土

イソヤマテンツキ
F. sieboldii
〈磯山点突〉

海岸の砂地や岩場に生える高さ15〜40㌢の多年草。葉はかたく，幅1〜1.5㍉で茎より短い。下部の葉は葉鞘だけになっている。茎の先に葉状の苞が1〜3個あり，その間から3〜10個の枝をだし，先端に濃褐色の小穂を1個ずつつける。小穂は長さ0.7〜1.5㌢，幅約3㍉の狭長楕円形。鱗片は卵形で微細な毛がある。柱頭は2個。果実はレンズ形でなめらか。🌸花期 8〜10月 🌏分布 本(千葉県・石川県以西)，四，九，沖

メアゼテンツキ
F. velata

〈雌畔点突〉 田や畑のあぜなどに生える高さ10〜25㌢の1年草。葉は糸状で細く，茎より短い。茎の先に葉状の苞が3〜5個あり，その間から枝を数個だし，枝はさらに分枝して，先端に小穂を1個ずつつける。小穂は長さ4〜7㍉，幅1〜1.5㍉の披針形。鱗片は長楕円形で，先端は短い芒状になる。柱頭は2個。花柱の基部には下向きの長い毛がある。果実はレンズ形でなめらか。🌸花期 8〜10月 🌏分布 日本全土

✣メアゼテンツキとよく似たアゼテンツキ F. squarrosa は，小穂の鱗片の先端が長い芒になってそり返る。コアゼテンツキ F. aestivalis も似ているが，花柱の基部に毛がない。

イソヤマテンツキ 海岸に株立ちになって生える 86.7.24 三浦半島

❶テンツキの小穂。鱗片をはずすと格子状の模様のある果実がでてくる。❷ヤマイの小穂は茎の先にふつう1個だけつき，果実が熟すと鱗片がそり返る特徴がある。❸イソヤマテンツキの小穂は茎の先に3〜10個つく。花期はもう終わりに近く，上部の葯は盛んに花粉をだしているが，下部の葯はもうしおれている。

メアゼテンツキ 87.9.19 河口湖

イネ目 カヤツリグサ科 117

テンツキ属 Fimbristylis

ビロードテンツキ
F. sericea

〈天鵞絨点突〉 茎や葉に長くて白い絹毛が多いことによる。

海岸の砂地に生える高さ10〜30cmの多年草。根茎は短く、枯れた葉鞘に包まれている。茎や葉はかたく、白い毛が密生する。葉は茎より短く、幅1.5〜2mmの線形。茎の先に3〜15個の小穂を頭状につける。ときに短い枝をだし、先端に数個の小穂をつけることもある。苞は短い。小穂は長さ0.6〜1cm、幅約4mmの狭卵形で、灰褐色の鱗片がらせん状に並ぶ。鱗片は広卵形で薄い膜質。中脈は緑色で先端はとがる。柱頭は2個。果実はレンズ形で暗褐色。花期 8〜10月 分布 本（茨城県・富山県以西）、四、九

ノテンツキ
F. complanata
f. exaltata

〈野点突／別名ヒラテンツキ〉 湿地や草地に生える高さ50〜70cmの多年草。茎は扁平で叢生しない。葉は茎より短く、幅1.5〜2mmの線形。茎の先に線形の短い苞が2〜4個あり、その間から枝を数個だす。枝は2〜3回分枝し、先端に小穂を1個ずつつける。小穂は長さ5〜7mm、幅1.5〜2mmの角ばった披針形で、赤褐色の鱗片がらせん状に並ぶ。鱗片は長楕円形で薄い膜質。中脈は緑色で先端は鋭くとがる。柱頭は3個。果実は3稜のある倒卵形で白っぽい。花期 7〜10月 分布 本、四、九、沖

ビロードテンツキ 海辺植物らしく、白い毛が密生する 87.9.24 九十九里浜

イネ目 カヤツリグサ科

ヒメヒラテンツキ
F. autumnalis

〈姫平点突／別名ヒメノテンツキ・クサテンツキ〉 果穂が細く、全体にやわらかいので、姫や草の名前がついた。日当たりのよい田のあぜや湿った草地に生える高さ10～30㌢の1年草。茎は扁平で叢生する。葉はやわらかく、幅1.5～2.5㍉の線形で、葉鞘は2列に並んで茎を包む。茎の先に葉と同形の苞が2～3個あり、その間から枝を数個だす。枝は2～3回分枝し、先端に小穂を1個ずつつける。小穂は長さ3～6㍉、幅約1.5㍉の披針形で、赤褐色の鱗片がらせん状に並ぶ。鱗片は狭卵形で薄い膜質。中脈は緑色で先端はとがる。柱頭は3個。果実は3稜のある倒卵形で白っぽい。

🌼花期 7～10月
分布 日本全土

✣テンツキ属、ハタガヤ属、ハリイ属は花柱と果実の間に節があり、花柱の基部はふくらんで、柱基、あるいは花柱基と呼ばれる。このうちハリイ属には刺針状に変化した花被片があるが、テンツキ属とハタガヤ属は花被片はない。またハタガヤ属は柱基が円盤状になって果実に残るが、テンツキ属では花柱は柱基ごと果実から脱落する。テンツキ属は種類が多く、花柱に毛のあるものやないもの、柱基に下向きの毛のあるものやないもの、そう果の表面の模様など、変化が多い。いずれも対象が非常に小さいので、ルーペを使って観察すると良い。

ノテンツキ モウセンゴケの生えるような湿地によく群生する 86.7.9 山武市

❶ビロードテンツキの小穂はふつう茎の先に頭状につくが、写真のように短い枝をだして、先端に小穂をつけるものもある。❷ビロードテンツキは茎や葉、小穂の鱗片や苞にも白い絹毛が密生する。❸ノテンツキの小穂は長さ5～7㍉。赤褐色の鱗片がらせん状に並ぶ。

ヒメヒラテンツキ 86.9.5 日野市

イネ目 カヤツリグサ科

テンツキ属 Fimbristylis

ヒデリコ
F. littoralis

〈日照子〉 夏の日照りのなかでも繁茂するからといわれる。子は苗の意味。

日当たりのよい田のあぜや湿った草地にごくふつうに生える高さ10～60㌢の1年草。茎は扁平な4稜形で、叢生する。葉は左右2列に並んでつき、幅1.5～2.5㍉の剣形。茎の先から枝を数個だし、枝はさらに3～4回分枝し、赤褐色の小穂を多数つける。苞は目立たない。小穂は直径2.5～4㍉のほぼ球形で、卵形の鱗片がらせん状に並ぶ。柱頭は3個。果実は3稜形で白っぽく、細かい突起がある。花期 7～10月 分布 本、四、九

✤ヒデリコの葉は、葉身が左右から内側に折りたたまれ、上半部では癒合する、いわゆる剣形になっている。この形の葉はアヤメ科の特徴で、ほかの科では珍しい。

ヤリテンツキ
F. ovata

〈槍点突〉

海岸近くにまれに生える高さ15～40㌢の多年草。茎は叢生する。葉は茎より短く、幅0.7～1㍉の線形。茎の先にくすんだ黄緑色の小穂を1個つける。苞は目立たない。小穂は長さ0.8～1.5㌢、幅4～6㍉のやや扁平な卵形で、鱗片が2列に並んでつくのが特徴。柱頭は3個。果実は3稜のある倒卵形で白っぽい。花期 9月 分布 本(神奈川・和歌山県)、九、沖

ヒデリコ　まるい小穂とアヤメの葉のような剣形の葉が特徴　86.9.4　日野市

ヤリテンツキ　87.9.13　三浦半島

❶ヤリテンツキの小穂は先がとがったやや扁平な卵形で、茎の先に1個だけつくので、槍にそっくり。テンツキ属の小穂は鱗片がらせん状につくものが多いが、ヤリテンツキは鱗片が2列に並ぶのが特徴。

ハリイ属 Eleocharis

葉は葉身が退化して葉鞘だけになり、茎の下部を包んでいる。小穂は茎の先に1個だけつき、苞は目立たない。花は両性で、ふつう刺針状に変形した花被片がある。花柱の基部は三角錐状にふくれ、花柱が落ちたあとも、果実の先端に残る。果実はレンズ形のものと3稜形のものがある。

ハリイ
E. congesta
〈針藺／別名オオハリイ〉 細い茎を針に見立てたもの。
水田や湿地などにふつうに生える高さ5〜20㎝の1年草。茎は糸状で多数叢生する。小穂は茎の先に1個つき、長さ3〜6㎜、幅1.5〜2㎜の卵形〜狭卵形で、淡紫褐色の鱗片がらせん状に並ぶ。鱗片は膜質で楕円形。柱頭は3個。果実は3稜形で光沢のある黄緑色。刺針は6個あり、下向きの小刺があってざらつく。
花期 6〜10月 分布 日本全土

シカクイ
E. wichurae
〈四角藺〉 茎の断面が四角形なのでつけられた。
日当たりのよい湿地に生える高さ30〜50㎝の多年草。茎は4稜形で多数叢生する。小穂は茎の先に1個つき、長さ1〜2.5㎝、幅4.5〜6㎜の長楕円状卵形で、淡褐色を帯びた鱗片がらせん状に並ぶ。鱗片は膜質で長楕円形。柱頭は3個。果実は扁平な3稜形で黄緑色。刺針は羽毛状で6個ある。
花期 7〜10月 分布 日本全土

ハリイ この仲間はすべて葉身が退化して葉鞘だけになる 86.9.4 日野市

❷シカクイの小穂。茎の先に1個だけつき、長さ1〜2.5㎝の長楕円状卵形。らせん状に並んだ鱗片のわきに小花が1個ずつつく。鱗片は膜質で中脈は緑色。しおれた柱頭と花粉をだし終えた葯がのぞいている。

シカクイ 86.8.24 日野市

イネ目　カヤツリグサ科

ハリイ属 Eleocharis

オオヌマハリイ
E. mamillata
　var. cyclocarpa
〈大沼針藺／別名ヌマハリイ〉

池や沼のほとりに生える高さ30〜70cmの多年草。地下匍枝を長くのばして群生する。茎はまるくてやわらかく,乾くと扁平になる。小穂は茎の先に1個つき,長さ1〜3cmの披針形で,濃褐色の鱗片がらせん状につく。鱗片は狭卵形で,基部の2個には小花がない。柱頭は2個。果実は長さ1.5〜2mmのレンズ形で淡褐色。刺針は5〜6個あり,果実の長さの約2倍。❀**花期**　7〜10月　❀**分布**　北,本,四
✚北海道や本州の北部の山地に生えるクロヌマハリイ E. palustris は,オオヌマハリイと同じものとされていたこともある。これは鱗片が暗紫色で,刺針状花被は4個と少ないことなどで区別される。

コツブヌマハリイ
E. parvinux
〈小粒沼針藺〉　果実がオオヌマハリイより小さいことによる。
池や沼のほとりに生える高さ30〜50cmの多年草。オオヌマハリイと似ているが,小穂は長さ0.7〜1.5cm,果実は長さ1〜1.2mmと小さい。刺針は4個と少なく,長さは果実の約3倍。❀**花期**　7〜10月　❀**分布**　本（関東地方）

マツバイ
E. acicularis
　var. longiseta
〈松葉藺〉　細い糸状の茎を松葉にたとえたもの。
水田や湿地にふつうに

オオヌマハリイ　地下匍枝をだしてふえ,群生する　87.6.19　箱根湿生花園

コツブヌマハリイ　87.6.2　日野市

❶オオヌマハリイの小穂は長さ1〜3cmで,濃褐色の鱗片がらせん状につく。雌性期にあたり,各鱗片から2個ずつ白い柱頭がのびでている。❷コツブヌマハリイの小穂は長さ0.7〜1.5cmと小さい。柱頭はすでにしおれ,葯もほとんどが花粉をだし終わっている。いずれも小穂の基部の2個の鱗片には小花がつかない。

イネ目　カヤツリグサ科

生える高さ3〜7cmの小さな1年草。細い地下匍枝をだして群生する。小穂は茎の先に1個つき、長さ2〜4mmの狭卵形で、赤褐色を帯びた鱗片が数個つく。柱頭は3個。果実は3稜形で格子状の模様がある。刺針は3〜4個あり、果実より長い。
🌼**花期** 6〜9月 ☀
分布 日本全土

クログワイ
E. kuroguwai

〈黒慈姑〉 球茎がオモダカ科のクワイに似ていて、黒褐色なのでつけられた。

池や沼などの水中に群生する高さ40〜90cmの多年草。根茎は長く泥中をはい、先端に小型の球茎をつくる。茎は中空でまるく、内部に横隔膜があるので、節があるように見える。茎の先に茎とほぼ同じ太さの円柱形の小穂をつける。小穂は長さ2〜4cmで、黄緑色の鱗片がらせん状に並ぶ。柱頭は2個。果実はレンズ形。刺針は果実より長い。🌼**花期** 7〜10月 ☀**分布** 本(関東地方以西)、四、九

✚日本料理に使うクワイはオモダカ科のオモダカの変種の球茎で、中国から渡来したもの。これより前に日本でクワイと呼んでいたのはクログワイのことだったが、中国からオモダカ科のクワイが渡来すると、球茎が黒いことからクログワイと呼ばれるようになった。中国料理に使ういわゆる黒慈姑はハリイ属のオオクログワイ E. dulcis var. tuberosa の球茎で、歯ざわりがシャキシャキとしている。

マツバイ ハリイとよく混生するが、根を抜くと匍枝がある 87.7.8 八王子市

❸クログワイの球茎は直径2cm以下と小さい。秋に地下匍枝の先にできる塊茎で冬を越し、春に芽をだして新しい株をつくるので、いったん水田に侵入すると、根絶するのはなかなか難しい。球茎は黒褐色の薄い皮に包まれ、肉は白い。食べられなくはないが、あくが強い。

クログワイ 87.8.26 茨城県谷田部町

イネ目 カヤツリグサ科

ミカヅキグサ属
Rhynchospora

花は両性で、花被片が変化した刺針がある。小穂には鱗片が数個しかなく、下部の鱗片には小花がない。花柱の基部は円錐状にふくれ、果実の先端に残る。

オオイヌノハナヒゲ
R. fauriei
〈大犬の鼻髭〉

湿地に生える高さ20～60cmの多年草。茎は細く、叢生する。葉は幅1.5～2.5mmの線形。茎の先や上部の葉腋に小穂が密に集まった花穂をつける。小穂は長さ7～9mmの披針形で、濃赤褐色の鱗片が4～5個つく。小花のつく鱗片は1～2個で、ほかの鱗片には小花がない。柱頭は2個。果実は倒卵形で、刺針は果実の3～4倍あり、なめらか、または下向きにややざらつく。 花期 7～10月 分布 北、本（滋賀県以北、中国山地）、九
✚オオイヌノハナヒゲは東日本に多い。よく似たイヌノハナヒゲ R. rugosa は西日本に多く、果実の刺針は上向きにざらつく。

コイヌノハナヒゲ
R. fujiiana
〈小犬の鼻髭〉

湿地に生える高さ0.3～1mの多年草。茎はごく細い。葉は幅1～1.5mm。茎の上部に小穂が密に集まった花穂がばらばらに離れてつく。小穂は長さ5～6mm。数個の鱗片のうちふつう1個だけが小花を抱く。柱頭は2個。果実は狭倒卵形で、刺針は果実より長い。 花期 8～10月 分布 北、本、四、九

オオイヌノハナヒゲ　東日本を中心に分布している　86.7.9　千葉県成東町

コイヌノハナヒゲ　87.9.3　茨城県岩間町

❶オオイヌノハナヒゲの小穂は長さ7～9mm。❷コイヌノハナヒゲの小穂は長さ5～6mm。どちらも鱗片の数は少なく、1～2個だけが小花を抱いている。

イネ目　カヤツリグサ科

コウボウムギの雌株　茎は太くて低く，ずんぐりしている　86.6.10　茅ヶ崎市

❸コウボウムギの雄小穂。❹雌小穂。鱗片の先は芒状になる。鱗片の内側の果胞は茶褐色の脈があり，ふちにギザギザの翼がある。上部は細長いくちばし状。

エゾノコウボウムギの雄株　87.7.28　網走市

スゲ属 Carex

カヤツリグサ科のなかでもっとも大きな属で，世界に約2000種，日本に約200種ある。花は単性で，鱗片のわきに1個ずつつく。花被片はなく，雄花には雄しべが2〜3個ある。雌花は1個の雌しべが果胞と呼ばれる袋に完全に包まれ，果実は果胞のなかで成熟する。この特徴から属はわかりやすいが，種を見分けるのは難しい。

コウボウムギ
C. kobomugi

〈弘法麦／別名フデクサ〉地中にある暗褐色の古い葉鞘の繊維を筆に使ったといわれ，書道の達人弘法大師にちなんだもの。麦は穂の形からきたもの。

海岸の砂地にふつうに生える高さ10〜20㌢の多年草。茎は鈍い3稜形で，かたくて太い。葉は幅4〜6㍉の線形で，ふちはざらつく。茎の先に長さ4〜6㌢の卵形〜長楕円形の穂状花序をだし，淡黄緑色の小穂を多数つける。雌雄異株，まれに同株。果胞は長さ約1㌢で鱗片とほぼ同長。柱頭は3個。花期　4〜7月　分布　北（西南部），本，四，九

エゾノコウボウムギ
C. macrocephala

〈蝦夷の弘法麦〉
北海道の西南部を除く海岸の砂浜に生える多年草。コウボウムギに似ているが，茎が鋭い3稜形でざらつくこと，果胞が鱗片より長く，果期に外側へそり返るので，果穂がとげとげしく見えることなどで区別できる。花期　5〜7月　分布　北

イネ目　カヤツリグサ科

スゲ属 Carex

ミコシガヤ
C. neurocarpa

〈御輿茅〉 花序の形をみこしに見立てたものといわれる。

湿った草地や田のあぜ、川岸などに生える高さ30〜60cmの多年草。茎は鈍い3稜形で叢生する。葉は幅2〜3mmの線形で、厚くてやわらかい。茎の先に多数の小穂が密集した長さ3〜6cmの卵状楕円形の花序をだす。花序の基部には長い葉状の苞がある。小穂は長さ4〜8mmの卵球形で、上部に雄花が少数つき、下部に雌花がつく。果胞は鱗片よりやや長く、上半部のふちに波状の広い翼があり、上部はくちばし状になる。柱頭は2個。花期 5〜6月 分布 本(近畿地方以北)

✿ミコシガヤのように小穂の上部に雄花、下部に雌花がつくものを雄雌性という。これに対して、マスクサやヤガミスゲなどのように小穂の上部に雌花、下部に雄花がつくものは雌雄性という。

マスクサ
C. gibba

〈桝草／別名マスクサスゲ〉 語源はカヤツリグサと同じ。

林のふちや道ばたなどの湿ったところに生える高さ30〜70cmの多年草。茎は鈍い3稜形で叢生する。葉は幅2〜4mmの線形で、やややわらかい。茎の上部の苞のわきに緑色の小穂を1個ずつつける。上部では小穂と小穂が接してつき、苞は短いが、下部の苞は長い葉状でよく目立つ。小穂は長さ0.5〜1cmで、上部に

ミコシガヤ 小穂の基部にもそれぞれ葉状の苞がある 86.5.23 八王子

マスクサ 86.5.19 日野市

❶マスクサの小穂。果胞は鱗片より大きく、やや扁平な広卵形で、ふちに翼がある。柱頭は3個。成熟すると果胞はそり返る。❷ヤガミスゲの小穂はまるく、果胞が成熟するとそり返るので、こんぺい糖のように見える。❸ヤブスゲの小穂。マスクサと似ているが、果胞が細長く、そり返らないのでほっそりとしている。果胞には細かい鋸歯のある翼があり、先端にしおれた柱頭2個が残っている。

イネ目 カヤツリグサ科

雌花がつき，下部に雄花が少数つく。果胞は鱗片より大きく，長さ3〜3.5㍉のやや扁平な広卵形。柱頭は3個。🌼花期　5〜6月　🌍分布　本，四，九

ヤガミスゲ
C. maackii

和名の由来は不明。どこかの地名ではないかという説もある。
川岸や道ばたの湿った草地に生える高さ40〜60㌢の多年草。茎は叢生し，鋭い3稜形で上部はざらつく。葉は幅2〜3㍉の線形でやわらかい。茎の先に6〜14個の小穂がややまばらな穂状につく。小穂は長さ5〜8㍉の卵球形で，上部に雌花がつき，下部に雄花が少数つく。苞は目立たない。果胞は鱗片より大きく，長さ約4㍉のレンズ状の卵形。柱頭は2個。🌼花期　5〜6月　🌍分布　北，本，九

ヤブスゲ
C. rochebrunei

〈藪菅／別名ニシダスゲ〉　やぶ陰に多いことによる。
林縁や林内の湿地に生える高さ30〜60㌢の多年草。茎は鈍い3稜形で叢生する。葉は幅2〜4㍉の線形でやわらかい。葉鞘は黒褐色。茎の先に8〜10個の小穂がまばらな穂状につく。小穂の基部には葉状の苞があり，上部のものほど短い。小穂は長さ0.8〜1.5㌢で，上部に雌花がつき，下部に雄花が少数つく。果胞は鱗片より大きく，長さ4〜4.5㍉の披針形で，ふちには鋸歯のある狭い翼がある。柱頭は2個。🌼花期　5月　🌍分布　本，四

ヤガミスゲ　小穂はこんぺい糖のような形で，苞は目立たない。86.5.18　浦和市

❷

❸

ヤブスゲ　86.6.13　日野市

イネ目　カヤツリグサ科　127

スゲ属 Carex

カヤツリスゲ
C. bohemica
〈蚊帳吊菅〉

北海道の阿寒湖と山梨県の河口湖の湖畔の砂地に隔離分布する高さ15～30㌢の1～2年草。茎は鈍い3稜形でやわらかい。葉は黄緑色でやわらかく、幅1.5～2.5㍉の線形。小穂は茎の先に頭状に集まり、直径1.5～2㌢のまるい花序をつくる。花序の基部には長い葉状の苞が2～3個ある。小穂の上部に雌花、下部に雄花が少数つく。果胞は長さ0.7～1㌢の狭披針形で、上部は長いくちばし状になる。柱頭は2個。**花期** 6～7月 **分布** 北（阿寒湖），本（河口湖）

トダスゲ
C. aequialta

〈戸田菅／別名アワスゲ〉 東京北部の荒川沿いにあった戸田ガ原にちなんでつけられた。別名は粟菅で、まるくふくらんだ果胞をアワに見立てたもの。

河原の草地などに生える高さ30～70㌢の多年草。茎は鋭い3稜形。葉は幅4～6㍉の線形で、裏面は粉白色。根もとの葉は葉身が退化し、赤褐色～黒紫色を帯びた葉鞘だけになる。茎の先に2～3個の小穂が直立してつく。頂小穂は雄性で長さ2～3.5㌢の線形。側小穂は雌性で長さ3～5㌢の円柱形、しばしば先端に雄花を少数つける。果胞は長さ2.5～3㍉の卵形で、まるくふくらむ。柱頭は2個。**花期** 5～6月 **分布** 本（関東地方，濃尾平野），九（筑後平野）

カヤツリスゲ 小穂はまるく集まる。手前はメアゼテンツキ　87.9.19　河口湖

トダスゲ　86.5.18　浦和市田島ガ原

❶カヤツリスゲの小穂は頭状に集まる。果胞は細長く、ふちはざらつき、基部に柄がある。❷アゼスゲの雌小穂。鱗片とほぼ同じ大きさの果胞から柱頭が2個ずつのびている。❸アゼスゲの果穂。果胞は鱗片より大きくなり、暗紫褐色の鱗片との対比が美しい。

イネ目　カヤツリグサ科

アゼスゲ
C. thunbergii

〈畔菅〉 田のあぜに多いことによる。

田のあぜや川岸などに生える高さ20〜80㌢の多年草。地中に長い匐枝をのばして群生する。茎は3稜形で上部はざらつく。葉は幅1.5〜4㍉の線形。茎の上部に3〜5個の小穂が直立してつく。上部の1〜2個の小穂は雄性で長さ2〜6㌢の線形。側小穂は雌性で長さ1.5〜5㌢の円柱形。雌花の鱗片は暗紫褐色。果胞は長さ3〜3.5㍉の広卵形。❀**花期** 5〜6月 ❀**分布** 北,本
✤本州の山地や北海道に分布する北方型の変種のオオアゼスゲ var. appendiculata は匐枝がないため,塊って谷地坊主をつくる。

アゼナルコ
C. dimorpholepis

〈畔鳴子／別名アゼナルコスゲ〉 垂れ下がった小穂を鳥を追う鳴子に見立てたもの。

川岸や田のあぜなどの湿地に生える高さ40〜80㌢の多年草。茎は鋭い3稜形で上部はざらつく。葉は黄緑色でややかたく,幅0.4〜1㌢の線形。根もとの葉は茶褐色の葉鞘だけになっている。小穂は4〜6個つき,長さ3〜6㌢の円柱形。頂小穂は上部に雌花,下部に雄花がつき,雄花の部分は細い。ほかの小穂には雌花だけつく。雌花の鱗片の先にはざらざらした長い芒がある。果胞は長さ2.5〜3㍉の扁平な広卵形で,細かな突起がある。柱頭は2個。❀**花期** 5〜6月 ❀**分布** 本,四,九,沖

アゼスゲ 褐色の細いのが雄小穂,緑色の太いのが雌小穂 86.6.19 大町市

❷

❸

アゼナルコ 86.5.18 浦和市田島ガ原

イネ目 カヤツリグサ科 129

スゲ属 Carex

ゴウソ
C. maximowiczii

〈郷麻／別名タイツリスゲ〉 田のあぜや水辺，湿地などにごくふつうに生える高さ40〜70㌢の多年草。短い匍枝をだして大きな株をつくる。茎は鋭い3稜形で上部はざらつく。葉は幅4〜6㍉の線形で裏面は粉白を帯びる。根もとの葉は葉身がなく，葉鞘だけになる。小穂は2〜4個つき，長い柄があって垂れ下がる。頂小穂は雄性で長さ2〜4㌢の線形。側小穂は雌性で，成熟すると長さ1.5〜3.5㌢の太い円柱形になる。果胞は長さ3.5〜4.5㍉の卵形〜広楕円形で，表面にごく細かい突起が密生する。柱頭は2個。❀花期 5〜6月 ❀分布 日本全土

カワラスゲ
C. incisa

〈河原菅／別名タニスゲ〉 河原や谷沿いに多いことによる。山野や道ばたの草地にふつうに生える高さ20〜50㌢の多年草。短い匍枝をだしてふえる。茎は3稜形。葉は幅3〜6㍉の線形でやわらかい。根もとの葉は葉鞘だけになる。小穂は4〜6個つき，長い柄があって垂れ下がる。頂小穂は長さ2〜4㌢で細く，雄性または先端に雌花を少数つける。側小穂は雌性で長さ3〜7㌢，幅2.5〜3㍉の細長い円柱状。雌花の鱗片は白っぽく，先端に芒がある。果胞は長さ約3㍉の卵形。柱頭は2個。❀花期 5〜6月 ❀分布 北，本

ゴウソ 田のあぜや水辺に生え，大きな株をつくる 86.5.15 八王子市

カワラスゲ 87.5.13 八王子市

❶カワラスゲの雌小穂。鱗片は白っぽく，中脈は緑色で先端は芒になる。果胞はそり返らない。❷ゴウソの雌小穂。鱗片は紫褐色。果胞はまるくふくれ，ごく細かな突起が密生している。どちらも果胞の先端にくちばし状の部分はほとんどない。

イネ目 カヤツリグサ科

シロイトスゲ
C. alterniflora
〈白糸菅〉

平地や丘陵,浅い山地の林内に生える高さ20～50cmの多年草。地下匍枝があり,ややまばらに叢生する。茎は鈍い3稜形。葉は幅2～3mmの線形。根もとの葉は葉身が退化し,淡黄褐色を帯びた葉鞘だけになる。小穂は3～4個がやや離れてつき,直立する。頂小穂は雄性で長さ1.5～3cmのこん棒状で,側小穂は雌性で細い円柱状となる。最下の苞は小穂より長く,基部は短い鞘になる。果胞は長さ3～3.5mmの卵状長楕円形で無毛。柱頭は3個。**花期** 4～6月 **分布** 北(南部),本(東北地方の太平洋側,中部地方,関東地方),四,九(北部)

モエギスゲ
C. tristachya
〈萌黄菅〉 小穂が黄色を帯びた緑色なのでつけられた。

山野の乾いた草地に生える高さ20～40cmの多年草。茎は3稜形で上部はざらつく。葉は幅3～4mmの線形でかたい。葉鞘は淡褐色。小穂は3～5個つき,上部のものは密に集まるが,最下の1個はやや離れてつく。最下の苞は小穂より長い。頂小穂は雄性で長さ1～3cmの線形。雄花の鱗片はふちが黄白色で,互いに包みこむように重なる。側小穂は雌性で,雄小穂より短く,鱗片は緑白色。果胞は長さ3～3.5mmの卵状楕円形。柱頭は3個。**花期** 4～5月 **分布** 本(富山県・関東地方以西),四,九

シロイトスゲ 葯がのびて黄色く見えるのが雄小穂 87.4.4 八王子市

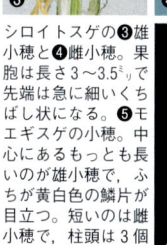

❸❹ シロイトスゲの❸雄小穂と❹雌小穂。果胞は長さ3～3.5mmで先端は急に細いくちばし状になる。❺モエギスゲの小穂。中心にあるもっとも長いのが雄小穂で,ふちが黄白色の鱗片が目立つ。短いのは雌小穂で,柱頭は3個ずつのびている。

モエギスゲ 88.5.10 御前山

イネ目 カヤツリグサ科 131

スゲ属 Carex

コシノホンモンジスゲ
C. stenostachys
　　var. ikegamiana
〈越の本門寺菅〉 本門寺は東京池上にある寺の名前。
日本海側の多雪地方の山野の林内に生える高さ30～40㌢の多年草。短い地下匐枝をだし，ややまばらな株をつくる。茎は3稜形でややざらつく。葉は幅2～4㍉の線形で，ややややわらかい。根もとの葉は葉身が退化し，暗褐色を帯びた葉鞘だけになる。小穂は3～4個がまばらにつき，直立する。苞は短く，基部は短い鞘になる。頂小穂は雄性で長さ1.5～2.5㌢の線形。側小穂は雌性で，雄小穂より短く，長さ1.5～2㌢の円柱状。雄小穂も雌小穂も鱗片は暗褐色を帯びる。果胞は長さ約3㍉の広卵形で短毛がある。柱頭は3個。❀花期　4

コシノホンモンジスゲ　日本海側の雪の多い地方に分布する　86.5.9　戸隠高原

ミヤマカンスゲ　87.5.13　八王子市

常緑のスゲ

日本で見られる常緑のスゲはそれほど多くない。ヒメカンスゲのほか，カンスゲ，ミヤマカンスゲ，ヒゲスゲ，ナキリスゲなどがある。カンスゲは寒菅で，冬でも緑色の葉が残っていることからつけられた。
カンスゲ C. morrowii とミヤマカンスゲ C. multifolia は丘陵から山地にかけてふつうに見られる。カンスゲの葉は厚くてかたく，やや光沢があり，ふちには逆刺があり，さわるとざらざらする。ミヤマカンスゲの葉はやや厚いが，やわらかく，ふちはわずかにざらつく。果胞の形やつき方もカンスゲとは異なる。

イネ目　カヤツリグサ科

〜6月 ◎**分布** 本(新潟・富山・長野県)

✚コシノホンモンジスゲの母種ニシノホンモンジスゲ var. stenostachys は本州の中部地方以西に分布し，匐枝がなく，大きな株をつくる。関東地方北部から東北地方には長い匐枝をのばすミチノクホンモンジスゲ var. cuneata がある。

ヒメカンスゲ
C. conica

〈姫寒菅〉 カンスゲに似ていて，より小さい。山野の林内のやや乾いたところにふつうに生える高さ20〜50㌢の常緑の多年草。葉は暗緑色の革質でかたく，幅2〜4㍉の線形。根もとの葉は葉身が退化し，暗褐色の葉鞘だけになる。小穂は3〜5個がまばらにつき，直立する。苞は短く，基部は紫褐色の鞘になる。頂小穂は雄性で長さ1.5〜2.5㌢。雄花の鱗片は暗褐色。側小穂は雌性で細く，長さ約2㌢。雌花の鱗片は暗褐紫色を帯びる。果胞は黄緑色で長さ約3㍉の倒卵状楕円形。先端は短いくちばし状になる。柱頭は3個。◎**花期** 4〜6月 ◎**分布** 北(西南部)，本，四，九

ヒメカンスゲ 葉はかたく，冬も枯れない常緑のスゲ 87.5.13 八王子市

❶ミヤマカンスゲと❷カンスゲの葉の裏面。カンスゲの葉のふちには逆刺がある。❸ミヤマカンスゲと❹カンスゲの雌小穂。ミヤマカンスゲは鱗片も果胞も直立するので小穂がほっそりしている。カンスゲの果胞は成熟すると開出して横向きになる。果胞の先が急に細くなっている点も違う。スゲ属の小穂はミヤマカンスゲのタイプが多い。

カンスゲ 87.5.12 高尾山

ヒメカンスゲの雌小穂。白い柱頭がのびだしている。このあと果胞が大きくなる。

イネ目 カヤツリグサ科

スゲ属 Carex

アオスゲ
C. leucochlora
〈青菅〉

道ばた、河原、丘陵や山地などの草地にもっともふつうに生える高さ5～40㌢の多年草。茎は鈍い3稜形で細く、叢生して大きな株をつくる。葉は幅1.5～5㍉の線形で、ふつう茎より短い。根もとの葉は葉身がなく、濃褐色の葉鞘だけになり、繊維状に細かく裂ける。茎の上部に2～6個の小穂が直立してつく。頂小穂は雄性で長さ0.4～2㌢の線形。側小穂は雌性で長さ0.5～3㌢の球形または短い円柱形。最下の小穂はすこし離れてつき、小穂より長い苞がある。苞の基部は短い鞘になる。雄小穂も雌小穂も鱗片は淡緑色。雌小穂の鱗片は長さ2～3㍉の倒卵形で、先端に長い芒がある。果胞は長さ1.5～3㍉の倒卵形で軟毛がある。柱頭は3個。葉の幅や小穂の長さ、雌花の鱗片の芒の長さなどに変化が多い。

花期 4～7月
分布 北, 本, 四, 九

ハマアオスゲ
C. fibrillosa
〈浜青菅／別名スナスゲ〉

本州から沖縄にかけての海岸の砂地に多い。茎や葉はかたくて丈夫で、高さ10～30㌢になる。長い地下匐枝をだしてふえる。小穂は太くて短く、苞は非常に長い。雌花の鱗片は果胞より早く脱落しやすい。果胞は太い脈が目立つ。

花期 4～6月
分布 本, 四, 九, 沖

アオスゲ もっともポピュラーなスゲで、変異が多い 87.4.27 八王子市

ハマアオスゲ 86.6.10 藤沢市

❶アオスゲの雌小穂。鱗片は淡緑色で、中脈の先が芒になってつきでる。芒の長さは変化が多い。果胞は鈍い3稜があり、上部はしだいに細くなり、短いくちばし状になる。❷ハマアオスゲの雌小穂。果胞が密集してつき、アオスゲに比べると太くて、ずんぐりしている。果胞の表面にはやや粗い毛がある。

イネ目 カヤツリグサ科

クサスゲ
C. rugata

〈草菅〉 全体がやわらかいことによる。

林内のやや陰湿な草地に生える高さ15～30㌢の多年草。乾燥すると全体に黒みを帯びる。短い地下匐枝がある。茎は3稜形で細い。葉は薄くてやわらかく、幅2～3㍉の線形で、茎よりはるかに長い。葉鞘は淡褐色～褐色で、繊維状に細かく裂ける。茎の上部に小穂が3～4個直立する。頂小穂は雄性で長さ0.5～1㌢の線形。側小穂は雌性で雄小穂より太く、1個が離れているほかは、雄小穂に接してつく。最下の苞は小穂より長く、基部は短い鞘になる。アオスゲとよく似ているが、果胞は無毛。🌸花期 4～5月 分布 北、本、九

シバスゲ
C. nervata

〈芝菅〉

芝地や日のよく当たる草地に生える高さ10～30㌢の多年草。長い地下匐枝をのばし、茎はまばらに生える。葉は幅2～3㍉の線形で、茎より短い。葉鞘は淡褐色で、やや繊維状に裂ける。茎の上部に小穂が2～4個直立する。最下の苞は刺状で、基部は短い鞘になる。頂小穂は雄性で長さ1～1.5㌢の線形。雄花の鱗片は淡黄褐色。側小穂は雌性で長さ0.7～1.2㌢の長楕円形。雌花の鱗片は長さ約2.5㍉で、先端に芒がある。果胞は鱗片とほぼ同じ長さで、短い軟毛がある。柱頭は3個。🌸花期 4～5月 分布 北、本、四、九

クサスゲ 林の下の湿地によく群生するやわらかいスゲ 86.5.22 多摩市

❸クサスゲの雌小穂は短く果胞の数も少ない。果胞の上部は急に細くなって短いくちばし状になる。くちばしは外側にややそり返る。表面には細い脈があり、毛はない。❹シバスゲの雌小穂は雄小穂より短く、果胞は斜開してつく。表面には短い軟毛がまばらに生え、先端はほとんどくちばし状にならない。

シバスゲ 86.5.15 八王子市

イネ目 カヤツリグサ科

スゲ属 Carex

ヒゲスゲ
C. wahuensis var. bongardii

〈髭菅／別名イソスゲ・オオヒゲスゲ〉 小穂の鱗片の中脈が長い芒になる様子をひげにたとえたもの。別名は海岸に生えることによる。海岸の岩上や砂地に生える高さ30〜70㎝の常緑の多年草。茎や葉は叢生し，大きな株をつくる。茎は3稜形でかたく，上部はざらつく。葉は厚くてかたく，光沢があり，幅0.5〜1㎝の線形で茎より長い。葉鞘は茶褐色で繊維状に細かく裂ける。茎の上部に小穂が3〜6個直立してつく。下部の苞は葉状で，基部には長い鞘がある。頂小穂は雄性で長さ3〜6㎝，幅2.5〜6㎜の細い紡錘形。雄花の鱗片は栗褐色。側小穂は雌性で雄小穂より太い円柱形。ときに先端に雄花が少数つく。雌花の鱗片は長さ4〜5㎜の狭卵形で先端はへこみ，中脈は長い芒になってつきでる。果胞は長さ5〜6㎜の倒卵形で，上部は長いくちばし状になり，深く2裂する。柱頭は3個。❀**花期** 4〜6月 ❀**分布** 本(石川県・千葉県以西)，四，九，沖

✤131頁のシロイトスゲからヒゲスゲまでと，ヒカゲスゲから140頁のヤワラスゲまでは，すくなくとも最下の小穂の基部につく苞に鞘があり，柱頭は3個という特徴からひとつのグループにまとめられる。このなかでヒゲスゲまでは，果胞のなかの果実の先端に肥厚した花柱の基部が残るが，

ヒゲスゲ ひげのような芒がよく目立つ常緑のスゲ 87.4.14 三浦半島

❶ヒゲスゲの雌小穂。果胞は長さ5〜6㎜と大きく，上部は長いくちばし状になっている。写真ではわかりにくいが，くちばしの先は深く2裂している。鱗片の中脈がのびて長い芒になり，よく目立ち，小穂にひげが生えているように見える。❷ヒカゲスゲの雌小穂。小花はまばらにつき，小穂は貧弱な感じがする。鱗片は赤褐色を帯び，ふちは白っぽい膜質。果胞は鱗片より小さく，短毛が多い。上部は急に細くなって外側に曲がり，ごく短いくちばし状になる。小穂の軸にも毛がある。❸ホソバヒカゲスゲは鱗片も果胞もヒカゲスゲに似ているが，小穂の軸に毛がない点が異なる。

イネ目　カヤツリグサ科

ヒカゲスゲ　名前とは裏腹に日当たりのよい草地にも多い　87.5.26　八王子市

❷

❸

ホソバヒカゲスゲ　86.5.22　高尾山

ヒカゲスゲからは、花柱の基部は肥厚せず、果期には脱落する。

ヒカゲスゲ
C. lanceolata
〈日陰菅〉　和名は日陰に生えるスゲの意味だが、日の当たる明るいところに多い。
山野のやや乾いた草地や疎林内にごくふつうに生える高さ10～40㌢の多年草。茎や葉は密に叢生して大きな株をつくる。茎は細い3稜形で、上部はざらつく。葉は幅1.5～2㍉の線形。葉鞘は赤褐色で、やや繊維状に裂ける。小穂は茎の上部に3～6個つき、直立する。頂小穂は雄性で長さ1～1.5㌢。側小穂は雌性で長さ1～2㌢。苞は葉身が退化して、赤褐色を帯びた鞘だけになる。雄小穂も雌小穂も鱗片は赤褐色を帯び、ふちは白っぽい膜質。小花はまばらにつく。果胞は鱗片より小さく、長さ約3㍉の倒卵形で短毛が密生する。上部は急に細くなって外側に曲がり、ごく短いくちばし状になる。柱頭は3個。🌼花期　4～6月
🌏分布　北, 本, 四, 九

ホソバヒカゲスゲ
C. humilis var. nana
〈細葉日陰菅／別名ヒメヒカゲスゲ〉
丘陵や山地の疎林内の草地や岩上に生える多年草。ヒカゲスゲとよく似ているが、葉は糸状で幅0.5～1.5㍉しかない。茎はなめらかで、高さ3～6㌢と低く、葉の間に隠れている。小穂は2～4個つき、ヒカゲスゲより小さく、小花の数も少ない。🌼花期　4～5月　🌏分布　北, 本, 四, 九

イネ目　カヤツリグサ科

スゲ属 Carex

オオタマツリスゲ
C. filipes var. rouyana

〈大玉釣菅〉 まるくふくらんだ果胞がまばらに間隔をあけてつくことによる。
山野の湿った林内に生える高さ40〜60㌢の多年草。茎は鋭い3稜形でやわらかく、ややまばらに叢生する。葉は薄く、幅3〜6㍉の線形。葉鞘は淡褐色。小穂は茎の上部に3〜4個つく。頂小穂は雄性で長い柄があり、長さ1.5〜2㌢。側小穂は雌性で、まばらに小花がつき、下部のものほど長い糸状の柄がある。苞は葉状で基部に長い鞘がある。雌花の鱗片は長さ3〜4㍉の卵形。果胞は鱗片より長く、まるくふくらんだ卵形で、上部は長いくちばし状になる。柱頭は3個。

花期 4〜6月 **分布** 本(関東〜近畿地方)

✤オオタマツリスゲの基本変種のタマツリスゲは本州と四国に分布し、全体にやや小型で、葉鞘は濃赤紫色を帯び、頂小穂の柄は短い。

オオタマツリスゲ 雄小穂も雌小穂も花盛り 87.4.11 八王子市

❶オオタマツリスゲの果期の小穂。雄性の頂小穂の柄は非常に長く、側小穂には果胞がまばらにつく。❷雄小穂。黄色い糸状のものは雄しべで、スゲ属では1個の鱗片の腋から2〜3個出る。❸雌小穂。鱗片は赤褐色を帯びる。果胞はまだ小さく鱗片に隠れ、柱頭を3個ずつのばしている。このあと果胞は❹のように鱗片よりはるかに大きくなる。❺コジュズスゲの雌小穂。鱗片は淡緑色で小さい。果胞はやや粉白を帯び、斜めに開いてつく。❻ジュズスゲの雌小穂。果胞はほぼ直立してつく。脈が目立ち、上部はしだいに細長いくちばし状になる。乾くと果胞は黒くなる。

イネ目 カヤツリグサ科

コジュススゲ
C. parciflora
　　var. macroglossa

〈小数珠菅〉 ジュズスゲに似ていて小さいという意味だが，あまり似ていない。
山麓や平地の湿った草地や田のあぜなどにふつうに生える高さ15〜25cmの多年草。茎や葉はやわらかく，粉白を帯びる。葉は幅2〜5mmの線形。小穂は3〜4個つく。頂小穂は雄性で長さ約1.5cmの線形。側小穂は雌性で長さ1〜1.5cmの長楕円形。苞は葉状で，基部は鞘になる。果胞は鱗片より長く，長さ5〜7mmの長卵形。柱頭は3個。
🌼花期　4〜5月
分布　北，本，四，九
✣コジュススゲの基本変種グレーンスゲ var. parciflora は北海道と本州北部に分布し，全体に大きく，茎や葉は淡緑色。

ジュズスゲ
C. ischnostachya

〈数珠菅〉 果穂を数珠に見立てたもの。
山野の木陰などに生える高さ30〜60cmの多年草。茎は鋭い3稜形で叢生する。葉はやわらかく，幅0.5〜1cmの線形で，3脈が目立つ。根もとの葉は葉身がなく，暗赤色の葉鞘だけになる。小穂は3〜6個つく。頂小穂は雄性で長さ2〜3cmの線形。側小穂は雌性で雄小穂より太く，長さ2〜5cm。苞は小穂より長い葉状で，基部に鞘がある。果胞は鱗片より長く，長さ5〜6mmのふくらんだ狭卵形。乾くと黒くなる。柱頭は3個。🌼花期　4〜6月
分布　日本全土

コジュススゲ　全体にやわらかく，やさしい感じのスゲ　86.5.18　浦和市

ジュズスゲ　86.5.19　日野市

イネ目　カヤツリグサ科

スゲ属 Carex

ヤワラスゲ
C. transversa

〈柔菅〉 全体がやわらかそうに見えることによる。

平地や丘陵の湿った草地にふつうに生える高さ20〜70cmの多年草。しばしば大きな株をつくる。葉は幅2.5〜5.5mmの線形でやわらかい。根もとの葉は葉身がなく、濃赤色の葉鞘だけになる。茎の上部に小穂を3〜4個直立する。頂小穂は雄性で長さ1〜3cmの線形。側小穂は雌性で長さ2〜3cm、幅6〜7mmの円柱形。最下の小穂は離れてつき、長い柄がある。苞は葉と同形で長い。雌花の鱗片には長い芒がある。果胞は鱗片より長く、長さ5〜6mmの3稜のある卵状楕円形で、上部は長いくちばし状になり、表面には脈が多い。乾くと暗緑色になるのが特徴。柱頭は3個。**花期** 4〜6月 **分布** 本、四、九、沖

ヤワラスゲ 果胞には長いくちばしがあり、開出する 87.5.24 日野市

コゴメスゲ
C. brunnea

〈小米菅／別名コゴメナキリスゲ〉 小穂が稲の穂に似ているので、小さな果胞を小米に見立てたもの。

海岸近くに生える高さ40〜80cmの多年草。茎は3稜形で、上部はざらつく。葉は黄緑色〜鮮緑色でややかたく、幅2〜3mmの線形。茎の上部から長い柄をだし、小穂を多数つける。ナキリスゲと似ているが、小穂は幅2〜3mmと細い。果胞は鱗片より大きく、長さ約2.5mmの扁平な楕円形で、刺状の毛が多く、しばしば濃褐色の斑点がある。

コゴメスゲ 86.10.15 三浦半島

❶コゴメスゲ、❷ナキリスゲの小穂。いずれも上部に短い雄花部がある。雌花部もよく似ているが、コゴメスゲの果胞の方が小さい。刺状の毛が目立つ。

イネ目 カヤツリグサ科

🌸花期 8〜10月 🌸分布 本(千葉県以西), 四, 九, 沖

ナキリスゲ
C. lenta var. lenta

〈菜切菅〉 葉のふちがざらつき, 菜も切れるという意味。

平地から山地の疎林に生える高さ40〜80㌢の常緑の多年草。茎や葉は密に叢生して大きな株をつくる。葉は暗緑色でかたく, 幅2〜3㍉の線形。根もとの葉は葉身がなく, 暗褐色の葉鞘だけになる。茎の上部から長い柄を1〜3個だし, 小穂を多数つける。小穂は長さ1〜3㌢, 幅3〜4㍉で, 上部に短く雄花をつけ, 下部に雌花をつける。下部の苞は長い葉状で, 基部に鞘がある。果胞は鱗片より長く, 長さ3〜3.5㍉の扁平な広卵形で, 刺状の毛が密生する。柱頭は2個。
🌸花期 8〜10月 🌸分布 本(茨城県・富山県以西), 四, 九

センダイスゲ
C. lenta var. sendaica

〈仙台菅〉 発見地の仙台にちなむ。

岩石の多い疎林や海岸の草地などに生える高さ10〜35㌢の多年草。ナキリスゲの変種。地下匐枝をだしてふえるので, 茎がまばらにでるのが特徴。小穂は3〜4個つく。🌸花期 8〜10月 🌸分布 本(宮城県以西), 四, 九
✤コゴメスゲ, ナキリスゲ, センダイスゲは, 花期が8〜10月と遅いこと, 小穂は上部に雄花, 下部に雌花をつける雄雌性であること, 柱頭が2個で, 果実が扁平なレンズ形であることなどが特徴。

ナキリスゲのように, 秋に花をつけるスゲは少ない 86.11.13 八王子市

❸センダイスゲの小穂。先端の茶褐色の細い部分が雄花部。柱頭は早めに脱落してしまう。❹センダイスゲは根茎から地下匐枝を長くのばしてふえる。

センダイスゲ 86.10.15 三浦半島

イネ目 カヤツリグサ科

スゲ属 Carex

ヒゴクサ
C. japonica
〈肥後草・籏草〉
道ばた，平地や丘陵の林内の草地などにふつうに生える高さ20〜40㌢の多年草。地下匍枝をのばしてふえる。茎は鋭い3稜形でざらつく。葉は幅2.5〜4㍉の線形。葉鞘は黄褐色。小穂は2〜4個つく。頂小穂は雄性で長さ1.5〜3㌢の線形。側小穂は雌性で長さ1〜2㌢，幅6〜7㍉の長楕円形。細い柄があり，花期に直立しているが果期には下を向く。果胞は長さ約3.5㍉でわずかにふくらみ，上部はしだいに細長いくちばし状になる。柱頭は3個あり，果期にも残る。
花期 4〜6月 **分布** 北，本，四，九

エナシヒゴクサ
C. aphanolepis
〈柄無肥後草／別名サワスゲ〉 側小穂に柄がないことによる。平地から山地の林内に生える高さ20〜40㌢の多年草。ヒゴクサに似ているが，雌小穂は柄

ヒゴクサ 雌小穂は細い柄があり，果期には垂れ下がる 86.6.13 八王子市

花期のヒゴクサ 87.5.10 高尾山

❶ヒゴクサの雌小穂。果胞の上部はしだいに細くなり，柱頭は果期まで残る。❷エナシヒゴクサの雄小穂。葯は花粉を出し終えている。❸花期の雌小穂。柱頭は2裂。❹果期の雌小穂。果胞はまるくふくらみ，上部は急に細くなる。成熟するにつれて，果胞がそり返るので，小穂はずんぐりしている。柱頭は果実が熟すと落ちる。

イネ目 カヤツリグサ科

がなく,長さ0.7～1.2㌢の球形～長楕円形。果胞はまるくふくらみ,上部は急に短いくちばし状になる。柱頭は早く落ちる。🌼**花期** 4～7月 ◎**分布** 北,本,四,九

シラスゲ
C. alopecuroides
　var. chlorostachya

〈白菅／別名ムシャナルコスゲ〉　和名は葉の裏が白いため。平地から低山の林内の湿地に生える高さ50～70㌢の多年草。地下匐枝をのばしてふえる。茎は鋭い3稜形で,上部はざらつく。葉は緑白色でやわらかく,幅0.5～1㌢の線形。裏面は粉白を帯びる。茎の上部に小穂が4～6個つく。頂小穂は雄性で長さ3～6㌢の線形。側小穂は雌性で長さ3～6㌢,幅約5㍉の細い円柱形。しばしば先端に雄花が少数つく。果胞は鱗片より長く,長さ約3㍉の狭卵形で,上部は長いくちばし状になる。柱頭は3個。🌼**花期** 4～6月 ◎**分布** 北,本,四,九

エナシヒゴクサ　雌小穂は柄がなく,ずんぐりしている　86.5.30　八王子市

❸

❹

果期のエナシヒゴクサ　87.8.18

シラスゲ　86.5.26　多摩市

イネ目　カヤツリグサ科　143

スゲ属 Carex

ミヤマシラスゲ
C. olivacea
　ssp. confertiflora
〈深山白菅〉

丘陵から山地の水湿地に生える高さ30〜80㌢の多年草。太い根茎があり，地下匐枝を長くのばして群生する。茎は3稜形で太い。葉は幅0.8〜1.5㌢の広い線形で，厚くてやわらかく，3脈が目立つ。裏面は白っぽい。茎の上部に小穂が3〜6個直立してつく。頂小穂は雄性で長さ3〜7㌢。側小穂は雌性で長さ3〜5.5㌢，幅7〜9㍉の円柱形。苞は葉と同形で茎より長い。雌花の鱗片は小さく，先端に短い芒がある。果胞は成熟すると水平に開出し，長さ約4㍉のまるくふくらんだ倒卵形で，上部は急に細いくちばし状になる。乾くと果胞は黒褐色になる。✿花期　5〜7月　◎分布　北，本，四，九

ウマスゲ
C. idzuroei

〈馬菅〉　大型のスゲなのでつけられた。

平地の水湿地に生える高さ40〜60㌢の多年草。地下匐枝を長くのばしてふえる。葉は幅4〜8㍉の線形でやわらかい。葉鞘は暗赤紫色を帯びる。小穂は4〜5個つく。上部の1〜2個は雄性で長さ2〜4㌢の線形。下部の2〜3個は雌性でまばらに離れてつき，長さ2〜3㌢，幅0.7〜1㌢の長楕円形。果胞はふくらみ，長さ1〜1.2㌢で，上部は長いくちばし状になる。柱頭は3個。✿花期　5〜6月　◎分布　本（関東地方以西），四，九

ミヤマシラスゲ　名前は深山だが，平地や丘陵にも生える　86.5.13　八王子市

ウマスゲ　86.5.18　浦和市

①

カサスゲ
C. dispalata

〈笠菅／別名ミノスゲ〉丈夫で長い葉を笠や蓑をつくるのに利用したことによる。

平地の水湿地にふつうに生える高さ0.4〜1㍍の多年草。根茎は太く、地下匍枝を長くのばして群生する。茎は3稜形で太い。葉はかたく、幅4〜8㍉の線形。葉鞘は紫褐色で網状の繊維に裂ける。小穂は4〜7個つく。頂小穂は雄性で茶褐色を帯び、長さ4〜7㌢の線形。側小穂は雌性で長さ3〜10㌢、幅約5㍉の円柱形。ときに先端に雄花が少数つく。雌花の鱗片は赤褐色を帯びる。果胞は鱗片より長く、長さ3〜4㍉。柱頭は3個。**花期** 4〜7月 **分布** 北、本、四、九

シオクグ
C. scabrifolia

〈潮莎草〉 海岸に多いことによる。

塩水が出入りするような海岸の湿地に生える高さ30〜60㌢の多年草。地下匍枝をのばして群生する。茎は3稜形で上部はざらつく。葉は茎より長く、幅1.5〜2.5㍉の線形。根もとの葉は葉身がなく、赤紫色の葉鞘だけになる。小穂は3〜4個つく。上部の2〜3個は長い柄があり、雄性で長さ2〜4㌢の線形。下方の1〜2個は雌性で離れてつき、長さ1〜2㌢の長楕円形。雌花の鱗片は褐色を帯びる。果胞はコルク質で鱗片より長く、長さ7〜8㍉のふくらんだ長楕円形。上部は短いくちばし状になる。**花期** 6〜7月 **分布** 日本全土

カサスゲ 蓑や笠をつくるため、かつてはよく栽培された 86.5.15 八王子市

❶ミヤマシラスゲの小穂。褐色の頂小穂は雄性で長さ3〜7㌢。淡緑色の側小穂は雌性で、まるくふくらんだ果胞がびっしりとつく。果胞の上部は急に細いくちばし状になる。乾くと果胞は黒くなる。❷カサスゲの雌小穂。果胞はふくらみ、くちばし状の部分が外側に曲がる。鱗片の一部が赤褐色を帯びるのが特徴。

シオクグ 86.6.10 三浦半島

イネ目 カヤツリグサ科

花期のコウボウシバ 長い地下匐枝をのばして群生する。茎の先につくのが雄小穂、下が雌小穂

スゲ属 Carex

コウボウシバ
C. pumila

〈弘法芝〉 同じようなところに生えるコウボウムギより小さいので芝とつけられた。

海岸の砂地に生える高さ10〜20㌢の多年草。葉は幅2〜4㍉の線形でかたく、表面は光沢がある。根もとの葉は葉身がなく、暗赤褐色の葉鞘だけになる。茎の上部の2〜3(まれに1)個の小穂は雄性で長さ2〜3㌢の線形。下部の2〜3個の小穂は雌性で長さ1.5〜3㌢の円柱形。苞は茎より長く、基部に短い鞘がある。果胞は鱗片より大きく、長さ6〜8㍉の長卵形でコルク質。柱頭は3個。花期 4〜7月 分布 日本全土

ジョウロウスゲ
C. capricornis

〈上﨟菅〉 果胞の様子が高尚だとしてつけられた。

川岸や池沼などの水湿地にややまれに生える高さ40〜70㌢の多年草。葉は幅4〜6㍉の線形で、厚くてかたい。根もとの葉は葉身がなく、濃紫褐色の葉鞘だけになる。小穂は柄がなく、茎の上部に4〜6個密集してつく。頂小穂は雄性で長さ1.5〜3㌢の線形。側小穂は雌性で長さ1.5〜3㌢、幅1.5〜1.8㌢の長卵形。果胞は鱗片より長く、長さ7〜9㍉のややふくれた披針形で、上部は長いくちばし状になって深く2裂し、裂片はそり返る。成熟すると果胞は下向きにそり返る。柱頭は3個。花期 5〜7月 分布 北、本(関東地方)

果期のコウボウシバ 手前のまるい葉はハマヒルガオ 86.6.28 東京都江東区

❶コウボウシバの雄小穂。鱗片は赤褐色を帯びる。❷コウボウシバの花期の雌小穂。果胞はまだ鱗片に隠れている。❸果期の雌小穂。果胞はまるくふくれ、コルク質になる。❹ジョウロウスゲの果期の小穂。果胞の先が深く2裂し、裂片は細くてかたく、強くそり返るのが特徴。成熟すると果胞は下向きにそり返る。

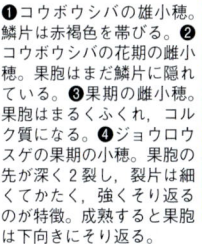

ジョウロウスゲ 13.07.02 東京都東久留米市

イネ目 カヤツリグサ科

スゲ属 Carex

オニスゲ
C. dickinsii

〈鬼菅／別名ミクリスゲ〉 大きな果穂の形から鬼を連想したもの。別名は実栗菅で，果穂が86頁のミクリににていることによる。

平地の水湿地にふつうに生える高さ20～50㌢の多年草。地下匐枝を長くのばしてふえる。葉は幅4～8㍉の線形。茎の上部に小穂がふつう3個つく。頂小穂は雄性で長い柄があり，長さ2～3㌢の線形。側小穂は雌性でほとんど柄はなく，長さ1.5～2㌢の楕円形。果胞は鱗片より大きく，長さ約1㌢でまるくふくらむ。柱頭は3個。

花期 5～7月 分布 北，本，四，九

ビロードスゲ
C. miyabei

〈天鵞絨菅〉 果胞に灰色の剛毛が密生することによる。

河原や水田などの湿地に生える高さ30～60㌢の多年草。地下匐枝を長くのばして群生する。葉は幅3～5㍉の線形

オニスゲ 果穂はトゲトゲしいが，さわるとやわらかい 86.6.18 八王子市

ビロードスゲ 86.5.19 八王子市

❶
❷
❸

イネ目 カヤツリグサ科

でかたい。根もとの葉は葉身がなく、赤紫色を帯びた葉鞘だけになる。小穂は4～7個つく。上部の2～4個は雄性で長さ1.5～3㌢の線形。下方の2～3個は雌性で長さ2～4㌢、幅4～6㍉の円柱形。果胞は鱗片より長く、長さ3～4㍉の広倒卵形。柱頭は3個。🌸**花期** 5～6月 **分布** 北,本,九

マツバスゲ
C. biwensis

〈松葉菅〉 細い茎が叢生する様子を松葉に見立てたもの。

湿地にふつうに生える高さ10～40㌢の多年草。茎は直径約1㍉と細い。葉は幅約1.5㍉の細い線形。茎の先に長さ1～2㌢の小穂を1個つける。小穂の上部は雄花部で細く、下部は雌花部で幅3～4㍉。雌花の鱗片は赤褐色。果胞は水平に開出し、鱗片とほぼ同じ長さで、長さ1.5～2㍉のふくらんだ広卵形。柱頭は3個。🌸**花期** 4～5月 **分布** 本,四,九

シラコスゲ
C. rhizopoda

〈白子菅〉 最初に採集された埼玉県飯能市白子にちなんだもの。

丘陵や山間の水湿地に生える高さ20～50㌢の多年草。茎や葉は密に叢生して大きな株をつくる。茎は鋭い3稜形で上部はざらつく。葉は幅2～3㍉の線形でやわらかい。茎の先に長さ2～4㌢の小穂を1個つける。小穂の上部は雄花部、下部は雌花部。果胞は鱗片より長く、長さ5～6㍉の卵状披針形。柱頭は3個。🌸**花期** 4～6月 **分布** 北,本,四,九

マツバスゲ 細い茎の先に小穂が1個だけつく 86.5.15 八王子市

❶❸オニスゲの雌小穂。❸花のころは果胞はまだ鱗片に隠れているが、❶果期には鱗片より大きくなり、まるくふくらんでそり返る。果胞の上部は細いくちばし状になる。❷ビロードスゲの雌小穂。鱗片のふちは赤褐色を帯び、果胞には毛が密生する。❹シラコスゲの小穂。最上部の細い部分が雄花部。

シラコスゲ 86.5.15 八王子市

イネ目 カヤツリグサ科

イネ科
POACEAE

世界に約700属10000種ある大きな科で、穀物や牧草として、人間の生活とかかわりの深いものも多い。イネ科の花はふつう雌しべ1個、雄しべ3個があり、花被片はごく小さく退化して、鱗被と呼ばれる。花は1個ずつ外花穎、内花穎と呼ばれる2個の鱗片に抱かれている。これを小花と呼び、小花の集団を小穂という。小穂の1番下には花のない鱗片が2個あり、外側のものを第一苞穎、内側のものを第二苞穎と呼ぶ。カヤツリグサ科とは花の構造のほか、茎がふつう中空で、葉鞘は茎に巻きついているだけで、完全な筒形にならないことなどで区別できる。

カニツリグサ属
Trisetum

カニツリグサ
T. bifidum

〈蟹釣草〉 花穂のついた茎で、子供がサワガニを釣って遊ぶことからという。

道ばたや草地などにごくふつうに生える高さ40〜70㌢の多年草。全体に軟毛が生え、やわらかい感じがする。葉は茎の下部に多くつき、長さ10〜20㌢、幅3〜5㍉の線形。上部の葉は裏面が無毛でなめらかだが、下部の葉は毛が多い。花序は長さ10〜20㌢の細い円錐状で先は垂れ、多くの小穂をつける。小穂は長さ6〜8㍉で、3〜4個の小花がつき、熟すと黄褐色になる。外花穎の先は深く2裂し、その間から途中でねじれた長い芒がつきでる。

カニツリグサ 小穂に長い芒があり、果期には外側にそり返る 86.6.2 日野市

❶カニツリグサの小穂。1番外側に2個の苞穎があり、その内側に小花が4個ある。長い芒があるのが外花穎、小さな白い膜質のものが内花穎で、その間に雄しべ3個と雌しべ1個が入っている。

❷シラゲガヤの花序。1個の花のように見えるのが小穂で長さ約5㍉の扁平な卵形。小花は2個あるが、大きな苞穎に包まれていて、外側からは見えない。黄色の葯は花粉をだしたあと。

❸茎。下向きの白い軟毛がびっしり密生している。

花期 5〜6月 分布 北, 本, 四, 九

シラゲガヤ属 Holcus

シラゲガヤ
H. lanatus

〈白毛茅〉 全体に白い軟毛が密生することによる。

ヨーロッパ原産の高さ0.2〜1ﾒｰﾄﾙの多年草。明治中期に渡来し、牧草として栽培されているほか、中部地方以北に野生化している。湿ったところに多い。葉は長さ10〜30ｾﾝﾁ、幅0.5〜1ｾﾝﾁの線形で先はとがり、両面とも白い軟毛が密生する。花序は長さ8〜16ｾﾝﾁの円錐状。小穂は長さ約5ﾐﾘの扁平な長楕円形で白緑色、ときに赤紫色を帯び、2個の小花がつく。上の小花は雄性で、外花穎に太くて短い芒がある。下の小花は両性で芒はない。花期 6〜8月 分布 ヨーロッパ原産

ミノボロ属 Koeleria

ミノボロ
K. macrantha

〈簑ぼろ〉 花穂を昔雨具に使った簑に見立てたものという。

日当たりのよい芝草地などに生える高さ20〜50ｾﾝﾁの多年草。全体に白色の短い軟毛が密生する。茎は細くてかたい。葉は長さ5〜15ｾﾝﾁ、幅1.5〜3ﾐﾘの線形で、ふちはざらつく。花序は長さ5〜13ｾﾝﾁあり、はじめは円柱形、開花すると枝が横に開き、密に小穂をつける。小穂は長さ4〜5ﾐﾘの扁平な披針形で、銀色を帯び、4〜5個の小花がある。外花穎のふちは透明な膜質で、芒はない。花期 5〜7月 分布 北, 本, 四, 九

シラゲガヤ 全体に白い軟毛が多い。湿地向きの牧草 86.6.25 八王子市

開花前のミノボロ 86.5.19 日野市

花期のミノボロ 86.6.2 日野市

イネ目 イネ科

カラスムギ属 Avena

カラスムギ
A. fatua

〈烏麦／別名チャヒキグサ〉 食用にならず,カラスが食べる麦の意味。別名の茶挽草は小穂に油をつけ,ウリの上にのせて息を吹きかけると茶臼をひくように回ることからきた名といわれる。

ヨーロッパ,西アジア原産の1～2年草。麦と一緒に古い時代に日本に入ったと考えられている。畑や道ばた,荒れ地などに生え,高さ0.6～1㍍になる。葉は長さ10～25㌢,幅0.7～1.5㌢の線形。花序は長さ15～30㌢のまばらな円錐状で,淡緑色の小穂が多数垂れ下がる。小穂は長さ2～2.5㌢と大きく,ふつう3個の小花がある。外花頴にはねじれた長い芒がある。❁花期 5～7月 ✿分布 ヨーロッパ・西アジア原産

マカラスムギ
A. sativa

〈真烏麦／別名エンバク〉 別名の燕麦は漢名で,本来はスズメノチャヒキのことだといわれる。

ヨーロッパ,西アジア原産で,食用,飼料用として古くから栽培されている。日本には明治のはじめに牧草として輸入された。カラスムギより全体に大きく,高さ0.6～1.5㍍になり,葉の幅も広い。小穂には小花が2個ある。❁花期 5～7月 ✿分布 ヨーロッパ・西アジア原産

✚マカラスムギはカラスムギから育成されたと考えられている。マカラスムギの果実はた

カラスムギ 古い時代に麦と一緒に渡来したと考えられている 87.5.8 多摩市

マカラスムギ 86.6.3 奥多摩

❶カラスムギの小穂。ふつう3個の小花がある。小穂からつきでている長い芒は小花の外花頴の背面からでていて,途中でねじれる。成熟すると小花は脱落する。
❷マカラスムギの小穂。カラスムギに似ているが,小花は2個で,成熟しても落ちない。芒は第1小花だけにつくか,まったくないものもある。

イネ目 イネ科

んぱく質に富み、オートミールをつくるほか、ウイスキーの原料にもなる。

エゾムギ属
Elymus

カモジグサ
E. tsukushiensis var. transiens

〈髢草〉 子供が若葉を人形のかもじにして遊んだことによる。
道ばたや畑のふちなどに生える高さ0.4〜1㍍の多年草。葉は長さ15〜25㌢、幅0.5〜1㌢の線形。花序は長さ15〜25㌢の穂状で先は垂れ、紫色を帯びた小穂が2列に並ぶ。小穂は長さ1.5〜2.5㌢で、5〜10個の小花がある。外花穎には長い芒がある。内花穎は外花穎とほぼ同長。花期 5〜7月 分布 日本全土

アオカモジグサ
E. racemifer

〈青髢草〉
カモジグサに似ているが、外花穎に長い剛毛が散生し、内花穎が外花穎より明らかに短いことで区別できる。
花期 5〜7月 分布 北、本、四、九

ヤマカモジグサ属
Brachypodium

小穂に短い柄があるのでエゾムギ属とは別属にされている。

ヤマカモジグサ
B. sylvaticum

〈山髢草〉
山野の林内や岩上などに生える高さ40〜80㌢の多年草。茎や葉に毛がある。葉は幅0.5〜1㌢の線形で、途中でねじれ、裏面が表になる。花序は長さ7〜13㌢の穂状。小穂は長さ1.5〜3㌢で短い柄がある。
花期 6〜7月 分布 北、本、四、九

カモジグサ 芒が紫色を帯びるので、花穂は紫色がかる 86.5.23 八王子市

❸カモジグサの小花。白い膜質の内花穎と緑色の外花穎はほとんど同長。基部の淡黄色の部分は小軸で、次の小花がつく。小花は内花穎と外花穎の間につく。❹アオカモジグサの小花。内花穎は外花穎より短く、外花穎のふちに剛毛がある。❺ヤマカモジグサの小花。内花穎は外花穎より短い。

アオカモジグサ 86.5.23 日野市

ヤマカモジグサ 86.6.27 日野市

イネ目 イネ科

ドクムギ属 Lolium

花序は穂状で、小穂は中軸の両側に交互につく。苞頴が2個あるのは頂生の小穂だけで、側生の小穂には苞頴が1個しかない。日本で見られるものはすべて帰化植物で、自生種はない。

ネズミムギ
L. multiflorum
〈鼠麦〉

ユーラシア原産の高さ40〜70センチの1〜2年草。イタリアン・ライグラスの名で牧草として明治時代に輸入された。緑化にも用いられ、現在では各地に野生化している。葉は長さ0.8〜1メートル、幅0.5〜1センチの線形で、はじめは円筒状に巻いている。花序は長さ20〜30センチの細い穂状で、小穂が多数互生する。小穂は長さ2〜2.5センチの扁平な長楕円形で、10〜20個の小花がつく。苞頴は小穂より短い。外花頴の先には長さ約1センチの芒がある。🌸**花期** 6〜8月 🌏**分布** ユーラシア原産

✚有毒植物として聖書にも登場するドクムギ L. temulentum はネズミムギに似るが、苞頴が小穂とほぼ同長で、花軸が屈曲する。果実に菌が寄生して、家畜が中毒を起こすので、毒麦の名がある。

ホソムギ
L. perenne
〈細麦〉

ヨーロッパ原産の高さ20〜60センチの多年草。明治時代に渡来し、ペレニアル・ライグラスの名で牧草として栽培され、現在では各地に野生化している。葉は長さ10〜20センチ、幅2〜5

ネズミムギ ホソムギと交雑しやすく、区別が難しい 86.5.23 日野市

❶ネズミムギの小穂。苞頴は小穂の外側に1個だけある。ひとつの小穂に10〜20個の小花がつく。小花の外花頴にはいずれも1㌢ほどの芒がある。雄しべは各小花に3個あり、糸状の花糸の先に黄色の葯がT字形につく。白いふさのようなのは雌しべの柱頭。❷ホソネズミムギの小穂。小花によって芒の長いものや短いものがある。❸ホソムギの花序。ネズミムギに比べてほっそりしている。芒はほとんどない。❹ハマニンニクの開花前の小穂。全体に毛深く、芒はない。

ホソムギ　86.5.23　三浦半島

果期のハマニンニク　86.6.10

㍉で、はじめは2つ折りになっている。花序は長さ10〜25㌢の細い穂状で、小穂が多数互生する。小穂は長さ0.7〜2㌢で、6〜14個の小花がある。外花頴には芒がないか、あってもごく短い。**花期** 6〜8月 **分布** ヨーロッパ原産

✚ネズミムギとホソムギは雑種ができやすく、また牧草として人工的に交配されたため、典型的なものは少ない。この両種の雑種を**ホソネズミムギ**（ネズミホソムギ）L.×hybridumという。日本に入ってきているものは、人為的に交配されたものではないかと考えられている。

テンキグサ属 Leymus

ハマニンニク
L. mollis

〈浜大蒜／別名クサドウ・テンキグサ〉　厚い葉をニンニクにたとえたもの。別名の草簾も葉が丈夫なことによる。テンキはアイヌ語で、この草の葉で編んだ小物入れのこと。
主に日本海側の海岸の砂地に群生する大型の多年草。太くて長い地下匐枝をのばしてふえる。茎は太くて丈夫で、緑白色を帯び、高さ1〜1.5㍍になる。葉は長さ30〜60㌢、幅0.6〜1.2㌢の線形で、厚くて表面はざらつく。花序は長さ10〜25㌢の細い穂状で、多数の小穂が密につく。小穂は長さ1〜2.5㌢で軟毛があり、3〜5個の小花がつく。苞頴は小花と同長またはやや長い。外花頴には芒はない。**花期** 6〜7月 **分布** 北、本、九

イネ目　イネ科

スズメノチャヒキ属
Bromus

帰化植物が多く、日本に自生するものは数種しかない。花序は円錐状で、小穂が大きく、イネ科には珍しく葉鞘が完全な筒形になることなどが特徴。

ノゲイヌムギ
B. sitchensis

〈芒犬麦〉

南アメリカ原産の高さ0.8〜1.5メートルの多年草。葉は幅0.7〜1.2センチ。小穂は長さ3〜3.5センチと大きく、非常に扁平で、6〜10個の小花がある。外花頴の先には長さ4〜5ミリの芒がある。❀**花期** 4〜7月 ◉**分布** 南アメリカ原産

スズメノチャヒキ
B. japonicus

〈雀の茶挽〉 チャヒキグサ(カラスムギの別名)に似ていて、小穂が小さいことによる。日当たりのよい道ばたや荒れ地などにふつうに生える高さ30〜70センチの1年草。全体に軟毛がある。葉は長さ15〜30センチ、幅3〜6ミリの線形。花序は長さ10〜25センチの円錐状で先は垂れ、淡緑色の小穂を多数つける。小穂は長さ2〜2.5センチの披針形でやや平たく、6〜10個の小花がつく。外花頴には長さ0.8〜1.2センチの芒がある。❀**花期** 5〜7月 ◉**分布** 北,本,四,九
✚南アメリカ原産のイヌムギB. catharticusはノゲイヌムギに似ているが、外花頴の芒が1ミリ以下とごく短い。またノゲイヌムギは開花期に葯が小花からとびでて他花受粉するが、イヌムギの葯はごく小さく、小花の外にでないで自花受粉する。

ノゲイヌムギ 小穂は非常に扁平で、芒はあまり目立たない 87.5.24 日野市

スズメノチャヒキ 86.6.2 日野市

❶ノゲイヌムギの小穂。外花頴が2つに折りたたまれて扁平になる。芒は長さ4〜5ミリ。よく似たイヌムギの芒は1ミリ以下なので区別しやすい。❷スズメノチャヒキの小穂。まだ開花する前で、芒は直立しているが、果期には外側へ折れ曲がる。❸ウマノチャヒキの果期の小穂。苞頴と花頴には軟毛が密生し、ふちには長い毛がある。果実が成熟すると、苞頴を残して小花は脱落する。❹メウマノチャヒキの小穂。ウマノチャヒキに比べると毛が少ない。

イネ目 イネ科

ウマノチャヒキ
B. tectorum
〈馬の茶挽〉

ヨーロッパ原産の高さ20～50㌢の1～2年草。各地の都市周辺に雑草化している。全体に軟毛が多い。小穂は長さ1.2～2㌢で,5～8個の小花がある。苞穎と花穎は軟毛が多く,芒は長さ1.2～1.5㌢。
花期　6～7月　分布　ヨーロッパ原産
✤苞穎や花穎の毛が少ないものを**メウマノチャヒキ**var. glabratusという。

ヒゲナガスズメノチャヒキ
B. diandrus
〈髭長雀の茶挽／別名オオスズメノチャヒキ〉
芒が長くてよく目立つことによる。
ヨーロッパ原産の高さ40～70㌢の1～2年草。戦後急にふえ,全国に広がりつつある。葉は幅3～5㍉で,両面とも軟毛が多い。小穂は長さ3～4㌢と大きく,6～8個の小花がある。芒は長さ3～5㌢。
花期　6～7月　分布　ヨーロッパ原産

ウマノチャヒキ　牧場で見つかったので馬の名がついた　86.6.22　八王子市

メウマノチャヒキ　86.6.22　八王子市

ヒゲナガスズメノチャヒキ　86.6.10

イネ目　イネ科

ウシノケグサ属
Festuca

ヒロハウシノケグサ
F. pratensis
〈広葉牛の毛草〉
ヨーロッパ, シベリア原産の高さ0.3〜1mの多年草。明治時代に渡来し, 牧草として栽培されるほか, 各地に野生化している。葉は幅3〜7mmの線形。葉身の基部の葉耳のふちは無毛。花序は長さ10〜20cmの狭い円錐状。小穂は長さ0.8〜1.2cmで, 5〜8個の小花がある。第一苞穎は長さ2〜3mm, 第二苞穎は長さ3.5〜4.5mm。芒はほとんどない。花期 6〜8月 分布 ヨーロッパ・シベリア原産

オニウシノケグサ
F. arundinacea
〈鬼牛の毛草〉
ヨーロッパ原産の高さ0.4〜1.8mの多年草。戦後, 緑化用に植えられたものが野生化している。ヒロハウシノケグサよりやや大型で, 葉身の基部の葉耳のふちには開出毛がある。小穂もやや大きく, 第一苞穎は長さ5〜7mm。 花期 6〜8月 分布 ヨーロッパ原産
戦後, ヒロハウシノケグサとオニウシノケグサの交配種と考えられるものが砂防用, 緑化に使われ, 野生化している。このため両種の中間型も多く, 区別が難しいことが多い。

トボシガラ
F. parvigluma
〈点火茎〉点火はたいまつなどの灯火のことだが, 語源は不明。
山野の林内や林縁に多い高さ30〜60cmの多年草。葉は幅2〜3mmでやわらかい。花序は長さ

ヒロハウシノケグサ 牧草のほか, 緑化にもよく使われる 86.6.1 八王子市

トボシガラ 86.5.13 八王子市

❶

❷

158 イネ目 イネ科

8〜15㌢の円錐状で先は垂れ，まばらに小穂がつく。小穂は長さ7〜9㍉で，3〜5個の小花がある。外花頴には長さ5〜7㍉の芒がある。🌸**花期** 5〜6月 🌐**分布** 北，本，四，九

オオウシノケグサ
F. rubra
〈大牛の毛草〉

北半球に広く分布する高さ30〜90㌢の多年草。日本にも北海道や本州の高山，海岸などに自生しているが，牧草，緑化用に輸入もされた。都市周辺で見られるのはほとんどが外国産である。葉は幅3〜4㍉でふちは内側に巻く。花序は長さ5〜12㌢の狭い円錐状で，小穂がやや密につく。小穂は長さ0.5〜1㌢で，5〜6個の小花がある。外花頴には長さ約3㍉の芒がある。🌸**花期** 6〜8月 🌐**分布** 北，本（中部地方以北）

ナギナタガヤ属 Vulpia

ナギナタガヤ
V. myuros
〈薙刀茅／別名ネズミノシッポ〉 細い花序を薙刀やネズミの尾に見立てたもの。英名も同じ意味の Rat's tail で，種小名はハツカネズミの尾の意味。
地中海沿岸原産の高さ30〜50㌢の1〜2年草。明治初期に入り，各地に帰化している。とくに海辺や河原に多い。葉は幅0.5〜1㍉と細く，ふちは内側に巻く。花序は長さ10〜20㌢，幅1〜2㌢の細い円錐状。小穂は長さ6〜8㍉で，3〜5個の小花がある。外花頴には長さ約1.5㌢の長い芒がある。🌸**花期** 5〜6月 🌐**分布** 地中海沿岸原産

オオウシノケグサ 都市周辺のものはほとんど外国産 86.6.14 八王子市

❶ヒロハウシノケグサの葉身の基部。耳状にはりだした部分が葉耳で，葉身と葉鞘の境目のリング状の部分が葉舌。❷オニウシノケグサの小穂。ヒロハウシノケグサとの中間型も多く，区別が難しい。❸オオウシノケグサの小穂。

ナギナタガヤ 86.5.23 八王子市

イネ目 イネ科

イチゴツナギ属 Poa

分類の難しい属のひとつで,世界に500種ある。日本には約20種が自生する。花序は円錐状で,小穂に芒はない。外花穎の中肋や側面に軟毛があり,基部にはふつう長い綿毛(基毛)がある。

スズメノカタビラ
P. annua
〈雀の帷子〉

人家周辺や畑,道ばたなど,いたるところにふつうに生える高さ10〜30㌢の1〜2年草。葉は長さ4〜10㌢,幅2〜3㍉の線形でやわらかい。葉舌は白い膜質の半円形で,長さ3〜6㍉あって目立つ。花序は長さ4〜8㌢の円錐状で,淡緑色の小穂を多数つける。花序の枝は横に広く開き,ざらつかない。小穂は長さ3〜5㍉の卵形で,3〜5個の小花がある。外花穎の基毛は少なく,ほとんど目立たない。

🌱 花期 3〜11月
分布 日本全土

ミゾイチゴツナギ
P. acroleuca
〈溝苺繋〉

林のなかや道ばた,溝のふちなど,湿ったところに生える高さ30〜70㌢の1〜2年草。全体にやわらかく,茎はまばらに叢生する。葉は長さ10〜15㌢,幅1.5〜3㍉の線形で,先はしだいに細くとがる。葉舌は長さ1〜2㍉と短い。花序は長さ10〜20㌢の円錐状で先はやや垂れ,緑白色の小穂をつける。花序の枝はざらつく。小穂は長さ3〜5㍉の卵形で,5〜6個の小花がある。

🌱 花期 5〜6月
分布 日本全土

スズメノカタビラ 世界に広く分布する雑草のひとつ 87.5.15 日野市

ミゾイチゴツナギ 87.5.10 八王子市

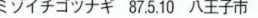

❶スズメノカタビラの小穂。小花が3個つくものが多い。❷ミゾイチゴツナギの小穂。花序の枝には微刺があってざらつく。❸ミゾイチゴツナギの葉身と葉鞘の境にある葉舌は長さ1〜2㍉と短い。スズメノカタビラの葉舌は長さ3〜6㍉ある。

イネ目 イネ科

イチゴツナギ
P. sphondylodes

〈苺繋／別名ザラツキイチゴツナギ〉 了供が摘んだイチゴをこの茎に刺してつないだことによる。別名は、花序のすぐ下の茎に逆向きの刺があって、非常にざらつくことによる。日当たりのよい道ばた、土手、河原などに生える高さ50～70㌢の多年草。茎は細くてかたく、密に叢生する。葉は長さ10～15㌢、幅約2㍉の線形でやわらかく、白緑色を帯び、ふちはざらつく。葉舌は披針形で、長さ3～8㍉あって目立つ。花序は長さ6～8㌢の円錐状で、淡緑色の小穂を多数つける。小穂は長さ4～6㍉の長楕円形で、4～6個の小花がある。
花期 5～6月
分布 北，本，四，九

ナガハグサ
P. pratensis

〈長葉草〉 葉が長いからといわれるが、それほど長くない。ヨーロッパ原産の高さ30～80㌢の多年草。ケンタッキー・ブルーグラスの名で牧草として利用され、明治初期に輸入された。戦後は緑化、砂防用として使われ、現在ではふつうに野生化している。昔から日本にも自生があったという見解もある。長い地下匐枝をのばしてふえる。葉は長さ15～30㌢、幅2～4㍉の線形。葉舌は短く、目立たない。花序は長さ10～20㌢の円錐状で、枝はざらつく。小穂は長さ4～6㍉の卵形で、3～5個の小花がある。
花期 5～7月
分布 ヨーロッパ原産

イチゴツナギ 茎の上部や葉のふちは非常にざらざらする 86.5.26 八王子市

❹イチゴツナギの小穂。葯は約1.5㍉。もう花粉をだし終わっている。外花穎のふちには白い軟毛がある。

❺イチゴツナギの葉舌は白い膜質で長さ6～8㍉あり、よく目立つ。ナガハグサの葉舌は短くて目立たない。

ナガハグサ 86.5.23 日野市

イネ目 イネ科

ドジョウツナギ属
Glyceria

葉鞘のふちが合着して完全な筒になっているのが特徴。

ムツオレグサ
G. acutiflora ssp. *japonica*

〈六折草／別名ミノゴメ〉 小花が成熟すると，ばらばらになって落ちることによる。水田や溝のなかなどに生える高さ20〜70センチの多年草。茎の基部は地をはい，節から根をだして新苗をつくる。葉は長さ10〜30センチ，幅3〜6ミリの線形。葉舌は白い膜質で長さ4〜7ミリの三角状披針形。花序は長さ10〜30センチの細い円錐状。花序の枝も細い円柱形の小穂も直立するので，花序は穂状のように見える。小穂は長さ3〜5ミリで，8〜15個の小花がある。小花は長さ0.7〜1.1センチ。

花期　5〜6月
分布　本，四，九，沖

ドジョウツナギ
G. ischyroneura

〈泥鰌繋〉 ドジョウがいそうなところに生えることによるという。溝のふちや水辺にふつうに生える高さ40〜80センチの多年草。茎の下部は地をはい，上部は斜上する。葉は長さ15〜20センチ，幅3〜5ミリの線形で，先端は急に細くなり，ややざらつく。葉舌は長さ1〜1.5ミリの半円形。花序は長さ15〜40センチの円錐状で，先はやや垂れ下がり，淡緑色の小穂を多数つける。小穂は長さ5〜7ミリの狭長楕円形で，3〜7個の小花がある。小花は長さ2〜2.5ミリ。

花期　5〜6月
分布　北，本，四，九

ムツオレグサ　もう小花が熟してバラバラと落ちやすい状態　86.5.23　日野市

果期のドジョウツナギ　86.6.2

❶花期のドジョウツナギ。花序の枝が中軸に密着し，小穂も直立しているので，花序は単純な穂状のように見える。果期には花序の枝は斜めに開く。❷ドジョウツナギの小穂。写真では見えないが，小穂の軸は細く糸状で，小花の内花頴に沿って左右にくねくねと曲がっているのが特徴。先端の小花からとびでている白いふさ状のものは柱頭。その下の小花からは黄色い葯がぶら下がっている。

イネ目　イネ科

カモガヤ属 Dactylis

小穂は非常に扁平で，花序の枝の片側にだけ密集してつく。

カモガヤ
D. glomerata

〈鴨茅〉 英名は cock's foot grass で，小穂の形からつけられたもの。これを訳すとき，cock（ニワトリ）と duck（カモ）をまちがえたものらしい。

ヨーロッパから西アジア原産の高さ0.3〜1.2㍍の多年草。チモシー（オオアワガエリ）と並ぶ代表的な牧草で，世界各地で栽培され，オーチャード・グラスの名でよく知られている。日本には明治初期に輸入された。緑化にも広く利用され，各地に野生化している。茎は叢生して大きな株をつくる。葉は白緑色で，長さ10〜40㌢，幅0.5〜1.4㌢の線形。葉舌は長さ0.7〜1.2㌢あって目立つ。花序は長さ10〜30㌢のまばらな円錐状で，枝の片側にだけ淡緑色の扁平な小穂が密集してつく。小穂は長さ7〜8㍉で，3〜5個の小花がある。 **花期** 7〜8月 **分布** ヨーロッパ〜西アジア原産

カモガヤ　オーチャード・グラスの名で知られる牧草　86.5.24　八王子市

カモガヤの花期の小穂。外花頴の中脈は短い芒になってつきでる。脈上には長い剛毛が1列に並ぶ。

イネ目　イネ科

ヨシ属 Phragmites

植物体は全体に大きく、大型の円錐花序をつくる。小花の基部には短い柄があり、この柄の部分に長い絹毛がある。小穂の1番下の小花はふつう雄性。

アシ
P. australis
〈葦・蘆・葭／別名ヨシ〉
『和漢三才図会』にはアシは「青し」からきたとあり、牧野富太郎は桿の変化したものとしている。葦、蘆、葭はいずれも漢名で、中国の『本草綱目』には「初生するを葭、未だ秀でざるを蘆、成長したるを葦という」とある。別名のヨシはアシが「悪し」に通じるので、これを嫌ったもの。『万葉集』以前には、ヨシという呼び名は見当たらない。茎でつくった簾を葦簀という。

池や沼、川岸などに生える高さ1.5〜3㍍の多年草。太い地下茎をはりめぐらし、大群落をつくる。茎は太くてかたく、節間は長い。葉は互生し、長さ20〜50㌢、幅2〜4㌢の線形で、先が垂れる。花序は長さ15〜40㌢の大型の円錐状で、淡紫色を帯びた小穂を密につける。小穂は長さ1.2〜1.7㌢で、2〜4個の小花がある。🌼**花期** 8〜10月
◎**分布** 日本全土

ツルヨシ
P. japonicus
〈蔓葦／別名ジシバリ〉
川岸の砂地や谷川のふちなどに群生する高さ1.5〜2㍍の多年草。アシに似ているが、地表をはう長い匍枝をだし、その節に白い開出毛があるので見分けやすい。匍枝はときに3〜5㍍

アシ 世界の暖帯から亜寒帯の水辺に群生する　86.9.24　長野県白馬村

❶開花時のアシの小穂。緑色の細い柄の先にまず第一苞頴がつき、その左側にそれより長い第二苞頴がある。第一苞頴に接して、紫褐色の細長い第一小花の外花頴がつく。外花頴は長さ1〜1.5㌢あり、第一苞頴はその2分の1以下の長さしかない。第一小花は雄性、第二小花以上は両性。紫色の葯と黄色の花柱が顔をだしている。❷成熟したアシの小穂。若いうちは紫褐色だが、成熟すると褐色となり、小花の基部につく白い絹毛が目立つ。絹毛の下に関節があり、成熟すると2個の苞頴を残し、絹毛をつけた小花が風に乗って飛び散る。❸ツルヨシの小穂。第一苞頴が小花の外花頴の長さの2分の1以上あるので、アシと区別できる。

イネ目　イネ科

ものび，節から根をだし，新しい株をつくってふえる。葉は長さ20〜30ギン，幅2〜3ギン。葉鞘は紫色を帯びる。花序は長さ25〜35ギン。小穂は長さ0.8〜1.2ギンで，3〜4個の小花がある。
🌼**花期** 8〜10月 ◎**分布** 本，四，九，沖

セイコノヨシ
P. karka

〈西湖の葦／別名セイタカヨシ〉 西湖は中国の湖の名にちなんだもので，別名は丈が高いことによる。

川岸や海岸の砂地に生える多年草。アシよりやや大型で，高さ2〜4メートルになる。葉は長さ40〜70ギン，幅2〜4ギンで斜上し，アシのように垂れ下がらない。花序は長さ30〜70ギン。小穂は長さ5〜8ミリ。🌼**花期** 8〜10月 ◎**分布** 本（関東地方以西），四，九，沖

✣風が一定方向に吹くようなところでは，葉が茎の片側に同じ方向を向いてつくことがある。これを片葉の葦という。風だけが原因ではないともいわれる。

ツルヨシ 大きな川では上流にツルヨシ，下流にアシが多い 86.10.28 西多摩

❹ツルヨシの匍枝は地上を長くはい，不安定な河原の石ころなどをしばりつけるので，流れの強いところでも定着して群落をつくることができる。❺ツルヨシの茎と節には白色の開出毛がある。アシの節は無毛。

セイコノヨシ 87.11.18 宍道湖

イネ目 イネ科

ダンチク属 Arundo

ダンチク
A. donax
〈暖竹／別名ヨシタケ〉
暖かい地方に生え、竹の仲間のように見えることからつけられたのだろう。
海岸や川岸などに生える高さ2～4㍍の常緑の多年草。根茎は地中を長くはって大きな群落をつくる。茎は直径2～4㌢で節が多く、竹に似ているが、折れやすい。葉は緑白色で互生し、長さ50～70㌢、幅2～5㌢の線形で厚く、先は垂れる。花序は長さ30～70㌢の円錐状で、赤紫色を帯びた光沢のある小穂を多数つける。小穂は長さ1～1.2㌢で、3～5個の小花がある。花期 8～11月 分布 本(関東地方以西)、四、九、沖
✤ダンチクの葉は飼料にするほか、九州では5月の節句のだんごをこの葉で包むところもある。葉に白斑の入るものはセイヨウダンチク、フイリダンチクなどと呼ばれる。明治初期に観賞用として渡来した。

ダンチク 暖地の海岸に群生することが多く、高さ2～4㍍にもなる。茎は節が多く、

スズメガヤ属 Eragrostis

スズメガヤ
E. cilianensis
〈雀茅／別名オオスズメガヤ〉 花穂や小穂が小さいので雀の名がついた。
道ばたや畑に生える高さ20～60㌢の1年草。暖かい地方に多く、帰化説もあるが、最近少なくなっている。茎はかたく、下部は曲がり、上部は立ち上がる。節の下部には環状の腺がある。葉は長さ10～20㌢、幅3～6㍉の線形。

コスズメガヤ 86.8.25 日野市

❶ダンチクの小穂。まだ開花前で、2個の苞頴が3～5個の小花を包んでいる。
❷コスズメガヤの小穂はスズメガヤより小さく、小花の数も5～12個とはるかに少ない。写真ではわかりにくいが、コスズメガヤとスズメガヤは、花序の枝や小穂の柄に腺点がある。開花すると外花頴の背に生えた毛が目立つ。

イネ目 イネ科

花序は長さ5〜20㌢の円錐状で，紫褐色の小穂を密につける。小穂は長さ0.5〜1.3㌢，幅約2.5㍉で，10〜30個の小花がつく。✿花期 8〜10月 ❋分布 本，四，九

コスズメガヤ
E. minor

〈小雀茅〉

道ばたや草地，畑など，日当たりのよいところに生える高さ10〜40㌢の1年草。世界の暖帯から温帯に広く分布する。スズメガヤより小穂のつき方がややまばらで，小穂は幅1.2〜1.8㍉と細く，小花は5〜12個と少ない。✿花期 8〜10月 ❋分布 本，四，九

ニワホコリ
E. multicaulis

〈庭埃〉 離れて見ると花穂がほこりのように見えることによる。牧野富太郎は「庭によく繁茂するという意味」と書いているが，これは四国や九州で草などが繁茂することを「ほこる」ということによる解釈である。

日当たりのよい草地や畑，荒れ地などにふつうに生える高さ7〜30㌢の1年草。茎は細く，基部は曲がり，上部は斜上する。葉は長さ3〜8㌢，幅1〜3㍉の線形。花序は長さ6〜10㌢の円錐状で淡赤紫色の小穂をまばらにつける。小穂は長さ2〜3.5㍉，幅1〜1.5㍉で，4〜8個の小花がある。✿花期 8〜10月 ❋分布 日本全土 ✚全体にやや大きく，葉鞘や花序の分枝部にすこし白い長毛が生えるものをオオニワホコリ E. pilosa という。

竹に似ている。葉や花穂はアシ（ヨシ）に似ている　86.11.4　室戸岬

❸スズメガヤの小穂。1個の小穂に20〜30個の小花がつく。写真では19個ついている。花序の枝は小穂が密着していた部分が曲がってジグザグになる。❹ニワホコリの小穂。一見コスズメガヤに似ているが，花序の枝や小穂の柄が屈曲せず，腺点もない。苞頴や花頴は透き通るような膜質で，光沢がある。

ニワホコリ　12.6.24　川崎市

イネ目　イネ科

シナダレスズメガヤ　土手や宅地造成地などの土止め用にもよく植えられている　86.6.14　日野市

イネ目　イネ科

スズメガヤ属
Eragrostis

シナダレスズメガヤ
E. curvula

〈撓垂雀茅／別名セイタカカゼクサ〉 細い葉がまるで髪の毛のように垂れて広がることによる。

南アフリカ原産の高さ0.6〜1.2㍍の多年草。戦後，高速道路などの砂防用に広く植えられ，また野生化もしている。葉は幅1.5〜2㍉で，乾くと内側に巻く。花序は長さ20〜35㌢の円錐状で，先はやや垂れ，紫色を帯びた小穂を多数つける。小穂は長さ0.6〜1㌢で，7〜11個の小花がある。**花期** 7〜10月 **分布** 南アフリカ原産

✤シナダレスズメガヤの英名は Weeping lovegrass。比叡山有料道路のものは英名の直訳「すすり泣く恋の草」として，バスガイドに紹介されている。

カゼクサ
E. ferruginea

〈風草／別名ミチシバ〉中国の風知草と誤認してつけられたといわれる。別名は人に踏まれるようなところに生えることによる。

日当たりのよい乾いたところに生える高さ50〜80㌢の多年草。根は地中に深く入るので，なかなか抜きとれない。葉は長さ30〜40㌢，幅2〜6㍉で，乾くと内側に巻く。葉鞘のふちには白い毛がある。花序は長さ25〜35㌢の円錐状で，紫色を帯びた小穂を多数つける。小穂は長さ6〜7㍉で，5〜10個の小花がつく。**花期** 8〜10月 **分布** 本，四，九

カゼクサ 道ばたや空き地などに大きな株をつくって生える　85.9.3　八王子市

❶開花時のシナダレスズメガヤの小穂。小花の外花頴は長さ約2.5㍉の卵形で，紫色を帯び，3脈がある。芒はない。葯は紫色で，もう花粉をだし終え，白いふさ状の柱頭がのびてでている。白い小さな粒は花粉。❷シナダレスズメガヤの花序の枝が軸につく部分はふくらみ，軸には白くて長い毛が密生している。❸カゼクサの成熟した小穂。6個の小花のうち，上部の果実のように見える3個は虫えい。❹カゼクサの葉。葉が展開する前に茎の節にくっついていた部分にくびれができる。まったく迷信だが，葉を12等分し，くびれた部分にあたった月には台風がくるという占いがある。

イネ目　イネ科

コバンソウ属 Briza

コバンソウ
B. maxima

〈小判草／別名タワラムギ〉 黄褐色に熟した小穂の形を小判や米俵に見立てたもの。小穂の形が独特なので、よくドライフラワーとして利用される。
ヨーロッパ原産の高さ30～70ｾﾝﾁの１年草。明治時代に観賞用として輸入され、現在では本州中部以南の海岸や砂地などにしばしば野生化し、大群落をつくっている。葉は長さ５～12ｾﾝﾁ、幅３～８ﾐﾘの線状披針形。花序はまばらな円錐状で、数個～20個の小穂が細い糸状の柄の先に垂れ下がってつく。小穂は長さ1.4～2.2ｾﾝﾁ、幅0.8～1.3ｾﾝﾁのふくらんだ卵状楕円形で、はじめ淡緑色、のちに黄褐色になる。小花は７～18個が水平に広がってつく。
花期 ５～７月 分布 ヨーロッパ原産

ヒメコバンソウ
B. minor

〈姫小判草／別名スズガヤ〉 小穂がコバンソウに似ているが、小さく愛らしいことによる。別名は小穂を手にとって振ると、カサカサとかすかに音をたてることによる。
ヨーロッパ原産の高さ10～60ｾﾝﾁの１年草。葉は長さ３～10ｾﾝﾁ、幅３～９ﾐﾘの線状披針形。花序は円錐状で、小さな小穂が垂れ下がって多数つく。小穂は長さ、幅ともに約４ﾐﾘの三角状卵形で、淡緑色ときに淡紫色を帯び、４～８個の小花がつく。
花期 ５～７月 分布 ヨーロッパ原産

コバンソウ 成熟した小穂をゆするとかすかに音をたてる 86.6.10 茅ヶ崎市

ヒメコバンソウ 86.5.26 八王子市

チョウセンガリヤス 86.10.16 日野市

イネ目 イネ科

チョウセンガリヤス属
Cleistogenes

チョウセンガリヤス
C. hackelii

〈朝鮮刈安〉 朝鮮半島に多いという意味なのだろう。

やや乾いたところ生える高さ0.4～1㍍の多年草。茎は直立し、ときに上部の葉腋に葉鞘に包まれた閉鎖花の花序をつける。葉は互生し、長さ4～10㌢、幅3～6㍉の短い線形で、先はしだいにとがる。葉鞘は短く、ふちにはまばらに長い毛がある。花序は長さ4～8㌢の円錐状で、花序の枝は少なく、赤紫色を帯びた灰緑色の小穂を数個ずつつける。小穂は長さ6～8㍉の狭披針形で、2～4個の小花がある。外花頴は長さ4～5㍉の披針形で、先端に長さ2～4㍉の芒がある。🌼花期 8～10月 🌏分布 本,四,九

チゴザサ属 Isachne

チゴザサ
I. globosa

〈稚児笹〉 葉が笹に似ていて、小さいことによる。

水田や溝、湿地などに群生する高さ30～50㌢の多年草。根茎は長く地中をはい、茎は下部でまばらに分枝する。葉は互生し、長さ4～7㌢、幅3～8㍉の狭披針形。花序は長さ3～6㌢の円錐状で、花序の枝は細く、淡緑色または紫褐色を帯びた小穂を多数つける。小穂の柄のふくらんだ部分には環状の腺がある。小穂は長さ約2㍉の楕円状球形で、小花は2個とも結実する。🌼花期 6～8月 🌏分布 日本全土

チゴザサ ビーズ玉のようなまるい小穂をつける 86.8.8 長野県白馬村

❶コバンソウの小花。小穂の先端部をとり除いたもので、舟形の外花頴と、半透明の膜質の内花頴の間から雄しべと柱頭がのびているのがよくわかる。❷コバンソウの小穂。❸ヒメコバンソウの小穂。❹チゴザサの小穂。葯はすでに落ち、赤紫色の柱頭がのびている。小穂の柄のふくらんだ部分には腺がある。

イネ目 イネ科 171

アゼガヤ属 Leptochloa

アゼガヤ
L. chinensis
〈畔茅〉

田のあぜや溝のふちなどの湿ったところに生える高さ30〜70cmの1年草。葉は長さ7〜15cm、幅3〜8mmの線形で緑白色を帯び、2つ折れになる。花序は長さ15〜40cm。花序の枝は開出し、赤紫色を帯びた小穂が片側にかたよって2列に並ぶ。小穂は長さ2.5〜3mmで、短い柄があり、5〜7個の小花がつく。苞頴は長さ0.7〜1.5mmの広披針形で先端はとがる。小花の外花頴は膜質で長さ1〜1.2mm。芒はなく、表面には短い伏毛が散生する。🌸花期 8〜10月 ⊛分布 本、四、九

ハマガヤ
L. fusca
〈浜茅／別名タカオバレンガヤ〉 別名は高雄馬簾茅で、台湾の高雄で見られるトダシバ（バレンガヤ）に似たカヤの意味。

暖かい地方の海岸や埋立地などに生える高さ30〜60cmの1年草。葉は長さ20〜30cm、幅2〜5mmの線形で緑白色。花序は長さ15〜25cm。花序の枝は多数斜上し、淡緑色または赤紫色を帯びた小穂が片側にかたよって2列に並ぶ。小穂は長さ0.7〜1cmの扁平な披針形で、8〜14個の小花がつく。苞頴は長さ2〜3.5mm。小花の外花頴は長さ3.5〜4mmで、先端は浅く4裂し、中脈がのびて長さ1〜2mmの芒となる。🌸花期 6〜10月 ⊛分布 本（関東地方以西）、四、九

アゼガヤ　ほとんどの小花が脱落し、苞頴だけが残っている　87.11.19　柳井市

ハマガヤ　98.7.14　撮影／畔上

オヒシバ　87.8.28　日野市

オヒシバ属 Eleusine

オヒシバ
E. indica

〈雄日芝／別名チカラグサ〉 茎や葉が丈夫なので,メヒシバに対してつけられたもの。日芝は,夏の強い日ざしのなかでも繁茂するからという。

日当たりのよい道ばたや草地などにごくふつうに生える高さ30〜60cmの1年草。茎は扁平。葉は長さ8〜20cm,幅3〜5mmの線形で,ふちには白色の長い軟毛が散生する。茎の先に花序の枝を2〜6個だし,枝の片側に緑色の扁平な小穂が2列に並ぶ。小穂は長さ3〜3.5mmで,4〜5個の小花がある。苞穎は長さ1.5〜3.5mmで,中脈はざらつく。外花穎には芒はない。🌸花期 8〜10月
🗾分布 本,四,九,沖

タツノツメガヤ属
Dactyloctenium

タツノツメガヤ
D. aegyptium

〈竜の爪茅〉 花序を竜の爪に見立てたもの。沖縄や小笠原ではふつうに見られる高さ10〜30cmの1年草。本州の中部地方以西の暖地にも,まれに帰化している。葉は長さ3〜7cm,幅3〜5mmの狭披針形で,表面や葉鞘に近い部分のふちには開出した長い毛がある。茎の先に花序の枝が3〜4個開出してつき,枝の先はとがる。小穂は枝の下側に2列に並び,長さ約2mmで,3〜4個の小花がつく。穎はどれも2つ折れになって,互いに抱きあうようにつく。外花穎には短い芒がある。🌸花期 4〜11月
🗾分布 沖,小笠原

タツノツメガヤ 花序の枝の先はとがり,小穂がつかない 87.10.27 多摩市

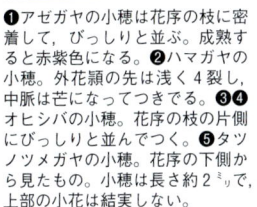

❶アゼガヤの小穂は花序の枝に密着して,びっしりと並ぶ。成熟すると赤紫色になる。❷ハマガヤの小穂。外花穎の先は浅く4裂し,中脈は芒になってつきでる。❸❹オヒシバの小穂。花序の枝の片側にびっしりと並んでつく。❺タツノツメガヤの小穂。花序の下側から見たもの。小穂は長さ約2mmで,上部の小花は結実しない。

イネ目 イネ科

クサヨシ属 Phalaris

小穂には両性の小花が1個あり、その基部に小花が退化した鱗片が2個ある。

クサヨシ
P. arundinacea

〈草葦〉 アシ(ヨシ)に似ていて、全体に草質であることによる。水辺や湿地に生える高さ0.7～1.8mの多年草。地下茎をのばして群生する。葉は長さ20～30cm、幅0.8～1.5cmの線形で、やわらかくてざらつく。花序は長さ10～15cmの円錐状で、白緑色の小穂を多数つける。小穂は長さ4～5mmの扁平な卵形で、両性の小花1個と、その基部に小花が退化した鱗片2個がつく。苞穎は長さ4～5mmの広披針形で、2つ折れになって小花を包みこむ。

花期 5～6月 分布 北, 本, 四, 九

カナリークサヨシ
P. canariensis

〈別名カナリヤクサヨシ〉 英名のCanary grassに由来する。地中海沿岸原産の高さ0.2～1.2mの1年草。江戸時代末期にカナリヤの餌として、カナリヤと一緒に入り、現在でも小鳥の餌にされる。観賞用に栽培されることもある。葉は長さ10～30cm、幅0.5～1.2cmの線形。花序は長さ3～5cmの狭卵形で、白緑色の小穂を密につける。小穂は長さ0.6～1cmの広倒卵形。苞穎は長さ0.6～1cmで、2つ折れになって小花を包みこむ。苞穎の中脈は緑色で、広い半月形の翼になってはりだす。

花期 5～8月 分布 地中海沿岸原産

クサヨシ　もう果期に入り、小穂は淡褐色を帯びている　86.6.2　日野市

カナリークサヨシ　88.6.11　八王子市

イネ目　イネ科

ハルガヤ属
Anthoxanthum

小穂には3個の小花があるが，下部の2個は内花頴，雄しべ，雌しべが退化し，外花頴だけになっている。

ハルガヤ
A. odoratum

〈春茅〉 英名のSweet vernal grassの訳。乾燥するとクマリンの香り（桜餅の葉の香り）がし，牧草にまぜると家畜の食欲を増進させるといわれる。

ヨーロッパ，シベリア原産の高さ20～50㌢の多年草。明治初期に牧草として輸入され，各地の川沿いの草地や造成地などに帰化している。茎は細くてやわらかく，ふつう全体に開出毛がまばらに生える。葉は長さ5～10㌢，幅3～6㍉の線形。花序は長さ3～7㌢の円錐状で，花序の枝が短いので穂状に見える。小穂は長さ0.8～1㌢。◎花期 4～7月 ◎分布 ヨーロッパ・シベリア原産

コウボウ
A. glabrum

〈香茅〉 乾燥するとクマリンのよい香りがすることによる。英名はSweet grass。

日当たりのよい草地に生える高さ20～50㌢の多年草。葉は長さ20～40㌢，幅2～5㍉の線形でゆるく内側に巻く。茎につく葉は長さ1～4㌢の披針形。花序は長さ4～8㌢の円錐状。小穂は黄褐色で，長さ4～6㍉の広倒卵形。小穂には3個の小花があるが，下部の2個は雄性で，上部の1個だけが両性。◎花期 4～6月 ◎分布 北，本，四，九

ハルガヤ 乾燥すると桜餅の葉のような香りがする 87.5.18 山梨県大泉村

❶クサヨシの小穂は長さ4～5㍉。苞頴は2つ折れになって小花を包み，中脈は紫色を帯び，狭い翼状になる。❷カナリークサヨシの花序。緑色のすじのある苞頴がうろこのようにびっしりとつく。苞頴のなかに両性の小花が1個ある。苞頴の中脈は翼状にはりだす。❸ハルガヤの花序。披針形の小穂が密につく。小花3個のうち，下部の2個は内花頴，雄しべ，雌しべが退化して，外花頴しかない。❹ハルガヤの葉舌は長さ3～5㍉あり，白い膜質でよく目立つ。

コウボウ 86.5.30 長野県武石村

イネ目 イネ科 175

サヤヌカグサ属
Leersia

小穂には両性の小花が1個あるだけで、苞頴は退化して、ない。

サヤヌカグサ
L. sayanuka

〈鞘糠草〉 イネに似ているが、実ができず、もみがらだけになっているものが多いからといわれる。

水辺に生える高さ40〜70㌢の多年草。茎は細く、節には下向きの毛がある。葉は長さ7〜10㌢、幅0.6〜1㌢の広線形でざらつく。花序は長さ5〜10㌢の円錐状で、下部が葉鞘に包まれ、閉鎖花をつけるものが多い。花序の枝は細くて曲がりくねり、まばらに小穂をつける。小穂は長さ4.5〜6㍉で、ふちに短い剛毛があり、イネのもみに似ている。❀花期 8〜10月 ❂分布 北(西南部)、本、四、九 ✤小穂が白っぽく、ふちに長い剛毛のあるものをエゾノサヤヌカグサL. oryzoidesという。

アシカキ
L. japonica

〈足掻き〉 全体にざらつき、素足で水に入ると、よく足をひっかくことによる。

海岸近くの湿地や水田など、浅い水中に生える高さ30〜50㌢の多年草。葉は長さ5〜15㌢、幅5〜8㍉の広線形。花序は長さ6〜8㌢。花序の枝は斜上し、ほとんど基部から先端まで小穂をつける。小穂は長さ4.5〜6㍉で、ふちには白色の長い剛毛がある。雄しべが6個あるのが特徴。❀花期 9〜10月 ❂分布 本、四、九、沖

サヤヌカグサ　まわりの茶褐色の花穂はコブナグサ　86.10.12　八王子市

アシカキ　87.8.2　撮影/酒井

❶サヤヌカグサの小穂には小花が1個しかなく、苞頴も退化してない。❷アシカキの小穂。淡黄色の葯と羽毛状の柱頭がのぞいている。❸サヤヌカグサの茎の節には下向きの毛が密生する。❹マコモの雄小穂。雄しべは6個ある。❺マコモの雌小穂。芒が目立ち、下部に羽毛状の柱頭がのぞいている。

イネ目　イネ科

マコモ属 Zizania

小穂に小花が1個しかなく，苞穎が退化しているのはサヤヌカグサ属と同じだが，小穂は単性で，同じ株に雄小穂と雌小穂がある。

マコモ
Z. latifolia
〈真菰〉

沼地や河口などに群生する高さ1～2mの大型の多年草。根茎は太くて泥中を長くはう。茎は直径約2cmの太い円柱形。葉は白っぽい緑色で，長さ0.5～1m，幅2～3cmの広線形。花序は長さ40～60cmで，多くの枝をだす。枝の上部に雌小穂，下部に雄小穂をつける。❀**花期** 8～10月 ❀**分布** 日本全土

✤黒穂菌が寄生して肥大した若い茎を菰角，真菰茸といい，食用にする。日本では昔，この黒穂菌の胞子を眉墨にした。北アメリカではマコモ属の果実をワイルドライスと呼び，感謝祭やクリスマスに使う。アメリカインディアンは古くから食用にしていた。

マコモ　紫色がかっているのが雄小穂。雌小穂は緑色　87.8.12　琵琶湖

イネ 〈イネ属 Oryza〉
O. sativa

イネの果実（穎果）が米で，日本をはじめ東アジアの主要な穀類である。イネの栽培はインドから東南アジアにかけての地域ではじまったと考えられている。日本へは中国を経て，紀元前1000年ごろ入ってきたといわれる。最初の栽培イネは，米粒が細長いインド型で，インド型から分化して米粒のまるい日本型ができた。炊飯用のウルチと，餅用のモチに分けられる。❻花期のイネ。❼モチイネの果穂。

イネ目　イネ科

ノガリヤス属
Calamagrostis

小穂には小花が1個だけあり、苞穎は小花の外花穎より長い。小花の基部には多数の毛（基毛）がある。成熟すると小花だけ脱落し、苞穎は残る。小花の基毛が小花より長くて、花序が綿毛におおわれているように見えるホッスガヤやヤマアワのグループと、基毛が小花と同長かやや短くて目立たないノガリヤスやヒメノガリヤスなどのグループとに大きく分けられる。ノガリヤスの仲間は山地や高山に多い。

ホッスガヤ
C. pseudophragmites
〈払子茅〉 白い綿毛におおわれた果穂を、禅宗の僧が煩悩を払うのに使う払子に見立てたもの。

日当たりのよい河原や海岸近くの砂地、火山の山麓などに生える高さ1～1.5mの多年草で、根茎が長く横にのび、群生する。茎は太くて上部はざらつき、麦わらに似ている。下部の葉は長さ30～45cm、幅3～7mmの線形で、白緑色または灰緑色を帯び、ふちはざらつく。葉舌は楕円形で長さ3～8mmあり、よく目立つ。花序は長さ20～30cmの円錐状で、上部は垂れ、紫褐色を帯びた小穂を多数つける。花序の枝はざらつく。小穂は長さ7～8mmの線状披針形。第一苞穎は第二苞穎より長い。小花の外花穎は長さ約2.5mm、中脈は長さ1～1.5mmの芒になる。外花穎の基部には銀白色の長い基毛があり、果期にはよく

ホッスガヤ 日当たりのよい河原などに群生する。小花はすでに風に乗って飛び散った

ホッスガヤの枯れ姿 87.8.19 韮崎市

❶ ホッスガヤの果期の小穂。2個の苞穎は開き、中央に小花が1個ある。第一苞穎は第二苞穎より長く、中脈はざらつく。小花は第一苞穎の約3分の1と短い。小花の基部には小花より長く、第一苞穎よりやや短い銀白色の毛が密生している。小花は成熟すると苞穎を残して脱落し、基毛で風に乗って飛び散る。

目立つ。花期 7～8月 分布 北,本

ヤマアワ
C. epigeios
〈山粟〉 花序の様子がアワに似ていて,山地にも生えることからつけられた。食用にはならない。

河原や海岸近くの砂原,山地の草地などに生える高さ0.7～1.5㍍の多年草。根茎は短い。茎はかたくて細く,ざらつかない。葉は長さ30～60㌢,幅0.5～1.3㌢の線形で淡緑色。葉舌は厚い膜質で長さ4～6㍉あり,よく目立つ。花序は長さ10～25㌢の円錐状で,直立し,やや紫色を帯びた小穂を多数密につける。花序の枝はざらつく。小穂は長さ5～8㍉の狭披針形。2個の苞穎はほぼ同じ長さで,中脈は非常にざらつく。小花の外花穎は苞穎の約2分の1で,中脈は長さ約1㍉の短い芒になる。外花穎には銀白色の長い基毛があり,果期には目立つ。花期7～9月 分布 北,本,四,九

あとで,淡褐色になった苞穎だけが残っている 87.8.19 韮崎市

花期のホッスガヤ 87.6.23 日光 撮影／畔上

ヤマアワ 86.6.28 東京都江東区

ノガリヤス属
Calamagrostis

ノガリヤス
C. brachytricha

〈野刈安／別名サイトウガヤ〉 染料植物として知られるススキ属のカリヤスに似ていて、野に生えることからつけられた。刈安は刈りやすいの意味。別名は西塔茅で、比叡山の西塔付近ではじめて採集されたことからつけられたという。

山野の草地ややぶなどに生える高さ0.6～1.5㍍の多年草。変化が多い。茎は細くてかたい。葉は長さ30～60㌢、幅0.6～1.2㌢の線形で、途中から表裏が反転する。花序は長さ20～50㌢の円錐状で、淡緑色または紫色を帯びた小穂をつける。小穂は長さ4～5㍉。外花穎の基部から途中でねじれた長い芒がつきでる。小花には銀白色の基毛がある。🌼花期 8～10月 🌏分布 北、本、四、九

ヒメノガリヤス
C. hakonensis

〈姫野刈安〉

丘陵から山地の斜面などに群生する高さ30～60㌢の多年草。変化が多い。茎は細く、斜面では倒れることが多い。葉は長さ20～30㌢、幅4～6㍉の線形で、表裏が反転することが多い。花序はまばらな円錐状で、淡緑色がふつうだが、ときに紫色を帯びた小穂をつける。小穂は長さ3.5～5㍉。外花穎は苞穎よりやや短く、中脈の下部から芒がでる。小花には基本毛がある。🌼花期 7～10月 🌏分布 北、本、四、九

ノガリヤス 雑木林のふちなどにふつうに生える 86.9.18 日野市

ヒメノガリヤス 86.9.6 奥多摩

❶ヒメノガリヤスの小穂。2個の苞穎はほぼ同じ大きさで、外花穎は苞穎よりやや短い。外花穎の中脈の下部から芒がでるが、苞穎より短く、小穂の外にでない。
❷ノガリヤスの小穂。2個の苞穎はほぼ同じ大きさで、外花穎もほぼ同長。外花穎の基部から長い芒がでて、小穂の外につきでる。黄色の葯が見えるが、花粉はできず、単為生殖によって結実すると考えられている。ノガリヤスもヒメノガリヤスも小花に基毛が密生するが、短いので、苞穎に隠れて目立たない。

イネ目 イネ科

ミノゴメ属
Beckmannia

カズノコグサ
B. syzigachne

〈数の子草／別名ミノゴメ〉 成熟した花序をカズノコに見立てて,牧野富太郎がつけた。別名のミノゴメは江戸時代の本草学者小野蘭山がつけたもので,ミノゴメを正名に,カズノコグサを別名にしている図鑑も多い。

水田やあぜなどにふつうに生える高さ30〜90ｾﾝﾁの1〜2年草。茎は太くてやわらかい。葉は長さ7〜20ｾﾝﾁ,幅0.5〜1ｾﾝﾁの線形で白緑色を帯びる。葉舌は薄い膜質で長さ3〜6ﾐﾘ。葉鞘は節間より長い。花序は長さ15〜35ｾﾝﾁで,短い枝を左右2列にだし,淡緑色の小穂を枝の片側に多数密につける。小穂を長さ3〜3.5ﾐﾘで,ふつう小花が1個つく。苞頴はふくれてボート形になって小花を包む。小穂の基部に関節があり,成熟すると小穂ごと脱落する。

花期 6〜7月
分布 北,本,四,九

カズノコグサ 田起こし前の水田に多い雑草のひとつ 81.5.14 八王子

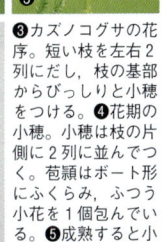

❸カズノコグサの花序。短い枝を左右2列にだし,枝の基部からびっしりと小穂をつける。❹花期の小穂。小穂は枝の片側に2列に並んでつく。苞頴はボート形にふくらみ,ふつう小花を1個包んでいる。❺成熟すると小穂ごと落ちる。

カズノコグサ 98.5.28 町田市 撮影／畔上

イネ目 イネ科

コヌカグサ　糠のように細かな小穂がつくので，この名がある。全国的に帰化している　86.6.27　日野市

イネ目　イネ科

ヌカボ属 Agrostis

小さな小穂を糠にたとえて、いずれも糠の名がついている。小穂には小花が1個ある。

コヌカグサ
A. gigantea
〈小糠草〉

各地に広く帰化している高さ0.5〜1mの多年草。北半球の温帯に広く分布しているが、原産地は不明。葉は長さ10〜20cm、幅4〜7mmの線形で、白緑色を帯びる。葉舌は長さ3〜5mmあり、目立つ。花序は長さ15〜20cmあり、節から3〜6個の枝を輪生状にだす。小穂は長さ2〜2.5mmで、緑色または淡紫色を帯びる。花期 5〜6月

ハイコヌカグサ
A. stolonifera
〈這小糠草〉

北半球の温帯に広く分布し、北海道や本州に帰化しているが、コヌカグサほど多くない。ゴルフ場の芝生にも使われる。コヌカグサより全体にやや小さい。茎の下部は地をはって分枝し、節から根をだす。花期 5〜6月

ヌカボ
A. clavata
　ssp. matsumurae
〈糠穂〉

草地や道ばたなどにふつうに生える高さ30〜70cmの2年草。葉は長さ5〜10cm、幅1.5〜5mmの狭い線形。葉舌は切形で長さ1.5〜3mm。花序は長さ10〜15cmの狭い円錐状で、節から糸状の枝を1〜2個斜めにだして、緑色の小穂をつける。小穂は長さ1.8〜2mm。第一苞頴は第二苞頴よりやや長い。花期 5〜6月
分布 日本全土

ハイコヌカグサ　ベントと呼ばれる芝の仲間　07.6.27　片倉城跡公園　撮影／畔上

❶コヌカグサの小穂は長さ2〜2.5mmで、小花は1個しかない。2個の苞頴はほぼ同じ大きさで、淡紫色を帯びることが多い。花頴は葯に押し広げられ、苞頴に隠れているが、葯が外花頴の2分の1以上の長さであることがコヌカグサやハイコヌカグサの特徴のひとつ。また内花頴が外花頴の3分の2ほどあって、中脈が竜骨状になることも、コヌカグサやハイコヌカグサの特徴。ヌカボの仲間は葯が外花頴の2分の1以下と小さく、内花頴はほとんど退化している。

ヌカボ　92.6.28　新井市　撮影／畔上

イネ目　イネ科

ヒエガエリ属
Polypogon

小穂には小花が1個つく。小穂の基部には短い柄があり,成熟すると小穂ごと脱落する。

ヒエガエリ
P. fugax

〈稗返り〉 ヒエに似ていて小型なので,ヒエの原種に先祖返りしたと考えられたもの。日当たりのよい湿地に生える高さ20〜40㌢の2年草。葉は長さ5〜15㌢,幅4〜8㍉の広線形でやわらかく,白緑色を帯びる。葉舌は長さ3〜8㍉。花序は長さ3〜8㌢の密な円錐状。花序の枝ははじめ花序の軸にぴったりくっついているが,しだいに横に開く。小穂は長さ約2㍉で,白緑色または紫色を帯びる。苞穎の先は浅く2裂し,その間から長さ約2㍉の芒がでる。🌼花期 6〜8月 ⊕分布 本,四,九,沖

ネズミノオ属
Sporobolus

花序は線形または細い円柱形で,花序の枝が短く,直立して軸に密

ヒエガエリ 開花するにつれて花序の枝が横に開く 86.6.3 奥多摩

ヒゲシバ 86.9.27 八王子市

❶ヒエガエリの花序。苞穎の中脈には毛があり,先端は長さ約2㍉の芒になる。苞穎が開いて,葯と白いひげのような柱頭がのびている小花が見える。❷ヒゲシバ,❹ムラサキネズミノオ,❺ネズミノオの花序は,枝が短く,直立して花序の軸に密着するので,単純な穂状に見える。いずれも苞穎は小花より短く,苞穎にも花穎にも芒はない。この仲間は早い時期に果皮がとれて,種子が裸出する特徴がある。ムラサキネズミノオはもう種子が落ちたあとで,赤紫色を帯びた苞穎と花穎だけが残っている。❸ヒゲシバの葉鞘。長い剛毛が1列に並んで生えている。葉のふちにも同じような毛があるので見分けやすい。

イネ目 イネ科

着しているので、単純な穂状に見える。小穂には小花が1個だけあり、芒はない。早い時期に果皮が脱落し、種子がむきだしになる特徴がある。

ヒゲシバ
S. japonicus

〈髭芝〉 葉のふちに生える長い剛毛をひげに見立てたもの。
日当たりのよい湿地に生える高さ5～30cmの1年草。葉は長さ4～10cm、幅2～5mmの狭披針形。花序は長さ3～7cm、幅約5mmの線形で、光沢のある褐色の小穂を密につける。小穂は長さ約2mm。
花期 8～10月 **分布** 本、四、九

ネズミノオ
S. fertilis

〈鼠の尾〉 細長い花序をネズミのしっぽに見立てたもの。
日当たりのよい草地や道ばたなどに生える高さ30～80cmの多年草。茎は細いが強い。葉は長さ20～60cm、幅2～5mmの線形で、乾燥すると内側に巻く。花序は長さ15～40cm、幅0.5～1cmで、灰緑色の小穂を多数つける。小穂は長さ2～2.5mm。
花期 9～11月 **分布** 本、四、九

ムラサキネズミノオ
S. fertilis var. purpureosuffusus

〈紫鼠の尾〉
ネズミノオの変種で、全体に大きく、高さ60～90cmになる。花序は長さ30～50cmで先はやや垂れ、小穂は赤紫色を帯びる。ネズミノオと混生することも多く、区別が難しい場合がある。 **花期** 9～11月 **分布** 本、四、九

ムラサキネズミノオ　ネズミノオより全体に大きい　86.10.18　東京都江東区

④ ⑤　ネズミノオ　87.9.29　福井県東尋坊

イネ目 イネ科

スズメノテッポウ属
Alopecurus

花序は円柱形で，小穂をびっしりとつける。小穂には小花が1個つき，内花頴は退化して，ない。小穂の基部に短い柄があり，成熟すると小穂ごと脱落する。

スズメノテッポウ
A. aequalis
var. amurensis

〈雀の鉄砲／別名スズメノマクラ・ヤリクサ〉
和名も別名も細長い円柱形の花序を鉄砲や枕，槍などに見立てたもの。英名はキツネの尾の意味のfoxtail。穂を抜きとった葉鞘を草笛にし，ピーピー吹き鳴らして遊ぶので，ピーピーグサなどともいう。

春の田起こし前の水田などにごくふつうに生える高さ20～40㌢の1～2年草。全体にやわらかく，緑白色を帯びる。茎は基部で曲がり，斜上する。葉は長さ5～15㌢，幅1.5～4㍉の線形。葉舌は白い膜質で長さ2～5㍉。花序は長さ3～8㌢，幅3～5㍉の細い円柱形で，小穂を密集して多数つける。

スズメノテッポウ　淡紫色の花はトキワハゼ　81.4.27　多摩市

スズメノテッポウ　87.4.28　八王子市

❶スズメノテッポウの花序。1小花からなる小穂がびっしりとつく。若い葯はクリーム色だが，花粉をだしたあと黄褐色に変わる。❷セトガヤの花序。小穂はスズメノテッポウより大きく，長い芒が小穂の外につきでて目立つ。葯は白色または淡いクリーム色。

イネ目　イネ科

小穂は長さ3〜3.5㍉の広卵形で、小花は1個つく。苞穎は小花とほぼ同長で、中脈に白い毛が生える。小花の外花穎の先端には短い芒があり、わずかに小穂の外にでる。雄しべは3個あり、葯は花粉をだしたあと黄褐色になる。🌱**花期** 4〜6月
🌏**分布** 北,本,四,九

セトガヤ
A. japonicus

〈瀬戸茅・背戸茅〉 牧野富太郎によれば「背戸茅の意味であるが、または背戸茅で裏口の田に生える意味であろう」という。
水田などに群生する高さ25〜60㌢の1年草。よくスズメノテッポウと混生している。全体に白緑色でやわらかい。葉は長さ5〜14㌢、幅4〜6㍉の線形。花序は長さ4〜7㌢、幅5〜8㍉の円柱形で、やや光沢のある黄緑色の小穂を密集して多数つける。小穂は長さ4〜6㍉の狭卵形で、小花は1個つく。苞穎は小花とほぼ同長で、中脈には白い毛がある。小花の外花穎の先端には長さ0.6〜1㌢の芒があり、小穂の外につきでる。雄しべは3個あり、葯は白色。🌱**花期** 5月
🌏**分布** 本(関東地方以西),四,九
✤セトガヤよりやや大きなオオスズメノテッポウA. pratensisは明治初期に牧草として渡来した。山野の乾いた道ばたなどに野生化している。高さは50〜120㌢。雄しべの葯はセトガヤやスズメノテッポウより大きく、長さ2〜3㍉あり、淡黄色または淡紫色を帯びる。

セトガヤ 葯は白い。スズメノテッポウの葯は黄褐色　80.4.29　国立市

イネ目　イネ科

アワガエリ属 Phleum

スズメノテッポウ属に似ているが，小花の基部に関節があるので，小花だけが脱落し，苞頴は残る。

オオアワガエリ
P. pratense

〈大粟返り〉 ユーラシア原産の高さ0.5〜1㍍の多年草。明治初期に輸入され，チモシーの名で牧草として栽培されている。小皿などに種子をまくと，鮮緑色の芽がいっせいにでて美しいので，絹糸草とも呼ぶ。葉は長さ20〜60㌢，幅0.5〜1㌢の線形でざらつく。花序は長さ3〜15㌢，幅4〜7㍉の円柱形で，淡緑色の小穂を密集して多数つける。小穂は長さ3〜3.5㍉の扁平な倒卵形。苞頴は小花より大きく，中脈には長い毛があり，先端は長さ2〜2.5㍉の芒になる。
🌸花期 5〜8月
分布 ユーラシア原産
✚日本在来のアワガエリP. paniculatumは1年草で，全体に小さい。苞頴はほとんど無毛で，先は芒にならない。

オオアワガエリ チモシーの名で知られる優秀な牧草 86.6.14 日野市

花期のオオアワガエリ 86.6.27 日野市

❶オオアワガエリの花序。クワガタムシの角のように見えるのは苞頴の芒。2個の苞頴は形も大きさも同じで，中脈で2つ折れになって，1個の小花を包んでいる。葯は大きく，紫色を帯びる。

イネ目 イネ科

オオムギ属 Hordeum

花序は穂状で，軸の節に小穂が3個ずつつくのが特徴。小穂には小花が1個ある。コムギ属では，節に小穂が1個ずつつき，小穂には小花が数個ある。

ムギクサ
H. murinum

〈麦草〉 オオムギに似た草の意味。
ヨーロッパ原産の高さ10〜50㌢の1〜2年草。1868年に横浜で見つかっていることから，江戸時代末期にはすでに日本に入っていたと考えられている。本州，四国，九州に帰化し，海岸の砂地に多い。葉は長さ8〜13㌢，幅5〜8㍉の線状披針形でやわらかい。葉舌は短いが，葉鞘の上部のふちにはりだした白い葉耳が目立つ。花序は長さ5〜9㌢。小穂は軸の左右に3個ずつ交互に並ぶ。中央の小穂は両性で結実するが，左右の小穂は雄性で結実しない。苞頴にも花頴にも長い芒がある。🌱
花期 5〜8月 ◎分布 ヨーロッパ原産

ムギクサ　ずんぐりしたオオムギといった感じの帰化植物　86.6.10　茅ヶ崎市

ムギ

コムギ，オオムギの栽培の歴史は非常に古く，およそ10000年前に西アジアではじまったと考えられている。日本には中国を経て奈良時代以前に入ってきた。
コムギの仲間〈コムギ属 Triticum〉 コムギ属は小穂に小花が2個以上つき，そのうち何個実るかで普通系，二粒系，一粒系に分けられる。普通系は1個の小穂に3〜4個の果実ができるもので，その代表がパンコムギ。現在もっとも多く栽培され，パンや菓子，うどんなどのめん類の原料にする。二粒系にはデュラムコムギがあり，マカロニやスパゲティをつくる。一粒系のヒトツブコムギはもっとも古い栽培種で，スペインなどで栽培されている。
オオムギの仲間〈オオムギ属 Hordeum〉 オオムギ属は花序の軸の両側に小穂が3個ずつつく。その全部が実るものを六条オオムギ，3個の小穂のうち中央の1個しか実らないものを二条オオムギまたは矢羽オオムギという。六条系，二条系とも，果実が頴と密着して離れにくい皮ムギ，果実が頴と離れやすい裸ムギとがある。日本で栽培されているのはほとんどが六条オオムギで，押麦にして麦飯に入れるほか，麦茶やみそ，しょうゆ，ウイスキーなどの原料にする。ビールには二条オオムギが使われる。
ライムギ〈ライムギ属 Secale〉 古くは麦畑の雑草だったが，やせ地にも生育し，耐寒性もあることから，ヨーロッパで栽培されるようになった。ライムギからつくったパンが黒パンで，やや酸味がある。ウイスキーやウォッカの原料，飼料にも使われる。日本ではあまり栽培されていない。

コムギ❸ライムギ❹オオムギ

イネ目　イネ科

ギョウギシバ属
Cynodon

花序は掌状で,枝の片側に小穂が2列に並んでつく。

ギョウギシバ
C. dactylon

〈行儀芝〉 語源ははっきりしないが,小穂が行儀よく並んでつくからか,花茎が規則的に立つからかもしれない。日当たりのよい道ばたや荒れ地,海岸,芝生などに生える多年草。茎は地をはってよく分枝し,節からひげ根をだす。花茎は節からでて直立し,高さ15〜40㌢になる。葉は長さ5〜8㌢,幅2〜3㍉の短い線形。花序の枝は長さ3〜8㌢で,3〜7個でる。小穂は長さ2〜3㍉で淡緑色,ときに赤紫色を帯び,枝に密着してつく。苞穎は小花より短い。花期 6〜8月 分布 北,本,四,九

シバ属 Zoysia

花序は枝が短く,小穂が軸に密着しているので穂状に見える。小穂には小花が1個ある。第一苞穎は退化し,革質で光沢のある第二苞穎が2つ折れになって小花を包んでいる。

シ バ
Z. japonica

〈芝〉
山野の日当たりのよいところにふつうに生える多年草。茎は地を長くはって分枝し,節からひげ根をだす。花茎は節から直立し,高さ10〜20㌢になる。葉は長さ2〜10㌢,幅3〜4㍉の線形でややかたい。花序は長さ3〜5㌢,幅4〜5㍉の円柱状で,赤紫色の小穂をつける。小穂は長さ約3

ギョウギシバ シバ属と違って,掌状の花序をつくる 86.6.12 多摩市

ギョウギシバの花期の花序 86.6.3

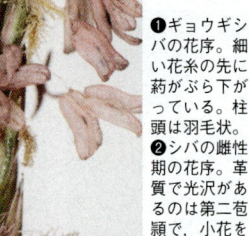

❶ギョウギシバの花序。細い花糸の先に葯がぶら下がっている。柱頭は羽毛状。
❷シバの雌性期の花序。革質で光沢があるのは第二苞穎で,小花を包んでいる。シバの花は雌しべから先にのびる。❸オニシバの雌性期の花序。オニシバも雌しべからのびる。
❹オニシバの雄性期の花序。柱頭は枯れかけている。

ミリ，幅約1.5ミリの狭卵形。花期 5〜6月 分布 日本全土

✈造園関係で野芝と呼ばれるのはシバで，日本で古くから使われてきた芝の代表。日本の芝生によく使われる芝に，コウシュンシバ Z. matrella, コウライシバ Z. pacificaがある。コウシュンシバはシバより葉が細く，コウライシバはコウシュンシバよりさらに葉が細くてやわらかく，内側に巻いて糸状になる。造園関係ではコウシュンシバを高麗芝と呼び，ゴルフ場のグリーンによく使われている。野芝はフェアウェイに使われる。

芝生に使ういわゆる芝は，シバ属以外にもある。ギョウギシバ属はバーミューダグラスと呼ばれ，多くの品種がゴルフ場や運動場などに使われている。そのほか明治以降に日本に入ってきた芝には，ベントグラス(コヌカグサ属)，ブルーグラス(イチゴツナギ属)，フェスク(ウシノケグサ属)，ライグラス(ドクムギ属)などがある。

オニシバ
Z. macrostachya
〈鬼芝〉

海岸の砂地に生える多年草。細い根茎が砂のなかを長くはい，節から花茎を直立する。葉は長さ3〜5㌢，幅2〜4ミリで，やや厚くてかたい。花序はシバより太い円柱状で，長さ3〜4㌢，幅6〜8ミリあり，下部は最上部の葉鞘に包まれている。小穂は長さ6〜8ミリ，幅約2ミリ。花期 6〜8月 分布 日本全土

シバ 初夏になると，青々とした芝生に黒い花序がでてくる　86.6.2　日野市

オニシバ　87.7.11　千葉県成東町

イネ目 イネ科

トダシバ属 Arundinella

小穂には2個の小花があり、上部の小花の基部には短い基毛がある。

トダシバ
A. hirta

〈戸田芝／別名バレンシバ〉 埼玉県の戸田ガ原付近に多かったことによるという。別名は花序の形を馬簾(まといのまわりに下げる細長い厚紙や革)に見立てたもの。

日当たりのよい山野の草地にふつうに生える高さ0.3〜1.2㍍の多年草。葉は長さ15〜40㌢、幅0.5〜1.5㌢の線形で、やや内側に巻く。花序は長さ8〜30㌢の円錐状で、緑色または紫色を帯びた小穂を多数つける。小穂は長さ3.5〜4.5㍉で、2個の小花がある。下部の小花は雄性でやや小さく、上部の小花は両性。

花期 8〜10月
分布 北,本,四,九

✤トダシバは変化が多く、葉に毛の多いものをケトダシバ、全体に毛の少ないものをウスゲトダシバとして細かく分ける考えもある。

トダシバ 小穂はもう成熟している。毛の有無など変化が多い 86.10.16 日野市

トダシバ 85.9.21 府中市

❶トダシバの花序。小穂には小花が2個あり、上部の小花だけが結実する。芒はないか、あっても短い。❷チカラシバの花序。小穂の基部をとりまいている暗紫色の長い剛毛は、総苞片が変化したもの。剛毛には上向きの微毛があり、さわるとざらざらする。小穂が成熟すると、剛毛は小穂にくっついて一緒に落ちる。❸アオチカラシバの花序。剛毛が淡緑色のもの。

チカラシバ属
Pennisetum

花序は穂状で、小穂には2個の小花がある。下部の小花は雌しべが退化した雄花で、上部の小花だけが結実する。小穂の基部には総苞片が変化した長い剛毛が多数あり、小穂が成熟すると、小穂と一緒に脱落する。エノコログサ属も小穂の基部に長い剛毛があり、花序がブラシのように見えるが、剛毛は花序の軸に残り、小穂だけ脱落する点が異なる。

チカラシバ
P. alopecuroides
〈力芝／別名ミチシバ〉
土にしっかりと根をはり、容易に引き抜けないほど丈夫であることによる。別名は道ばたに多いため。

日当たりのよい草地にふつうに生える高さ50〜80 cm の多年草。茎は多数叢生して大きな株をつくる。葉は根もとに集まり、長さ30〜70 cm、幅4〜7 mm の線形でかたくて、表面はざらつく。葉舌は発達せず、短い毛の列になっている。葉鞘はやや扁平で、上端に長い毛がある。花序は長さ10〜20 cm、幅約2 cm の円柱状で、基部に暗紫色の剛毛のある小穂を多数つける。小穂は長さ7〜8 mm の披針形で、小花が2個ある。第一苞頴はごく小さく、第二苞頴は小穂のほぼ半長。下部の小花は雄性で雄しべが3個あり、上部の小花は両性。❀**花期** 8〜11月 ◎**分布** 日本全土
✤ときに小穂の基部の剛毛が淡緑色のものがあり、**アオチカラシバ** f. viridescens という。

チカラシバ 朝露にぬれた花序が美しい 87.10.1 広島県三和町

チカラシバ 85.9.18 調布市

アオチカラシバ 撮影／畔上

イネ目 イネ科

エノコログサ属
Setaria

イネ科の小穂は，小花が1個しかないものから多数つくものまでいろいろある。エノコログサ属の小穂は，外側から見ると小花が1個しかないように見える。これは2個の小花のうち，下部の小花が退化しているためで，ほとんど外花穎だけになっている。このように小穂が2個の小花からなり，下部の小花が退化して，上部の小花だけ結実する型はほかにも多く，イネ科のなかでキビ亜科として分けられている。キビ亜科のなかで，エノコログサ属は小穂の基部に小枝が変化した剛毛があり，小穂が脱落したあとも残るのが特徴。第一苞穎は短く，リングのように小穂の基部をとり巻いている。両性小花の外花穎は革質で，まるくふくらみ，果実のように見える。チカラシバ属も小穂の基部に剛毛があるが，小穂と一緒に脱落する点が異なる。

エノコログサ
S. viridis

〈狗尾草／別名ネコジャラシ〉 花穂を小犬のしっぽに見立てたもの。花穂で猫をじゃらすので，ネコジャラシという楽しい別名もある。漢名は狗尾草。またエノコログサの仲間の英名は，花穂をキツネの尾に見立てたFox tail grass。どの国も発想が似ていておもしろい。

日当たりのよい道ばたや荒れ地などにごくふつうに生える高さ30〜80㌢の1年草。茎は基

エノコログサ ネコジャラシの名で親しまれている 87.7.3 八王子市

❶エノコログサの花期の花序。小穂の基部には長い剛毛があり，小穂が脱落したあとも残る。小穂はこの仲間のなかではもっとも小さく，長さ2〜2.5㍉。2個の小花のうち，下部の小花は退化している。第二苞穎と退化した小花の外花穎が両性の小花を包みこんでいる。❷エノコログサの果期の花序。❸ムラサキエノコログサの花序。小穂は緑色だが，剛毛は紫褐色を帯びる。❹ハマエノコロの花序。剛毛の数が多く，しかも長いので，小穂は隠れて目立たない。

イネ目　イネ科

部で分枝して倒れ, 上部は直立する。葉は長さ10〜20㌢, 幅0.5〜1.8㌢の線形。葉舌は発達せず, 毛の列になっている。葉鞘のふちにも毛が1列に並んでいる。花序は長さ3〜6㌢, 幅約8㍉の円柱状で, 直立または先端がやや垂れ, 緑色の小穂を密につける。小穂は長さ2〜2.5㍉の卵形で, 基部に長さ0.5〜1.2㌢の緑色のまっすぐな剛毛が数個つく。剛毛には上向きの微針があり, ざらざらする。第一苞頴は短く, 第二苞頴は小穂とほぼ同長。🌼**花期** 8〜11月 🌏**分布** 日本全土

✤エノコログサの品種の**ムラサキエノコログサ** f. misera は, 小穂の基部の剛毛が紫褐色を帯びるので, 花序が紫褐色に見える。

ハマエノコロ
S. viridis
　　var. pachystachys
〈浜狗尾草〉

海岸に生える高さ5〜20㌢の1年草。茎は基部で分枝して倒れ, ロゼット状に四方に広がることが多い。葉は長さ5〜10㌢でやや厚い。花序はエノコログサより太くて短く, 長さ1〜4㌢, 幅1〜1.5㌢の卵状楕円形で, 直立して垂れ下がらない。小穂の基部には長さ1〜2㌢の長い剛毛があり, 密生するので, 小穂は剛毛に隠れて, あまり目立たない。剛毛はふつう緑色。ときに剛毛が紫色を帯びるものがあり, ムラサキハマエノコロとして区別することもある。🌼**花期** 8〜10月 🌏**分布** 日本全土

ムラサキエノコログサ　日当たりのよい河原などに多い　86.9.18　日野市

❸

❹

ハマエノコロ　87.7.18　東京都利島

イネ目　イネ科

エノコログサ属
Setaria

キンエノコロ
S. pumila

〈金狗尾草〉 小穂の基部の剛毛が黄金色であることによる。
日当たりのよい道ばたや畑，田のあぜなどにごくふつうに生える高さ30〜80㌢の1年草。茎は叢生し，基部の節で曲がり，あまり枝分かれしない。葉は長さ15〜30㌢，幅5〜8㍉の長い線形でややかたく，基部に長い毛がまばらにある。表面は光沢がなく，ざらつくが，裏面はなめらかで光沢がある。葉舌は発達せず，毛状になっている。葉鞘は扁平。花序は長さ3〜10㌢の円柱状で直立し，中軸に短毛がある。小穂は長さ3〜3.5㍉と，この仲間ではもっとも大きい。小穂の基部には黄金色の剛毛が密生する。剛毛は長さ0.7〜1㌢で，上向きの微針があってざらつく。第二苞穎は小穂の約2分の1。 🌸花期 8〜10月 🟢分布 北，本，四，九

キンエノコロ 小穂の基部に黄金色の剛毛があるのが特徴。逆光に輝く黄金色の穂

コツブキンエノコロ 87.9.15 東京都江東区

❶　　❷

イネ目 イネ科

コツブキンエノコロ
S. pallidefusca

〈小粒金狗尾草〉 キンエノコロによく似ていて，小穂がやや小さいのでつけられた。

田のあぜや道ばた，草地など，やや湿ったところに生える高さ15～30㌢の1年草。茎の基部は地をはって，分枝する。葉は長さ10～30㌢。花序は長さ2.5～4㌢と短く，小穂の基部の剛毛はキンエノコロよりくすんだ黄色，または紫褐色を帯びる。小穂は長さ約2.5㍉。

花期 8～10月
分布 北，本，四，九

アキノエノコログサ
S. faberi

〈秋の狗尾草〉 エノコログサより花期がやや遅いことによる。

日当たりのよい空き地や道ばた，畑などにごくふつうに生える高さ50～80㌢の1年草。群生することが多く，一般にエノコログサより多く見られる。茎は叢生し，基部は地をはって分枝し，節から根をだす。葉は長さ30～40㌢，幅2～2.3㌢の広線形でやわらかく，基部はしだいに細くなる。表面はやや紫色を帯び，短毛が密生する。葉舌は毛状になっている。葉鞘のふちには毛がある。花序は長さ5～12㌢，幅0.7～1㌢の円柱状で，先は垂れる。小穂はエノコログサよりやや大きく，長さ2.8～3㍉の卵形。小穂の基部の剛毛は緑色，ときにやや紫色を帯びる。第二苞穎は小穂より短く，完全な小花の外花穎が露出している。

花期 8～11月
分布 北，本，四，九

は，いかにも秋の野らしい美しさ　87.10.1　広島県三和町

❶コツブキンエノコロの小穂はキンエノコロの小穂より小さく，剛毛はやや紫色を帯びることが多い。❷キンエノコロの小穂はこの仲間ではもっとも大きい。第二苞穎と退化小花の外花穎の間から横じわの多い両性小花の外花穎がはみでている。❸アキノエノコログサの小穂の第二苞穎は退化小花の外花穎よりやや短い。　アキノエノコログサ　86.9.18　日野市

イネ目　イネ科

エノコログサ属
Setaria

オオエノコログサ
S. ×pycnocoma
〈大狗尾草〉
畑や道ばたなどに生える高さ1〜1.2mの大型の1年草。アワとエノコログサの雑種と考えられている。アワを小型にした感じだが、小穂の基部の剛毛が長く、小穂は成熟しても緑色。成熟すると剛毛だけ残して脱落する。アワは小花だけ脱落し、苞穎と剛毛が残るので、区別できる。🌼花期 8〜11月 🌏分布 日本全土

イヌアワ
S. chondrachne
〈犬粟〉
草地や林のふちなどに生える高さ50〜90cmの多年草。葉は長さ15〜30cmの線形。花序は長さ15〜25cmで、短い枝をだし、ややまばらに小穂をつける。小穂は長さ2〜2.2mmの卵形。小穂の基部の剛毛は少ない。🌼花期 8〜10月 🌏分布 本(山形県、関東地方以西)、四、九

オオエノコログサ　エノコログサとアワの雑種といわれている　87.8.3　日野市

❶オオエノコログサの花序。小穂はエノコログサよりやや大きい。アップで見ると、アワと同じように花序が枝分かれしているのがわかる。
❷イヌアワの小穂はまばらにつき、花序だけ見るとエノコログサの仲間とは思えない。数は少ないが、小穂の基部に剛毛があり、小穂が落ちたあとも残る。

アワ〈エノコログサ属〉
アワはユーラシア全域で古くから栽培されてきた雑穀で、エノコログサから育成されたと考えられている。原産地についてはいろいろな説があるが、紀元前5000〜4000年には黄河流域ですでに栽培されていた。日本でもかなり広く栽培されていたが、現在は少ない。アワにもウルチとモチがある。

❸アワの花序は長さ10〜35cm、幅1.5〜4cmの円柱状で、成熟すると黄色〜黄褐色になる。❹小穂は長さ1.5〜2.5mmとごく小さく、基部の剛毛は品種によって長短がある。

イヌアワ　86.10.16　八王子市

イネ目　イネ科

ササキビ
S. palmifolia

〈笹黍〉 葉が笹に，花序がキビに似ていることによる。英名を palm grass（ヤシ草）というように，葉はココヤシの若い葉にも似ている。九州，沖縄の暖地に生える高さ0.8～1.5㍍の大型の多年草。葉は長さ30～60㌢，幅3～7㌢の倒披針形で，縦のしわがあり，ざらつく。花序は長さ20～40㌢で，まばらに枝をだして，小穂を多数つける。小穂の基部には剛毛が1個ある。**花期** 8～11月 **分布** 九（鹿児島県），沖

ヌメリグサ属
Sacciolepis

花序は円柱状で，小穂がびっしりとつく。小穂には小花が2個あるが，下部の小花は退化している。

ハイヌメリ
S. indica

〈這い滑り／別名ハイヌメリグサ〉 茎が横にはうように広がり，葉をもむとぬるぬるすることによる。
田のあぜなどに生える高さ20～40㌢の1年草。葉は長さ4～10㌢，幅2～4㍉の線形。花序は長さ3～5㌢，幅4～5㍉の円柱状で，緑色の小穂を密集してつける。小穂は長さ約3㍉。**花期** 8～10月 **分布** 本，四，九

ヌメリグサ
S. indica var. oryzetorum

〈滑り草〉
ハイヌメリの変種で，茎は基部から直立する。花序は長さ6～12㌢で紫褐色を帯びる。**花期** 8～10月 **分布** 本，四，九，沖

ササキビ　幅広い葉は縦じわがあり，ヤシの若い葉に似ている　86.12.1　野間半島

❺ササキビの小穂はイヌアワに似ているが，両性小花の外花頴に細かい横じわがある。❻ハイヌメリの小穂は緑色。❼ヌメリグサの小穂は紫褐色を帯びる。どちらも毛の多いものから無毛のものまで変化が多い。

ハイヌメリ　手前はヒデリコ　86.9.5

ヌメリグサ　86.10.20　日野市

イネ目 イネ科　199

キビ属 Panicum

小穂には小花が2個あるが,下部の小花は退化し,上部の小花だけ結実する。第一苞頴,第二苞頴,退化した小花の外花頴は膜質。結実する小花の外花頴は革質で光沢がある。

ヌカビ
P. bisulcatum
〈糠黍〉 小さな小穂を糠にたとえたもの。道ばたや林のふちなど,やや湿ったところに生える高さ0.3〜1.2㍍の1年草。全体に弱々しい。葉は長さ5〜30㌢,幅0.4〜1.2㌢の線形でややざらつく。葉舌は膜質でごく短い。花序は長さ12〜30㌢の円錐状で,細い枝を多数だし,まばらに小穂をつける。小穂は長さ1.8〜2㍉の長卵形。第1苞頴は三角形で小穂の長さの2分の1以下。
花期 7〜10月
分布 北,本,四,九

オオクサキビ
P. dichotomiflorum
〈大草黍〉

北アメリカ原産の0.4〜1㍍の1年草。昭和初期に東京で気づかれ,現在は各地の道ばたや荒れ地など,日当たりのよい乾燥地に広がっている。葉は長さ20〜50㌢,幅0.8〜2㌢の線形で,太い中脈が目立つ。葉舌はごく短く,ふちに白い毛がある。花序は長さ約30㌢の円錐状で,下半部は葉鞘に包まれている。花序の枝は細く,斜上する。小穂は長さ約2.5㍉の長卵形。第一苞頴は小穂の3分の1〜4分の1と短く,先端はあまりとがらない。
花期 9〜10月 分布 北アメリカ原産

ヌカビ 細い枝を横に広げ,小さな小穂が垂れ下がる 86.10.6 八王子市

オオクサキビ 87.9.5 日野市

❶オオクサキビの小穂は長さ約2.5㍉。第一苞頴は先の鈍い三角形で,小穂の3分の1以下。小穂と同長で紫色を帯びているのが第二苞頴。これと向きあっているのが退化した小花の外花頴。❷ヌカビの若い小穂。オオクサキビより小さく,第一苞頴は小穂の半長以下。❸ヌカビの成熟した小穂。第二苞頴と退化した小花の外花頴の間から,両性小花の光沢のある外花頴がのぞいている。

イネ目 イネ科

ナルコビエ属
Eriochloa

小穂には2個の小花があるが、下部の小花は退化して、上部の小花だけ結実する。第一苞穎は退化して、小穂の基部をとり巻く環状の付属物になっている。

ナルコビエ
E. villosa

〈鳴子稗／別名スズメノアワ〉 小穂が枝に並んだ様子を鳴子に見立てたという。

日当たりのよい河原や草地に生える高さ40～90㌢の多年草。全体に軟毛が多い。葉は長さ10～30㌢、幅0.7～1.5㌢の線形。花序の中軸は長くのび、長さ3～5㌢の枝を一方にかたよって数個だし、枝の下側に小穂を2列に並んでつける。小穂は長さ4.5～5㍉の扁平な広卵形で、基部には白色の長い毛が生えている。第二苞穎と退化した小花の外花穎はともに白い膜質で、緑色の5脈があり、両性小花を包みこんでいる。花期 7～10月 分布 本、四、九、沖

ナルコビエ 全体に毛が多く、花序の枝は一方向を向く 86.9.18 日野市

キビ 〈キビ属〉

キビはアワとともに古代からユーラシア全域で栽培されている雑穀。雑穀はコムギやイネに比べると粒は小さいが、生育期間が短く、やせ地や乾燥地でもよく育つので、救荒作物としても重要な位置を占めていた。キビの小穂はアワより大きく、果実を包む外花穎はふつう淡黄色だが、濃褐色のものもある。キビにもウルチとモチがある。

❹キビの花序はよく枝分かれする。
❺小穂は長さ約5㍉。

ナルコビエの小穂は基部に環状の付属物があるのが特徴。これは第一苞穎が変化したもの。全体に毛が多い。

イネ目 イネ科

スズメノヒエ属
Paspalum

ナルコビエ属に似ているが、第一苞穎は完全に退化して、ナルコビエ属のような環状の付属物にならない。

スズメノヒエ
P. thunbergii
〈雀の稗〉

日当たりのよい草地にふつうに生える高さ40〜90ｾﾝﾁの多年草。葉は長さ10〜30ｾﾝﾁ、幅5〜8ﾐﾘの線形で、軟毛が密生する。茎の先に長さ5〜10ｾﾝﾁの花序の枝を3〜5個だし、枝の片側に小穂を2列に密生する。小穂は長さ2.5〜2.7ﾐﾘの広楕円形。花期 8〜10月 分布 本, 四, 九, 沖

シマスズメノヒエ
P. dilatatum
〈島雀の稗〉

北アメリカ原産の高さ40〜80ｾﾝﾁの多年草。戦後、急速に広がり、太平洋側の暖地にとくに多い。スズメノヒエとは、葉鞘の上端を除いて葉が無毛で、小穂は先がとがり、ふちに毛があることなどで区別できる。花期 8〜10月 分布 北アメリカ原産

キシュウスズメノヒエ
P. distichum
〈紀州雀の稗／別名カリマタスズメノヒエ〉

1924年に和歌山県で見つかったことによる。別名は雁股雀の稗で、花序がふたまたに分かれていることによる。熱帯アジア・アメリカ大陸原産の高さ20〜40ｾﾝﾁの多年草。関東地方以西の湿地などによく見られる。小穂は長さ約3ﾐﾘ。花期 7〜9月 分布 熱帯アジア・アメリカ大陸原産

スズメノヒエ ナルコビエと違って花序の枝は左右に開く 86.8.25 日野市

シマスズメノヒエ 86.7.4 江東区

キシュウスズメノヒエ 87.9.15

イネ目 イネ科

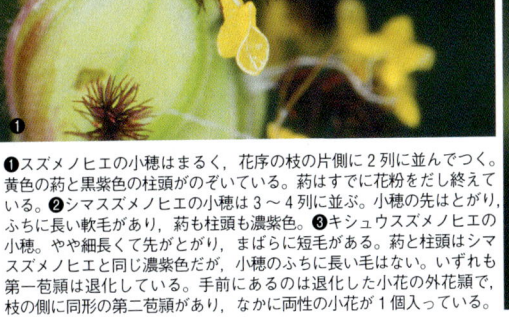

❶スズメノヒエの小穂はまるく、花序の枝の片側に2列に並んでつく。黄色の葯と黒紫色の柱頭がのぞいている。葯はすでに花粉をだし終えている。❷シマスズメノヒエの小穂は3〜4列に並ぶ。小穂の先はとがり、ふちに長い軟毛があり、葯も柱頭も濃紫色。❸キシュウスズメノヒエの小穂。やや細長くて先がとがり、まばらに短毛がある。葯と柱頭はシマスズメノヒエと同じ濃紫色だが、小穂のふちに長い毛はない。いずれも第一苞頴は退化している。手前にあるのは退化した小花の外花頴で、枝の側に同形の第二苞頴があり、なかに両性の小花が1個入っている。

イネ目 イネ科

メヒシバ属 Digitaria

花序は放射状に枝をだし，小穂は枝の片側に2列に並ぶ。2個ずつ並んだ小穂のうち，1個はほとんど無柄で，1個は短い柄がある。小穂には2個の小花があるが，下部の小花は退化して，外花穎だけになり，上部の小花だけ結実する。メヒシバ属は雑草として世界中に広がっているものが多く，変化に富んでいるため，識別が難しい。

メヒシバ
D. ciliaris
〈雌日芝／別名メシバ〉
オヒシバに比べ，やさしい感じがすることによる。日芝は夏の強い日の下でも，盛んに繁茂することによる。道ばたや空き地，畑などにふつうに生える高さ30〜90㌢の1年草。茎は下部が地をはって分枝し，節から根をだす。葉は長さ8〜20㌢，幅0.5〜1.5㌢の広線形で薄くてやわらかい。葉鞘にはふつう長い毛がまばらに生える。茎の先に花序の枝を3〜8個放射状に広げ，淡緑色または紫色を帯びた小穂を密生する。花序の枝は長さ5〜15㌢，幅約1㍉で，ふちに微鋸歯があってざらつく。小穂は長さ約3㍉の披針形で先はとがり，短毛がある。第一苞穎は三角形でごく小さい。両性の小花の外花穎は灰緑色。🌼花期 7〜11月 分布 北,本,四,九

✤苞穎のふちに長い毛があるものをクシゲメヒシバ var. fimbriata とする見解もあるが，中間型が多く，また同じ株，同じ花序に2つ

メヒシバ クシゲメヒシバと呼ばれる型。赤花はイヌタデ 86.10.16 八王子市

花期のコメヒシバ 87.8.30

果期のコメヒシバ 86.10.29

イネ目　イネ科

の型の小穂がまじることもあり、はっきり区別できない。

コメヒシバ
D. radicosa

〈小雌日芝〉
道ばたや庭など、人家近くに多い高さ10～30㌢の1年草。メヒシバに似ているが、全体にやや小さく、葉は長さ4～7㌢、幅0.4～1㌢。花序の枝は2～4個と少なく、長さも4～7㌢とやや短く、ふちはざらつかない。小穂は長さ2.8～3㍉の披針形で、第一苞穎はほとんど退化している。🌸**花期** 7～10月 ◎**分布** 本(関東地方以西)、四、九、沖
✚コメヒシバは人家周辺に多いことから、帰化植物ではないかという見方もある。

アキメヒシバ
D. violascens

〈秋雌日芝〉 メヒシバよりやや遅れて開花することによる。
道ばたや草地などに生える高さ30～80㌢の1年草。茎の下部は斜上して枝分かれし、上部は直立する。葉は長さ6～12㌢、幅5～8㍉の線形で、表面はやや粉白を帯び、ふつう無毛だが、まばらに毛があるものもある。茎の先に花序の枝を4～10個放射状に広げ、小穂を密生する。花序の枝は長さ4～10㌢、幅0.7～0.8㍉でふちはざらつく。小穂は長さ1.5～2㍉の卵状楕円形で、ふつう赤紫色を帯びる。第一苞穎はほとんど退化している。両性の小花の外花穎は暗褐色を帯びる。🌸**花期** 8～10月 ◎**分布** 日本全土

アキメヒシバ ちょうど花序が開きはじめたところ 87.10.10 八王子市

❶メヒシバの花序の枝のふちには微鋸歯があってざらつく。小穂は長さ約3㍉の披針形で、ほとんど無柄のものと短い柄のあるものが対になってつく。❷メヒシバのなかで、クシゲメヒシバと呼ばれる型の小穂。ふちに白色の長い開出毛がある。毛の有無の変化は連続的で、同じ株に毛のあるものとないものがまじることもある。❸コメヒシバの小穂。❹アキメヒシバの小穂は小さくてまるみがあり、花序の枝に密着する。❺メヒシバの葉鞘の上端には長い毛がまばらに生える。

イネ目 イネ科

イヌビエ属
Echinochloa

小穂は卵形で2個の小花からなるが、下部の小花は退化し、上部の小花だけ結実する。第一苞頴は小穂より小さい。退化した小花の外花頴は鋭くとがるか、芒になる。

イヌビエ
E. crus-galli
　var. crus-galli
〈犬稗／別名ノビエ〉

食用にならないヒエという意味。イヌビエのほか、イヌムギ、イヌアワなど、人間の役に立たないものに、動物の名前をつけることが多い。別名の野稗は、栽培するヒエに対する野生種の総称。

道ばた、草地、畑、水田、溝のふちなど、いたるところに生える高さ0.8〜1.2㍍の1年草。茎は叢生し、基部で分枝する。葉は長さ30〜50㌢、幅1〜2㌢の線形でざらつく。基部の葉鞘はやや赤みを帯びる。葉舌はまったくない。花序は長さ10〜25㌢で、短い枝を多数だし、緑色の小穂を密につける。小穂は長さ3〜4㍉の卵形で、先は鋭くとがり、ふつう芒はなく、あっても短い。両性の小花の外花頴は革質で、光沢のある淡黄色。🌱花期　8〜10月　🌏分布　日本全土

ケイヌビエ
E. crus-galli
　var. aristata
〈毛犬稗〉

イヌビエの変種で、イヌビエより全体に大きい。湿ったところを好み、池や川のほとり、溝のふちなどに群生する。小穂は長さ約5㍉で、退化した小花の外

イヌビエ　やや湿ったところに生える。ヒエの原種　86.9.18　日野市

❶

ケイヌビエ　小穂に長い芒がある　87.9.5　日野市

❷

イネ目　イネ科

花穎の先に長い芒があるのが特徴。芒は長いものは4㌢ほどあり,濃緑色または暗紫褐色を帯びる。🌼花期 8〜10月 ◎分布 本,四,九
✣イヌビエとケイヌビエの間には中間型があって連続し,区別しにくいため,ケイヌビエをイヌビエに含める見解もある。

タイヌビエ
E. oryzicola
〈田犬稗／別名クサビエ〉
葉のふちが厚くて白いすじになるのが特徴。小穂は淡緑色で長さ約5㍉あり,芒があるものとないものがある。🌼花期 8〜10月 ◎分布 日本全土
✣タイヌビエはやっかいな水田雑草としてきらわれている。イネの穂がでる前に穂をだして,実を落とすので,絶滅させるのが非常に難しい。イヌビエの仲間の若い株はイネによく似ているが,葉はイネよりやわらかく,葉舌がまったくないので区別できる。

タイヌビエ 水田に生えるもっとも一般的な雑草 87.9.5 日野市

❶イヌビエの小穂は長さ3〜4㍉。第二苞穎と退化した小花の外花穎が両性の小花を包みこんでいる。芒は目立たない。❷ケイヌビエの小穂。退化した小花の外花穎の先に長い芒があり,第二苞穎の先にも短い芒がある。❸タイヌビエの小穂はイヌビエよりすこし大きい。小穂の基部の針状の毛は総苞の変化したもの。

ヒ エ〈イヌビエ属〉
アワ,キビ,ヒエは日本で古くから栽培されてきた代表的な雑穀で,イネの栽培ができない山村の主食として重要な位置を占めていたが,山村の近代化に伴って米が簡単に買えるようになったことなどから,現在ではほとんど姿を消してしまった。ヒエは湿ったところに栽培する雑穀のひとつ。日本のヒエの祖先はイヌビエで,日本で栽培化されたという説もある。インドで栽培されるヒエは祖先がイヌビエとは違う種と考えられ,インドビエと呼ばれている。小穂に長い芒があるものをクマビエ,畑に栽培するものをハタビエ,水田に栽培するものをタビエという。果実はかたい花穎に包まれ,紫色,褐色,黄色のものなどがある。アワやキビと違って,モチ性の品種はない。

イネ目 イネ科

チヂミザサ属
Oplismenus

小穂は2個の小花からなるが、下部の小花は退化し、上部の小花だけ結実する。苞穎に長い芒があるのが特徴。

チヂミザサ
O. undulatifolius

〈縮み笹／別名コチヂミザサ・ケチヂミザサ〉葉の幅が広く、笹の葉に似ていて、ふちが縮れていることによる。山野の林のなかや道ばたなどに生える高さ10〜30㌢の多年草。葉は長さ3〜7㌢、幅1〜1.5㌢の広披針形で、先はとがる。花序は長さ5〜15㌢で、6〜10個の短い枝を総状にだして小穂をつける。小穂は長さ約3㍉の狭卵形で先はとがり、短い軟毛がある。第一苞穎、第二苞穎とも小穂より短く、先端に長い芒がある。両性の小花の外花穎は薄い革質でやや光沢がある。花期 8〜10月 分布 北，本，四，九
✤チヂミザサは毛による変化が多く、葉や葉鞘、花序の軸に毛が多いものをケチヂミザサ、全体に毛が少なく、花序の軸が無毛のものをコチヂミザサと呼ぶことがある。

ワセオバナ属
Saccharum

花序は円錐状で、柄の長い小穂と短い小穂が対になって節につく。

ワセオバナ
S. spontaneum var. arenicola

〈早生尾花／別名ハマススキ〉ススキに似た花穂が、ススキより早くでることによる。海岸の砂地に生える大型の多年草。茎は高さ

チヂミザサ　花序の軸が無毛のコチヂミザサと呼ばれる型　87.10.28　津久井湖

❶チヂミザサの花期の小穂。❷チヂミザサの果期の小穂。小穂には剛毛があり、穎の先には長さが不ぞろいの芒がある。成熟すると芒は粘液をだし、動物などにくっついて運ばれる。❸ワセオバナの花期の小穂。基部に小穂よりはるかに長い絹毛が密生する。

ワセオバナ　87.9.10　霞ガ浦

1.2センチ、直径約6ミリになり、上部には長い毛がある。葉は長さ40〜60センチ、幅4〜6ミリの線形で、かたくてざらつき、太い中脈が目立つ。裏面は粉白を帯びる。葉鞘の上端には長い毛がある。花序は長さ約30センチの狭い円錐状。花序の枝は多数斜上し、小穂を密につける。小穂は長さ4.5〜5ミリで、基部に長さ約1センチの白い絹毛が密生する。

花期 8〜9月 **分布** 本（関東地方南部以西）、沖

✤ワセオバナはサトウキビと同属なので、根茎や茎にかすかな甘みがある。

チガヤ属 Imperata

花序は枝が短く、直立するので、単純な穂状に見える。小穂は柄の長いものと短いものが2個ずつ節につく。

チガヤ
I. cylindrica
　　var. koenigii

〈千茅〉 群がって生えることから、千のカヤの意味といわれる。カヤ（茅・萱）はチガヤ、ススキなどのように屋根を葺くのに使う草の総称。チガヤの若い花序はツバナ（茅花）と呼ばれ、かむとかすかな甘みがある。根茎を漢方では茅根（ぼうこん）と呼び、利尿、止血に用いる。山野のいたるところに生える高さ30〜80センチの多年草。葉は長さ20〜50センチ、幅0.7〜1.2センチの線形で、ふちはざらつく。花序は長さ10〜20センチの円柱状。小穂は長さ約4ミリで、基部に長さ約1.2センチの絹毛が密生する。雄しべは2個。
花期 5〜6月
分布 日本全土

チガヤ　開花前の花穂をツバナと呼び、『万葉集』にも登場する　87.6.12　多摩市

❹チガヤの花期の花序。赤紫色の葯と柱頭がのびてでている。小穂の基部に白い絹毛が密生してよく見えないが、長い柄のある小穂と柄の短い小穂が対になって節につく。小花は2個だが、下部の小花は外花頴だけになっている。

❺チガヤの果期の花序。小穂の基部の絹毛が開き、風に乗って飛ばされる。

イネ目　イネ科

ススキ属 Miscanthus

イネ科のなかで、小穂が2個の小花からなり、下部の小花は退化して結実せず、上部の小花だけ結実するグループは、キビ亜科として分けられている。成熟すると小穂ごと脱落するのも特徴。キビ亜科をさらに細かく分ける区別点のひとつに小穂のつき方がある。ススキ属の小穂は、柄の短いものと長いものが対になって節につく。2個の小穂は形も大きさも同じで、2個とも結実する。ワセオバナ属、チガヤ属、ヒメアブラススキ属、オオアブラススキ属、アシボソ属、イタチガヤ属なども同じ特徴をもっている。ススキ属は小穂の基部に長い毛（基毛）が密生し、小穂は基毛と一緒に基部から落ちる。

ススキ
M. sinensis
〈薄・芒／別名オバナ〉
すくすく立つ木（草）という説もあるが、語源ははっきりしない。秋の七草のひとつで、尾花の名でも親しまれている。またススキの仲間をカヤというのは、葉を刈って屋根を葺いたので「刈屋根」がなまったといわれる。
山野のいたるところに生える高さ1〜2㍍の大型の多年草。茎は叢生して、大きな株をつくる。葉は長さ50〜80㌢、幅0.7〜2㌢の長線形でかたく、ふちは非常にざらつく。中脈は太い。葉舌のふちには毛がある。花序は長さ15〜30㌢。花序の中軸は短く、多くの枝を放射状にだす。小穂は長さ5〜7㍉で、基部に

ススキ　秋の七草のひとつで、お月見には欠かせない　87.10.28　津久井湖

❶❷ススキの花期の花序と小穂。黄色の葯は花粉をだし終え、白い羽毛状の柱頭がのびでている。小穂の基部の毛はまだ開いていない。❸ススキの果期の小穂。柄の長いものと短いものが2個ずつ節につく。小穂↗

小穂よりやや長い毛が密生する。両性小花の外花頴の先には長さ0.8〜1.5㌢の芒があり、途中で折れ曲がっている。

🌱花期 8〜10月 ✿
分布 日本全土

✚ススキは変異が多い。小穂の基部の毛が紫色のものをムラサキススキ、葉の幅が5㍉以下と細いものをイトススキと呼ぶ。観賞用に栽培されているものとして、葉に白い縞のあるシマススキ、淡黄色の横縞のあるタカノハススキなどがある。

ハチジョウススキ
M. condensatus
〈八丈薄〉

暖地の海岸に生える高さ1.5〜2㍍の多年草。ススキに似ているが、茎は直径2㌢と太く、葉も幅1.5〜4㌢と広くて厚く、裏面が粉白を帯びる。また葉のふちはほとんどざらつかず、葉舌には毛がない。花序は長さ約20㌢。ススキに比べて花序の枝が太く、数も多い。

花期 9〜10月 ✿
分布 本(関東地方以西)、四、九、沖、小笠原

ハチジョウススキ 暖地の海岸に群生する 82.10.18 館山市

の基部の毛は小穂よりやや長い。長くて折れ曲がった芒は、両性小花の外花頴からでている。❹ハチジョウススキの小穂。❺ススキの葉のふちには鋭い微鋸歯があり、手が切れるほど。❻ハチジョウススキの葉の裏面は白っぽい。ふちの微鋸歯はまばらで、さわってもほとんどざらつきがないが、中間型もある。

イネ目 イネ科　211

ススキ属 Miscanthus

トキワススキ
M. floridulus

〈常磐薄／別名カンスススキ・アリワラススキ〉
葉が常緑であることによる。別名の寒薄も同じ理由。また在原薄は、花穂が優美なので、在原業平の名をつけたもの。

暖地の海岸近くや堤防、丘陵などに生える大型の多年草。ススキよりさらに大きく、高さ2㍍以上になるものもある。葉は幅1.5〜3㌢でやや粉白を帯び、ふちはざらつく。花序は長さ30〜50㌢で、中軸は花序の先まで長くのびる。小穂はススキより小さく長さ3〜3.5㍉で、基部に小穂よりやや長い毛が密生する。両性の小花の外花穎には長さ0.8〜1㌢の芒がある。花期 7〜8月 分布 本(関東地方以西)、四、九、沖

オ ギ
M. sacchariflorus

〈荻／別名オギヨシ〉
水辺に生える高さ1〜2.5㍍の大型の多年草。ススキのように株をつくらず、根茎が長く横にのび、しばしば大きな群落をつくる。葉は長さ50〜80㌢、幅1〜3㌢で、花期には下部の葉は枯れてない。葉舌はごく短い。花序は長さ25〜40㌢とススキより大きく、枝も密にでる。小穂は長さ5〜6㍉で、基部に小穂の2〜4倍の長さの銀白色の毛が密生する。両性の小花の外花穎にはふつう芒がなく、あっても短く、小穂の外にでることはない。花期 9〜10月 分布 北、本、四、九

トキワススキ　ススキより花期が早く、花序が大きい　87.8.5　浜松市

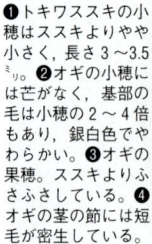

❶トキワススキの小穂はススキよりやや小さく、長さ3〜3.5㍉。❷オギの小穂には芒がなく、基部の毛は小穂の2〜4倍もあり、銀白色でやわらかい。❸オギの果穂。ススキよりふさふさしている。❹オギの茎の節には短毛が密生している。

イネ目　イネ科

オギ ふさふさとした銀白色の穂が一面に広がる風景は，秋の深まりを感じさせる 86.10.20 多摩川

イネ目 イネ科

アブラススキ属
Eccoilopus

小穂は柄の長いものと短いものが対になって節につく。

アブラススキ
E. cotulifer

〈油薄〉 茎や花序の軸から粘液をだし，油を塗ったような光沢と臭気があることによる。山野にふつうに生える高さ0.9～1.2mの多年草。葉は長さ40～60cm，幅1～1.5cmの線形で，基部はしだいに細くなり，下部の葉では葉身と葉鞘の間に長い柄がある。花序は長さ20～30cmの円錐状で，上部はやや垂れる。花序の枝は糸状で，まばらに輪生し，枝の中部から先に小穂をつける。小穂は長さ約6mmで，基部には短い毛が生える。両性の小花の外花頴の先は深く2裂し，その間から長い芒がのびて，小穂の外につきでる。

花期 8～10月
分布 日本全土

ヒメアブラススキ属
Capillipedium

ススキ属やアブラススキ属などと同じように，

アブラススキ 茎から油のような粘液をだす。花序は垂れる 86.9.18 日野市

❶アブラススキの茎や花序の軸からでる粘液は，いやなにおいがする。❷アブラススキの葉の基部には長い毛がある。❸アブラススキの小穂。長い柄のあるものとごく短い柄のものが1組になって節につく。苞頴は小花を包みこんでいる。❹ヒメアブラススキの小穂。芒のある小穂は両性で柄がなく，芒のない小穂は雄性で柄がある。❺オオアブラススキの小穂は枝先に集まってつく。完全な小花は1個だけなので，小穂の集団が1個の小穂のように見える。

イネ目 イネ科

小穂は節に2個ずつつくが、柄のあるものと柄のないものが対になり、1個しか結実しない。結実する小穂は柄のない方で、柄のある小穂は雄性、または頴だけに退化している。

ヒメアブラススキ
C. parviflorum
〈姫油薄〉

暖地の丘陵から山地の草地、崖、道ばたなどに生える高さ50～80㌢の多年草。茎は細く、節に毛がある。葉は長さ8～20㌢、幅5～8㍉の線形。花序は長さ8～20㌢の円錐状で、2～3回分枝する。柄のない両性小穂は長さ約3㍉で、基部に白い短毛がある。両性小花の外花頴には長い芒があり、小穂の外につきでる。柄のある小穂は雄性で、芒はない。 **花期** 7～10月 **分布** 本（関東地方南部以西）、四、九、沖

オオアブラススキ属
Spodiopogon

小穂は柄のあるものとないものが対になって節につく。

オオアブラススキ
S. sibiricus

〈大油薄〉 山野の日当たりのよいところに生える高さ0.8～1㍍の多年草。葉は長さ20～40㌢、幅1～1.5㌢の広線形で、基部はまるい。花序は長さ15～25㌢の円錐状で、枝は斜上する。小穂は枝の先の方に7～11個集まってつき、長さ4.5～5㍉の狭卵形で、長い毛がまばらに生える。両性の小花の外花頴の先は2裂し、その間から長い芒がつきでる。 **花期** 8～10月 **分布** 北、本、四、九

ヒメアブラススキ 花序はよく分枝し、線香花火のようだ 86.11.6 中村市

オオアブラススキ 87.10.13 高尾山

イネ目 イネ科

オガルカヤ属
Cymbopogon

オガルカヤ
C. tortilis var. goeringii

〈雄刈萱／別名スズメカルカヤ〉

丘陵や河原の土手などに生える高さ0.6〜1㍍の多年草。葉は細く,長さ15〜40㌢,幅3〜5㍉。茎の上部の舟形の苞のわきから短い枝をだし,その先は2つに分かれ,それぞれの軸に小穂をびっしりとつける。小穂は軸の節に2個ずつつき,最下の1対は雄性で芒がなく,その上部に無柄の小穂と有柄の小穂が対になってつく。無柄の小穂は両性で長さ約1㌢の芒がある。有柄の小穂は雄性で,芒はない。花期 8〜11月 分布 本,四,九,沖

ウシクサ属
Schizachyrium

ウシクサ
S. brevifolium

〈牛草〉

山野の湿地や草地に生える高さ15〜40㌢の1年草。茎は基部からよく分枝する。葉はやわらかく,長さ2〜4㌢,幅2〜5㍉の線形で,両端ともまるみがある。茎の上部にやや多数の小穂が集まった線形の穂をつける。穂は長さ1〜2㌢で,柄の基部は鞘状の苞に包まれている。小穂は節に2個ずつつくが,1個は退化して柄と長さ約3㍉の短い芒だけになっている。結実する小穂は長さ約3㍉で柄はない。両性小花の外花穎の先は2裂し,その間から長さ約8㍉の芒がつきでる。花期 8〜11月 分布 本(関東地方以西),四,九

オガルカヤ　トンボかスズメがくっついているように見える　86.10.9　日野市

ウシクサ　86.9.27　八王子市

❶ウシクサの小穂は軸にぴったりくっついて線形の穂をつくる。黒っぽい太い芒は両性小穂からでたもの。細くて短い芒は有柄の小穂が退化したもの。❷オガルカヤ。舟形の苞に包まれた枝の先に2個の小穂が左右に開いてついているように見えるが,これはそれぞれ小穂が数個集まったもの。黒紫色の葯が目立つ。

イネ目　イネ科

メリケンカルカヤ属
Andropogon

メリケンカルカヤ
A. virginicus

〈米利堅刈萱〉

北アメリカ原産の高さ0.5〜1.2㍍の多年草。戦後，都市部を中心に広がり，現在では造成地や高速道路の周辺などに多く，全国的な雑草になりつつある。日当たりのよいところを好む。葉は長さ3〜20㌢，幅3〜6㍉の線形。花序は葉腋につき，2〜4個の枝を散形状にだす。花序の枝には白色の長い毛があり，節に小穂が2個ずつつくが，1個は退化して長さ4〜5㍉の柄だけになっている。結実する小穂は長さ3〜4㍉で柄はない。両性小花の外花穎の先には長さ1〜2㌢の芒がある。花期 9〜11月 分布 北アメリカ原産

メガルカヤ属
Themeda

メガルカヤ
T. triandra var. japonica

〈雌刈萱〉

山野に生える高さ0.7〜1㍍の多年草。葉は長さ30〜50㌢，幅3〜8㍉の広線形で，ざらつき，やや白っぽい。基部近くには長い毛がある。上部の葉腋から短い枝をだし，小穂が6個ずつ集まった穂をつける。6個の小穂のうち，結実するのは1個だけで，ほかの5個は雄性。結実する小穂には長さ3〜5㌢の太い褐色の芒がある。花期 9〜10月 分布 本，四，九

✚カルカヤとはもともと屋根を葺くために刈る草の総称だった。

メリケンカルカヤ　葉腋に白い毛に包まれた穂がつく　86.9.27　八王子市

❸❹

❸メリケンカルカヤ。小穂のつく軸は細く，長さ2〜3㌢の白い毛が密生する。毛に隠れてわかりにくいが，先端の小穂の右側に見えるのが，退化して柄だけになった小穂。❹メガルカヤ。ひとつの小穂のように見えるのは，実際は6個の小穂が集まったもの。6個の小穂のうち結実するのは1個だけで，そのほかの小穂は雄性。雄性小穂は総苞のように両性小穂を囲み，外側に赤褐色の長い毛が生えている。赤褐色の太い芒は両性小穂からでている。雄性小穂に芒はない。

メガルカヤ　86.10.9　日野市

カリマタガヤ属
Dimeria

カリマタガヤ
D. ornithopoda var. tenera

〈雁股茅〉 雁股は先がふたまたに分かれた矢じりのことをいう。花序がこの形に似ていることによる。202頁のキシュウスズメノヒエにもこの別名がついている。日当たりのよい湿ったところに生える高さ7〜40センチの1年草。葉は長さ3〜7センチ、幅2.5〜5ミリの線形でやわらかく、先はとがる。茎の先に長さ2〜8センチの細い枝をふつう2〜3個だし、枝の片側に小穂をびっしりとつける。小穂は節に1個ずつつき、長さ3〜4ミリの扁平な披針形。小穂は2個の小花からなるが、下部の小花は退化して、薄い膜質の外花頴だけになっている。両性の小花の外花頴の先は2裂し、その間から長さ0.2〜1センチの折れ曲がった細い芒がつきでる。**花期** 8〜10月 **分布** 北, 本, 四, 九

✤全体がより小さく、小穂に芒がないか、あってもごく短いものは**ヒメカリマタガヤ** f. microchaeta と呼ばれ、山地や丘陵の丈の低い草原に生える。しかし、両者を区別しない見解もある。

アシボソ属
Microstegium

ヒメアシボソ
M. vimineum f. willdenowianum

湿った草地や林のふちに群生する高さ0.4〜1メートルの1年草。茎は細く、基部は長く横にはって分枝し、節から根をだしてふえる。葉は

カリマタガヤ 休耕田など, 湿ったところに群生する 87.10.10 八王子市

ヒメカリマタガヤ

❶ヒメカリマタガヤの小穂にはほとんど芒がない。❷カリマタガヤの小穂。斜めに開いているのは第一苞頴で, 第二苞頴に包まれた小花の外花頴の先から長い芒がのびている。❸カリマタガヤの果期の小穂。この仲間は小穂が節に1個ずつつき, 雄しべは2個しかない。

薄く長さ4〜10㌢，幅0.8〜1.5㌢の披針形で先はとがり，基部はまるい。茎の先に花序の枝を1〜3個直立または斜上する。花序の枝は長さ5〜7㌢で，節に緑色または褐紫色を帯びた小穂を2個ずつつける。小穂は長さ4〜6㍉で，有柄のものと無柄のものが対になり，芒はほとんどない。🌿花期 9〜10月 ⚫分布 日本全土

アシボソ
M. vimineum
　f. vimineum

〈脚細〉 茎の基部の方が上部より細いからといわれる。
ヒメアシボソとの違いは，ヒメアシボソより全体にやや大きい。小穂は長さ5〜8㍉で，長さ約1.5㌢の長い芒があり，苞頴のふちには上向きの開出毛が多い。🌿花期 9〜10月 ⚫分布 北，本

ササガヤ
M. japonicum

〈笹茅〉 葉が笹の葉に似ていることによる。林のふちや林内，半日陰の道ばたなどにふつうに生える高さ20〜70㌢の1年草。茎は細く，下部は長く横にはい，節から根をだす。葉は薄く，長さ3〜7㌢，幅0.7〜1㌢の広披針形。茎の先に花序の枝を3〜6個だす。花序の枝は長さ4〜6㌢で，節に短毛がある。小穂は長さ3〜3.5㍉で，柄の短いものと長いものが対になって節につく。小穂の基部には短毛があり，長さ6〜8㍉の細くて弱々しい芒がある。🌿花期 8〜10月 ⚫分布 北，本，四，九

ヒメアシボソ 葉は披針形で短い。群生することが多い　86.10.10　八王子市

❹ヒメアシボソの小穂は柄のあるものとないものが対になって節につく。芒はない。❺アシボソの小穂には芒がある。❻ササガヤの小穂は柄の長いものと短いものが対になり，ややまばらにつく。芒は細くて弱々しい。

アシボソ　87.10.28　津久井湖

ササガヤ　87.10.13　高尾山

イネ目　イネ科

カモノハシ属
Ischaemum

花序は単純な穂状に見えるが，実際は小穂が密生した穂が2個あり，これがぴったりくっついている。この花序の形がくちばしのようなので，鴨の嘴の名がある。小穂は柄のあるものとないものが対になって節につく。

カモノハシ
I. aristatum
　　var. crassipes
〈鴨の嘴〉

海岸の砂地や海岸近くの湿地に生える高さ30～70㌢の多年草。茎は細く，叢生して株をつくる。葉は長さ15～30㌢，幅0.5～1㌢の線形で無毛，またはまばらに毛がある。葉舌は短い。花序は長さ4～7㌢，幅約5㍉。小穂は長さ5～6㍉の広披針形で芒はない。第一苞穎は革質で，上部の両端に狭い翼がある。
花期　7～11月
分布　本，四，九

ケカモノハシ
I. anthephoroides
〈毛鴨の嘴〉

海岸の砂地に生える高さ30～80㌢の多年草。茎はやや太くてかたく，節に短毛が密生する。葉はカモノハシより幅がやや広く，長さ15～30㌢，幅0.8～1.2㌢で，ふつう両面に毛がある。花序はカモノハシより太く，長さ6～12㌢，幅6～8㍉。小穂は長さ7～8㍉の広倒卵形で，白色の長い毛が多い。第1苞穎には幅の広い翼がある。柄のない小穂の両性小花の外花穎には長い芒があり，小穂の外につきでる。
花期　7～9月
分布　北，本，四，九

カモノハシ　ケカモノハシより全体にほっそりしている　86.7.9　千葉県成東町

❶カモノハシの雌性期の小穂。紫褐色のブラシのような柱頭が2個ずつのびている。❷カモノハシの雄性期の小穂。柱頭がしおれると，紫褐色の葯が小穂の外に顔をだす。❸ケカモノハシの雌性期の小穂。白い柱頭がのびているが，株によっては柱頭が紫色のものもある。❹ケカモノハシの雄性期の小穂。カモノハシもケカモノハシも小穂は柄のあるものとないものが対になって節につく。ケカモノハシの小穂は毛が多く，無柄の小穂には芒がある。❺ケカモノハシは茎の節に毛があり，葉鞘にも白い毛が多い。

イネ目　イネ科

ケカモノハシ　海岸の砂地に群生することが多い。茎の節や葉，小穂に毛がある　86.10.15　三浦半島

イネ目　イネ科

アイアシ属
Phacelurus

アイアシ
P. latifolius

〈間葦〉 アシに似ているが違うもの、すなわちアシモドキの意味だという。

海岸や河口の砂地に生える高さ0.8〜1.2mの多年草。根茎は地中を長くはう。葉は長さ20〜40cm、幅1〜3cmの広線形で厚い。茎の先に長さ10〜25cmの花序の枝を放射状に5〜12個だす。花序の枝の節間は3稜形で、くぼんだ部分に扁平な小穂が埋もれるようにつく。小穂は柄のあるものとないものが対になって節につく。無柄の小穂は長さ約1cmの披針形。有柄小穂の柄は太い。苞穎は革質でかたい。
🌼花期 6月 🌐分布 北、本、四、九

ウシノシッペイ属
Hemarthria

ウシノシッペイ
H. sibirica

〈牛の竹箆〉 牛追いのむちに似ていることによる。

湿ったところに生える高さ0.8〜1.2mの多年草。葉は長さ20〜30cm、幅3〜7mmの線形〜広線形で粉白を帯びる。茎の先や葉腋から長さ5〜8cmの円柱形の花序を1個ずつだす。花序の基部には鞘状の苞がある。小穂は長さ5〜8mmの扁平な披針形で、柄のあるものとないものが対になって節につく。有柄の小穂の柄は花序の軸と合着し、無柄の小穂は軸に埋もれるようにつく。苞穎は草質で緑色。🌼花期 7〜10月 🌐分布 本、四、九、沖

アイアシ 葉はアシに似ているが、果穂は全然違う 87.11.7 東京都大田区

ウシノシッペイ 87.8.16 八王子市

❶アイアシの果期の花序。小穂は革質でかたく、軸にぴったりとはまってタイルのようだ。❷アイアシの茎の節は無毛で平滑。葉舌がすこし見えている。❸ウシノシッペイの花序。小穂は軸にはりつき、ブラシ状の花柱がのびている。

イネ目 イネ科

イタチガヤ属
Pogonatherum

イタチガヤ
P. crinitum

〈鼬茅〉 花序の形や色に由来するという。暖地の山麓の斜面や岩上などに生える高さ10～30㌢の多年草。茎は細くてかたく、密に叢生する。節には毛がある。葉は長さ3～6㌢、幅3～5㍉の狭披針形。葉舌はごく短く、長い毛がある。花序は長さ2～3㌢の細い穂状。小穂は長さ約1.5㍉で、柄のあるものとないものが対になって節につく。第二苞穎と両性小花の外花穎には黄褐色の長い芒があり、花序全体が黄色っぽく見える。🌼**花期** 8～11月 **分布** 本（和歌山県以西）、四、九、沖

コブナグサ属
Arthraxon

コブナグサ
A. hispidus

〈小鮒草／別名カリヤス〉 葉の形をフナに見立てたもの。八丈島では刈安と呼んで、黄八丈の染料に使う。ススキ属にもカリヤスという染料植物があり、これとコブナグサと混同されやすい。

湿った草地、田のあぜ、道ばたなどにごくふつうに生える高さ20～50㌢の1年草。葉は長さ2～6㌢、幅1～2.5㌢の狭卵形で先はとがり、ふちに毛がある。基部は心形で茎を抱く。葉鞘にも長い毛がある。茎の先に長さ3～5㌢の花序の枝を放射状に3～10個だす。小穂は長さ3～8㍉で、芒の有無など、変化が多い。🌼**花期** 9～11月 **分布** 北、本、四、九

イタチガヤ 花序は細い穂状。黄色の葯がのびでている 86.11.6 中村市

❹イタチガヤの花序は細く、小穂がびっしりとつく。芒はまだ直立しているが、やがて開出する。❺コブナグサの小穂は対になった1個が退化して、節に1個ずつついているように見える。❻コブナグサは葉の基部が茎を抱くのが特徴。

コブナグサ 87.10.5 八王子市

イネ目 イネ科

モロコシ属 Sorghum

セイバンモロコシ
S. halepense
〈西蕃蜀黍〉
地中海地方原産の高さ0.8〜1.8mの多年草。戦後、全国に急速に広がり、地中に長い根茎をのばすので、やっかいな雑草として嫌われている。葉は長さ20〜60cm、幅1〜2cmの線形。花序は長さ20〜50cmの円錐状。花序の枝は輪生し、上半部に有柄の小穂と無柄の小穂が対になってつく。小穂は長さ4〜7mm。有柄の小穂は雄性で芒はない。無柄の小穂は両性で芒がある。苞頴はかたく、黄褐色で光沢があり、伏毛が密生する。 花期 8〜10月 分布 地中海地方原産

ジュズダマ属 Coix

小穂は単性で、雌性の小穂は壺形の苞鞘のなかにあり、イネ科のなかではもっとも特異な形をしている。

ジュズダマ
C. lacryma-jobi
〈数珠玉／別名トウムギ〉 果実を包んでいるかたい苞鞘をつないで数珠にしたことによる。別名は唐麦。
熱帯アジア原産の多年草で、古い時代に渡来したと考えられている。水辺に多く群生し、高さ1〜2mになる。葉は長さ50cm、幅1.5〜4cmで、中脈は白い。茎の上部の葉鞘から花序の枝を数個だし、先端に長さ0.8〜1cmの壺形の苞鞘をつける。雌性の小穂は壺形の苞鞘のなかで成熟する。雄性の小穂は苞鞘からのびでた柄の先に数個つく。 花期 9〜11月 分布 熱帯アジア原産

セイバンモロコシ 若葉には青酸化合物が含まれている 86.7.4 東京都江東区

ジュズダマ 86.11.14 日野市

❶ジュズダマの雄花序。❷ジュズダマの雌性の小穂は壺形の苞鞘のなかにあり、白い柱頭だけが外にでる。苞鞘は果期にはかたくなり、黒褐色から灰白色になる。❸セイバンモロコシの小穂は柄のあるものとないものが対になって節につく。

イネ目 イネ科

モロコシ
〈モロコシ属　Sorghum〉
モロコシはアフリカ原産の雑穀の代表。アフリカのサバンナで紀元前4000〜3000年ごろに栽培化されたと考えられ、紀元前2000年ごろにインド亜大陸に伝わった。インドからさらに東アジアに入り、中国ではコーリャン（高粱）と呼ばれる品種群が栽培されるようになった。モロコシはアフリカではもっとも重要な穀物で、多くの品種が栽培されている。花序がまばらなものや小穂がびっしりつくもの、小穂に芒のあるものやないものもあり、成熟した果実の色も変化に富む。また、アワやキビと同じように、ウルチとモチがある。米のように炊いて食べるほか、粉にして調理する。石臼で粉にし、かゆにして食べるのがアフリカでの代表的な調理法。また発酵させて、酒をつくったりもする。中国でも高粱酒という酒をつくる。茎や葉は家畜の飼料にも利用される。日本でも古くから栽培されていたが、現在では少ない。
モロコシの仲間のひとつにサトウモロコシがある。これは茎に糖分が多く、砂糖やシロップの原料にする。またホウキモロコシは花序の枝が長く、しなやかでほうきをつくるために栽培されている。

モロコシ　アフリカ原産の雑穀のひとつ

ハトムギ
〈ジュズダマ属　Coix〉
東南アジア原産の雑穀で、ジュズダマの栽培種と考えられている。壺状の苞鞘がジュズダマよりやわらかく、指で押しただけで、なかの果実がとりだせる。またジュズダマに比べて、苞鞘が細長い。インドや東南アジア、中国などでは果実を炒ったり、米のように炊いて食べる。日本には古い時代に渡来し、主に薬用として栽培されている。果実を炒ったものがハトムギ茶で、果皮を除いたものは薏苡仁（ヨクイニン）と呼ばれ、消炎、利尿、鎮痛に使われる。

ハトムギはジュズダマの栽培種

モロコシの果実は直径約5ミリで、赤褐色のほか、黄色、白色もある。

トウモロコシ
〈トウモロコシ属　Zea〉
トウモロコシはアメリカインディアンによって古くから栽培されていた穀物で、1492年に新大陸を発見したコロンブスがスペインに持ち帰り、その後ヨーロッパからインド、中国へと伝わった。現在では世界中で栽培され、多くの品種がつくりだされている。アメリカはもっとも生産量が多く、世界の生産量の40％を占めている。日本へトウモロコシが入ったのは安土桃山時代の天正年間で、明治時代から本格的に栽培されるようになった。
主な品種に次のようなものがある。

　　デントコーン……主にでんぷんの原料，飼料
　　フリントコーン……山地や寒地栽培用。食用
　　スイートコーン……食用
　　ソフトコーン……でんぷんの原料
　　ポップコーン……ポップコーン用

ゆでたり、焼いたりして食べているのがスイートコーンで、缶詰でもおなじみ。ベビーコーンの名で缶詰などにされているのは、受精前の雌花序で、飼料用の品種。トウモロコシのでんぷんがコーンスターチで、胚からとった油がコーンオイル。コーンオイルはサラダ油、マーガリンの原料にする。有用穀物としてのトウモロコシは苞穎や花穎が退化して、果実が裸出しているが、南アメリカには穎が退化しないで、果実を包んでいるものもある。トウモロコシの起源植物についてはまだ定説はない。

❶トウモロコシの雄花序は茎の先につき、雌花序より早く開花する。❷雌花序は葉腋につき、苞に包まれている。苞の外に垂れている長い毛は花柱で、1本1本が子房（果実）につながっている。花柱は受精すると赤くなる。❸果実。❹支柱根。まだのびだしたばかりで、これからもっとのびる。

イネ目　イネ科

ツユクサ科
COMMELINACEAE

ツユクサ属 Commelina

ツユクサ
C. communis

〈露草／別名ボウシバナ〉 別名の帽子花は苞の形によるもの。古くは花の汁をこすりつけて布を染めたことからツキクサ(着草)とも呼んだ。全草を乾燥したものは民間薬として利用される。

道ばたや草地などにごくふつうに生える1年草。茎の下部は地をはってよく分枝し、節から根をだしてふえる。上部は斜上して高さ30〜50㌢になる。葉は互生し、長さ5〜8㌢の卵状披針形で、基部は膜質の鞘になって茎を抱く。葉と対生して、2つ折れになった舟形の苞に包まれた花序をだす。花は1個ずつ苞の外にでて開き、半日でしぼむ。花弁3個のうち2個は大きく、鮮やかな青色でよく目立ち、1個は白色で小さい。萼片は3個で小さく、白色の膜質。❀花期 6〜9月 ◎分布 日本全土

✚ツユクサの花の色素は水につけると溶けてしまう。この性質を利用して、友禅の下絵を描くのに用いるのがツユクサの変種のオオボウシバナ var. hortensis。全体に大きく、花は直径約4㌢にもなる。

シマツユクサ
C. diffusa

〈島露草〉

ツユクサと似ているが、花は淡紫色で、苞の幅が狭く、先が長くとがる。ツユクサの苞は幅が広く、先が短くとがるので区別できる。❀

ツユクサ ホタルがでるころから秋まで次々に青い花を開く　86.9.5　多摩市

シマツユクサ　88.11.15　奄美大島

❶ツユクサの花。雄しべ6個のうち完全なのは、花柱とともに長くつきでている2個だけ。青い花弁のそばの3個は葯が鮮黄色でよく目立つが、花粉をださない仮雄しべ。それよりやや長い1個は葯が矢じり形で、すこし花粉をだす。❷ツユクサの蒴果。苞のなかで成熟して2裂する。❸シマツユクサの花は淡紫色。

花期 8〜11月 **分布** 九（南部），沖

ヤブミョウガ属 Pollia

ヤブミョウガ
P. japonica
〈藪茗荷〉

山野の林内に生える高さ0.5〜1㍍の多年草。茎や葉はざらつく。葉は長さ15〜30㌢の狭長楕円形で，基部は鞘状になって茎を抱く。茎の先に白い花が輪生状に数段つき，両性花と雄花がまじってつく。果実は直径約5㍉の球形の液果で藍紫色に熟す。**花期** 8〜9月 **分布** 本（関東地方以西），四，九，沖

イボクサ属 Murdannia

イボクサ
M. keisak

〈疣草〉 葉の汁をつけるといぼがとれるといわれることによる。湿地に生える高さ20〜30㌢の1年草。茎は赤みを帯び，下部は地をはう。葉は長さ2〜6㌢の狭披針形で，基部は鞘状になって茎を抱く。葉腋に直径約1.3㌢の淡紅色の花がふつう1個つき，1日でしぼむ。花のあと花柄は曲がり，長さ0.8〜1㌢の楕円形の蒴果が垂れ下がってつく。**花期** 8〜10月 **分布** 本，四，九，沖

ヤブミョウガ 葉だけ見るとショウガ科のミョウガに似ている 86.9.1 高尾山

❹ヤブミョウガの両性花。同じ株に両性花と雄花があり，両性花では花柱が雄しべより長い。花弁と萼片は白色で，形も大きさも同じだが，花弁は写真のように1日でしぼんでしまう。❺果実は球形の液果。❻茎は毛が多く，ざらつく。

イボクサ 87.10.5 八王子市

イボクサの花。長くて葯が青紫色のが完全雄しべ。短くて葯が淡紫色のは仮雄しべ。花糸には白い毛がある。

ツユクサ目 ツユクサ科 227

ミズアオイ科
PONTEDERIACEAE

日本にはミズアオイ属2種が自生し、ホテイアオイ属1種が帰化している。花は1日花。

ミズアオイ属
Monochoria

水湿地に生える1年生の水草で、葉柄はホテイアオイ属のようにふくれることはなく、根を地中にのばしている。雄しべ6個のうち1個がとくに長い。

ミズアオイ
M. korsakowii

〈水葵〉 水湿地に生え、葉の形がカンアオイの仲間に似ていることによる。古名をナギ（菜葱）といい、昔は葉を食用にした。

水田や沼、湿地などに生える高さ20～40cmの1年草。根生葉は長さ10～20cmの長い柄があり、葉身は長さ、幅とも5～10cmの心形で、厚くて光沢がある。茎葉の柄は短い。花序は葉より高くのび、青紫色の花を総状に多数つける。花は直径2.5～3cm。花被片は6個あり、内花被片の方がやや幅が広い。雄しべは6個あり、1個は長くて花糸にカギ状の突起があり、葯は青紫色。ほかの5個は小さく、葯は黄色。蒴果は長さ約1cmの卵状楕円形で、先端に角状の花柱が残る。花期 9～10月 分布 北, 本, 四, 九

ミズアオイ ハス田の浅瀬にカヤツリグサ科のカンガレイと一緒に群生している。花序

コナギ
M. vaginalis

〈小菜葱〉 ナギはミズアオイの古名。ミズアオイとともに昔は茎や葉を食用にした。

水田や沼などに生える1年草。ミズアオイに似ているが、全体に小

コナギ 水田などでよく見かける。花序は葉より低い 86.8.25 日野市

型で、花序は花の数も少なく、葉より低い。葉も長さ3〜7㌢と小さく、披針形、卵状披針形、卵心形と変化が多い。花は直径1.5〜2㌢。✿花期　9〜10月　✿分布　本、四、九、沖

ホテイアオイ属
Eichhornia

葉柄の中部がふくれ、これが浮袋となって水面に浮き漂っている多年生の水草。根は水中にのびている。雄しべ6個のうち3個が長く、3個は短い。

ホテイアオイ
E. crassipes

〈布袋葵〉　葉柄のふくらんだ部分を、七福神の布袋の腹に見立てたもの。英名はウォーター・ヒヤシンス。
熱帯アメリカ原産の多年草で、世界の暖地に広く帰化している。日本には明治中期に観賞用として渡来した。金魚鉢や庭の池などで栽培されるが、各地に野生化している。花は美しいが、水面をおおうほどの群落をつくるやっかいな害草でもある。葉柄の中部が多胞質になってふくらみ、浮袋の役目をしている。葉身は長さ5〜10㌢の広倒卵形で、厚くて光沢がある。花序は長さ12〜15㌢あり、淡紫色の花が1日で全部開き、翌日には茎ごと曲がって水中に沈む。花は直径3〜5㌢。花被片6個のうち上側の1個が大きく、紫色のぼかしがあり、その中心に黄色の斑点がある。雄しべは6個あり、3個が長く、3個は短い。花糸には腺毛がある。✿花期　8〜10月　✿分布　熱帯アメリカ原産

は葉より高くのび、青紫色の花を多数つける　83.9.4　新潟県巻町

❶ミズアオイの花。葯が青紫色の長い雄しべはつぼみのときに花粉をだし、自花受粉をする。短い雄しべ5個は開花してから花粉をだす。❷コナギ　❸ホテイアオイの花序は1日で咲きそろい、翌日は水中に沈む。

葉柄がふくれるホテイアオイ　86.8.24　日野市

ツユクサ目　ミズアオイ科　229

ショウガ科
ZINGIBERACEAE

地中に肥厚した地下茎があり、地上茎はあまり発達しない。茎のように見えるのは葉鞘が重なったもので、偽茎と呼ばれる。雄しべ6個のうち完全なのは1個だけで、ほかは仮雄しべになっている。花被より大きくて目立つ花弁状のものは、2個の仮雄しべが合着して変形したもので、唇弁と呼ばれる。

ハナミョウガ属
Alpinia

ハナミョウガ
A. japonica
〈花茗荷〉

暖地の林内に生える高さ40〜60センチの常緑の多年草。葉は長さ15〜40センチ、幅5〜8センチの広披針形で光沢はなく、両面にビロードのような軟毛がある。偽茎の先に長さ10〜15センチの穂状花序をだす。唇弁は白色で紅色のすじが入る。蒴果は長さ約1.5センチの広楕円形で赤く熟す。
🌸花期 5〜6月
分布 本（関東地方以西）、四、九

アオノクマタケラン
A. intermedia
〈青野熊竹蘭〉

暖地の海に近い林内に生える高さ1〜1.5メートルの常緑の多年草。葉は長さ30〜50センチ、幅6〜12センチの狭長楕円形で、先はとがり、表面は光沢がある。偽茎の先に狭い円錐状の花序をだし、短い側枝の先に3〜4個の花をつける。唇弁は大きく、紅色のぼかしがある。蒴果は直径約1センチの球形で赤く熟す。
🌸花期 6〜8月
分布 本（伊豆諸島、紀伊半島）、四、九、沖

ハナミョウガ 偽茎の中心から花茎をのばし、花序をつける 88.6.10 伊豆

❶ハナミョウガの花。紅色のすじがあるのが唇弁で、雄しべが花弁状になったもの。花被は紅色で上部は3裂する。完全な雄しべは花被の中裂片に沿って立ち上がり、先端の内側に葯室がつく。葯室の間からつきでているのが雌しべの柱頭。萼は筒状で上部は赤い。❷❸アオノクマタケランの花と果実。紅色のぼかしがある唇弁が目立つ。ツルの首のように湾曲しているのが完全な雄しべで、葯室の間から柱頭がつきでている。

アオノクマタケラン

ショウガ目　ショウガ科

被子植物
ANGIOSPERMS

真正双子葉植物
EUDICOTS

キンポウゲ科
RANUNCULACEAE

トリカブト属をはじめ、アルカロイドを含み、有毒なものが多いが、薬用として利用されるものも少なくない。アネモネやフクジュソウなど、園芸植物も多い。

キンポウゲ属
Ranunculus

水中に生えるバイカモの仲間以外は黄色の5弁花をつけ、緑色の萼片が5個ある。果実は多数のそう果が集まった集合果。

ウマノアシガタ
R. japonicus

〈馬の脚形／別名キンポウゲ〉 根生葉を馬のひづめに見立てたといわれるが、あまり似ていない。別名の金鳳花は花の色に由来し、本来は八重咲きの品種をさしたといわれる。山野の日当たりのよいところに生える高さ30〜70センチの多年草。茎や葉柄には白い開出毛が多い。根生葉は長い柄があり、掌状に3〜5裂し、裂片はさらに浅く裂ける。花は直径1.5〜2センチ。花弁は黄色で光沢がある。集合果は直径5〜6ミリのほぼ球形。そう果は長さ2〜2.5ミリで花柱はごく短く、やや曲がる。花期 4〜5月 分布 北、本、四、九

ヒキノカサ
R. ternatus

〈蛙の傘〉 湿ったところに生えるので、花をカエルの傘に見立てたという。
流れのふちなどに生える高さ10〜30センチの多年草。ひげ状の根のほかに紡錘状にふくらんだ根があるのが特徴。茎や葉にはまばらに毛が

ウマノアシガタ 別名の金鳳花は黄金色に輝く花にぴったり 88.5.24 大町市

ヒキノカサ 87.4.25 浦和市

❶ウマノアシガタ、❷ヒキノカサ、❺キツネノボタン、ケキツネノボタンなど、いわゆるキンポウゲの仲間は花の構造はどれも同じで、花弁と萼片はふつう5個、雄しべと雌しべは多数あり、花弁の基部に蜜腺がある。花弁に強い光沢があるのは、花弁がでんぷん粒を含み、表面にクチクラがあるからといわれる。

キンポウゲ目 キンポウゲ科

ある。根生葉はふつう3裂する。花は黄色で直径1.2～1.7㌢。そう果の先はすこし曲がる。🌼**花期** 4～5月 **分布** 本（関東地方以西），四，九

ケキツネノボタン
R. cantoniensis
〈毛狐の牡丹〉
田のあぜや湿地などに生える高さ40～60㌢の多年草。全体に開出毛が多い。葉は3出複葉。小葉はさらに3裂し，鋭い鋸歯がある。花は黄色で直径約1.2㌢。そう果の先はほとんど曲がらない。🌼**花期** 3～7月 **分布** 本，四，九，沖

キツネノボタン
R. silerifolius
　var. glaber
〈狐の牡丹〉 葉の形がボタンの葉に似ていることによるという。田のあぜや流れのふちに多い高さ30～60㌢の多年草。葉は3出複葉。小葉はさらに3裂するが，ケキツネノボタンより切れこみが浅く，鋸歯もあまりとがらない。花は直径1～1.5㌢。そう果の先が巻くのが特徴。🌼**花期** 4～7月 **分布** 日本全土
✚キツネノボタンの茎はふつう無毛だが，茎が細くて斜上する毛があるものもあり，これをヤマキツネノボタンとして分ける説もある。
✚ケキツネノボタンとキツネノボタンは葉が3出複葉で，そう果が扁平な点がウマノアシガタやヒキノカサと異なる。ケキツネノボタンは全体に開出毛が多く，小葉の幅が狭く，鋸歯が鋭くとがることなどでキツネノボタンと区別できる。

ケキツネノボタン　水田の雑草としておなじみの多年草　86.5.24　八王子市

キンポウゲ属の果実はそう果が球形に集まった集合果。そう果がふくらんでいるものと，扁平なものがあり，先端には花柱が残る。❸ケキツネノボタンと❹キツネノボタンのそう果は扁平で，キツネノボタンは花柱の部分が巻くのが特徴。

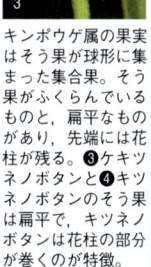

キツネノボタン　87.6.19　伊豆半島

キンポウゲ目　キンポウゲ科

キンポウゲ属
Ranunculus

タガラシ
R. sceleratus

〈田辛し〉 プロトアネモニンを含み，かむと辛みがあることによる。キンポウゲ属の植物はすべてプロトアネモニンを含むため，多少とも有毒である。
水田や溝などに生える高さ30～50㌢の2年草。葉は3深裂し，裂片はさらに細かく裂ける。花は黄色で直径0.8～1㌢。花のあと花床は大きくなり，長さ0.8～1㌢の楕円形で，多数のそう果の集合果になる。
花期　4～5月
分布　日本全土

イチリンソウ属
Anemone

シュウメイギク
A. hupehensis
　　var. japonica

〈秋明菊／別名キブネギク〉　秋に菊によく似た花をつけることによる。別名は貴船菊で，かつて京都の貴船に多かったことによる。
庭に植えられるほか，人里近くの林縁などに生える多年草。古い時代に中国から入ってきた栽培品が野生化したものと考えられている。高さは50～80㌢。根生葉は3出複葉で長い柄がある。小葉は3～5裂し，不ぞろいの鋸歯がある。茎葉は2～3個が輪生し，上部のものは小さく，ほとんど無柄。花は直径約5㌢で，花弁はない。萼片は約30個あり，外側のものは厚くて淡緑色を帯び，内側のものは紅紫色または白色の花弁状。ふつう果実はできず，地下匐枝をだしてふえる。
花期　9～10月
分布　中国原産

タガラシ　田辛しと書くが，田枯らしだという説もある　86.4.14　三浦半島

❶タガラシの花は直径0.8～1㌢。雌しべは円錐状の花床の上にらせん状に並んでつく。❷花のあと花床はのびて楕円形の集合果になる。ひとつの果実のように見える集合果は，多数のそう果の集まりで，タガラシはこの集合果が楕円形なのが特徴。そう果は長さ1～1.2㍉で，レンズ状にふくらんでいる。

シュウメイギク　87.10.19　八王子市

ニリンソウ
A. flaccida

〈二輪草〉 2個の花をつけることによるが、1個のことも3個のこともある。

山麓の林縁や林内に生える高さ15～25ｾﾝﾁの多年草。地下茎でふえるので群生することが多い。根生葉は長い柄があり、3全裂する。側裂片はさらに2裂し、裂片は羽状に切れこむ。茎葉は3個が輪生し、柄はない。葉の表面に白い斑が入るものが多い。花は直径1.5～2.5ｾﾝﾁ。花弁はなく、白色または淡紅紫色の萼片が花弁のように見える。萼片はふつう5個、まれに7個ある。🌼**花期** 4～5月 ❀**分布** 北, 本, 四, 九

イチリンソウ
A. nikoensis

〈一輪草〉

山麓の草地や林内などに生える高さ20～25ｾﾝﾁの多年草。根生葉は地下茎の先につくが、花茎の基部にはつかない。茎葉は3個輪生し、3出複葉で、長い柄がある。小葉は羽状に深裂する。花は1個つき、直径3～4ｾﾝﾁ。花弁はなく、白い5～6個の萼片が花弁のように見える。萼片の裏面は紫色を帯びることがある。🌼**花期** 4～5月 ❀**分布** 本, 四, 九

✤イチリンソウは花が大きく、茎葉に柄があり、小葉が細かく裂けるので、ニリンソウとは簡単に見分けられる。イチリンソウやニリンソウは花が終わって実を結ぶと枯れ、ほかの草や木の葉が茂るころには地上の茎や葉はなくなってしまう。

ニリンソウ 1本の茎にふつう2個の花が咲く 07.4.6 佐野市

イチリンソウ属の花には花弁はなく、萼片が花弁状になっている。❸ニリンソウの花はふつう萼片が5個ある。雌しべは多数あるが、全部は結実せず、そう果は数個しかできない。❹イチリンソウの花は直径約4ｾﾝﾁとニリンソウより大きく、萼片は5～6個ある。多数のそう果ができ球形に集まってつく。

イチリンソウ 07.4.15 町田市

キンポウゲ目　キンポウゲ科　235

トリカブト属
Aconitum

毒草の代表で、古くから矢毒に利用された。全草、とくに根に猛毒のアルカロイドを含むが、アルカロイドを含まない種類もある。漢方では紡錘状にふくらんだ母根を烏頭、そのまわりにつく子根を附子と呼び、さまざまな方法で減毒して、多くの処方に用いる。花はひと目でトリカブトの仲間とわかるほど独特の形をしていて、鳥兜や烏頭の名の起こりが素直にうなずける。日本にはトリカブトの仲間が40種類以上あり、区別は難しい。

ヤマトリカブト
A. japonicum
　　ssp. japonicum
〈山鳥兜〉

山地の林内や林縁などに生える高さ0.8～1.5㍍の多年草。茎は弓なりに曲がる。葉は互生し、掌状に3～5深裂する。裂片は披針形～卵状披針形で、欠刻状の鋸歯がある。花は青紫色で長さ約3㌢。花柄には曲がった毛がある。花の外面にも曲がった毛があり、内面には曲がった毛とまっすぐな毛が生える。✿花期　8～10月　◉分布　本（中部地方以北）

✚ヤマトリカブトの若葉はニリンソウなど山菜とまちがえやすい。死亡した例もあるので注意が必要。

ヒメウズ属
Semiaquilegia

花弁状の萼片が5個あり、花弁は萼片より小型で直立する。距はごく短い。

ヒメウズ
S. adoxoides
〈姫烏頭〉

ヤマトリカブト　天然の毒ではフグ毒に次いで強い毒性をもつ　04.9.3　箱根湿生花園

❶正面から見たヤマトリカブトの花。青紫色の花弁のように見えるのは萼片で5個ある。上側の1個はかぶと状になり、その下に半円形の萼片が2個、1番下に細長い萼片が2個つく。花弁は2個あるが、萼片に隠れていて、外からは見えない。❷花柄には曲がった毛が生える。❸イの字形になっている白いのが花弁。長い柄の先の下向きにくるっと巻いている部分は距で、ここから蜜をだす。花弁の基部には雄しべの集団がある。はじめ曲がっている雄しべは、花粉をだすころにはまっすぐになる。ヤマトリカブトは花の外面に曲がった毛があり、内面には曲がった毛のほか、まっすぐな毛もあるのが特徴。

キンポウゲ目　キンポウゲ科

山麓の草地や道ばた、石垣のすきまなどに生える高さ10〜30㌢の多年草。茎には軟毛がある。根生葉は3出複葉で長い柄がある。小葉は2〜3裂し、裂片はさらに浅く2〜3裂する。茎葉の柄は短く、基部は茎を抱く。花はやや紅色を帯び、直径4〜5㍉と小さく、下向きに咲く。萼片は花弁状。花弁は萼片より小さく、直立する。果実は袋果で、2〜4個が上向きにつく。🌼**花期** 3〜5月 **分布** 本（関東地方以西）、四、九
✣花弁の基部が長い距になり、花の外へつきでるオダマキの仲間と、距が短いヒメウズとを分けないで、ヒメウズをオダマキ属 Aquilegia に含める考えもある。

サラシナショウマ属
Cimicifuga

イヌショウマ
C. biternata

山地の林内に生える高さ60〜80㌢の多年草。地下茎が発達し、横にのびる。根生葉は1〜2回3出複葉。小葉はややかたく、掌状に裂け、裂片のふちには不ぞろいの鋭い鋸歯がある。葉の両面とも脈に短毛がある。茎葉はふつうない。花は白色で穂状に多数つく。花弁と萼片は小さく、雄しべより早く落ちる。雌しべはふつう1個で、果実は袋果。🌼**花期** 7〜9月 **分布** 本（関東〜近畿地方）
✣イヌショウマによく似ているオオバショウマ C. japonica は葉が大きく、ふちを除いて毛がない。升麻はサラシナショウマ C. simplex の根茎のことで、漢方で解熱、解毒に用いる。

ヒメウズ　花はやや紅色で下向きに咲く　87.2.25　平戸市

❹ヒメウズの花は直径4〜5㍉と小さく、あまり目立たない。楕円形の花弁のように見えるのは萼片で、花弁は雄しべと雌しべを筒状に囲んでいる。写真では見えないが、花弁の基部は小さくふくらんだ距になり、ここに蜜をためる。❺イヌショウマの花は花弁と萼片が早く落ち、多数の雄しべがよく目立つ。

イヌショウマ　11.10.19　八王子市

キンポウゲ目　キンポウゲ科

カラマツソウ属
Thalictrum

花には花弁がなく、萼片もふつう開花すると落ちる。雄しべの花糸が糸状で葯より細いグループと、山地に多いカラマツソウのように花糸が葯より太いグループとに分けられる。

ノカラマツ
T. simplex
    var. brevipes
〈野唐松〉

日当たりのよい草地に生える高さ0.6～1.2メートルの多年草。全体に無毛で、茎には鋭い稜があり、分枝しない。葉は1～2回3出複葉。小葉は細長く、上部が浅く2～3裂することが多い。花は細長い円錐状につく。花に花弁はなく、萼片も早く落ちるので、雄しべの葯が目立ち、花序全体が黄色に見える。そう果は長さ約5ミリの紡錘形で2～6個つく。🌸**花期** 6～8月 ⦿**分布** 本(東北地方南部以西)、四、九

イワカラマツ
T. sekimotoanum
〈岩唐松〉

山地の礫地や岩場にまれに見られる高さ0.5～1.5メートルの多年草。茎や葉、花序などに腺毛が密生し、粘るのが特徴。葉は2～4回3出複葉。花は大型の円錐状に広がった花序につく。花弁はなく、萼片は早く落ちる。そう果は長さ約4ミリの紡錘形。🌸**花期** 5～8月 ⦿**分布** 本(秋田・栃木・山梨・長野県)

✤イワカラマツは、山野の日当たりのよい草地に多いアキカラマツ T. miuus var. hypoleucum に似ているが、アキカラマツは全体に無毛ま

ノカラマツ 雄しべの葯が目立ち、花序全体が黄色に見える 88.6.14 浦和市

❶ ❷ ❸

❹

イワカラマツ 全体に粘る 88.5.30 大月市

❶ノカラマツの葉は1～2回3出複葉で、小葉が細いのが特徴。❷ノカラマツの花や❸イワカラマツの花は、雄しべの花糸が糸状で、葯より細い。花弁はなく、萼片も早く落ちるので、葯がよく目立つ。❹イワカラマツの果実。縦の稜が目立つそう果が集まってつく。イワカラマツやノカラマツのそう果には柄がない。

キンポウゲ目 キンポウゲ科

たは葉の裏面にわずかに腺毛があるだけで，花期は7〜9月と遅い。

センニンソウ属
Clematis

つる性のものが多く，葉は対生するのが特徴。高山に生えるミヤマハンショウヅル以外は花に花弁はなく，萼片が花弁のように見える。雄しべと雌しべは多数。果実はそう果で，花のあと花柱はのび，毛ものびて羽毛状になった花柱が残る。テッセンやクレマチスなど，観賞用に栽培されるものも多い。

ボタンヅル
C. apiifolia
〈牡丹蔓〉 葉がボタンの葉に似ていることによるという。
日当たりのよい山野に生えるつる性の半低木。葉は1回3出複葉。小葉は長さ3.5〜7㌢の広卵形で，先は鋭くとがり，不ぞろいの鋸歯がある。花は葉腋に多数つく。萼片は花弁状で，4個あり，十字形に開き，そり返る場合もある。萼片の外側には白い毛がある。そう果は長さ約4㍉の卵形で開出毛がある。そう果の先には花のあと1〜1.2㌢ほどにのびて羽毛状になった花柱が残る。✿花期 8〜9月 ❀分布 本，四，九
✚本州の関東地方から中部地方に分布する変種のコボタンヅル var. biternata は葉が2回3出複葉で，そう果は毛がない。小葉は長さ2〜4㌢と小型で細長く，大型の粗い鋸歯がある。中間型もあり，葉が1回3出のものや，2回3出でもそう果に毛があるものなどもある。

ボタンヅル 葉がセンニンソウより薄く，小葉に鋸歯がある 83.8.1 奥多摩

❺ボタンヅルの花はセンニンソウと似ているが，やや小さい。花弁はなく，白い花弁状の萼片4個が十字形に開く。❻コボタンヅルの葉。2回3出の複葉。❼ボタンヅルとコボタンヅルの中間型。コボタンヅルは2回3出複葉で，ボタンヅルより小葉が細長く，鋸歯は大きくて鋭い。

キンポウゲ目　キンポウゲ科

センニンソウ属
Clematis

センニンソウ
C. terniflora

〈仙人草〉花が終わると花柱がのび,白くて長い毛が密生する。このそう果の先の花柱を仙人のヒゲにたとえたとか,白髪にたとえたとかいわれる。茎や葉に皮ふにかぶれを起こす有毒物質を含む。漢方では根を威霊仙(いれいせん)と呼び,利尿,鎮痛などに用いる。

道ばたや林縁など,日当たりのよいところに生えるつる性の半低木。茎はよく分枝して広がり,葉柄でほかの木や草に曲がりくねってからみつく。葉は対生し,3〜7個の小葉からなる羽状複葉。小葉は厚くてやや光沢があり,長さ3〜7㌢の卵形または卵円形で,先端は小さく突出する。ふつう鋸歯はないが,茎の下部の小葉は2〜3の切れこみがある場合もある。夏の終わりごろから初秋にかけて,葉腋から円錐花序をだし,白い花を多数つける。花は直径2〜3㌢で,上向きに咲く。白い花弁のように見えるのは萼片で4個あり,十字形に開く。萼片は倒披針形で,ふちに白い毛が多い。そう果は長さ7〜8㍉の扁平な卵形で,花のあと3㌢ほどにのびた白くて長い毛のある花柱が残る。🌼花期 8〜9月 🌏分布 日本全土

✚センニンソウ属はセンニンソウのように花が上向きに咲くグループと,ハンショウヅルのように下向きに咲くグループとに分けられる。見た目には同じ属

センニンソウ 花は小さいが,群がって咲くのでよく目立つ 87.9.11 白河市

❶センニンソウの花はパッと開いた多数の雄しべがよく目立つ。花弁はなく,十字形に開いた4個の白い萼片が花弁のように見える。雌しべは数個あり,花柱は細長い。花のあと花柱は3㌢ほどにのび,白くて長い毛が生える。❷そう果。先端に羽毛状になった花柱が残り,風にのって飛ばされるのは,センニンソウ属の特徴のひとつ。

キンポウゲ目 キンポウゲ科

のように思えないが、葉が対生し、そう果の花柱が羽毛状になる点でひとつの属としてまとめられている。

ハンショウヅル
C. japonica

〈半鐘蔓〉 下向きに咲く鐘形の花を半鐘にたとえたもの。

山地の林縁や林内に生えるつる性の低木。長い葉柄が巻いてほかの木や草にからみつく。茎は暗紫色を帯びることが多い。葉は3出複葉。小葉は長さ4〜9㌢の卵形〜倒卵形で先はとがり、粗い鋸歯がある。両面とも脈上に軟毛がある。花は長さ6〜12㌢の柄の先に1個つき、下向きに咲く。花柄のなかほどに小さな小苞が1対ある。紅紫色の花弁のように見えるのは4個の萼片で、花弁はない。萼片は厚く、長さ2.5〜3㌢で先はとがり、ふちは白い毛にふちどられる。花のあと花柱はのびて長さ3㌢ほどになり、毛がのびて羽毛状になり、そう果の先に残る。そう果の先に残る。そう果は長さ約6㍉の長卵形。**花期** 5〜6月 **分布** 本、九

✤本州の中国地方と九州には萼片の外面に淡黄褐色の毛が密生するものがあり、ケハンショウヅル var. villosula という。関東地方から中部地方の東部に分布し、花柄に小苞がないものをムラサキハンショウヅル f. purpureo-fusca という。また小苞が大きくて、花のすぐ下につき、ときにやや紫褐色を帯びるものをコウヤハンショウヅル var. obvallata といい、近畿地方と四国に分布する。

ハンショウヅル 花弁状の萼片は白い毛でふちどられる 87.5.12 高尾山

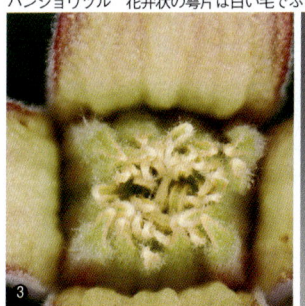

ハンショウヅルの花は下向きに咲き、完全に開かないので、雄しべや雌しべにまでなかなか目が届かない。紅紫色の花弁のように見えるのは萼片で花弁はない。❹は萼片を2個とり除いたもの。雄しべの花糸は幅が広く扁平で、軟毛が密生しているのが❸でもよくわかる。❸では雄しべに隠れて見えないが、❹では雌しべの花柱に長い毛があるのがわかる。

キンポウゲ目　キンポウゲ科

センニンソウ属
Clematis

カザグルマ
C. patens

〈風車〉 花をおもちゃの風車にたとえたもの。林縁などに生えるつる性の低木。葉は羽状複葉。小葉は3～5個あり、長さ2～6㌢の卵形で先はとがる。花は直径7～12㌢と大きく、上向きに咲く。萼片はふつう8個あり、白色または淡紫色で、花弁のように見える。花弁はない。花期 5～6月 分布 本,四,九
✤カザグルマは花が大型で美しいため、古くから栽培され、花が紅色やピンクのもの、八重咲きなど、園芸種も多い。カザグルマとよく似ているテッセン C. florida は中国原産でやはり多くの園芸種がある。テッセンは花が直径5～8㌢とやや小さく、萼片は6個と少ない。センニンソウ属の園芸植物を一般にクレマチスと呼び、交雑によってさまざまな品種がつくりだされた。カザグルマやテッセンはその代表的な原種である。

オキナグサ属
Pulsatilla

花に花弁がなく、萼片が花弁のように見え、花のあと花柱が羽毛状になるなど、センニンソウ属と似ているが、茎葉が3輪生し、根生葉が束生する点が違う。イチリンソウ属とも似ているが、イチリンソウ属は花柱が羽毛状にならない。

オキナグサ
P. cernua

〈翁草〉 羽毛状にのびた花柱をつけたそう果の集まりを老人の白髪

オキナグサ 全体に白いふかふかした毛におおわれている。花のあと花茎は高さ30～

カザグルマ 87.5.15 日野市

にたとえたもの。山野の日当たりのよい草地などに生える多年草。全体に長くて白い毛が多い。根生葉は2回羽状複葉で長い柄がある。小葉はさらに深く2～3裂する。花茎が高さ10㌢ほどになると開花し、花のあとさらにのびて高さ40㌢ほどになる。茎葉は3個が輪生し、細かく切れこむ。柄はなく、基部は合着する。花は花茎の先に1個下向きにつき、長さ約3㌢の鐘形。花弁はなく萼片が花弁状で6個あり、内側は暗紫赤色、外側は絹糸のような白い毛におおわれ、白っぽく見える。雄しべも雌しべも多数あり、花柱には長い毛が密生する。そう果は多数集まってつき、先端に花のあと長さ3～4㌢にのびて羽毛状になった花柱が残る。

花期 4～5月 分布 本、四、九

オオヒエンソウ属
Delphinium

セリバヒエンソウ
D. anthriscifolium

〈芹葉飛燕草〉 葉がセリに、花がツバメが飛ぶ姿に似ている。やや湿った草原や林縁に生える中国原産の越年草。葉は2～3回3出複葉で、長い柄があり互生する。小葉は中～深裂し、やわらかい。茎は高さ15～40㌢で、茎の先に総状花序をだし、淡紫色の花2～5個をつける。花は直径約2㌢、花弁状の萼片は5個あり、最上部のものは長さ約10㍉の距となる。雄しべ10個。果実は袋果で3個ある。

花期 4～5月 分布 中国原産

40㌢ほどにのびて、羽毛のかたまりのような実を結ぶ 87.5.18 ハガ岳山麓

❶カザグルマの花は萼片が花弁のように見え、白色と淡紫色のものがある。花糸は扁平で葯は細長く紫色。この葯の色が花のアクセントになっている。❷オキナグサの花も萼片が花弁のように見え、外側は白い毛におおわれている。内側は暗紫赤色で黄色の葯との対比が美しい。花柱には白い毛がある。❸オキナグサの果実は多数のそう果が集まったもの。花のあと花柱はのび、白い毛ものびて羽毛状になる。左個体はまだ花柱の毛がのびきっていない。

セリバヒエンソウ 08.4.11 新宿御苑

キンポウゲ目 キンポウゲ科

ケシ科
PAPAVERACEAE
クサノオウ属
Chelidonium

クサノオウ
C. majus ssp. asiaticum

日当たりのよい道ばたや草地, 林縁などに生える高さ30〜80㌢の越年草。全体に縮れた毛が多いので, 白っぽく見える。葉は1〜2回羽状に裂ける。花は鮮黄色で直径約2㌢。蒴果は長さ3〜4㌢の細長い円柱形。🌼花期 4〜7月 🌏分布 北, 本, 四, 九

✤クサノオウは茎や葉を切ると黄色の乳液がでるので「草の黄」だという説がある。この乳液は有毒だが, 鎮静や鎮痛の作用もあり, 尾崎紅葉が胃がんの痛みどめに使ったともいわれている。また皮ふ病にも効くので「瘡の王」だとか, 薬草の王様という意で「草の王」だともいわれる。

ケシ属 Papaver

大きな4個の花弁と多数の雄しべがあり, 柱頭は放射状の円盤。蒴果は熟すと上部にあながあき, そこから種子を散らす。

ナガミヒナゲシ
P. dubium
〈長実雛罌粟〉

ヨーロッパ原産の1年草で, 野原や荒れ地, 河原などに生える。茎は高さ20〜60㌢で, 下半部には開出毛, 上部には伏毛が多い。葉は1〜2回羽状に深裂し, 両面とも毛が多い。花は長い花柄の先につき, 橙紅色〜紅色で直径3〜6㌢。蒴果は長楕円形で長さ2〜3㌢。🌼花期 4〜5月 🌏分布 ヨーロッパ原産

クサノオウ 棒状の若い果実もたくさんついている 87.5.19 山梨県長坂町

❶クサノオウの花。多数の雄しべの間に体をくねらせた青虫のような雌しべが見える。毛の多い2個の萼片は開花と同時に落ちる。クサノオウは種子のできが悪く, ❷でわかるように未熟なままの白い胚珠が多数ある。種子は熟すと黒くなる。種子についている白いゼリー状のものは種枕で, 脂肪やたんぱく質に富み, アリが好む。❸ナガミヒナゲシの花。黒っぽい雄しべに囲まれた子房は円筒形。花柱はなく, 柱頭が放射状にのびて傘の骨のように見えるのはケシ属の特徴。

ナガミヒナゲシ 87.5.1 東京都江東区

タケニグサ属
Macleaya

タケニグサ
M. cordata

<竹似草/別名チャンパギク> 茎が中空で竹に似ているからといわれる。竹と一緒に煮ると竹がやわらかくなるので竹煮草だというのは誤り。別名のチャンパギクは占城菊と書き，インドシナの占城から渡来したと考えられたことによる。茎や葉を切るとでる黄色の乳液は有毒で，害虫の駆除に用いた。日本では雑草だが，欧米では園芸植物として愛好されている。

日当たりのよい荒れ地や道ばたなどに多い高さ1～2㍍の多年草。全体に粉白を帯びる。葉は長さ10～30㌢で，菊の葉のように裂け，裏面にはふつう縮毛が密生する。茎の先に大きな円錐花序をつくり，白い花を多数つける。花には花弁はなく，萼片も開花と同時に落ちる。蒴果は長さ約2.5㌢。🌸花期　7～8月　🌏分布　本，四，九

タケニグサ　都市近郊の荒れ地でよく見かける大型の多年草　86.7.18　日野市

❹タケニグサの花は花弁がない。雄しべは多数あり，葯は線形で，花糸は糸状。❺蒴果は平たい。❻茎は中空で切ると有毒の黄色の乳液をだす。

ヒナゲシ　P. rhoeas

ヒナゲシはヨーロッパ南部から西アジアにかけて野生し，ヨーロッパでは畑の雑草となっている。野生種は花が真紅色で，花弁は4個だが，園芸用に栽培されているものは白やピンクなど色あいが豊富で，八重のものもある。中国には7世紀ごろ入り，虞美人の流した血から生えたという伝説から虞美人草と呼ばれた。日本には江戸時代初期に渡来したといわれる。ヒナゲシからはアヘンはとれない。
ケシ P. somniferum を栽培してアヘンをとるのは小アジアで紀元前3世紀ごろから始まった。花弁が散って2週間ほどたった若い果実を傷つけて採取した乳液を乾燥したものがアヘンで，モルヒネやコデインの原料になる。種子は菓子などに利用する。ケシはヒナゲシより大きく，茎や葉は白緑色で無毛。葉の基部は茎を抱く。花の色は白色または淡紅色。ヒナゲシは全体に粗い毛が多く，葉の基部は茎を抱かない。

❼❽ヒナゲシは観賞用によく植えられる。子房はほぼ球形で，柱頭は放射状の円盤。

キンポウゲ目　ケシ科　245

ヤマブキソウ属
Hylomecon

花はケシ属と似ているが、蒴果が細長く、熟すと裂開する点が違う。

ヤマブキソウ
H. japonica

〈山吹草／別名クサヤマブキ〉 花がバラ科のヤマブキに似ていることによる。

山野の林内に群生する高さ30〜40cmの多年草。茎や葉を切ると黄色の乳液がでる。根生葉は奇数羽状複葉。小葉は5〜7個あり、広卵形〜楕円形で、不ぞろいの鋸歯と切れこみがある。茎葉は茎の上部に数個つき、小葉はふつう3個。花は鮮黄色で直径4〜5cm。蒴果は長さ約3cmの細い円柱形。種子はよく実る。

花期 4〜6月
分布 本、四、九

✦ヤマブキソウより小葉の幅が狭く広披針形で、鋸歯がそろっているものを**ホソバヤマブキソウ** f. subintegra、茎の上部の葉の小葉が羽状に深く裂けるものを**セリバヤマブキソウ** f. dissecta という。

ヤマブキソウ　ヤマブキに似た鮮黄色の花をつける　87.4.24　八王子市

ホソバヤマブキソウ　86.5.1　八王子市

セリバヤマブキソウ　86.5.1　八王子市

キンポウゲ目　ケシ科

キケマン属 Corydalis

うしろにつきでた距をもつ花が特徴。地下に塊茎をつくらないキケマンの仲間と、する い塊茎をつくるエンゴサクの仲間に分けられる。種子にはふつう種枕がある。

ムラサキケマン
C. incisa

〈紫華鬘〉 華鬘は仏殿の欄間などを飾る仏具のこと。

やや湿ったところに生える高さ20〜50㌢の2年草。全体がやわらかく、傷つけるとやや悪臭がある。葉は2〜3回羽状に細かく裂ける。花は茎の上部にびっしりと総状につき、紅紫色で長さ1.2〜1.8㌢。まれに花が白いものもある。蒴果は長さ1.5㌢ほどの狭長楕円形。

花期 4〜6月
分布 日本全土

ジロボウエンゴサク
C. decumbens

〈次郎坊延胡索〉 伊勢地方で子供がこれを次郎坊、スミレを太郎坊と呼んで、花の距をひっかけて遊んだことに由来する。漢方ではこの仲間の塊茎を乾燥したものを延胡索と呼び、鎮痛などに用いる。

川岸、山地などに生える高さ10〜20㌢の多年草。地下に直径約1㌢のまるい塊茎があり、数個の根生葉と花茎をだす。塊茎は毎年新しいものが古い塊茎の上に重なってできる。葉は2〜3回3出複葉。茎葉はふつう2個つく。花は紅紫色〜青紫色で長さ1.2〜2.2㌢。蒴果は長さ約2㌢の線形。

花期 4〜5月
分布 本(関東地方以西)、四、九

ムラサキケマン 紅紫色の花が春の山野でよく目につく　87.4.28　八王子市

❶ムラサキケマンの花は左右相称。花弁は4個で、外側の2個と内側の2個は形が異なる。外側の花弁のうち上の花弁はうしろが袋状の距になってつきでる。内側の花弁2個は先端が合着している。❷蒴果は柄の先に下向きに曲がってつく。熟すと2つに裂け、果皮が巻きあがり、黒い種子をはじきとばす。

ジロボウエンゴサク　88.4.27　高尾山

キンポウゲ目　ケシ科　247

キケマン属 Corydalis

キケマン
C. heterocarpa var. japonica

〈黄華鬘〉沿岸地域の林縁,道端などに生える多年草。高さは40〜60㌢。全体無毛で粉白色を帯びる。葉は2回3出複葉で,長さ10〜20㌢,裂片は卵状で,鋸歯がある。花は総状につき,黄色で長さ15〜20㍉。苞は披針形,花柄は約5㍉。蒴果は狭長楕円形で,数珠状にならず約2㌢。種子は黒く2列或いはやや2列になる。長さ約2㍉で,表面に微細な突起がある。ミヤマキケマンとは,花の距が短く,蒴果が数珠状にくびれないなどの違いがある。🌸花期 4〜5月 ⚘分布 本,(関東,東海),四,九

ヤマエンゴサク
C. lineariloba

〈山延胡索/別名ヤブエンゴサク,ササバエンゴサク〉樹林の下などに生える多年草。全体無毛。高さは10〜20㌢,茎の最下の葉は鱗片状。茎葉は互生し,2〜3回3出複葉。小葉は線形〜卵形で丸みもあり,縁は全縁のものが多いが,しばしば3裂するなど,個体変異が多い。葉の長さは1〜3㌢。花は茎の先に総状につき,淡紅紫色〜青紫色,長さ15〜25㍉。苞は披針形〜扇形で,ときに歯牙がある。花弁は4個,上側の花弁に距がある。雄しべ2個,雌しべの柱頭は平ら。蒴果は披針形〜卵状楕円形で長さ10〜13㍉。🌸花期 4〜5月 ⚘分布 本,四,九

キケマン 花は黄色の総状花序 99.3.22 伊東市

❶キケマンの花は総状につき,長さ15〜20㍉,ミヤマキケマンより花はやや小さく,色もやや淡い。❷蒴果のくびれははっきりしない。❸ヤマエンゴサクの花は長さ15〜25㍉で総状に紅紫色の花をつける。

ヤマエンゴサク 94.4.27 長野県白馬村

ツゲ科
BUXACEAE

常緑の木本植物が大部分で，日本産のフッキソウのような草本は珍しい。花は単性で花弁はない。果実は蒴果あるいは核果。世界に5属約100種がある。

フッキソウ属
Pachysandra

フッキソウ
P. terminalis

〈富貴草〉 常緑の葉が茂る様子を繁栄にたとえたものという。庭にもよく植えられる。山地の林内に生える雌雄同株の常緑亜低木。茎の下部は地をはい，上部は斜上して高さ20～30㌢になる。葉は厚く，密に互生し，長さ3～6㌢，幅2～4㌢の卵状楕円形または菱状倒卵形。上半部には粗い鋸歯がある。雄花は茎の上部に密につき，その下に雌花が5～7個つく。雄花にも雌花にも花弁はなく，4個の萼片がある。果実は核果。長さ約1.5㌢の卵形で白く熟す。◎花期 3～5月 ◎分布 北，本，四，九

フッキソウ 茎の上部に雄花，その下に雌花がつく 87.3.29 神代植物公園

フッキソウの花には花弁はない。❹は雄花で雄しべはふつう4個。花糸は太く白色。葯は茶褐色。❺雌花の花柱は2個でそり返る。ともに萼は4個。

キケマン属の花のつくり

キケマン属は左右相称の独特の形の花を咲かせる。❻はヤマエンゴサクの花で，❼はその断面。花弁は4個で外側に2個，内側に2個つく。外側のうち上の1個がもっとも大きく，基部が袋状の距になってうしろにつきでる。内側の2個の花弁は左右から合わさって，先端が合着し，雄しべと雌しべを包んでいる。雄しべは6個あるが，雌しべの上下で3個ずつ花糸が合着している。❼ではわかりにくいが，先端に3個の葯がついている。子房は上位で1室。白い米粒のように見えるのが胚珠で，成熟すると黒くて光沢のある種子になる。種子にはアリが好む種枕がついている。

モウセンゴケ科
DROSERACEAE

すべて食虫植物で、葉に腺毛や消化腺がある。花は朝開いて午後にはしぼむ。花弁は4～5個。ムジナモ属のムジナモは日本ではほとんど絶滅したらしい。

モウセンゴケ属
Drosera

葉に腺毛があり、先端から粘液をだして虫をとらえると、腺毛は虫を押さえつけるようにゆっくりと曲がる。そのあと葉も虫を包みこむように湾曲し、腺毛から消化酵素を分泌する。地上の茎がほとんどなく、葉がロゼット状に根生するモウセンゴケの仲間と、地上茎が発達するイシモチソウの仲間がある。

モウセンゴケ
D. rotundifolia
〈毛氈苔〉 群生すると赤い毛氈を敷きつめたように見えることから。北半球の温帯～寒帯に広く分布し、日当たりのよい湿地に生える多年草。葉はロゼット状に根生し、長い柄がある。葉身は長さ0.5～1㌢の卵状円形で、基部は急に細くなって葉柄に続く。夏に高さ15～20㌢の花茎をのばし、直径1～1.5㌢の白い花を総状につける。花序ははじめうず巻き状になっているが、しだいにまっすぐにのびる。✿花期 6～8月 ◎分布 日本全土

コモウセンゴケ
D. spathulata
〈小毛氈苔〉
モウセンゴケより全体に小さく、葉は長さ2～4㌢。花序には腺毛が密生し、花はふつう淡紅色。✿花期 6～

モウセンゴケ　うず巻き状の花序は開花するにつれて直立する　86.8.8　大町市

コモウセンゴケ　87.7.11　千葉県成東町

イシモチソウ　87.6.18　千葉県成東町

ナデシコ目　モウセンゴケ科

9月 ❀分布 本(宮城県以西),四,九,沖

イシモチソウ
D. peltata
　　var. nipponica

〈石持草〉葉に小石がくっつくほどだからという。

湿地に生える高さ10〜25㌢の多年草。根生葉は花期には枯れる。茎葉はまばらに互生し,三日月形で幅4〜6㍉。花は白色で直径約1㌢。

🌼花期 5〜6月 ❀
分布 本(関東地方以西),四,九,沖

ナガバノイシモチソウ
D. indica

〈長葉の石持草〉

湿原に生える高さ7〜20㌢の1年草。葉は長さ3〜7㌢,幅1〜2.5㍉の線形で,先は細く糸状になる。葉柄と葉身の区別ははっきりしない。花は淡紅色または白色で直径約1㌢。

🌼花期 7〜8月 ❀
分布 北,本(関東地方,中部地方南部),九

ナガバノイシモチソウ　若葉はワラビのように巻いている　87.7.11　成東町

❶❷はモウセンゴケの花と葉。❸❹はコモウセンゴケの花と葉。花の色のほか,コモウセンゴケの葉は基部がしだいに細くなって柄に続き,全体がへら形になっている点が違う。❺❻はイシモチソウの花と葉。❼❽はナガバノイシモチソウの花と葉。この2つは葉の形で見分けられるが,花柱の裂け方も区別点のひとつ。どちらも花柱は3個あるが,イシモチソウではそれぞれが4裂するのでふさのように見える。ナガバノイシモチソウの花柱は2深裂する。この仲間は葉の表面に先がマッチ棒のようにまるくふくらんだ腺毛があり,ここから粘液をだして❽のように虫をとらえる。❻では腺毛と葉が湾曲して虫を包みこんでいる。

ナデシコ目　モウセンゴケ科　251

イソマツ科
PLUMBAGINACEAE

花は放射相称で、萼は乾膜質。塩分や乾燥に強い耐性をもつ。

イソマツ属
Limonium

ハマサジ
L. tetragonum

〈浜匙〉 海岸に生え、葉がさじに似た形をしていることによる。
海岸の砂地に生える2年草。葉は根もとに集まってつき、長さ8〜17㌢、幅1.5〜3㌢の長楕円状へら形で、ふちに鋸歯はなく、厚くて光沢があり、塩水にも耐える。葉の中心から高さ30〜50㌢の花茎をのばす。花茎はよく分枝して、多数の小穂をつけた円錐状の花序をつくる。ひとつの小穂に完全な花1個と不完全な花1個が苞に包まれてつく。花冠は長さ約7㍉で5深裂し、裂片は黄色で、白色膜質の萼から2㍉ほどとびでる。黄色。果実はそう果で紡錘形。❀花期 9〜11月 ❀分布 本(宮城県以南の太平洋側)、四、九

ハマサジ 左下の水中の葉はロゼット状の根生葉 87.10.1 広島県倉橋町

❶ハマサジの花。完全な花1個と不完全な花1個が2個の苞に包まれて小穂をつくり、多数枝分かれした花茎に小穂がびっしりつく。小穂の基部の苞は緑色で、下側の苞の方が小さい。萼は白い膜質。花冠は長さ約7㍉で5裂し、上部は黄色。
❷ハマサジの葉は根もとに集まってつき塩水にも耐えられる。

ナデシコ目 イソマツ科

タデ科
POLYGONACEAE

ミチヤナギ属
Polygonum

ミチヤナギ
P. aviculare

〈道柳／別名ニワヤナギ〉葉がヤナギの葉に似ている。道ばたや荒れ地に生える高さ10～40cmの1年草。茎は細い縦すじが目立ち,下部からよく分枝する。葉は互生し,長さ1.5～3cmの線状披針形。托葉鞘は白色の膜質で,2深裂し,さらに細かく裂ける。花は緑色で葉腋に1～5個ずつ束生する。花被は長さ2.5～3mmで5中裂する。花被片のふちは白色または淡紅色を帯びる。そう果は黒褐色で,長さ約3mmの3稜形。花被にほとんど包まれる。
花期　5～10月
分布　日本全土

アキノミチヤナギ
P. polyneuron

〈秋の道柳／別名ハマミチヤナギ〉
海岸に生える高さ約80cmの1年草。葉は長さ0.5～3cmの長楕円形～倒披針形で,乾くと暗褐色を帯びる。花は葉腋に2～3個ずつ束生する。茎の上部では葉が小さく落ちやすいので,穂状花序に見える。花被は長さ1.5～3mmあり5裂する。そう果は長さ約3mmの3稜形で,花被に包まれるが,先端は花被からつきでる。花期　9～10月
分布　北,本,四,九

✤ミチヤナギの仲間は花が穂状または総状の花序をつくらず,葉腋に数個ずつ束生するものが多い。また葉柄の基部の托葉鞘は2裂し,さらに細かく切れこむ。

ミチヤナギ　道ばたなどにほこりをかぶって生えている　86.9.27　八王子市

❸ミチヤナギの花。花被は淡緑色で5中裂し,裂片のふちは白い。雄しべの花糸は扁平で三角形。つぼみのように見えるのは花被に包まれた果実。

アキノミチヤナギ　86.10.15　三浦半島

ナデシコ目　タデ科　253

イヌタデ属 Persicaria

柱頭は頭状で，花のあと外花被片が大きくなるものが多く，内花被片は変化しない。

ミズヒキ
P. filiformis

〈水引〉 花序を上から見ると赤く，下からは白く見えるので，紅白の水引にたとえたもの。林ややぶのふちなどにふつうに生える高さ50〜80センチの多年草。葉は互生し，長さ7〜15センチの広楕円形〜倒卵形で先は急にとがり，中央付近にしばしば黒い八の字形の斑点がある。茎の先に長さ約30センチの細い総状花序をだし，小さな花がまばらに横向きにつく。花被片は深く4裂し，上側の3個は赤く，下側の1個は白い。花被片が全部白色のものもある。花柱は2個。そう果は花被片に包まれて熟し，先がカギ形に曲がった花柱が残り，これで動物などにくっついて運ばれ，種子散布される。

花期 8〜10月
分布 日本全土

ミズヒキ　半日陰のところに多い　88.10.4　高尾山

❶ミズヒキの花。花柄に関節があり，横向きに咲く。花被片は4深裂し，上側の3個は赤く，下側の1個は白い。❷ミズヒキの白花品はギンミズヒキと呼ばれる。花被片は4個とも白い。右側は果実。花被片に包まれて熟し，2個の長い花柱が残っている。花柱の先はカギ形に曲がり，衣服や動物などにくっついて運ばれる。タデ属のなかで，花被片が花のあと大きくならず，花柱が果期にも残るのはミズヒキの仲間だけである。❸❹イシミカワの花と果実。花被は花のあと肉厚になり，そう果を包む。花は目立たないが，まるい葉状の苞の上にお供えのようにのった果実は独特。❺サデクサの花。花被は花のあと赤くなる。❻サデクサの托葉鞘は上部が葉状に広がり，粗く切れこむ。

ナデシコ目　タデ科

イシミカワ
P. perfoliata

道ばたや田のあぜ,河原などに生えるつる性の1年草。茎は長さ1～2㍍にのび,下向きの鋭い刺でほかの草や木にからみつく。葉は互生し,長さ2～4㌢の三角形で,葉柄は葉身の基部近くに楯状につく。托葉鞘は鞘状の部分は短く,上部は葉状に広がって円形になる。茎の先や葉腋に短い総状花序をだし,淡緑色の小さな花が多くかたまってつく。花序の基部にはまるい葉状の苞があってよく目立つ。花被は長さ3～4㍉で5中裂する。花のあと花被は多肉質になってそう果を包み,直径約3㍉の球形になる。花被の色は緑白色から紅紫色,青藍色へと変化する。そう果は黒色で光沢がある。🌼**花期** 7～10月 🌏**分布** 日本全土

イシミカワ　茎に生えた下向きの刺でほかのものにからみつく　87.9.8　浦和市

サデクサ
P. maackiana
〈別名ミゾサデクサ〉

水辺に生える高さ30～80㌢の1年草。茎には下向きの鋭い刺がある。葉は互生し,長さ3～8㌢,幅2～7㌢のほこ形で,基部は耳状に左右にはりだす。葉の両面には星状毛がある。托葉鞘の上部は葉状に広がり,ふちには深い歯牙があり,歯牙の先端は糸状になる。白色の小さな花が2～5個ずつ集まってつき,花柄には短毛と腺毛が密生する。花被は長さ3～4㍉で,5深裂する。花被は花のあと紅色になり,褐色のそう果を包む。🌼**花期** 7～10月 🌏**分布** 本,四,九

サデクサ　87.9.8　浦和市

ナデシコ目　タデ科

イヌタデ属 Persicaria

ミゾソバ
P. thunbergii

〈溝蕎麦／別名ウシノヒタイ〉 別名は葉の形が牛の顔(額)を思わせることによる。田のあぜや水辺など、やや湿ったところに群生する高さ0.3〜1㍍の1年草。茎には下向きの刺があり、下部は地をはう。葉は互生し、長さ4〜10㌢の卵状ほこ形で、先は鋭くとがり、基部は耳状にはりだす。両面とも星状毛と刺がある。托葉鞘は長さ5〜8㍉の短い筒形で、ときに上部が葉状に広がる。花は枝先に10数個集まってつく。花被は長さ4〜7㍉で5裂し、裂片の上部は紅紫色、下部は白色。そう果は3稜のある卵球形で、花被に包まれる。❀花期 7〜10月 ◎分布 北,本,四,九

ママコノシリヌグイ
P. senticosa

〈継子の尻拭／別名トゲソバ〉 茎や葉に刺があり、いかにも痛そうなのでつけられた。道ばたや林縁、水辺などに生える高さ約1㍍の1年草。葉は互生し、長さ3〜8㌢の三角形で先端はとがる。托葉鞘の上部は腎円形で葉状になる。花は枝先に10数個集まってつく。花被は5裂し、上部は赤く、下部は白い。そう果は花被に包まれる。❀花期 5〜10月 ◎分布 日本全土

✚イヌタデ属のなかで、ミゾソバ、ママコノシリヌグイ、255頁のイシミカワとサデクサは、茎に下向きの刺があり、托葉鞘の上部が葉状に広がるのが特徴。

ミゾソバ 小さな花が10数個まるく集まって咲く 81.10.7 塩山市

ママコノシリヌグイ 11.9.10 群馬県嬬恋村

❶ミゾソバの花。❷ママコノシリヌグイの花。どちらも花が終わると花被は口を閉じ、そう果を包みこむ。❸ママコノシリヌグイの茎には下向きの刺がある。

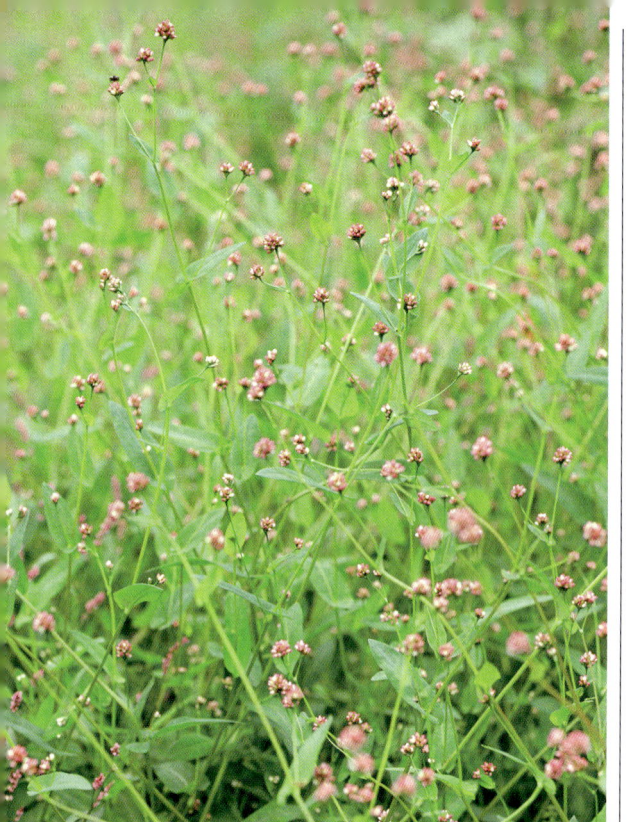

アキノウナギツカミ
P. sagittata var. sibirica

〈秋の鰻攫／別名アキノウナギヅル〉 茎に下向きの短い刺があり、「ウナギでもつかめる」という意味からついた。水辺などに生える高さ0.6〜1mの1年草。茎の下部は地をはう。葉は互生し、長さ5〜10cmの卵状披針形〜長披針形。基部は矢じり形で、茎を抱くようにはりだす。托葉鞘は長さ0.7〜1cmの筒形で、先は斜めに切った形。花は枝先に10数個集まってつく。花柄は無毛。花被は5深裂し、上部は淡紅色、下部は白色。🌼花期 6〜9月 ☀分布 北、本、四、九
✤アキノウナギツカミに似ているウナギツカミ var.aestiva は高さ約30cmと小さく、春から初夏に花が咲く。葉はやや幅が広い。

ナガバノウナギツカミ
P. hastatosagittata

〈長葉の鰻攫／別名ナガバノウナギヅル〉
水辺に生える高さ30〜80cmの1年草。茎にはまばらに細かい刺があり、下部は地をはう。葉は互生し、長さ6〜11cmの卵状披針形〜披針形で、基部はほこ形にはりだす。花は枝先に10数個集まり、花柄や小花柄には腺毛がある。花被は5深裂し、上部は紅色、下部は白色。🌼花期 9〜10月 ☀分布 本、四、九
✤茎に下向きの刺があるイヌタデ属のなかで、アキノウナギツカミやナガバノウナギツカミ、258頁のヤノネグサは托葉鞘が葉状でなく、筒形のグループ。

アキノウナギツカミ　葉の基部は矢じり形にはりだす　86.9.24　長野県黒姫

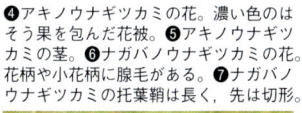

❹アキノウナギツカミの花。濃い色のはそう果を包んだ花被。❺アキノウナギツカミの茎。❻ナガバノウナギツカミの花。花柄や小花柄に腺毛がある。❼ナガバノウナギツカミの托葉鞘は長く、先は切形。

ナガバノウナギツカミ　87.9.24　成東町

ナデシコ目　タデ科

イヌタデ属 Persicaria

ヤノネグサ
P. muricata

〈矢の根草〉 葉の形を矢の根(矢じり)に見立てたもの。

水辺や湿地に生える高さ約50㌢の多年草。茎には下向きの小さな刺があり、下部は地をはう。葉は互生し、長さ3〜8㌢の卵形〜広披針形で先はとがり、基部は切形または浅い心形。托葉鞘は長さ1〜2㌢の筒形で、ふちに長い毛がある。花は枝先に10数個集まってつき、花柄に腺毛がある。花被は5深裂し、上部は紅色、下部は白色。そう果は3稜のある長卵形で、花被に包まれる。❀花期 9〜10月 ❀分布 北,本,四,九

タニソバ
P. nepalensis

〈谷蕎麦〉

田のあぜや山地の湿ったところに生える高さ10〜40㌢の1年草。茎はよく分枝して横に広がり、暗赤色を帯びることが多い。秋になると茎の赤みは鮮やかさを増して美しい。葉は互生し、長さ1〜5㌢の卵形で基部はくさび形。葉柄には翼があり、基部は耳状に広がって茎を抱く。葉の裏面には腺点がある。托葉鞘は短い筒形で、基部にしばしば太くてやわらかい下向きの毛が生えている。花は枝先や葉腋に多数集まってつき、花柄には腺毛がある。花被は4裂し、わずかに紅色を帯びる。花のあと花被は下半部がふくらみ、黒いそう果を包む。❀花期 8〜10月 ❀分布 北,本,四,九

ヤノネグサ 水田地帯に多い。葉の基部は切形か浅い心形 86.10.12 八王子市

❶ヤノネグサの花。つぼみのように見えるのはそう果を包んだ花被で、花のころよりも紅色が濃い。タデ科は果期にも花が咲いているように見えるものが多い。❷ツルソバの花と果実。花のあと花被は肥厚して液質になり、つぶすと暗黒紫色の汁がでるので、子供がインクのかわりにして遊ぶ。

タニソバ 翼のある葉柄が特徴 〈左〉86.6.27 八王子市 〈右〉86.9.25 白馬村

ナデシコ目 タデ科

ツルソバ
P. chinensis
〈蔓蕎麦〉

暖地の海岸に生える多年草。茎はよく分枝し，つる状に長くのびて地をはったり，斜めに立ち上がってよく茂る。葉は互生し，長さ5～10㌢の卵形～卵状長楕円形で先はとがり，基部は心形。托葉鞘は長さ1～3㌢の筒形で，先端は斜めに切れ，基部には下向きの小さな刺がある。花は枝先に多数集まってつき，花柄には腺毛がある。花被は長さ3～4㍉で5深裂する。花のあと花被は肥厚して暗黒紫色を帯びた液質になり，そう果を包む。❀花期 5～11月 ❀分布 本(伊豆諸島，紀伊半島)，四，九，沖

✚イヌタデ属は，茎に下向きの刺があるグループと刺のないグループとに大きく分けられる。タニソバとツルソバは茎に刺のないグループのなかで，花が頭状にまるく集まるのが特徴。260～265頁は花序が細長くなる仲間。

ツルソバ　実が目立つ。九州では市街地にも多い　86.6.12　鹿児島県野間半島

ソバ

そばは日本人には欠かせない食べもののひとつ。現在のようにめんの形で食べるようになったのは江戸時代になってからで，それ以前はそばがきやそば餅にして食べていた。

ソバ Fagopyrum esculentum は中央アジア原産のソバ属の1年草で，古い時代に渡来した。夏に収穫する夏ソバと秋に収穫する秋ソバの2品種がある。花はミツバチの蜜源として利用される。果実はそう果で黒褐色。そう果が栗褐色のシャクチリソバ F. dibotrys はソバよりあとから日本に入り，野生化しているものもある。現在そば粉として輸入されているものは，ダッタンソバ F. tataricum と呼ばれるものが多いらしい。

ソバの果実はそう果で長さ5～6㍉の3稜形。シャクチリソバは長さ7～9㍉とひとまわり大きい。果皮をとり除いて粉にしたものがそば粉で，炭水化物やたんぱく質のほか，高血圧や動脈硬化を防ぐルチンを多く含んでいる。果皮がいわゆるそば殻。❸はソバ，❹❺はシャクチリソバ。

ナデシコ目　タデ科　259

イヌタデ属 Persicaria

オオベニタデ
P. orientalis
〈大紅蓼／別名ベニバナオオケタデ〉

インド，マレーシア，中国原産の1年草。観賞用に栽培され，河原や荒れ地などに野生化しているものも見られる。茎はやや太く，高さ1〜1.5mになる。葉は互生し，長さ10〜20cmの広卵形〜卵形で先はとがり，基部は円形〜心形。托葉鞘は筒形だが，先が葉状になるものもある。花序は長さ5〜10cmあり，太くて垂れ下がる。花被は紅色で5深裂する。そう果は扁平な円形で花被に包まれる。**花期** 7〜10月 **分布** インド・マレーシア・中国原産

✤オオケタデ P. pilosa はオオベニタデと似ているが，全体に毛が多く，花は淡紅色〜白色。

ニオイタデ
P. viscosa

〈香蓼〉 茎や葉，花柄に粗い開出毛のほかに黄色の短い腺毛があり，よい香りがすることによる。

原野に生える高さ0.5〜1.5mの1年草。葉は互生し，長さ5〜15cmの広披針形〜披針形で先はとがり，基部は葉柄に沿って流れる。托葉鞘は長さ0.7〜1.5cmの筒状で毛が多い。花序は長さ約5cmで，紅色の小さな花が多数つく。花被は長さ2〜3mmで5深裂し，花のあとも残ってそう果を包む。そう果は黒褐色で3稜のある広卵形。**花期** 8〜10月 **分布** 本(関東地方以西)，四，九

オオベニタデ 濃い紅色の花が夏から秋まで次々に咲く　87.8.25　水海道市

❶オオベニタデの花。果期も花被の色はあせない。❷ニオイタデの托葉鞘は筒形で長い毛が多く，❸茎や花柄には長い毛のほかに，黄色の短い腺毛が密生する。この腺毛があるため，よい香りがする。

ニオイタデ　87.9.8　浦和市

ナデシコ目　タデ科

オオイヌタデ
P. lapathifolia
var. lapathifolia
〈大犬蓼〉

道ばたや荒れ地、河原などに生える1年草。茎はよく分枝して高さ0.8〜2mになり、節がふくらむ。葉は長さ15〜25cmの披針形で先は長くとがる。托葉鞘は筒形で、ふつうふちに毛がない。花序は長さ3〜7cmと長くて先は垂れ下がり、淡紅色または白色の花を多数つける。花被は4〜5裂し、果期には先が2分岐した脈が目立つ。そう果は扁平な円形で黒褐色。花期 6〜11月 分布 日本全土

サナエタデ
P. lapathifolia
var. incana
〈早苗蓼〉 タデの仲間では花期が早く、田植えのころにもう花が咲いていることによる。道ばたや畑などに生える1年草。オオイヌタデと似ているが、高さ30〜60cmとやや小型で節はふくらまない。葉は長さ4〜12cmの披針形で、ときに裏面に白い綿毛が密生する。花序は長さ1〜5cmで先は垂れない。花被は淡紅色または白色。花期 5〜10月 分布 北、本、四、九

✤タデの仲間は、オオイヌタデやサナエタデのように托葉鞘のふちに毛がないグループと、イヌタデやハナタデなどのように托葉鞘のふちに毛があるグループとに分けられる。オオイヌタデとサナエタデは果期まで残ってそう果を包んでいる花被に先が2分岐した脈があるのも特徴。

オオイヌタデ 道ばたや川べりなどにごくふつうに見られる 87.9.5 日野市

❹オオイヌタデと❺サナエタデの花序。どちらも花被に2分岐する脈があり、果期には目立つ。脈の先は下向きに曲がっている。❻オオイヌタデと❼サナエタデの托葉鞘は膜質でふちに毛がない。

サナエタデ 88.6.16 千葉県成東町

ナデシコ目 タデ科 261

イヌタデ属 Persicaria

イヌタデ
P. longiseta

〈犬蓼／別名アカマンマ〉 葉に辛みがなく、役に立たないという意味で、ヤナギタデに対する名。小さな赤い花を赤飯に見立てて、アカマンマと呼び、子供がままごとに使う。道ばたや畑、荒れ地などにごくふつうに生える高さ20〜50cmの1年草。茎はふつう赤みを帯び、下部は地をはう。葉は互生し、長さ3〜8cmの広披針形〜披針形で先はとがる。托葉鞘は長さ7〜8mmの筒形で、ふちに長い毛がある。花序は長さ1〜5cmで、紅色の小さな花を多数つける。まれに白色の花もある。花被は長さ1.5〜2mmで5裂し、花のあとも残ってそう果を包む。そう果は3稜形で光沢のある黒色。花期 6〜10月 分布 日本全土

ハルタデ
P. maculosa
 ssp. hirticaulis
  var. pubescens

〈春蓼〉

水田や畑、荒れ地などの湿ったところに多い高さ30〜60cmの1年草。茎はふつう赤紫色を帯びる。葉は互生し、長さ4〜14cmの長楕円形〜披針形で先は長くとがり、中央部に黒っぽい斑紋があるものが多い。托葉鞘は筒形で、ふちに短い毛がある。花序は長さ3〜5cmで、白色〜淡紅色の小さな花を多数つける。花柄や小花柄には腺毛がある。花被は長さ2.5〜3.5mmで5深裂し、果期には先が2分岐したY字形の脈が目立つ。

イヌタデ アカマンマの名で広く親しまれている 09.10.1 千葉県鋸南町

❶イヌタデの花序。花のあとも花被は紅色が残り、そう果を包む。花被をとり除いてみると、なかから光沢のある黒いそう果がでてくる。❷ハルタデの花序。白いつぼみと花、赤い花被に包まれたそう果がまじっ↗

ナデシコ目 タデ科

そう果は扁平なレンズ形のものと3稜形のものがあり、光沢のある黒色。🌼花期 4～10月 ◎分布 日本全土

ハナタデ
P. posumbu
〈花蓼／別名ヤブタデ〉
山野の林内や林縁などのやや湿ったところに多い高さ30～60㌢の1年草。茎の下部は地をはう。葉は互生し、長さ3～9㌢の卵形～長卵形で、先は尾状にとがり、中央部に黒っぽい斑紋があるものが多い。托葉鞘は筒形でふちに長い毛がある。花序は細長くのび、紅色～淡紅色の小さな花をつける。そう果は3稜形で光沢のある黒色。🌼花期 8～10月 ◎分布 日本全土

✛ハナタデは葉の幅や花序の長さなどに変化が多く、花の色も濃淡がある。また花がイヌタデのように密につくものもある。イヌタデは葉の先がしだいに細くなってとがるのに対し、ハナタデは急に細くなり、いわゆる尾状にとがるのが特徴。

ハナタデ 花がまばらにつくものから密なものまである　86.9.27　八王子市

ている。この写真ではわかりにくいが、花被にはY字形の脈がある。❸ハナタデの花。❹ハルタデの托葉鞘のふちには短い剛毛がある。❺イヌタデの托葉鞘のふちの剛毛は長く、托葉鞘とほぼ同じくらいある。

イヌタデ属の果実
イヌタデ属の果実はそう果で、かたい殻のような果皮のなかに種子が1個入る。ハナタデやボントクタデなどのように花柱が3個あるものの果実は3稜形、オオベニタデやヤナギタデなどのように花柱が2個のものはレンズ形または扁平な果実になる。ヤナギタデは花柱が3個の花もあり、写真のように3稜形の果実もまじる。

オオベニタデ　ハナタデ

ボントクタデ　ヤナギタデ

ナデシコ目　タデ科　263

イヌタデ属 Persicaria

サクラタデ
P. macrantha
　ssp. conspicua

〈桜蓼〉 花色がサクラに似ていることによる。水辺や湿地に生える高さ0.5～1㍍の多年草。地下茎を横にのばしてふえる。葉は互生し、長さ7～13㌢の披針形でやや厚く、裏面には腺点がある。乾くと赤褐色になる。托葉鞘は長さ約1.5㌢の筒形で、ふちには長い毛がある。花序は細長く、淡紅色の花をやや密につける。雌雄異株。花被は大きく長さ約5～6㍉で5深裂し、腺点がある。雌花では雌しべが雄しべより長い。雄花の雌しべは雄しべより短く、結実しない。そう果は花被に包まれ、長さ約3.5㍉の3稜形で黒色。
🌱**花期** 8～10月 ◎**分布** 本,四,九,沖

シロバナサクラタデ
P. japonica
〈白花桜蓼〉

湿地に生える高さ0.5～1㍍の多年草。地下茎があり,雌雄異株で,サクラタデによく似ているが、花被は白色で長さ3～4㍉とやや小さく、そう果は3稜形またはレンズ形で光沢がある。🌱**花期** 8～10月 ◎**分布** 日本全土

ボントクタデ
P. pubescens

水辺に生える高さ0.7～1㍍の1年草。葉は互生し、長さ5～10㌢の披針形～広披針形で先はとがり、中央部には黒っぽい斑紋がある。乾くと茎と葉は赤褐色を帯びる。托葉鞘は長さ0.8～1.3㌢の筒形で、ふちに長い毛がある。花序は長さ5～10㌢で

サクラタデ　タデの仲間のなかでは花がもっとも大きい　86.10.16　日野市

シロバナサクラタデ　86.9.25　野尻湖

❶サクラタデと❷シロバナサクラタデの雌花。3個の花柱は雄しべより長い。シロバナサクラタデは花柱が2個しかないものもある。雄花では雄しべの方が長い。

先は垂れ、淡紅色の花をまばらにつける。花被は長さ約3ミリで5裂し、腺点がある。果期の花被は下部が緑色、上部は紅色で、3稜形のそう果を包んでいる。🌼**花期** 9〜10月 ◎**分布** 本、四、九、沖

ヤナギタデ
P. hydropiper

〈柳蓼／マタデ・ホンタデ〉 葉がヤナギに似ていることによる。「蓼食う虫も好き好き」のタデが本種で、葉に辛みがある。芽タデを刺し身のつまにしたり、アユの塩焼き用のタデ酢をつくるため、いくつかの品種が栽培されている。

水辺に生える高さ30〜60cmの1年草。葉は長さ3〜10cmの披針形〜長卵形で小さな腺点がある。托葉鞘は筒形で、ふちに短い毛がある。花序は長さ4〜10cmで先は垂れ、わずかに紅色を帯びた白い花をまばらにつける。花被は4〜5裂し、腺点がある。🌼**花期** 7〜10月 ◎**分布** 日本全土

ネバリタデ
P. viscofera

〈粘り蓼〉 茎の上部の節間と花柄の一部から粘液をだし、さわると粘ることによる。

山野の日当たりのよいところに生える高さ40〜60cmの1年草。茎や葉には粗い毛が多い。葉は長さ4〜10cmの披針形〜広披針形。托葉鞘は筒形で伏毛があり、ふちには長い毛がある。花序は長さ3〜5cmで、淡紅色または緑白色の花をまばらにつける。花被は5裂し、腺点がある。🌼**花期** 7〜10月 ◎**分布** 日本全土

ボントクタデ ヤナギタデと似ているが、葉に辛みがない 86.10.6 高尾山

❸ボントクタデの花。写真ではわかりにくいが、花被に腺点があるのが特徴。❹ネバリタデは茎の上部の節間から粘液をだす。托葉鞘のふちには長い毛がある。

ヤナギタデ 葉に辛みがある 86.10.6 高尾山

ナデシコ目 タデ科

ギシギシ属 Rumex

スイバ属ともいう。1年草、2年草、多年草、稀に半低木。花は多数が円錐状につく。雌雄異株あるいは雌雄混株（雑居性、この場合は雄花と雌花の他に両性花がある）。スイバとヒメスイバでは性染色体の組合せで性が決定される。風媒花で、雌しべの柱頭は房状に細かく裂ける。そう果は3稜形。北半球に約200種、日本には約14種。

スイバ
R. acetosa

〈酸い葉／別名スカンポ〉 茎や葉に酸味があることによる。
人家の近くや草地、田のあぜなどにふつうに生える高さ0.3〜1㍍の多年草。葉は長さ約10㌢の長楕円状披針形で、基部はふつう矢じり形。上部の葉の基部は茎を抱く。雌雄異株。茎の先に総状花序を円錐状にだし、直径約3㍉の小さな花を多数つける。雌花の内花被片は花のあと大きく翼状になり、そう果を包む。
花期　5〜8月
分布　北、本、四、九

ヒメスイバ
R. acetosella
ssp. pyrenaicus

〈姫酸い葉〉 ユーラシア原産の多年草。明治初期に渡来し、現在では各地の道ばたや荒れ地にふつうに見られる。高さ20〜50㌢とスイバより小型で、細い根茎を横にのばしてふえる。葉は長さ2〜7㌢のほこ形で、基部は耳状にはりだす。雌雄異株。雌花の内花被片は花のあと大きくならない。
花期　5〜8月
分布　ユーラシア原産

スイバ　シュウ酸を含み、酸味があるので酸い葉の名がある。花期には春先に子供が

若い実をびっしりつけたスイバ　87.6.14

ナデシコ目　タデ科

若い茎をよくかじっているころとは見違えるほど丈がのびる　12.5.30　長野県白馬村

❶❷スイバの雄花。雄しべは6個。細くて短い花糸の先に葯がぶら下がり、風にゆれて花粉を散らす。❸スイバの雌花。赤いふさ状のものは柱頭で、風で飛んでくる花粉を受けやすくなっている。雄花も雌花も花被片は6個。雌花の内花被片3個は子房を包み、花のころは目立たないが、果期には❹のように翼状に大きくはりだし、赤みを帯びてよく目立つ。❺スイバの葉の基部はふつう矢じり形。

ヒメスイバの雄株　08.6.16　川崎市

ナデシコ目　タデ科

ギシギシ属 Rumex

エゾノギシギシ
R. obtusifolius
〈蝦夷の羊蹄／別名ヒロハギシギシ〉

沖縄を除く各地に広く帰化しているヨーロッパ原産の多年草。道ばたや荒れ地に生え，高さ0.5～1.3mになる。茎や葉柄，葉の中脈がしばしば赤みを帯びる。葉は長さ15～30cmの卵状楕円形～長楕円形で基部は心形。裏面の脈上には毛状の突起があり，ふちは細かく波打つ。茎の上部に総状花序を多数だし，淡緑色の小さな花を輪生状につける。花のあと内花被片3個は翼状になり，下部のふちに刺状の突起がある。中央部はこぶ状にふくれ，そう果を包んでいる。🌱**花期** 6～9月 🌏**分布** ヨーロッパ原産

エゾノギシギシ　古い時代に日本に入ってきた帰化植物　10.5.30　群馬県嬬恋村

ギシギシ　03.5.10　東京都薬用植物園

ナデシコ目　タデ科

ギシギシ
R. japonicus
〈羊蹄〉 羊蹄は漢名。若芽は食用になり,根は黄色で太くて大きく,薬用にする。
やや湿ったところに生える高さ0.6〜1㍍の多年草。葉は長さ10〜25㌢の長楕円形で,基部はやや心形または円形。ふちは大きく波打つ。茎の上部に円錐花序を多数だし,淡緑色の小さな花を輪生状につける。花のあと内花被片は翼状になり,ふちには細かい鋸歯がある。中央部はこぶ状長卵形にふくれ,長さは翼状内花被片の約半分くらいあり,そう果を包んでいる。花期 6〜8月 分布 日本全土

アレチギシギシ
R. conglomeratus
〈荒れ地羊蹄〉
ヨーロッパ原産の多年草。明治時代に渡来し,本州中部にふつうに見られる。道ばたや川岸,鉄道沿いなどに生え,高さ0.4〜1.2㍍になる。ほかのギシギシ類に比べてほっそりとしている。葉は長さ10〜20㌢の長楕円形〜披針形で,基部は円形〜浅い心形。ふちは細かく波打つ。花は間隔をおいて輪生状につくので,花序はまばらに見える。花のあと内花被片は翼状になり,中央部のこぶ状の突起が大きく,赤褐色になる。花期 5〜10月 分布 ヨーロッパ原産

アレチギシギシ 間をあけて花がつくので,花序はまばら 86.7.9 千葉県成東町

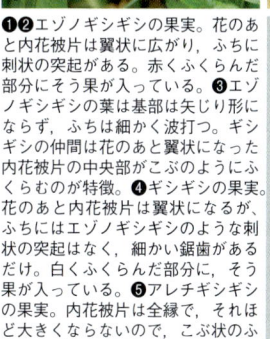

❶❷エゾノギシギシの果実。花のあと内花被片は翼状に広がり,ふちに刺状の突起がある。赤くふくらんだ部分にそう果が入っている。❸エゾノギシギシの葉は基部は矢じり形にならず,ふちは細かく波打つ。ギシギシの仲間は花のあと翼状になった内花被片の中央部がこぶのようにふくらむのが特徴。❹ギシギシの果実。花のあと内花被片は翼状になるが,ふちにはエゾノギシギシのような刺状の突起はなく,細かい鋸歯があるだけ。白くふくらんだ部分に,そう果が入っている。❺アレチギシギシの果実。内花被片は全縁で,それほど大きくならないので,こぶ状のふくらみが大きく見える。

✚ギシギシの仲間は葉の基部が円形または心形で,スイバの仲間のような矢じり形にはならない。また,ギシギシの仲間は雌雄同株で,スイバの仲間と異なる。

ナデシコ目 タデ科 269

ソバカズラ属 Fallopia

イタドリ
F. japonica
　　var. japonica

〈虎杖〉 虎杖は漢名。根茎を乾燥したものを虎杖根と呼び、緩下剤などにする。タケノコ状の若い茎は酸味があり、生で食べられる。山野のいたるところに生える高さ0.5～1.5mの多年草。根茎を横に長くのばし、新しい苗をだす。茎は太く、中空で、はじめは紅紫色の斑点がある。葉は互生し、長さ6～15cmの卵形～広卵形で先は急にとがる。托葉鞘は長さ4～6mmで早く落ちる。葉腋から枝をだし、その先に小さな花を多数つける。雌雄異株。花被は白色～紅色で5裂する。雄花には雄しべが8個あり、雌しべはごく小さい。雌花には3個の花柱があり、雄しべはごく小さい。花のあと雌花の外側の花被片3個は翼状にはりだし、そう果を包む。変化が多く、花や果実が赤いものをベニイタドリ（メイゲツソウ）f. colorans, 高山生の小型のものをオノエイタドリf. compataという。また伊豆諸島には葉が厚くてかたく、光沢のあるハチジョウイタドリvar. hachidyoensisがある。

花期　7～10月
分布　北, 本, 四, 九
✚北海道と本州中北部に分布するオオイタドリF. sachalinensisは、イタドリより大型で、葉鞘がより長く、2cm以上になる。イタドリの仲間は花が円錐状につき、雌雄異株で、雌花の花被片が翼状になって果実を包むのが特徴。

イタドリ　平地からかなり標高の高いところまで生える。芽だしはタケノコそっくり

オオツルイタドリ　86.10.12　撮影／畔上

❶イタドリの雌花。雌しべの花柱は3個。花被は5裂する。外側の3個の花被片には翼があり、花が終わるとしだいに大きくはりだしてそう果を包み、長さ0.6～1cmの倒卵形になる。なかのそう果は3稜形で光沢のある黒褐色。

ナデシコ目　タデ科

オオツルイタドリ
F. dentatoalata
〈大蔓虎杖〉

河原や荒れ地、石垣などに生えるつる性の1年草。葉は長さ3〜6㌢の卵形で先はとがり、基部は心形。葉のふちや脈上には乳頭状の突起がある。茎の先や葉腋に短い花序をだし、淡緑色または紅紫色を帯びた花をまばらにつける。花被は5裂する。花のあと花被片3個は翼状に大きくなり、3稜形のそう果を包む。花被に包まれた果実は倒卵形で基部はしだいに細くなって柄に続く。
❀花期　8〜10月　◎分布　北、本（近畿地方以北）

✤ヨーロッパ原産のツルタデ（ツルイタドリ）F.dumetorumは、オオツルイタドリによく似ているが、花被に包まれた果実が楕円形〜円形で、基部が急に細くなるのが特徴。

ツルドクダミ
F. multiflora

〈蔓蕺草〉　葉がドクダミに似ていることによる。漢名は何首烏。サツマイモのような塊茎を緩下剤にする。

中国原産のつる性の多年草。江戸時代に薬用植物として入り、各地に野生化している。葉は長さ3〜7.5㌢の卵形で先はとがり、基部は心形。葉柄に関節があり、ここから脱落しやすい。花序は円錐状で、ひとつの花序に雄花と雌花がまじってつく。花被は緑白色ときに紅色で5裂する。花のあと雌花の花被片3個は翼状になり、そう果を包む。❀花期 8〜10月
◎分布　中国原産

で、スイバ同様スカンポと呼び、皮をむいて食べる　87.9.9　多摩市

❷ツルドクダミの花序。ひとつの花序に雄花と雌花がまじってつく雌雄雑居性。雄しべが目立つのが雄花。雌花の雌しべは花被より短く、目立たない。

ツルドクダミ　86.10.14　東京都薬用植物園

ナデシコ目　タデ科

ナデシコ科
CARYOPHYLLACEAE

世界に約85属あり、大きく2つに分けられる。ひとつは萼片が離生し、花が小さなハコベやツメクサなどの仲間。もうひとつは萼片が合着して筒状になるナデシコやマンテマなどの仲間で、花が大きく、カーネーションやカスミソウ、セキチクなど、園芸植物も多い。

ツメクサ属 Sagina

ハマツメクサ
S. maxima
〈浜爪草〉

海岸の岩礫地や砂地に多い高さ5～20ᵏᵐの1年草または多年草。内陸部の日当たりのよいところに生えることもある。ツメクサに似ているが、茎がやや太く、葉も幅が広くて厚い。また種子は平滑または目立たない粒状の突起がある。🌱花期 4～8月 ◎分布 日本全土

ツメクサ
S. japonica

〈爪草〉 細い葉が鳥の爪に似ていることによるという。

庭や道ばたなどに多い高さ2～20ᵏᵐの1～2年草。根もとから分枝して株をつくり、茎の上部には腺毛がある。葉は厚く、長さ0.5～2ᵏᵐの線形で先はとがる。花は直径約4ᵐᵐと小さく、葉腋に1個ずつつく。花弁は白色で5個あるが、ときに退化してないものもある。花柱は5個。蒴果は卵形で、熟すと5裂する。種子は長さ0.4～0.5ᵐᵐとごく小さいが、ルーペで見ると、全体に先がとがった細かい突起がある。🌱花期 3～7月 ◎分布 日本全土

ハマツメクサ 海岸に多く、ツメクサより全体にやや太め 88.6.10 伊豆半島

ツメクサ 87.6.18 八王子市

オオツメクサ属
Spergula

オオツメクサ
S. arvensis var. sativa
〈大爪草〉

ヨーロッパ原産の1年草で、日本には明治初期に渡来したといわれる。北海道と本州中部地方以北の草地や畑に生え、高さ30〜50㌢になる。茎の上部や花柄、葉などに腺毛がある。葉は長さ1.5〜4㌢の線形。本当は対生だが、葉腋に節間がつまった短枝をだし、多くの葉がつくので、輪生しているように見える。葉の基部には膜質の托葉がある。茎の先に白い花がまばらにつく。花弁と萼片は5個あり、ともに長さ3〜4㍉。花柱は5個。花柄は花のあと下を向き、広卵形の蒴果を結ぶ。種子は平滑で突起はない。
花期 4〜8月 分布 ヨーロッパ原産

ウシオツメクサ属
Spergularia

ウシオツメクサ
S. marina
〈潮爪草／別名シオツメクサ〉

海岸の湿った砂地に生える高さ10〜20㌢の1〜2年草。茎の上部や萼には腺毛がある。葉は対生し、長さ1〜3㌢の線形。葉の基部には白い膜質の托葉があり、基部が合着する。花は上部の葉腋に1個ずつつく。花弁は長さ1〜2㍉と小さく、白色から紅色まであるが、白色のものが多い。雄しべはふつう5個。花柱は3個。蒴果は長さ5〜6㍉の卵形で、萼片より長い。帰化説もある。
花期 5〜8月 分布 北、本、九（北部）

オオツメクサ 葉は輪生状につく。よい香りがする 87.7.4 長野県原村

❶ハマツメクサの蒴果は熟すと先が5裂する。種子には粒状の目立たない突起がある。❷ツメクサの花は萼片に腺毛があり、花弁は萼片より短い。❸オオツメクサの花も萼片や花柄に腺毛がある。いずれも花柱は5個だが、短く目立たない。

ウシオツメクサ 86.7.4 東京都江東区

ナデシコ目 ナデシコ科

ノミノツヅリ属
Arenaria

ノミノツヅリ
A. serpyllifolia

〈蚤の綴り〉 葉をノミの綴り（粗末な衣）に見立てたものという。道ばたや荒れ地、畑などに多い高さ10～25㌢の1～越年草。根もとからよく分枝し、全体に短毛がある。葉は対生し、長さ3～7㍉の広卵形～狭卵形。花は白色の5弁花で直径約5㍉。花柱は3個。蒴果は6裂する。花期 3～6月 分布 日本全土

ハマハコベ属
Honckenya

ハマハコベ
H. peploides var. major

〈浜繁縷〉
海岸の砂礫地に生える高さ20～30㌢の多年草。茎はよく分枝して広がる。葉は厚くて光沢があり、長さ1～4㌢の長楕円形で先はとがる。花は両性花と雄花とがあり、別々の株につく。蒴果は肉質の液果状で、3裂する。花期 6～9月 分布 北、本（中部地方以北）

ワチガイソウ属
Pseudostellaria

葯が紫色、茎の下部に閉鎖花をつける。

ワダソウ
P. heterophylla

〈和田草／別名ヨツバハコベ〉 長野県和田峠に多いからという。山野のやや日陰に生える高さ8～20㌢の多年草。ふつう分枝せず、茎には短毛が2列に並んで生える。茎の上部の葉は大きく、接近してつくので、4個が輪生しているように見える。花は直径約2㌢で、花柄の片側に短毛がある。花弁の先は2浅裂、

ノミノツヅリ 花弁が裂けない点がハコベの仲間との区別点 09.4.18 八王子市

ハマハコベ 87.7.9 小樽市

ワダソウ 87.4.16 八王子市

ナデシコ目　ナデシコ科

葯は紫色。閉鎖花は少ない。🌸花期 4〜5月 🌍分布 本(中部地方以北),九(北部)

ミミナグサ属
Cerastium

ミミナグサ
C. fontanum
　ssp. vulgare
　　var. angustifolium

〈耳菜草〉 葉をネズミの耳にたとえたもの。道ばたや畑などに生える高さ15〜30㌢の越年草。全体に短毛があり,茎の上部や萼片には腺毛がまじる。茎はふつう暗紫色を帯びる。葉は長さ1〜4㌢の卵形〜長楕円形。花はまばらにつき,花柄はやや長い。蒴果は長さ約8㍉の円柱形で,先端が10裂する。🌸花期 4〜6月 🌍分布 日本全土

オランダミミナグサ
C. glomeratum

〈和蘭耳菜草〉

ヨーロッパ原産の越年草で,本州から沖縄まで広く帰化している。日当たりのよいところならどこにでも生え,高さ10〜45㌢になる。ミミナグサと似ているが,全体に軟毛と腺毛が多く,茎は暗紫色を帯びない。花柄は短く,花は密集してつく。🌸花期 4〜5月 🌍分布 ヨーロッパ原産

✤オランダミミナグサは明治末期に牧野富太郎がはじめて気づき,その後急速に広がった。ミミナグサはオランダミミナグサに圧倒されて,都市近郊ではあまり見かけなくなってしまった。見分けるポイントは花柄で,花柄が萼片より長いのがミミナグサ。オランダミミナグサは萼片と同長かやや短い。

ミミナグサ 茎や萼の一部が暗紫色を帯びるものが多い　87.4.28　八王子市

ミミナグサの仲間は花弁の先が2裂するものが多い。❶ミミナグサの花は花弁と萼片がほぼ同じ長さで,萼片が暗紫色を帯びることが多い。❷オランダミミナグサの花。萼片には腺毛が多い。この写真では花弁より短いが,花弁と同長のものもある。花弁の裂け方はミミナグサよりやや深い傾向がある。

オランダミミナグサ　87.4.16　八王子市

ナデシコ目　ナデシコ科　275

ハコベ属 Stellaria

ハコベ
S. neglecta

〈繁縷／別名ミドリハコベ〉 日本最初の本草書である『本草和名』(918年)に登場している波久倍良の転訛と考えられるが、語源は不明。繁縷は漢名。

いたるところに生える1〜越年草。全体にやわらかく、よく分枝して高さ10〜30㌢になる。茎には片側に1列に並んで毛が生えている。葉は対生し、長さ1〜3㌢、幅0.6〜2㌢の卵形で、上部の葉は無柄。花は直径6〜7㍉で、花弁が基部近くまで2裂するので10弁のように見える。雄しべは4〜10個。花柱は3個。蒴果は卵形で6裂する。種子にはとがった突起がある。🌼**花期** 3〜11月 ◎**分布** 日本全土

✚ハコベは春の七草のひとつとして七種がゆに入れたり、小鳥の餌としてもおなじみの道ばたの雑草。一般にはコハコベも一緒にハコベと呼んでいる。英名はChickweedで「ニワトリの雑草」という意味。日本でもヒヨコグサ、スズメグサという俗称がある。

コハコベ
S. media

〈小繁縷〉

ハコベによく似ているが、全体にやや小型で、茎が暗紫色を帯びる。また雄しべは1〜7個のものが多く、種子の突起は低くてとがらない。🌼**花期** 3〜9月 ◎**分布** 日本全土

✚ハコベやコハコベは花のあと花柄が下を向き、果実が熟すと再び上を向いて裂開する。

ハコベ　ふつうコハコベも一緒にハコベと呼んでいる　86.4.9　八王子市

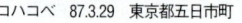

コハコベ　87.3.29　東京都五日市町

ナデシコ目　ナデシコ科

ノミノフスマ
S. uliginosa
　　var. undulata

〈蚤の衾〉
畑のふちや荒れ地などに生える高さ5〜30㌢の1〜越年草。全体に無毛。葉は無柄で、長さ1〜2㌢の長楕円形。花弁は長さ約7㍉で、萼片より長く、基部近くまで2裂する。夏の花は花弁の発達が悪く、ときにはまったくなくなるものもある。❀花期　4〜10月　✿分布　日本全土

ウシハコベ
S. aquatica

〈牛繁縷〉　ハコベに比べて全体に大きいのを牛にたとえたもの。山野に多い越年草または多年草。高さは20〜50㌢で、上部には腺毛があり、茎の節の部分は暗紫色になる。葉は長さ2〜7㌢の卵形で、上部のものは茎を抱く。花はハコベと似ているが、雌しべの花柱が5個あるので見分けやすい。❀花期　4〜10月　✿分布　日本全土
✤ウシハコベは花柱が5個あることから、ウシハコベ属としてあつかう場合もある。

ノミノフスマ　小さな葉をノミの衾（夜具）にたとえたもの　87.4.28　八王子市

ハコベの仲間は花弁が基部近くまで2裂し、花弁が10個あるように見えるのが特徴。❶ハコベと❷コハコベは花弁が萼片より短く、萼片に腺毛がある。❸ノミノフスマは花弁が萼片より長い。❹ウシハコベは花柱が5個ある。ハコベ属のなかで花柱が5個あるのはウシハコベだけでほかの種類の花柱は3個。

ウシハコベ　87.4.14　三浦半島

ウシハコベの果実を切ってみると、子房内にしきりがなく、中央にある軸に種子（胚株）がついていたことがわかる。子房内の胚珠がつく部分を胎座という。ウシハコベのようなつき方は独立中央胎座で、ナデシコ科とサクラソウ科に見られる。

ナデシコ属 Dianthus

花弁は萼筒のなかにある細い部分(爪部)と,萼筒の外にでて広がっている部分(舷部)とに分かれている。中国原産のセキチクやヨーロッパ原産のアメリカナデシコのほか,切り花用として菊に次いで生産量の多いカーネーションなど,園芸植物も多い。

カワラナデシコ
D. superbus
　　var. longicalycinus
〈河原撫子／別名ナデシコ〉

山野の日当たりのよい草地や河原に生える高さ30〜80㌢の多年草。茎や葉は粉白色を帯びる。葉は対生し,長さ3〜9㌢の線形〜披針形で,基部は茎を抱く。花は淡紅紫色で直径3〜3.5㌢。花弁が細かく糸状に裂けているのが特徴。舷部の基部にはひげ状の毛がある。萼筒は長さ3〜4㌢で,その下に3〜4対の苞がある。雄しべは10個,花柱は2個ある。**花期** 7〜10月 **分布** 本,四,九
✚基本変種は北海道と本州の中部地方以北に分布するエゾカワラナデシコで,萼筒がやや短く,苞は2対あって先が尾状にとがる。

ノハラナデシコ
D. armeria
〈野原撫子〉

ヨーロッパ原産の1〜越年草で,日本へは砂防用植物の種子にまじって入ってきたといわれる。1967年に気づかれ,本州や九州に帰化している。高さ40〜70㌢になり,全体に毛が多い。花は直径約1㌢。花弁は淡紅色で白い斑

カワラナデシコ　単にナデシコとも呼び,秋の七草のひとつ　14.08.01　群馬県嬬恋村

ノハラナデシコ　86.7.1　八王子市

❶ハマナデシコの花弁のふちは鋸歯状に浅く切れこむ。雌しべは雄しべが花粉をだしたあとのびてくる。❷ノハラナデシコの花弁は細く,不規則に浅く切れこむ。白い小さな斑点も特徴。

点があり、ふちは不規則に切れこむ。萼筒は長さ1.5〜2㌢で、苞は3対ある。🌼**花期** 6〜8月　**分布** ヨーロッパ原産

ハマナデシコ
D. japonicus
〈浜撫子／別名フジナデシコ〉
海岸に生える高さ20〜50㌢の多年草。葉は厚くて光沢があり、長さ5〜8㌢、幅1〜2.5㌢の卵形〜長楕円形で、ふちに毛がある。花は紅紫色で直径約1.5㌢。茎の先に密に集まって咲くが、花がつかない茎もある。萼筒は長さ1.5〜2㌢で、苞は3対。🌼**花期** 7〜10月　**分布** 本、四、九、沖

マンテマ属 Silene
萼片が合着して萼筒をつくるのはナデシコ属と同じだが、萼筒に目立つ脈がある点が異なる。また花弁の舷部の基部に2個の鱗片があるのも特徴。子房や蒴果は1室または下部が3〜5室に分かれている。

ムシトリナデシコ
S. armeria
〈虫捕り撫子〉　茎の上部の節の下から粘液をだし、ここに虫がくっつくことによる。ヨーロッパ原産の1〜越年草で、日本には江戸時代に渡来した。庭に植えたり、切り花用にするが、海岸近くや道ばたに野生化しているものもある。高さは30〜60㌢で、全体に粉白色を帯びる。葉は長さ3〜5㌢の卵形〜卵状披針形。花は直径約1㌢で、密に集まって咲く。花の色は紅色、淡紅色、まれに白色もある。🌼**花期** 5〜7月　**分布** ヨーロッパ原産

ハマナデシコ　厚くて光沢があり、幅の広い葉が特徴　86.7.7　三浦半島

❸ムシトリナデシコは花弁の舷部の基部に2個ずつある披針形の鱗片がよく目立つ。❹茎の節の下の粘液をだす部分。褐色の粘液をだし、虫がくっつくと動けなくなってしまう。

ムシトリナデシコ　86.6.2　日野市

ナデシコ目　ナデシコ科　279

マンテマ属 Silene

マンテマ
S. gallica
 var. quinquevulnera

ヨーロッパ原産の1〜越年草で、江戸時代末期に渡来した。庭などに植えられたものが野生化し、本州、四国、九州の海岸などに群生している。高さ20〜30㌢になり、全体に開出毛があり、上部には腺毛もまじる。葉は長さ2〜4㌢。茎の下部の葉はへら形、上部の葉は倒披針形で先がとがる。茎の上部に直径約7㍉の花が総状につく。花弁は白色で、舷部の中央に紅紫色の大きな斑点がある。萼筒は、赤褐色を帯びた10脈があり、花のあと卵形にふくらむ。蒴果は卵形で萼に包まれたまま熟し、6裂する。🌼花期5〜6月 ⊛分布 ヨーロッパ原産

✤マンテマの基本変種はシロバナマンテマ var. gallica で、花弁

マンテマ 渡来当時はマンテマンと呼ばれていたらしい 86.6.17 糸魚川市

フシグロ 87.9.5 日野市

❶

ナデシコ目 ナデシコ科

ナンバンハコベ　半球形の萼とそり返った白い花弁が特徴　87.7.9　勝田市

❶マンテマの花。花弁は白色で、紅紫色の大きな斑点がよく目立つ。舷部の基部には披針形の小鱗片がある。萼筒は赤褐色を帯びた脈が目立ち、長い毛と短い腺毛が生えている。❷フシグロの花。花弁の舷部は小さく、小鱗片も目立たない。❸ナンバンハコベの花は独特の形をしている。花弁は離れ離れにつき、途中で急に曲がってそり返り、先は2裂する。曲がっている部分に1対の鱗片があるが、あまり目立たない。萼は半球形で5裂し、果期にはそり返って皿状になる。

は白色または淡紅色。日本にも帰化している。

フシグロ
S. firma
〈節黒〉

茎の節が暗紫色を帯びることによる。山野に生える高さ約60〜80㌢の越年草。葉は長さ4〜7㌢の長楕円形または卵状披針形。茎の先や葉腋に白色の小さな花がつく。花弁の舷部は長さ2〜3㍉で、先が2裂する。萼筒は長さ0.7〜1㌢で10脈がある。✿花期　6〜9月　🌏分布　北, 本, 四, 九
✤フシグロのように蒴果に仕切りがなく、全体で1室のものをフシグロ属 Melandryum として分ける場合もある。マンテマやムシトリナデシコは蒴果の下部が3〜5室に分かれている。

ナンバンハコベ
S. baccifera
　var. japonica
〈南蛮繁縷〉　変わった花の形から、異国風という意味で南蛮とつけられたらしいが、外来種ではない。
山野に生える多年草。茎はつる状でよく分枝し、長さ1㍍以上にのびる。葉は長さ2〜5㌢の卵形。花は横向きまたは下向きに咲き、半球形の萼が目立つ。花弁は白色で、舷部は2裂する。蒴果はほぼ球形で、肉質の液果状になり、裂開しない。熟すと黒くなる。✿花期　6〜10月　🌏分布　北, 本, 四, 九
✤ナンバンハコベは、他のマンテマ属の蒴果が乾くと裂開するのに対して、液果状で黒熟するためナンバンハコベ属 Cucubalus として分けることもある。

ヒユ科
AMARANTHACEAE

花は小さく，密に集まって花穂をつくる。果実は胞果で，薄い膜状の果皮が種子を包んでいる。

ヒユ属 Amaranthus

熱帯アメリカ原産のものが多く，雑草として世界各地に広がっている。花は単性で，日本に帰化しているものはほとんどが雌雄同株。胞果は熟すとふつう横に裂ける。なかには種子が1個入っている。イヌビユなどのように胞果が裂開しないものをイヌビユ属 Euxolus として分ける説もある。

ホソアオゲイトウ
A. hybridus
〈細青鶏頭〉

南アメリカ原産の大型の1年草。明治時代に日本に入り，市街地の道ばたや荒れ地に帰化している。茎は赤みを帯びることが多く，高さ0.8〜2㍍になる。若い枝や葉には軟毛がある。葉は互生し，長さ5〜12㌢の菱状卵形で先はとがり，長い柄がある。茎の先や葉腋に緑色の花穂が多数つく。花穂には雄花，雌花，両性花がまじってつく。花は花被片よりやや長い苞に包まれている。苞の先は芒状にとがる。花被片は5個。胞果は長さ約2㍉で，熟すと横に裂ける。🌸花期 7〜11月 ⚘分布 南アメリカ原産

イヌビユ
A. blitum
〈犬莧〉

原産地は不明だが，ヨーロッパやアジア各地に広がっている1年草。江戸時代には日本にも入っていた。各地の畑

ホソアオゲイトウ　荒れ地によく群生する大型の帰化植物　86.11.14　日野市

❶　❷　❸

や道ばたなどに生え、根もとから分枝して斜めに立ち上がり、高さ約60㌢になる。茎はしばしば紫褐色を帯びる。葉は互生し、長さ1～5㌢の菱状卵形で、先はへこむ。茎の先や葉腋に緑色の花穂をつける。花穂には雄花と雌花がまじってつく。苞は花被片より短くて目立たない。花被片は3個。胞果は成熟しても緑色で、かたくならない。❀花期 6～11月 ✤最近イヌビユにかわってふえつつあるのがアオビユ（ホナガイヌビユ）A. viridisで、葉が大きくて先はあまりへこまない。また胞果は淡褐色になり、細かいしわが目立つ。野菜として栽培されていたインド原産のヒユ A. mangostanusは、現在ほとんど見られない。イヌビユの若葉も食べられる。

ケイトウ属 Celosia

ヒユ属に近いが、花がすべて両性花で、胞果に種子が2個以上ある点が異なる。

ノゲイトウ
C. argentea
〈野鶏頭〉

熱帯に広く分布する1年草で、本州西部、四国、九州、沖縄に帰化している。畑などに生え、高さ0.4～1㍍になる。葉は互生し、長さ5～8㌢の披針形で先はとがる。枝先に淡紅白色または白色の花穂をだし、小さな花を密につける。花被片は5個あり、乾膜質で光沢がある。胞果は球形で、残存した花被片に包まれている。熟すと横に裂け、2～4個の種子をだす。❀花期 7～10月 ●分布 熱帯原産

イヌビユ 葉の先がへこむのが特徴。葉や果実は食べられる 87.10.10 八王子市

❶ホソアオゲイトウの若い果穂。先が芒状にとがった苞がよく目立つ。果実は胞果と呼ばれ、薄い膜状の果皮が1個の種子を包んでいる。❷イヌビユの花穂。雄花と雌花がまじってつく。苞が小さく、先がとがらないので、ホソアオゲイトウのように花穂がとげとげしく見えない。❸イヌビユの果穂。胞果は扁平で熟しても緑色。果皮が薄いので、不規則にくずれやすい。❹ノゲイトウの花穂。花は両性で、5個の雄しべは花糸の下部が袋状に合着して、卵形の子房を囲んでいる。

ノゲイトウ 暖地に帰化している 87.9.12 植栽

イノコズチ属
Achyranthes

花は横向きに開くが、果期には下向きになって、花序の軸にぴったりくっつくのが特徴。花の基部には小型の苞が1個と針状にとがった小苞が2個あり、果期には花被片とともに果実を包む。果実はこの針状の小苞で動物の体などにくっついて運ばれる。雄しべの基部は合着し、花糸と花糸の間には膜質の小さな仮雄しべがある。

ヒカゲイノコズチ
A. bidentata
var. japonica

〈日陰猪子槌／イノコズチ〉 日陰に生え、茶褐色のふくれた節をイノシシのかかと（膝のように見える部分）にたとえたものという。山野の林内や竹やぶなど、日のあまり当たらないところに生える高さ0.5〜1㍍の多年草。茎は四角形で、節がふくらむ。葉は対生し、長さ5〜15㌢の長楕円形で薄く、先はとがる。茎の先や枝先に細い花穂をだし、緑色の小さな花をややまばらにつける。花被片は5個で先はとがる。仮雄しべは平たくて、あまり目立たない。胞果は長さ約2.5㍉の長楕円形で、花被片に包まれている。なかには種子が1個あり、熟しても裂けない。

花期 8〜9月
分布 本、四、九

ヒナタイノコズチ
A. bidentata
var. fauriei

〈日向猪子槌〉
日当たりのよい道ばたや荒れ地に生える多年草。イノコズチに似ているが、全体に毛が多

ヒカゲイノコズチ 09.9.8 八王子市　　ヒナタイノコズチ 87.8.31

ヤナギイノコズチ 87.9.4 岩間町

❶イノコズチの果穂。花序の軸に下向きにぴったりくっつく。紫褐色の針状のものは小苞で、これで動物の体などにくっつく。小苞の基部に半透明の白い付属物があり、ヒナタイノコズチより大きい。❷ヒナタイノコズチの花穂。花はイノコズチより密集してつき、花序の軸に白い毛が密生している。花被片は花のあと閉じて果実を包む。雄しべの基部は合着している。写真でははっきりしないが、花糸と花糸の間には小さな四角形の仮雄しべがある。❸マルバイノコズチの花穂。❹イソフサギの花。ヒユ属やイノコズチ属のような花穂をつくらず、頭状に集まってつくのが特徴。雄しべの基部は合着している。花柱は短く、柱頭は2個。

ナデシコ目　ヒユ科

く，葉は厚くて先は短くとがる。とくに若葉は毛が多く，白っぽく見える。花序は花が密につき，イノコズチより太い。葉の先がまるいものを**マルバイノコズチ** A.fauriei f.rotundi-folia といい，福島県と茨城県に分布する。🌼**花期** 8～9月 ◎**分布** 本，四，九
✣以前はヒカゲイノコズチとヒナタイノコズチを一緒にイノコズチと呼んでいた。ともに根を乾燥したものを漢方で牛膝と呼び，利尿，強精に用いる。

ヤナギイノコズチ
A. longifolia

〈柳猪子槌〉 葉がヤナギのように細長い。山地の林内に生える高さ約90㌢の多年草。葉は対生し，長さ7～20㌢，幅1～5㌢の披針形～広披針形で，先は細くなって鋭くとがる。表面はなめらかで光沢がある。茎先や葉腋に花穂をだし，緑色の小さな花をややまばらにつける。🌼**花期** 8～9月 ◎**分布** 本（関東地方以西），四，九

イソフサギ属
Blutaparon

イソフサギ
B. wrightii

多肉質の多年草。茎はよく分枝して四方に広がる。高さ2～7㌢。葉は対生し，長さ4～8㍉のへら形で，厚くて光沢がある。花は淡紅色で，まるく集まってつく。花被片は5個。胞果は球形で，花のあとも残る花被片に包まれ，熟しても裂開しない。🌼**花期** 7～11月 ◎**分布** 本（和歌山県），九（薩摩半島長崎鼻，薩南諸島），沖

奥多摩　マルバイノコズチ　87.9.3　茨城県岩間町

イソフサギ　海岸の岩場に生える　88.11.14　奄美大島

ナデシコ目　ヒユ科

アカザ属
Chenopodium

乾燥地やアルカリ性の土地に多く,塩分を含む海岸などにも生える。花は小さくて目立たず,花被片は花のあとも残って果実を包む。果実は胞果と呼ばれ,薄皮のような果皮のなかに種子が1個入っている。

シロザ
C. album
〈別名シロアカザ〉

ユーラシア原産で,古い時代に帰化したと考えられている。各地の畑や道ばた,荒れ地などに生える高さ0.6〜1.5メートルの1年草。若葉や葉の裏面は白い粉状物におおわれ,白っぽく見える。茎の下部の葉は菱状卵形〜卵形,上部の葉は細長い。ふちには不ぞろいの歯牙がある。花は黄緑色で小さく,穂状に集まってつく。花被片は花のあとも残って胞果を包む。果皮のなかの種子は直径1〜1.3ミリの扁平な広楕円形で,黒くて光沢がある。❀花期 9〜10月 ◎分布 ユーラシア原産

若葉が赤いアカザと白いシロザがまじって生えている　86.6.6　日野市

花期のアカザ　86.9.24　長野県白馬村

コアカザ　86.7.6　八王子市

カワラアカザ　河原や海岸に生え，茎が赤いものが多い　86.10.9　日野市

❶アカザと❷シロザの若葉は食べられる。❸アカザの花。❹コアカザの花。どちらも白い粉状物が目立つ。アカザ属の花は雌しべが成熟したあと，雄しべがのびてくる。❺アカザの果実。❻カワラアカザの果実。花被片は花のあと閉じて胞果を包む。花被片の背は竜骨状にふくらんで，上から見ると五角形に見える。

アカザ
C. album
　var. centrorubrum
〈藜〉

シロザの変種で，若葉が紅紫色の粉状物におおわれて美しい。葉はシロザより薄いが，大きく，鋭い歯牙がある。花期　5〜10月　分布　日本全土

✤アカザは古い時代に中国から渡来し，食用に栽培されていたものが野生化したともいわれる。シロザも食用になり，若葉のほか，若い果実も食べられる。また，大きく育った中空の茎は乾かして杖として利用された。

コアカザ
C. ficifolium
〈小藜〉

ユーラシア原産で古い時代に帰化したと考えられている。各地の畑や道ばた，荒れ地などに多い高さ30〜60㌢の1年草。葉はシロザより幅が狭く，長卵形〜広披針形で，下半部が浅く3裂することが多い。裏面は白っぽい。花はシロザより早く咲く。種子は黒色で光沢はない。花期　5〜8月　分布　ユーラシア原産

カワラアカザ
C. acuminatum
　var. vachelii
〈河原藜〉

河原や海岸の砂地に生える高さ30〜60㌢の1年草。茎は赤みを帯びることが多い。葉は互生し，長さ2.5〜6㌢の広線形〜狭披針形でやや厚く，ふちに半透明の膜質のふちどりがある。花序は細長く，花序の軸に管状の毛がある。花期　5〜10月　分布　本，四，九，沖

ナデシコ目　ヒユ科

アカザ属
Chenopodium

ケアリタソウ
C. ambrosioides
〈毛有田草〉

南アメリカ原産の1年草。大正時代からふえはじめ、市街地の道ばたや荒れ地などに多い。高さ0.6〜1mになり、全体に特有のにおいがする。葉は互生し、長さ3〜10cmの長楕円形で粗い鋸歯がある。裏面には淡黄色の腺点が多い。枝先に緑色の花穂を円錐状に多数つける。花穂には葉状の苞があり、両性花と雌花がまじってつく。🌼**花期** 7〜11月 **分布** 南アメリカ原産

✜茎や葉にほとんど毛がないものをアリタソウ C. ambrosioides とし、毛が多いものを変種ケアリタソウ var. pubescens として分ける考えもある。ケアリタソウより花穂が細長く、葉の鋸歯が深いものを**アメリカアリタソウ** var. anthelminticum という。

ゴウシュウアリタソウ
C. pumilio
〈豪州有田草〉

オーストラリア原産の1年草。各地の荒れ地や鉄道沿いなどに生え、根もとからよく分枝して長さ30〜45cmになる。茎には短毛と腺毛がまじって生える。葉は互生し、長さ1〜2.5cmの長楕円形で波状の深い鋸歯がある。裏面には黄色の腺点が多い。葉腋に淡黄緑色の小さな花が20個ほどかたまってつく。🌼**花期** 7〜10月 **分布** オーストラリア原産

✜アリタソウの仲間は葉の裏に腺点があり、独特のにおいがするの

ケアリタソウ 葉の裏に腺点があり、独特のにおいがする 86.9.12 八王子市

ゴウシュウアリタソウ 86.6.6 八王子市

❶ケアリタソウの花。❷アメリカアリタソウの花。花被から雄しべがとびだしているのは両性花。両性花より小さく、2〜3個の柱頭がのぞいているのが雌花。

288 ナデシコ目 ヒユ科

が特徴。アリタソウ属 Ambrina とする場合もある。

ハマアカザ属
Atriplex

海岸，内陸の塩分を含む土地やアルカリ性の土地に生える。花は単性で，雌花には花被がなく，苞が大きくなって胞果を包む。

ホソバハマアカザ
A. patens
〈細葉浜藜〉
海岸の砂地に生える高さ30～60ｾﾝﾁの1年草。葉は互生し，長さ5～10ｾﾝﾁの狭披針形～線形で，若葉には白い粉状物がある。花穂には雄花と雌花がまじってつく。雄花には苞がなく，花被は4～5裂する。雌花には苞が2個あり，花被はない。雌花の苞は花のあと長さ3～4ﾐﾘになり，胞果を包む。🌼花期 8～10月 🌐分布 北，本，四，九

ハマアカザ
A. subcordata
〈浜藜／別名コハマアカザ〉海岸の砂地などに生える高さ40～60ｾﾝﾁの1年草。葉は互生し，長さ3～8ｾﾝﾁ，幅2～4ｾﾝﾁの三角状卵形～披針形で，ふちに粗い切れこみがある。雌花の苞は花のあと長さ0.6～1ｾﾝﾁになる。🌼花期 8～10月 🌐分布 北，本

ホコガタアカザ
A. prostrata
〈鉾形藜〉
ヨーロッパ原産の1年草で，関東や近畿地方に帰化している。海岸の埋立地などに生え，高さ20～60ｾﾝﾁになる。葉は三角状ほこ形で，茎の下部では対生，上部では互生する。🌼花期 9～11月 🌐分布 ヨーロッパ原産

ホソバハマアカザ 海岸の砂地に生える。葉は細長い 86.10.11 三浦半島

❸ハマアカザの花穂。雄花と雌花がまじってつく。❹ホコガタアカザの果実。ハマアカザ属は雌花には花被がなく，2個の苞が大きくなって胞果を包む。

ホコガタアカザ 葉はほこ形 86.7.7 三浦半島

ナデシコ目　ヒユ科　289

オカヒジキ属 Salsola

オカヒジキ
S. komarovii

〈陸鹿尾菜〉 全体の姿が海藻のヒジキに似ていることによる。若い葉や茎は食用になり、栽培もされている。海岸の砂地に生える1年草。茎はよく分枝して広がり、高さ10〜40センチになる。葉は肉質で長さ1〜3センチの細い円柱形。先端は針状にとがる。花は葉腋にふつう1個ずつつき、基部に2個の小苞がある。花被片は薄いが、花のあとかたくなり、上部は広がって直角に内側に曲がり、胞果を包む。
花期 7〜10月
分布 日本全土

マツナ属 Suaeda

マツナ
S. glauca

〈松菜〉 葉が松の葉に似ていて、若葉が食用になることによる。暖地の海岸に生える1年草。茎はよく分枝して高さ0.4〜1メートルになる。葉は密に互生し、長さ1〜3センチの線形で、先はあまりとがらない。美しい濃緑色だが、乾くと黒くなる。花は葉腋に1〜2個つく。上部の花には柄があるが、柄と葉の基部が合着しているので、葉から花がでているように見える。花被は深く5裂し、果期にはやや肉質になって胞果を包む。胞果は直径2.5〜3ミリの扁球形。花期 8〜10月 分布 本（関東地方以西）、四、九

ハママツナ
S. maritima

〈浜松菜〉
暖地の海岸の砂地に生える1年草。茎はよく分枝して高さ20〜60

オカヒジキ 若い茎の先を摘んで食用にする 12.7.11 村上市

❶オカヒジキの花。基部に小さな葉のような苞があり、花被片は目立たない。❷マツナの花。茎の上部の花には柄があるが、柄と葉の基部が合着し、葉から花がでているように見える。❸マツナの果実。花のあと稜が竜骨状にはりだした花被片に包まれている。

マツナ 暖地の海岸に多い 87.10.1 広島県倉橋島

ナデシコ目 ヒユ科

ギになる。葉は互生し、長さ2〜4cmの線形で、先はややとがる。秋には全体がアッケシソウのように赤く色づいて美しい。花は茎の上部の葉腋に1〜5個がかたまってつく。花被は5裂し、背面に稜がある。胞果は直径1.2〜1.5mmの扁球形で、花被片に包まれている。
花期 9〜10月 **分布** 本(宮城県以西)、四、九、沖

ホウキギ属 Bassia

ホウキギ
B. scoparia

〈箒木〉 茎全体を乾燥して束ね、ほうきをつくることによる。「畑のキャビア」ともいわれる「とんぶり」はこのホウキギの果実で、プチプチした歯ざわりの珍味。若い枝の先も食べられる。

ユーラシア原産の1年草で、日本へは古い時代に中国から入り、畑や庭に植えられている。茎は下部からよく分枝して高さ0.5〜1mになり、楕円形の株をつくる。秋には株全体が赤くなる。葉は互生し、長さ2〜5cmの披針形〜線状披針形。花は枝の上部の葉腋に数個ずつ束生し、両性花と雌花がまじる。花被は5裂し、花のあと大きくなって胞果を包む。花被片の背の翼は水平に広がって、果期には全体が星形に見える。胞果は扁球形。**花期** 9〜10月 **分布** ユーラシア原産

✤本州の東海地方以西、四国、九州の海岸の砂地に生えるイソホウキギ B. littorea は枝が広角度に伸び、枝や葉に褐色の毛がある。

ハママツナ 塩田の跡などに見られ、秋には全体が赤くなる 87.9.13 三浦半島

ホウキギ 86.7.23 東京都薬用植物園

秋に赤く色づいたホウキギ 86.10.31 奥多摩

❹ハママツナの花。花には柄はなく、1〜5個かたまってつく。❺ホウキギの花。すでに葯の落ちた花の花被片の濃い緑色の部分が果期には水平にはりだす。

ナデシコ目　ヒユ科　291

アッケシソウ属
Salicornia

アッケシソウ
S. europaea

〈厚岸草〉 北海道厚岸の牡蠣島で発見されたことにちなむ。

海水をかぶるような海岸の湿地に生える高さ10～35センチの1年草。茎は肉質で節が多く、枝や葉は対生する。秋には全体が赤く色づいて美しい。節から多くの枝をだし、葉は鱗片状に退化している。花は上部の節に3個ずつつく。中央の花は両性花で、両側の花は雄花。花被片は花のあとふくれて海綿質になり、胞果を包みこむ。花期 8～9月 分布 北,本,四

カブダチアッケシソウ
S. virginica

〈株立厚岸草〉

北アメリカ原産の多年草で、1980年に東京都江東区で見つかった。アッケシソウとよく似ているが、多年草で、アッケシソウより大きな株をつくり、高さ約80センチになる。秋になると全体がレンガ色になるが、アッケシソウほど鮮やかではない。

花期 7月 分布 北アメリカ原産

アッケシソウ 秋には赤いサンゴのように美しく色づく 79.10.27 野付半島

❷アッケシソウは節から円柱形の枝が対生してのびる。葉は鱗片状に退化し、膜質で短い。花は枝の上部の葉腋に3個ずつつく。❶の右側の枝で、鱗片状の葉の内側に3個並んでいるのは、すでに花が終わり、花被が口を閉じたもの。結実するのは中央の1個だけ。

カブダチアッケシソウ 東京都江東区

ナデシコ目 ヒユ科

ザクロソウ科
MOLLUGINACEAE

草本あるいは小低木。花にはふつう花弁がない。果実は石果あるいは蒴果。19属100種あり、熱帯や亜熱帯の乾燥地に多い。

ザクロソウ属 Mollugo

ザクロソウ
M. stricta

〈柘榴草〉 葉がザクロの葉に似ているから。道ばたや畑などに多い高さ10～25㌢の1年草。葉は3～5個ずつ偽輪生し、長さ1.5～5㌢の披針形～線状披針形。花は直径約3㍉で、まばらな集散状につく。花には花弁はなく、白緑色の萼片が5個ある。蒴果は球形。🌼花期 7～10月 📍分布 本、四、九

クルマバザクロソウ
M. verticillata

〈車葉柘榴草〉 江戸時代末期に渡来し、各地に帰化している。葉は4～7個ずつ偽輪生し、花は葉腋に束生する。蒴果は卵状楕円形。🌼花期 7～10月 📍分布 熱帯アメリカ原産

ザクロソウ　86.7.28　多摩市

❸クルマバザクロソウの花は花弁がなく萼片が花弁のように見える。
❹蒴果は3裂し、種子は褐色で光沢がある。

クルマバザクロソウ　87.7.10　勝田市

スベリヒユ科
PORTULACACEAE

スベリヒユ属
Portulaca

熟すと横に裂ける果実が特徴。南アメリカ原産のマツバボタンは江戸時代末期から栽培され，多くの品種がある。

スベリヒユ
P. oleracea
〈滑り莧〉

日当たりのよいところに多い多肉質の1年草。茎は赤紫色を帯び，地をはって広がる。葉は長さ1～2.5㌢のへら状で基部はくさび形。花は黄色で直径6～8㍉。日が当たると開き，暗くなると閉じる。花弁はふつう5個。萼片は2個。果実は熟すと横に裂け，上部が脱落する蓋果で，長さ約5㍉。
花期　7～9月
分布　日本全土

スベリヒユ　86.8.11　勝田市

ハマミズナ科
AIZOACEAE

ツルナ属 Tetragonia

ツルナ
T. tetragonoides
〈蔓菜〉

太平洋側の海岸の砂地に生える多年草。茎はよく分枝して地をはう。葉は互生し，長さ3～7㌢の卵状三角形でやわらかい。花は黄色で葉腋に1～2個つく。果実にはヒシの実のような刺状の突起がある。
花期　4～11月
分布　北(西南部)，本，四，九，沖

✚ツルナはキャプテン・クックがニュージーランドから持ち帰り，イギリスで栽培されたことから，New Zealand Spinach（ニュージーランドのホウレンソウ）の名がある。日本でも古くから食用にした。

❶スベリヒユの花は日が当たると開く。雄しべに軽くさわると，刺激した方向に曲がる。この運動はマツバボタンでも見られる。最近人気の園芸種ポーチュラカも同属で，幅広の葉の形などそっくり。❷果実は熟すと横に裂け，上半部がふたのようにとれる。このような果実を蓋果という。なかには黒い種子が多数入っている。淡褐色のひものように見えるのは種柄。❸ツルナの花には花弁はない。萼は4～5裂し，内側が黄色で花弁のように見える。

ツルナ　86.6.28　三浦半島

ナデシコ目　スベリヒユ科・ハマミズナ科

ヤマゴボウ科
PHYTOLACCACEAE

ヤマゴボウ属
Phytolacca

ヨウシュヤマゴボウ
P. americana
〈洋種山牛蒡／別名アメリカヤマゴボウ〉

北アメリカ原産の多年草。明治初期に渡来し、空き地や道ばたなどにふつうに見られる。茎は太くて赤みを帯び、高さ1〜1.8mになる。葉は長さ10〜30cmの長楕円形で先はとがる。花序には長い柄があり、果期には垂れ下がる。花は白色でわずかに紅色を帯び、直径5〜6mm。果実は直径約8mmの扁球形で、黒紫色に熟す。果実をつぶすと紅紫色の汁がでるので、アメリカではインク・ベリー(ink berry)と呼ぶ。
花期 6〜9月
分布 北アメリカ原産

ヨウシュヤマゴボウ　この仲間の根はゴボウに似ているが有毒　87.9.6　八王子市

ヤマゴボウ
P. acinosa
〈山牛蒡〉

中国原産といわれ、根を薬用とするため栽培されていたが、現在は少ない。高さ1mほどになる大型の多年草で、茎は緑色。葉は長さ10〜20cmの卵状楕円形。花序は直立し、果期にも垂れない。花は白色で直径約8mm。果実は8個の分果に分かれ、黒紫色に熟す。
花期 6〜9月　分布 北(西南部)、本、四、九

ヤマゴボウ属の花には花弁はなく、花弁状の萼片がふつう5個ある。❹ヨウシュヤマゴボウの心皮は合着し、子房はカボチャのように見える。❺ヤマゴボウの心皮は離生し、葯は淡紅色。心皮が離生しているのは花のころはわかりにくいが、❼果実になると8個の分果に分かれるのでよくわかる。❻マルミノヤマゴボウの花は淡紅色で、心皮は合着している。❽果実はほぼ球形で、ヤマゴボウのような分果にならない。この属の果実は液果で黒紫色に熟し、果汁は紅紫色。

マルミノヤマゴボウ
P. japonica
〈丸実の山牛蒡〉

山地の木陰などに生える多年草。ヤマゴボウと似ているが、花は淡紅色で、果実はほぼ球形。
花期 6〜9月
分布 本(関東地方以西)、四、九

マルミノヤマゴボウ　87.7.27　高尾山

ナデシコ目　ヤマゴボウ科

ビャクダン科
SANTALACEAE

葉緑素をもち、自分でも養分をつくるが、他の植物に寄生する半寄生植物が多い。

カナビキソウ属
Thesium

カナビキソウ
T. chinense
〈鉄引草〉

山野の日当たりのよい草地に生える多年生の半寄生植物。全体にやや粉白を帯び、高さ10〜25㌢になる。葉は互生し、長さ2〜4㌢の線形で先はとがる。葉腋に外側が淡緑色、内側が白色の小さな花を1個ずつつける。花被は筒状で先は4〜5裂する。雄しべは花被片の基部につく。果実は長さ約2㍉の楕円状壺形で、なかに種子が1個入っている。🌼**花期** 4〜6月 ⊛**分布** 北（南部）、本、四、九、沖

ツチトリモチ科
BALANOPHORACEAE

ツチトリモチ属
Balanophora

ツチトリモチ
B. japonica
〈土鳥黐〉

暖地の海岸に近い林下に生える多年生寄生植物。雌雄異株だが雄株は未発見。ハイノキ科のクロキ、ハイノキなどの根に寄生する。花茎は1個の根茎から1〜3個生じ、頂端に肉穂花穂状で橙赤色の長さ3〜6㌢、幅2〜3㌢の花序をつける。雌花は鮮紅色で倒卵円状の小棍体というものに覆い隠されているので、外部からは見えない。🌼**花期** 10〜12月 ⊛**分布** 本、（三重、和歌山県）、四、九

カナビキソウ 葉腋に内側が白い小さな花を1個ずつつける 86.5.19 日野市

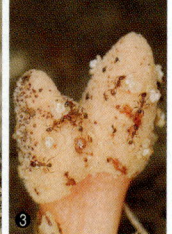

❶カナビキソウの果実。写真はまだ若いが、熟すと縦の脈と脈の間に網状の脈が目立つようになる。❷キイレツチトリモチの花穂。❸雌雄同株で、茶褐色の部分は盛期を過ぎた雄花。雌花は盛期に柱頭を急にのばして小棍体から現われ、受粉する。

ツチトリモチ 03.10.2 高知県越知町

ビャクダン目　ビャクダン科・ツチトリモチ科

ユキノシタ科
SAXIFRAGACEAE

新しいユキノシタ科は草本植物で、果実は蒴果、36属460種がある。

ユキノシタ属
Saxifraga

北半球の温帯〜寒帯に約400種ある。花は放射相称または左右相称である。

ユキノシタ
S. stolonifera

〈雪の下〉冬でも雪の下で葉が枯れないで残っているからとか、葉の白い斑を雪に見立てたとかいろいろな説がある。牧野富太郎は、白い花を雪にたとえ、その下に緑色の葉がちらちら見えるのを表現したものと書いている。また中村浩によれば、垂れ下がった花弁を舌に見立てた「雪の舌」だという。

湿った岩の上などに生える多年草。根もとから赤い匐枝をだし、その先に新しい株をつくるので、群生することが多い。葉は根生し、長い柄がある。葉身は長さ3〜6㌢の腎円形で、厚くてやわらかい。表面は暗緑色で脈に沿って白い斑が入る。裏面は暗紫色を帯び、赤褐色の毛が多い。花茎は高さ20〜50㌢で腺毛があり、白い花を円錐状に多数つける。花弁は5個。上の3個は小さく、濃紅色の斑点とその下に黄色の斑点がある。下の2個の花弁は長く、長さ1〜2㌢。

花期 5〜6月
分布 本、四、九
山地に生える**ハルユキノシタ** S. nipponica はユキノシタに似ているが、葉は緑色で斑紋がなく、匐枝はださない。

ユキノシタ 葉はやけどなどに効き、食用にもなる 87.6.6 東京都五日市町

④ユキノシタの花は左右相称。上の3個の花弁は小さく、濃紅色の斑点が目立ち、基部には黄色の斑点がある。雄しべは10個あり、葯は紅色だが、この写真ではすでに落ちたあと。雌しべは2個で、子房のまわりを黄色の花盤が半円形に囲んでいる。⑤ハルユキノシタの花は上の花弁に黄色の斑点だけあり、葯の色は淡い。

ユキノシタ目 ユキノシタ科

チダケサシ属 Astilbe

チダケサシ
A. microphylla

〈乳茸刺〉 食用になるキノコのチチタケをチダケとも呼び、これをチダケサシの茎に刺して持ち帰ったことによるという。
山野のやや湿ったところに生える高さ30〜80㌢の多年草。茎や葉柄には褐色の長い毛がある。葉は2〜4回奇数羽状複葉。小葉は長さ1〜4㌢の卵形または倒卵形で先は尾状にとがらず、ふちに重鋸歯がある。花序は細長い円錐状で、側枝は短く、斜上する。花はふつう淡紅色で、直径約4㍉。花序には腺毛が多い。花弁と萼片は5個。雄しべは10個。花柱は2個。花期 6〜8月 分布 本, 四, 九

アカショウマ
A. thunbergii

〈赤升麻〉 根を漢方の升麻（解熱・解毒剤）にするサラシナショウマに花序の形が似ていて、根茎が赤みを帯びていることによる。
明るい林内や草地に生える高さ40〜80㌢の多年草。葉は3回3出複葉で、葉柄の基部や節に鱗片状の褐色の毛がある。小葉は長さ4〜10㌢、幅2〜5㌢で先は尾状に鋭くとがり、ふちに重鋸歯がある。花序は広い円錐状で、側枝は長い。花は白色。花期 6〜7月 分布 本, 四, 九
✣北海道と本州中北部に分布するトリアシショウマ A. odontophylla は小葉の幅が4〜10㌢と広く、花序の側枝がさらに分枝するので、花序が密に見える。

チダケサシ 花序は長く、側枝が短く、斜上するのが特徴　86.7.11　八王子市

アカショウマ　86.7.1　八王子市

298　ユキノシタ目　ユキノシタ科

タコノアシ属
Penthorum

多肉質でなく、雌しべの数は花弁や萼片と同数だが、雌しべの基部に蜜腺がないなどの特徴があるがベンケイソウ科に入れる説もある。

タコノアシ
P. chinense

〈蛸の足〉 花や実がびっしり並んだ花序を、吸盤の多いタコの足に見立てたものという。湿地や沼、休耕田などに生える多年草。茎は高さ30〜80㌢で、赤みを帯びることが多い。葉は互生し、長さ3〜10㌢、幅0.5〜1㌢の狭披針形。花序の枝ははじめ、うず巻き状になっているが、やがてまっすぐにのびる。花は直径約5㍉で、花弁はない。果実は蒴果で、上部が横に裂け、帽子のように落ちる。❀花期 8〜9月 ❀分布 本、四、九

タコノアシ 茎は赤みを帯びることが多い 87.9.4 取手市

❶チダケサシの花。花弁はふつう淡紅色だが、写真のように白色に近いものもあり、へら状線形で雄しべより長い。雄しべは10個で、裂開直前の葯は淡青紫色。雌しべは2個の心皮からなり、基部で合着しているのはチダケサシ属の特徴。❷アカショウマの花。裂開直前の葯は淡黄白色または淡紅色。❸タコノアシの花は花弁がない。萼片は5個で、雄しべは10個。雌しべ5個は下半部が合着し、熟すと子房の上部が帽子のようにとれる。

ユキノシタ目　ユキノシタ科

ベンケイソウ科
CRASSULACEAE

岩礫地や乾燥地を代表する植物で,肥厚した根や多肉質の葉など,乾燥に適応した形態をもつものが多い。雌しべの基部に蜜腺がある。

マンネングサ属 Sedum

コモチマンネングサ
S. bulbiferum

〈子持ち万年草〉 葉の基部にふつう2~3対の小さな葉をもつ珠芽をつけ,これが地に落ちて繁殖することによる。道ばたや田のあぜなどに生える高さ6~20㌢の多年草。茎は地をはい,上部は直立または斜上する。葉は長さ1~2㌢で,茎の下部では対生し,卵形。茎の上部の葉は互生し,上部のものほど細長い。花は黄色で直径0.8~1㌢。種子はできない。

花期 5~6月
分布 本,四,九,沖

メキシコマンネングサ
S. mexicanum

〈メキシコ万年草〉 メキシコから送られてきた種子を栽培したものをもとに,記載されたので,メキシコの名がついたが,原産地は不明。メキシコマンネングサがいつ日本に入ってきたかはっきりわからない。湯浅浩史は,横須賀,鎌倉,沖縄で栽培されていたことから,米軍関係者がもちこんだのではないかと推測している。東京をはじめ,本州の関東地方以西,四国,九州の日当たりのよい道ばたなどに生える多年草。茎は直立して高さ10~17㌢になる。葉は鮮緑色で光沢があり,長さ1.3~2㌢の線状楕円形。花茎の葉は互生し,

コモチマンネングサ 珠芽は花のあと落ちて,冬を越す 86.6.6 八王子市

メキシコマンネングサ 排気ガスなどに強く,繁殖力が旺盛 86.6.6 八王子市

ユキノシタ目 ベンケイソウ科

花のつかない茎では4〜5個が輪生する。花は黄色で直径0.7〜1㌢。
🌱花期　3〜6月

ツルマンネングサ
S. sarmentosum
〈蔓万年草〉
朝鮮半島，中国東北部に分布し，古くから日本に帰化していたと考えられている。都市近郊に多く，河原や石垣などにも見られる多年草。茎は紅色を帯び，花をつけない茎は地をはう。葉は淡緑色〜黄緑色で，長さ1.5〜3㌢，幅3〜7㍉の狭長楕円形または倒披針形。花は直径1.5〜1.7㌢。裂開直前の葯は橙赤色。日本のものはふつう結実しない。🌱花期　6〜7月　◎分布　朝鮮半島・中国東北部原産

タイトゴメ
S. japonicum
　ssp. oryzifolium
〈大唐米〉　大唐米は小粒で味は悪いが，炊くとよくふえる米のこと。小さな厚い葉をこの米にたとえたもの。
海岸の岩場に生える高さ5〜10㌢の多年草。茎は地をはってよく分枝し，枝は直立または斜上する。葉は密に互生し，円柱状倒卵形で長さ3〜6㍉と小さい。花をつけない枝の葉は赤みを帯びることが多い。花は直径約1㌢。
🌱花期　5〜7月　◎分布　本(関東地方以西)，四，九
✚タイトゴメは日本海側では奥丹後半島以西に分布ează。北陸地方と東北地方の海岸や山地の岩場などにはメノマンネングサ S. japonicum が見られる。葉が長さ1㌢以上とタイトゴメよりやや長い。

ツルマンネングサ　茎は地をはい，赤みを帯びる　86.6.1　多摩市

❶ツルマンネングサは花茎の葉が3個ずつ輪生し，茎が赤みを帯びるのが特徴。
❷タイトゴメの花。マンネングサの仲間はいずれも黄色の5弁花で，肉質の萼片5個，雄しべ10個をもつ。5個の雌しべは基部が合着する。

タイトゴメ　86.7.7　三浦半島

ユキノシタ目　ベンケイソウ科

イワレンゲ属
Orostachys

花を咲かせると枯れる一稔性の多肉植物。シベリアから日本にかけて分布し、10種がある。

ツメレンゲ
O. japonica

〈爪蓮華〉 葉が細長く，先端が刺状にとがっている状態を動物の爪にたとえたものという。暖地の岩上や屋根の上などに生える多年草。葉は多肉質でロゼット状につき，長さ3～6㌢，幅0.5～1.5㌢の披針形。先端は針状にとがり，赤みを帯びたり，粉白を帯びるものが多い。ロゼット状の葉の中心から花茎がのび，白い小さな花を密につける。花弁の先はとがる。 花期 9～11月 分布 本(関東地方以西)，四，九

イワレンゲ
O. malacophylla
　　var. iwarenge

〈岩蓮華〉 葉が重なりあった状態を蓮華(ハスの花)にたとえたもの。暖地の岩上や屋根の上などに生える多年草。葉はツメレンゲより扁平で，粉白を帯び，長さ4～6㌢の長楕円状へら形。花は白緑色で，花弁の先はあまりとがらない。 花期 9～11月 分布 本(関東地方以西)，九

✚イワレンゲの仲間は多年草だが，花が咲くとその株は枯れる。花のあとしばしば匐枝をだし，新しい株をつくる。イワレンゲと比べると，ツメレンゲの方が葉が厚くて細長く，先が針状にとがり，また裂開直前の葯が暗紅紫色などの違いがある。イワレンゲの葯は黄色。

ツメレンゲ　高さは6～15㌢でイワレンゲよりやや小型　86.11.7　高知県大月町

ユキノシタ目　ベンケイソウ科

アズマツメクサ属
Tillaea

葉が対生して基部で合着し,雄しべの数が花弁や萼片,雌しべと同数なのが特徴。

アズマツメクサ
T. aquatica

〈東爪草〉 日本では関東地方で発見され,全体の感じがナデシコ科のツメクサに似ていることによる。

湿地に生える高さ2〜6㌢の小型の多年草。茎の下部は赤みを帯びることが多い。葉は長さ3〜6㍉の線状披針形。花は葉腋に1個ずつつき,左右交互に咲く。花弁は4個あり,長さ約1.5㍉。雄しべは4個で花弁より短い。

🌼花期　5〜6月
分布　北,本

イワレンゲ　76.10.29　房総半島

❶ ❸ ❷ ❹

ツメレンゲやイワレンゲは葉がロゼット状につき,その中心から花茎がのびて小さな花が密につくのが特徴。花弁の形や葯の色が区別点になっている。❶ツメレンゲの花。花粉をだす前の暗紅色の葯が目立つ。花弁の先はとがる。❷イワレンゲの花は葯が黄色で,花弁の先はツメレンゲのようにとがらない。短日性で秋に開花し,花序の下の方から咲く。雄しべが花弁の倍数あるものが多いベンケイソウ科のなかで,❸アズマツメクサの花は雄しべが花弁と同数の4個。雌しべも4個で,それぞれが❹袋果になり,熟すと縦に裂ける。

アズマツメクサ　86.5.15　八王子市

ユキノシタ目　ベンケイソウ科

アリノトウグサ科
HALORAGACEAE

多年草または1年草，ときに木本で9属約150種あり，南半球に多い。陸生，湿生，水生の種類がある。日本には陸生のアリノトウグサ属と水生のフサモ属が自生している。

アリノトウグサ属
Haloragis

アリノトウグサ
H. micrantha

〈蟻の塔草〉 小さな花をアリに，草全体を蟻の塔（アリ塚）にたとえたものという。

山野の日当たりがよく，やや湿ったところに生える高さ10～30㌢の多年草。茎は4稜形で，しばしば赤褐色を帯び，下部は分枝して地をはう。葉は対生し，長さ0.6～1.2㌢，幅0.4～1㌢の楕円形で鈍い鋸歯がある。花は茎の上部に点々とつき，下向きに咲く。萼筒は長さ約1㍉の球形で，萼片は4個。花弁は4個でそり返る。雄しべは8個。
花期 7～9月
分布 日本全土

フサモ属
Myriophyllum

タチモ
M. ussuriense
〈立藻〉

沼や湿地に生える雌雄異株の多年草。茎は直立して枝分かれせず，水中に生えたものは高さ約50㌢，湿地のものは5～20㌢になる。葉は輪生し，長さ0.5～2㌢で羽状に深裂する。裂片は線形。雄花の花弁は4個，萼は鐘形，雄しべは6～8個。雌花の花弁は早く落ち，柱頭は羽毛状。
花期 6～8月
分布 北，本，四，九

アリノトウグサ　風媒花には珍しく，花は雄性期と雌性期がある　87.7.11　茂原市

アリノトウグサの花は雄しべが先に成熟する（雄しべ先熟）。❶は雄性期の花。花弁はそり返り，葯は細い花糸の先にぶら下がっている。雄しべと花弁が落ちると，雌しべがのびて❷の雌性期へ移る。柱頭は紅色で羽毛状。❸タチモの雌花。花弁はすでに落ち，羽毛状の柱頭が目立つ。

タチモ　88.8.28　能代市

ブドウ科
VITACEAE

ブドウ属 Vitis

エビヅル
V. ficifolia

〈海老蔓／別名エビカズラ〉 若い葉の裏面に白色〜淡紅褐色の毛が密生したところをエビの色に見立てたもの。熟した果実に似た色を葡萄色という。

山野にふつうに見られる落葉性のつる植物。巻きひげは葉と対生し、2節ついて次の1節は休む。葉は長さ5〜15㌢で3〜5裂する。雌雄異株。雄花も雌花も黄緑色で、5個の花弁は開花するとすぐに落ちるので、雄花では黄色の葯が目立つ。果実は直径5〜6㍉で黒く熟し、食べられる。葉の切れこみの深いものをキクバエビヅル f. sinuata といい、西日本に多い。🌼花期 6〜8月 🌏分布 本、四、九

ヤブカラシ属
Cayratia

ヤブカラシ
C. japonica

〈藪枯らし／別名ビンボウカズラ〉地下茎を長くのばし、やぶを枯らすほど盛んに繁茂することによる。手入れの悪い、貧乏くさいところに繁茂するので貧乏蔓ともいう。

畑ややぶ、荒れ地などにふつうに生えるつる性の多年草。葉は5小葉からなる鳥足状複葉。頂小葉は長さ4〜8㌢の狭卵形。花は直径約5㍉。萼は小さく、花弁は緑色で4個ある。果実は黒く熟すが、虫えいになることが多い。🌼花期 6〜8月 🌏分布 北（西南部）本、四、九、沖、小笠原

エビヅルの雄株 葉や実がヤマブドウよりひとまわり小さい　86.6.27　八王子市

❹エビヅルの果実は黒く熟し、甘酸っぱい。❺ヤブカラシの花は小さく、花弁も緑色で地味だが、雌しべを囲む黄赤色の花盤がよく目立つ。朝開花し、午前中に花弁と雄しべが落ちると、花盤はしだいに淡紅色になる。

ヤブカラシ　04.8.24　八王子市

ブドウ目　ブドウ科

ノブドウ属
Ampelopsis

ノブドウ
A. glandulosa
　　var. heterophylla
〈野葡萄〉

山地や丘陵，野原などに多く，茎の基部は木質化している。つるは長くのびて，ジグザグに曲がる。若枝にはわずかに毛がある。巻きひげは葉と対生してでる。葉は互生し，直径5〜15cmのほぼ円形で，ふつう3〜5浅裂する。裏面は淡緑色で，脈上にまばらに毛がある。花は直径3〜5ミリで花弁は5個。果実は直径6〜8ミリの球形の液果で，淡緑色，紫色，碧色などになる。またノブドウミタマバエなどの幼虫が入りこんで虫えいになり，大きくふくらんでいるものが多い。葉の形に変化が多く，葉が深く切れこむものをキレハノブドウ f. citrulloides という。

花期　7〜8月
分布　日本全土

❶ノブドウの花は両性。花弁は5個，雄しべは5個。雌しべは盃形の花盤にとり囲まれ，花盤は蜜をだす。　　ノブドウ　実は色とりどりできれいだが，食べられない　86.11.9　徳島県鷲敷町

ブドウ目　ブドウ科

フウロソウ科
GERANIACEAE

主に温帯に7属800種あり,日本にはフウロソウ属のみ自生する。

フウロソウ属
Geranium

分離果は5個の分果に分かれ,各々1個の種子が含まれる。日本には12種自生する。山地～高山生のものが多い。

ゲンノショウコ
G. thunbergii

〈現の証拠／別名ミコシグサ〉下痢止めの民間薬として有名で,飲むとすぐに薬効があるということによる。

山野にふつうに見られる高さ30～60㌢の多年草。茎や葉には毛があり,茎の上部,葉柄,花柄,萼には腺毛がまじる。葉は掌状に3～5深裂し,若葉には紫黒色の斑点がある。花は長い柄の先に2個つき,紅紫色～淡紅色または白色で直径1～1.5㌢。分果は長さ約1.5㌢で短毛と腺毛が多い。
花期 7～10月 分布 北,本,四,九

アメリカフウロ
G. carolinianum

〈アメリカ風露〉
北アメリカ原産の1年草。昭和初期に渡来し,本州,四国,九州に帰化している。ゲンノショウコに比べて茎の毛が細かく,葉はほとんど基部まで5～7裂する。花は淡紅白色。
花期 5～9月 分布 北アメリカ原産
✚アメリカフウロの種子には網目状の隆起した模様があるのが特徴。また花弁は萼片とほぼ同長。日本産のフウロソウ属はふつう種子がなめらかで,花弁は萼片より長い。

ゲンノショウコ 関東周辺には花が白いものが多い 86.10.16 日野市

❷ゲンノショウコの花。東日本には白い花,西日本には紅紫色の花が多い。花弁と萼片は5個ある。花柱は5裂する。❸分離果は心皮の上部がくちばし状にのび,その下端に種子がある。熟すと写真のように5裂し,裂片は種子を1個ずつ巻きあげる。この形がみこしの屋根に似ているので,御輿草ともいう。 アメリカフウロ 86.5.13 多摩市

フウロソウ目 フウロソウ科

ミソハギ科
LYTHRACEAE

ミソハギやキカシグサなどの水辺に生える草本や、サルスベリのような木本もある。日本には草本が5属13種自生するほか、ホソバヒメミソハギのような帰化植物も見られる。

ミソハギ属 Lythrum

日本にはミソハギとエゾミソハギの2種ある。この仲間は、雄しべと雌しべの長さが長、中、短とあり、その組み合わせによって3つの型の花がある。雌しべの長い花には中雄しべと短雄しべ、中雌しべの花には長雄しべと短雄しべ、短雌しべの花には長雄しべと中雄しべというように、自花受粉を防ぐシステムになっている。

ミソハギ
L. anceps

〈禊萩〉 祭事に用いることによるという。溝萩とも書く。

山野の湿地に生える高さ0.5〜1㍍の多年草。葉は十字状に対生し、長さ2〜6㌢、幅0.6〜1.5㌢の広披針形で基

ミソハギ お盆のころ咲き、仏前に供えることが多い 85.8.23 八王子市

❶ミソハギの花は雄しべと雌しべの長さに3型ある。写真は長雌しべと中雄しべ、短雄しべの組み合わせで、短雄しべは見えない。❷エゾミソハギの花は萼に毛がある。また萼片の間の付属片はミソハギは開出するのに対し、エゾミソハギは直立する。❸ホソバヒメミソハギの花は直径約4㍉。雄しべは萼筒の内側につく。

部は茎を抱かない。花は紅紫色で直径約1.5㌢。花弁は4～6個。萼片は6個で三角形。萼片と萼片の間には針状の付属片がある。雄しべは12個で，6個が長く，6個が短い。🌼花期　7～8月　◎分布　北，本，四，九

エゾミソハギ
L. salicaria
〈蝦夷禊萩〉

湿地に生える高さ0.5～1.5㍍の多年草。ミソハギに似ているが，茎や葉，花序などに短毛がある。葉はふつう対生し，基部は茎を抱く。🌼花期　7～8月　◎分布　北，本，四，九

ヒメミソハギ属
Ammannia

ヒメミソハギ
A. multiflora
〈姫禊萩〉

水田や湿地に生える高さ10～40㌢の1年草。茎は4稜形でよく分枝する。葉は対生し，長さ1.8～5㌢，幅0.2～1.2㌢の広線形～披針状長楕円形で基部は茎を抱く。花は葉腋につき，直径約1.5㍉とごく小さい。花弁は紅紫色で4個。蒴果は直径約2㍉で下半部は萼に包まれる。🌼花期　9～11月　◎分布　日本全土

ホソバヒメミソハギ
A. coccinea
〈細葉姫禊萩〉

南北アメリカ原産の1年草で，関東，山梨，静岡，福岡，佐賀，沖縄などに帰化している。ヒメミソハギに似ているが，花はやや大きく直径約4㍉。蒴果もやや大きく，先端以外は萼片に包まれる。🌼花期　6～10月　◎分布　南北アメリカ原産

エゾミソハギ　ミソハギに似ているが，全体に毛がある　88.8.26　盛岡市

ヒメミソハギ　86.9.5　八王子市

ホソバヒメミソハギ　86.10.18　江東区

フトモモ目　ミソハギ科

キカシグサ属
Rotala

湿地などに生え、小型で花も目立たないものが多い。日本には6種あり、葉が対生するキカシグサやミズキカシグサなどのグループと、葉が輪生するミズマツバとミズスギナのグループとに大別される。

キカシグサ
R. indica

和名の語源は不明。水田や湿地に生える高さ10〜15㌢の小型の1年草。茎はやわらかく、しばしば紅紫色を帯びる。基部は横にはって分枝し、節から根をだす。葉は対生し、長さ0.6〜1㌢、幅0.3〜0.5㌢の倒卵状楕円形で、先はまるく、ふちは透明な軟骨質。花は葉腋に1個ずつつき、淡紅色で直径約2㍉。花の下に萼片とほぼ同じ長さの2個の小苞がある。萼は筒状鐘形で、先は4裂する。花弁は小さく、萼片と萼片の間につく。雄しべは4個。蒴果は長さ約1.5㍉の楕円形で萼に包まれる。❀花期 8〜10月 ❁分布 北(西南部)、本、四、九

ミズマツバ
R. mexicana

〈水松葉〉 3〜4個ずつ輪生した葉を松の葉にたとえたもの。
水田や湿地に生える高さ3〜10㌢の1年草。葉は長さ0.6〜1㌢、幅1〜2㍉の狭披針形。先は切形でわずかに2裂する。花は淡紅色でごく小さく、花弁はない。雄しべは2〜3個。蒴果はほぼ球形で、長さは萼の2倍ほどあり、熟すと3裂する。❀花期 8〜10月 ❁分布 本(中南部)、四、九

キカシグサ 除草剤が普及する前の水田に見られた雑草 86.10.12 八王子市

ミズマツバ 86.9.7 八王子市

❶キカシグサの花は葉腋に1個ずつつく。全体に淡紅色で、三角形の萼片と萼片の間に小さな花弁がつく。❷ミズマツバの花には花弁がなく、萼片は5個ある。

フトモモ目　ミソハギ科

ヒシ属
Trapa

ヒシ
T. japonica

〈菱〉 果実が押しつぶされたような形なので「拉ぐ」からヒシと呼ぶようになったという説や，葉が「拉げた」ような形だからという説もある。ヒシの葉のような形から菱形という語ができた。

池や沼に群生する1年草。葉は水面に浮き，長さ，幅とも3〜6㌢の広菱形で，上半部に不ぞろいの鋸歯があり，表面は光沢がある。裏面と葉柄は有毛。葉柄の中央部は紡錘状にふくれ，浮き袋の役目をする。花は直径約1㌢で白色，ときに淡紅色を帯びる。花弁，萼片，雄しべは4個。子房は中位で2室だが，片方だけが成熟し，核果となる。核果の両端には萼片が変型した刺があり，刺と刺の間は3〜5㌢。刺の先端付近には下向きの小さな刺がある。4個の萼片全部が刺になり，葉柄が赤みを帯びる変種をメビシ var. rubeola といい，葉柄が赤味を帯びず，緑色のものをオニビシ T. natans という。❀花期 7〜10月 ✿分布 北，本，四，九 ✤ヒシより全体に小型で，果実の刺が4個あるものをヒメビシ T. incisa という。

ヒシ　古い池や沼を好み，水面をびっしりとおおう　81.8.9　長野県鬼無里村

❸はヒシの株をひっくり返したところ。果実は水中で成熟し，熟すと茎から離れて，水面に浮く。❹外果皮が破れた果実。内果皮はかたい。両端にある刺は，4個の萼片のうち2個が花のあとも残り，変形して刺になったもの。ヒシの仲間の果実は昔から食用にされてきた。食べるのは種子の子葉でクリのような味。❺花。ヒシ　夏から秋まで白い小さな花が次々に咲く

フトモモ目　ミソハギ科　311

アカバナ科
ONAGRACEAE

山地生のヤナギランや帰化植物のマツヨイグサの仲間のほかは，あまり目立たない。ミズタマソウ属以外は花は4数性で，果実は蒴果。

アカバナ属 Epilobium
子房は下位で細長く，花柄のように見える。種子の先に種髪と呼ばれる毛があり，風に乗って飛び散る。

アカバナ
E. pyrricholophum
〈赤花〉 秋に葉が紅紫色に染まることからつけられた。
山野の水湿地に生える高さ30～70㌢の多年草。茎に細かい腺毛がある。葉は対生し，長さ2～6㌢，幅0.5～3㌢の卵形～卵状楕円形で，基部はしばしば茎を抱く。茎や葉は赤みを帯びることが多い。葉腋に直径約1㌢の紅紫色の花をつける。花弁は4個で浅く2裂する。萼には腺毛が多い。蒴果は長さ3～8㌢の細長い棒状で，熟すと4裂する。🌸**花期** 7～9月 ◎**分布** 北, 本, 四, 九

ミズタマソウ属
Circaea

花は2数性で，果実が堅果なのが特徴。

ミズタマソウ
C. mollis
〈水玉草〉 白い毛が密生した果実が露にぬれた様子を水玉に見立てたもの。
山野の木陰などに生える高さ20～60㌢の多年草。茎には下向きの毛が生え，節は赤褐色を帯びることが多い。葉は対生し，長さ5～13㌢，幅1.5～4㌢の長卵形～卵状長楕円形で先端はとがり，ふちには

アカバナ 湿地に生え，長い子房が花柄のように見える　81.8.9　長野県白馬村

ミズタマソウ　86.8.8　長野県白馬村

❶アカバナの花。雄しべが盛んに花粉をだし，柱頭にもくっついている。柱頭は太いこん棒状。アカバナ属は柱頭の形でいくつかのグループに分けられ，ほかに頭状のもの，4裂するものなどがある。❷ミズタマソウの花は2数性で，萼，花弁，雄しべはいずれも2個。子房は下位でカギ状の毛が密生している。

フトモモ目　アカバナ科

浅い鋸歯がある。茎の先や上部の葉腋から花序をだし、白色または淡紅色の小さな花をつける。花弁は2個で2裂する。堅果は直径3〜4㍉の広倒卵形で、カギ状に曲がった毛が密生する。🌸花期　8〜9月　🌍分布　北、本、四、九

チョウジタデ属
Ludwigia

チョウジタデ
L. epilobioides

〈丁字蓼／別名タゴボウ〉　全体がタデに似て、花がチョウジの花に似ていることによる。別名は田牛蒡で、根がゴボウに似ているからといわれる。

水田や水湿地に生える高さ30〜70㌢の1年草。茎には稜があり、しばしば赤みを帯びる。葉は長さ3〜10㌢、幅1〜2㌢の披針形。表面は側脈が目立ち、秋には紅葉する。葉腋に柄のない直径6〜8㍉の黄色の小さな花をつける。花弁は萼片より短い。蒴果は長さ1.5〜3㌢。🌸花期　8〜10月　🌍分布　日本全土

ヒレタゴボウ
L. decurrens

〈鰭田牛蒡／別名アメリカミズキンバイ〉

北アメリカ原産の1年草。1950年代に気づかれ、その後本州の関東地方以西や四国、九州に帰化していることが確認された。葉は披針形で先は尾状にとがり、基部は茎に流れて翼になる。花は黄色で直径約2.5㌢。花弁は4個あり、花弁と花弁の間にはすきまがある。蒴果は長さ1.5〜2㌢。花期　8〜10月　🌍分布　北アメリカ原産

チョウジタデ　ちょっと見るとタデ科と間違えてしまいそうだ　86.9.4　日野市

❸チョウジタデの果実は棒状で細長く、まるで枝の一部のように見える。先端に萼片が残る。
❹ヒレタゴボウの花。柱頭は頭状。萼片の先は鋭くとがる。
❺ヒレタゴボウは葉の基部が茎に流れて翼になるのが特徴。
❻ヒレタゴボウの果実は4稜のある円筒形で断面は正方形。先端に萼片が残ってなかなかおもしろい形。

ヒレタゴボウ　87.8.8　刈谷市

フトモモ目　アカバナ科　313

チョウジタデ属
Ludwigia
ミズキンバイ
L. peploides
　ssp. stipulacea
〈水金梅〉 水中に生え，黄金色の花がキンポウゲ科のキンバイソウに似ている。

水辺や水中に生える高さ20〜50㌢の多年草。地中に長くのびている地下茎から茎をのばし，しばしば水面をおおうほど群生する。茎は円柱形でやわらかく，基部は地をはい，白い呼吸根をだすこともある。葉は互生し，長さ3〜7㌢，幅1〜1.5㌢の倒披針形〜長楕円形でふちは全縁。葉の基部には心形の腺体が1対ある。葉腋に直径約2.5㌢の黄金色の花を1個つける。花柄は長さ3〜4㌢。花弁は倒卵形で4〜5個あり，先端はへこむ。雄しべは8〜10個あり，内外2列に並ぶ。雌しべは太く，柱頭は浅く4〜5裂する。花盤には白色の毛が密生する。子房は長く，緑色の腺体がある。蒴果は下部が細くなったこん棒状で長さ2〜2.5㌢。果実より長い柄があり，なかに小さな種子が多数入っている。**花期** 7〜9月　**分布** 北，本，四，九

ミズキンバイの花は花弁と花弁が重なる場合が多い。雄しべ10個は2列に並び，柱頭は浅く4〜5裂する。

ミズキンバイ　沼や池，田んぼなどの水中に生え，群生することが多い。夏から秋にか

314　**フトモモ目　アカバナ科**

けてキンポウゲ科のキンバイソウによく似た美しい黄金色の花を開く　87.7.10　八日市場市

フトモモ目　アカバナ科

マツヨイグサ属
Oenothera

「富士には月見草がよく似合う」と『富嶽百景』に書いた太宰治。「待てど暮らせど来ぬ人を宵待草のやるせなさ……」の『宵待草』の歌で、「待宵草」と書くところを「宵待草」と書き間違えてしまった竹久夢二。この2人のおかげで、マツヨイグサの仲間は月見草とか宵待草の名の方がなじみ深いものになっている。太宰治の「月見草」はオオマツヨイグサではないかといわれる。ツキミソウの和名をもつ種類は別にある。この仲間は花が夕方開いて翌朝しぼむものが多いのが特徴。いずれも江戸時代から明治時代に渡来した帰化植物で、日本に自生種はない。

オオマツヨイグサ
O. glazioviana
〈大待宵草〉

北アメリカ原産の植物をもとに、ヨーロッパでつくりだされた園芸種といわれる越年草。明治のはじめに渡来し、現在では各地に野生化している。海辺や河原などに生え、高さ0.8～1.5㍍になる。茎にはかたい毛があり、毛の基部はふくれて暗赤色を帯びる。葉は長さ6～15㌢、幅2～4㌢の卵状披針形で先端はとがり、ふちには波状の浅い鋸歯がある。花は黄色で直径6～8㌢と大きく、葉腋に1個ずつつき、夕方から咲きはじめ、朝になるとしぼむ。花弁は4個あり、幅が広い。雄しべは8個。雌しべは1個で柱頭は4裂する。萼筒は長い円柱状で花柄

オオマツヨイグサ　一般にツキミソウと呼ばれている　87.7.9　大洗海岸

メマツヨイグサ　マツヨイグサの仲間ではもっとも多い　86.8.9　長野県白馬村

のように見える。蒴果は長さ約2㌢の円柱形で、先端が4裂して、小さな種子を多数散らす。🌼花期　7～9月

メマツヨイグサ
O. biennis
〈雌待宵草〉

北アメリカ原産の越年草。明治中期に渡来し各地の道ばたや荒れ地、河原などに野生化している。茎は下部からよく分枝して高さ0.5～1.5㍍になり、上向きの毛が生える。葉は長楕円状披針形で先端はとがり、ふちには浅い鋸歯がある。花は黄色で直径2～5㌢。蒴果は長さ2～3㌢の円柱形。🌼花期　6～9月　分布　北アメリカ原産
✚花弁と花弁の間にすきまのあるものから、ないものまで変化が多い。すきまのあるものをアレチマツヨイグサ、すきまのないものをメマツヨイグサと呼ぶ場合もある。

マツヨイグサ
O. stricta
〈待宵草〉

チリ原産の多年草で、マツヨイグサの仲間ではもっとも早く渡来したといわれる。はじめはヤハズキンバイと呼ばれ、庭に植えられていたが、繁殖力が旺盛で現在では各地の海岸や河原などに野生化している。茎は赤みを帯びることが多く、高さ0.5～1㍍になる。葉は互生し、長さ5～13㌢の線状披針形で中脈は白く、ふちには粗い鋸歯がある。花は黄色で直径5～6㌢。蒴果は長さ2～3㌢で熟すと先端から4裂し、裂片はそり返る。🌼花期　5～8月　分布　チリ原産

マツヨイグサ　葉が線状で細い。最近少なくなっている　87.6.23　八王子市

❶オオマツヨイグサの花は直径6～8㌢と大きく、しぼんでも赤くならない。マツヨイグサ属の花は葉腋に1個ずつつき、萼筒が長い円柱状で、花柄のように見える。子房は萼筒の基部にある。❷マツヨイグサの花は直径5～6㌢。しぼむと赤くなる。❸❹メマツヨイグサの花。しぼんでも赤くならない。写真は花弁と花弁の間にすきまのあるアレチマツヨイグサと呼ばれるタイプ。

フトモモ目　アカバナ科

マツヨイグサ属
Oenothera

オオバナコマツヨイグサ
O. grandis
〈大花小待宵草〉

北アメリカ原産の越年草。関東地方以西の海岸、河原、空き地などに野生化している。茎には軟毛が多く、根もとから分枝して地をはい、上部は直立して高さ20〜50㌢になる。葉は長さ2〜7㌢の倒披針形。下部の葉は浅〜中裂するものやふちが波打つものもある。花は淡黄色で直径約4㌢。花弁は4個。蒴果には上向きの毛が多い。
花期 5〜10月 分布 北アメリカ原産
✚近縁種のコマツヨイグサは、花が直径2〜3㌢と小さい。

ヒルザキツキミソウ
O. speciosa

〈昼咲月見草〉 夜だけでなく、昼間も花を開いていて、ツキミソウに似ていることによる。北アメリカ原産の多年草で、大正末期ごろ観賞用に渡来し、現在では日本各地に野生化しているものもある。茎は白い短毛が多く、高さ30〜60㌢になる。茎の下部は木質化することが多い。葉は互生し、長さ5〜7㌢の線状披針形で、ふちには浅い鋸歯がある。茎の下部の葉は羽状に浅く裂ける。花は白色または淡紅色で直径約5㌢。つぼみのときは下を向いているが、開くと上を向く。花弁は広倒卵形で、基部は黄色を帯びる。花が白色のものもしぼむと淡紅色になる。果実は蒴果だが、日本では結実しない。

オオバナコマツヨイグサ　北アメリカ原産で、日当たりのよい海岸や河原などに野生化

ヒルザキツキミソウ　87.6.3　下館市

❶オオバナコマツヨイグサの花は直径約4㌢で、しぼむと赤くなる。マツヨイグサの仲間はいずれも雄しべは8個あり、花糸は葯のまんなかにT字形につく。花粉は糸状のものでつながっていて、葯が開くとズルズルといもづる式にでてくる。花が夜咲くので、ガの仲間が花粉を媒介する。雌しべの柱頭は4裂する。

フトモモ目　アカバナ科

花期　5〜8月　分布　北アメリカ原産
✤花がはじめから淡紅色のものをとくにモモイロヒルザキツキミソウ var. childsii として分ける場合もある。写真はこのタイプ。
ヒルザキツキミソウと似ているが、夜にだけ花を開くツキミソウ O. tetraptera はメキシコ原産の2年草で、マツヨイグサと同じころ渡来した。葉は羽状に中裂し、直径3〜4㌢の純白の花をつける。観賞用に栽培されていたが、適応力が弱かったせいか、ほとんど見られなくなった。いまではツキミソウといえばオオマツヨイグサをはじめ、マツヨイグサの仲間をさし、本当のツキミソウはすっかり影の薄い存在になってしまった。

ユウゲショウ
O. rosea

〈夕化粧／別名アカバナユウゲショウ〉　夕化粧はマツヨイグサの別称。
南アメリカ原産の多年草で、明治時代から栽培されはじめたといわれる。現在では関東地方以西に野生化している。茎は叢生して高さ20〜60㌢になる。葉は互生し、長さ3〜5㌢、幅1〜2㌢の披針形〜卵状披針形で、ふちは波打ち、波状の浅い鋸歯がある。上部の葉腋に直径約1㌢の淡紅色の花をつける。花弁はまるく、紅色の脈が目立つ。雄しべは8個で葯は白色。蒴果は上の方が太くて8稜が目立ち、断面は八角形。

している。コマツヨイグサに比べて花が大きい　87.6.1　那珂湊市

❷ユウゲショウの花。柱頭は4裂して平開し、花と比べて大きいのでよく目立つ。
❸蒴果は上部が太く、下の若い果実でわかるように8個の稜が目立つ。熟すと先端から4裂する。写真ではわかりにくいが、果実（子房）の中央に軸があり、この軸のまわりに種子（胚珠）が並ぶ独立（特立）中央胎座である。

ユウゲショウ　87.5.26

花期　5〜9月　分布　南アメリカ原産

フトモモ目　アカバナ科　319

ハマビシ科
ZYGOPHYLLACEAE

熱帯〜暖帯の乾燥地に多い。日本にはハマビシ1種しかない。

ハマビシ属 Tribulus

ハマビシ
T. terrestris

〈浜菱〉 果実にヒシの果実のような太い刺が生えることによる。海岸の砂地などに生える1年草。茎は地をはって長さ1mほどになり、粗い毛が目立つ。葉は偶数羽状複葉で、小型の葉と大型の葉が対生してつく。小葉は長さ0.5〜1.5cmの長楕円形で、小型の葉で4〜5対、大型の葉で6〜8対が対生してつく。花は黄色で小さく、葉腋に1個ずつつく。花弁は5個。蒴果は木質で、熟すと5つに分かれる。花期 7〜10月 分布 本(千葉・福井県以西)、四、九

ハマビシ 87.10.7 東京都薬用植物園

❶ハマビシの花は1日でしぼむ。❷蒴果は直径約1cm。果皮はかたく木質で、熟すと5つに分かれる。分果の両端の太い刺が目立ち、ヒシの果実に似ている。

❸正面から見たタチツボスミレの花。上弁2個、側弁2個、唇弁1個の5弁花で左右相称。唇弁と側弁には紫色のすじがある。側弁と柱頭は無毛。これはタチツボスミレの仲間に共通な特徴。花柱は棒状で、柱頭は上またはやや横を向く。❹距は細い。❺葉柄のつけ根の托葉はクシの歯状に深く裂ける。❻閉鎖花。花期を過ぎた6月〜初秋のころまで、花弁が退化して萼片だけが目立つ閉鎖花をつける。

スミレ科
VIOLACEAE

スミレといえば、日本では春を告げる野草の代表で、スミレという言葉から木を連想する人はほとんどいないだろう。ところが、スミレ科19属のうち草本はスミレ属など4属だけで、残り15属は木本なのである。日本に自生するのはスミレ属だけで、すべて多年生草本。

スミレ属 Viola
スミレ属は世界に広く分布し、400種以上ある。日本には約50種ある。スミレ属には、地上茎がのびて葉が互生するグループと、地上茎が発達せず、葉や花柄が根もとからでるグループがある。タチツボスミレから327頁のツクシスミレまでは地上茎のあるグループ、327頁のアメリカスミレサイシンから334頁までが地上茎の発達しないグループ。語源は、牧野富太郎によると、横から見た花の形が、大工が線を引くのに使う墨入れに似ているからというが、異論もある。

タチツボスミレ
V. grypoceras
〈立坪菫〉

人家付近のやぶや道ばたから山地まで、ごくふつうに生える。花のころの茎は高さ10㌢ほどだが、花のあと高さ30㌢ほどにのびる。花期の葉は長さ約2㌢の心形で、花のあと2倍以上の大きさになる。托葉はクシの歯状に深裂する。花はふつう淡紫色だが、変異が多い。花弁は長さ1.2〜1.5㌢。距は長さ6〜8㍉。

花期 4〜5月 **分布** 日本全土

タチツボスミレ　花はやや空色を帯びた淡紫色だが、白色に近いものもある　86.4.18　八王子市

スミレ属 Viola

ナガバタチツボスミレ
V. ovato-oblonga
〈長葉立坪菫〉

静岡県から九州にかけての山地の林内に生え、タチツボスミレによく似ている。花のころの茎は高さ10〜20㌢だが、花が終わるとのびて、果期には高さ30㌢ほどになる。根生葉は幅2〜3㌢の円心形。茎葉は細長い三角状楕円形でよく目立つ。タチツボスミレは根生葉と茎葉がほぼ同じ形なので区別できる。また托葉の裂け方がタチツボスミレよりやや粗いのも区別点のひとつ。葉や托葉の裏面は紫色を帯びることが多い。花は淡紫色のものが多いが、濃紫色のものもある。花弁は長さ1.2〜1.5㌢。距は長さ7〜8㍉。
花期 3〜5月 **分布** 本（静岡県以西）、四、九

ニオイタチツボスミレ
V. obtusa
〈匂立坪菫〉 花にかすかな芳香があることによる。

北海道の函館から九州の屋久島まで、ほぼ日本全土の日当たりのいい草地などに生える。全体に白い短毛がある。花期の茎は高さ10〜15㌢で、果期には30㌢ほどになる。根生葉は長さ2〜3㌢の円心形。茎葉は長さ2.5〜4㌢の三角状狭卵形。托葉は整ったクシの歯状に裂ける。花は濃紅紫色だが、花弁の基部の3分の1ぐらいが白いので花の中心が白く抜けて見える。花弁は長さ1.2〜1.5㌢。側弁は無毛。距は長さ6〜7㍉。
花期 4〜5月

ナガバタチツボスミレ　茎葉は細長くて先がとがる　87.3.24　高知県日高村

❶開花したばかりのナガバタチツボスミレの花。花だけ見ると前頁のタチツボスミレによく似ている。❷は側面。距は細長く長さ7〜8㍉。タチツボスミレとの区別点は茎葉と托葉。❸托葉の裂け方がタチツボスミレに比べてやや粗いので見分けられる。写真のように紫色を帯びることがある。

322　キントラノオ目　スミレ科

ニオイタチツボスミレ　明るい草地を好み，全体に短毛がある　86.4.21　八王子市

イソスミレ　太い地下茎を長くのばして砂浜に株をつくる　11.04.29　新潟県上越市

分布　北（南部），本，四，九（屋久島まで）

イソスミレ
V. grayi
〈磯菫／別名セナミスミレ〉

海岸の砂地に生える。新潟県村上市の瀬波海岸のものは有名で，今でこそ株も小さく，数も少なくなっているが，中井猛之進がここのものをセナミスミレの名で発表したときに「1㍍四方にも拡がる大きな株となる」と記している。海岸に生えるので地下茎がよく発達する。高さは5～10㌢。葉は厚くて光沢があり，幅1.5～3.5㌢の扁円心形。托葉は幅が広く，クシの歯状に裂ける。花は濃青紫色。花弁は長さ1.3～1.5㌢。側弁は無毛。距は長さ約5㍉で白色。🌸花期　4～5月　◎分布　北（西南部），本（鳥取県以北の日本海側）

✤タチツボスミレの仲間は広くとると，エゾノタチツボスミレ，イブキスミレ，アオイスミレなども含められるが，321～323頁でとりあげたものを狭義のタチツボスミレ類としてまとめるとわかりやすい。このグループは側弁に毛がないのが特徴。山地生のタチツボスミレ類として，多雪地帯に多いオオタチツボスミレ V. kusanoana，中部地方以北に分布するアイヌタチツボスミレ V. sacchalinensis，距が長くて，サソリの尾のように曲がるナガハシスミレ V. rostrata var. japonica，葉が厚く光沢があるテリハタチツボスミレ V. faurieana などがある。

スミレ属 Viola

イブキスミレ
V. mirabilis
 var. subglabra
〈伊吹菫〉

青森県から福島県の太平洋側，長野県，関東地方の一部，滋賀県の伊吹山，岡山県などの主に火山灰地に生える。花期には茎はないが，花が終わると茎がのび，先端に2個の葉と閉鎖花をつけるのが特徴。スミレを有茎種と無茎種に分けると，どちらに入るのだろうか，ということで，種小名がmirabilis（不思議な）とつけられた。根生葉は長さ2〜4㌢の円心形。托葉は全縁。花弁は長さ1.2〜1.5㌢。側花弁には突起毛がある。距は長さ5〜7㍉。ふつうの花は実を結ばず，閉鎖花だけが結実する。
花期 4〜5月
分布 本

イブキスミレ 伊吹山で発見されたのでこの名がついた 87.4.11 八王子市

ツボスミレ
V. verecunda
〈坪菫／別名ニョイスミレ〉 坪は庭の意味。別名の如意菫の如意は，孫の手に似た仏具のことで，葉の形が似てい

エゾノタチツボスミレ
V. acuminata

北海道や本州の中部地方以北の山地に生える。ほとんどのスミレにある根生葉がないのが特徴。花は白色〜淡紫色で，ツボスミレやタチツボスミレに似ているが，柱頭に突起毛がある。日本産のスミレで柱頭に突起毛があるのはほかにアイヌタチツボスミレがある。

❶イブキスミレの花は淡紫色で，側弁の内側には白いひげのような突起毛がある。❷距は白っぽく，長くうしろにつきでている。イブキスミレは根生の花は結実せず，茎がのびたあとつく閉鎖花だけが実を結ぶ。❸ツボスミレの花は小さく，唇弁の紫色のすじが目立つ。花柱の先は両側がふくらんで，カマキリの頭のように見える。❹距は短く，球形に近い。❺ツボスミレの托葉は切れこみがほとんどないので，花のない時期でもタチツボスミレ類と見分けられる。❻タチスミレの花も小さく，側弁には短い突起毛がある。花柱の先は両側にでっぱっている。❼距は長さ1.5〜2㍉。萼片はツボスミレに比べて細長く，先はとがる。

キントラノオ目　スミレ科

ることによる。

平地や丘陵、山地のやや湿った草地や林内にふつうに見られる。高さは5〜20㌢。茎はやわらかく、倒れやすい。葉は幅2〜3.5㌢の扁心形で、裏面は紫色を帯びる。托葉は披針形でほぼ全縁。花は白色でやや小さく、唇弁の紫色のすじが目立つ。花弁は長さ0.8〜1㌢。上弁と側弁にはすこし突起毛がある。距は長さ2〜3㍉と短く、球形に近い。❀花期　4〜6月　◎分布　北、本、四、九（屋久島まで）

タチスミレ
V. raddeana
〈立菫〉

河川の氾濫原の低湿地にアシなどと一緒に生える。以前は濃尾平野や仙台付近などにも見られたが、河川の改修や開発のため、現在では利根川流域にしかないといわれている。花期でも茎は高さ30㌢ほどあり、花のあと1㍍になるものもある。葉は長さ4〜8㌢の三角状披針形。托葉は大きく長さ2〜6㌢の線状披針形。上部の葉腋に白色または帯紫色の花をつける。花柄は長さ5〜10㌢。花弁は長さ0.8〜1㌢。側弁にはすこし突起毛があり、唇弁には紫色のすじが入る。距は長さ1.5〜2㍉と短い。❀花期　5〜6月　◎分布　本

✤ツボスミレやタチスミレは、タチツボスミレの仲間と同じように地下茎があるが、花柱の先がふくらむ点が異なる。また唇弁の距は短く、托葉はクシの歯状に深く切れ込むことはない。

ツボスミレ　ニョイスミレとも呼ばれ、全国的に分布する　12.5.29　長野県白馬村

タチスミレは花のあと1㍍にもなる　87.6.1　水海道市

キントラノオ目　スミレ科　325

スミレ属 Viola

アオイスミレ
V. hondoensis

〈菫菜〉葉がウマノスズクサ科のフタバアオイの葉に似ている。道ばたや丘陵、低山に生える。早春、スミレのなかでは先頭をきって咲き、ほかのスミレが咲くころには、もう直径5～8㌢のまるい大きな葉を広げ、匐枝をだして新しい株を盛んにつくっている。全体に毛が多い。花期の葉は幅約2㌢の円心形。花は白に近い淡紫色。花弁は長さ1～1.3㌢で、側弁にすこし毛がある。ときにないこともある。距は長さ3～4.5㍉。花柱の先はカギ形に曲がる。蒴果は直径約6㍉の球形で、とくに閉鎖花がよく実る。果柄が曲がっているので、蒴果は地面に転がっているように見える。

花期 3～4月
分布 本、四、九
北海道と本州中部地方以北に分布するエゾノアオイスミレ(マルバケスミレ)V. collinaは匐枝をださない。

アオイスミレ ほかのスミレに先がけて花を開く 87.3.30 高尾山

❶アオイスミレの花の断面。花柱の先がカギ形に曲がっているのが特徴。❷距はでこぼこしていて、後部が太い。❸托葉は広線形でふちに腺毛がある。❹蒴果は球形で粗い毛が密生する。熟すと3裂するが、果皮片はほかのスミレのような舟形にならず、種子をはじきださない。種子にはゼリー状の種枕がついている。

キントラノオ目 スミレ科

ツクシスミレ
V. diffusa
〈筑紫菫〉

九州の南西部と沖縄に分布し、人家付近に多い。地上匍枝を出して、その先に新しい株をつくる。全体に粗い毛がある。葉は長さ2～5cmの長卵形で、基部が心形にならないので、スミレの葉らしくない。花は白色でわずかに紫色を帯びる。花弁は長さ6～8mmと小さい。唇弁はとくに小さく、紫色のすじが入る。距は長さ3～4mm。帰化植物ではないかともいわれている。❀花期 4～5月 ◉分布 九,沖

アメリカスミレサイシン
V. papilionacea

北アメリカ原産で、日本でも観賞用に広く栽培されている。繁殖力が旺盛なため、都市周辺にしばしば野生化している。地下茎は太く、横にのびる。葉は円心形で、先はとがり、表面に光沢がある。花はふつう紫色、ときに白色や白地に紫色の斑紋があるものもある。側弁の基部には白い毛が多い。距は短い。❀花期 3～5月 ◉分布 北アメリカ原産

✤アメリカスミレサイシンは地中海周辺原産のニオイスミレV. odorataと長い間混同されていた。ニオイスミレは花に香気があり、スイート・バイオレットと呼ばれ、広く栽培されている。アメリカスミレサイシンは花に香気がほとんどない。太い地下茎があり、距が太くて短いことなど、日本のスミレサイシン類とよく似ている。

ツクシスミレ 葉の基部が心形にならないのが大きな特徴 87.5.1 植栽

アメリカスミレサイシン ニオイスミレと似ているが、花は香気がない 12.4.6 八王子市

キントラノオ目 スミレ科

スミレ属 Viola

スミレ
V. mandshurica
〈菫〉

人家付近から丘陵まで日当たりのよいところにふつうに生える。根は黄赤褐色で太い。高さは7〜11㌢。葉は束生し,花期には長さ2〜9㌢の長楕円状披針形で,先はまるい。葉柄には広い翼がある。夏の葉は大きく三角状披針形。花は大きく,ふつう濃紫色だが,白花品もある。花弁は長さ1.2〜1.7㌢。側弁には白い突起毛がある。距は長さ5〜7㍉。柱頭はカマキリの頭のようにふくらむ。葉が厚くて光沢のある海岸型の2変種があり,日本海側に分布するものをアナマスミレ var. crassa といい,太平洋側のものをアツバスミレ var. triangularis という。花期 3〜6月 分布 日本全土
✤スミレは日本の代表的なスミレだが,種形容語には「満州の」という意味の mandshurica がつけられている。

ヒメスミレ
V. inconspicua
 ssp. nagasakiensis

〈姫菫〉人家近くによく生え,花も濃紫色でスミレに似ているが,全体にやや小さく,葉の形が違うので区別できる。根は白い。葉は花期には長さ2〜4㌢のほこ形で,左右にはりだした部分の鋸歯が目立つ。葉柄には翼はない。夏の葉は長三角形で,名前と不つりあいなほど大きくなる。花はスミレよりやや小さい。花期 3〜5月 分布 本,四,九

スミレ 日本のスミレの代表。葉柄に広い翼がある 81.4.18 調布市

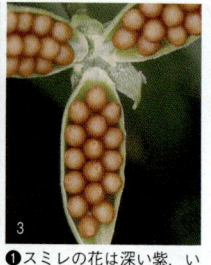

❶スミレの花は深い紫,いわゆる菫色。紫色は古代から高貴な色とされ,日本の伝統色である。本来はムラサキの根で染めた色だが,現代人の紫色のイメージにもっとも近いのはこの菫色だろう。スミレは側弁に突起毛があり,❷距は長い。❸裂開したばかりの蒴果。❹ヒメスミレの距は緑白色に赤紫色の斑点がある。

小型で可憐なヒメスミレ 87.3.30 八王子市

ノジスミレ
V. yedoensis
〈野路菫〉

日当たりのよい道ばたや野原などに生える。高さは10㌢ほどで、全体に白い短毛が多い。根は白くて太い。葉は花期には長さ3～6㌢の楕円状披針形で、基部がスミレより幅広い。葉柄の翼はスミレほど目立たない。夏の葉は三角形で基部の両側が上に巻き上がることが多い。花は淡紫色から紅紫色まであるが、青みがかったものが多い。花弁は長さ1～1.5㌢。
花期 3～5月
分布 本, 四, 九

アリアケスミレ
V. betonicifolia
var. albescens

〈有明菫〉 白色から紅紫色まで変化に富む花の色を「有明の空」にたとえたもの。

人家近くのやや湿ったところに生える。根は白くて太い。葉は花期には長さ2～7㌢の長楕円状披針形。夏の葉は長三角状披針形。花弁は長さ約2.5㌢。上弁と側弁には突起毛が生える。距は長さ約4㍉と短くて太い。
花期 4～5月 分布 本, 四, 九

✤アリアケスミレとまちがいやすいのがシロスミレ V. patrinii とスミレの白花品。シロスミレは標高のやや高いところに多く、葉や花の数が少なめで葉身が葉柄より短い。またスミレの白花品は距が長い。アリアケスミレは染色体数が72なので、48のスミレかヒメスミレと、24のシロスミレかノジスミレの雑種と考えられている。

ノジスミレ スミレより花の色がやや淡く、全体に毛がある 86.4.23 八王子市

❺ノジスミレの上弁と側弁を1個ずつ除いたもの。柱頭の形はスミレとほぼ同じだが、❻距は色が淡い。❼アリアケスミレの花は紫色のすじの濃淡によって、❽のようにほぼ白色のものから紫に近いものまである。ふつう側弁と上弁に突起毛があるが、❼のように上弁が無毛の花もある。

花が淡紅白色のアリアケスミレ 85.4.15 浦和市

キントラノオ目 スミレ科

スミレ属 Viola

アカネスミレ
V. phalacrocarpa
〈茜菫〉

日当たりのよい山野に生える。高さは10㌢ほどで、葉、花柄、萼などのほか、子房や蒴果、唇弁の距に短毛がある。葉は束生し、花期には長さ2〜4㌢、幅2〜3㌢の狭卵形〜卵形。夏の葉は形は同じだが、長さは約8㌢と大きい。花は淡紅紫色〜紅紫色で紫色のすじが入る。花弁は長さ1〜1.3㌢。側弁には突起毛がある。距はやや細くて長さ6〜8㍉。🌼花期 4月 ◎分布 日本全土 ✚全体にまったく毛がない変種を**オカスミレ** f. glaberrima といい、アカネスミレと混生することが多いが、ときにはすみ分けることもある。

コスミレ
V. japonica
〈小菫〉

人家近くや山野に生え、名前とはうらはらに高さ6〜12㌢とかなり大きくなる。葉は数多く束生し、花期には長さ2〜5㌢の長卵形で先はとがる。裏面は淡紫色を帯びる。夏の葉は三角形で大きい。花は

アカネスミレ 花が紅紫色、つまり茜色なのでこの名がある　86.4.29　多摩市

ゲンジスミレ V. variegata var.nipponica 和名の由来は光源氏。山地に生え、葉がまるく、裏面は帯紫色。

オカスミレ　87.4.11　八王子市

アカネスミレは全体に毛が多い。❶では花柄や萼のほか、細長い距にも微毛があるのがよくわかる。❷オカスミレはまったく無毛の変種。

キントラノオ目　スミレ科

白っぽいものから淡紅紫色まで変化が多い。花弁は長さ1〜1.5㌢で唇弁には、紫色のすじが目立つ。側弁はふつう無毛だが、ときに毛のあるものもある。距は長さ6〜8㍉で細長い。🌼**花期** 3〜5月
🌏**分布** 本, 四, 九
✤アカネスミレ, オカスミレ, コスミレはいずれも葉が長卵形〜卵形で, ノジスミレなどと比べるとまるみがある。アカネスミレの葉はノジスミレにやや似ているが, ノジスミレの側弁は無毛なので区別できる。コスミレは変異が多く, 葉に毛があって, ノジスミレに似ているものや, 花の色が紅紫色でアカネスミレに似ているものもある。ノジスミレとの区別点は葉の形で, 葉が長楕円状披針形のノジスミレに比べて, コスミレの葉はまるみがある。アカネスミレとは距の形を比べると見分けやすい。コスミレの距は太く, アカネスミレの方がほっそりしている。

白っぽいコスミレ。本州には花が淡紫色のものが多いようだ　86.4.17　高尾山

❸コスミレの右側の上弁と側弁をはずした花。側弁はふつう無毛。柱頭はカマキリ型。距はやや太く, ❹のように毛が散生するものもある。

❸

❹

九州のコスミレは花の色に変化が多い　87.2.25　長崎県田平町

キントラノオ目　スミレ科　331

スミレ属 Viola

マルバスミレ
V. keiskei
〈円葉菫〉
道ばたや山野の日当たりのよいところに生える。高さは5～10㌢で全体に無毛。葉は花期には長さ,幅とも2～4㌢の卵形形。夏の葉は7～8㌢と大きく,高さも30㌢近くになるものもある。花はふつう白色だが,九州には淡桃色のものもあるという。花弁は長さ1～1.4㌢。距は長さ6～7㍉。❄花期 4～5月 ❄分布 本,四,九(屋久島まで)
✚全体に毛があるものをケマルバスミレ,無毛のものを変種マルバスミレとする説もある。

ヒカゲスミレ
V. yezoensis
〈日蔭菫〉
名のとおり日陰を好み,地下匐枝をだしてふえるので群生することが多い。葉はやわらかく,花期には長さ3～6㌢の卵形～長卵形。花は白色。花弁は長さ1.5～2㌢。距は長さ7～8㍉。葉の表面が紫褐

マルバスミレ 名のとおり,まるみのある葉が特徴 87.4.19 八王子市

❶マルバスミレの花弁はまるく,側弁にはふつうすこし毛がある。❷距には紫色の斑点があり,後部は上方にふくらむ。萼の付属体には欠刻がある。❸ヒカゲスミレの側弁には毛があり,唇弁は紫色のすじが目立つ。❹距は太い円柱形。萼片の付属体はとがり,下側の萼片の耳は2～3裂する。

ハグロスミレ 78.4.21 高尾山 　　ヒカゲスミレ 87.4.9 八王子市

キントラノオ目　スミレ科

シハイスミレ　西日本を代表する美しいスミレ　87.4.6　秋川市

❺シハイスミレの花は淡紅色〜濃紅紫色で、側弁は無毛。唇弁には紫色のすじがある。❻距は細く、ピンとうしろへはねあがっているのが特徴。萼片の付属体は全縁。❼葉の裏面が赤紫色を帯びているので、紫背菫の名がある。夏の葉があまり大きくならないのも特徴。

葉が細いマキノスミレ　88.5.29　長野県白馬村

色を帯びるものを**ハグロスミレ** f. discolor という。花期　4〜5月　分布　北(西南部)、本、四、九
✣1928年に中井猛之進がヒカゲスミレの変種として発表したタカオスミレ var. discolor は、葉の裏面が紫褐色のものだが、のちに檜山庫三によって品種に格下げされた。その後自生は確認されていない。

シハイスミレ
V. violacea
　　var. violacea

〈紫背菫〉　日当たりのよいところに生える。高さは5〜8㌢。葉は光沢があり、花期には長さ1.5〜5㌢の三角状狭卵形。花は淡紅色〜濃紅紫色。花弁は長さ0.8〜1.2㌢。距は長さ5〜6㍉で細く、うしろにはねあがる。花期　3〜5月　分布　本(中部地方以西)、四、九

マキノスミレ
V. violacea
　　var. makinoi

〈牧野菫〉　シハイスミレの変種。葉の幅が細く、三角状披針形で光沢があるものとないものがある。距は6〜8㍉。花期　3〜5月　分布　本(中部地方以北)

✣シハイスミレとマキノスミレをそれぞれ独立種とする見解もある。牧野富太郎は、琵琶湖を中心とする地域に分布する全体に大型のものをシハイスミレとし、それより東または北に向かって全体に小さく、軟弱になり、葉に光沢がないものを変種マキノスミレとしているが、分布域が「広く交り、見きわめ難いものもある」と指摘している。

キントラノオ目　スミレ科

スミレ属 Viola
フモトスミレ
V. sieboldii
〈麓菫〉

丘陵や山麓、低い山地の日当たりのよいところに生える。葉は花期には長さ1〜3㌢の卵形〜三角状卵形。表面にはふつうまばらに毛があり、しばしば白い斑が入る。裏面は紫色を帯びる。夏の葉はあまり大きくならない。花は白色。花柄は高さ4〜7㌢で葉より高くのびる。花弁は長さ7〜8㍉で側弁に毛がある。唇弁は他の弁より小さく、紫色のすじが目立ち、ときに毛がある。距は長さ2〜3㍉。

❀花期 4〜5月
分布 本(宮城県以西)、四、九

✛フモトスミレは地域によって変異が多い。西日本のものは葉が円形〜楕円形で毛が少なく、東日本のものは葉が三角状卵形で毛が多くなる傾向がある。

フモトスミレ 山麓でよく見かけるので、この名がついた 80.4.23 茂原市

スミレサイシンの仲間

スミレサイシン V. vaginataやナガバノスミレサイシン V. bissetiiのほかにヒメスミレサイシン V. yazawana、アケボノスミレ V. rossii、シコクスミレ V. shikokianaがあり、いずれもブナ帯以上に生える。この仲間の主な特徴は、①太くて節の目立つ地下茎を横に長くのばす。②葉の基部は深い心形で、上に巻きこむ。とくに花のころはまだ葉がのびきっていないのでよく目立つ。③托葉は葉柄と離生している。④唇弁の距は太くて短いなどである。

❶ナガバノスミレサイシンは太平洋側に分布し、葉が細長い。❷スミレサイシンは日本海側の多雪地に多い。❸スミレサイシン地下茎。この仲間は地下茎がやや横にのび、肥厚して節が目立つのが特徴。

スミレの仲間の花と実のつくり

可憐な5弁の花を咲かせるスミレは，うしろにツンとつきでた距も独特で，子供でもスミレとわかるほど親しまれている。5個の花弁は上の2個を上弁，両側の2個を側弁，下の1個を唇弁または下弁と呼ぶ。唇弁の基部はふつうふくらんでうしろにつきだし，距をつくっているが，パンジーのように距がまったくないものもある。距とは鶏の蹴爪（鶏の脚にうしろ向きに生えている鋭い突起）のことで，その形から連想して，花弁や萼片などの細長くつきでた部分を距と呼ぶようになったものと思われる。

❶はタチツボスミレの側弁を1個はがしたもの。雄しべには花糸はほとんどなく，葯が子房をグルリと囲み，葯の先端にある赤黄色の付属体が花柱をとり巻いているので，雌しべは花柱の先だけ顔をのぞかせている。下の2個の雄しべには，葯隔と呼ばれる細長い突起があり，唇弁の距のなかにもぐりこんでいる。葯隔はテコの原理で動き，訪花昆虫に花粉がつきやすくする。❷はアオイスミレの花をほぼまんなかで切断したもの。葯は花粉をだしたあとで，空洞になり，まわりに黄色のさらさらした花粉がくっついている。子房は上位で，ふつう3個の心皮からなる。内部には卵のような胚珠がぎっしりつまっている。❸はタチツボスミレの閉鎖花。花弁が退化しているので萼片だけが目立つ。閉鎖花は開放花（ふつうの花）が咲かなくなったあとからつき始め，自花受粉によって実を結ぶ。スミレの仲間はふつう虫媒花だが，虫による受粉が不可能な場合でも種子が確保できるようになっているらしい。なかにはイブキスミレのように閉鎖花だけしか結実しないものもある。スミレの仲間の果実は熟すと3裂する。❹はタチツボスミレの裂開した果実で，横向きだった果柄はこのころまっすぐにのびる。果皮片は舟形で，乾燥して縮むとなかの種子をはじきとばす。3㍍もとぶ場合もあるらしい。種子の一端に種枕と呼ばれる脂肪の塊がある。種枕は甘いのでアリがこれを目あてに種子を運び，とんでもないところで芽生えたりする。

キントラノオ目　スミレ科　335

トウダイグサ科
EUPHORBIACEAE

花があまり目立たない科で、双子葉類としては珍しく、子房が3室で、各室に1個の胚珠(はいしゅ)がある。杯状花序と呼ばれる珍しい花序をもつトウダイグサ属が中心で、それにエノキグサ属、ニシキソウ属などがある。ポインセチアや木本のアカメガシワなど、なじみのあるものも含まれる。

トウダイグサ属
Euphorbia

茎や葉を切ると白い乳液をだすものが多く、壺形の杯状花序をもち、杯状花序の腺体に付属体がないのが特徴。

トウダイグサ
E. helioscopia

〈燈台草〉 全体の形が油を入れた皿を置く昔の燈台に似ていることによる。

日当たりのよい畑や道ばたなどに生える高さ20〜40㌢の越年草。葉は互生し、長さ1〜3㌢のへら形〜倒卵形。茎の先にはやや大型の葉を5個輪生し、葉腋から放射状に枝をだす。各枝先には2〜3個の総苞葉に抱かれるように小さな杯状花序がつく。腺体は楕円形。子房は平滑。蒴果は直径約3㍉で熟すと3裂する。花期 4〜6月
分布 本、四、九、沖

タカトウダイ
E. lasiocaula

〈高燈台〉
丘陵や山地に生える高さ30〜80㌢の多年草。葉は互生し、長さ3〜8㌢の長楕円状披針形〜長楕円形で、秋になると美しく紅葉する。茎の先にはやや小さな葉が5個輪生する。杯状

トウダイグサ ナズナやヒメオドリコソウもまじる群落 86.4.18 八王子市

花序の腺体は広楕円形。子房の表面にいぼ状の突起があるのが特徴で、蒴果は直径約2.5ミリ。
花期 6〜7月 **分布** 本、四、九
✤タカトウダイは外部形態ばかりではなく、染色体数の点でも多様なことが確認されている。

ナツトウダイ
E. sieboldiana

〈夏燈台〉「夏」がついているにもかかわらず、トウダイグサの仲間ではもっとも早く、春に花をつけるので、「初燈台」の誤りではないかという説もある。丘陵や山地に生える高さ20〜40センチの多年草。茎と葉はしばしば紅紫色を帯びる。葉は倒披針形〜長楕円形でまばらに互生する。杯状花序の腺体は紅紫色の三日月形で両端がとがる。子房は平滑。**花期** 4〜6月 **分布** 北、本、四、九

タカトウダイ　名のとおり、丈が80センチ近くなるものもある　86.6.24　八王子市

トウダイグサ属の花はあまり目立たないが、クローズアップにすると非常におもしろい。ひとつの花のように見えるのは1個の花序で、5個の総苞片が完全に合着した壺形の総苞のなかに雄花が数個と雌花が1個入っている。この花序はトウダイグサ属とニシキソウ属だけのもので、杯状花序と呼ばれる。総苞の上端には蜜を分泌する腺体があり、その形は種の区別点になっている。またニシキソウの仲間は腺体の下部にエプロン状の付属体があるのが特徴。雄花には雄しべが1個、雌花には雌しべが1個あるだけで、花弁も萼もない。雌しべが先に成熟し、子房が総苞の外に垂れるころ、雄しべがのびる。❶トウダイグサの花。もう受粉したあとで、楕円形の腺体の間から大きくなった子房がゴロンととびでている。うしろには3個の花柱がのぞいている別の花が見える。❷ナツトウダイの花は三日月形の腺体の先端が細長くとがり、クワガタムシの角のように見えるのが特徴。❸❹タカトウダイの花。❸は雌花が受粉したあと、関節のある雄しべがのびはじめた花で、まわりにはまだ総苞葉に包まれた花が3個ある。❹のまんなかの花は子房が大きくなって外に垂れ下がっているが、まわりのものはのびはじめたところ。子房にいぼ状の突起があるのが特徴。

ナツトウダイ　名に反して花は春咲く　86.5.15　八王子市

キントラノオ目　トウダイグサ科

トウダイグサ属
Euphorbia

ノウルシ
E. adenochlora

〈野漆〉茎を切ると乳白色の汁がでて、ウルシと同じようにかぶれるところからつけられた。

川岸などの湿地に生え、しばしば大群落をつくる多年草。乾燥には弱いらしく、生えているところが乾いてくると、すぐになくなってしまう。茎は太く、高さ30〜40㌢になる。葉は互生し、長さ4〜9㌢の狭長楕円形〜披針形で、裏面には軟毛がある。茎の先に倒披針形の葉を5個輪生し、それぞれの葉腋から放射状に枝をだして、枝先に杯状花序をつける。花序の基部の卵円形の総苞葉は鮮やかな黄色で、遠くから見ると花びらのように見える。腺体は幅約2㍉の広楕円形。子房には円錐状

ノウルシ　黄色の花びらのように見えるのは総苞葉　81.4.9　浦和市

338　キントラノオ目　トウダイグサ科

の突起が多数あって,蒴果になっても残る。蒴果は直径約6㍉で,なかには直径約3㍉の種子が3個入っている。
🌼花期 4～5月
分布 北,本,四,九

イワタイゲキ
E. jolkinii

〈岩大戟〉 大戟は中国に生えているトウダイグサ属の植物。

海岸の岩場に生える高さ30～50㌢の多年草。群生して株立ち状になる。地下茎がよく発達し,岩のすきまなどに深くのびている。茎は太くて葉がびっしりと互生する。葉は長さ4～7㌢の長楕円形～倒披針形。茎の先に数個の葉を輪生し,葉腋から放射状に枝をだし,枝先に杯状花序をつける。総苞葉は幅約2㍉の腎形。子房の表面には乳頭状の突起があり,蒴果になっても残る。蒴果は直径約6㍉。
🌼花期 4～6月
分布 本(関東地方以西),四,九

イワタイゲキ 伊豆半島以西の海岸の岩場に群生する 87.3.25 室戸岬

❶ノウルシの花。子房にはいぼ状の突起があるが,毛はない。山地に生えるハクサンタイゲキ(ミヤマノウルシ)の子房には長い開出毛がある。❷蒴果。子房の突起は蒴果になっても目立つ。トウダイグサ属の蒴果は3室に分かれ,各室に種子が1個ずつ入っている。❸イワタイゲキの花。まわりにはまだ総苞葉に包まれたつぼみが3個ある。❹蒴果は押しつぶされたような球形で,いぼ状の突起が目立つ。❺マルミノウルシの花。上から見ると,杯状花序の各部の配置がよくわかる。雄しべは1個のように見えるが,じつは2個が合着したもの。先端の2分岐した葯がその痕跡である。トウダイグサの仲間は雄花にふつう小苞と呼ばれる鱗片があるが,マルミノウルシは雄花に鱗片がないのが特徴。❻蒴果になっても子房の赤みが残り,表面がなめらかなのも特徴。

マルミノウルシ
E. ebracteolata

〈丸実野漆／別名ベニタイゲキ〉 いぼ状の突起のないまるい蒴果がつくことによる。また別名は茎や葉が紅色を帯びることからつけられた。

山地の草地に生える高さ40～50㌢の多年草。葉は互生し,長さ7～8㌢の長楕円形。茎の先に葉を輪生し,葉腋から枝をだして,先端に杯状花序をつける。総苞葉は三角状卵形。腺体は腎円形。子房はなめらかで紅色を帯びる。
🌼花期 4月
分布 北,本(関東地方以北)

マルミノウルシ 葉や茎が赤みを帯びる 88.4.4 青梅市

キントラノオ目 トウダイグサ科 339

ニシキソウ属
Chamaesyce

杯状花序の腺体にエプロン状の付属体がある。

ニシキソウ
C. humifusa

〈錦草〉 緑の葉と赤い茎を錦にたとえたもの。畑,庭,空き地などに多い1年草。茎は長さ10～25㌢で細くて赤みを帯び,よく分枝して地をはう。葉は茎の両側に対生し,長さ0.4～1㌢の長楕円形。基部は左右が非常に不ぞろい。表面に斑紋はあるが,不明瞭でコニシキソウほど目立たない。夏から秋にかけて,枝の上部の葉腋に淡赤紫色の杯状花序がまばらにつく。つり鐘形の総苞上部には長楕円形の腺体が4～5個あり,それぞれにエプロン状の付属体がつく。蒴果は直径約1.8㍉の卵球形で3稜があり,表面は無毛。種子は長さ約0.7㍉。 **花期** 7～10月 **分布** 本,四,九,沖

ハイニシキソウ
C. prostrata

〈這錦草〉
道ばたや海辺近くの砂地に生える1年草。ニシキソウによく似ているが,蒴果の稜に長い毛がまばらに生えているのが特徴。 **花期** 6～10月 **分布** 九(南西諸島),小笠原

コニシキソウ
C. maculata

〈小錦草〉
北アメリカ原産の1年草。明治中期に渡来し,いまでは各地の道ばたや畑にふつうに見られ,在来のニシキソウを圧倒している。茎は長さ10～20㌢になり,地をはって広がる。葉は対生し,長さ0.7～1㌢

ニシキソウ 葉の表面に斑紋がなく,茎が赤みを帯びる 88.10.5 八王子市

❶ ❷ ❸ ❹

340　キントラノオ目　トウダイグサ科

の長楕円形で、表面の暗紫色の斑紋がよく目立つ。基部は左右が非常に不ぞろい。枝の上部の葉腋に汚れた淡紅紫色の杯状花序をつける。蒴果には白色の伏毛が密生する。🌸花期 6〜9月 ◎分布 北アメリカ原産

オオニシキソウ
C. nutans
〈大錦草〉

北アメリカ原産の1年草で、中部地方以西に帰化している。茎は淡紅色を帯び、直立または斜上して高さ20〜40㌢になる。葉は対生し、長さ1.5〜3.5㌢の長楕円形で、基部は左右が非常に不ぞろい。杯状花序は枝先にまばらにつく。腺体は円形。腺体の付属体はよく発達し、白い花びらのように見える。蒴果は直径約1.7㍉の卵球形で無毛。🌸花期 6〜10月 ◎分布 北アメリカ原産

コニシキソウ　日本全土に広がった帰化植物。葉に斑紋がある　86.7.11　国立市

ニシキソウの仲間は杯状花序の腺体の下部にエプロンのような付属体がつくのが特徴。トウダイグサの仲間には付属体はない。❶ニシキソウの杯状花序。壺形の総苞のふちにあるカーキ色のものが腺体、食紅のような色のものが付属体。❷コニシキソウは子房に白色の伏毛が密生しているのが特徴。❸ハイニシキソウの蒴果は上から見ると正三角形。3個の稜の上に長い毛がまばらに生えている。よく似たニシキソウの蒴果は無毛なので区別できる。❹オオニシキソウの杯状花序は、腺体の付属体がよく発達して腺体より大きく、白い花びらのように見える。❺コニシキソウの葉の中央部には濃暗紫色の斑紋がある。ニシキソウの葉は斑紋があまり目立たないので見分けやすい。❻コニシキソウの茎を切ると、白い乳液がでる。これは本属やトウダイグサ属に共通な特徴。

茎が立ち上がるオオニシキソウ　87.8.3　日野市

キントラノオ目　トウダイグサ科

エノキグサ属
Acalypha

エノキグサ
A. australis

〈榎草／別名アミガサソウ〉 葉がエノキの葉に似ていることによる。別名は雌花の基部にある総苞を編笠にたとえたもの。

畑や道ばたなどに生える高さ30〜50cmの1年草。葉は互生し，長さ3〜8cmの長楕円形〜広披針形で鈍い鋸歯があり，先はややとがる。花序は葉腋につき，上部に小さな雄花が穂状につき，基部に編笠状の総苞に抱かれた雌花がつく。雄花は小さく，8個の雄しべが膜質の花被に包まれ，開花すると花被は4裂する。雌花の花被は深く3裂し，軟毛が多い。子房は球形で，表面には小さい突起と軟毛が密生し，果期にも残る。花柱は3個で，先端が糸状に裂ける。蒴果は直径約3mmの球形で，なかに直径1.5mmぐらいの種子が3個入っている。**花期** 8〜10月 **分布** 日本全土

エノキグサ　エノキに似た葉をつけ，道ばたなどでよく見かける　87.7.9　勝田市

❶エノキグサの花序は葉腋につく。花序の上部に小さな雄花が穂状につき，その基部に編笠のような総苞に抱かれた雌花がつく。細かく裂けてふさのようになっているのが柱頭。雄花は下の総苞のなかにころげ落ちて直接授粉する。❷若い蒴果。表面に小さないぼ状の突起と軟毛がある。❸雄花。膜質の花被ははじめ壺状で8個の雄しべを包んでいる。開花すると花被は4裂する。白くとびでているのは葯。

キントラノオ目　トウダイグサ科

コミカンソウ科
PHYLLANTHACEAE

乳液をださず、子房の各室に胚珠が2個あるのが特徴。

コミカンソウ属
Phyllanthus

コミカンソウ
P. lepidocarpus

〈小蜜柑草〉 果実を小さなミカンに見立てた。畑や道ばたに生える高さ10〜40㌢の1年草。茎は赤みを帯びる。横枝は、両側に葉が規則正しく互生するので、羽状複葉のように見える。葉は0.6〜1.5㌢の長楕円形〜倒卵形。花はごく小さく、上部の葉腋に雄花、下部の葉腋に雌花がつく。いずれも花被片は6個で、雄花には雄しべ3個と腺体6個がある。雌花の子房は球形で、表面に隆起したしわがあり、蒴果になっても残る。蒴果は直径約2.5㍉で赤褐色。花期 7〜10月 分布 本、四、九、沖

ヒメミカンソウ
P. ussuriensis

〈姫蜜柑草〉 畑や道ばたに生える高さ10〜30㌢の1年草。茎はやや斜めに傾く。コミカンソウの葉は横枝だけにつくが、ヒメミカンソウは茎にも葉がつく。葉は長さ0.8〜1.2㌢の長楕円形〜披針形。葉腋に雄花と雌花がまじって2〜4個つく。雄花には花被片が4〜5個、腺体が4〜5個ある。雌花の花被片は6個。花柱は3裂し、裂片はさらに2浅裂するので、ヒトデ形に見える。蒴果は直径約2.5㍉。花期 8〜10月 分布 本、四、九

コミカンソウ 葉はマメ科の複葉のような睡眠運動をする 87.7.18 利島

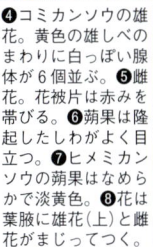

❹コミカンソウの雄花。黄色の雄しべのまわりに白っぽい腺体が6個並ぶ。❺雌花。花被片は赤みを帯びる。❻蒴果は隆起したしわがよく目立つ。❼ヒメミカンソウの蒴果はなめらかで淡黄色。❽花は葉腋に雄花(上)と雌花がまじってつく。

ヒメミカンソウ 86.8.7 八王子市

キントラノオ目 コミカンソウ科

オトギリソウ科
HYPERICACEAE

茎や葉、花などに腺体があるのが特徴。腺体はふつう赤い色素を含んで黒く見えるので、黒点または黒線と呼ぶ。色素を含まない場合は明点または明線という。

オトギリソウ属
Hypericum

オトギリソウ
H. erectum

〈弟切草〉 この草を鷹の傷を治す秘薬としていた鷹飼いが、その秘密をもらした弟を斬ったという伝説による。飛び散った血が葉や花の黒点になったという。葉を油に浸したものを切り傷、神経痛、関節炎などに使用する。

日当たりのよい山野に生える高さ30〜60㌢の多年草。葉は対生し、長さ3〜6㌢、幅0.7〜2㌢の広披針形で黒点が多い。葉の基部は円形〜心形で、やや茎を抱く。花は黄色で直径1.5〜2.5㌢。花弁と萼片には黒点と黒線がある。葉の形、黒点の有無などに変異が多く、多くの変種や品種がある。花期 7〜9月 分布 日本全土

コゴメバオトギリ
H. perforatum
　ssp. chinense

〈小米葉弟切〉

1934年に三重県で発見された帰化植物で、東京湾の埋立地などに見られる。母種はセイヨウオトギリ。名のとおり葉が小さく、長さ1〜1.5㌢、幅0.3㌢の楕円状披針形で明点が散在し、ふちに黒点がある。子房には明点と明線があり、明線しかない日本産のオトギリソウと異なる。花期

オトギリソウ　この仲間は薬効成分を含む腺体があるのが特徴　87.8.3　日野市

コゴメバオトギリ　86.6.2　日野市

❶オトギリソウの花は朝開いて夕方しぼむ1日花。花弁と萼片に黒点と黒線がある。雄しべは多数あり、基部で短く合着して3つの束に分かれている。❷蒴果には縦の明線が入る。❸葉には多くの黒点があり、ふちにも点々と黒点が並ぶ。

キントラノオ目　オトギリソウ科

5～7月 **◎分布** ヨーロッパ原産

コケオトギリ
H. laxum
〈苔弟切〉

野原、休耕田などの湿ったところに生える小型の多年草。茎は4稜形で高さ3～10(～30)㌢になり、上部で分枝する。葉は長さ0.5～0.8㌢、幅3～8㍉の広卵形で、日にすかすと半透明の明点が散らばっているのが見える。秋には紅葉する。花は直径5～8㍉。苞は葉とほぼ同形。雄しべは5～10個。蒴果は長さ2～3㍉。**花期** 7～9月 **◎分布** 日本全土
✣コケオトギリによく似ているヒメオトギリ H. japonicum は葉がやや厚く、苞が披針形でふつうの葉と形が異なっている。この2種はほかのオトギリソウと違って雄しべは離生して束にならず、黒点がない。また花弁や子房に腺体がないことなどからヒメオトギリ属 Sarothra とすることも多い。

ミズオトギリ属
Triadenum

ミズオトギリ
T. japonicum
〈水弟切〉

池や沼、湿原などに生える高さ30～80㌢の多年草。茎の基部は赤紫色を帯びることが多い。葉は長さ3～7㌢、幅1～3㌢の長楕円形で、明点のみがある。秋には美しく紅葉する。花は淡紅色で直径約1㌢。午後になって開き、夕方しぼむ。雄しべは9個で、3個ずつ3つの束に分かれる。**花期** 8～9月 **◎分布** 北、本、四、九

コケオトギリ　全体に繊細で黒点も黒線もない。花は1日花　86.9.5　日野市

❹コケオトギリの花。雄しべは5～10個と少なく、束にならない。❺コケオトギリの蒴果には腺体がない。❻ミズオトギリの花は淡紅色。雄しべは3個ずつ合着し、3つの束になっている。❼ミズオトギリの蒴果には明線が入る。

ミズオトギリ　86.8.27　愛知県作手村

キントラノオ目　オトギリソウ科　345

カタバミ科
OXALIDACEAE
カタバミ属 Oxalis

熱帯に種類が多い。シュウ酸を含むため、酸味がある。

カタバミ
O. corniculata

〈傍食〉 葉が睡眠運動をし、夕方になって閉じると一方が欠けて見えることによる。
庭や道ばたなどにふつうに見られる高さ10〜30㌢の多年草。茎は地をはって広がり、長い柄の先にハート形の3個の小葉をつける。小葉は長さ約1㌢。花は黄色で直径約8㍉。花のあと花柄は下を向き、その先に円柱形の蒴果が上向きにつく。蒴果は熟すと5裂し、多数の種子をはじきとばす。葉が小さく、暗赤紫色のものをアカカタバミ f. rubrifolia という。花期 5〜7月 分布 日本全土

ムラサキカタバミ
O. debilis
　ssp. corymbosa

〈紫傍食〉
南アメリカ原産の多年草。観賞用に輸入されたものが野生化し、関東地方以西に広く分布している。花は結実せず、地中の鱗茎によってふえる。花は紅紫色で直径約1.5㌢。花期 5〜7月 分布 南アメリカ原産

イモカタバミ
O. articulata

〈芋傍食／別名フシネハナカタバミ〉
ムラサキカタバミによく似ているが、イモのような塊茎によってふえる。花はやや色が濃く、数も多い。花期 4〜9月 分布 南アメリカ原産

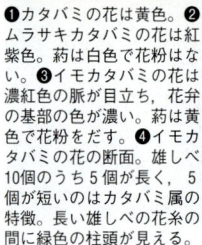

カタバミ　世界中に分布する雑草。葉と花は睡眠運動をする　86.6.7　八王子市

❶カタバミの花は黄色。❷ムラサキカタバミの花は紅紫色。葯は白色で花粉はない。❸イモカタバミの花は濃紅色の脈が目立ち、花弁の基部の色が濃い。葯は黄色で花粉をだす。❹イモカタバミの花の断面。雄しべ10個のうち5個が長く、5個が短いのはカタバミ属の特徴。長い雄しべの花糸の間に緑色の柱頭が見える。

ムラサキカタバミ　南アメリカ原産で，江戸時代に渡来した。日本では結実しない　09.6.18　多摩市

❺ムラサキカタバミは小さな鱗茎をたくさんつくってふえる。ラッキョウなどのように鱗片が重なって球形になった地下茎を鱗茎という。鱗片は葉が変形したもの。❻イモカタバミは塊茎をつくってふえる。塊茎は茎が変形したもの。小さな鱗茎が散らばってふえるムラサキカタバミの方が繁殖力が強い。

イモカタバミ　南アメリカ原産の帰化植物　62.8.7　八王子市

カタバミ目　カタバミ科　347

マメ科
FABACEAE

マメ科は世界に約600属1万3000種あり,種子植物のなかではキク科,ラン科に次ぐ大きな科で,有用植物が非常に多い。

ゲンゲ属 Astragalus
ゲンゲ
A. sinicus

〈紫雲英／別名レンゲソウ〉 ゲンゲは漢名の翹揺の音読みとか,レンゲソウのなまったものとかいう。一面に咲いた花を紫の雲にたとえて紫雲英の字をあてたのだろう。別名の蓮華草は,小さな蝶形花が輪状に並んだ花序がハスの花に似ていることによる。

中国原産の越年草で,水田の緑肥として栽培され,また野生化しているものもある。田植え前の田をピンクに染めるゲンゲは,春の田園の風物詩だが,化学肥料の全盛であまり見かけなくなってしまった。花はミツバチの蜜源でもある。茎は地をはって広がり,高さ10〜25㌢になる。葉は奇数羽状複葉。小葉は7〜11個あり,長さ0.8〜1.5㌢の倒卵形または楕円形。花は長さ約1.5㌢で,7〜10個が輪状につく。豆果は黒く熟す。 花期 4〜6月
分布 中国原産

ゲンゲの花は小さな蝶形花が輪状に集まったもの。この蝶形花はマメ科の特徴。 一面に広がるゲンゲ畑は春の田園の風物詩。田植えの前にすきこんで緑肥として利用す

るほか，飼料にも利用されている。ミツバチの蜜源としてもおなじみの花だ　84.5.9　秩父市

ミヤコグサ属 Lotus

約150種あり,海岸から高山まで生え,花の色は黄色のほか,白,ピンクなどある。最近モデル植物として注目されている。

ミヤコグサ
L. corniculatus
　　var. japonicus

〈都草／別名エボシグサ〉 京都に多かったことによるという。花の形が烏帽子に似ているので烏帽子草ともいう。

道ばたや草地,海岸などに生える多年草。茎は地をはって広がり,長さ15〜35㌢になる。小葉は長さ0.6〜1.3㌢,幅3〜8㍉の倒卵状楕円形。葉腋からのびた花柄の先に鮮やかな黄色の花が1〜3個つく。花は長さ1〜1.5㌢。2個の竜骨弁は合着して筒状になり,ここに花粉がたまる。虫が竜骨弁の上にとまると,筒の先のあなから花粉があふれでる。この時期の雌しべは受精能力がなく,花粉がでたあと筒の外にのびて,柱頭が虫にこすられると受精できるようになるという。豆果は長さ2〜3.5㌢で熟すと2裂し,果皮がねじれて黒い種子をとばす。花の色が黄色から朱赤色に変化するものを**ニシキミヤコグサ** f. versicolor という。🌼**花期** 4〜10月 🌐**分布** 日本全土

セイヨウミヤコグサ
L. corniculatus
　　var. corniculatus

〈西洋都草〉

ミヤコグサとよく似ているが,茎や葉,萼などにふつう毛がある。戦後東京都,長野県,北海道などで発見され,

ミヤコグサ　日当たりのよいところにマット状に広がる　86.6.19　長野県白馬村

その後各地に帰化している。おそらく緑化用種子にまじって入ってきたものと思われる。🌸花期　5～6月　分布　中央アジア～ヨーロッパ原産

ネビキミヤコグサ
L. pedunculatus
〈根引都草〉

ヨーロッパ原産の多年草で，最近日本でも見かけるようになった帰化植物。長い地下匍枝をのばし，茎も0.3～1㍍とかなり長くなるのが特徴。花は5～15個ずつつく。🌸花期　5～6月　分布　ヨーロッパ原産

✴マメ科は左右相称の蝶形花をつけるのが特徴。上の花弁1個を旗弁，左右の2個を翼弁，下の2個を竜骨弁（舟弁）と呼ぶ。竜骨弁はボート形に合わさって，雄しべと雌しべを包んでいる。

ミヤコグサ　87.7.4　長野県富士見町 　　ニシキミヤコグサ　86.6.10　三浦半島

❶ミヤコグサの花は散状に1～3個つく。花序の基部には3個の総苞がある。よく似た❷セイヨウミヤコグサは萼片が萼筒より短く，毛が目立つ。

セイヨウミヤコグサ　87.7.4　長野県富士見町 　　ネビキミヤコグサ　86.6.22　多摩市

マメ目　マメ科

シャジクソウ属
Trifolium

世界に約300種あるが,日本にはシャジクソウだけが自生する。シロツメクサをはじめ,重要な牧草が多い。

シロツメクサ
T. repens
〈白詰草／クローバー〉
江戸時代にオランダからガラス器を送ってきたとき,壊れないように乾燥したシロツメクサを詰めものにしたことから詰草の名が生まれた。

ヨーロッパ原産の多年草で,牧草として世界中に広がり,日本でも全国に見られる。茎は地をはって長くのびる。葉は3小葉,ときに4小葉からなり,葉柄は長さ5〜15㌢と長い。小葉は長さ1〜2.5㌢,幅0.8〜1.8㌢の広倒卵形で,表面に斑紋があるものが多い。長さ約1㌢の白い花が多数集まって球状の花序をつくる。花には短い柄があり,受粉すると外から順に垂れる。豆果は花のあとも残る花弁と萼に包まれている。
花期 5〜8月 分布 ヨーロッパ原産

ムラサキツメクサ
T. pratense
〈紫詰草／別名アカツメクサ〉 牧草として明治初期に渡来し,全国に野生化している多年草。茎は直立して高さ20〜60㌢になり,開出毛が多い。小葉はふつう3個で,長さ2〜4㌢の広倒卵形〜楕円形。V字形の斑紋があるものが多い。花は球状に集まってつき,紅紫色で長さ1.3〜1.5㌢。
花期 5〜8月
分布 ヨーロッパ原産

シロツメクサ ふつうミツバチによって他花受粉する 87.5.29 日野市

マメ目 マメ科

ムラサキツメクサ　花はシロツメクサより大きく，花序のすぐ下に葉が1対つく　87.6.14　福島県金山町

❶シロツメクサの花。ひとつの花のように見えるのは小さな蝶形花が30〜70個集まったもの。花には短い柄があり，受粉した花は下向きになる。❷ムラサキツメクサの花はほぼ無柄で，受粉したあと下を向くことはない。❸つぼみ。萼は長い毛が多く，萼片5個のうち1個が長い。

マメ目　マメ科

シャジクソウ属
Trifolium

コメツブツメクサ
T. dubium

〈米粒詰草／別名キバナツメクサ・コゴメツメクサ〉 花や葉が小さいことによると思われる。

ヨーロッパ～西アジア原産の1年草で、道ばたや河原などに群生する。茎はよく分枝し、高さ20～40㌢になる。葉は3小葉からなり、葉柄は長さ2～5㍉と短い。小葉は長さ0.5～1㌢の倒卵形。花は黄色で長さ3～4㍉と小さく、5～20個が球状に集まる。❀花期 5～7月 ❀分布 ヨーロッパ～西アジア原産

クスダマツメクサ
T. campestre

〈薬玉詰草／別名ホップツメクサ〉 花序が薬玉のように見えることによると思われる。ヨーロッパ原産の1年草で、ほとんど全国的に見られる。コメツブツメクサに似ているが、花序は20～60個の花が集まり、受粉すると花は下を向き、花弁が大きくなるのが特徴。この形がホップの雌花に似ているので、ホップツメクサとも呼ばれる。また旗弁の脈に沿ってしわがあるのも区別点。❀花期 5～6月 ❀分布 ヨーロッパ原産

✚シャジクソウ属は花が終わっても花弁が落ちないで残るのが特徴。豆果はカサカサに枯れた花弁と萼に包まれている。また花に短い柄があるシロツメクサ、コメツブツメクサ、クスダマツメクサは、受粉がすんだ花から順に下向きになるのも特徴。

コメツブツメクサ シロツメクサと比べると全体に小さい 80.5.14 府中市

クスダマツメクサ 86.6.14 日野市

❶コメツブツメクサの花序は直径7㍉ほど。小さな蝶形花が5～20個集まってつく。花は受粉すると垂れ下がり、❷のようにそのまま乾いて残っている。豆果はこの枯れた花弁に包まれて成熟し、長さ約2㍉の楕円形。コメツブツメクサに似ているクスダマツメクサは花のあと花弁が大きくなるのが特徴。

ウマゴヤシ属
Medicago

世界に約80種あるが、日本に自生はなく、すべて帰化植物。豆果がふつうらせん状に巻き、刺があるのが特徴。

ウマゴヤシ
M. polymorpha

〈馬肥やし〉 すぐれた飼料になることによる。ヨーロッパ原産の1〜越年草で、江戸時代に牧草として渡来し、各地に帰化している。茎の基部は地をはい、高さ10〜60㌢になる。小葉は3個で、長さ1〜2㌢、幅0.5〜1.5㌢の広倒卵形。托葉はクシの歯のように深く切れこむ。花は葉腋に数個ずつつき、黄色で長さ4〜5㍉。豆果は2〜3回らせん状に巻き、直径5〜6㍉。ふちに先がカギ状に曲がった刺がある。

❀**花期** 3〜5月 **分布** ヨーロッパ原産

ムラサキウマゴヤシ
M. sativa

〈紫馬肥やし〉
地中海沿岸原産の多年草。牧草のアルファルファの仲間のひとつで、飼料用に栽培されたもっとも古い植物といわれる。日本には明治初期に入り、北海道などで栽培されているほか、各地に帰化している。日本で見られるウマゴヤシ属のなかで、紫色の花が咲くのはムラサキウマゴヤシだけなので、見分けやすいが、茎が直立し、小葉が細長いのも特徴。高さは30〜90㌢。小葉は長さ2〜3㌢、幅0.5〜1㌢。豆果はらせん状に巻くが、ウマゴヤシのような刺はない。❀**花期** 5〜9月 **分布** 地中海沿岸原産

ウマゴヤシ 馬を肥やすよい牧草という意味でこの名がある　86.6.10　三浦半島

❸ウマゴヤシの花。長さ4〜5㍉の小さな蝶形花で、旗弁はまるくて大きい。❹果実は豆果だが、2〜3回らせん状に巻いて、いわゆるさやの縫合線に毛状の刺があるので、とてもマメには見えない。❺托葉がクシの歯のように深く切れこむのが特徴で、コウマゴヤシやコメツブウマゴヤシと区別しやすい。❻ムラサキウマゴヤシの花。これは虫がやってきて、竜骨弁のなかから雄しべと雌しべがとびだした花。右の花は雄しべと雌しべはまだ竜骨弁のなかに閉じこめられている。

ムラサキウマゴヤシ　12.6.14　小平市

マメ目　マメ科

ウマゴヤシ属
Medicago

コウマゴヤシ
M. minima
〈小馬肥やし〉

ヨーロッパ～黒海沿岸原産の1～越年草。本州の沿海地にややまれに帰化している。全体に軟毛があるのが特徴。茎は直立または根もとから分枝して地をはい，高さ10～30㌢になる。小葉は長さ0.7～1㌢の倒卵状くさび形～広倒卵形で，先は円形またはややへこみ，上半部に鋸歯がある。托葉はほぼ全縁。花は淡黄色で長さ約3㍉。豆果は4～5回らせん状に巻き，直径約4㍉。表面の脈上とふちに毛状の刺があり，刺の先はカギ状に曲がる。❀花期 3～6月 ◉分布 ヨーロッパ～黒海沿岸原産
✚コウマゴヤシはウマゴヤシを小型にしたような感じで，よく似ているが，茎や葉などに軟毛が多く，托葉がウマゴヤシのようにクシの歯状に深く切れこむことがないことなどで見分けられる。

コウマゴヤシ 海岸の近くに生え，全体に軟毛がある 86.6.10 三浦半島

❶

❷コウマゴヤシの花。コウマゴヤシは全体に軟毛があるのが特徴で，萼にも長い毛が生えている。花の色はウマゴヤシよりやや淡く，萼片は萼筒よりやや長い。雌しべははじめまっすぐだが，成熟するにつれてしだいに巻き，❶のように4～5回らせん状に巻いた果実になる。表面の刺も雌しべが成熟するにつれてのび，先はカギ状に曲がる。なかには3～4個の種子が入っている。❸葉柄の基部の托葉は，ウマゴヤシのようにクシの歯状に切れこまず，全縁に近い。

マメ目 マメ科

コメツブウマゴヤシ
M. lupulina

〈米粒馬肥やし〉 腎形の小さな豆果を米粒に見立てたもの。

ヨーロッパ原産の1～越年草。江戸時代に渡来し、各地に広く帰化している。茎は基部から分枝し、地をはうかまたは斜上して高さ30～60㌢になる。小葉は長さ0.7～1.7㌢、幅0.6～1.5㌢の倒卵形～円形。上部には細かい鋸歯がある。葉腋からのびた花柄に20～30個の花が集まってつく。花は黄色で長さ3～4㍉。豆果は先の方だけ半回転し、長さ約2.5㍉。刺はなく、表面に網状の脈がある。熟すと黒くなり、なかに種子が1個入っている。

花期 5～7月
分布 ヨーロッパ原産

✚コメツブウマゴヤシは豆果に刺がなく、なかの種子は1個だけなのが特徴。ウマゴヤシやコウマゴヤシの豆果には種子が数個入っている。また托葉がほぼ全縁という点でも、ウマゴヤシと区別できる。

コメツブウマゴヤシ　20～30個の花がかたまってつく　86.6.28　東京都江東区

❹コメツブウマゴヤシの花序。小さな蝶形花が20～30個びっしりとつく。コメツブウマゴヤシは全体にほとんど無毛のものから毛の多いものまである。❹では萼に軟毛があり、❺の若い豆果にも毛がある。豆果には刺がなく、先端だけ半回転して、うず巻き状にならないので、見分けやすい。熟すと❻のように黒くなる。

コメツブウマゴヤシ　86.6.28　東京都江東区

マメ目　マメ科

シナガワハギ 沿海地に多い帰化植物。ミツバチの蜜源、牧草として利用される　86.6.28　東京都江東区

マメ目　マメ科

シナガワハギ属
Melilotus

シナガワハギ
M. officinalis
　ssp. suaveolens

〈品川萩〉　アジア大陸原産の帰化植物で、江戸時代末期に東京の品川付近で見つけられたのでこの名があるという。乾燥したものは桜餅の葉のようなクマリンの香りがする。ミツバチの蜜源、牧草。海岸の近くに多い高さ50〜90㌢の越年草で、よく枝分かれする。葉は3小葉からなり、小葉は長さ1.2〜3㌢、幅0.4〜1㌢のくさび状楕円形で、浅い鋸歯がある。葉腋から長さ3〜5㌢の総状花序をだし、黄色で長さ4〜6㍉の花を多数つける。豆果は長さ3〜4㍉の広楕円形で、表面にしわが多い。なかに1〜2個の種子が入っている。花期　5〜10月　分布　アジア大陸原産

シロバナシナガワハギ
M. officinalis
　ssp. albus

〈白花品川萩／別名コゴメハギ〉　別名は白い小さな花を米粒に見立てたもの。東京湾の埋立地ではシナガワハギより多く見られる帰化植物で1〜越年草。花序は長さ3〜10㌢でシナガワハギより長く、花は白色。豆果に網目状のくぼみがあるのが特徴。花期　6〜8月　分布　中央アジア〜ヨーロッパ原産

✢ユーラシア大陸原産で、道ばたなどに見られるコシナガワハギ M. indicus は、花がシナガワハギより小さく、長さ2〜3㍉。豆果も小さく網目状脈がある。

シロバナシナガワハギ　白い小さな蝶形花が総状につく　86.6.28　東京都江東区

❶シナガワハギの花。旗弁は広楕円形で翼弁とほぼ同長。萼は5裂する。❷豆果はふくらみ、なかに1〜2個の種子が入っている。豆果の表面にはシロバナシナガワハギのような網目状の模様はなく、でこぼこしたしわが目立つ。❸シロバナシナガワハギは花が白色で、豆果にカメの甲羅のような網目状の模様があるのが特徴。

マメ目　マメ科

コマツナギ属
Indigofera

コマツナギ
I. pseudotinctoria

〈駒繋ぎ〉 茎は細いが、馬をつなげるほど丈夫なことによるという。草地や川の土手、道ばたなどの日当たりがよく、やや乾いたところに群生する。高さ40～80㌢の草本状の小低木で、茎や葉に伏毛がまばらにある。葉は奇数羽状複葉。小葉は7～13個あり、長さ0.8～1.5㌢の長楕円形。葉腋に長さ4～10㌢の総状の花序をだし、淡紅紫色の花をやや密につける。花は花序の下から咲き上がる。花は長さ4～5㍉。豆果は長さ約2.5～3㌢で熟すと黒くなる。🌸花期 7～9月
🌍分布 本、四、九

タヌキマメ属
Crotalaria

タヌキマメ
C. sessiliflora

〈狸豆〉 毛の多い萼をタヌキに見立てたという説のほか、正面から見た花の姿や萼に包まれた豆果の様子からつけられたともいう。
日当たりがよく、やや湿ったところに生える高さ20～60㌢の1年草。茎や葉などに褐色の長い毛が多い。葉は長さ2.5～10㌢、幅4～8㍉の広線形。花は枝先に総状につき、青紫色で長さ約1㌢。萼は大きく、褐色の毛が密生してよく目立ち、深く2裂し、さらに上裂片は2裂、下裂片は3裂する。花のあと萼は大きくなり、豆果をすっぽり包む。豆果は長さ1～1.5㌢の長楕円形。
🌸花期 7～9月
分布 本、四、九

コマツナギ 茎や葉に丁字状の伏毛があるのがこの属の特徴 86.8.7 八王子市

タヌキマメ 87.8.26 茨城県谷田部町

❶コマツナギの豆果はまっすぐな細い円筒形で、長さ2.5～3㌢、幅2.5～3㍉。熟すと茶褐色になり、裂開して緑黄色の種子を3～8個だす。❷タヌキマメの花は午後開いて夕方にはしぼむ。萼が大きく、褐色の長い毛が密生しているのでよく目立つ。花のあと萼は大きくなり、長楕円形のふくれた豆果を包む。

マメ目 マメ科

ヤハズソウ属
Kummerowia

東アジアにヤハズソウとマルバヤハズソウの2種があるだけ。葉が3小葉からなり,豆果は熟しても裂けず,種子が1個だけで,閉鎖花をつけるなど,ハギ属と似ている。ハギ属に含める見解もある。

ヤハズソウ
K. striata

〈矢筈草〉 小葉の先をひっぱると,矢筈のような形になってちぎれることによる。

道ばたなどにふつうに見られる1年草。茎には下向きの毛があり,よく分枝して高さ15〜40㌢になる。小葉は長さ1〜1.7㌢,幅3〜7㍉の長楕円形で,斜めに並んだ側脈が目立ち,ふちに伏毛がある。花は葉腋に1〜2個つき,淡紅紫色で長さ約5㍉。萼は果期に長さ3〜3.5㍉でまばらに伏毛がある。豆果は萼よりわずかに長く,先はとがる。
花期 8〜10月 **分布** 日本全土

マルバヤハズソウ
K. stipulacea

〈丸葉矢筈草〉
ヤハズソウと同じようなところに生え,混生することも多い。ヤハズソウよりよく分枝し,茎には上向きの毛がある。小葉は茎の下部では倒卵形で,先がへこむのが特徴。枝先の小葉は幅が狭く,やや密につき,この葉のわきに花がつく。小葉のふちの毛はやや斜めに立つ。萼は果期に長さ1.5㍉で無毛。豆果は萼の2倍以上あり,先はまるい。**花期** 8〜10月 **分布** 本,四,九

ヤハズソウ 小葉の先をひっぱると矢筈形にちぎれる 86.8.27 愛知県作手村

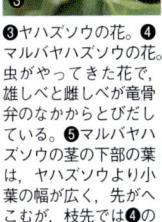

❸ヤハズソウの花。❹マルバヤハズソウの花。虫がやってきた花で,雄しべと雌しべが竜骨弁のなかからとびだしている。❺マルバヤハズソウの茎の下部の葉は,ヤハズソウより小葉の幅が広く,先がへこむが,枝先では❹のように細くなり,やや密につく。

マルバヤハズソウ 87.9.27 日野市

マメ目 マメ科

ハギ属 Lespedeza

ハギは秋の七草のひとつとして古くから親しまれ、『万葉集』にもっとも多く登場する。この場合のハギは特定の種類をさすわけではなく、山地生の低木のヤマハギやマルバハギなどの総称として使われている。ここでとりあげたものはいわゆるハギとはやや印象が異なり、花が目立たないものが多い。豆果には種子が1個しかなく、熟しても裂開しない。マメ科ではハギ属とヤハズソウ属だけに見られる特徴である。閉鎖花をつける種類も多い。

メドハギ
L. cuneata

〈蓍萩〉 茎を占いの筮に用いたことによる。後世では竹で作った筮竹が多くなった。目処萩とも書く。

日当たりのよい草地や道ばたに生える多年草。茎は高さ0.6〜1mになり、やや木質化し、伏毛がある。葉は3小葉からなり、茎に密生する。小葉は長さ1〜2.5cm、幅2〜4mmのくさび形〜倒披針形で、裏面には伏毛がある。花は葉腋に数個ずつつき、黄白色で長さ6〜7mm。閉鎖花も葉腋に数個ずつつく。豆果は扁平な円形または広楕円形。
花期 8〜10月
分布 日本全土

ハイメドハギ
L. cuneata var. serpens
〈這蓍萩〉

メドハギの変種。茎の下部が地をはうのが特徴。またふつう茎の毛が開出し、小葉は短いので幅が広い感じがする。
花期 8〜10月
分布 本、四、九

メドハギ よく枝分かれし、葉がびっしりとつく 87.9.5 日野市

ハイメドハギ 87.9.24 千葉県成東町

❶メドハギの花。旗弁に紅紫色の斑点がある。❷❸❹メドハギの豆果。❷はふつうの花が結実したもので、閉鎖花からできた❸より萼片が長い傾向がある。❹はまだ若い豆果。なかには種子が1個しかなく、熟しても裂けないのはハギ属の特徴。❺ハイメドハギの花。旗弁全体と他の弁の先が紫色を帯びる。

マメ目 マメ科

シベリアメドハギ
L. juncea

〈四伯利亞蓍萩／別名イヌメドハギ〉
日本では珍しいが、アジア東北部に広く分布する。全体にメドハギとよく似ているが、閉鎖花の萼片に3脈があり、豆果と萼がほぼ同じ長さになる。🌱花期 9〜10月 ◎分布 本（中部地方以北）

ネコハギ
L. pilosa

〈猫萩〉 牧野富太郎によれば、同じハギ属のイヌハギ（犬萩）に対してつけられたもので、全体に黄褐色の毛が多いことによるという。日当たりのよい草地などに生える多年草。茎は基部近くで枝分かれして地をはう。葉は3葉からなる。小葉は長さ1〜2㌢、幅0.8〜1.5㌢の広楕円形〜広卵形。花は葉腋に3〜5個ずつつき、白色で長さ7〜8㍉。豆果は長さ3〜4㍉の広倒卵形。上部の葉腋には閉鎖花がつき、豆果はやや小さい。🌱花期 7〜9月 ◎分布 本、四、九

シベリアメドハギ 本州の中部地方以北にまれに見られる 87.10.27 日野市

シベリアメドハギはメドハギに似ているが、❻豆果の毛が長くて多く、萼と豆果はほぼ同じ長さ。またよく見ると、萼片に3脈があり、これも脈が1個のメドハギとの区別点。❼ネコハギの花。旗弁に紅紫色の斑点がある。❽ネコハギの閉鎖花からできた豆果。ふつうの花からできたものよりやや小さく、花柱が短い。

ネコハギ 86.9.12 八王子市

マメ目 マメ科

ヌスビトハギ属
Desmodium

マメ科の果実は1心皮1室の子房からなり、豆果と呼ばれる。そのうち種子と種子の間がくびれて節になるものを節果という。熟しても裂開せず、種子が1個入った小節果ごとにちぎれる。ヌスビトハギ属の果実は節果で、小節果の表面にカギ状の毛があり、これで動物の体や衣服にくっついて種子を散布する。

ヌスビトハギ
D. podocarpum
ssp. *oxyphyllum*
var. *japonicum*

〈盗人萩〉 果実の形をしのび足で歩く盗人の足の形に見立てたというが、異説もある。平地から山地の草地や道ばた、林縁などに生える高さ0.6～1.2㍍の多年草。根もとはやや木質化する。葉は3小葉からなる。頂小葉は長さ4～8㌢、幅2.5～4㌢の卵形～長卵形。側小葉はやや小さい。花は細長い花序にまばらにつき、淡紅色で長さ3～4㍉。節果には長さ1～3㍉の柄があり、ふつう2個の小節果からなる。小節果は長さ5～7㍉の半月形。
花期 7～9月
分布 日本全土

マルバヌスビトハギ
D. podocarpum
ssp. *podocarpum*

〈丸葉盗人萩〉
山野の林内に生える多年草。ヌスビトハギより全体にやや毛が多く、葉は厚い。頂小葉は広卵形～広倒卵形で、中央部より上がもっとも幅が広い。ヌスビトハギの小葉は中部より下がもっとも幅が広いの

ヌスビトハギ　果実を盗人のしのび足の形に見立てたという　87.8.18　日野市

マルバヌスビトハギ　八王子市

❶ヌスビトハギの花は長さ3～4㍉。❷節果の表面に密生したカギ状の毛で動物などにくっつく。これはシバハギ属に共通の特徴。❸マルバヌスビトハギの花と節果。ヌスビトハギとよく似ているが、花柄や萼などに白い毛があるのが区別点。写真の上の方の花では雄しべと雌しべはまだ竜骨弁のなかに入っているが、虫がやってくると、下の花のように外にとびでる。虫が去ると雄しべと雌しべが再び竜骨弁のなかに戻るものが多いマメ科の蝶形花のなかで、シバハギ属とコマツナギはそのまま外にでているので、虫がきた花は外からでもわかる。

で区別できる。花期 7〜9月 分布 本，四，九

アレチヌスビトハギ
D. paniculatum
〈荒れ地盗人萩〉
比較的近年入ってきた帰化植物で，関東地方以西に多い。茎は高さ1mほどで，開出毛が多い。葉は3小葉からなり，小葉は長さ5〜8cm，幅2〜4cmで両面に伏毛が密生する。花は帯青紫色で，長さ7〜8ミリとヌスビトハギよりやや大きい。夕方にはしぼんで赤くなる。果実は5〜6個の小節果からなり，小節果は長さ約7ミリ。花期 7〜10月 分布 北アメリカ原産

✤ ヌスビトハギ属の帰化植物には，ほかにアメリカヌスビトハギ D. obtusum とイリノイヌスビトハギ D. illinoense があるが，いずれも果実の節が日本産ほどくびれないのが特徴。

オオバヌスビトハギ
D. laxum
〈大葉盗人萩／別名サイゴクトキワヤブハギ〉
林内に生える高さ0.5〜1.2mの多年草。葉は3小葉からなり，常緑でややかたく，光沢がある。頂小葉は長さ6〜12cm，幅4〜6cmの卵形で，側小葉はやや小さい。小葉の側脈はふちまで届かず，裏面は隆起した網状の脈が目立つ。花はまばらな総状につき，淡紅色で長さ約7ミリ。果実には長さ1〜1.8cmの柄があり，2〜3個の小節果からなる。小節果は長さ0.8〜1.5cm。花期 8〜10月 分布 本(関東地方以西)，四，九

アレチヌスビトハギ 北アメリカ原産の帰化植物 87.9.15 東京都江東区

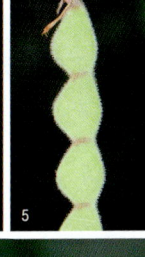

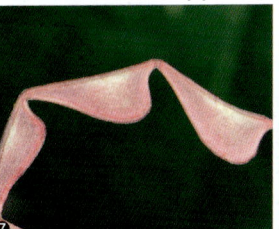

❹ アレチヌスビトハギの花。まるくて大きな旗弁がよく目立つ。❺ 節果にカギ状の毛があるのは日本産と同じだが，節のくびれが点になるほど深くないのが特徴。
❻ オオバヌスビトハギはヌスビトハギと比べて花がすこし大きく，❼ 節果の柄も長い。❽ 葉は常緑で，小葉の裏面は網状の脈が隆起し，脈上に短毛がある。

オオバヌスビトハギ 87.9.22 伊豆

マメ目　マメ科

ソラマメ属 Vicia

つる性のものが多いので、属名は「巻きつく」という意味の vincire からきている。葉は偶数羽状複葉で、頂小葉がなく、先が巻きひげになっているものが多く、花柱が円柱状で長い毛があるのが特徴。中央アジアや地中海周辺の原産のソラマメはもっとも古い栽培植物のひとつ。

カラスノエンドウ
V. sativa ssp. nigra

〈烏野豌豆／別名ヤハズエンドウ〉 豆果が黒く熟すのをカラスに、別名は小葉の形を矢筈にたとえたものという。道ばたや畑、野原など、日当たりのよいところにふつうに見られるつる性の越年草。葉は8～16個の小葉からなり、先の方の1～3個の小葉はふつう3分岐した巻きひげになる。小葉は長さ2～3㌢の狭倒卵形で、先端は矢筈状にへこむ。花は葉腋に1～3個つき、紅紫色で長さ1.2～1.8㌢。豆果は長さ3～5㌢。🌸花期 3～6月 🌏分布 本、四、九、沖

✤ヨーロッパ原産のオオカラスノエンドウ V. sativa は緑肥用として輸入され、野生化しているものもある。カラスノエンドウに比べて全体に大きく、毛が多い。豆果は褐色に熟す。

スズメノエンドウ
V. hirsuta

〈雀野豌豆〉 カラスノエンドウより小型なので、カラスに対してスズメをあてたもの。道ばたや畑などにふつうに生えるつる性の越年草。葉は12～14個の小葉からなり、先は巻

カラスノエンドウ 巻きひげは小葉が変化したもの 82.4.9 秋川市

❶ ❸ ❷ ❹

カラスノエンドウは托葉に特徴がある。❶で葉柄の基部にある三角形の黒っぽいのが托葉。この黒っぽい部分は花外蜜腺と呼ばれ、蜜を分泌するので、アリがよく群がっているのを見かける。❷カラスノエンドウの豆果は斜上し、扁平で長さ3～5㌢。なかには5～10個の種子が入っている。熟すとまっ黒になって2つに裂け、果皮がよじれて黒い種子をはじきだす。❸スズメノエンドウの豆果は下向きで、長さ1㌢以下と小さく、短毛があるのが特徴。なかにはふつう2個の種子が入っている。スズメノエンドウとまちがえやすい❹カスマグサの豆果は長さ1～1.5㌢で毛はなく、なかに種子がふつう4個入っている。

きひげになる。小葉は長さ1〜1.7ｾﾝ、幅2〜3ﾐﾘの狭卵形。花は葉腋からのびた柄の先にふつう4個つき、白紫色で長さ3〜4ﾐﾘ。豆果は長さ0.6〜1ｾﾝで短毛があり、なかにふつう種子が2個入っている。
🌼花期 4〜6月
分布 本、四、九、沖

カスマグサ
V. tetrasperma

〈かす間草〉 カラスノエンドウとスズメノエンドウの中間的な形なので、カラスとスズメの間という意味でカスマとつけられた。
道ばたなどに多いつる性の越年草。小葉は8〜12個で、長さ1.2〜1.7ｾﾝ、幅2〜4ﾐﾘの狭長楕円形。花は葉腋からのびた柄の先に1〜3個つき、淡青紫色で長さ5〜7ﾐﾘ。豆果は長さ1〜1.5ｾﾝで毛はなく、種子は4個入っていることが多い。
🌼花期 4〜5月
分布 本、四、九、沖

ナンテンハギ
V. unijuga

〈南天萩／別名フタバハギ〉 小葉がメギ科のナンテンに似ていることによる。
山野に生える高さ30〜60ｾﾝの多年草。茎は直立し、稜がある。小葉は2個しかないので、属の特徴である偶数羽状複葉のようには見えない。また巻きひげもほとんどない。小葉は長さ4〜7ｾﾝ、幅1.5〜4ｾﾝで、ふつう卵形だが、変異が多い。花は総状に集まってつき、紅紫色で長さ約1.5ｾﾝ。豆果は長さ約3ｾﾝで、種子は3〜7個。🌼花期 6〜10月 分布 北、本、四、九

スズメノエンドウ 花や果実は長い柄の先につく 86.5.19 八王子市

カスマグサ 86.5.15 八王子市

ナンテンハギ 86.6.3 日野市

マメ目 マメ科 367

ツルフジバカマ　クサフジより花期が遅く，晩夏から秋にかけて紅紫色の花が咲く　86.8.9　富士吉田市

クサフジ　葉が薄いのが特徴　86.6.16　松本市

❶　❷　❸　❹

ソラマメ属 Vicia

ツルフジバカマ
V. amoena
〈蔓藤袴〉

山野に生えるつる性の多年草。全体に軟毛があるが、毛の多いものからごく少ないものまである。小葉は10〜16個あり、やや厚く、長さ1.5〜4㌢の長楕円形。花は紅紫色で長さ1.2〜1.5㌢。🌼花期 8〜10月 ✿分布 北,本,四,九
✚ツルフジバカマの葉は乾燥すると暗赤褐色になるのが特徴。クサフジとヒロハクサフジは乾いても緑色が残る。

クサフジ
V. cracca
〈草藤〉

山野の日当たりのよい草地や林縁などに生えるつる性の多年草。小葉は18〜24個と多く、長さ1.5〜3㌢、幅2〜6㍉の狭卵形で薄い。花は青紫色で長さ1〜1.2㌢。🌼花期 5〜9月 ✿分布 北,本,九

ヒロハクサフジ
V. japonica
〈広葉草藤〉

海岸の近くに生えるつる性の多年草。クサフジに似るが、小葉は10〜16個で、幅が広く、長さ1〜2㌢、幅5〜10㍉の楕円形で先はまるい。両面には軟毛がある。ツルフジバカマに比べると小葉が薄いが、クサフジより厚い。🌼花期 6〜9月 ✿分布 北,本(近畿以東)
✚ヨーロッパ原産のナヨクサフジ V. villosa ssp. varia は1〜2年草で、旗弁の爪部が舷部より長いのが特徴。ツルフジバカマやクサフジ、ヒロハクサフジは爪部と舷部がほぼ同長。

ヒロハクサフジ　海岸の近くに生え、小葉は幅が広くてまるい　88.6.10　伊豆

❶ツルフジバカマの花。旗弁の舷部と爪部は同長。❷托葉は粗く裂ける。❸ナヨクサフジは旗弁の爪部が舷部より長く、萼筒の基部はまるくふくらんでうしろにつきでる。❹托葉はミトンのような形に裂けるものが多い。❺ヒロハクサフジの豆果。❻ヒロハクサフジは托葉がほぼ全縁で、❼花は色が淡い。

マメ目　マメ科

レンリソウ属
Lathyrus

多年草で、世界に約160種が分布する。スイートピーなどの観賞用のほか、食用として栽培されるものがある。

イタチササゲ
L. davidii

〈鼬豆〉 長い豆果をササゲに、あとで黄褐色に変わる花をイタチの毛の色にたとえたものという。

山野の日当たりのよいところに生える多年草。茎はまるく、高さ0.6〜1.5㍍になる。小葉は4〜8個が対生し、長さ4〜8㌢、幅1.5〜4.5㌢の楕円形〜卵形で、裏面は粉白色。巻きひげは分枝する。花は総状に多数つき、長さ約1.5㌢で、はじめ黄色、のちに黄褐色に変わる。豆果は長さ8〜10㌢、幅5〜6㍉の線形で、10個以上の種子が入っている。🌸花期 7〜8月 ⊙分布 本、九

レンリソウ
L. quinquenervius

〈連理草〉 連理は男女の深い契りのたとえのことで、小葉がきれいに対生しているので連理草とつけられた。

川岸などの湿った草地に生える高さ30〜80㌢の多年草。茎は直立し、両側に狭い翼がある。小葉は2〜6個あり、長さ2〜6㌢、幅0.4〜1㌢の線形または披針形で両端がとがる。巻きひげは分枝しない。葉腋から長さ10〜15㌢の柄をのばし、紅紫色の花を5〜8個つける。花は長さ1.5〜2.5㌢。豆果は長さ2〜4.5㌢で、まばらに毛がある。🌸花期 5〜6月 ⊙分布 本、九

イタチササゲ 黄褐色に変わる花の色をイタチにたとえたもの 86.8.9 大町市

レンリソウ 86.5.19 多摩川

❶イタチササゲの花ははじめ黄色だが、のちに黄褐色に変わる。❷ハマエンドウの花。雄しべ10個のうち9個が合着している。その上にひとつでているのは雌しべ。❸ハマエンドウの豆果。❹ハマナタマメは花も❺豆果も大きい。花の上下が逆になり、旗弁が下にくるものが多い。

マメ目 マメ科

ハマエンドウ
L. japonicus

〈浜豌豆〉 海岸に生え,全体の感じがエンドウに似ていることによる。海岸の砂地に生える多年草。まれに湖岸や川岸などにも見られる。全体に粉白色で,茎は角ばる。茎は地をはって長さ1mほどになる。小葉は6〜12個で,長さ1.5〜3cm,幅1〜2cmの楕円形。托葉は大きく,小葉とほぼ同じ大きさ。花は総状に3〜6個つき,長さ2.5〜3cm。旗弁ははじめ赤紫色,のちに青紫色に変わる。まれに白色の花もある。豆果は長さ約5cm,幅約1cmでほとんど無毛。種子は数個。🌸**花期** 4〜7月 ◎**分布** 日本全土

ナタマメ属 Canavalia

ハマナタマメ
C. lineata

〈浜鉈豆〉

暖地の海岸に生えるつる性の多年草。茎はよくのびて長さ5mにもなる。葉は3個の小葉からなる。小葉は厚く,長さ6〜12cm,幅4〜10cmの広倒卵形〜円形。花は総状に2〜3個つき,淡紅紫色で長さ2.5〜3cm。花序が垂れ,花は上下逆になって旗弁が下側にくることが多い。豆果は大きく,長さ5〜10cm,幅3〜3.5cmの長楕円形で,2〜5個の種子が入っている。🌸**花期** 6〜9月 ◎**分布** 本(関東地方以西),四,九,沖
✚若い豆果を福神漬などにつかうナタマメ C. gladiata は,熱帯アジア原産で,江戸時代から栽培されている。ナタマメは鉈豆と書く。豆果の形によるもの。

ハマエンドウ エンドウに似ている。黄色の花はミヤコグサ 87.4.18 三浦半島

ハマナタマメ 07.8.22 北九州市

マメ目 マメ科

タンキリマメ属
Rhynchosia

葉は3小葉からなる。小葉の裏面や萼に黄褐色の腺点があり、豆果が赤く熟すのが特徴。

タンキリマメ
R. volubilis

〈痰切豆〉 種子を食べると痰をとめるという俗説に由来する。
草地や林縁など、日当たりのよいところに生えるつる性の多年草。茎は左巻きで、下向きの毛がある。葉は3小葉からなり、やや厚く、裏面は黄褐色の腺点と毛が多い。小葉は長さ3～5㌢、幅2.5～4㌢の倒卵形。花は総状につき、淡黄色で長さ約9㍉。萼は褐色の毛におおわれ、不ぞろいに5裂する。最下の萼片は萼筒より長い。豆果は長さ約1.5㌢、幅約1㌢で、熟すと赤くなって裂開する。なかには黒い種子が2個入っている。❀花期 7～9月 ✿分布 本(関東地方以西)、四、九、沖

トキリマメ
R. acuminatifolia

〈別名オオバタンキリマメ〉 トキリマメの語源は不明。
山野に生えるつる性の多年草。タンキリマメによく似ているが、小葉がやや大きくて薄く、先が急に細くなってとがる。また小葉の幅は、タンキリマメが中央より上がもっとも広いのに対し、トキリマメは下半部がもっとも広い。茎や葉の毛はタンキリマメより少ない。萼片はすべて萼筒より短いのも区別点のひとつ。
❀花期 7～9月 ✿分布 本(関東地方以西)、四、九

タンキリマメ　赤いさやと黒い種子との対比が美しい　86.11.30　薩摩半島

トキリマメ　86.9.5　日野市

❶トキリマメの豆果は❷タンキリマメよりやや大きい。どちらも赤く熟すと2つに割れ、黒くて光沢のある種子が顔をだす。
❸トキリマメの花。萼に黄褐色の腺点があるのは属の特徴。

マメ目　マメ科

ノササゲ属 Dumasia

ノササゲ
D. truncata
〈野豇豆／別名キツネササゲ〉

山地の林縁などに生えるつる性の多年草。茎は黒紫色を帯びることが多い。葉は3小葉からなり、裏面は白っぽく、まばらに毛がある。頂小葉は長さ3〜15㌢、幅2〜6㌢の長卵形。花は総状につき、淡黄色で長さ1.5〜2㌢。萼は筒形で、萼片はほとんど目立たない。豆果は長さ2〜5㌢の倒披針形で種子のところでふくれて数珠状になる。熟すと紫色になり、なかには3〜5個の種子が入っている。種子は黒紫色で白粉をかぶる。❀花期 8〜9月 ✤分布 本、四、九

ノアズキ属 Dunbaria

葉の裏面や萼に腺点がある点はタンキリマメ属に似ているが、豆果には種子が3個以上入っている。

ノアズキ
D. villosa
〈野小豆／別名ヒメクズ〉

山野の日当たりのよいところに生えるつる性の多年草。全体に軟毛があり、葉の裏面と萼には赤褐色の腺点がある。葉は3小葉からなる。小葉は長さ、幅とも1〜3㌢の卵状菱形。花は黄色で長さ1.5〜1.8㌢。変わった形の蝶形花で、旗弁は右側が大きく、竜骨弁はクルリと曲がって上向きになる。豆果は長さ約5㌢の広線形で短毛が密生し、なかに6〜7個の種子が入っている。❀花期 8〜9月 ✤分布 本、四、九

ノササゲ 日本特産のつる植物。葉や萼に腺点はない 86.9.3 日野市

❹ノササゲの花。萼の先端は斜めに切ったような形をしている。❺豆果は熟すと紫色になり、2裂する。❻ノアズキの花は独特な形をしている。花の中央の竜骨弁はクルリとねじれ、左側の翼弁と一緒に上を向いている。右側の翼弁は竜骨弁の基部をとり巻いている。

ノアズキ 86.8.28 磐田市

マメ目 マメ科

ヤブマメ属 Amphicarpaea

ヤブマメ
A. bracteata
　ssp. edgeworthii
　　var. japonica

〈薮豆〉

林のふちなどに多いつる性の1年草。茎には下向きの毛がある。葉は3小葉からなり、両面とも伏毛がある。小葉は長さ3〜6㌢の広卵形。花は長さ1.5〜2㌢。旗弁は紫色、翼弁と竜骨弁は白っぽい。豆果は扁平で長さ2.5〜3㌢。縫合線に伏毛があり、種子はふつう3〜5個。また閉鎖花も結実する。閉鎖花は細い地下茎につくので、豆果も地中にできる。閉鎖花からできた果実はまるくてふくらみ、種子は1個しか入っていない。花期　8〜10月　分布　日本全土

クズ属 Pueraria

クズ
P. lobata

〈葛〉　根からとったでんぷんが葛粉で、大和（奈良県）の国栖が葛粉の産地であったことによるという。根を乾燥したものを風邪薬の葛根湯に用いる。茎からとった繊維で織った布を葛布という。秋の七草のひとつ。

山野にふつうに見られるつる性の多年草。全体に黄褐色の粗い毛がある。茎の基部は木質。葉は3小葉からなり、裏面に白い毛が密生する。小葉は長さ10〜15㌢で浅く2〜3裂するものが多い。花は総状に多数つき、紅紫色で長さ1.8〜2㌢。豆果は長さ5〜10㌢で褐色の剛毛が密生する。花期　7〜9月　分布　日本全土

ヤブマメ　地中に閉鎖花をつける珍しい生態をもつ　86.9.13　八王子市

クズ　11.9.17　八王子市

❶ヤブマメの花。旗弁は紫色、翼弁と竜骨弁は色が淡い。❷ヤブマメの種子は扁平で直径約3.5㍉。黒い斑点があり、ウズラ豆のミニチュア版といった感じだ。❸翼弁と竜骨弁を1個ずつはずしたクズの花。10個の雄しべが合着して、単体雄しべになっているのが特徴。

マメ目　マメ科

ダイズ属 Glycine

ツルマメ
G. max ssp. soja
〈蔓豆／別名ノマメ〉
野原や迫ばたなどに生えるつる性の1年草。茎には下向きの粗い毛がある。葉は3小葉からなり、両面とも毛がある。小葉は長さ2.5〜8㌢、幅1〜3㌢の狭卵形〜披針形。花は淡紅紫色で長さ5〜8㍉。豆果は長さ2〜3㌢で淡褐色の毛が密生する。
🌱花期 8〜9月 ❀
分布 日本全土
✤ツルマメの種小名のsojaは「しょうゆ」の意味で、ツルマメはダイズG. maxの原種と考えられている。ダイズは重要な資源作物として広く栽培されている。若い種子を食べる枝豆は大豆用とは違う品種で、種子が大きい。

クサネム属
Aeschynomene

クサネム
A. indica
〈草合歓〉 葉がネムノキに似ていることによる。
水田や川岸などの湿地に生える高さ0.5〜1㍍の1年草。茎の上部は中空。葉は偶数羽状複葉。小葉は20〜30対あり、線状長楕円形。裏面は白っぽい。花は淡黄色で長さ約1㌢。節果は長さ3〜5㌢で、6〜8個の小節果からなる。🌱花期 7〜10月 ❀分布 日本全土
✤クサネムやネムノキは暗くなると小葉を閉じ、いわゆる睡眠運動をする。マメ科の植物のなかで葉柄や小葉の基部の葉枕が発達しているものは、光や温度の変化、物理的刺激で開閉運動をする。

ツルマメ 毛の生えたつるで巻きつく。野菜のダイズは直立性 86.8.15 河口湖

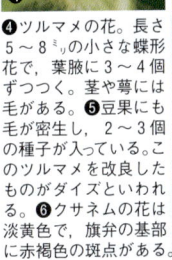

❹ツルマメの花。長さ5〜8㍉の小さな蝶形花で、葉腋に3〜4個ずつつく。茎や萼には毛がある。❺豆果にも毛が密生し、2〜3個の種子が入っている。このツルマメを改良したものがダイズといわれる。❻クサネムの花は淡黄色で、旗弁の基部に赤褐色の斑点がある。

クサネム 11.8.17 新潟市

マメ目 マメ科

ササゲ属 Vigna

約150種があり、ササゲ、アズキ、リョクトウ(緑豆)など栽培植物が多い。

ハマアズキ
V. marina
〈浜小豆〉
海岸の砂地に生える多年草。茎は地をはって長さ5mほどになる。茎や葉はほぼ無毛。葉は3小葉からなる。小葉は長さ3～6cm、幅2～4cmの卵形～倒卵形。花は黄色で長さ1.5～1.8cm。豆果は長さ3～6cm。🌼花期 4～11月 🌐分布 九(屋久島以南)、沖、小

ヤブツルアズキ
V. angularis var. nipponensis
〈藪蔓小豆〉
草地に生えるつる性の1年草。茎や葉に黄褐色の毛がある。葉は3小葉からなる。小葉は長さ3～10cm、幅2～8cmの狭卵形～卵形で浅く3裂するものもある。花は黄色で長さ1.5～1.8cm。豆果は長さ4～9cmの線形で無毛。🌼花期 8～10月 🌐分布 本、四、九

✚アズキ V. angularis はヤブツルアズキを改良したものといわれ、日本、朝鮮南部、中国では古代から栽培されている。日本では吉事や祭事に昔から用いた。

ハマアズキ 熱帯に広く分布し、海岸の砂地に生える 88.11.15 奄美大島

❶ハマアズキの花は黄色の蝶形花。❷豆果は黒褐色～緑褐色に熟し、なかに褐色～黄灰色の❸種子が5～6個入っている。❹ヤブツルアズキの花のつくりは、373頁のノアズキに似ている。2個が合着して筒状になった竜骨弁はクルリとねじれ、左側の翼弁がかぶさっている。右側の翼弁は竜骨弁を抱くようにつきでている。

ヤブツルアズキの実 撮影/多田

ヤブツルアズキ 86.9.13 日野市

マメ目 マメ科

カワラケツメイ属
chamaecrista

花は左右相称だが花弁が同形同大で不完全な蝶形花となるため，マメ科の中でジャケツイバラ亜科として区別される。本属は約270種あり，熱帯～亜熱帯に多くの種が分布する。

カワラケツメイ
C. nomame

〈河原決明〉 決明はハブ茶にするエビスグサの漢名。

河原や道ばたなどに生える高さ30～60㌢の多年草。葉は偶数羽状複葉で，葉柄の上部に蜜腺がある。小葉は15～35対で先はとがる。花は黄色で直径約7㍉。雄しべは4個。豆果は長さ3～4㌢。❀**花期** 8～9月 ❀**分布** 本，四，九

センダイハギ属
Thermopsis

センダイハギ
T. lupinoides

〈先代萩〉 北国に多いハギということから，仙台を舞台にした歌舞伎の「伽羅先代萩」の名をとったといわれる。海岸の砂地に群生する高さ40～80㌢の多年草。葉は掌状の3小葉からなる。小葉は長さ4～7㌢，幅2～5㌢の楕円形～倒卵形で，裏面に白い軟毛がある。葉柄の基部の托葉は長さ3～4㌢と大きく，小葉のように見える。花は黄色で長さ2～2.5㌢。豆果は扁平で長さ7～10㌢。❀**花期** 5～8月 ❀**分布** 北，本

✚マメ科のなかで花が蝶形花のものは，雄しべが合着していることが多いが，センダイハギは10個の雄しべが離生しているのが特徴。

カワラケツメイ 豆茶, 合歓茶などと呼んで茶の代用にする 86.9.10 八王子市

マメ科といえば蝶形花を連想するが，これはマメ科の大部分を占めるマメ亜科の特徴。ジャケツイバラ亜科に属す❺カワラケツメイの花は蝶形にならない。また雄しべは4個と少ない。写真は葯の先端から花粉をだしたあと。❻豆果は扁平で短毛があり，黒褐色に熟す。なかに四角形の種子が7～12個ある。

センダイハギ 07.6.21 野付半島

マメ目 マメ科

ヒメハギ科
POLYGALACEAE

ヒメハギ属
Polygala

ヒメハギ
P. japonica

〈姫萩〉

日当たりよい山野に生える多年草。茎は有毛で、地を這い、斜上し、高さ10〜20㌢内外になる。葉は小さく互生し、卵形〜長楕円形で長さ1〜3㌢、短柄があり、先端は尖る。茎上部の葉腋に短い総状花序を出し、帯紫色の蝶形状花をつける。萼片は5個、花弁状の両側の側萼片は卵形〜楕円形で長さ6㍉ほどで紫色。花後増大し、1㌢ほどで緑色になる。花弁3個は基部が合着する。下方の1個は先端が房状に切れ込む。雄しべ8個。**花期** 4〜7月 **分布** 本，四，九

ヒナノキンチャク
P. tatarinowii

〈雛の巾着〉 山麓の原野に生える無毛の1年草。茎は基部で分岐し、高さ5〜15㌢。葉には短柄があり、薄く、卵状楕円形で長さ1〜3㌢、葉縁には細毛がある。葉腋から総状で長さ8㌢ほどの花軸をだし、片側に多数の淡紫色で一部に黄色みのある長さ約2㍉の花を多数つける。側萼片5個は花弁状、花弁3個で、下の1個の先端は房状に切れこむ。蒴果は扁平円形で径約3㍉、翼はない。種子は黒く、楕円形で長さ約1㍉、表面に細毛がある。キンチャクの名は果実が似ているから。**花期** 7〜10月 **分布** 本，四，九

ヒメハギ 帯紫色の蝶形状花は可愛らしい 03.5.1 川崎市

ヒナノキンチャク 90.9.14 奥多摩町

❶ヒメハギの花。左右に広がる2個は、花弁ではなく側萼片。花弁は先端に見えている房状の1個と、その下方の半円形状の2個。❷ヒナノキンチャクの花穂。

マメ目 ヒメハギ科

カキノハグサ
P. reinii

〈柿の葉草〉 山地のやや乾いたところに生える常緑多年草。高さは20〜30㌢。茎はあまり分岐せず,直立する。葉は互生し薄く,全縁で先は尖る倒卵状楕円形〜長楕円形で長さ8〜15㌢,葉柄は短い。茎頂に総状花序を出し,黄色で,ときに淡紅色を帯びる長さ約2㌢の花を開く。萼片5個のうち側萼片2個は大きな花弁状の翼状になる。他の3個は長楕円形。花弁は3個で,長さ約2㌢。下方の1個には裂片状の付属体がある。雄しべ8個,花糸は合着し,葯は黄色。子房は楕円形で細毛がある。蒴果は扁円形で長さ約1㌢,縦すじがあり,縁に細毛がある。種子にも細毛がある。❀花期 5〜6月 ❀分布 本(近畿,東海地方)

カキノハグサ 山地のやや乾いたところに生える 97.6.7 掛川市

❸ヒナノカンザシの花は長さ1〜2㍉。花弁3個は基部が合着し,下側の1個はマメ科の竜骨弁と形が似ている。❹蒴果は扁平な腎形でふちに刺がある。

ヒナノカンザシ属
Salomonia

ヒナノカンザシ
S. ciliata

〈雛の簪〉 小さな花が総状につく花序の形から連想したもの。
日当たりのよい湿地に生える高さ10〜25㌢の1年草。葉は互生し,長さ3〜8㍉の長楕円形〜楕円形でほとんど無柄。花はごく小さく,まばらにつく。花柄はほとんどない。花弁は3個で紫色を帯びる。萼片は5個で,側方の2個はすこし大きい。雄しべは4個あり,花糸は合着して筒状になる。蒴果は扁平な腎形で,ふちに刺がある。❀花期 8〜9月 ❀分布 本,四,九

ヒナノカンザシ 87.8.25 茨城県岩間町

マメ目 ヒメハギ科

バラ科
ROSACEAE

高木、低木、草本といろいろな形態がある。観賞用や果樹として栽培されているものも多い。

キジムシロ属
Potentilla

黄色の5弁花のものが多く、萼片の外側に副萼片があるのが特徴。花はどれも似ているので、小葉の数や毛の有無、匍枝の有無などが区別点になる。

キジムシロ
P. fragarioides
var. major

〈雑蓆〉 まるく広がった株をキジの座るむしろに見立てたという。山野にふつうに見られる高さ5〜30㌢の多年草。全体に粗い毛がある。葉は5〜9個の小葉をもつ奇数羽状複葉で、頂小葉がもっとも大きい。花は黄色で直径1〜1.5㌢。そう果は卵形。🌼花期　4〜5月　🌍分布　日本全土

ミツバツチグリ
P. freyniana

〈三葉土栗〉 ツチグリに似ていて、葉が3小葉であることによる。山野の日当たりのよいところに生える高さ15〜30㌢の多年草。地下に肥大した根茎があり、匍枝をだす。葉は3小葉からなり、匍枝につく葉はすこし小さい。花は黄色で直径1.5〜2㌢。🌼花期　4〜5月　🌍分布　日本全土
✚西日本に多いツチグリ P. discolor は小葉が3〜7個で、裏面に白い毛が密生し、匍枝はださない。根茎は紡錘状で、焼くとクリのような味がし、生でも食べられる。土栗の名はこ

キジムシロ　小葉は5〜9個で、匍枝はださない　87.4.29　山梨県三ツ峠

ミツバツチグリ　小葉は3個　87.4.15　八王子市

の根茎からつけられたもの。ミツバツチグリの根茎は食べられない。

ヒロハノカワラサイコ
P. niponica
〈広葉の河原柴胡〉

日当たりのよい河原や砂地に生える多年草。根もとから分枝して四方に広がる。葉は7〜13個の小葉からなる奇数羽状複葉。小葉は羽状に中裂し、裏面に白い綿毛が密生する。花は黄色で直径1〜1.5㌢。萼片と副萼片はほぼ同じ大きさで、綿毛が密生して白く見える。🌱
花期 6〜8月 **分布** 北, 本(中部地方以北)

カワラサイコ
P. chinensis

〈河原柴胡〉 柴胡はミシマサイコの漢名。河原に多く、太い根茎がミシマサイコに似ていることによるという。日当たりのよい河原や砂地に生える多年草。葉は15〜29個の小葉からなる奇数羽状複葉。小葉は羽状に深く裂け、裏面には綿毛が密生する。小葉と小葉の間には付属小葉片と呼ばれる小さな裂片がある。花は黄色で直径1〜1.5㌢。副萼片は萼片より小さく、長い絹毛がある。🌱**花期** 6〜8月 **分布** 本, 四, 九

✜カワラサイコとヒロハノカワラサイコは同じようなところに生え、よく似ている。ヒロハノカワラサイコは分布域が北にかたより、次のような点でカワラサイコと区別できる。①小葉の数が少なく、裂け方は浅く、裂片の幅が広い。②小葉と小葉の間に付属小葉片がない。③萼片と副萼片が同形で白く見える。

ヒロハノカワラサイコ　カワラサイコよりやや小さい　86.6.13　東京都羽村町

キジムシロ属の花はどれもよく似ている。❶はキジムシロ、❷はミツバツチグリ、❸はカワラサイコ。雌しべは多数あり、花の中心の花床の上に密集してつき、花のあとそれぞれが粒状のかたいそう果になる。❸の花の右下に見えるのが若い果実で、萼片に包まれているが、熟すと萼は開く。外側に小型の副萼片がある。

カワラサイコ　86.7.22　多摩市

バラ目　バラ科

キジムシロ属
Potentilla

オヘビイチゴ
P. anemonifolia

〈雄蛇苺〉 ヘビイチゴより大型という意味で雄がついている。

田のあぜなど，やや湿ったところに生える多年草。全体に伏毛があり，茎は地をはう。葉は5小葉からなる掌状複葉で，茎の上部では3小葉，1小葉のものもまじる。小葉は狭長楕円形で長さ1.5〜5㌢。花は黄色で直径約8㍉と小さく，茎の上部に集散状につく。

花期 5〜6月 **分布** 本，四，九

✤キジムシロ類とヘビイチゴ類は花が黄色でよく似ているが，キジムシロ類は花のあと花床がふくらまず，いわゆるイチゴ型の果実をつくらない点が異なる。花期なら副萼片の形で見分けられる。キジムシロ類の副萼片は萼片と同じ形で，ほぼ同じ大きさかやや小さいが，ヘビイチゴ類の副萼片は大きく，粗い切れこみがある。

オヘビイチゴ　田のあぜなど，やや湿ったところに生え，5個の小葉が掌状につくのが

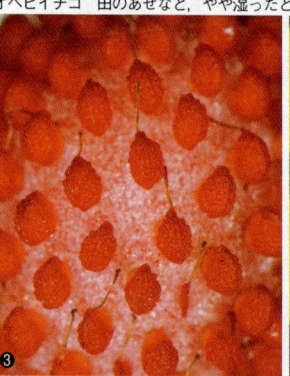

❶オヘビイチゴの果実。花のあと花床がふくらまない点がヘビイチゴ類と違う。褐色の種子のように見えるのがひとつのそう果で長さ約0.6㍉。❷ヤブヘビイチゴの果床は濃紅色で光沢がある。❹ヤブヘビイチゴの花。たくさんの雌しべがそれぞれそう果になり，花のあとふくらんだ海綿質の果床をおおう。このように子房以外の部分がふくらんで果実のように見えるものを偽果という。❸ヘビイチゴの果実。果床が淡紅色でしわがあり，そう果にもしわがある点がヤブヘビイチゴと違う。

ヘビイチゴ
P. hebiichigo

〈蛇苺〉 蛇苺は漢名で、人間が食べないで、ヘビが食べるイチゴという意味らしいが、毒があるわけではない。田のあぜや道ばたなど、やや湿ったところに生える多年草。茎は地をはい、節から根をだしてふえる。葉は黄緑色で3小葉からなる。小葉は長さ2～3.5㌢。葉腋から長い柄をだし、黄色の花を1個つける。花は直径1.2～1.5㌢。副萼片は萼片より大きく、先は3裂し、長い毛がある。果実は直径0.8～1㌢。果床は淡紅色でしわがあり、そう果にもしわがある。
🌼花期 4～6月 ◎
分布 日本全土

ヤブヘビイチゴ
P. indica

〈藪蛇苺〉

やぶや林縁などに多い多年草。ヘビイチゴより全体に大型で、葉は濃緑色。小葉は卵形または倒卵形で長さ3～6㌢。花は直径約2㌢。果実は直径1.5～2.5㌢。果床は濃紅色で光沢がある。そう果にはしわがなく、光沢がある。
🌼花期 4～6月 ◎
分布 本、四、九

✤ヘビイチゴとヤブヘビイチゴは、アジアに広く分布している。花のあと花床がまるくふくらんで果床になり、その上に粒状のそう果が点々とつく。食用に栽培するイチゴはオランダイチゴ属Fragariaで果床は液質だが、ヘビイチゴとヤブヘビイチゴの果床は水分の少ない海綿質で、食べられるが、おいしいものではない。

特徴。86.5.13 多摩市

ヘビイチゴ 87.5.29 八王子市

ヤブヘビイチゴ 87.4.25 浦和市

バラ目 バラ科

ダイコンソウ属 Geum

ダイコンソウ
G. japonicum

〈大根草〉根生葉がダイコンの葉に似ていることによる。
山野に生える高さ40〜80cmの多年草。全体にやわらかな毛が密生する。根生葉は羽状複葉で、長さ10〜20cm。頂小葉がとくに大きく、側小葉は大小不ぞろい。ふちに鈍い鋸歯がある。茎葉は3裂する。花は黄色で直径1.5〜2cm。そう果が集まった集合果は直径約1.5cmの球形。🌼花期 6〜8月 ◎分布 北、本、四、九

オオダイコンソウ
G. aleppicum

〈大大根草〉
ダイコンソウに似ているが、全体にやや大型で、粗くて長い毛が多い。根生葉は大型で、小葉の先はとがり、ふちに鋭い鋸歯がある。集合果は長さ2〜2.5cmの楕円形。🌼花期 6〜9月 ◎分布 北、本（中部地方以北）

キンミズヒキ属 Agrimonia

キンミズヒキ
A. pilosa var. viscidula

〈金水引〉細長い花序をタデ科のミズヒキにたとえたもの。
道ばたや草地に生える高さ30〜80cmの多年草。全体に毛が多い。葉は奇数羽状複葉。小葉は5〜9個で大小があり、裏面に腺点がある。花は黄色で直径0.7〜1cm。萼筒がよく発達し、萼片は5個。萼筒のふちにはカギ状の刺が多数ある。そう果は萼筒と萼片に包まれて熟し、刺で動物にくっつく。🌼花期 7〜10月 ◎分布 北、本、四、九

ダイコンソウ 根生葉の形がダイコンの葉に似ている 87.7.27 高尾山

❶ダイコンソウの花。雄しべと雌しべは多数ある。花柱に関節があり、ここでねじれている。花のあと花柱はのび、関節から上は脱落し、先がカギ形に曲がったそう果になる。このそう果の集団が❷の集合果で球形。❸オオダイコンソウの集合果は楕円形で、まだS字状にねじれた花柱の上部が残っている。❹キンミズヒキの花。雄しべは約12個。2個の雌しべは萼筒に包まれ、ふつう1個だけ成熟する。上のつぼみで、萼筒のふちにあるカギ状の刺は副萼片の変化したもの。

キンミズヒキ 12.9.16 群馬県嬬恋村

ワレモコウ属
Sanguisorba

小さな花が密集した穂状花序をつくり，花序の先の方から咲くものと，下の方から咲くものがある。花には花弁がなく，4個の萼片が花弁のように見える。バラ科では花が4数性で花弁がないものは珍しく，ほかには高山に生えるハゴロモグサ属があるだけである。

ワレモコウ
S. officinalis

〈吾木香〉 キク科のモッコウ（木香）からきたものという。モッコウはキク科で根に芳香があるが，ワレモコウは葉にスイカのような香りがあるだけで，由来はよくわからない。山野の日当たりのよい草地に生える高さ0.5〜1㍍の多年草。葉は奇数羽状複葉。小葉は5〜13個で長さ4〜6㌢の長楕円形。花序は長さ1〜2㌢の楕円形で，上から下へと開花する。花は暗赤紫色。雄しべは萼片より短い。
花期 8〜10月
分布 北，本，四，九

コバナノワレモコウ
S. tenuifolia
　　var. parviflora

〈小花の吾木香〉
湿地に生える高さ0.6〜1.3㍍の多年草。葉は奇数羽状複葉。小葉は11〜15個で長さ2〜8㌢，幅1〜2㌢と細長い。花序は長さ2〜10㌢，直径約6㍉と細長く，先はすこし垂れる。花はわずかに緑色を帯びた白色で，花序の先の方から開花する。雄しべは萼片より長い。
花期 8〜10月
分布 本（近畿地方以西），四，九

ワレモコウ　乾燥した根茎を地楡と呼び，止血剤にする　86.9.25　妙高高原

ワレモコウ属の花は花弁がなく，4個の萼片が花弁のように見えるのが特徴。❺ ワレモコウの花。萼片は暗赤紫色。雄しべは4個で葯は黒い。子房は萼筒に包まれている。❻ コバナノワレモコウの花は白く，ワレモコウの花とつくりは変わらないが，黒い葯をつけた雄しべが花の外につきでてよく目立つ。

コバナノワレモコウ　86.11.7　高知市

バラ目　バラ科　385

アサ科
CANNABACEAE

新しい分類体系では、これまでのアサ科に、クワ科やニレ科の一部を含めている。草本あるいは木本、ときにつる性の草本合わせて約11属170種がある。

カラハナソウ属
Humulus

カナムグラ
H. scandens

〈鉄葎〉 道ばたや荒れ地などに生えるつる性の1年草。茎や葉柄には下向きの刺があり、ほかの木や草にからみつく。葉は対生し、長さ5〜12 cmで掌状に5〜7裂する。表面には粗い毛があり、ざらつく。雌雄異株。雄花は淡緑色で、円錐状の大きな花序にまばらにつく。雌花は苞に包まれ、下向きの短い穂状花序につく。雌花の苞ははじめ緑色で濃紫色の斑紋があるが、花のあと大きくなり、果期には全体が紫褐色を帯びて先がそり返る。果実はそう果で花被に包まれる。花期 8〜10月 分布 日本全土

カナムグラの雄株 花序は大型で、花はまばらにつく 86.9.7 八王子市

カナムグラの雌株 86.10.10 高尾山

❶カナムグラの雄花。細くて短い花糸の先に大きな葯が垂れ下がる。❷種子の断面。らせん状に巻いている白いものは胚。❸雌花序。雌花の苞は先がとがり、とくにふちに粗い毛が多い。果期には先がそり返る。

バラ目 アサ科

カラハナソウ
H. lupulus
　var. cordifolius

〈唐花草〉 山地のやや乾いた地に生えるつる性多年草。茎葉に下向きの毛と鈎刺がある。葉は対生，卵円形で，ときに3裂し，長さ5～12㌢，縁に粗い鋸歯がある。雌雄異株。雄花は円錐花序に多数つき淡黄色。雌花は卵円形の球穂状，個々の花は2個が鱗状の苞に包まれている。果時にこの薄い膜状苞が重なり卵状球形になり，垂れ下がる。そう果に小腺体があり苦みを呈す。花期　8～9月　分布　北，本，(中部以北)

カラハナソウ　雄株の雄花序は2出集散状　95.8.25　群馬県嬬恋村

❹カラハナソウの雌花は，淡黄色で球穂状。❺カラハナソウの別種ホップの果実。カラハナソウの雌花にそっくりで，その苦みはビールの原料になる。

クワ科
MORACEAE

クワ，イチジク，コウゾなど，有用植物が多い。草本は少ない。

クワクサ属 Fatoua
クワクサ
F. villosa

〈桑草〉 葉がクワに似ていることによる。道ばたや畑，荒れ地などに多い高さ30～60㌢の1年草。茎や葉には細かな毛があり，茎はときに暗紫色を帯びる。葉は互生し，長さ3～8㌢，幅2～5㌢の卵形で，先はとがり，ふちに鈍い鋸歯がある。葉腋に雄花と雌花がまじってつく。雄花の花被は4裂し，雄しべは4個。雌花の花被も4裂する。花柱は子房の側面につき，花被片のすきまから外にのびている。果実はそう果で花被に包まれる。果実の下半部はふくらんで液質になり，膨圧によって種子をはじきとばす。花期　9～10月　分布　本，四，九，沖

❻クワクサの花。葉腋に雄花と雌花がまじってつく。手前の白い雄しべがつきでているのが雄花。雄しべはつぼみのとき内側へ曲がっている。奥が雌花で，花被片のすきまから紅紫色の糸状の花柱がのびている。

クワクサ　86.9.27　東京都五日市町

バラ目　アサ科・クワ科　387

イラクサ科
URTICACEAE

カテンソウ属
Nanocnide

カテンソウ
N. japonica
〈花点草〉

山野の木陰などに群生する高さ10〜30cmの多年草。葉は互生し、長さ、幅とも1〜3cmの菱形状卵形で、ふちに深い鋸歯がある。雌雄同株。雄花序は上部の葉腋につき、長い柄がある。雄花の花被片は5個、雄しべも5個ある。雌花序は柄がなく、葉腋にかたまってつくので目立たない。雌花の花被片は4個で、先端に剛毛がある。果実はそう果で花被に包まれ、熟すと花被から落ちる。🌸**花期** 4〜5月 **分布** 本、四、九

カラムシ属 Boehmeria

花は単性で、雄花と雌花が別々の花序をつくり、同じ株につく。雌花の花被片は4個あり、先端を残して合着し、壺形になる。果実はそう果で、花のあと大きくなった花被に包まれている。形態的な変化が多く、分類が難しい。風媒花なので、雑種ができやすく、この雑種個体が無性生殖を行うと、形態が固定したひとつの型を示すようになるといわれる。

カラムシ
B. nivea var. concolor f. nipononivea
〈茎蒸／別名マオ・クサマオ〉 茎(幹)を蒸して皮をはぎ、繊維をとることによる。この繊維は長くて丈夫なので、越後上布をはじめ、昔から上質の織物がつくられている。

人里近くに多い高さ1

カテンソウ 雄花序は目立つが、雌花序は上部の葉腋につき目立たない 87.4.23 八王子市

❶❹カテンソウの雄花。❷カラムシの雄花。イラクサ科の雄花はつぼみのとき花糸が内側に曲がっていて、開花すると外側にはじけ、その勢いで花粉をまき散らす。花糸の横じわがばねの働きをするという。❸カラムシの雌花序。雌花は球状に集まり、その集団が穂状についている。雌花の花被は壺状で短毛があり、糸状の柱頭が外にのびでている。

カラムシ 87.8.19 東京都五日市町

〜2mの多年草。茎や葉柄には短毛が密生する。葉は互生し、長さ10〜15cmの広卵形で、先は尾状にとがり、ふちに大きさのそろった鋸歯がある。表面はざらつき、裏面は白い綿毛が密生して白っぽい。雌雄同株。雄花序は茎の下部につき、雌花序は茎の上部につく。葉の裏面に綿毛がないものをアオカラムシ var. concolor という。🌼**花期** 7〜9月 ◎**分布** 本、四、九、沖
✤カラムシより全体に大型で、茎や葉柄に灰白色の粗毛があり、葉が卵円形で大きいものをナンバンカラムシ var. nivea という。繊維をとるために栽培されたものが野生化している。この変種がラミー var. tenacissima で、繊維が水に強くて丈夫なので、船舶用の綱や漁網などに使われている。

ラセイタソウ
B. biloba

〈羅背板草〉 葉の表面がラシャに似た毛織物のラセイタに似ていることによる。
海岸の岩の間などに生える高さ30〜70cmの多年草。葉は対生し、長さ6〜15cmのゆがんだ広卵状楕円形〜倒卵形で、厚くて、表面に細かいしわがあり、ざらざらする。葉の先はしばしば浅く2〜3裂する。雌雄同株。雄花序は細長い穂状で、茎の下部の葉腋につく。雌花序は茎の上部につき、球状に集まった雌花の集団が太くて短い穂をつくる。🌼**花期** 7〜9月 ◎**分布** 北（南部）〜本（紀伊半島まで）の太平洋岸

ラセイタソウ　厚くて細かいしわの多い葉が特徴　86.7.24　三浦半島

❹カテンソウの雄花が花粉をとばす瞬間。内側に曲がっていた雄しべがはじける勢いで花粉をまき散らす。このような雄しべの運動は、イラクサ科のほか、クワ科のクワクサなどの風媒花に見られ、風が弱くても花粉を散布できる。❺ラセイタソウの雌花序。球形に集まった雌花の集団が密集してつく。❻雄花。

バラ目　イラクサ科　389

カラムシ属 Boehmeria

アカソ
B. silvestrii

〈赤麻〉茎や葉柄が赤みを帯びることによる。山野のやや湿ったところに生える高さ50〜80㌢の多年草。茎は分枝せず、斜めに立つことが多い。葉は対生し、長さ8〜20㌢の卵形で3脈が目立つ。先は3裂し、中央裂片は尾状に鋭くとがる。ふちには粗い鋸歯がある。雄花序は茎の下部につき、淡黄白色の雄花を穂状につける。雌花序は茎の上部につき、雄花序より小型で赤みを帯びる。雌花は球形に集まり、この雌花の集団がやや接して花軸につく。葉の先が3裂しないで、尾状に鋭くとがるものを**クサコアカソ**(マルバアカソ) B. gracilis という。❀**花期** 7〜9月 **分布** 北、本、四、九
✚アカソに似ている**コアカソ** B. spicata は高さ1〜2㍍の半低木。本州、四国、九州の山野にふつうに見られ、茎の下部は木質化してよく分枝する。葉はアカソより小さく、長さ4〜8㌢で、先は尾状にとがり、アカソのように3裂しない。

ヤブマオ
B. japonica
    var. longispica

〈藪苧麻〉山野にふつうに見られる高さ1〜1.2㍍の多年草。茎は直立し、分枝しない。葉は対生し、長さ10〜15㌢の卵状長楕円形〜卵形で、やや厚くてざらざらしている。先端は尾状にとがる。ふちには粗い鋸歯があり、葉の先ほど粗

アカソ 茎や葉柄は赤みを帯び、葉の先が3裂する 86.8.8 長野県白馬村

❶アカソの雄花。雄花序は茎の下部の葉腋につく。雄花の花被片はふつう4個、雄しべも4個ある。雄しべの花糸はつぼみのとき内側に曲がり、開花するとそり返って花粉をまき散らす。
❷アカソの雌花序。まるくかたまっているのは雌花の集まったもので、この雌花の集団がさらに細長い穂をつくる。

クサコアカソ 11.8.11 八王子市

バラ目 イラクサ科

くて大きな鋸歯になる。裏面には短毛が密生する。ふつう茎の下部に雄花序、上部に雌花序をつける。雌花は球形に集まり、果期にはこの集団がくっついて太くて長い穂をつくる。
🌸**花期** 8〜10月
分布 北、本、四、九
✤ヤブマオによく似ているハマヤブマオ（オニヤブマオ）B. arenicolaは、葉の裏面に毛が密生してビロード状になる。またヤブマオの葉の鋸歯は鋭く、上部ではしばしば重鋸歯になるが、ハマヤブマオの鋸歯は鈍く、重鋸歯にならない。

メヤブマオ
B. platanifolia

〈雌藪苧麻〉 葉が薄く、花序も細くて、全体に弱々しく見えるから。山野の林内に生える高さ約1mの多年草。葉は対生し、長さ10〜20cmの卵円形で薄く、先が浅く3裂するものが多い。葉の基部は切形で、ふちには粗い鋸歯があり、両面とも短毛がある。雌花序はヤブマオより細く、雌花の集団はやや離れてつく。
🌸**花期** 8〜10月
分布 北、本、四、九
✤アカソやヤブマオの仲間は雌雄同株だが、雄花序をつけず、雌花序だけつける個体も多い。それらは無性生殖を行い、両性生殖をするものは少ない。この仲間は葉の形や毛の量、鋸歯の形などが区別点になっているが、非常に変化が多く、区別は難しい。無性生殖だと、個体の形質がそのまま次の代に伝えられ、いろいろな型ができやすくなるからである。

ヤブマオ 茎の上部に雌花序がつく 95.8.24 多摩市

メヤブマオ ヤブマオより葉が薄く、花序も細い 87.8.14 高尾山

バラ目 イラクサ科

カラスウリ　赤く色づいた実は晩秋の山野でよく目立つ　02.12.22　日野市

392　ウリ目　ウリ科

ウリ科
CUCURBITACEAE

ウリ科は約125属1000種あり、熱帯と亜熱帯に多い。人類史上最古の栽培植物が多く、カボチャ、キュウリ、スイカ、ヒョウタン、ヘチマなどがある。

カラスウリ属
Trichosanthes

花冠のふちがレースのように細かく裂け、雄しべの葯がS字形に屈曲するのが特徴。

カラスウリ
T. cucumeroides
〈烏瓜／別名タマズサ〉
別名は玉章で、縦に隆起した帯がある種子を結び文にたとえたのでつけられた。やぶなどに生えるつる性の多年草。葉は長さ、幅とも6〜10cmの卵心形または腎心形で、ふつう3〜5浅裂する。表面には粗毛が密生し、光沢はない。花は日が暮れてから開き、夜明け前にしぼむ。果実は長さ5〜7cmで朱赤色に熟す。花期 8〜9月 分布 本、四、九

キカラスウリ
T. kirilowii
var. japonica
〈黄烏瓜〉
やぶなどに生えるつる性の多年草。葉の表面にはやや短毛があり、濃緑色で光沢がある。花はカラスウリに似ているが、花冠の裂片の先が広い。果実は長さ約10cmで黄色に熟す。種子にはカラスウリのような帯はない。花期 7〜9月 分布 北(奥尻島)、本、四、九 ✚キカラスウリの根や種子は薬用にする。根のでんぷんからつくったのが天瓜粉（天花粉）で、あせもに用いる。

キカラスウリの実 カラスウリよりすこし大きい 86.12.17 多摩市

カラスウリとキカラスウリは雌雄異株。
❶カラスウリの雌花。萼筒の下部のふくらんでいる部分が子房。❷カラスウリの種子には縦に隆起した帯があるのが特徴。❸キカラスウリの雄花。写真ではわかりにくいが、雄しべ3個は合着して、葯はS字形に曲がっている。

ウリ目 ウリ科 393

ゴキヅル属
Actinostemma

ゴキヅル
A. tenerum

〈合器蔓〉 果実が熟すと横に割れ、上半部がかぶせぶたの容器のふたのようにとれることによる。

水辺に生えるつる性の1年草。以前は農村のやっかいな雑草だったが、最近では少なくなった。葉は長さ5〜10㌢、幅2.5〜7㌢の三角状披針形で、先端はとがる。葉腋から花序をだし、小さな黄緑色の花をつける。雌雄同株、花序の上部に雄花が総状につき、基部に雌花が1個つく。果実は長さ約1.5㌢の蓋果。

花期 8〜11月 分布 北, 本, 四, 九

スズウリ属
Neoachmandra

スズメウリ
N. japonica

〈雀瓜〉 果実がカラスウリより小さいことからつけられたとか、果実をスズメの卵に見立てたものともいう。

原野や水辺などに生えるつる性の1年草。葉は長さ3〜6㌢、幅4〜8㌢の三角状卵心形で、しばしば浅く3裂する。雌雄同株。雄花, 雌花ともに葉腋に単生するが、枝先ではときに雄花が総状につくこともある。果実は直径1〜2㌢の球形または卵形で、熟すと灰白色になる。

花期 8〜9月 分布 本, 四, 九

✤ スズメウリは秋になるとつるが垂れ下がり、地中にもぐって肥大した塊根をつくって越冬する。この特性はカラスウリやアマチャヅルにも見られる。

ゴキヅルは星形の花もかわいいが、とにかく果実がおもしろい　87.8.12　琵琶湖

スズメウリ　87.8.26　茨城県岩間町

ゴキヅルは雌雄同株。❶ゴキヅルの雄花は5全裂し、裂片は細長い。萼も同じ形なので、花びらが10個あるように見える。中心部には5個の雄しべがある。❷ゴキヅルの雌花。雌しべのまわりには退化した雄しべがある。❸ゴキヅルの果実は蓋果で、熟すと横に割れる。なかには黒褐色の種子が縦に2個並んでいる。❹スズメウリの雌花は直径約6㍉で深く5裂し、下部の子房が目立つ。❺スズメウリの果実は直径約1㌢ではじめ緑色だが、熟すと灰白色になる。

ウリ目　ウリ科

アレチウリ属 Sicyos

アレチウリ
S. angulatus
〈荒れ地瓜〉

北アメリカ原産のつる性の1年草。1952年に静岡県清水港で見つかり、その後、各地に広がった。河原や荒れ地に多い。葉は円心形で、浅く5～7裂する。雌雄同株。葉腋から花序をだし、黄白色の花をまばらにつける。雄花と雌花はそれぞれ別の花序につき、雄花序は長さ10～15㌢でまばらに雄花がつく。雌花序は短く、雌花が頭状に集まってつく。果実は長卵形で軟毛と刺が密生し、なかに種子が1個入っている。🌼**花期** 8～9月 🌏**分布** 北アメリカ原産

アマチャヅル属 Gynostemma

アマチャヅル
G. pentaphyllum
〈甘茶蔓〉 生の葉をかむと、かすかな甘みがあるので、4月8日の花祭(釈迦の生誕を祝う灌仏会)の甘茶をつくるアジサイの仲間のアマチャになぞらえたもの。

山地ややぶなどに多いつる性の多年草。葉は鳥足状複葉で、ふつう5小葉だが、3または7小葉のこともある。雌雄異株。葉腋に直径約5㍉の小さな黄緑色の花を総状につける。果実は直径約7㍉の球形で、熟すと黒緑色になる。🌼**花期** 8～9月 🌏**分布** 日本全土 ✚アマチャヅルは茎葉に朝鮮人参と同じ成分を含むことがわかってから、一時ブームになったが、最近ではあまり聞かない。

アレチウリ 川岸の土手などに繁茂し、とくに関東地方に多い 86.10.9 日野市

❻アレチウリの雄花は直径約1㌢。雄しべは花糸も葯も合着し、キノコのような形になっている。❼雌花。柱頭は3個。❽果実。長卵形の液果が数個集まってつき、こんぺい糖のように見える。表面はやわらかい刺と毛におおわれている。❾アマチャヅルの雄花は直径約5㍉。花冠は5裂して先端は尾状にとがる。萼は小さく、花冠の裂片と裂片の間に見えている。雄しべは5個あり、基部で合着している。❿果実は液果で、萼や花冠の跡が環状に線をなして残っている。

アマチャヅル 87.9.1 奥多摩

ウリ目 ウリ科

アブラナ科
BRASSICACEAE
アブラナ属 Brassica

アブラナをはじめ、カブ、コマツナ、ハクサイ、キャベツなど、野菜として栽培されているものが多い。いずれも地中海周辺から中央アジアの原産と考えられている。

セイヨウアブラナ
B. napus
〈西洋油菜〉

明治初期にヨーロッパから入り、種子から油をとるために栽培されている。葉は厚くて黒っぽく、茎や葉が粉白を帯びているのが特徴。葉の基部は茎を抱く。果実は長さ5〜10㌢。
花期 3〜5月

✤アブラナ B. rapa var. oleifera は弥生時代に中国から渡来したといわれる。葉は緑色でやわらかい。菜種、菜の花とも呼ばれるが、アブラナそのものはいまでは少ない。房総半島などで切り花用に栽培されている菜の花はハクサイの仲間。

セイヨウカラシナ
B. juncea
〈西洋芥子菜〉

旧ソ連で栽培していたものがヨーロッパかアメリカから入ってきたものと考えられている。在来のカラシナより全体にやせた感じで、セイヨウアブラナによく似ている。花期 4〜5月

✤カラシナ類は辛みのある葉を食用にするほか、種子から香辛料のカラシをつくるため、世界各地で栽培されている。アブラナやカブ、ハクサイと違って、茎葉の基部が茎を抱かないのが特徴。

いまでは菜の花といえば、このセイヨウアブラナをさす　82.3.23　東京都中野区

アブラナ目　アブラナ科

セイヨウカラシナ　種子からつくったカラシは古くからの香辛料。薬用にも使う　87.4.14　三浦半島

❶セイヨウアブラナの花はアブラナのように萼片が開出しないで、斜めに立つ。❷葉は黒っぽくて粉白を帯び、基部は茎を抱く。❸種子。アブラナを菜種ともいうが、これはもともとアブラナの種子のこと。❹セイヨウカラシナの花はセイヨウアブラナに似ているが、やや小さく、❺葉の基部は茎を抱かない。

セイヨウカラシナはアブラナより全体にやや小さい

アブラナ目　アブラナ科　397

イヌナズナ属 Draba

イヌナズナ
D. nemorosa

〈犬薺〉 ナズナに似ているが,食用にならないことからという。植物の名に動物名を冠したものは,人間の役に立たないとか,劣っているという意味でつけられたものが多い。草地や道ばたなどに生える高さ10～20㌢の越年草。茎や葉には単毛と星状毛が多い。根生葉は長さ2～4㌢のへら状長楕円形。茎葉は長さ1～3㌢の狭長楕円形で粗い鋸歯があり,基部は茎を抱く。花は黄色で直径約4㍉。花のあと花序はのび,花柄も長くなる。果実は長さ5～8㍉の扁平な楕円形で短毛が密生する。🌸花期 3～6月 🌏分布 北,本,四,九

イヌガラシ属 Rorippa

スカシタゴボウ
R. palustris

〈透し田牛蒡〉 水田や道ばたの湿地に生える高さ35～50㌢の1～越年草。根生葉は長さ5～15㌢で,羽状に裂け,裂片はさらに粗く切れこむ。茎葉は上部のものほど裂け方が浅く,基部は耳状に小さくはりだして茎を抱く。花は黄色で直径3～4㍉。果実は長さ5～8㍉。🌸花期 4～6月 🌏分布 日本全土

✤スカシタゴボウと似ているコイヌガラシ R. cantoniensis は花が葉腋に1個ずつつき,ほぼ無柄。暖地に多い。

イヌガラシ
R. indica

〈犬芥子〉 道ばたや草地に生える高さ10～50㌢の多年草。葉は羽状に裂けるが,

イヌナズナ 花が黄色で,果実が楕円形なのがナズナと違う 87.4.9 八王子市

スカシタゴボウ 86.5.13 八王子市

❶イヌナズナの花は黄色の4弁花。萼片も4個あり,外側に毛がある。雄しべは6個で,4個が長く,2個が短い。このような雄しべを4強雄しべといい,アブラナ科の特徴のひとつ。❷イヌナズナの果実は短角果で隔膜と平行に平たい楕円形。茎や葉に星状毛があり,果実には短毛が密生するのが特徴。

アブラナ目 アブラナ科

スカシタゴボウより裂け方が浅い。また基部は耳状に小さくはりだすが、スカシタゴボウほど強く茎を抱かない。花は黄色で直径4〜5㍉。果実は長さ1.6〜2㌢の細長い円柱形で、上方に湾曲する。🌼花期　4〜9月　◎分布　日本全土

ミチバタガラシ
R. dubia
〈道端芥子〉

日当たりの悪い庭のすみや道ばたなどに多い多年草。イヌガラシに似ているが、全体に小型で、茎ははうかまたは斜上する。花にはふつう花弁がなく、果実はまっすぐで湾曲しない。🌼花期　5〜8月　◎分布　本、四、九

✚アブラナ科の花は、花弁4個が十の字の形に開くことから、十字形花ともいう。学名のCruciferaeも「十字をもつ仲間」という意味で、かつては十字花科とも呼ばれた。アブラナ科の果実は角果と呼ばれ、隔膜によって2室に分けられている。アブラナ科の花は花のつくりがほぼ同じなので、見分けるときは果実の形がポイントになる。アブラナのように円柱形で細長い果実を長角果、ナズナのように幅が広くて短く、扁平な果実を短角果という。長角果にはアブラナ属、イヌガラシ属、キバナハタザオ属、エゾスズシロ属、ハタザオ属、オランダガラシ属、タネツケバナ属、ダイコン属などがある。短角果にはナズナ属、イヌナズナ属、グンバイナズナ属、マメグンバイナズナ属などがある。

イヌガラシ　スカシタゴボウとは果実を見れば見分けやすい　11.10.13　川崎市

❸イヌガラシの果実は細長い円柱形で弓形に曲がる。このように細長いものを長角果と呼ぶ。よく似たスカシタゴボウの果実は短い円柱状なので、果実を見れば簡単に区別できる。❹ミチバタガラシの花。花弁はなく、4個の萼片が雄しべと雌しべを包んでいる。左には雌しべがのびはじめた花も見える。

ミチバタガラシ　81.5.27　横浜市

アブラナ目　アブラナ科

キバナハタザオ属
Sisymbrium

カキネガラシ
S. officinale
〈垣根芥子〉

ヨーロッパ原産の1〜越年草。日本には明治末期に入り，全国的に帰化している。日当たりのよい道ばたや荒れ地などに生え，高さ40〜80cmになる。茎はよく分枝し，下向きの毛がある。葉は羽状に深裂し，茎の下部の葉で長さ約20cm。上部の葉ほど小さい。花は黄色で直径4〜5mm。萼には長い毛が多い。果実は細い円柱形で先はとがり，軟毛が多い。長さは1〜1.5cmで，花序の軸に密着してつくのが特徴。果実に毛がないものをハマカキネガラシ var. leiocarpum という。

花期 4〜6月
分布 ヨーロッパ原産

イヌカキネガラシ
S. orientale
〈犬垣根芥子〉

ヨーロッパ原産の1年草。日本には昭和初期に渡来し，北海道を除いて全国的に帰化している。市街地に多い。茎は高さ50〜90cmで，白い開出毛がある。茎の下部の葉は羽状に深裂し，頂裂片の先は鋭くとがる。花は黄色で直径約1cm。萼片には毛が多い。果実は斜上し，長さ7〜10cmの細長い線形。果柄は太く，果実の幅とほぼ同じくらいある。

花期 4〜7月
分布 ヨーロッパ原産

✤果柄が太く，イヌカキネガラシとよく似ているハタザオガラシ S. altissimum は萼が無毛で先端に突起がある。これもヨーロッパ原産。

カキネガラシ　枝が横に広がり，果実が花序の軸に密着する　86.5.23　八王子市

イヌカキネガラシ　86.5.16　八王子市

❶カキネガラシの花は黄色で，直径4〜5mm。萼には長い毛が多い。
❷イヌカキネガラシの花はカキネガラシよりすこし大きく，直径約1cm。カキネガラシとイヌカキネガラシを見分けるポイントは花よりも果実のつき方。カキネガラシは先のとがった長角果が果序軸にはりつくようにつくのがなによりの特徴。

アブラナ目　アブラナ科

ナズナ属 Capsella

ナズナ
C. bursa-pastoris

〈薺／別名ペンペングサ〉愛ずる菜という意味の撫菜がナズナになったという説や，朝鮮で古くはナジといい，日本で「ナジの菜」からナズナになったという説などがある。果実の形を三味線のバチにたとえてペンペングサともいう。漢名は薺で，中国では古くから薬食として珍重した。日本でも古くから食用にし，室町時代から七種がゆに入れるようになった。道ばたや畑などに多い高さ10～40㌢の越年草。根生葉はロゼット状で，羽状に深裂する。茎の上部の葉は裂けず，基部は茎を抱く。花は白色で直径約3㍉。果実は長さ6～7㍉の倒三角形で，先端がへこむ。花期 3～6月 分布 日本全土

グンバイナズナ属
Thlaspi

グンバイナズナ
T. arvense

〈軍配薺〉果実の形が軍配に似ていることによる。

畑や田のあぜ，草地などに生える高さ30～60㌢の多年草。全体にやや粉白を帯びる。根生葉は広いへら形で，花期には枯れる。茎葉は長さ2～6㌢。茎の下部の葉は倒披針状楕円形で浅い鋸歯がある。上部の葉は細く，基部は茎を抱く。花は白色で直径4～5㍉。果実は扁平な円形または倒卵状円形で長さ1.2～1.5㌢。ふちに広い翼があり，先端がへこんで軍配形になる。花期 4～6月 分布 日本全土

ナズナ 民間薬として，利尿，止血などに使われる 87.4.9 八王子市

❸ナズナは小さな白い花のあと，倒三角形の扁平な❹短角果を結ぶ。❺グンバイナズナの花は白い十字形花。❻果実はふちに広い翼があり，名のとおり軍配形をしている。種子は各室に数個入っている。

グンバイナズナ 87.7.4 諏訪市

アブラナ目 アブラナ科

マメグンバイナズナ属
Lepidium

カラクサナズナ
L. didymum

〈唐草薺／別名インチンナズナ〉
ヨーロッパ原産の越年草。日本には大正時代に入ったといわれ，関東地方以西の暖地に帰化している。全体に特有の臭気がある。茎はよく分枝して斜上する。葉は長さ約3㌢で，羽状に全裂し，裂片はさらに羽状に中裂する。葉腋から長さ1～4㌢の総状花序をだし，白い小さな花をつける。花弁は線形でごく小さく，ないものもある。果実は2個の球をくっつけたような形で，表面が網目状にくぼむ。
花期 4～10月
分布 ヨーロッパ原産

マメグンバイナズナ
L. virginicum

〈豆軍配薺〉 北アメリカ原産の越年草で，日本には明治中期に渡来した。各地の道ばたなどにふつうに生え，高さ20～50㌢になる。根生葉は倒卵形～へら形で頭大羽状，濃緑色で光沢があり，ふつう花期には枯れる。茎葉は長さ1.5～5㌢の倒披針形～線状楕円形で全縁か鋸歯縁。花は緑白色で直径約3㍉。ときに花弁のないものもある。果実は長さ約3㍉の広楕円形～円形で，ふちに狭い翼があり，先端がすこしへこむ。
花期 5～6月
分布 北アメリカ原産
✚ ナズナ，グンバイナズナ，マメグンバイナズナの果実はいずれも短角果で，側面から，つまり隔壁を垂直につぶす形で扁平になる。

カラクサナズナ　86.6.10　三浦半島

マメグンバイナズナ　12.5.27　松本市

❶カラクサナズナの花序。下の方に若い果実が見える。2個の球をくっつけたような形の短角果で，各室に1個ずつ種子が入っている。花は花弁が小さく，目立たない。❷❸マメグンバイナズナの花も白色。果実はほぼ円形で，種子が各室に1個だけなのがグンバイナズナと異なる。

アブラナ目　アブラナ科

ハタザオ属 Turritis

ハタザオ
T. glabra
〈旗竿〉 ほとんど分枝しない茎，小さな葉，茎に密着した果実など全体にまっすぐに立っている様子を旗竿にたとえたもの。
海岸の砂地や山野に生える越年草。茎は高さ50〜80㌢になり，全体に粉白色を帯びる。根生葉は長さ3〜14㌢のへら形で毛がある。茎葉は披針形で，基部ははりだして茎を抱く。茎の上部の葉は小さく，毛はない。花は黄白色で長さ1〜1.2㌢。果実は長さ4〜6㌢の細い線形で，茎に密着してつく。❀花期4〜6月 ✿分布 北，本，四，九

ヤマハタザオ属 Arabis

ハマハタザオ
A. stelleri
　var. japonica
〈浜旗竿〉
海岸の砂地に生える多年草。茎は高さ20〜50㌢になり，白い単毛と2分岐毛がある。葉は厚く，両面に星状毛がある。根生葉は長さ3〜7㌢のへら形で，上部に浅い鋸歯がある。茎葉の基部は茎を抱く。花は白色で，大きくてよく目立つ。花弁は長さ7〜9㍉。果実は長さ4〜6㌢の線形で，茎に密着してつく。❀花期 4〜6月 ✿分布 北，本，四，九
✚北海道から九州の山野に生えるヤマハタザオ A. hirsutaはハタザオに似ているが，粉白色を帯びず，全体に緑色で，細かい星状毛がある。花はやや大きくて白色。また種子は1列に並び，狭い翼がある。

ハタザオ　旗竿のような茎の先に黄白色花が咲く　86.5.19　日野市

❹ハタザオの果実は細長い長角果。長さ4〜6㌢の線形で直立して茎をびっしりとおおってしまう。熟すと果皮が隔膜のところで下方から縦に裂け，中央に薄い隔膜が残る。種子は直径0.6㍉ぐらいで平たく，隔膜に沿って2列に並んでいる。ハタザオ属のなかで種子が2列に並ぶのはハタザオだけである。

ハマハタザオ　92.4.23　加賀市

アブラナ目　アブラナ科

オランダガラシ属
Nasturtium

オランダガラシ
N. officinale

〈和蘭芥子／別名クレソン〉 外国から入ってきたものに「オランダ」と冠して呼ぶことが多く，植物にもこのオランダガラシやオランダミミナグサなど，例が多い。

ヨーロッパに広く分布する多年草。特有の辛みがあり，肉料理のつけあわせやサラダ用に栽培される。日本には明治のはじめに入り，軽井沢などで外国人用に栽培されていたものが野生化し，全国に広がった。清流中や水辺に群生する。茎の下部からひげ根をだし，高さは30〜50㌢になる。葉は奇数羽状複葉。小葉は3〜11個あり，卵形〜楕円形。花は白色で長さ約6㍉。果実は長さ1〜2㌢の円柱状。
🌼花期 4〜6月
🌐分布 ヨーロッパ原産

タネツケバナ属
Cardamine

果実は細長い長角果で，熟して裂けるとき，2個の果皮片がくるくるとぜんまいのように巻き，種子をはじきとばすのが特徴。

タネツケバナ
C. scutata

〈種漬花〉 種もみを水に漬け，苗代の準備をするころ花が咲くことによるという。

田のあぜや水辺に群生する高さ20〜30㌢の越年草。葉は奇数羽状複葉。小葉は3〜17個で円形〜長楕円形。花は白色で長さ3〜4㍉。果実は長さ約2㌢の細い円柱形。🌼花期 4〜6月 🌐分布 日本全土

オランダガラシ　繁殖力が強く，水辺に群生する。クレソンと呼ばれ，サラダ用の野菜

タネツケバナ　種もみを水に漬けるころ花が咲くので種漬花の名がある。花は一見ナズ

アブラナ目　アブラナ科

オランダガラシ　白い十字形花が密集してつく。葉は奇数羽状複葉

の代表　87.4.27　八王子市

ナに似ている　87.4.6　飯能市

❶オランダガラシは白い花をつけ、花がすむと花序がのび、弓なりに曲がった❷長角果をつける。熟すと2裂する。❸オランダガラシの長角果の内部。種子は隔膜に2列に並んでつく。写真のものはまだ若いが、熟すと茶褐色になる。❹タネツケバナの花。左の花は受精した円柱状の雌しべがのびはじめている。成熟すると長さ約2㌢の長角果になり、種子は1列に並ぶ。

アブラナ目　アブラナ科　405

ダイコン属 Raphanus

ハマダイコン
R. sativus
 var. hortensis
  f. raphanistroides
〈浜大根〉

海岸の砂地に生える高さ30〜70㌢の2年草。根はあまり太くならず、かたくて食用にはならない。葉は長さ5〜20㌢で羽状に深裂し、頂裂片が大きい。花は淡紅紫色で直径2〜3㌢。

花期 4〜6月
分布 日本全土

✤ハマダイコンはダイコンが野生化したものといわれる。牧野富太郎によれば、肥料を与えて栽培すると、ふつうのダイコンになるという異説もある。ダイコンは地中海周辺または中央アジアの原産といわれ、古い時代に中国を経て日本に入ってきた。万葉の時代は「おおね」と呼んで大根の字をあて、のちに音読みでダイコンと呼ぶようになった。

オオアラセイトウ属 Orychophragmus

オオアラセイトウ
O. violaceus

〈別名ショカツサイ・ムラサキハナナ〉アラセイトウはストックの古い呼び名。別名の諸葛菜は漢名。中国原産の越年草で、江戸時代に渡来した。観賞用に栽培され、野生化しているものも多い。高さは30〜80㌢。根生葉と下部の葉は羽状に深裂する。頂裂片が大きく、基部は心形。上部の葉の基部は茎を抱く。花は淡紫色〜紅紫色で直径2〜3㌢。果実は長さ約10㌢の長角果で、4個の稜が目立つ。

花期 3〜5月
分布 中国原産

ハマダイコン　ダイコンが野生化したものといわれる　86.5.4　村上市

オオアラセイトウ　12.4.20　渋川市

❶ハマダイコンの花はダイコンより紫色が濃い。花弁の基部は細くなって長い爪になる。❷ハマダイコンの果実は長角果だが、ほかのアブラナ科の長角果と違って、熟しても裂開しない。長さは5〜8㌢で種子のところで数珠状にくびれる。茎が枯れると地面に落ち、くびれのところで切れてバラバラになる。

アオイ科
MALVACEAE

木本が多いが、カラスノゴマなど草本もある。5枚の花弁と雄しべが基部で合生し、筒状となる。果実は蒴果、APG分類体系では従来のアオイ科にシナノキ科やアオギリ科などを加え、250属3000種以上からなる大きな科とされている。

カラスノゴマ属
Corchoropsis

カラスノゴマ
C. crenata

〈烏の胡麻〉 道ばたや畑などに生える高さ30〜90㌢の1年草。茎や葉、萼、蒴果などに星状毛が多い。葉は互生し、長さ2〜7㌢、幅1.5〜3.5㌢の卵形。花は葉腋に1個ずつつき、黄色で直径1.5〜1.8㌢。花弁は5個。萼片は線状披針形でそり返る。雄しべは10〜15個あり、その間に雄しべより長い仮雄しべが5個ある。蒴果は長さ2.5〜3.5㌢で細長い。❁花期 8〜9月 ❀分布 本、四、九

カラスノゴマ 種子をカラスの食べるゴマにたとえたものという　86.9.13　日野市

❸カラスノゴマの花。中央に細長く5本つきでているのは仮雄しべで、完全な雄しべより長い。❹カラスノゴマの実。❺カラスノゴマ 種子と垂れさがった果皮。

アオイ目　アオイ科　407

イチビ属 Abutilon

イチビ属は1年草～低木で約150種ある大きな属。熱帯から亜熱帯に多い植物である。

イチビ
A. theophrasti

〈茼麻/別名キリアサ〉火口としたため「灯火」から転じたものという。インド原産といわれ、繊維をとるため古く中国を経て渡来した。人家近くの荒れ地などに野生化している。高さ1～1.5㍍になり、全体に白い軟毛がある。葉は互生し、長さ7～10㌢の心円形で長い柄がある。花は上部の葉腋につき、黄色で直径約2㌢。果実は10～15個の分果からなる。

花期 6～9月 分布 インド原産

ボンテンカ属 Urena

ボンテンカ属は多年草で約6種。

ボンテンカ
U. lobata ssp. sinuata

〈梵天花〉梵天は仏法の守護神。インドの花の意味でつけられたものという。
熱帯に多い高さ1～1.2㍍の低木状の多年草。葉は掌状に深く3～5裂し、表面に淡黄緑色の斑紋がある。花は淡紅色で直径約2㌢。

花期 8～10月 分布 四、九(南部)、沖、小笠原

ゼニアオイ属 Malva

ゼニアオイ属は1年草または多年草で約30種。

ゼニアオイ
M. mauritiana

〈銭葵〉花の形を銭に見立てたものという。江戸時代に渡来し、観賞用によく植えられているほか、野生化しているものもある。全体にほぼ無毛で、高さは

イチビ 茎から繊維をとるため栽培されていた 87.6.24 東京都薬用植物園

ボンテンカ 大隅半島 撮影/永田

❶イチビの花は、大きな花が多いアオイ科としては小さく直径約2㌢。雄しべの下部は合着してまるく袋状になり、その基部は花弁と合着している。子房は雄しべが合着した部分に包まれている。❷ボンテンカの果実は5個の分果からなり、表面にかたいカギ状の刺と星状毛がある。各分果に1個の種子がある。

アオイ目 アオイ科

60～90㌢。葉は掌状に浅く5～7裂する。花は淡紫色で濃紫色のすじがあり、直径約2.5㌢。🌸**花期** 6～8月 🌏**分布** ヨーロッパ原産

フユアオイ
M. verticillata

〈冬葵〉 冬に緑葉があるからとも、花が春から冬までほぼ1年中見られるからともいう。江戸時代には葉を食用とするため栽培され、現在は海岸などに野生化している。高さ60～90㌢。葉は浅く5～7裂する。花は淡紅色で直径約1㌢。花のあと萼は大きくなる。🌸**花期** 4～10月 🌏**分布** 亜熱帯アジア原産

ゼニバアオイ
M. neglecta

〈銭葉葵〉 葉の形を銭に見立てたものという。道ばたや荒れ地に見られる帰化植物。茎は地をはい、上部は斜上して高さ約50㌢になる。葉は円形～腎形で浅く5～7裂し、短毛がある。花は紅紫色を帯び、直径約2㌢。🌸**花期** 5～9月 🌏**分布** ヨーロッパ原産

ビロードアオイ属
Althaea

ビロードアオイ属は多年草で約10種。

タチアオイ
A. rosea

〈立葵／別名ハナアオイ〉 茎がまっすぐに高く立つことによる。古くから観賞用に植えられている。高さは2～3㍍。花は直径7～10㌢と大きく、下から次々に咲き上がる。花の色は白色、淡紅色、濃紅色などさまざまな八重咲きもある。🌸**花期** 6～8月 🌏**分布** 小アジア・中国産

ゼニアオイ 08.5.9 多摩市 
フユアオイ 86.7.23 東京都薬用植物園

❸ゼニバアオイの花は直径約2㌢。雄しべは多数あり、下半部が合着して雌しべを囲んでいる。これはアオイ科の花の特徴。花糸の筒からつきでている淡紅紫色の糸状の部分は花柱。❹フユアオイの花は直径約1㌢。花のあと萼は大きくなる。

ゼニバアオイ 87.6.21 秋川市
タチアオイ 80.7.22 東京都五日市町 

アオイ目 アオイ科

ツリフネソウ科
BALSAMINACEAE

以前はホウセンカ科と呼ばれていた。熱帯アジア・アフリカに多く，ツリフネソウ属が大部分を占める。熟した果実にさわるなどの刺激があると，果皮が急にはじけて種子をはじきとばすのが特徴。ツリフネソウ属の属名のImpatiens（こらえきれない）も，このことからつけられたもの。

ツリフネソウ属
Impatiens

日本には野生種は少ないが，ホウセンカの仲間が多く栽培されている。

ツリフネソウ
I. textorii

〈釣舟草〉 細い花柄の先につり下がって咲く花の姿を，釣舟（つるして使う釣花生けのなかで舟形をしたもの）にたとえたものという。やや湿ったところに多い高さ50〜80㌢の1年草。茎はやや赤みを帯び，節がふくらむ。葉は互生し，長さ5〜13㌢，幅2〜6㌢の菱状楕円形で細かい鋸歯がある。花序は葉腋から斜上し，紅紫色の花を数個つける。花は長さ3〜4㌢，蒴果は長さ1〜2㌢。**花期** 8〜10月 **分布** 北，本，四，九

ツリフネソウ 湿ったところに群生することが多い 86.9.11 富士吉田市

ツリフネソウの花序は茎の上部の葉腋から斜上し，まっすぐで，紅紫色の突起毛があるのが特徴。

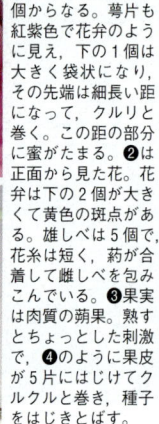

❶ツリフネソウの花は花弁3個，萼片3個からなる。萼片も紅紫色で花弁のように見え，下の1個は大きく袋状になり，その先端は細長い距になって，クルリと巻く。この距の部分に蜜がたまる。❷は正面から見た花。花弁は下の2個が大きくて黄色の斑点がある。雄しべは5個で，花糸は短く，葯が合着して雌しべを包みこんでいる。❸果実は肉質の蒴果。熟すとちょっとした刺激で，❹のように果皮が5片にはじけてクルクルと巻き，種子をはじきとばす。

ツツジ目　ツリフネソウ科

サクラソウ科
PRIMULACEAE

サクラソウをはじめ、花が美しいものが多い。冬の花として人気の高いシクラメンもこの科に属する。サクラソウ科の特徴のひとつは独立中央胎座で、子房の中央の軸に杯珠がつく。ほかにナデシコ科がこの型の胎座をもつ。雄しべが花冠裂片と対生するのも特徴。大部分の科は互生するので、科の見分けに役立つ。

サクラソウ属
Primula

サクラソウ科のなかでもとくに花が美しく、プリムラの名でおなじみの園芸種も多い。花に2つの型があるのが特徴。株によって、雌しべが長く、雄しべが花筒の下部につく花(長柱花)と、雌しべが短く、雄しべが花筒の上部につく花(短柱花)がある。

サクラソウ
P. sieboldii
〈桜草〉

川岸や山麓の湿り気の多いところに生える多年草。花が美しいのでよく栽培され、園芸品種も多い。全体に白い縮れた毛がある。葉は根もとに集まってつき、長さ4〜10㌢、幅3〜6㌢の楕円形でしわが多く、ふちは浅く切れこむ。葉の中心から高さ15〜40㌢の花茎をのばし、先端に紅紫色の花を散形状に数個つける。花冠は直径2〜3㌢、長さ1〜1.3㌢の高杯形で、上部は5深裂し、裂片はさらに浅く2裂する。のどはわずかに白い。萼は緑色で5深裂する。果実は蒴果で扁球形。❀花期 4〜5月 ❀分布 北,本,九

サクラソウ 花びらがサクラに似ているから桜草とか 81.4.15 埼玉県田島ガ原

サクラソウは株によって2つのタイプの花がある。❺は雌しべが長い花で、花筒からまるい柱頭が顔をのぞかせている。❻❼は雌しべが短いタイプ。雄しべは花筒の上部についている。雌しべの長い花の場合は雄しべは花筒の下部につき、同花受粉を防ぐ。花筒の底の子房の断面からサクラソウ科の特徴である独立中央胎座の構造がわかる。子房は1室で、子房の底が盛り上がった胎座に卵のような胚珠が多数ついている。胎座とは胚珠がつく場所のこと。

ツツジ目 サクラソウ科

オカトラノオ　花序の上部は垂れ，花は下から咲き上がる　86.7.8　戸隠高原

ツツジ目　サクラソウ科

オカトラノオ属
Lysimachia

オカトラノオ
L. clethroides

〈岡虎の尾〉 花序を虎の尾に見立てたもの。丘陵の日当たりのよい草地などに生える高さ0.6～1㍍の多年草。地下茎を長くのばしてふえる。茎には短毛がまばらに生え、基部はやや赤い。葉は互生し、長さ6～13㌢、幅2～5㌢の長楕円形または狭卵形で、先端はとがる。茎の先に長さ10～30㌢の総状花序をだし、白い小さな花を多数つける。花冠は直径約1㌢で深く5裂する。🌼**花期** 6～7月 **分布** 北, 本, 四, 九

ノジトラノオ
L. barystachys

〈野路虎の尾〉やや湿り気のある草地に生える高さ0.7～1㍍の多年草。オカトラノオに似ているが、葉が細く、茎に淡褐色の毛が多い。葉は長さ6～10㌢、幅0.8～1.5㌢の狭長楕円形で先端はあまりとがらない。花序の先は垂れ、白い小さな花を多数つける。🌼**花期** 6～7月 **分布** 本(関東地方以西), 九

ノジトラノオ オカトラノオより葉が細い 86.7.11 八王子市

❶オカトラノオの花。雄しべと花冠の裂片は対生している。これはサクラソウ科の特徴のひとつ。❷ノジトラノオの茎にはやや褐色を帯びた毛が多い。よく似たオカトラノオには白い短毛がまばらにあるだけで、葉の形も違うので見分けやすい。

ツツジ目 サクラソウ科

オカトラノオ属
Lysimachia

ヌマトラノオ
L. fortunei

〈沼虎の尾〉
湿地に生える高さ40〜70㌢の多年草。地下茎を長くのばしてふえ,茎の基部は赤みを帯びる。葉は互生し,長さ4〜7㌢,幅1〜1.5㌢の倒披針状長楕円形で,先端は急に細くなってとがる。茎の先に総状花序を直立し,白い小さな花を多数つける。花冠は直径5〜6㍉。
花期 7〜8月
分布 本,四,九

クサレダマ
L. vulgaris
var. davurica

〈草連玉／別名イオウソウ〉 花がマメ科の低木のレダマに似ているからといわれるが,あまり似ていない。別名は花の色から硫黄草。やや湿り気のあるところに生える高さ40〜80㌢の多年草。地下茎をのばしてふえる。茎には短い腺毛と短毛がやや密に生える。葉は対生または3〜4個が輪生し,長さ4〜12㌢,幅1〜4㌢の披針形で,先端は鋭くとがる。茎の上部に黄色の花を円錐状に多数つける。花冠は直径1.2〜1.5㌢で深く5裂する。雄しべは5個あり,基部で合着する。**花期** 7〜8月 **分布** 北,本,九

✚オカトラノオ属は花が黄色のクサレダマ,コナスビなどのグループと,花が白色で茎の先に総状花序をつくるオカトラノオ,ヌマトラノオ,ハマボッスなどのグループとに大きく分けられる。

ヌマトラノオ 花序が垂れずにすっと上にのびるのが特徴 86.7.9 千葉県成東町

クサレダマ 86.8.8 長野県白馬村

❶ヌマトラノオの花。花柄の基部に線形の苞が見えている。❷クサレダマ。雄しべの花糸は基部が合着して筒状になる。花冠の内側と花糸には細かい突起がある。

ツツジ目 サクラソウ科

ハマボス
L. mauritiana

〈浜払子〉 全体の様子を仏具の払子に見立てたものという。
海岸に生える高さ10〜40㌢の2年草。茎は円柱形で稜があり、しばしば赤みを帯びる。葉は互生し、長さ2〜5㌢、幅1〜2㌢の倒卵形または倒披針形で、厚くて光沢がある。展開する前の葉は密に重なりあっている。茎の先に短い総状花序をだし、葉状の苞のわきに白い花を1個ずつつける。花冠は直径1〜1.2㌢で深く5裂する。果実は蒴果で直径4〜6㍉の球形。花期 5〜6月 分布 日本全土

コナスビ
L. japonica

〈小茄子〉 果実を小さなナスにたとえたもの。道ばたや庭にふつうに見られる小さな多年草。茎には軟毛があり、地をはって四方に広がる。葉は対生し、長さ1〜2.5㌢、幅1〜2㌢の広卵形で先は短くとがる。葉腋に直径5〜7㍉の小さな黄色の花を1個ずつつける。花冠は深く5裂して平開する。果実は蒴果で直径4〜5㍉の球形。深く5裂した萼に包まれている。花期 5〜6月 分布 日本全土

ハマボス 海岸の岩の上などにへばりつくように生える 86.6.10 三浦半島

コナスビ 87.5.28 東京都新宿区

❸❹ハマボスの果実は球形の蒴果。花序は花が終わるとのびて長さ4〜12㌢になる。蒴果は直径4〜6㍉で先端に花柱が残る。果皮はかたく、熟すと先端に小さな穴があき、小さな種子を多数まき散らす。❸はまだ若い蒴果で、基部の葉状の苞が目立つ。冬になっても❹のように空になった蒴果が残っている。

ツツジ目 サクラソウ科　415

ルリハコベ属 Anagallis

ルリハコベ
A. arvensis f. coerulea
〈瑠璃繁縷〉 全体がハコベに似ていて、ルリ色の花をつける。
海岸近くの道ばたや畑などに生える1年草。茎は4稜があり、よく分枝して地をはう。葉は対生し、長さ1〜2.5㌢、幅0.5〜1.5㌢の卵形で先はとがる。上部の葉腋に直径1〜1.3㌢の小さなルリ色の花を1個ずつつける。果実は蓋果で直径約4㍉の球形。種子は黒い。
花期 3〜5月
分布 本(伊豆諸島, 紀伊半島), 四, 九, 沖
✚小笠原諸島には花が黄赤色のものがあり、アカバナルリハコベ f. arvensis という。

ウミミドリ属 Glaux

サクラソウ科では珍しく花冠がなく、萼が花冠のように見えるのが特徴。1属1種。

ウミミドリ
G. maritima
　　var. obtusifolia
〈海緑／別名シオマツバ〉 北地の海岸の湿地に生える高さ5〜20㌢の多年草。全体にわずかに粉白を帯びた濃緑色で光沢がある。横にはう太い地下茎でふえる。葉は対生, まれに3個が輪生し, 長さ0.6〜1.5㌢, 幅3〜6㍉の広披針形または倒卵状長楕円形で, 裏面はやや色が淡い。葉腋に白色または淡紅色の花を1個ずつつける。花冠状のものは萼で, 花冠はない。萼は直径6〜7㍉の広鐘形で深く5裂する。蒴果は卵球形。
花期 7〜8月
分布 北, 本(北部)

ルリハコベ 海辺に多く、ルリ色のかわいい花を咲かせる 87.3.25 室戸岬

❶ルリハコベの花。小さいが、色の対比が鮮やかで美しい。花冠は5深裂し、ルリ色で中心部は濃紅色。5個の雄しべの花糸も赤く、長い毛がある。葯は黄色でよく目立つ。❷果実は熟すと横の線のところで割れる蓋果。

アカバナルリハコベ 84.3.23 母島

ウミミドリ 80.6.26 能代市

ツツジ目　サクラソウ科

ヤッコソウ科
MITRASTEMATACEAE

この科の植物はすべて完全な寄生生活を営んでいる。葉緑素をもたず、葉は鱗片状に退化している。大部分が熱帯に分布し、日本にはヤッコソウ1種がある。世界でもっとも大きな花をつけることで有名なラフレシア・アーノルディイはこの科に属し、ブドウ科の植物に寄生する。花は直径1.5メートル、重さ5～8キロもある。ラフレシア科と呼ぶ場合もある。

ヤッコソウ属
Mitrastemma

ヤッコソウ
M. yamamotoi

〈奴草〉 全体の形を奴の練り歩く姿にたとえたもの。
ツブラジイやスダジイの根に寄生する1年生の寄生植物。花茎は高さ5～7センチになり、多肉質で乳白色。鱗片状の葉がふつう6対対生する。花被片は合着して筒状になり、果期にも残る。雄しべも全部が合着して先のとがった筒をつくり、その上部をクリーム色がかった葯が帯状にとり巻いている。粘液状の花粉をだし終わると、雄しべの筒は基部からすっぽりと落ち、なかから雌しべが現れる。柱頭は半球形で受精すると黒くなる。果実は液果で、赤みを帯びる。なかにはごく小さな種子が多数ある。花期 11月 分布 四,九,沖
✤ヤッコソウは高知県で山本一によって発見され、1909年に牧野富太郎が新種として発表した。種小名は山本一への献名。

ヤッコソウ スダジイの根に寄生している 84.11.9 鹿児島県湯之元温泉

❸蜜を吸いにきたスズメバチ。花と鱗片葉の間に蜜がたまり、メジロなどの小鳥も蜜を吸いにくるが、受粉の媒介はハチの仲間らしい。❹ヤッコソウ。手前左と右奥は雌性期で、雄しべの筒がとれてまるい柱頭が現れている。ほかの株はまだ雄性期。

ツツジ目 ヤッコソウ科 417

ムラサキ科
BORAGINACEAE

花がサソリ形花序(巻散花序)につくものが多い。はじめサソリの尾のように巻いていた花序は花が開くにつれてまっすぐになる。ルリソウ属,ハナイバナ属,ワスレナグサ属,キュウリグサ属は花冠ののどに鱗片がある。核果をつくるスナビキソウ属以外は,果実は4個の分果からなる。

ルリソウ属
Omphalodes

ヤマルリソウ
O. japonica
〈山瑠璃草〉
山地の木陰や道ばたなどに生える高さ7~20㌢の多年草。全体に白い開出毛が多い。根生葉は多数つき,長さ12~15㌢,幅2~3㌢の倒披針形で,ふちはやや波打つ。茎葉の基部はやや茎を抱く。茎の先に総状花序をだし,直径約1㌢の淡青紫色の花を次々に開く。花が終わると花柄は垂れ下がる。花期 4~5月 分布 本,四,九

ハナイバナ属
Bothriospermum

ハナイバナ
B. zeylanicum
〈葉内花〉 茎の上部の葉と葉の間に花をつけることによる。
道ばたや畑,庭などにごくふつうに見られる高さ10~15㌢の1~2年草。茎は細くて上向きの毛があり,基部は地をはう。葉は長さ2~3㌢,幅1~2㌢の長楕円形~楕円形。花冠は淡青紫色で直径2~3㍉。花期 3~11月 分布 日本全土
+ハナイバナはキュウリグサによく似ている

ヤマルリソウ 大きな株をつくり,次々とかわいい花を開く 87.4.6 飯能市

ハナイバナ 10.4.27 川崎市

❶ヤマルリソウ。花冠は5裂して平開する。花冠の裂片の基部に白い鱗片が2個ずつある。❷ハナイバナの花は葉と葉の間につく。茎や葉,萼などに伏毛が多い。

が，サソリ形花序をつくらない点が異なる。

ワスレナグサ属
Myosotis

ワスレナグサ
M. scorpioides

〈勿忘草〉 ドナウ川の岸辺に咲いていたこの花を恋人に摘んでやろうとして川に落ちた男が，急流にのまれる前に恋人に花を投げ，「私を忘れないで」と叫んだという伝説による。英名は forget-me-not。ヨーロッパ原産の多年草。観賞用に栽培され，湿ったところに野生化している。とくに北海道や長野県に多い。茎は高さ20～50㌢になり，しばしば基部から長い匍枝をだす。下部の葉は柄があって倒披針形。上部の葉は無柄で長楕円形。枝先にサソリ形花序をだし，直径6～9㍉の花を次々に開く。
花期 5～7月 分布 ヨーロッパ原産

キュウリグサ属
Trigonotis

キュウリグサ
T. peduncularis

〈胡瓜草／別名タビラコ〉 葉をもむとキュウリのにおいがすることによる。
道ばたや庭などに多い高さ15～30㌢の2年草。下部の葉は長い柄があり，長さ1～3㌢の卵円形。上部の葉は無柄。茎の先にサソリ形花序をだし，直径約2㍉の淡青紫色の花を次々に開く。花期 3～5月 分布 日本全土
✦キュウリグサをタビラコとも呼ぶが，キク科のコオニタビラコにタビラコの別名があってまぎらわしく，キュウリグサを和名とするのが適当である。

ワスレナグサ 観賞用の草花としてよく栽培される 87.6.19 八王子市

❸ワスレナグサ。花冠は淡青紫色で，のどの黄色の鱗片がアクセント。❹キュウリグサの花序。クルリと巻いていた花序は開花するにつれてほどけていく。

キュウリグサ 86.5.26 八王子市

目名称不定　ムラサキ科　419

ハマベンケイソウ属
Mertensia

ハマベンケイソウ
M. maritima
　ssp. asiatica

〈浜弁慶草〉 海岸に生え，ベンケイソウに似ていることによる。
海岸の砂地によく生える多年草。茎は倒れて砂の上を1㍍ぐらい広がる。ムラサキ科では珍しく全体が多肉質で白みを帯び，よく目立つ。根生葉や下部の葉には長い柄がある。葉は互生し，長さ3〜7㌢，幅2〜5㌢の長楕円形または広卵形で乾くと黒褐色。枝の先端に青紫色の花が数個垂れ下がってつく。花冠は長さ0.8〜1.2㌢の鐘形で先は浅く5裂する。
花期　7〜8月
分布　北，本（北部）

キダチルリソウ属
Heliotropium

スナビキソウ
H. japonicum

〈砂引草〉 砂のなかに地下茎を長くのばしてふえることによる。
海岸の砂地に生える高さ30㌢ほどの多年草。葉は互生し，長さ2.5〜6㌢の倒披針形〜長楕円状披針形で厚く，両面に伏毛がある。茎の先に短い花序をだし，香りのよい白色の花をつける。花冠は直径約8㍉，筒部は6〜7㍉で，先は5裂して平開する。子房が裂けないで，核果をつくるのが特徴。ムラサキ科のほかの属は子房が4室に分かれ，4個の分果をつくる。核果は長さ0.8〜1㌢の4稜形。外側はコルク質で，なかに4個の核が入っている。
花期　5〜8月
分布　北，本，四，九

ハマベンケイソウ　群生することが多い　08.6.13　礼文島

スナビキソウ　86.7.7　三浦半島

❶スナビキソウ。花冠は白色で，のどの部分は緑色がかった黄色を帯び，鱗片やふくらみはない。雄しべ5個と雌しべは花筒のなかにあり，外からは見えない。つぼみはらせん状にねじれていて，開花すると花冠の裂片は平開する。つぼみがらせん状にねじれているものはほかにアサガオやリンドウ，クチナシなどがある。

目名称不定　ムラサキ科

アカネ科
RUBIACEAE

有用植物が多く、草本では染料にするアカネ、木本ではコーヒーノキなどがその代表。クチナシもこの科に属している。葉は対生し、基部に托葉がある。アカネ属やヤエムグラ属ではこの托葉が大きくなって葉と同形になるので、葉が輪生しているように見える。

アカネ属 Rubia
アカネ
R. argyi
〈茜〉

山野にごくふつうに見られるつる性の多年草。茎はよく分枝し、下向きの刺がある。葉は長さ3～7㌢の三角状卵形または狭卵形で、先端はしだいに細くなってとがり、基部は心形。4個輪生している葉のうち、2個は托葉が大きく発達したもの。葉柄や葉の裏面脈上にも下向きの刺がある。花は黄緑色で、葉腋からでた集散花序につく。果実は直径5～7㍉。

花期 8～10月
分布 本、四、九

✚アカネの根は太いひげ状で黄赤色だが、乾くと赤紫色になる。乾燥した根をうすでつき、熱湯を加えて煮だした液で染めたのが茜染め。はじめは鮮やかな色だが、数年寝かせると深みのある赤色になる。染める布や糸は媒染剤の灰汁に百数十回つけて1年ほど寝かしてから本染めにかかる。非常に時間と手間がかかるので、現在では秋田県鹿角市に伝わっているだけである。またアカネの根は利尿、止血など、薬用にもする。

アカネ 茎の刺でほかの草などにひっかかってよく茂る 87.9.4 茨城県岩間町

❷アカネの茎の断面は四角形。4個の稜には下向きのカギ状の刺が並び、ほかの草などにひっかかる。❸アカネの花は直径3～4㍉。花冠は深く5裂し、裂片の先はとがる。雄しべは5個、雌しべの花柱は2個。❹果実は液果で黒く熟す。ふつう2個がくっついているが、1個だけしか発達しないものもある。

リンドウ目　アカネ科

ヤエムグラ属 Galium

葉が輪生するので、アカネ属とよく似ているが、花冠がふつう4裂し、果実は液果ではなく、乾いていることなどで区別できる。ここでとりあげた8種類は次のように分けられる。①葉が6〜10個輪生するもの——キバナカワラマツバ、カワラマツバ、ヤエムグラ。②葉が4〜5個輪生するものはさらに、㋑葉に刺がないもの——ヤブムグラ、ヨツバムグラ、ヒメヨツバムグラ、㋺葉に下向きの刺があるもの——ホソバノヨツバムグラ、オオバノヤエムグラとに分けられる。

キバナカワラマツバ
G. verum
 ssp. asiaticum

〈黄花河原松葉〉 河原に多く、葉が松葉に似ているからつけられた。やや乾いた日当たりのよい草地などに生える高さ30〜80㌢の多年草。茎や葉には細かくてやわらかい毛が生えるが、刺はない。葉は8〜10個が輪生しているように見え、長さ2〜3㌢、幅1.5〜3㍉の線形で、先端に短い刺がある。本来の葉は2個だけで、ほかは托葉が大きくなったもの。茎の先や上部の葉腋に小さな黄色の花を円錐状に多数つける。花冠は直径約2㍉で、4裂して平開する。果実は直径約1㍉で無毛。花が白色のものを**カワラマツバ** var. asiaticum f. lacteum という。🌼**花期** 7〜8月 🌏**分布** 北、本、四、九

✤この仲間は変異が多く、果実に毛が密生するものもある。

キバナカワラマツバ 黄色の泡のような花と細い葉が特徴 80.6.23 下北半島

カワラマツバ 河原や土手などでよく見かける。花は白い 87.8.11 橋本市

ヤエムグラ
G. spurium var. echinospermon

〈八重葎〉 いく重にも折り重なって生えるのでこの名がついた。人里近くのやぶや荒れ地にごくふつうに生える1～2年草。茎はややややわらかく、4稜があり、稜の上に並んだ下向きの刺でほかのものにひっかかり、長さ60～90㌢になる。葉は6～8個が輪生しているように見え、長さ1～3㌢、幅1.5～4㍉の広線形または狭倒披針形で、先端は刺状にとがり、ふちと裏面の主脈には逆向きの刺がある。本来の葉は2個で、ほかは托葉の変化したもの。茎の先や葉腋から花序をだし、小さな黄緑色の花をつける。花冠は4裂し、4個の雄しべがある。果実は二分果からなり、直径約2㍉。表面にはカギ状の毛があって、衣服などによくくっつく。花期 5～6月 分布 日本全土

ヤブムグラ
G. niewerthii

〈薮葎〉 関東地方の丘陵などにまれに生える多年草。茎は4稜があり、無毛で細く、つる状にのびて長さ40～60㌢になる。葉はふつう4～5個が輪生し、長さ1～1.5㌢、幅3～8㍉の長楕円形または狭倒卵形で、先端は短くとがり、ふちにはまばらに上向きの刺がある。茎の先や葉腋から細長い花序をだして、白い小さな花をまばらにつける。果実は無毛。花期 7～8月 分布 本(千葉県、東京都、神奈川県)

ヤエムグラ　いく重にも折り重なって生えることが多い　86.5.19　日野市

ヤエムグラ属の果実は二分果からなる。❶ヤエムグラの果実にはカギ状の刺があり、❸ヤブムグラの果実は無毛。❷ヤブムグラの花は直径約1.5㍉。

ヤブムグラ　86.7.27　八王子市

ヤエムグラ属 Galium

ヨツバムグラ
G. trachyspermum
〈四葉葎〉 葉が4個輪生することによる。
田のあぜや道ばたに多い高さ20〜50㌢の多年草。茎は4稜形で細くて無毛。基部はときに地に伏す。葉は4個輪生し，長さ0.6〜1.5㌢，幅3〜6㍉の卵状長楕円形または卵形で，先端は短くとがり，ふちや裏面には白い毛がある。4個の葉のうち2個は托葉が変化したもので，ふつうすこし小さい。茎の先や葉腋から短い花序をだして，淡黄緑色で直径約1㍉の小さな花を数個つける。果実は2個の分果からなり，曲がった毛が密生する。🌸**花期** 5〜6月 🌏**分布** 北，本，四，九
✚茎などに白い毛の多いものをケヨツバムグラ f. hispidum，果実にほとんど突起がないものをケナシヨツバムグラ var. miltiorrhizum という。

ヒメヨツバムグラ
G. gracilens
〈姫四葉葎／別名コバノヨツバムグラ〉 ヨツバムグラに似ているが，葉が細くて小型であることによる。
日当たりのよい土手や丘陵に生える多年草。茎は4稜形で細く，下部で枝分かれして斜上し，長さ20〜40㌢になる。葉は4個が輪生し，長さ0.4〜1.2㌢，幅約2㍉の狭披針形または狭長楕円形で，両端ともとがり，ふちや裏面の主脈には白色の毛がある。茎の先や葉腋から細い花序をだして，小さな淡緑色の花をまばらにつける。分果は長

ヨツバムグラ　地味で弱々しい。葉は名のように4個輪生する　86.7.18　高尾山

ヒメヨツバムグラ　86.6.27　日野市

❶ 
❷

ヤエムグラ属の子房は2個の球をくっつけたような形で，成熟すると2個の分果になる。❶ヒメヨツバムグラ，❷ヨツバムグラの果実。ヒメヨツバムグラの方がやや小さい。どちらも表面は曲がった毛におおわれている。
❺ホソバノヨツバ↗

❸

さ1㍉以下。表面には曲がったこぶ状の突起が密生する。🌼**花期** 5〜6月 ◎**分布** 本，四，九

ホソバノヨツバムグラ
G. trifidum
　ssp. columbianum
〈細葉の四葉葎〉
湿地に生える高さ20〜40㌢の多年草。低地から亜高山帯にまで広く分布している。茎は4稜形で，稜にはわずかに下向きの毛が生える。基部は地をはうこともある。葉はふつう4個，ときに5〜6個輪生し，長さ0.7〜1.4㌢，幅3〜5㍉の狭長楕円形または倒披針形で，先はまるい。ふちと裏面にわずかに下向きの刺毛がある。押し葉にすると黒くなる。花は白色で直径約1㍉。花冠はふつう3裂する。雄しべはふつう3個ある。果実は無毛。🌼**花期** 6〜8月 ◎**分布** 北，本，四，九

オオバノヤエムグラ
G. pseudoasprellum
〈大葉の八重葎〉
山地の日当たりのよい草地などによく生える多年草。茎は4稜形で，稜上に生えた下向きの刺でほかのものにからまって長さ1㍍ぐらいになる。葉は4〜6個輪生し，長さ1.5〜2.5㌢，幅0.5〜1㌢の倒披針形〜楕円形で，先端は急に細くなって短くとがる。表面にはまばらに短毛が生え，ふちと裏面の脈上には下向きの刺がある。花は黄緑色で直径約1.5㍉。花冠は4裂する。分果は直径1.5〜2㍉で，曲がった毛が密生する。🌼**花期** 7〜9月 ◎**分布** 北，本，四，九

ホソバノヨツバムグラ　低地から亜高山帯の湿地に生える　86.6.13　八王子市

❹

❺

ムグラの果実は無毛。この仲間の花冠は❸ヒメヨツバムグラや❻オオバノヤエムグラのようにふつう4裂するが，❹ホソバノヨツバムグラはふつう3裂する。しかし，上の花のように4裂し，雄しべが4個あるものもある。

❻

オオバノヤエムグラ　86.7.26　奥多摩

リンドウ目　アカネ科

フタバムグラ属
Hedyotis

アカネ科の果実は蒴果,乾果,液果,核果といろいろある。フタバムグラ属の果実は蒴果で,なかに小さな種子が多数入っている。アカネ科の草本の大部分は種子が1〜5個と少なく,フタバムグラ属のように多数の種子があるのは,ほかに暖地の山地に生えるサツマイナモリ属だけである。

フタバムグラ
H. brachypoda

〈双葉葎〉 葉が2個対生することによる。畑や田のあぜなどに生える高さ10〜30ｾﾝﾁの1年草。茎は細い円柱形で,基部から枝分かれして斜上するか,もしくは横に広がる。葉は対生し,長さ1〜3.5ｾﾝﾁ,幅1.5〜3ﾐﾘの線形〜広線形で,ふちにざらざらする短毛がある。葉の基部の托葉は膜質で先が数裂する。花はわずかに紅色を帯びた白色で,葉腋に1〜2個つく。花冠は長さ約2ﾐﾘの筒状で,先は4裂する。花柄はごく短い。萼は4裂して開出し,先端は鋭くとがる。蒴果は直径3〜5ﾐﾘの球形で,萼が残って目立つ。🌸**花期** 8〜9月
🌏**分布** 本,四,九,沖

ソナレムグラ
H. strigulosa
 var. parvifolia

〈磯馴葎〉 磯馴の松と同じように,海岸に生えることからつけられた。命名は牧野富太郎理学博士。海岸の岩の割れ目などに生える高さ5〜20ｾﾝﾁの常緑の多年草。全体に多肉質で,光沢があってすべすべ

フタバムグラ 花柄も果柄もほとんどないくらいに短い 87.9.19 河口湖

ソナレムグラ 82.9.8 館山市 撮影／木原

❶フタバムグラの花は長さ約2ﾐﾘの筒状で,先は4裂する。萼の裂片は開出し,花のあとも残る。

している。葉は対生し、長さ1～2.5㌢、幅0.7～1.2㌢の長楕円形または倒卵形で、先はまるく、ふちはやや外側に曲がる。茎の先や葉腋に白い花をつける。花冠は長さ約2㍉の筒状で先は4裂し、のどの部分に細毛がある。蒴果は直径約4㍉の倒卵状球形。🌼**花期** 8～9月 **分布** 本（関東地方以西）、四、九

ハシカグサ属
Neanotis

ハシカグサ
N. hirsuta

山野や道ばたの木陰に生える1年草。茎はやわらかく、枝分かれして地に広がり、長さ20～40㌢になる。各節から根をだし、先の方はしばしば斜めに立ち上がる。葉は対生し、長さ2～6㌢、幅1～2㌢の卵形または狭卵形でやわらかく、両面にまばらに白い軟毛が生える。茎の先端や葉腋に小さな白い花を数個束生する。萼には白い軟毛がある。蒴果は直径3～4㍉の球形。中部地方の日本海側から東北地方には、萼の筒部に毛がないものがあり、オオハシカグサ var. glabra という。🌼**花期** 8～9月 **分布** 本、四、九、沖

ハシカグサ 道ばたや庭のすみなどでよく見かける　87.9.3　茨城県岩間町

❷ハシカグサの花は白色で直径約2㍉。花冠は筒状で4裂する。花筒内に雄しべ4個、花柱2個が見えている。❸若い蒴果。直径3～4㍉の球形で萼に包まれている。花のころも果期も大きな4個の萼片が目立つ。❹葉柄の基部の托葉はクシの歯状。

リンドウ目　アカネ科

オオフタバムグラ属
Diodia

オオフタバムグラ
D. teres
〈大二葉葎〉

北アメリカ原産の1年草。東京で最初に見つかり、現在は各地に見られるが、あまり多くない。海岸や河原の乾いた砂地に生え、高さ10〜50㌢になる。葉は対生し、長さ1〜3.5㌢、幅2〜4㍉の線状披針形で、先端は刺状に短くとがる。葉の両面にはかたくて短い毛があってざらつき、とくに葉のふちの毛は刺状でざらざらする。托葉は左右2個が合着し、上部には刺状の毛があって目立つ。葉腋に白色または淡紅色の小さな花を2〜4個ずつつける。花冠は長さ4〜6㍉の筒状。果実は乾果で、長さ3〜4㍉の倒卵形。先端に萼が残る。
花期 7〜8月
分布 北アメリカ原産

ハナヤエムグラ属
Sherardia

ハナヤエムグラ
S. arvensis
〈花八重葎〉

ヨーロッパ原産の1年草。各地に帰化しているが、あまり多くはない。ヨーロッパでは畑の雑草としてふつうに見られるようだ。荒れ地や芝生に生え、高さ30〜60㌢になる。茎は4稜形で、稜上に下向きの刺毛がある。葉は4〜6個輪生し、狭披針形でまばらに粗毛がある。花は淡紅色または淡紫色で、総苞に包まれているのが特徴。花冠は直径約5㍉、長さ約3㍉で4裂する。
花期 5〜9月
分布 ヨーロッパ原産

オオフタバムグラ 海岸や河原の砂地に生える帰化植物 86.8.27 豊橋市

❶オオフタバムグラの花は長さ4〜6㍉の筒状で4裂する。盛んに花粉をだしている雄しべ4個と頭状の花柱が見える。❷果実は長さ3〜4㍉の倒卵形で、剛毛の生えた萼に包まれたまま熟す。上部に4個の萼片が残り、鳥のひなが親鳥から餌をもらおうとして、くちばしをつきだしているようなユーモラスな形をしている。果実の基部は托葉からのびた長い刺状の毛に囲まれている。❸ハナヤエムグラの花はほとんど柄がなく、総苞片に包まれて咲くのが特徴。総苞片の基部は合着している。左下のつぼみを見ると、花冠の裂片のふちとふちがくっついている。アカネ科に多い特徴で、敷石状とか縁合するとか表現される。

ハナヤエムグラ 87.5.1 東京都江東区

リンドウ目 アカネ科

ヘクソカズラ属
Paederia

ヘクソカズラ
P. scandens

〈屁糞蔓・屁臭蔓／別名ヤイトバナ・サオトメカズラ〉 何とも気の毒な名前であるが,その臭気に気づけば,この名前もなるほどと思える。ただし,この臭気も花や葉,果実をそっとかいだだけではにおわない。もんだり,つぶしたりしてはじめてにおう。『万葉集』でもクソカズラと詠まれている。別名のヤイトバナは花の中央部がヤイト(お灸)のあとに似ているからだという。サオトメカズラは早乙女蔓で,花の姿を早乙女のかぶる笠に見立てたもの。

日当たりのよいやぶや草地,土手などにごくふつうに見られるつる性の多年草。茎は左巻きでほかの木や草などにからまって長くのびる。基部は木質化する。葉は対生し,長さ4～10㌢,幅1～7㌢の楕円形または細長い卵形で先はとがる。葉柄の基部には左右の托葉が合着した三角形の鱗片がある。葉腋から短い集散花序をだし,灰白色の花をまばらにつける。花冠は長さ約1㌢の鐘形で先は浅く5裂して平開する。のどと内側は紅紫色。果実は核果で直径約5㍉の球形。熟すと黄褐色になる。なかには2個の核があり,それぞれに種子が1個ずつ入っている。この果実はしもやけの薬として,古くから利用されてきた。

ヘクソカズラ 名前のわりにはなかなかかわいい花をつける 83.9.7 府中市

❹ヘクソカズラの花は,白い花冠と紅紫色ののどの部分が,ほどよいコントラストになってよく目立つ。長い毛の間からのびだしている2本の糸状のものは花柱。❺花の断面。花冠の内側は紅紫色で,ひょろひょろのびた花柱がよく目立つ。雄しべは4～5個あり,花糸は短く,葯は内面にへばりついているように見える。花冠の内側の毛は上部に多く,その役割について長田武正は「受粉の生態に意味があるのかもしれない」としている。❻果実は黄褐色に熟し,冬枯れの山野でよく見かける。

花期 8～9月
分布 日本全土

リンドウ目 アカネ科

リンドウ科
GENTIANACEAE

リンドウ属 Gentiana

花冠の裂片の間に小さな副花冠があり、子房の柄の基部に蜜腺があるのが特徴。

リンドウ
G. scabra var. buergeri
〈竜胆〉 根を乾燥したものを薬用にし、漢方ではこれを竜胆（りゅうたん）と呼ぶ。山野に生える高さ0.2〜1㍍の多年草。葉は対生し、長さ3〜8㌢、幅1〜3㌢の卵状披針形で先はとがり、3脈が目立つ。茎の先や上部の葉腋に紫色の鐘形の花を開く。花冠は長さ4〜5㌢で先は5裂する。裂片の間には副片があり、内側には茶褐色の斑点がある。果実は蒴果で枯れた花冠に包まれ、熟すと2裂する。種子は紡錘形で翼がある。🌼花期 9〜11月 ⚘分布 本，四，九

フデリンドウ
G. zollingeri
〈筆竜胆〉 茎の先につく花の様子を筆に見立てたもの。

山野の日当たりのよいところに生える小さな2年草。茎は高さ6〜9㌢になり、上半部に葉が密に対生する。葉は長さ0.5〜1.2㌢の広卵形でやや厚く、裏面はしばしば紫色を帯びる。茎の先に青紫色の花が数個集まってつく。花冠は長さ2〜2.5㌢の鐘形。萼は緑色。🌼花期 3〜5月 ⚘分布 北，本，四，九

コケリンドウ
G. squarrosa
〈苔竜胆〉
日当たりのよい草地に生える高さ3〜10㌢の小さな2年草。茎はよく枝分かれする。根生

リンドウ　リンドウ属の花は日が当たっているときだけ開く　80.11.30　八王子市

❶リンドウの花の断面。雌しべのまんなかあたりのふくらんだ部分が子房で、その下は柄。柄の基部には蜜腺がある。雄しべ5個は花筒につく。萼片は直立し、その外側に開いているのは苞。❷フデリンドウの花。花冠の裂片と裂片の間に副花冠があるのはリンドウ属の特徴。リンドウ科の花は雄しべ先熟。咲きはじめは雄性期で2個の柱頭は閉じている。❶❷はいずれも雌性期で雄しべは花粉をだし終わり、板状の柱頭が開いている。

フデリンドウ　87.4.16　八王子市

コケリンドウ　86.5.26　高尾山

リンドウ目　リンドウ科

葉はロゼット状につき、長さ1～4㌢の卵状菱形。茎葉は小さい。枝先に長さ1～1.5㌢の小さな淡青紫色の花をつける。❀花期　3～5月
❀分布　本，四，九

センブリ属 Swertia

花冠は4～5深裂し、裂片の間に副花冠がなく、花冠裂片の中部から下に1～2個の蜜腺がある。

センブリ
S. japonica
〈千振／別名トウヤク〉
昔から健胃薬として利用された。非常に苦く、1000回振りだしてもまだ苦いことからつけられた。布袋に入れた薬を湯に入れて振り動かすのが振出薬で、いわば昔のティーバッグ。別名は当薬。
日当たりのよい草地に多い高さ10～20㌢の2年草。茎は4稜形で淡紫色を帯びることが多い。葉は対生し、長さ1.5～3.5㌢の線形でしばしば紫緑色を帯び、ふちは多少外側にそる。枝先や葉腋に紫色のすじのある白い花を開く。花冠は長さ約1.5㌢で5深裂する。果実は細長い蒴果で2裂する。
❀花期　8～11月
❀分布　北，本，四，九

ムラサキセンブリ
S. pseudochinensis
〈紫千振〉
日当たりのよい草地などに生える高さ20～50㌢の多年草。茎は太く、暗紫色を帯び、上部で枝分かれする。葉はやや密に対生し、長さ2～4㌢の線状披針形。花は淡紫色で紫色のすじがある。花冠は長さ1～1.5㌢で5深裂する。❀花期　8～11月
❀分布　本（関東地方以西），四，九

センブリ　日が当たると清楚な花を開き、暗くなると閉じる　87.10.14　奥多摩

センブリ属の花冠は基部まで深く裂けて平開し、筒部はごく短く、まるで離弁花のように見える。❸センブリと❹ムラサキセンブリの花冠の裂片の基部には楕円形の蜜腺が2個ずつあり、そのまわりに長い毛が生えている。センブリよりムラサキセンブリの方が毛が少ない。花柱は短く、柱頭は板状で2個。

ムラサキセンブリ　84.11.1　平戸島

リンドウ目　リンドウ科

マチン科
LOGANIACEAE

木本のフジウツギ属と草木のアイナエ属を合わせて、フジウツギ科 Buddlejaceae とする考えもある。

アイナエ属
Mitrasacme

小さくて繊細なものが多い。果実は蒴果で、先端に基部だけ2裂した花柱が残る。

ヒメナエ
M. indica

日当たりのよい原野の湿ったところに生える高さ6～9センチの小さな1年草。葉は茎全体にまばらに対生し、長さ3～8ミリ、幅1～2ミリの披針形または線形で、先端はとがり、基部は互いにつながって茎を囲む。1個の中脈が目立つ。茎の先や上部の葉腋から長さ0.7～2センチの花柄をだし、白い小さな花をつける。花冠は直径約2ミリの鐘形で先は4裂する。雄しべ4個は花筒につく。果実は直径約2.5ミリの球形。 花期 8～9月 分布 本、四、九、沖

アイナエ
M. pygmaea

日当たりのよい原野の湿地に生える高さ5～15センチの小さな1年草。葉は下部の節に数対つき、長さ0.7～1.5センチ、幅3～6ミリの卵形または長楕円形で、先端はややとがり、3脈がある。茎の上部に鱗片状の苞が対生し、そのわきから細い花柄をだし、白い小さな花をまばらにつける。花冠は直径約2.5ミリの鐘形で先は4裂する。蒴果は卵球形。 花期 8～9月 分布 本、四、九、沖

ヒメナエ 小さいので花が咲いてもなかなか見つからない 86.7.9 千葉県成東町

アイナエ 87.8.16 八王子市

❶ヒメナエの花。花冠の裂片はまるく、先端に微突起がある。❷❸アイナエの花。萼は4裂し、裂片はとがる。

432 リンドウ目 マチン科

キョウチクトウ科
APOCYNACEAE

APG分類体系ではガガイモ科がキョウチクトウ科に合一されている。常緑高木が多いが、つる性のものや草木もある。花は放射相称で、花冠は回旋状になる。世界に約160属1900種があり、熱帯や亜熱帯地域に多い。乾燥地域に適した多肉植物もある。アルカロイドやステロイド配糖体を含み、有害なものが多いが、薬用植物でもある。

チョウジソウ属
Amsonia

チョウジソウ
A. elliptica
〈丁字草〉 花の形がフトモモ科のチョウジの花に似ていることから。川のそばなどのやや湿った草地に生える高さ40〜80㌢の多年草。葉はふつう互生し、長さ6〜10㌢、幅1〜2㌢の披針形で先端は鋭くとがる。茎の先に淡青紫色の花を集散状につける。花冠は直径約1.3㌢の高杯形で、上部は5裂して平開する。果実は袋果で円柱状。
花期 5〜6月 分布 本,九

チョウジソウ 86.5.18 静岡県一碧湖

❶淡青紫色の花の裂片は5裂して平開する。
❷果実はふたまたに分かれた2本の円柱状の細長い袋果で、1本の長さは約5〜6㌢。袋果の中に数個接して入っている種子は長さ7〜10㍉の狭長楕円形の棒状で褐色。写真では左側の袋果の外側がとってあるので、左はじの部分で、2個の棒状の種子がわかる。

リンドウ目　キョウチクトウ科

ガガイモ属
Metaplexis

つる性の多年草。花冠ののどに副花冠があり,雄しべと雌しべが合着したずい柱よりも明らかに短い。花粉塊は短い柄があり,ぶら下がる。果実は袋果で大きく,種子は楕円状で扁平,先端に種髪と呼ばれる長い毛の束がある。ガガイモ属は2種からなる。

ガガイモ
M. japonica

〈蘿藦〉 日当たりのよいやや乾いた原野に生えるつる性の多年草。地下茎を長くのばしてふえ,茎を切ると白い乳液がでる。葉は対生し,長さ5～10㌢,幅3～6㌢の長卵状心形で先はとがり,裏面は白緑色を帯びる。葉腋から花序をだし,淡紫色の花をつける。花冠は直径約1㌢で5裂し,内側には長い毛が密生する。中心部にはずい柱があり,柱頭は長く花冠からつきでる。副花冠は環状でずい柱の基部をとり巻く。袋果は長さ約10㌢,幅約2㌢の広披針形で,表面にはイボ状の突起がある。種子は扁平な楕円形で翼がある。❀花期 8月 ◎分布 北,本,四,九

カモメヅル属
Vincetoxicum

イヨカズラ
V. japonicum

〈伊予葛／別名スズメノオゴケ〉
海岸に近いやや乾いた草地ややぶに生える多年草。茎は直立して高さ30～80㌢になり,ときに先端がつる状になることもある。葉は対生し,長さ3～10㌢,幅3～7㌢の楕円形で,

ガガイモ 花の内側に白い毛が密生し,白っぽく見える 86.8.10 日野市

❶ガガイモの花。雄しべは雌しべと合着してずい柱をつくる。❷❸袋果。なかの種子は楕円形で翼があり,先端に種髪と呼ばれる長い絹糸のような毛がある。

イヨカズラ 86.6.10 室戸岬

リンドウ目 キョウチクトウ科

両面の脈上に短毛がある。上部の葉腋に直径約8㍉の淡黄白色の花を多数つける。副花冠は直立し、ずい柱とほぼ同長。袋果は長さ4〜6㌢の広披針形。🌸**花期** 5〜7月 ❁**分布** 本,四,九,小笠原

コバノカモメヅル
V. sublanceolatum
 var. sublanceolatum

〈小葉鴎蔓〉 山野の林のふちなどに生えるつる性の多年草。葉は対生し、長さ3〜11㌢、幅約2㌢の長楕円形、先はとがり、基部は浅い心形〜円形で短い柄がある。葉腋から花序をだし、直径7〜9㍉の暗紅紫色の花をまばらにつける。花冠は5裂し、裂片は細い。副花冠は白いずい柱の半分ほどで、花冠と同色。袋果は長さ5〜7㌢の披針形。🌸**花期** 7〜8月 ❁**分布** 本(関東,中部,近畿)

スズサイコ
V. pycnostelma

〈鈴柴胡〉 つぼみが鈴に似ていて、全体がセリ科のミシマサイコに似ていることによる。日当たりのよいやや乾いた草地に生える多年草。茎はかたくて細く、高さ0.4〜1㍍。葉は対生し、長さ6〜13㌢、幅0.4〜1.5㌢の長披針形〜線状長楕円形で先はとがり、やや厚い。茎の先や上部の葉腋に花序をだし、直径1〜2㌢の黄褐色の花をまばらにつける。花は早朝に開き、日が当たると閉じる。副花冠は直立し、ずい柱よりすこし短い。袋果は長さ5〜8㌢の細長い披針形。🌸**花期** 7〜8月 ❁**分布** 北,本,四,九

コバノカモメヅル　葉の基部は心形で、暗紫色の小花をつける　86.7.18　日野市

❹コバノカモメヅルの花。ずい柱のまわりを花冠と同じ色の副花冠がとり巻く。❺袋果。❻スズサイコの花。副花冠はおじぎをしているようなおもしろい形。

スズサイコ　09.7.18　群馬県嬬恋村

リンドウ目　キョウチクトウ科

ナス科
SOLANACEAE

主に熱帯〜亜熱帯に分布し、世界に約90属2500種が知られている。ジャガイモ、トマト、ナスなどの野菜類をはじめ、タバコ、トウガラシなども含まれ、薬用のチョウセンアサガオ、観賞用のペチュニアと、ナス科は日常生活に深い関わりのあるのが多い。

ナス属 Solanum

果実は液果。雄しべは5個あり、花糸は太くて短く、葯の基部につく。葯は互いに接して花柱を囲み、先端にあなが開いて花粉をだす。

ワルナスビ
S. carolinense

〈悪茄子〉 刺が多く、始末に困る害草であることによる。

北アメリカ原産の多年草。昭和初期に関東地方南部で気づかれ、その後暖かい地方へ広がった。根茎を長くのばして広がり、茎や葉には星状毛がある。茎は高さ0.5〜1㍍で直立し、節ごとにくの字形に曲がる。葉は互生し、長さ8〜15㌢、幅4〜8㌢の長楕円形で、ふちには波状の大きな鋸歯が3〜4個ある。茎の途中から太い枝をだし、先端に直径約2㌢の淡紫色または白色の花を6〜10個集散状につける。液果は直径約1.5㌢の球形で黄色に熟す。

花期 6〜10月
分布 北アメリカ原産

キンギンナスビ
S. capsicoides

〈金銀茄子〉 果実は熟すと白色から赤色に変わる。同じ株に白い未熟果と赤い成熟果がつくことによる。

ワルナスビ 刺が多く、繁殖力が強いので害草として嫌われる　87.6.18　日野市

キンギンナスビ　91.11.23　室戸岬

❶ワルナスビの花冠は浅く5裂して皿状に開き、正面から見ると星形または五角形。葯は黄色で大きく、先が細くなり、バナナのような形をしている。先端にあなが開いて花粉をだす。花糸はほとんどない。花柱は細く、葯に囲まれている。ワルナスビは茎や葉に星状毛がある。❷茎には鋭い刺がある。

イヌホオズキ　畑や道ばたにごくふつうに見られる。有毒植物　86.10.10　高尾山

❸イヌホオズキの花は白色。❹アメリカイヌホオズキは白花もあるが、ふつう淡紫色。いずれも花冠は深く5裂し、葯の先端に開いたあなから花粉をだす。❺アメリカイヌホオズキの若い実。果軸の先に集まってつき、熟すと光沢のある黒色になる。イヌホオズキの果実は果軸に散らばってつき、光沢がない点が違う。❻イヌホオズキと❼アメリカイヌホオズキの茎には伏毛がすこしあり、刺はない。　アメリカイヌホオズキ　八王子市

イヌホオズキ
S. nigrum

〈犬酸漿／別名バカナス〉　ホオズキやナスに似ているが役に立たないことによる。
畑や道ばたに生える高さ30〜60㌢の1年草。葉は互生し、長さ3〜10㌢の広卵形で、ふちにはふつう波形の鋸歯がある。茎の途中から枝をだし、直径6〜7㍉の白い花を4〜8個やや総状につける。萼は杯状で浅く5裂する。花冠は深く5裂してそり返る。液果は直径0.7〜1㌢の球形で黒色に熟し、光沢はない。種子は長さ約2㍉。🌸花期　8〜10月　🌏分布　日本全土

熱帯アメリカ原産の1年草。関東地方南部から沖縄にかけての太平洋岸に帰化している。茎には刺が多く、高さ0.3〜1㍍になる。葉は互生し、長さ6〜15㌢の卵円形で、3〜5浅〜中裂する。両面とも白い毛があり、脈上には刺がある。茎の途中から短い枝をだし、直径約2㌢の白色の花を1〜5個つける。液果は直径2〜3㌢の球形。🌸花期　8〜9月　🌏分布　熱帯アメリカ原産

アメリカイヌホオズキ
S. ptychanthum

北アメリカ原産の1年草で、各地に帰化している。イヌホオズキによく似ているが、茎が細く、しばしば多くの枝を分けて横に広がる。葉もふつう幅が狭くて薄い。花は直径2〜5㍉で淡紫色または白色。液果はやや小さく、光沢のある黒色に熟す。
🌸花期　7〜9月　🌏分布　北アメリカ原産

ナス目　ナス科　437

ホオズキ属 Physalis

花のあと萼が大きく袋状になって果実をすっぽり包むのが特徴。果実は液果。雄しべは5個あり、互いに離れている。花糸は葯の背面につく。葯隔は狭くて両側に葯室が2個つく。葯は縦に裂けて花粉をだす。

ホオズキ
P. alkekengi var. franchetii

〈酸漿・鬼灯〉 酸漿は漢名。ホオズキの名について、牧野富太郎は「茎に方言でホオとよばれるカメムシの類がよくつくので」としているが、異論も多く、語源ははっきりしない。根を乾燥したものを酸漿根と呼び、せき止め、利尿に用いる。

アジア原産といわれ、日本には古い時代に渡来したと考えられている。ふつう庭などに栽培される高さ60〜90㌢の多年草。地下茎を長くのばしてふえる。葉は互生するが、ときに節に2個ずつついて対生しているように見え、長さ5〜12㌢、幅3〜9㌢の広卵形で、ふちに大きな鋸歯がある。葉腋から長い花柄をだし、淡黄白色の花を下向きにつける。花冠は杯形で直径約1.5㌢。萼は短い筒状で先は5裂する。花が終わると萼は大きくふくれて長さ4〜6㌢になり、液果を包む。熟すと赤橙色になる。液果は直径1〜1.5㌢の球形で赤く熟す。🌸**花期** 6〜7月
◎**分布** アジア原産

ヒメセンナリホオズキ
P. pubescens

〈姫千成酸漿〉千成は小さな果実がたくさん

はじめ緑色だったホオズキの萼は熟すにしたがって赤橙色に変わる　78.8.5　植栽

❶

❷ホオズキの花は杯形で先は浅く5裂して平開し、正面から見るとほぼ五角形。中心部は淡緑色で、全体に白い毛が多い。花糸は葯の背面についている。球形の液果を包む袋は萼が大きくなったもので、秋までおくと❶のように脈だけになってしまうことが多い。❸液果の断面。小さな種子が多数入っている。

ナス目　ナス科

つくことによる。
南北アメリカ原産の1年草で、やや暖かい地方に広く帰化している。茎は高さ50〜80㌢、短い斜上毛が密生し、稜はあるがあまり目立たない。葉は互生し、長さ2.5〜6㌢、幅1.5〜4㌢の卵形で先端は短くとがり、ふちには粗い波状の鋸歯があるか全縁。葉腋から花柄をだし、淡黄色で直径10㍉ほどの杯状の花を1個つける。萼は筒形で浅く5裂する。液果は直径約1㌢の球形で、花のあと大きく袋状になった萼に包まれる。
花期 5〜10月 分布 南北アメリカ原産
✤従来センナリホオズキと呼ばれていた植物がヒメセンナリホオズキとヒロハフウリンホオズキに分けられた。

オオセンナリ属
Nicandra

オオセンナリ
N. physalodes
〈大千成〉

南アメリカ原産の1年草で、人里近くにまれに帰化している。江戸時代に観賞用として輸入されたが、現在ではあまり見られない。茎には著しい稜があり、高さ30〜80㌢になる。葉は互生し、長さ5〜10㌢の長楕円形または卵形で、ふちには不ぞろいの粗い鋸歯がある。葉腋に淡青紫色の花を1個つける。花冠は直径3〜3.5㌢の鐘形で浅く5裂する。萼は筒形で基部に尾状の突起が5個あり、側面には5個の低い翼があって目立つ。花のあと萼は大きくなって液果を包む。
花期 8〜9月 分布 南アメリカ原産

ヒメセンナリホオズキ 実の数は多いが、熟しても緑色 87.10.7 東京都薬用植物園

❹ヒメセンナリホオズキの花は五角形。淡黄白色で中心部には黒紫色の斑紋がある。❺液果は長さ約2.5㌢の袋状の萼に包まれる。萼には10個の稜があり、熟しても緑色のまま。❻❼オオセンナリの液果は表面に茶褐色の斑点があり、なかに扁平な種子が多数入っている。萼も特徴があり、張りだした翼がよく目立つ。

オオセンナリ 86.7.7 植栽

ナス目 ナス科

ハコベホオズキ属
Salpichroa

ハコベホオズキ
S. originifolia
〈繁縷酸漿〉

南アメリカ原産の1年草。全体に曲がった毛があり、茎はつる状にのびる。葉は長さ0.3〜3cmの卵円形。花は壺形で下向きに咲く。液果は黄色または白色。
🌸花期 5〜10月 🌏分布 南アメリカ原産

チョウセンアサガオ属
Datura

チョウセンアサガオ
D. metel
〈朝鮮朝顔〉

熱帯アジア原産の1年草。江戸時代に薬用植物として渡来したが、現在は少ない。よく分枝して高さ約1mになる。葉は広卵形。葉腋に長さ10〜15cmの白い漏斗形の花をつける。夕方開花し、翌朝日が昇るとしぼむ。蒴果は球形で刺が多く、不規則に裂ける。🌸花期 8〜9月 🌏分布 熱帯アジア原産

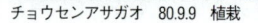

ヨウシュチョウセンアサガオ
D. stramonium
〈洋種朝鮮朝顔〉

チョウセンアサガオに似ているが、葉に大きな鋭い鋸歯がある。花は淡紫色で長さ約8cm。
🌸花期 8〜9月 🌏分布 熱帯アメリカ原産
✚チョウセンアサガオは華岡青洲が麻酔に用いたことで有名。この仲間は全体にアルカロイドを含む有毒植物で、葉の汁が目に入ると目が見えなくなり、食べると激しい中毒症状を起こす。古くから葉や種子を薬用にしていたが、現在では麻酔薬の原料として重要。

ハコベホオズキ 葉がハコベの仲間に似ている 86.10.18 東京都江東区

❶ハコベホオズキの花は壺形で先は5裂する。雄しべ5個と雌しべ1個は花冠の外にでる。チョウセンアサガオの仲間の果実は蒴果で、ふつう刺が多い。❷ヨウシュチョウセンアサガオの蒴果は長さ約3cmの卵状楕円形で熟すと4裂する。チョウセンアサガオの蒴果は球形で不規則に裂ける。

チョウセンアサガオ 80.9.9 植栽　　ヨウシュチョウセンアサガオ 76.8.6

ナス目　ナス科

ヒルガオ科
CONVOLVULACEAE

熱帯〜亜熱帯が分布の中心で，つる性の草本が多い。学名も「巻きつく」という意味のラテン語の convolvere からきている。なかには葉が鱗片状に退化したネナシカズラ属のような寄生植物もある。花は1日でしぼむものが多く，花冠は漏斗形，高杯形，鐘形などで，つぼみはふつうらせん状にねじれている。果実は蒴果のものが多い。古くから栽培されているものにアサガオとサツマイモがある。アサガオは種子を下剤にするため中国から渡来し，江戸時代に多くの園芸種がつくられた。

ヒルガオ属
Calystegia

萼の基部に大きな苞が2個あり，萼を包んでいるのが特徴。

ハマヒルガオ
C. soldanella
〈浜昼顔〉

代表的な海浜植物のひとつ。海岸の砂地に生えるつる性の多年草。砂のなかに白色の地下茎を長くのばしてふえる。茎は砂の上をはい，なにかあれば巻きついたりして広がる。葉は互生し，長さ2〜4㎝，幅3〜5㎝の腎円形で基部は深い心形。厚くて光沢がある。葉腋から長い花柄をだし，先端に淡紅色の花をつける。花冠は直径4〜5㎝の太い漏斗形。雄しべ5個と雌しべは花筒のなかにある。苞は広卵状三角形で萼を包んでいる。蒴果はほぼ球形で，黒い種子が入っている。

花期 5〜6月
分布 日本全土

ハマヒルガオ　砂浜に群落をつくる。11.5.17　南房総市

ヒルガオ属 Calystegia

コヒルガオ
C. hederacea

〈小昼顔〉 ヒルガオに比べて葉や花が小さいことによる。

日当たりのよい草地や道ばたにふつうに生えるつる性の多年草。地中に白色の地下茎をのばしてふえ，つるはほかのものに巻きついてのびる。葉は互生し，長さ3〜7㌢のほこ形で基部が耳のように横にはりだす。このはりだした部分が2裂するものが多い。葉腋から長さ2〜5㌢の花柄をだして淡紅色の花を1個つける。花柄の上部には縮れた狭い翼がある。花冠は直径3〜4㌢の漏斗形。萼は5裂し，大きな苞に包まれている。ふつう結実しない。🌼**花期** 6〜8月 **分布** 本, 四, 九

ヒルガオ
C. pubescens

〈昼顔〉 花が昼間咲くことによる。

日当たりのよい野原や道ばたなどに生えるつる性の多年草。地中に白色の地下茎をのばしてふえる。葉は互生し，長さ5〜10㌢のほこ形〜矢じり形で，基部は斜め後方にはりだすが，裂けない。葉腋から長い花柄をだし，淡紅色の花を1個つける。花柄には翼はない。花冠は直径約5㌢の漏斗形。萼は卵形の大きな苞に包まれている。ふつう結実しない。🌼**花期** 6〜8月 **分布** 北, 本, 四, 九

✤コヒルガオとヒルガオの葉を比べると，コヒルガオの方が葉の基部が大きく横にはりだしている。

コヒルガオ 葉の基部が真横にはりだし，浅く2裂する 86.6.22 八王子市

ヒルガオ 11.7.27 松本市

ナス目 ヒルガオ科

セイヨウヒルガオ属
Convolvulus

1年草あるいは多年草で，250種ほどが世界に広く分布する。日本に自生種はない。

セイヨウヒルガオ
C. arvensis
〈西洋昼顔〉

ヨーロッパ原産のつる性の多年草で，戦後，急に各地で見られるようになった。もともとは園芸植物として入ってきたものらしい。花はすこし小ぶりだが，花つきがよい。鉄道の沿線によく群生していて，車窓から見るとなかなかみごとである。茎は地をはったり，ほかのものにからみついてのび，長さ0.5〜1.5㍍になる。葉は互生し，長さ4〜6㌢，幅1〜2㌢のほこ形で，基部は耳状にはりだす。葉は先がまるいものや，耳状にはりだした部分が小さいもの，2裂するものなど，変化が多い。葉腋から花柄をだし，白色〜淡紅色の花を1〜3個つける。花柄の途中には鱗片状の苞が1対ある。花冠は直径約3㌢の漏斗形。
花期 7〜9月
分布 ヨーロッパ原産

✿在来のヒルガオの仲間とセイヨウヒルガオを見分けるポイントは2つある。ひとつは柱頭の形。どちらも柱頭は2裂するが，ヒルガオの仲間はふくれているのに対し，セイヨウヒルガオは線形〜長楕円形で平べったい。もうひとつは苞。ヒルガオの仲間の苞は大型で萼を包んでいるが，セイヨウヒルガオの苞は花柄の途中につき，鱗片状なので目立たない。

セイヨウヒルガオ　線路わきに群生していることが多い　81.6.9　東京都荒川区

❶コヒルガオの花柄の上部には翼があるが，❷ヒルガオの花柄にはない。見分けのポイントのひとつ。萼のように見えるのは苞で，萼は苞に包まれていて見えない。❹セイヨウヒルガオの苞は小さな鱗片状になり，左のつぼみでわかるように花柄の途中につく。この苞の違いはヒルガオの仲間とセイヨウヒルガオの区別点のひとつ。❸セイヨウヒルガオの花。柱頭は2裂し，裂片は細長い広線形。裂片がふくらむヒルガオの仲間とのもうひとつの区別点。

ナス目　ヒルガオ科

サツマイモ属
Ipomoea

グンバイヒルガオ
I. pes-caprae

〈軍配昼顔〉 葉が軍配に似ていることによる。暖地の海岸の砂地に生えるつる性の多年草。葉は互生し，長さ3〜8㌢，幅4〜10㌢で，先端はへこみ，左右から2つ折りに重なる感じになる。葉腋から長い花柄をだし，紅紫色の花を1〜5個つける。花冠は直径約4㌢の漏斗形。🌼花期 5〜8月 🌍分布 四,九,沖

ノアサガオ
I. indica

〈野朝顔〉
海岸の草地や崖などに生えるつる性の多年草。葉は長さ5〜10㌢の心形で先は急にとがる。花は淡青色または淡紫色で直径6〜7㌢の漏斗形。萼は5裂し，裂片は細長く，先がとがる。蒴果は上向きにつき，種子は6個。🌼花期 4〜11月 🌍分布 本(伊豆諸島,紀伊半島),四,九,沖,小笠原
✣ノアサガオはアサガオ I. nil に似ているが，多年性で，花柄が短かく，萼片がそり返らない点で異なる。

マルバアサガオ
I. purpurea

〈丸葉朝顔〉
熱帯アメリカ原産のつる性の1年草。江戸時代に観賞用として渡来し，現在では各地に野生化している。葉は互生し，長さ7〜13㌢の心形で，先端は急にとがる。花は直径5〜8㌢の漏斗形で，紅紫色をはじめ赤，青，白色などもある。蒴果は垂れ下がり，種子は6個。🌼花期 7〜9月 🌍分

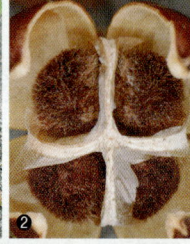

グンバイヒルガオ　厚くて軍配に似た葉が特徴　88.11.15　奄美大島

❶❷グンバイヒルガオの蒴果。直径2㌢ほどの扁球形で熟すと4裂する。なかは4室に分かれていて，各室に種子が1個ずつついている。種子には黄褐色の毛が密生する。ノアサガオやマルバアサガオなど，蒴果が3室で各室に種子が2個ずつあるものをアサガオ属 Pharbitis とする考えもある。

ノアサガオ　86.11.8　室戸岬

マルバアサガオ　87.9.11　白河市

ナス目　ヒルガオ科

布　熱帯アメリカ原産

ホシアサガオ
I. triloba

北アメリカ原産といわれるつる性の1年草で、主に西日本に帰化している。葉は卵円形で先は急にとがる。葉が3裂するものもある。花は淡紅色で中心部が紅紫色を帯びるものが多く、直径1～2㌢の漏斗形。花柄にはイボ状の突起がまばらにある。蒴果はやや縦長の球形。🌸花期　7～9月　🌏分布　北アメリカ原産

ルコウソウ
I. quamoclit

〈縷紅草〉　縷とは細い糸のこと。葉が糸状で紅色の花が咲くところからつけられた。
熱帯アメリカ原産のつる性の1年草。古くから観賞用に栽培され、野生化したものも見られる。葉は互生し、羽状に裂け、裂片は糸状。葉腋に直径約2㌢の紅色の花をつける。花冠の上部は5裂して星形に開く。🌸花期　8～10月　🌏分布　熱帯アメリカ原産

マルバルコウ
I. coccinea
〈丸葉縷紅〉

熱帯アメリカ原産のつる性の1年草で、主に中部地方以西に帰化している。葉は互生し、卵形で先はとがり、基部は心形。花は朱赤色で中心部は黄色。花冠は直径1.5～2㌢で、上から見ると五角形。🌸花期　8～10月　🌏分布　熱帯アメリカ原産
✚葉の裂片の幅が広いものをハゴロモルコウソウという。ルコウソウとマルバルコウソウとの雑種とされる。

ホシアサガオ　暖かい地方に帰化している　86.10.18　東京都江東区

ルコウソウ　87.9.12　八王子市

マルバルコウ　80.9.19　上田市

ナス目　ヒルガオ科　445

ネナシカズラ属
Cuscuta

つる性の寄生植物。緑色の葉はなく,充分に寄生の状態に入ると根までなくなる。ヒルガオ科のなかでは異色で,ネナシカズラ科として分ける見解もある。花柱の数や花筒の基部につく鱗片の形などが種を見分けるポイント。

ネナシカズラ
C. japonica
〈根無葛〉

日当たりのよい山野に生える1年生の寄生植物で,いろいろな植物に寄生する。長いつるをのばして寄主にからみつき,寄生根をだして養分を吸収する。つるは針金状で黄色または紫褐色を帯びる。葉は長さ2ミリ以下の鱗片状。短い花序をだし,白い小さな花を多数つける。花冠は長さ約4ミリで,5裂する。雄しべ5個は花冠より短い。花柱は1個。蒴果は直径約4ミリの卵形で横に裂ける。🌸花期 8～10月 🌏分布 日本全土

アメリカネナシカズラ
C. campestris

北アメリカ原産の1年生の寄生植物。穀物か砂防用植物の種子にまじって渡来したものではないかといわれる。戦後,各地で気づかれ,河原や荒れ地などにふえつつある。つるは細く淡黄色または淡黄赤色。白い小さな花がかたまってつく。花冠は直径約3ミリ。雄しべ5個は花冠からつきでる。花柱は2個。蒴果は直径2～3ミリの球形。🌸花期 7～10月 🌏分布 北アメリカ原産
✤クスノキ科のスナヅル属もつる性の寄生植

ネナシカズラ　しばしばかなりの広さにわたって広がる　94.9.12　厚木市

アメリカネナシカズラ　08.11.15　日野市

ハマネナシカズラ　87.9.29　加賀市

マメダオシ　カワラヨモギに寄生している　82.8.21　新潟県柿崎町　撮影／木原

❶ネナシカズラの花。花柱が1個しかないのが特徴で，花柱が2個あるほかのネナシカズラ属とは容易に区別できる。ネナシカズラの花柱は長さ約1.5㍉で柱頭は2裂している。❷アメリカネナシカズラの若い蒴果。花柱2個と花冠の外へつきでた雄しべが残っている。❸ハマネナシカズラの蒴果。先端に花冠の残骸が残っている。これはハマネナシカズラの特徴で，花冠が果実より長く，はじめ果実は花冠に包まれている。果実が成熟して大きくなると，花冠の基部をつき破ってむきだしになる。マメダオシの花はハマネナシカズラと似ているが，果実は花冠より短く，はじめからむきだしになっている。この仲間の花筒をルーペでのぞくと，雄しべの下に鱗片があるのがわかる。この鱗片も区別点のひとつで，アメリカネナシカズラの鱗片はふちがふさ状に裂け，ハマネナシカズラの鱗片はふちに小さな突起が多数ある。マメダオシの鱗片は先が2裂し，先の方に突起がすこしある。

物で，ネナシカズラ属に外見はよく似ている。しかし，両者は系統的に異質のもので，収れん進化の例として知られている。

ハマネナシカズラ
C. chinensis
〈浜根無葛〉
暖地の海岸に見られる1年生の寄生植物。ハマゴウによく寄生している。短い花序をだし，白い小さな花をつける。花冠は長さ約2.5㍉。花柱は2個。蒴果は扁球形で不規則に裂ける。
🌸花期　7〜10月　☀
分布　本(中部地方以西)，四，九，沖

マメダオシ
C. australis
〈豆倒し〉ダイズによく寄生して枯らすことによるが，マメ科以外の植物にも寄生する。日当たりのよい草地や海岸に生える1年生の寄生植物。短い花序をだし，白い小さな花をつける。花冠は長さ約2㍉。花柱は2個。蒴果は直径約3㍉の球形で不規則に裂ける。🌸花期　7〜10月　☀分布　日本全土

ネナシカズラの生活史
ネナシカズラはその名のとおり，根のないつる性の植物。ただし，はじめから根がないわけではない。❹蒴果は秋になって成熟すると上部のふたがとれ，種子が地面に落ちる。❺この種子は翌年の春になって発芽する。❻芽をだしてつるがのびてくると，さっそく寄主をさがしはじめる。❼どうやらターゲットが見つかり，それに巻きつく。巻きついたところから下の部分はもう枯れはじめている。❽フキに巻きついて安心したせいか，つるの下部は完全に枯れてなくなっている。❾ススキにからみついたつる。からみついたところから多くのこぶのような突起をだす。これが寄生根で，寄主にさしこみ，養分を吸収してしまう。寄主にとっては，まことに迷惑なことである。

ナス目　ヒルガオ科

イワタバコ科
GESNERIACEAE

主に熱帯〜亜熱帯に約120属2000種が分布し、日本には7属7種が自生している。観賞用によく栽培されるセントポーリアはこの仲間。

イワタバコ属
Conandron

イワタバコ
C. ramondioides

〈岩煙草〉 岩壁に生え、葉がタバコの葉に似ていることによる。

いつも水がにじみでているような日陰の岩場に生える多年草。短い根茎からふつう1〜2個の大きな葉をだす。葉は長さ10〜30㌢、幅5〜15㌢の楕円状倒卵形で、やわらかく、表面にしわが多い。葉腋から長さ10〜30㌢の花茎をのばし、直径約1.5㌢の紅紫色の花を2〜3個つける。萼は白っぽく、深く5裂する。花冠はふつう5裂し、筒部に黄橙色の斑紋がある。雄しべは5個あり、花柱をとり囲む。花柱は糸状で柱頭は球状にふくらむ。蒴果は長さ約1㌢の広披針形で、紡錘形の種子が多数入っている。茎葉や萼、葉の裏面脈上などに軟毛が生えるものを**ケイワタバコ** var. pilosus という。🌸**花期** 6〜8月 🌏**分布** 本(福島県以西)、四、九

✚イワタバコは冬の間、葉をかたく巻いて休眠する。このためイワタバコ科のなかでは、分布域をもっとも北に広げることができたといわれている。暖かくなると葉を広げる。若葉はすこし苦みがあるが食べられる。また胃腸薬としても利用される。

ケイワタバコ 湿った岩場に生え、暖地に多い 87.6.9 鎌倉市

イワタバコ 86.8.7 高尾山

❶イワタバコの花冠は皿状に広く開き、筒部は短い。雄しべは5個あり、紫色の葯とその先にのびた白い葯隔が子房と花柱を囲んでいる。❷のようにかたく巻いた葉を褐色の毛でおおって冬を越す。❸ケイワタバコは花柄や萼に毛がある。

シソ目 イワタバコ科

ゴマノハグサ科
SCROPHULARIACEAE

モウズイカ属
Verbascum

ビロードモウズイカ
V. thapsus

〈天鵞絨毛蕊花〉 全体にビロードのような灰白色の毛でおおわれ，雄しべの花糸に白い毛が多いことによる。地中海沿岸原産の2年草で，各地に帰化しているが，とくに北海道に多い。河原や荒れ地，線路のわきなどに生え，高さ1～2mになる。茎や葉の毛は輪生状に分枝しているのが特徴。茎の下部の葉は長さ約30cmの倒披針形。茎葉は上部のものほど小さく，基部は茎に流れる。茎の先に長さ20～50cmの総状花序をだし，黄色の花を密につける。花冠は直径2～2.5cmで5裂し，外側に星状毛がある。蒴果は球形で黄白色の毛が密生する。
花期　8～9月
分布　地中海沿岸原産

ゴマノハグサ属
Scrophularia

オオヒナノウスツボ
S. kakudensis

〈大雛の臼壺〉 日当たりのよい草地や林のふちなどに生える高さ約1mの多年草。紡錘状に肥大した根が数個ある。茎は4稜形。葉は対生し，長さ6～10cm，幅3～5cmの長卵形～卵形でややかたい。先端はとがり，ふちにはとがった鋸歯がある。花は茎の上部に円錐状につき，暗紫色で長さ8～9mm。小花柄は太く，腺毛がある。花冠はふくらんだ壺形。萼は鐘形で5裂する。蒴果は長さ6～9mmの卵形。
花期　8～9月
分布　北，本，四，九

ビロードモウズイカ　ビロードのような毛におおわれている　86.7.4　東京都江東区

④ビロードモウズイカの花は雄しべ5個のうち，3個が短く，長い毛が密生する。⑤オオヒナノウスツボの花は壺形で下唇の中央裂片はそり返る。雄しべは4個で下唇の側につき，横に広い楕円形の葯のふちが裂けて花粉をだす。その間からつきでているのが花柱。

オオヒナノウスツボ　86.9.8　奥多摩

シソ目　ゴマノハグサ科　449

キツネノマゴ科
ACANTHACEAE

果実は蒴果で，熟すと上部から2裂する。胚珠の柄が果期には発達して弾力性をもち，この運動で種子をとばす。

キツネノマゴ属
Justicia

キツネノマゴ
J. procumbens
〈狐の孫〉

道ばたなどにふつうに見られる高さ10～40㌢の1年草。葉は対生し，長さ2～5㌢の卵形。花は淡紅紫色の唇形花で，穂状に密集してつき，萼片や苞のふちには白い毛がある。雄しべは2個。葯は2室で上下につき，下の葯の方が大きくて基部に突起がある。蒴果は長さ約6㍉。花期 8～10月 分布 本，四，九

ハグロソウ属
Peristrophe

ハグロソウ
P. japonica
　　var. subrotunda

〈葉黒草〉　山地の林の縁などに生える多年草。茎は直立して20～40㌢になり，まばらに枝を出す。葉は暗緑色で対生し，柄があり，葉身は披針形で長さ5～8㌢，幅1～3㌢，先は鈍く，基部は鋭形で全縁。花枝は枝先または上部の葉腋から出て5～15㌢あり，その先にふつう2枚の葉状の苞がつき，そのなかに2～3個の花があるが，1個が発達する。萼は小さく，先は5裂する。花冠は長さ2.5～3㌢，上端2裂して唇形となる。雄しべは2個，果実は細長く，種子は2個。花期 9～10月 分布 本，四，九

キツネノマゴ　ハナバチが花粉の媒介をする代表的な虫媒花　86.9.5　日野市

ハグロソウ　92.8.13　高尾山

❶キツネノマゴの花は唇形で，長さ約8㍉。雄しべ2個は上唇につく。❷ハグロソウの花は上端が2裂して唇形となる。

シソ目　キツネノマゴ科

クマツヅラ科
VERBENACEAE

イワダレソウ属
Phyla

イワダレソウ
P. nodiflora
〈岩垂れ草〉

日当たりのよい海岸に生える多年草。茎は長く砂の上をはい、節から根をだしてふえる。葉は対生し、長さ1～4㌢、幅0.5～1.8㌢の倒卵状楕円形で、上半部に粗い鋸歯がある。葉腋から高さ10～20㌢の花茎をだし、円柱状の密な穂状花序をつくる。花は長さ約2.5㍉の扇形の苞のわきに1個ずつつく。花冠は直径約2㍉と小さく、苞と苞の間からわずかに顔をのぞかせる。果実は2個の分果からなり、コルク質になった萼に包まれる。分果は長さ約2㍉の広卵形。🌸**花期** 7～10月 **分布** 本(関東地方南部以西)、四、九、沖

クマツヅラ属
Verbena

クマツヅラ
V. officinalis
〈熊葛〉

山野や道ばたに生える高さ30～80㌢の多年草。茎は四角形で直立し、上部で枝分かれする。全体に細かい毛が生える。葉は長さ3～10㌢、幅2～5㌢の卵形で、ふつう3裂し、裂片はさらに羽状に切れこむ。表面は脈に沿ってへこみ、しわ状になる。枝先に長さ30㌢に達する細長い花序をだし、直径約4㍉の淡紅紫色の花をつける。果実は4個の分果からなり、萼に包まれる。🌸**花期** 6～9月 **分布** 本、四、九、沖

イワダレソウ　海岸の岩場や砂地などをはって広がる　86.7.24　三浦半島

❸上から見たイワダレソウの花序。扇形の苞がうろこのようにびっしりとつき、その間から小さな花が顔をのぞかせている。花冠は5裂し、やや唇状になり、はじめは白いがしだいに紅紫色を帯びる。

❹クマツヅラの花は花序の下の方から咲く。花冠は5裂して平開し、雄しべ4個は花筒のなかにある。

クマツヅラ　87.6.24　八王子市

シソ目　クマツヅラ科　451

シソ科
LAMIACEAE

茎はふつう四角形で，唇形花をつける。特徴的なのは雌しべの構造。子房が4裂し，それぞれが種子を1個入れた分果になる。芳香のあるものが多く，ハッカ，タイム，セージ，シソ，ラベンダーなどがある。

カキドオシ属
Glechoma

カキドオシ
G. hederacea
　　ssp. grandis

〈垣通し／別名カントリソウ〉 花のあと茎がつる状になり，垣根を通り抜けてのびることによる。つるの節から根をだしてふえる。子供の癇をとる薬にするので癇取草ともいう。野原や道ばたに生える高さ5〜25㌢の多年草。茎や葉をもむといい香りがする。葉は対生し，長さ1.5〜2.5㌢，幅2〜3㌢の腎円形で鈍い鋸歯がある。葉腋に長さ1.5〜2.5㌢の淡紫色の唇形花を1〜3個ずつつける。花期 4〜5月 分布 北，本，四，九

ハッカ属 Mentha

花冠はほぼ等しく4裂し，雄しべ4個が同じ長さが特徴。

ハッカ
M. canadensis
　　var. piperascens

〈薄荷／別名メグサ〉 目が疲れたとき，葉をもんでまぶたをこすり，目薬のかわりに用いたので目草ともいう。古くは目貼り草，目ざめ草とも呼んだ。やや湿ったところに生える高さ20〜60㌢の多年草。長い地下茎を多数のばしてふえる。茎や葉，萼に軟毛がある。

カキドオシ 繁殖力が旺盛で，花のあと茎はつる状にのびる 87.4.25 八王子市

❶❷カキドオシの花。下唇は中裂し，側裂片は小さい。中央裂片は大きく前につきだし，濃紫色の斑紋と白い毛が目立つ。雄しべは4個あり，上唇の内側に沿ってのびている。萼に15脈があり，裂片の先が刺状になるのも特徴。❸ハッカの花。この仲間は花冠ののどの部分に毛があるものが多い。

ハッカ 87.8.26 水海道市

シソ目　シソ科

葉は対生し,長さ2〜8㌢,幅1〜2.5㌢の長楕円形で先はとがり,ふちに鋭い鋸歯がある。裏面には腺点がある。上部の葉腋に長さ4〜5㍉の淡紫色の花を輪生する。萼は5裂し,裂片の先はとがる。**花期** 8〜10月 **分布** 北,本,四,九
✤ハッカはメントールを多量に含み,さわやかな香りがし,古くから健胃,鎮痛に用い,香料としても利用される。

ヒメハッカ
M. japonica
〈姫薄荷〉

湿地にややまれに生える高さ20〜40㌢の多年草。細長い地下茎をのばしてふえる。節に短い軟毛があるほかは,全体にほとんど無毛。葉は対生し,長さ1〜2㌢,幅3〜8㍉の長楕円形。花は茎の上部に集まってつき,淡紅紫色で長さ約3.5㍉。萼は無毛だが,腺点がある。萼片の先はとがらない。**花期** 8〜10月 **分布** 北,本

マルバハッカ
M. suaveolens
〈丸葉薄荷〉

ヨーロッパ原産の多年草。栽培もされるが,各地に野生化しているものも見られる。高さ30〜80㌢になり,全体に白い縮れた毛におおわれる。葉は対生し,長さ2〜5㌢,幅1〜3㌢の広楕円形で基部はやや茎を抱く。表面は脈がへこんでしわが目立ち,裏面には白い毛が密生する。茎の先に短い花序をだし,白色または淡紅色の小さな花を多数つける。**花期** 8〜10月 **分布** ヨーロッパ原産

ヒメハッカ 開発が進み,生育地が少なくなって絶滅しかけている　87.9.3　取手市

❹ヒメハッカは短い花穂をつくり,小さな花を多数つける。写真の株は雄しべが花柱より短いが,ハッカの仲間は雄しべが花柱より長い株と短い株とがある。❺マルバハッカの花穂。苞や萼などに白い縮れた毛がある。とくに茎や❻葉の裏面は毛が多く,白っぽい。

マルバハッカ　87.9.5　日野市

シソ目 シソ科　453

ヤマハッカ属
Isodon

ヤマハッカ属の特徴は花冠。上唇は3～4裂して立ち上がる。下唇は2裂して前につきだし、裂片のふちが内側に巻いて舟形になる。山地生のものが多い。

ヤマハッカ
I. inflexus

〈山薄荷〉 ハッカの名前がついているが、香気はほとんどない。山野にごくふつうに見られる高さ0.4～1㍍の多年草。茎は木質化した地下茎から直立し、稜に下向きの毛がある。葉は対生し、長さ3～6㌢、幅2～4㌢の広卵形で、基部は細くなって柄の翼に続く。ふちには粗い鋸歯がある。枝先に細長い花穂をだし、青紫色の小さな唇形花をまばらにつける。花冠は長さ7～9㍉。上唇は4裂して立ち上がる。下唇は2裂して前方へつきだし、ふちは内側に巻く。雄しべ4個と雌しべは下唇のなかに包まれている。

花期 9～10月
分布 北,本,四,九

ヤマハッカ　上唇が4裂するのはシソ科では珍しい　87.10.9　日野市

❶❷ヤマハッカの花。下唇のふちが内側に巻いて、舟のへさきのようになり、雄しべと雌しべを包んでいる。虫がとまると下唇は下がり、雄しべと雌しべが顔をだす。上唇は4裂し、中央部には紫色の斑紋がある。横から見ると筒部の背面がふくらんでいるのが特徴。❸茎の稜や❹葉の裏面の脈上、葉の表面には毛がある。

454　シソ目　シソ科

オドリコソウ属
Lamium

1年草，2年草あるいは多年草。花は上部の葉腋に輪生状につき，花冠は典型的な2唇形で，上唇はかぶと状，下唇は開出して3裂する。萼筒は等しく5裂する。世界に約50種，日本には5種ある。2年草のヒメオドリコソウは旺盛に繁殖し，世界に広く帰化している。

ヒメオドリコソウ
L. purpureum
〈姫踊り子草〉

ヨーロッパ原産の2年草。明治中期に渡来し，東京周辺にとくに多い。茎は四角形で高さ10～25cmになる。葉は対生し，長さ1.5～3cmの卵円形で鈍い鋸歯があり，網目状の脈が目立つ。上部の葉は密集してつき，赤紫色を帯びる。上部の葉腋に長さ約1cmの淡紅色の唇形花を密につける。🌸**花期** 4～5月 **分布** ヨーロッパ原産

ホトケノザ
L. amplexicaule

〈仏の座／別名サンガイグサ〉 対生する葉を蓮座に見立てたもの。別名の三階草は葉が段々につくことによる。畑や道ばたにふつうに生える高さ10～30cmの2年草。葉は対生し，長さ1～2cmの扇状円形で鈍い鋸歯がある。上部の葉腋に長さ約2cmの紅紫色の唇形花を密につける。ふつうの花より小さく，つぼみのまま結実する閉鎖花が多数まじる。🌸**花期** 3～6月 **分布** 本，四，九，沖

✚春の七草のホトケノザはキク科のコオニタビラコのことである。

ヒメオドリコソウ オオイヌノフグリの青い花もまじっている 86.4.18 八王子市

❺ヒメオドリコソウの花と❻ホトケノザの花はよく似ている。いずれも筒部の長い唇形花で，長い毛が密生する。上唇は上にのびてかぶと状。下唇は3裂し，中央裂片はさらに2裂して，花粉を媒介するハナバチ類の足場になっている。上唇に沿って縦に並んだ葯室から花粉をだしている雄しべが見える。

ホトケノザ 04.3.16 静岡市

シソ目 シソ科

オドリコソウ属
Lamium

オドリコソウ
L. album var. barbatum
〈踊り子草〉 花の形を笠をかぶった踊り子の姿にたとえたもの。山野や道ばたの半日陰に群生する高さ30～50㌢の多年草。茎はやわらかく、節に長い毛がある。葉は対生し、長さ5～10㌢の卵状三角形～広卵形で先端はとがる。ふちに粗い鋸歯があり、網目状の脈が目立つ。上部の葉腋に白色～淡紅紫色の唇形花を密に輪生する。花冠は長さ3～4㌢で、上唇はかぶと状、下唇は3裂する。側裂片は小さく、中央裂片は大きくて前につきだし、浅く2裂する。花期 3～6月 分布 北,本,四,九

オドリコソウ 淡黄色タイプ 白馬村　　オドリコソウ 淡紅紫色タイプ 高知市

ウツボグサ属
Prunella

萼は唇形で、花が終わると口を閉じて果実を包むのが特徴。シソ科の大部分は花のあとも萼は開いている。

ウツボグサ
P. vulgaris ssp. asiatica
〈靫草／別名カコソウ〉 花穂を矢を入れるうつぼに見立てた。夏、花が枯れて黒っぽくなっても、そのまま立っているので夏枯草ともいう。乾燥した花穂を煎じて利尿薬にする。山野の草地や道ばたに生える高さ10～30㌢の多年草。葉は対生し、長さ2～5㌢の長楕円状披針形。茎の先に長さ3～8㌢の花穂をつくり、紫色の唇形花を密につける。花が終わると茎の基部から匍枝をだす。花期 6～8月 分布 北,本,四,九

ウツボグサ　チガヤの間から花穂をのばして紫色の花を咲かせる　86.6.24 八王子市

シソ目 シソ科

イヌゴマ属 Stachys

イヌゴマ
S. aspera
　var. hispidula

〈犬胡麻／別名チョロギダマシ〉　果実がゴマに，姿が根を食用にするチョロギに似ているが，利用できないところからついた。
湿地に生える高さ40〜70㌢の多年草。白色の長い地下茎をのばしてふえる。茎の稜には下向きの刺がある。葉は対生し，長さ4〜8㌢の披針形。表面にはしわがあり，裏面の中脈には刺があってざらつく。茎の先に短い花穂をつくり，淡紅色の唇形花を数段輪生する。
🌱花期　7〜8月
分布　北，本，四，九
✚基本変種のケナシイヌゴマは茎，葉，萼などに刺や毛がなく，九州，沖縄に分布する。

メハジキ属 Leonurus

メハジキ
L. japonicus

〈目弾き／別名ヤクモソウ〉　子供が短く切った茎をまぶたにはさんで目を開かせて遊んだからという。また花の時期に全草を採り，乾燥したものを産前産後に保健薬としたことから益母草ともいう。
野原や道ばた，荒れ地に生える高さ0.5〜1.5㍍の多年草。全体に白い毛が密生する。根生葉は卵心形で長い柄があり，花期には枯れる。茎葉は長さ5〜10㌢で深く3裂し，裂片はさらに羽状に切れこむ。上部の葉は小さく，披針形または線形。上部の葉腋に淡紅紫色の唇形花を数個ずつつける。
🌱花期　7〜9月
分布　本，四，九，沖

イヌゴマ　茎に下向きの刺があり，さわるとざらざらする　87.7.9　勝田市

❶ウツボグサの花穂は長さ3〜8㌢。毛の多いゆがんだ心形の苞の基部に花がつく。花冠は上唇が平らなかぶと状で，下唇は3裂し，中央裂片のふちが細かく裂けている。萼は上下2唇に分かれ，花のあと口を閉じ，そのなかで果実が成熟する。
❷イヌゴマの花冠は長さ約1.5㌢。下唇は3裂し，赤い斑紋がある。❸メハジキの花冠は長さ1〜1.3㌢で外側に白い毛が密生する。下唇は3裂し，中央裂片はさらに2裂する。赤いすじが目立つ。日本のシソ科の大部分は上唇が裂けないかまたは浅く2裂するオドリコソウ亜科で，イヌゴマやメハジキもこのなかに入る。メハジキ　86.7.24　八王子市

シソ目　シソ科　457

ナギナタコウジュ属
Elsholtzia

花が花序の片側にかたよってつき、反対側に扁円形の苞が並んでよく目立つ。

ナギナタコウジュ
E. ciliata

〈薙刀香薷〉 花穂がそり返り、花が片側につく様子をナギナタにたとえた。香薷は漢名。山地や道ばたに生える高さ30〜60ｾﾝﾁの1年草。全体に強い香りがする。葉は対生し、長さ3〜9ｾﾝﾁ、幅1〜4ｾﾝﾁの卵形〜狭卵形で先はとがり、ふちには鋸歯がある。枝先に花穂をだし、淡紅紫色の小さな花をつける。花冠は長さ約5ﾐﾘの唇形で、ふちは細かく裂け、毛が生えているように見える。

花期 9〜10月
分布 北, 本, 四, 九

フトボナギナタコウジュ
E. nipponica

〈太穂薙刀香薷〉 山地の谷間や道ばたなどにややまれに生える1年草。ナギナタコウジュに比べて葉の幅がやや広くて短く、花穂もやや太い。苞の形や毛の有無も区別点。

花期 9〜10月
分布 本（関東地方西部以西）, 九

ナギナタコウジュ　ナギナタのような形の花穂がよく目立つ　86.9.20　八王子市

❶❷ナギナタコウジュの花穂。花の反対側に苞が整然と並ぶ。苞は中心部がもっとも幅広く、ふちには短毛があるが、背面は無毛。❸フトボナギナタコウジュの苞は先端寄りが幅が広く、ふちの毛は長く、背面に短毛が生えているのが区別点。

フトボナギナタコウジュ

シソ（シソ属）　中国原産で奈良〜平安時代に渡来した。香味野菜として古くから日本人の食生活にとけこみ、薬用にも用いる。❹はチリメンジソ、❺はアオジソ。

シソ目　シソ科

❻ミズトラノオの花穂は花がびっしりとつき、萼や苞が小さいので、アップにするとなかなか鮮やか。花冠も長さ3〜4㍉と小さく、雄しべ4個は花冠の外へ長くつきだし、花糸の中部にはふさ状の長い毛がある。花糸もふさ状の毛も淡紅色で、よく目立つ。❼トウバナの花。花冠は上下2唇に分かれ、下唇はさらに3裂する。雄しべ4個は斜上し、2個が長く、葯は上唇の内側にぶら下がっているように見える。

ミズトラノオ　87.9.4　取手市

トウバナ　86.7.31　伊豆半島

ミズトラノオ属
Pogostemon

ミズトラノオ
P. yatabeanus

〈水虎の尾／別名ムラサキミズトラノオ〉花穂を虎の尾に見立てたもの。

湿地に生える高さ30〜50㌢の多年草。地下茎を長くのばしてふえる。葉は3〜4個ずつ輪生し、長さ3〜7㌢、幅2〜5㍉の線形。茎の先に長さ2〜8㌢、幅約1㌢の花穂をだし、淡紅色の花を密生する。花冠は長さ3〜4㍉と小さく、長い雄しべが目立つ。苞は花より小さい。🌸**花期**　8〜10月　◎**分布**　本、四、九
✤牧野富太郎は、D. yatabeana をミズトラノオとするのは誤りだとして、ムラサキミズトラノオを正名とし、ミズトラノオはミズネコノオ D. verticillata の別名にしている。

トウバナ属
Clinopodium

トウバナ
C. gracile

〈塔花〉　花穂を塔に見立てたもの。

やや湿り気のある田のあぜや道ばたなどに生える高さ15〜30㌢の多年草。茎は細く、根もとから群がって生え、基部は地をはう。葉は対生し、長さ1〜3㌢、幅1〜2㌢の卵形〜広卵形で浅い鋸歯がある。花は輪状に数段つく。花冠は長さ5〜6㍉で淡紅色。萼は唇形で脈上にわずかに短毛がある。🌸**花期**　5〜8月　◎**分布**　本、四、九、沖
✤やや山地生のイヌトウバナ C. micranthum は葉の裏に腺点があり、萼に長い軟毛がある。

シソ目　シソ科

イヌコウジュ属 Mosla

雄しべ4個のうち，上側の2個が完全で，下側の2個は葯を失った仮雄しべになっているのが特徴。シソ科で仮雄しべのある属は珍しい。萼は花のあと大きくなり，底にまるい分果が4個入っている。

ヒメジソ
M. dianthera
〈姫紫蘇〉

山野の林のふちや道ばたに生える高さ20〜60㌢の1年草。茎は四角形で稜には下向きに曲がった短毛があり，節にも白い毛が生える。葉は対生し，長さ2〜4㌢，幅1〜2.5㌢の卵形〜広卵形でやや薄い。ふちには粗い鋸歯があり，裏面には腺点がある。枝先に長さ3〜7㌢の花穂をだし，淡紅紫色または白色の小さな唇形花をややまばらにつける。花冠は長さ約4㍉で，筒部は短く，上唇は3裂，下唇は先端がくぼむ。萼は長さ2〜3㍉で，上下2唇に分かれ，上唇は3裂，下唇は2裂する。上唇の裂片の先はとがらない。🌸花期 9〜10月
◎分布 日本全土

シラゲヒメジソ
M. hirta

〈白毛姫紫蘇／別名ヒカゲヒメジソ〉 ヒメジソに似ていて，全体に白い毛が多いことによる。別名は日陰姫紫蘇で，半日陰のようなところに生えるのでつけられた。

林のふちなどに生える高さ20〜50㌢の1年草。葉はヒメジソよりやや大きくて薄く，長さ3〜5㌢，幅1.5〜3㌢。表面には長い軟毛が生え，裏面には腺点があ

ヒメジソ　イヌコウジュに似ているが葉の鋸歯や萼などが違う　87.9.11　白河市

❶ヒメジソ。上の花でわかるように，雄しべ4個のうち，上唇側の2個が完全で，葯室は離れてついている。下唇側の2個は葯のない仮雄しべになっている。❸シラゲヒメジソ。萼は花のあと大きくなり，底に4個の分果が入っている。❷ヒメジソは茎の稜に下向きの短毛があるだけだが，❹シラゲヒメジソの茎には長い軟毛があり，また❺葉の裏面は腺点が目立つ。

シソ目　シソ科

る。枝先に花穂をだし、淡紅紫色の小さな唇形花をつける。萼の上唇の裂片の先はやや鋭い。
🌸花期 9〜10月
分布 本, 四, 九

イヌコウジュ
M. scabra
〈犬香薷〉
山野の道ばたなどに生える高さ20〜60㌢の1年草。全体に細毛が多い。葉は対生し、長さ2〜4㌢、幅1〜2.5㌢の卵状披針形または長楕円形で、ふちには浅い鋸歯がある。枝先に花穂をだし、淡紫色の小さな唇形花を多数つける。花冠は長さ3〜4㍉。萼は長さ2〜3㍉で、上唇の裂片の先は鋭くとがる。花のあと萼は長さ約4㍉になる。🌸花期 9〜10月
🌸分布 日本全土

ニガクサ属 Teucrium
上唇が小さく、大きな下唇が垂れ下がっているのが特徴。

ニガクサ
T. japonicum
〈苦草〉 名に反して、茎や葉は苦くない。
山野のやや湿った半日陰のようなところに生える高さ30〜70㌢の多年草。地下に細長い匐枝をだす。葉は対生し、長さ5〜10㌢、幅2〜3.5㌢の卵状長楕円形または広披針形で、先端は鋭くとがり、ふちには不ぞろいな鋸歯がある。葉の脈は表面でへこみ、よく目立つ。枝先に長さ3〜10㌢の花穂をだし、淡紅色の小さな花をつける。花冠は長さ1〜1.2㌢。花冠にカメムシの仲間の幼虫が寄生して、虫えいになることが多い。
🌸花期 7〜9月
分布 日本全土

イヌコウジュ 葉はやや長めで、茎が紫色を帯びることが多い 87.9.27 日野市

❻❼イヌコウジュの花と茎。ヒメジソとよく似ているが、毛の有無や葉の鋸歯、萼の形などが区別点。イヌコウジュは全体に細毛が多く、葉の鋸歯は浅くて目立たず、萼の上唇の先が鋭くとがるのが特徴。❽ニガクサ。唇形花だがいっぷう変わった形をしている。上唇は小さくて深く2裂する。下唇は3裂し、中央裂片が非常に大きく、舌のように垂れ下がっている。上唇の裂片は下唇の側裂片にくっついているので、下唇が5裂しているように見える。雄しべと雌しべは上唇の裂け目から外につきでている。

ニガクサ 87.8.3 日野市

シソ目 シソ科 461

シロネ属 Lycopus

シロネ
L. lucidus
〈白根〉 太くて白い地下茎があることによる。湿地に生える高さ約1mの多年草。茎は太く、節はやや黒い。節にすこし白毛があるほかは全体に無毛。葉は密に対生し、長さ6〜13cm、幅1.5〜4cmの広披針形でふちに粗い鋸歯がある。葉腋に形の整った白い小さな唇形花を多数つける。花冠は長さ5mm。上唇より下唇がやや大きい。萼は5中裂し、裂片は刺状で先は鋭くとがる。雄しべは2個。❀花期 8〜10月 ⦿分布 北,本,四,九

ヒメシロネ
L. maackianus
〈姫白根〉
山野の湿地に生える高さ30〜70cmの多年草。シロネに似ているが、葉は細く長さ4〜8cm、幅0.5〜1.5cmの披針形。花はシロネとほぼ同じ。❀花期 8〜10月 ⦿分布 北,本,四,九

コシロネ
L. cavaleriei
〈小白根／別名サルダヒコ・イヌシロネ〉
湿地に生える高さ15〜60cmの多年草。茎はあまり枝分かれせず、直立する。葉は対生し、長さ2〜4cm、幅1〜2cmの披針形〜卵形でふちに粗い鋸歯がある。葉腋に長さ約3mmの白い唇形花を密につける。萼は5中裂し、裂片は狭三角形で先端はとがる。雄しべは2個。❀花期 8〜10月 ⦿分布 北,本,四,九
✚よく似たヒメサルダヒコは全体に小さく、茎はよく分枝する。

シロネ 丈が高く、葉腋ごとに花が群がってつくので目立つ 86.9.25 野尻湖

ヒメシロネ 87.8.25 茨城県岩間町　コシロネ 11.10.13 川崎市

❶シロネの花と❷コシロネの花を比べると、シロネの方が唇形花らしい形をしている。コシロネはもう唇形花とは呼べないくらいに平開している。両種の区別点のひとつは萼の形。シロネやヒメシロネは裂片が刺状で、コシロネは狭三角形。❸ジュウニヒトエの花。上唇が下唇に比べて非常に小さいのが特徴。

シソ目 シソ科

キランソウ属 Ajuga

下唇に比べ、上唇が小さいのが特徴。シソ科の大部分は子房が深く裂けるが、キランソウ属、ニガクサ属、ルリハッカ属は子房の裂け方が浅く、キランソウ亜科としてまとめられる。

キランソウ
A. decumbens

〈金瘡小草／別名ジゴクノカマノフタ〉 別名は根生葉が地面にはりつくように広がっていることによる。

道ばたや庭のすみ、山麓などに生える多年草。全体に縮れた毛がある。シソ科では珍しく茎がまるく、地をはって広がる。根生葉はロゼット状につき、長さ4〜6㌢、幅1〜2㌢の倒披針形で、粗い鋸歯があり、紫色を帯びることがある。茎につく葉は小さい。葉腋に長さ約1㌢の濃紫色の唇形花を数個つける。花冠が淡紅色の品種を**モモイロキランソウ** f. purpurea という。花期 3〜5月 分布 本、四、九

ジュウニヒトエ
A. nippnensis

〈十二単〉 花がいく重にも重なって咲く様子を、昔の女官の衣装に見立てたもの。

やや明るい林のなかや道ばたなどに生える高さ10〜25㌢の多年草。全体に長くて白い毛が多い。茎の基部には鱗片状の葉がある。茎葉は対生し、長さ3〜5㌢、幅1.5〜3㌢の倒披針形で、波状の鋸歯がある。茎の先に長さ4〜6㌢の花穂をだし、淡紫色または白色の唇形花をつける。花冠は長さ約1㌢。花期 4〜5月 分布 本、四

キランソウ 道ばたなどによくへばりつくように広がっている 87.5.3 多摩市

モモイロキランソウ 86.4.23 多摩市　　ジュウニヒトエ 87.4.27 八王子市

シソ目 シソ科

アキギリ属 Salvia

葯隔がよく発達して花糸のように長くなる。1対の葯のうち1つは退化する。分果は熟すと萼筒と一緒に落ちる。アキギリ属は世界に約900種あり、園芸植物のサルビアもこの仲間である。

キバナアキギリ
S. nipponica

〈黄花秋桐〉 秋にキリに似た黄色の花をつけることによる。
低い山地の木陰などに生える高さ20〜40㌢の多年草。葉は対生し、長さ5〜10㌢、幅4〜7㌢の三角状ほこ形。茎の先に花穂をだし、長さ2.5〜3.5㌢の淡黄色の唇形花を数段つける。花期 8〜10月 分布 本、四、九

ミゾコウジュ
S. plebeia

〈溝香薷／別名ユキミソウ〉
やや湿り気のあるところに生える高さ30〜70㌢の2年草。茎の稜には下向きの毛がある。根生葉は冬にロゼット状に広がるが、花期には枯れる。茎葉は対生し、長さ3〜6㌢、幅1〜2㌢の長楕円形で、表面は脈がへこみ、細かいしわが目立つ。枝先に花穂をだし、淡紫色の小さな唇形花を多数つける。花冠は長さ4〜5㍉で、下唇には紫色の斑点がある。雄しべの葯隔の上下の長さが同じなのが特徴。花期 5〜6月 分布 本、四、九、沖

アキノタムラソウ
S. japonica

〈秋の田村草〉
山野の道ばたなどにふつうに見られる高さ20〜50㌢の多年草。葉は

キバナアキギリ 葉の基部はほこ形にはりだす 87.9.20 青梅市

キバナアキギリは雄しべ4個のうち2個が完全で、2個は退化してごく小さく目立たない。完全な雄しべは独特のつくりになっている。❷で弓なりになって花糸のように見えるのは葯隔で、上部に黄色の完全な葯、下部に紫色の退化した葯がつく。退化した葯2個は互いにくっつく。花冠の外へ長くつきでているのは花柱。❶で葯隔を左右から支えている支柱のように見えるのが花糸。❸虫が花のなかにもぐりこんで退化した葯を押すと、花糸と葯隔の接点を支点にして、葯がシーソーのように下がり、花粉が虫の背中にくっつく。

ミゾコウジュ 86.5.23 八王子市

対生し、3〜7個の小葉からなる奇数羽状複葉。下部の葉には長い柄がある。小葉は長さ2〜5㌢の広卵形。茎の上部に長さ10〜25㌢の花穂をだし、長さ1〜1.3㌢の青紫色の唇形花を数段輪生する。
花期 7〜11月 **分布** 本、四、九、沖
✚タムラソウの仲間には秋のほか、春と夏の名がついている種類がある。ハルノタムラソウ S. ranzaniana は4〜6月に花が咲き、本州の紀伊半島以西と四国と九州の山地に分布する。ナツノタムラソウ S. lutescens var. intermedia は6〜8月に花が咲き、神奈川県、東海地方、近畿地方に分布する。

タツナミソウ属
Scutellaria

花冠の筒部は基部で湾曲して立ち上がり、先は上下2唇に分かれる。上唇はかぶと状にふくれる。特徴的なのは萼で、上下2唇に分かれ、上唇に半円形のふくらみがある。花が終わると萼は口を閉じ、そのなかで果実が成熟する。4個の分果が熟すと上唇は落ち、受け皿のような下唇だけ残る。

ヒメナミキ
S. dependens
〈姫波来〉
湿地に生える高さ10〜40㌢の多年草。細い地下茎をのばしてふえる。葉は対生し、長さ1〜2㌢、幅0.6〜1㌢の狭卵状三角形。上部の葉腋にわずかに淡紫色を帯びた小さな唇形花を1個ずつつける。花冠は長さ約7㍉で、下唇に紫色の斑点がある。
花期 6〜8月
分布 北、本、四、九

アキノタムラソウ 長い花穂が秋の山野でよく目立つ 81.9.24 高尾山

❹アキノタムラソウの花。大口を開けたカバが並んでいるように見える。花冠の外側には白い毛が多い。葯の下の花糸のように見えるのは葯隔で、退化した葯は下唇に隠れている。葯ははじめ上唇に沿ってのびているが、花粉をだし終わると外側の花のようにうなだれたり、横を向く。雄しべが花粉をだし終わってから雌しべの2裂した柱頭が開いて、ほかの花の花粉を受ける準備を整える。❹ではどの花もまだ花柱は閉じている。❺ヒメナミキ。花冠は長さ約7㍉で外側に白い毛が多い。タツナミソウ属としては、花筒があまり湾曲しないので、やや異質な感じがする。萼の上唇の背にあるまるいふくらみはタツナミソウ属に共通の特徴。

ヒメナミキ 86.7.8 千葉県成東町

シソ目 シソ科

タツナミソウ属
Scutellaria

タツナミソウ
S. indica

〈立浪草〉 花が片側を向いて咲く様子を, 泡立って寄せてくる波に見立てたもの。

丘陵の林縁や草地に生える高さ20〜40㌢の多年草。茎は赤みを帯び、白色の粗い開出毛が多い。葉は数対が対生し、長さ、幅とも1〜2.5㌢の広卵形で、先はまるみを帯び、基部は心形。ふちには鈍い鋸歯がある。両面とも軟毛が多く、裏面には腺点がある。茎の先に長さ3〜8㌢の花穂をだし、一方向にかたよって花をつける。花の色は青紫色または淡紅紫色、まれに白色のものもある。花冠は長さ約2㌢の唇形で、筒部が長く、基部で急に曲がって直立する。上唇はかぶと状にふくらむ。下唇は3裂し、内側に紫色の斑点がある。萼は唇形で、上唇の背にまるいふくらみがある。花が終わると萼はやや長くなって口を閉じる。なかの果実が成熟すると上唇が散って、4個の分果が落ちやすいようになる。🌸花期　5〜6月
🌏分布　本、四、九

コバノタツナミ
S. indica var. parvifolia

〈小葉の立浪／別名ビロードタツナミ〉　別名は葉に短毛が生え、ビロードのようにふわふわした感じがすることによる。

タツナミソウの変種で全体に小さい。海岸に近い畑のふちや土手、山の岩上などに生え、高さ5〜20㌢になる。葉も小さくて長さ、幅

タツナミソウ　花は草の間からよく目立つ　86.5.26　高尾山

コバノタツナミ　86.5.4　徳島県蒲生田岬

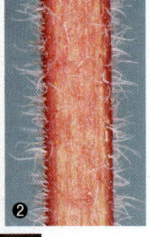

❶タツナミソウの四分果。上唇をとりのぞいたもの。
❷茎は白い開出毛がある。
❸コバノタツナミの花。萼の上にはまるい付属物がある。

シソ目　シソ科

とも約1ｷﾝで、鋸歯の数は少ない。毛の量は変化が多い。🌱**花期** 5〜6月 ✿**分布** 本(関東地方以西)、四、九

ナミキソウ
S. strigillosa

〈波来草〉 波が打ち寄せるような海岸に生えることによる。

海岸の砂地などに生える高さ10〜40ｾﾝの多年草。細長い地下茎をのばしてふえ、茎や葉には軟毛がある。葉は対生し、長さ1.5〜3.5ｾﾝ、幅1〜1.5ｾﾝの長楕円形で先はまるく、ふちには鈍い鋸歯がある。茎の上部の葉腋に青紫色の唇形花をつけ、2個が同じ方向を向いて咲く。花冠は長さ2〜2.2ｾﾝで、筒は長く、基部で急に曲がって直立する。🌱**花期** 6〜9月 ✿**分布** 北、本、四、九

✤日本のタツナミソウ属のなかで頂生の花穂をつくらないのはナミキソウと465頁のヒメナミキだけ。

オカタツナミソウ
S. brachyspica

〈丘立浪草〉

丘陵の林縁などに生える高さ10〜50ｾﾝの多年草。茎には下向きの毛が密生する。葉は対生し、上部のものほど大きく、長さ1.5〜5ｾﾝ、幅1〜4ｾﾝの卵形または三角状卵形で、ふちには粗い鋸歯がある。裏面には腺点がある。茎の上部に短い花穂をだし、淡紫色の唇形花を密につける。花軸にはやや開出する毛と腺毛がある。花冠は長さ約2ｾﾝで、筒部は長く、基部で急に曲がって直立する。🌱**花期** 5〜6月 ✿**分布** 本、四

ナミキソウ 真夏の海岸に咲いているのをよく見かける 87.7.9 大洗海岸

❹ナミキソウの花は、対生した葉のわきに1個ずつつき、2個が同じ方向を向いて仲よく並んでいる。タツナミソウ属の花のつくりはみな同じで、上唇はかぶと状に大きくふくらみ、下唇は平らに前へつきだして虫のとまり場になっている。

❺オカタツナミソウの茎の毛はやや縮れて下を向くのが特徴。

オカタツナミソウ 86.5.26 八王子市

シソ目 シソ科

ハエドクソウ科
PHRYMACEAE

ハエドクソウ属1属の単型の科であったが,現在ではゴマノハグサ科のサギゴケ属やミゾホオズキ属などを加えて,約13属190種の科とされている。花は左右相称で,果実は蒴果。

ハエドクソウ属
Phryma

ハエドクソウ
P. leptostachya
　　ssp. asiatica

〈蠅毒草／別名ハエトリソウ〉 根を煮つめた汁でハエ取紙をつくったことによる。
林のなかなどに生える高さ30〜70㌢の多年草。葉は対生し,長さ7〜10㌢,幅4〜7㌢の卵形〜長楕円形で粗い鋸歯がある。花は穂状につき,白色でしばしば淡紅色を帯びる。つぼみは上向きだが,開花すると横を向き,果期には下を向く。花冠は唇形で長さ5〜6㍉。萼の上唇には刺が3個ある。🌸花期　7〜8月
🌏分布　北,本,四,九

サギゴケ属　Mazus

トキワハゼ
M. pumilus

〈常磐はぜ〉 ほぼ1年中花が見られ,果実がはぜるからという。
道ばたや畑などに多く見られる高さ5〜20㌢の1年草。サギゴケに似ているが,やや乾いたところにも生え,匍枝はださない。葉は根もとのものは長さ2〜5㌢と大きく,茎の上部では小さい。花は長さ約1㌢。上唇は紫色,下唇はわずかに紫色を帯びた白色で,黄色と赤褐色の斑紋がある。
🌸花期　4〜11月
🌏分布　日本全土

ハエドクソウ　86.7.6　日野市

トキワハゼ　85.4.30　府中市

❶ハエドクソウの花も唇形。❷萼の上唇の刺は果期にはのびてかたくなり,先端がカギ状に曲がって衣服などにひっかかる。❸トキワハゼの花はサギゴケに似ている。花で見分けるには下唇の色。トキワハゼは白色でわずかに紫色を帯びる。シソ科のカキドオシも似ているが,葉の形や下唇の斑紋で区別できる。❹❺サギゴケの花は唇形。下唇には黄褐色の隆起した斑紋があり,こん棒状の毛が生えている。雄しべ4個のうち,2個が長い。花柱の先は上下に2裂している。

サギゴケ
M. miquelii

〈鷺苔／別名ムラサキサギゴケ〉 田のあぜなど，すこし湿ったところによく見られる多年草。匍枝をだしてふえるのが特徴。葉は根もとに集まり，長さ4〜7㌢，幅1〜1.5㌢の倒卵形または楕円形。匍枝の葉は小さく，対生する。根もとの葉の間から高さ10〜15㌢の花茎をのばし，淡紫色〜紅紫色の花をまばらにつける。花冠は唇形で長さ1.5〜2㌢。上唇は2裂，下唇は3裂する。雄しべ4個と雌しべは上唇に沿ってつく。萼は鐘形で5裂する。蒴果は長さ約4㍉の扁球形で下半部は萼に包まれる。白花をサギゴケ，淡紫色の花をムラサキサギゴケとして区別する考えもある。
花期 4〜5月 分布 本，四，九

✤サギゴケの花柱の先は大きく広がって2裂し，その内側が柱頭になっている。柱頭に触れると上下に分かれていた花柱の先が閉じ，しばらくするとまた開く。これを柱頭運動と呼び，トキワハゼなどにも見られる。

サギゴケ 田のあぜなどによく群生している 12.4.30 八王子市

白色の花。これをサギゴケ，淡紫色の花をムラサキサギゴケと称することもある。

シソ目　ハエドクソウ科

ハマウツボ科
OROBANCHACEAE

葉緑素をもたず、寄生生活をする。根を宿主の根にくいこませて養分を吸収する。

ハマウツボ属
Orobanche

ハマウツボ
O. coerulescens

〈浜靭〉 海岸に生え、花穂が矢を入れるうつぼに似ていることによる。

海岸や河原の砂地に生える1年生の寄生植物。キク科のヨモギ属、とくにカワラヨモギに寄生することが多い。全体に軟毛が多い。茎は黄褐色で太く、直立して高さ10〜25㌢になり、鱗片状に退化した葉がつく。茎の上部に淡紫色の花が穂状に多数つく。花冠は唇形で長さ約2㌢。萼は膜質で2裂し、裂片はさらに2裂する。花期 5〜7月 分布 日本全土 丘陵の草地に生え、ヨモギ属のオトコヨモギに寄生し、全体に毛が少ないものをオカウツボ f. nipponica という。

ヤセウツボ
O. minor

〈痩靭〉

ヨーロッパ、北アフリカ原産の寄生植物。関東地方や近畿地方などに帰化している。マメ科のシロツメクサなどを中心に、キク科やセリ科にも寄生する。ハマウツボよりほっそりした感じで、全体に腺毛があるのが特徴。花はややまばらにつき、淡黄褐色で長さ1.2〜1.5㌢。萼片の先は尾状に長くとがる。花期 5〜6月 分布 ヨーロッパ・北アフリカ原産

ハマウツボ ヨモギ属、とくにカワラヨモギの根に寄生する 87.6.2 勝田市

ヤセウツボ 87.5.28 東京都新宿区

❶ハマウツボの花は唇形で淡紫色。上唇は先端がへこみ、下唇は3裂する。ふちが波打つのが特徴。上唇の下の白い柱頭は先端がふくらんで横に広がり、中央部はへこんでいる。花軸、苞、萼、花冠には長くて白い毛が生えている。萼片の先はヤセウツボほど長くのびない。❷ヤセウツボの花は淡黄褐色でハマウツボよりやや小さい。花冠には紫色のすじや斑点があり、全体に短い腺毛が生えている。柱頭はハマウツボと同じようにふくらみ、淡赤紫色。

ナンバンギセル属
Aeginetia

ナンバンギセル
A. indica

〈南蛮煙管/別名オモイグサ〉 長い柄の先につく花の形がキセルに似ていることによる。『万葉集』の歌「道のべの尾花が下の思草 今さらになどものか思はむ」の思草が古い名前。尾花はススキのことである。

山野に生える1年生の寄生植物。ススキ,ミョウガ,サトウキビの根によく寄生する。茎は赤褐色でごく短く,ほとんど地上にでず,狭三角形の鱗片葉が数個互生する。茎のように見える高さ15〜20㌢の直立した花柄の先に淡紫色の花を横向きにつける。花冠は長さ3〜3.5㌢の筒状で,先は浅く5裂し,ふちは全縁。萼は黄褐色で淡紅紫色のすじが入り,先端はとがり,下側はほとんど基部まで裂ける。果実は蒴果で長さ1〜1.5㌢の卵球形。🌸花期 7〜9月 🌏分布 日本全土

ナンバンギセル 思草の名で『万葉集』に詠まれている 86.9.12 八王子市

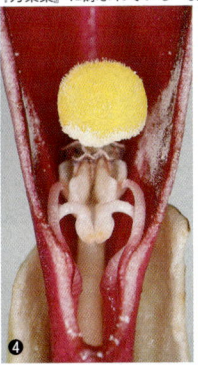

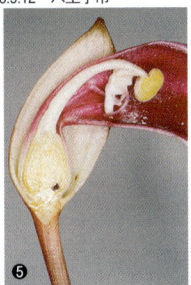

❸ススキの根に寄生したナンバンギセル。❹❺正面と横から見た花の断面。雌しべの柱頭は広がって異様に大きく,黄色の毛が密生している。雄しべ4個は先端がくっついている。花冠の底には粘液がたまり,粘って糸を引く。❻蒴果は萼に包まれたまま熟し,なかにはごく小さな黄色の種子が多数入っている。

オオナンバンギセル
A. sinensis

山地の草地に生え,ナンバンギセルによく似ているが,より大型で萼の先端がとがらず,花冠のふちに細かい鋸歯がある点で区別できる。

シソ目 ハマウツボ科

クチナシグサ属
Monochasma

クチナシグサ
M. sheareri

〈梔子草／別名カガリビソウ〉萼に包まれた果実の形がクチナシの果実に似ていることによる。別名は赤い若葉をかがり火に見立てたもの。

日当たりのよい草地や林内に生える半寄生の2年草。茎は地をはって長さ15〜16cmになり、下部は鱗片状の葉でおおわれる。茎の上部の葉は対生し、長さ2〜3.5cmの線形〜線状へら形で先はとがる。花は葉腋につき、淡紅色で長さ約1cm。萼は4裂し、筒部には隆起した脈がある。萼片は線形で筒部より長くよく目立つ。基部には葉状の苞が2個ある。蒴果は長さ8〜9mmの卵形で花のあと大きくなった萼に包まれる。**花期** 4〜5月 **分布** 本(関東地方以西)、九 ✚熊本県の天草には全体に白い綿毛が密生するウスユキクチナシサ M. savatieri がある。

ヒキヨモギ属
Siphonostegia

ヒキヨモギ
S. chinensis
〈引蓬〉

日当たりのよい草地に生える高さ30〜70cmの半寄生の1年草。葉は茎の下部では対生、上部では互生し、羽状に深く切れ込む。葉の両面とくに裏面脈上に曲がった短毛がある。葉腋に長さ約2.5cmの黄色の唇形花をつける。蒴果は長さ約1.5cmの楕円形で、萼に包まれる。**花期** 8〜9月 **分布** 日本全土

クチナシグサ 大きな葉状の萼片と苞がよく目立つ 87.4.27 八王子市

ヒキヨモギ 85.8.13 植栽

❶クチナシグサの花冠は長さ約1cmの唇形。上唇は2裂してそり返る。下唇は3裂し、中央裂片には黄色の隆起した斑紋がある。雄しべは4個で2個が長い。上唇のすぐ下に下端が鋭くとがった葯が見えている。❷蒴果は萼に包まれ、熟すと2裂する。❸ヒキヨモギの花冠は長さ約2.5cmの唇形。上唇は左右から内側に巻きこみ、外側に長い軟毛が生えている。雄しべ4個は上唇のなかにあり、雄しべの先端だけがのぞいている。下唇は3裂し、中央裂片に大きなひだが2個ある。

シソ目 ハマウツボ科

ゴマクサ属
Centranthera

ゴマクサ
C. cochinchinensis ssp. lutea

〈胡麻草〉 花や果実の形がゴマに似ている。湿り気のある草地に生える高さ10〜60㌢の1年草。全体にかたい毛がある。葉は対生し、長さ2〜5㌢、幅3〜7㍉の披針形で先端はとがり、両面に毛がある。上部の葉は小型で苞となり、互生する。茎の上部の葉腋に長さ2㌢ほどの黄色の花を1個ずつつける。花冠は筒形で上部は5裂し、裂片は平開する。萼は筒状で暗紫色。基部には三角形の小苞がある。蒴果は長さ約7㍉。

花期 8〜9月 分布 本(関東地方以西)、四、九、沖

ゴマクサ 上部の線形の葉や暗紫色の萼が特徴 87.9.24 千葉県成東町

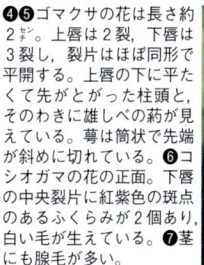

コシオガマ属
Phtheirospermum

コシオガマ
P. japonicum

〈小塩竈〉
日当たりのよい草地に生える高さ30〜60㌢の半寄生の1年草。全体にやわらかな腺毛が密生し、さわるとベタベタする。葉は対生し、長さ3〜5㌢、幅2〜3.5㌢の三角状卵形で羽状に裂ける。枝の上部の葉腋に淡紅紫色で長さ約2㌢の花を1個ずつつける。花冠は太い筒形の唇形で、上唇はそり返って先端が浅く2裂し、下唇は大きく横に広がり浅く3裂する。雄しべは4個あり、2個がやや長い。萼は鐘形で5裂し、裂片のふちに鋸歯があり、やや密に腺毛が生える。蒴果は長さ約1㌢。

コシオガマ 86.10.3 高尾山

❹❺ゴマクサの花は長さ約2㌢。上唇は2裂、下唇は3裂し、裂片はほぼ同形で平開する。上唇の下に平たくて先がとがった柱頭と、そのわきに雄しべの葯が見えている。萼は筒状で先端が斜めに切れている。❻コシオガマの花の正面。下唇の中央裂片に紅紫色の斑点のあるふくらみが2個あり、白い毛が生えている。❼茎にも腺毛が多い。

花期 9〜10月 分布 北、本、四、九

シソ目 ハマウツボ科

アゼトウガラシ科
LINDERNIACEAE

アゼトウガラシ属
Lindernia

アゼトウガラシ
L. micrantha

〈畔唐辛子〉 田のあぜなどに多く,果実がトウガラシに似ていることによる。

やや湿ったところに多い高さ10〜20㌢の1年草。葉は対生し,長さ1〜3㌢,幅3〜6㍉の披針形で先はとがる。花は淡紅紫色で,上部の葉腋に1個ずつつく。花冠は唇形で長さ0.6〜1㌢。雄しべ4個のうち上唇の側の2個は短くて葯の先がとがり,下唇の側につく2個は長くて基部に棒状の突起がある。萼は5裂する。蒴果は長さ約1㌢の線状披針形。 花期 8〜10月 分布 本,四,九,沖

ウリクサ
L. crustacea

〈瓜草〉 果実の形がマクワウリに似ていることによる。

畑や空き地,庭のすみなどにごくふつうに見られる1年草。茎はよく分枝して地面に広がる。葉は対生し,長さ0.7〜2㌢,幅0.6〜1.3㌢の卵形または広卵形で,粗い鋸歯がある。日当たりがよいと茎や葉が紫色を帯びる。上部の葉腋に淡紫色の花が1個ずつつく。花冠は唇形で長さ約8㍉。雄しべは4個あり,そのうち下唇の側につく2個の基部には棒状の突起がある。萼には5個の稜があり,浅く5裂する。蒴果は楕円形で萼に包まれている。
花期 8〜10月 分布 日本全土

アゼトウガラシ 田んぼのあぜに多く見られる 86.9.7 八王子市

1 2 3

ウリクサ 86.9.8 八王子市

シソバウリクサ 87.8.10 熊野市

シソ目 アゼトウガラシ科

アゼナ 茎が四角で葉の平行脈が目立つ　86.8.27　豊橋市

❶アゼトウガラシの花は下唇の黄色の斑紋が目立つ。下唇側の雄しべの方が長く、基部に棒状の突起がある。❷ウリクサの萼は浅く5裂し、縦に5個の高い稜があるのが特徴。❸シソバウリクサの萼は深く5裂し、粗い毛がある。上唇のすぐ下には上下に2裂した柱頭が見えている。❹アゼナと❺アメリカアゼナを花で区別するには雄しべを見ればよい。アゼナは4個とも完全雄しべだが、アメリカアゼナは4個のうち、下唇の側につく2個は葯がなく仮雄しべになっている。写真では下側の雄しべが見えているので違いがわかる。またアメリカアゼナは葉のふちに鋸歯があるのも区別点。

アメリカアゼナ　86.8.10　日野市

シソバウリクサ
L. setulosa

〈紫蘇葉瓜草〉　葉がシソの葉に似ている。暖地の林のふちや湿ったところに生える1年草。茎は分枝して地をはう。葉は対生し、長さ0.8〜1.6㌢、幅0.7〜1.3㌢の卵形〜卵円形で、ふちにややとがった鋸歯があり、表面にはまばらに短毛がある。花は白色で、葉腋に1個ずつつく。花冠は唇形で長さ6〜8㍉。雄しべ4個のうち、下唇の側につく2個の基部には棒状の突起がある。
🌼花期　8〜10月　🌱分布　本(紀伊半島)、四(南部)、九(南部)

アゼナ
L. procumbens
〈畔菜〉

田のあぜなど、やや湿り気のあるところに生える高さ10〜15㌢の1年草。葉は対生し、長さ1.5〜3㌢、幅0.5〜1.2㌢の卵円形または楕円形で柄はない。ふちは全縁で、3〜5個の平行脈が目立つ。花は淡紅紫色で、葉腋に1個ずつつく。花冠は唇形で長さ約6㍉。萼は深く5裂し、裂片は線状披針形。🌼花期　8〜10月　🌱分布　本、四、九

アメリカアゼナ
L. dubia ssp. major

北アメリカ原産で、戦後急に各地で見られるようになった。水田などのやや湿り気のあるところに生える高さ10〜30㌢の1年草。葉は卵状長楕円形で3脈が目立つ。波状の鋸歯があり、短い葉柄がある。花は淡紅色〜白色、花冠は唇形で長さ0.5〜1㌢。🌼花期　6〜9月　🌱分布　北アメリカ原産

シソ目　アゼトウガラシ科

オオバコ科
PLANTAGINACEAE

これまで3属200種ほどの小さな科と扱われてきたが，APG分類体系で大きく変わり，今では世界の温帯に90属約1700種ある。新しいオオバコ科には，クワガタソウ属などの従来ゴマノハグサ科とされてきたものなどが含まれている。

オオバコ属 Plantago
オオバコ
P. asiatica

〈大葉子〉 葉が広く大きいことによる。漢名は車前で，牛車や馬車が通る道ばたに多いからという。漢方では茎葉を車前草，種子を車前子と呼び，せき止め，去痰などに用いる。日当たりのよい道ばたや荒れ地などにふつうに見られる多年草。踏み固められた道路などにも平気で生える。葉はすべて根生し，長さ4～15㌢，幅3～8㌢の卵形または広卵形，まれに楕円形と変化が多い。数本の脈が目立ち，葉面が波打っているものも多い。葉柄は長く，断面は半月形。根生葉の間から高さ10～20㌢の花茎を数本のばし，小さな花を穂状にびっしりとつける。花は4個の萼片と1個の苞に包まれていて，花序の下から上に咲き上がる。雌しべ先熟で，まず萼の間から柱頭が顔をだして受精したあと雄しべ4個がのびでてくる。このころには花冠も萼の上部にでて開出する。萼片は長さ約2㍉でふちは白色の膜質。苞は萼片より小さく，先端は赤みを帯びる。果実は熟すと中央部で横に

オオバコ 人や車で踏み固められたようなところにも多い 86.7.11 国立市

雌・雄・実の3つの時期の花茎を立てたオオバコ

❶オオバコの花。萼の間から柱頭がのび始めているオオバコの仲間は下から順々に咲き上がる。❷トウオオバコの花序の上部の雌性／

割れる蓋果。上半部は円錐状でややとがり、この部分が帽子のようにとれる。種子は6〜8個。**花期** 4〜9月 **分布** 日本全土

トウオバコ
P. japonica

〈唐大葉子〉 牧野富太郎は、姿が異国風なので、中国からきたものとしてつけられたのだろうとしているが、本当のところはよくわからない。学名にもあるように、れっきとした日本産である。

日当たりのよい海岸に生える多年草。全体にオオバコより大型。葉はやや厚めの革質ですべて根生し、葉身は長さ8〜25㌢、幅5〜18㌢の卵形で、先端はすこしとがる。葉の間から高さ40〜80㌢の長い花茎を数本立て、小さな花を穂状にびっしりつける。**花期** 7〜8月 **分布** 本、四、九

✣北海道、本州、九州の日本海側の海岸には、全体に白色の軟毛が密生したエゾオオバコ P. camtschatica が分布する。

トウオバコ 海岸に生え、オオバコより葉が厚くて全体に大きい 86.7.7 三浦半島

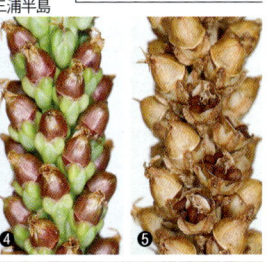

期の花。❸はその下に続く雄性期の花。しなびた花柱を押しのけるように4個の雄しべがのびだし、開出した花冠も見える。❹❺トウオバコの果実は熟すと横に割れる蓋果。オオバコに比べて上半部がまるく、8〜12個の種子が入っている。❻トウオバコのロゼット。

シソ目 オオバコ科 477

オオバコ属 Plantago

ツボミオオバコ
P. virginica

〈蕾大葉子／別名タチオオバコ〉 花冠がほとんど開かないので、いつまでもつぼみのように見えることによる。北アメリカ原産の1～2年草で、最近、関東地方以西の道ばたや荒れ地などに広く帰化している。全体に白い毛におおわれてふわふわしている。葉は根生し、長さ3～10㌢、幅1～2㌢の倒披針形で先端は短くとがる。葉の間から高さ10～30㌢の花茎をのばし、小さな花を穂状につける。❀花期 5～8月 ◎分布 北アメリカ原産

ヘラオオバコ
P. lanceolata

〈箆大葉子〉 葉の形からつけられた。
ヨーロッパ原産の1年草で、江戸時代末期に渡来したといわれる。現在では各地の道ばたや荒れ地、牧草地などに帰化している。とくに北海道に多い。葉は長さ10～20㌢、幅1.5～3㌢のへら形で細長く、オオバコの仲間としてはずいぶん感じが違う。葉の裏面脈上や葉柄には淡褐色の長い毛が散生する。葉の間から高さ20～70㌢の花茎をのばし、小さな花を穂状につける。花序は幅1～1.7㌢と太く、長い雄しべがよく目立つ。❀花期 6～8月 ◎分布 ヨーロッパ原産

✚ツボミオオバコとヘラオオバコの果実もオオバコと同じ蓋果で、熟すと横に割れるが、なかに種子が2個しかないのが特徴。

ツボミオオバコ　荒れ地や空き地などに群生することが多い　86.5.23　日野市

❶ツボミオオバコは雄性期になっても雄しべは外にでない。また花冠も直立したままなのが特徴。柱頭はもうしおれている。❷ヘラオオバコの花序。上部は雌性期、下部は雄性期。雄しべは1㌢近くもとびだす。

ヘラオオバコ　86.6.1　府中市

シソ目　オオバコ科

アワゴケ属 Callitriche

南アフリカを除く世界各地に約25種ある。水生または湿生の1年草で、花には花弁も萼もない。花が退化しているので、分類学上の位置づけが難しい。

アワゴケ
C. japonica

〈泡苔〉 まるくて小さな葉の集まりが泡のようにも、コケのようにも見えるというのでつけられた。

日当たりの悪いやや湿ったところに生える小型の1年草。茎は長さ1～4㌢で、よく分枝して地をはう。葉は対生し、長さ3～6㍉の倒卵形または卵円形。花は葉腋にふつう1個ずつつき、雌雄同株。雄花は雄しべ1個からなる。雌花は雌しべが1個あるだけで、2個の花柱はそり返る。果実は長さ1～2㍉の軍配形。❀花期 5～6月 ❀分布 本州(関東地方以西)、四、九、沖

ミズハコベ
C. palustris

〈水繁縷〉 水辺に生え、葉の形がハコベに似ていることによる。

浅い池や水田、湿地などに生える1年草。群生することが多い。茎は水中に生えたもので高さ10～20㌢、湿地ではもっと低い。葉は対生し、長さ0.5～1.3㌢の長楕円形～さじ状倒卵形で柄がない。水中の葉は線形で先は切形もしくはややへこむ。雌雄同株で、花や果実はアワゴケと似ているが、雌しべの花柱は直立する。❀花期 5～9月 ❀分布 日本全土

アワゴケ 小さくて弱々しい1年草。花も目立たない 86.6.27 八王子市

❸アワゴケの若い果実。先端がへこんだ軍配形で、ふちはやや翼状に薄くなる。❹ミズハコベの花は花弁も萼もなく、雄花は雄しべ1個、雌花も雌しべ1個だけの簡単な構造。葉は対生し、葉柄はない。❺はミズハコベの若い果実で、まだ直立した2個の花柱と、白い膜質の苞が残っている。

ミズハコベ 水辺に群生する 87.4.14 三浦半島

シソ目 オオバコ科

クワガタソウ属
Veronica

皿形に開いた花とハート形の果実が特徴。花冠が4裂し、一見離弁花のように見えるが、花弁が基部で合着した合弁花なので、触れるとポロッと落ちる。

オオイヌノフグリ
V. persica
〈大犬の陰嚢〉

ユーラシア、アフリカ原産の2年草。明治のなかごろに気づかれ、現在では全国的に広がっている。茎はよく分枝して横に広がる。葉は茎の下部では対生、上部では互生し、長さ0.7〜1.8㌢、幅0.6〜1.5㌢の卵状広楕円形で8〜16個の鋸歯がある。茎の上部の葉腋から長さ1〜2㌢の花柄をだしてルリ色の花を1個つける。❀花期 3〜5月 ❀分布 ユーラシア・アフリカ原産

イヌノフグリ
V. polita var. lilacina
〈犬の陰嚢〉 果実の形を犬の陰嚢にたとえたもの。
畑や道ばた、石垣の間などに見られる2年草。茎は下部で枝分かれして横に広がる。葉は茎の下部では対生、上部では互生し、長さ、幅とも0.6〜1㌢の卵円形で4〜8個の鋸歯がある。上部の葉腋から長さ約1㌢の花柄をだして、淡紅白色に紅紫色のすじのある直径3〜4㍉の小さな花を1個つける。❀花期 3〜4月 ❀分布 本、四、九、沖

✚イヌノフグリは中部地方以西に広く分布していたが、オオイヌノフグリやタチイヌノフグリが日本に入ってき

オオイヌノフグリ 混生しているのはヒメオドリコソウ 87.3.20 八王子市

イヌノフグリは日本産 85.3.22 秩父市

❶オオイヌノフグリの花は直径0.8〜1㌢で、日が当たっているときだけ開く。花冠は4裂し、上部の裂片がやや大きく、色も濃い。雄しべは2個。❷蒴果は長さ約4㍉、幅6〜7㍉で平たく、ふちにだけ長い毛がある。なかに舟形の種子が入っている。❸イヌノフグリの蒴果は長さ約3㍉、幅4〜5㍉でややふくらみ、2個の球をくっつけたような形は、名のとおり犬の陰嚢（ふぐり）にそっくり、全体に短い毛が多い。種子は舟形。❹タチイヌノフグリの花は直径約4㍉。花柄がほとんどなく、苞や萼に埋まるように咲く。萼には腺毛と短毛がある。❺❻蒴果は長さ約3㍉、幅4㍉で平たく、ふちに腺毛がある。なかには扁平な楕円形の種子が入っている。❼フラサバソウの花は直径3〜4㍉。正面から見ると花弁が基部で合着しているのがわかる。萼のふちには長い毛がある。❽蒴果は長さ2.5〜3㍉のほぼ球形で先端がややへこむ。種子は1〜3個で深い舟形。

シソ目 オオバコ科

タチイヌノフグリ　茎は直立する。07.5.5　北杜市

フラサバソウ　87.4.14　三浦半島

てから少なくなってしまった。現在では山間部に行かないと出会えない珍品になりつつある。

タチイヌノフグリ
V. arvensis
〈立犬の陰嚢〉

ユーラシア，アフリカ原産の2年草。明治のなかごろに気づかれ，現在では各地に広がっている。茎は直立して高さ10〜30㌢になる。葉は対生し，長さ0.6〜2㌢，幅0.4〜1.8㌢の広卵形でやや大きな鋸歯がある。上部の葉はしだいに小さくなって苞となる。上部の葉腋に青色の小さな花を1個つける。**花期**　4〜6月　**分布**　ユーラシア・アフリカ原産

フラサバソウ
V. hederifolia

ユーラシア原産の2年草で，畑や道ばたなどに生える。茎は下部で枝分かれして横に広がり，先端はやや直立する。茎の基部には花のころまで子葉が残る。葉はほとんどが互生し，長さ0.7〜1㌢，幅0.8〜1.2㌢の広楕円形で2〜4個の鋸歯がある。上部の葉腋から葉と同じくらいの長さの柄をだして，淡青紫色の花を1個つける。**花期**　4〜5月　**分布**　ユーラシア原産

✢フランスの植物学者FranchetとSavatieの日本植物目録(1875)に，長崎で採集されたという記録があるが，長い間実物が見つからず，記録の誤りとされたこともあった。1937年に奥山春季が長崎で採集された標本を発見し，フランシェ，サヴァチェを記念して命名。

シソ目　オオバコ科　481

クワガタソウ属
Veronica

ムシクサ
V. peregrina
 f. xalapensis

〈虫草〉ゾウムシの仲間がしばしば子房に虫えいをつくって、果実のようになるので、この名がある。

水田や川のそば、海岸に近い湿地などに生える高さ10〜20㌢の1年草。茎は無毛かまたはまばらに腺毛が生え、下部でまばらに枝分かれして斜上する。葉は下部では対生、上部では互生し、長さ0.8〜2.5㌢、幅2〜5㍉の狭披針形または広線形で、先はやや鈍い。葉腋にわずかに淡紅色を帯びた白色の小さな花を1個つける。花柄はごく短く、1㍉ぐらいしかない。花冠は直径2〜3㍉で、ほとんど基部まで4裂し、2個の雄しべと雌しべ1個がある。子房は2個の球がくっついたような形をしていて、短い花柱がある。萼は葉状で長さ約4㍉と花より大きく、深く4裂し、裂片は先端があまりとがらない広披針形。蒴果は長さ2〜3㍉、幅3〜4㍉で平たく、先端がへこんでハート形をしている。種子は平たい楕円形。ときに茎や蒴果に細かい腺毛がびっしり生えるものもある。

花期 4〜5月 **分布** 本, 四, 九, 沖

ムシクサ 水田や川のそばなど、湿ったところに生える 86.5.23 八王子市

❶ムシクサの花。萼片は葉状で、花や果実より大きくて目立つ。❷果期のムシクサ。球形の果実のように見えるのは虫えい。果実は平たいハート形でイヌノフグリの仲間と似ている。子房に卵を産みつけて、虫えいをつくるのはゾウムシの仲間。❸虫えいのなかに入っていた幼虫。❹サナギ。❺ミヨシコバンゾウムシ。

カワヂシャ
V. undulata

〈川萵苣〉川べりに生えるチシャ(レタス)という意味でつけられた。若葉は食べられる。

田のあぜや川岸、溝のふちなど、湿ったとこ

シソ目 オオバコ科

ろに生える高さ10〜50㌢の2年草。茎や葉は無毛でやわらかい。葉は対生し、長さ4〜8㌢、幅0.8〜2.5㌢の披針形〜長楕円状披針形でややとがった鋸歯があり、基部は茎を抱く。葉腋から長さ5〜15㌢の細い総状花序をだし、直径3〜4㍉の小さな花を多数つける。花冠は白色で淡紅紫色のすじがあり、4裂して皿状に開く。蒴果は長さ約3㍉の球形で、先端がわずかにへこむ。種子は扁平な楕円形。🌱花期　5〜6月　◉分布　本、四、九、沖

トウテイラン
V. ornata

〈洞庭藍〉花の色が中国の有名な湖、洞庭湖の水の色のように美しいというのでつけられた。

海岸に生える高さ40〜60㌢の多年草。江戸時代には観賞用に植えられていた。白い綿毛におおわれ、全体に白っぽく見える。葉は対生し、長さ5〜10㌢、幅1.5〜2㌢の倒披針形でほとんど柄はない。茎の先に穂のような総状花序をだし、青紫色の小さな花を密につける。花冠は長さ0.5〜1㌢。蒴果は長さ約4㍉の卵球形で上部はややへこむ。なかには円柱状の小さな種子が多数入っている。🌱花期　8〜9月　◉分布　本（京都府、兵庫・鳥取県）✚クワガタソウ属のなかで、トウテイランのように茎の先に花を密につけた総状花序をつけるものをルリトラノオ属 Pseudolysimachion として分ける見解もある。

カワヂシャ　若芽を刺し身のつまなどにする　86.6.3　東京都羽村町

❻トウテイランの花は茎の先に総状にびっしりつき、花冠の下部には筒状の部分があるので、同じ属でもイヌノフグリの仲間とはかなり感じが違う。花は花序の下部から順に咲き上がる。花冠は長さ0.5〜1㌢で中部まで4裂し、裂片は広く開く。のどの部分には白い軟毛があり、雄しべ2個と細長い花柱は花冠の外につきでている。萼は深く4裂し、茎や葉と同じように白い綿毛におおわれている。

トウテイラン　12.9.22　京丹後市

シソ目　オオバコ科　483

シソクサ属
Limnophila

キクモ
L. sessiliflora

〈菊藻〉 細かく裂けた水上葉が菊の葉に似ていることによる。
水田や浅い沼，池などの水中に生える多年草。地下茎は泥のなかをはう。水上葉は5〜8個輪生し，長さ1〜2㌢，幅3〜7㍉で羽状に深く裂ける。水中の葉は糸状に裂ける。水上葉の葉腋に紅紫色の小さな唇形花をつける。萼は5深裂し，軟毛がある。蒴果は長さ約4㍉の卵球形。しばしば水中葉の葉腋に閉鎖花がつく。
花期 8〜10月
分布 本，四，九，沖

アブノメ属
Dopatrium

アブノメ
D. junceum

〈虻の目／別名パチパチグサ〉 葉腋につくまるい実をアブの目に見立てたもの。別名は茎が中空で，押しつぶすとパチパチ音がするのでつけられた。
水田など，湿地に生える高さ5〜20㌢の1年

キクモ　細かく裂けた葉のわきに紅紫色のかわいい花を開く　86.9.18　日野市

草。葉は無柄で対生し、長さ1～2.5㌢、幅3～5㍉の狭長楕円形または披針形で先端は鈍く、ふちに鋸歯はない。上部の葉ほど小さい。葉腋に淡紫色で長さ4～5㍉の唇形花をつける。上唇は2裂、下唇は3裂する。上唇には雄しべが2個つき、下唇には仮雄しべが2個つく。萼は5裂する。蒴果は直径2.5～3㍉の球形。下部の葉腋には閉鎖花がつくことが多い。🌸**花期** 8～10月 🌏**分布** 本（福島県以西）、四、九、沖

ウンラン属 Linaria

ウンラン
L. japonica

〈海蘭〉 海辺に生え、花がランの花に似ているからといわれる。海岸の砂地に生える高さ20～30㌢の多年草。全体に無毛で白緑色。葉は肉質で対生または輪生し、長さ1.5～5㌢、幅0.5～2㌢の楕円形。先端はややとがり、ふちは全縁。枝先に黄色の花を総状に数個つける。花冠は長さ1.5～1.8㌢で、筒部の基部に距がある。蒴果は直径5～6㍉の球形で、不規則に裂け、黒い種子をだす。🌸**花期** 8～10月 🌏**分布** 北、本（千葉県以北の太平洋沿岸、瀬戸内海沿岸、日本海沿岸）

アブノメ 葉腋につく実はまるく、アブの目のよう 03.12.13 市原市

❶キクモの花は長さ0.6～1㌢の筒状で、上部は浅く裂けて唇形になる。上唇は幅が広く、先端がすこしへこむ。下唇は深く3裂し、裂片の先がとがる。花冠の内側には白い毛が生えている。❷アブノメの花。上唇は2裂、下唇は3裂する。❸ウンランの花は仮面状花と呼ばれる。濃黄色の下唇の基部が大きくふくれて、のどの部分をふさいでいる形を仮面に見立てたもの。雄しべ4個と雌しべはなかに包まれている。筒部の基部は細長い距になることも特徴。

ウンラン 08.8.26 新潟市

シソ目 オオバコ科

タヌキモ科
LENTIBULARIACEAE

すべて食虫植物。葉で捕虫する山地や高山生のムシトリスミレ属と捕虫囊が発達したタヌキモ属がある。

タヌキモ属
Utricularia

自ら消化酵素をだすモウセンゴケ科やウツボカズラ科、ムシトリスミレ属などと異なり、タヌキモ属は捕虫囊に生息するバクテリアの助けを借りている。水生で水中の小動物を捕らえるタヌキモ類と、湿地生で地中の小動物を捕虫するミミカキグサ類に分けられる。

タヌキモ
U. japonica

〈狸藻〉 全体の形がタヌキの尾に似ていることによるという。
池や水田などに浮いている多年生の食虫植物。根はなく、やや太い茎には葉が密に互生する。葉は長さ3〜5㌢で、細かく羽状に分かれ、長さ3〜4㍉の小さな捕虫囊が多数つく。捕虫囊ははじめ緑色だが、小動物を消化したあと濃紫色になる。葉腋から水上に高さ10〜20㌢の花茎をのばし、直径約1.5㌢の黄色の花を4〜7個つける。花茎には鱗片状の葉が数個つく。花後、花柄は垂れさがるが結実しない。冬になると、茎の先端に葉が集まった球形の芽をつくり、水底に沈んで越冬する。✿**花期** 7〜9月 ◎**分布** 北，本，四，九

✚ タヌキモによく似た**ノタヌキモ** U. aurea はよく結実し、越冬芽をつくらず、花茎には鱗片葉がない。

タヌキモ 農薬の使用が減ったせいか、最近ふえつつある　88.8.28　能代市

タヌキモ属の花冠はいずれも唇形で、下唇の中央部がふくれてのどの部分をふさぎ、いわゆる仮面状になる。筒部の基部は距になる。萼は2深裂する。❶❷タヌキモの花は下唇が大きく横に広がり、中央のふくれた部分に赤褐色の斑点がある。横から見ると上唇、下唇、距の位置関係がよくわかる。❸ノタヌキモの蒴果。タヌキモやノタヌキモは花のあと花柄は下向きになるが、タヌキモは結実しない。❹タヌキモは葉に半透明の捕虫囊をつける。ふつうは内部が低圧状態なので、両側から押しつぶされた扁平な形をしている。開口部は半円形で、扉とつっかい棒役の2個の剛毛がある。小動物が近づくと扉は内側へ開き、水と一緒に小動物を吸い込んでしまう。❺ミミカキグサの花と❻ムラサキミミカキグサの花は萼が花のあと大きくなって耳かきのようになり、蒴果を包む。❼ホザキノミミカキグサの花はほとんど無柄。距は前方につきだし、下唇の中央に白いぼかしが入る。萼は花のあと大きくならないので、果実は耳かき状にならない。

シソ目　タヌキモ科

ミミカキグサ
U. bifida

〈耳掻草〉 花のあと萼が大きくなって果実を包んだ姿が耳かきに似ていることによる。

湿地に生える多年生の食虫植物。地中に白い糸状の地下茎をのばし、小さな捕虫嚢をつけ、ところどころから長さ6〜8㍉の線形の葉を地上にのばす。花茎は高さ5〜15㌢になり、上部に直径約5㍉の黄色の花を数個つける。🌼花期 8〜10月 分布 本、四、九、沖

ムラサキミミカキグサ
U. uliginosa

〈紫耳掻草〉

湿地に生える多年生の食虫植物。地下茎にまばらに捕虫嚢をつける。葉は長さ3〜6㍉の細いへら形。花茎は高さ5〜15㌢になり、上部に直径3〜4㍉の淡紫色の花を1〜4個つける。花茎には鱗片状の葉が数個つく。🌼花期 8〜9月 分布 北、本、四、九（屋久島まで）

ホザキノミミカキグサ
U. caerulea

〈穂咲の耳掻草〉 花柄がごく短く、花序が穂状に見えることによる。

湿地に生える多年生の食虫植物。地下茎に捕虫嚢をつけるが、数は少ない。葉は長さ2〜3.5㍉のへら形。花茎は高さ10〜30㌢になり、上部に直径約4㍉の紅紫色の花をつける。🌼花期 6〜9月 分布 北、本、四、九

✚ミミカキグサの仲間の捕虫嚢は地中にあるので、タヌキモの捕虫嚢より入口が深くなって円筒状になり、扉の前に水がたまるようにひと工夫されている。

ミミカキグサ 花の下に耳かきのような果実もついている 86.7.9 茂原市

ムラサキミミカキグサ 87.10.3

ホザキノミミカキグサ 86.7.9 茂原市

シソ目 タヌキモ科

ウコギ科
ARALIACEAE

チドメグサ属
Hydrocotyle

チドメグサ属は葉が単葉で,複散形花序をつくらないのが特徴。花は単散形花序につくが,花柄が短く,まるく集まってつく。また内果皮がかたい木質で,油管がないのも特徴のひとつ。かつてはセリ科に分類されていた。葉柄の基部に膜質の托葉があり,総苞片がない点などが,よく似たセリ科のツボクサ属と異なるところ。

チドメグサ
H. sibthorpioides
〈血止草〉 葉を止血に用いたことによる。
道ばたや庭の芝生などに生える多年草。茎はよく分枝して地をはい,節からひげ根をだしてふえる。葉は直径1〜1.5㌢の円形で掌状に浅く裂け,基部は心形。ふちには3〜5個の歯牙がある。表面は光沢があり,関東地方以西では冬も枯れずに越冬する。葉腋から長さ0.5〜1.2㌢の葉より短い花柄をだし,帯緑色の小さな花が10数個かたまってつく。果実は直径約1㍉の扁球形。
花期 6〜10月
分布 本,四,九,沖

ヒメチドメ
H. yabei
〈姫血止〉
庭や石垣,墓地などのやや湿ったところに生える多年草。茎は糸状でよく分枝して地をはい,節からひげ根をだす。冬には短い円柱状の越冬芽をだし,葉は枯れる。葉は直径0.4〜1㌢の扁円形で,掌状に深く5〜7裂し,基

チドメグサ 茎は先端まで地をはっていて,立ち上がらない 86.7.31 伊東市

ヒメチドメ 86.8.8 八王子市

❶チドメグサの花は10数個がかたまってつく。花弁の先は内曲しない。果実はやや扁平で,2個の分果がくっついたもの。❷ヒメチドメの花はひとつの花序に2〜4個しかつかない。

セリ目 ウコギ科

部は広く切れ込む。葉腋から花柄をだし、先端に帯緑色の小さな花を2〜4個つける。果実は直径約1.5㍉。
花期 6〜10月 **分布** 本、四、九
✤葉身が円形で、基部が深く湾入して、葉身の両端が接するものをミヤマチドメ var. japonica として区別する。

ノチドメ
H. maritima
〈野血止〉
やや湿った野原や田のあぜ、道ばたなどに生える多年草。茎は細く、まばらに分枝して地をはい、節からひげ根をだす。茎の上部は斜上する。葉は直径2〜3㌢の腎円形で5深裂し、基部は心形。ふちには鈍い鋸歯がある。葉腋から葉より短い花柄をだし、先端に帯緑色の小さな花が10数個かたまってつく。果実はやや扁平な球形。**花期** 6〜10月 **分布** 本、四、九、沖

オオチドメ
H. ramiflora
〈大血止／別名ヤマチドメ〉
山野にごくふつうに生える多年草。茎は細く、地をはい、節から枝をだす。茎の先や枝は斜上し、葉腋に花序をつける。葉は直径1.5〜3㌢の腎円形で、切れこみは浅く、基部は深い心形。ふちには鈍い鋸歯がある。葉腋から葉よりも長い花柄をだし、先端に淡緑白色の小さな花を10数個かたまってつける。果実は直径約1.5㍉のやや扁平な球形。**花期** 6〜10月 **分布** 北、本、四、九

ノチドメ 茎の上部は斜めに立ち上がり、ここに花をつける 86.7.31 伊東市

ノチドメ 86.7.31 伊東市

オオチドメ 86.6.14 日野市

ノチドメとオオチドメの大きな違いは花柄の長さ。ノチドメは花柄が葉より短い。オオチドメは葉より長く、花は葉の上に顔をだす。❸オオチドメの花は10数個がかたまってつき、外側の花から咲いていく。花弁の先は内曲しない。❹果実はやや扁平な球形で、2個の分果がくっついたもの。

セリ目 ウコギ科 489

セリ科
APIACEAE

特有の芳香があり、ニンジン、セリ、ミツバ、セロリ、パセリなどの野菜のほか、ミシマサイコやトウキなど、薬用植物も多い。花序と果実に特徴がある。ほとんどが複散形花序で、花火のように花柄を広げて小さな5弁花をつける。果実は2個の分果からなり、その間を通る柄に支えられている。種子を包む内果皮に油管があるものが多い。セリ科の分類では果実の形、油管の有無や数などが重視される。

ハナウド属 Heracleum
ハナウド
H. sphondylium var. nipponicum
〈花独活〉

川沿いや林のふちなど、やや湿ったところに生える高さ0.5～1.5mの大型の多年草。茎は太く中空で、長い毛がある。葉は大型の3出複葉または単羽状複葉で、葉柄の基部はふくらんで鞘状になる。小葉は浅～中裂し、粗い鋸歯がある。茎の上部に直径約20cmの大型の複散形花序をだし、白色の小さな花を多数つける。小散形花序のふちの花は内側の花より大きく、その花は外側の花弁がほかの4個の花弁より大きい。花弁の先は2裂する。茎の先の花序は実を結ぶが、側生の花序の花は雄性で結実しない。果実は倒卵形。

🌸 花期　5～6月
分布　本（関東地方以西）、四、九

✚ 北海道と本州中部地方以北にはハナウドより大型のオオハナウド H. lanatum が分布する。

ハナウド　しばしば群生し、初夏になると大型の花序を広げてなかなか美しい。茎や葉

花火のように広がったハナウドの複散形花序

❶ ハナウドの果実は2個の平たい分果が合わさったもの。背隆起線は糸状で目立たず、両側は翼状に広がっている。油管は途中で消える。左の若い果実で、花柱の基部のふくらんだ部分を柱下体という。

がウドに似ているところからこの名がついた。若葉は食べられる　86.5.18　埼玉県秋ガ瀬公園

セリ科の花序と果実

セリ科の大部分は複散形花序をつくる。まず花柄を散形にだし、それぞれの花柄はさらに小花柄を散形にだす。果実は2個の分果からなり、向き合う面を合生面、反対側を背面という。背面に3個、両側に1個ずつ隆起線があり、隆起線と隆起線の間を背溝と呼ぶ。シシウドの分果の両側の隆起線は翼状になる。

シシウド　散形にでた花柄の先の小散形花序

シシウドの果実

セリ目　セリ科

シシウド属 Angelica

大型のものが多く,花はすべて複散形花序につく。果実は扁平で,分果の側隆起線は翼状になり,背面の隆起線は脈状。

ハマウド
A. japonica
〈浜独活／別名オニウド〉

海岸に生える高さ1〜1.5㍍の大型の多年草。茎は太くて暗紫色を帯び,上部で枝分かれする。葉は大型の1〜2回3出羽状複葉で,葉柄の基部はふくらんで鞘状になる。小葉は卵状楕円形で厚くて強い光沢があり,ふちには細かい鋸歯がある。枝先から複散形花序をだし,白色の小さな花を密につける。花柄の基部につく総苞片,小花柄の基部の小総苞片はいずれも細長い。果実は扁平な広楕円形。
花期 4〜6月 分布 本(関東地方以西),四,九,沖

アシタバ
A. keiskei
〈明日葉／別名ハチジョウソウ〉 若葉を摘みとっても次の日にはまた芽がでるほど生命力が強いことからついた。別名は八丈島にちなんだもの。

海岸に生える高さ0.5〜1.2㍍の多年草。茎は太くて上部でよく枝分かれする。葉は大型の2回3出羽状複葉で,葉柄の基部は袋状の鞘になる。茎の上部では葉身が退化して鞘だけになり,花序や若枝を包んでいる。小葉は広卵形で羽状に裂け,ふちには粗い鋸歯がある。枝先に複散形花序をだし,淡黄緑色の小さな

ハマウド 茎はふつう暗紫色を帯びるが,この株は緑色 87.7.10 犬吠埼

❶ハマウドの花は白色。❸アシタバの花は淡黄緑色。いずれも花弁は5個あり,内側へ曲がる。雄しべははじめ内側に巻いているが,葯が成熟すると開出する。子房のように見えるのは花柱の下部がふくらんだ柱下体と呼ばれる部分。子房は花弁の下にある。❷ハマウドの果実。2個の扁平な分果がくっついている。分果は長楕円形で,両側の隆起線が広く翼状にはりだして軍配のように見える。❹アシタバの分果の翼状の部分はハマウドほど広くない。

セリ目 セリ科

花をつける。小花柄の基部に広線形の小総苞片が数個あるが、総苞片はない。果実はやや扁平な長楕円形。🌼**花期** 8〜10月 ⊙**分布** 本（関東地方南部、伊豆諸島、東海地方、紀伊半島）、小笠原

✣アシタバとハマウドはどちらも海岸に生え、よく似ている。アシタバは茎を切ると黄色の汁をだすが、ハマウドは茎の汁の色が淡い。またハマウドの方がたくましい感じで、葉柄の基部はアシタバほどふくらまない。

ノダケ
A. decursiva
〈野竹〉

山野の林内や林縁などにふつうに生える高さ0.8〜1.5mの多年草。茎は暗紫色を帯びる。葉はふつう3出羽状複葉で、葉柄の基部は袋状の鞘になる。小葉は長楕円形〜長卵形で、ふちに粗い鋸歯がある。小葉の基部は葉軸に沿って流れ、翼状になる。枝先から複散形花序をだし、暗紫色まれに淡緑白色の小さな花をつける。果実は扁平な広楕円形。🌼**花期** 9〜11月 ⊙**分布** 本（関東地方以西）、四、九

アシタバ 葉柄が袋状にふくらんだ鞘から花序がのびる 86.10.15 三浦半島

❺ノダケの花は暗紫色なので見分けやすい。つぼみのときは花弁と雄しべはともに内側に巻いている。開花すると雄しべは花弁よりはるかに長い。子房のように見える中央のふくらんだ部分は柱下体。❻ノダケの果実。柱下体の下の子房がだんだん大きくなり、両側が翼状にはりだしていく状態がよくわかる。

ノダケ 暗紫色の花が特徴 86.10.3 高尾山

アシタバの若葉はさっとゆでておひたしやあえものにしたり、天ぷらやつくだ煮にしてもおいしい。

セリ目 セリ科

ハマボウフウ属
Glehnia
ハマボウフウ
G. littoralis

〈浜防風〉 中国で薬用にする防風と根の効用が似ていて、海岸に生えることによる。防風は「かぜを防ぐ」という意味で、かぜ薬として用いる。刺し身のつまにする防風はハマボウフウの新しくのびた葉で、八百屋で売っているので八百屋防風と呼ぶ。明治時代から栽培されている。

海岸の砂地に生える高さ5〜30cmの多年草。根は黄色を帯び、太くて長い。茎の上部や花序には白い軟毛が密生する。葉は1〜2回3出羽状複葉で、厚くて光沢がある。小葉は長さ1.5〜6cmの倒卵状楕円形で不ぞろいの鋸歯がある。茎の先に複散形花序をだし、白色の小さな花を密につける。果実は長さ6〜8mmの倒卵形で隆起線は太く、背面に毛が密生する。

花期 6〜7月
分布 日本全土

カワラボウフウ属
Peucedanum
ボタンボウフウ
P. japonicum

〈牡丹防風〉 葉が厚く、青白色でボタンの葉に似ていることによる。若葉や根が食べられるので食用防風とも呼ぶ。海岸に生える高さ0.6〜1mの多年草。根は太く、茎はよく枝分かれする。葉は1〜3回3出複葉で、長い柄がある。小葉は3〜6cmの倒卵形でときに先が2〜3中裂する。枝先に複散形花序をだし、白色の小さな花を多数つける。果実は長さ4〜6mmで、

ハマボウフウ 茎の先に白色の小さな花を密につける　12.5.18　南房総市

ボタンボウフウ　86.10.7　足摺岬

❶ボタンボウフウの花は白色。雄しべは花弁より長い。❷果実。扁平な分果が2個くっついて、まるで楕円形をした1個の果実のように見える。背隆起線は細くて低く、側隆起線はすこし翼状になる。表面には短毛が密生する。❸ハマボウフウの花序はとくに密。❹分果が密着して全体が1個の果実のように見える。

494　セリ目　セリ科

隆起線は目立たない。🌼**花期** 6〜9月 **分布** 本（関東地方・石川県以西），四，九

ハマゼリ属
Cnidium

ハマゼリ
C. japonicum
〈浜芹／別名ハマニンジン〉

海岸の砂地に生える高さ10〜50㌢の越年草。根は太い。茎は下部から枝分かれして，はうかときには直立する。葉は長さ3〜10㌢の単羽状複葉で，小葉は羽状に切れこむ。枝先に小型でまばらな複散形花序をだし，白色の小さな花をつける。総苞片と小総苞片は細くて短い。果実は長さ約3㍉の扁平な球形で，隆起線が竜骨状にはりだしてよく目立つ。🌼**花期** 8〜10月 **分布** 北，本，四，九

✤ハマゼリの果実は煎じて強壮剤にする。

シムラニンジン属
Pterygopleurum

シムラニンジン
P. neurophyllum
〈志村人参〉 現在の東京都板橋区志村町の湿地にたくさん生えていたことによる。

湿地にまれに生える高さ0.8〜1.2㍍の多年草。根は太くて白い。茎にはすこし稜があり，上部でまばらに分枝する。葉は長さ10〜20㌢の1〜2回3出複葉。小葉は長さ3〜15㌢の線形で先端はとがり，1脈が目立つ。枝先から複散形花序をだし，白色の小さな花を多数つける。果実は長さ3.5〜4㍉の扁平な長楕円形。🌼**花期** 8〜9月 **分布** 本（関東地方南部），九（北部）

ハマゼリ　海岸の砂地に生え，葉は厚くて光沢がある　87.9.13　三浦半島

❺ハマゼリの花。セリ科のつぼみは花弁や雄しべが内側に巻いた独特の形をしている。❻果実。隆起線が太くて竜骨状にはりだす。❼シムラニンジンの花。花弁と花弁の間に小さな三角形の萼片が見えている。❽果実。隆起線が竜骨状にはりだす。果柄の基部には線形の小総苞片がある。

シムラニンジン　87.8.25　水海道市

セリ目　セリ科　495

湿地に群生したセリ。もうこの時期のものはあくが強く，かたいので食べられない　87.7.11　東金市

496　セリ目　セリ科

セリ属 Oenanthe

セリ
O. javanica

〈芹〉 群生する状態が競りあって生えているからといわれる。春の七草のひとつ。水田や溝，小川，湿地などに生える高さ20〜50㌢の多年草。地下茎をのばし，秋に節から新芽をだしてふえる。葉は1〜2回3出羽状複葉でやわらかい。小葉は卵形でふちには粗い鋸歯がある。枝先から複散形花序をだし，白色の小さな花を多数つける。果実は長さ約3㍉の楕円形。隆起線はコルク質で，すべて太くて低い。花期 7〜8月 分布 日本全土

ミツバ属 Cryptotaenia

ミツバ
C. canadensis ssp. japonica

〈三葉／別名ミツバゼリ〉 小葉が3個あることによる。

山野の湿り気のある林内や林縁などに生える高さ30〜80㌢の多年草。茎は直立し，上部で枝を分ける。葉は3出複葉。小葉は卵形で先はとがり，ふちには重鋸歯がある。枝先から複散形花序をまばらにだし，白色の小さな花をつける。花柄に長短があるので，花序はセリ科らしい傘形にはならない。果実は長さ4〜5㍉の長楕円形で，隆起線は低い。花期 6〜7月 分布 北，本，四，九

✤ミツバは江戸時代から栽培されている。太陽の下でふつうに育てた青ミツバのほか，軟白栽培した切りミツバや根ミツバ，水耕栽培のものもある。

ドクゼリとウマノミツバ

セリ，ナズナなどの春の七草をはじめ，万葉時代から親しまれてきた若菜摘み。セリやミツバは古くから栽培されているが，野生のものは香りも歯ざわりもひと味違う。しかし，食べられる野草や薬草にはよく似た有毒植物もあり，しばしば中毒事故も起きている。セリに対するドクゼリ，ゲンノショウコやニリンソウに対するトリカブトの仲間などがその代表。よく似ているからといって安易に採って食べるのは事故のもとなので，それぞれの特徴をよく調べて，自信のないものには手をださないように。

❷セリ。よく似ている❶ドクゼリ *Cicuta virosa* は全体にシクトキシンという猛毒成分を含んでいる。太くて竹のような節のある❸根茎がドクゼリの特徴なので，セリと区別できる。❹左がミツバ，右がウマノミツバ。若葉がミツバにそっくりなのがウマノミツバ *Sanicula chinensis* で，毒はないが，まずくて食べられない。馬に食わせる程度ということから馬の三葉とつけられた。ミツバの小葉は3個だが，ウマノミツバは小葉が5個あり，脈がへこんでしわが目立つので見分けやすい。

❺セリの花。5個の花弁はつぼみのときから背側に強く折りたたまれ，開花して花弁が開いてもその状態は変わらない。セリ科の花は萼が退化して目立たないものが多く，まったくないものもある。セリの萼片は長三角形で目立つ方だ。

ミツバ 86.7.31 伊東市

セリ目 セリ科

セントウソウ属
Chamaele

セントウソウ
C. decumbens

〈仙洞草／オウレンダマシ〉 和名の語源は不明。別名は葉がキンポウゲ科のセリバオウレンに似ていることによる。
山野の林内や林縁などに生える高さ10〜25㌢の小型で繊細な多年草。葉は1〜3回3出羽状複葉で、紫色を帯びた長い柄があり、ほとんどが根生する。小葉は卵形や三角形など、さまざまな形がある。根もとからのびた細い花茎の先に複散形花序をだし、白色の小さな花をつける。花柄は3〜5個あり、うち1個は短い。果実は長さ3〜5㍉の楕円形で、2個の分果がくっついたもの。分果の隆起線は低い。油管はない。**花期** 3〜5月 **分布** 北、本、四、九

セントウソウ 全体にやわらかな感じがする 87.3.24 高知県日高村

ヌマゼリ属 Sium

ムカゴニンジン
S. ninsi

〈零余子人参〉 葉腋に珠芽（むかご）ができ、白くて太い根が朝鮮人参に似ていることによる。根は食べられる。湿地や水中に生える高さ0.3〜1㍍の多年草。茎はよく分枝する。上部の葉は3出複葉、下部の葉は単羽状複葉。小葉は楕円形から線形まであり、ふちには鋸歯がある。枝先に複散形花序をだし、白色の小さな花をつける。果実は長さ約2㍉の卵球形で、2個の分果がくっついたもの。隆起線は脈状。油管は11個。**花期** 8〜11月 **分布** 北、本、四、九

❶セントウソウは花弁の先があまり内側に曲がらない。雄しべは花弁より長い。❷ムカゴニンジンは花弁の先が爪のように内側に曲がる。❸葉腋についたムカゴニンジンの珠芽（むかご）。地面に落ちて新苗をつくる。

ムカゴニンジン 87.9.3 茨城県岩間町

セリ目 セリ科

ヤマゼリ属 Ostericum

ヤマゼリ
O. sieboldii
〈山芹〉

山野に生える高さ0.5〜1mの多年草。茎は中空で上部はよく枝分かれする。葉は2〜3回3出羽状複葉。小葉は卵形または広卵形でやわらかく、ふちには粗い鋸歯がある。枝先から小型の複散形花序を多数だし、白色の小さな花を密につける。総苞片と小総苞片は狭披針形。果実は長さ3.5〜4mmのやや扁平な卵状楕円形で、隆起線はやや竜骨状になる。花期 7〜10月 分布 北,本,四,九

ヤブニンジン属 Osmorhiza

ヤブニンジン
O. aristata

〈藪人参／別名ナガジラミ〉 葉がニンジンの葉に似ていて、やぶに生えることによる。別名は果実が細長く、ヤブジラミのように刺があることによる。林のふち、竹やぶなどの日陰に生える高さ30〜70cmの多年草。葉は長さ7〜30cmの2回3出羽状複葉で、薄くてやわらかく、裏面は白っぽい。小葉は卵形で、ふちには粗い鋸歯がある。枝先から複散形花序をだし、白色の小さな花をまばらにつける。花柄は細長く、小総苞片はそり返る。花には両性花と花柱が退化した雄花とがある。果実は長さ約2cmのこん棒状で、上部はふくれ、基部は細くなる。隆起線には上向きの刺毛がある。花期 4〜5月 分布 北,本,四,九

ヤマゼリ 山の名がついているが、平地から山地まで生える 86.10.28 奥多摩

❹ヤマゼリの花。5個の花弁の先端は爪のように内側に曲がる。花弁の間に披針形の萼片が見えている。❺果実は卵状楕円形で、やや竜骨状の隆起線が目立つ。

ヤブニンジン 86.5.15 八王子市

セリ目 セリ科

ヤブジラミ属 Torilis

ヤブジラミ
T. japonica
〈藪虱〉 やぶに生え、刺毛のある果実が衣類にくっつくのをシラミにたとえたもの。
野原や道ばたにふつうに生える高さ30〜70㌢の越年草。葉は長さ5〜10㌢の2〜3回羽状複葉。小葉は卵状披針形で、細かく切れこみ、両面とも粗い短毛が密生する。枝先に小型の複散形花序をだし、白色の小さな花をつける。小花柄は4〜10個。総苞片は細長い。果実は長さ2.5〜3.5㍉の卵状長楕円形で、カギ状に曲がった刺毛が密生する。🌼花期 5〜7月 ◎分布 日本全土

オヤブジラミ
T. scabra
〈雄藪虱〉
ヤブジラミに似た越年草。茎や葉は紫色を帯びる。葉は3回3出羽状複葉で、小葉は細かく裂ける。小花柄は2〜4個と少ない。果実は長さ5〜6㍉とやや長い。🌼花期 4〜6月 ◎分布 日本全土

ニンジン属 Daucus

ノラニンジン
D. carota ssp. carota
ヨーロッパ原産の多年草で高さ0.5〜2㍍になる。栽培されるニンジン ssp. sativus が逃げだして野生化したものといわれている。根は直径約1㌢で赤くはならない。茎は有毛で稜がある。葉は2〜3回3出羽状複葉で、小葉は細かく裂ける。茎の先から複散形花序をだし、白色の小さな花を密生する。総苞片や小総苞片は大きく、羽状に裂ける。花序の中心部の

ヤブジラミ 花は小さく、果実にはカギ状に曲がった刺が多い 86.7.1 八王子市

❶ ❷  ❸

❶ヤブジラミの花弁は5個あり、花序の外側のものが大きい。❷オヤブジラミの花弁はふちが紫色を帯びる。❸オヤブジラミの果実。先がカギ状に曲がった刺毛で動物などにくっつく。❹ノラニンジンの果実にも木質の刺毛がある。

ノラニンジン 86.6.28 東京都江東区

❹

セリ目 セリ科

花は花弁が同じ大きさだが、まわりの花では外側の花弁が大きい。果実は卵状長楕円形で、木質の刺毛がある。🌸花期 7〜9月 ❀分布 ヨーロッパ原産

ミシマサイコ属
Bupleurum

葉は単葉で全縁、花は黄色のものが多い。

ミシマサイコ
B. stenophyllum

〈三島柴胡〉 柴胡は漢名。根を乾燥したものを柴胡と呼び、解熱、解毒、鎮痛などに用いる。かつて静岡県三島地方で良質のものが生産されたことが和名の起こり。

海岸から山地の草原まで生える高さ30〜70㌢の多年草。葉は長さ4〜15㌢の線形〜長披針形。枝先から小型の複散形花序をだし、黄色の小さな花をつける。総苞片や小総苞片は細くて短い。果実は長さ約3㍉の球形で、隆起線はややかたい脈状。🌸花期 8〜10月 ❀分布 本、四、九

ツボクサ属 Centella

ツボクサ
C. asiatica

〈壺草〉 壺は坪とも書き、庭という意味。道ばたや庭、林内などに生える多年草。茎は地をはい、節から根をだしてふえる。葉は直径2.5〜5㌢の腎円形で基部は心形。ふちには浅い鋸歯がある。葉柄の基部は鞘状になる。節から1〜2個の花序をだし、小さな花がかたまってつく。果実は扁平な円形で網目状の脈がある。🌸花期 5〜8月 ❀分布 本(関東地方以西)、四、九、沖

ミシマサイコ　薬用植物。丘陵部ではほとんど姿を消した　86.10.11　三浦半島

❺ミシマサイコの花。花弁は小さく、柱下体と雄しべが目立つ。柱下体は平べったく、わずかに緑色を帯びる。❻ツボクサの花は小さく、ほとんど目立たない。花柄が短いので、花はかたまってつき、セリ科の花とはとても思えない。花弁は子房より小さく、上部は紫色を帯びる。雄しべの葯は暗紫色。

ツボクサ　87.7.18　伊豆七島(利島)

セリ目　セリ科

レンプクソウ科
ADOXACEAE

草本あるいは灌木，低木。花冠は4～5裂し，果実は液果。レンプクソウ属に加えてニワトコ属とガマズミ属の3属で約200種がある。

レンプクソウ属 Adoxa

レンプクソウ
A. moschatellina
〈連福草／別名ゴリンバナ〉 昔，この草の地下茎がフクジュソウにつながっているのを見た人がつけたものという。別名は花が5個集まってつくことによる。林内に生える高さ8～17㌢の多年草。白色の細長い地下茎をのばし，先端に小さな球茎をつくってふえる。根生葉は2回3出複葉で長い柄があり，小葉は羽状に中裂する。茎葉は小さく，1対が対生する。花は黄緑色で直径4～6㍉。果実は核果。❀**花期** 3～5月 ◉**分布** 北，本，九

ニワトコ属 Sambucus

ソクズ
S. chinensis
〈別名／クサニワトコ〉山野や人家のそばなどに生える高さ1～1.5㍍の多年草。葉は大型の奇数羽状複葉で対生する。小葉は5～7個で長さ5～17㌢の広披針形または狭卵形。茎の先に白い小さな花をびっしりとつける。花序の上部は平らで，ところどころに黄色の杯状の腺体がある。果実は直径約4㍉の球形で赤く熟す。❀**花期** 7～8月 ◉**分布** 本，四，九 ✣木本のニワトコ S. racemosa ssp. sieboldiana に似ているが，ニワトコは花序の上部が盛り上がり，腺体がない。

レンプクソウ 黄緑色の花が5個集まってつく 86.5.29 松本市

ソクズ 87.8.17 八王子市

❶レンプクソウの花は5個が集まってつく。写真は頂部の花で，花冠は4裂し，雄しべは8個。ほかの4個は横向きにつき，花冠は5裂し，雄しべは10個。

❷ソクズの花は直径3～4㍉。花冠は深く5裂して，皿のように開出する。花には蜜はなく，花序のところどころにある黄色の杯状の腺体に蜜をためている。

マツムシソウ目 レンプクソウ科

ソクズの葉と根を乾燥したものが漢方の蒴藋(さくだく)で、リューマチやはれものに効果がある。

スイカズラ科
CAPRIFOLIACEAE

ＡＰＧ体系ではマツムシソウ科やオミナエシ科などがスイカズラ科に含められた。25属約400種が主に北半球に分布し、東アジアと北米に多い。多くは低木で、つる性のものや草本もある。花冠は左右相称で、果実は液果または蒴果である。

オミナエシ属
Patrinia

オミナエシ
P. scabiosifolia

〈女郎花〉 語源ははっきりしないが、延喜年間(901〜923年)のころから女郎花と書くようになったといわれる。秋の七草のひとつ。
日当たりのよい山野の草地に生える高さ0.6〜1mの多年草。茎の毛は**オトコエシ**(次頁)より少ない。根茎は横にはい、株のそばに新苗をつくってふえる。葉は対生し、羽状に裂ける。裂片はオトコエシより幅が狭い。茎の上部はよく分枝し、黄色の花を散房状に多数つける。果実は長さ3〜4mmの長楕円形でやや平たく、オトコエシのような大きな翼はない。**花期** 8〜10月
分布 日本全土
✤オトコエシやオミナエシを生けた水は腐った豆醤のようないやなにおいがする。このことから中国ではオトコエシを敗醤と呼ぶ。しかし、漢方では両種とも根を敗醤根と呼んで、消炎や排膿などに用いる。

オミナエシ 秋の七草のひとつ。やさしい感じがする 86.9.6 奥多摩

❸オミナエシの花は黄色。直径4mmぐらいで、花冠は5裂し、筒部は短い。筒部の下の子房には小苞が接している。雄しべは4個、花柱は1個。

オミナエシ属
Patrinia
オトコエシ
P. villosa

〈男郎花〉 オミナエシより強く丈夫そうに見えるからという。
日当たりのよい山野にごくふつうに見られる高さ0.6～1㍍の多年草。根もとから長い匐枝をだし，先端に新苗をつくる。茎の下部には白い粗毛が多い。葉は対生し，長さ3～15㌢。多くは羽状に分裂し，裂片は卵状長楕円形で頂裂片がもっとも大きい。花は白色で，散房状に多数つく。果実は長さ約3㍉の倒卵形で円心形の翼がある。
花期 8～10月
分布 北，本，四，九

ノヂシャ属
Valerianella
ノヂシャ
V. locusta
〈野萵苣〉

ヨーロッパ原産の1～2年草。ヨーロッパではサラダ用に栽培される。江戸時代に長崎で栽培されていたものが野生化したといわれ，本州や九州の道ばたなどに見られる。茎はふたまたに数回分枝し，高さ10～30㌢になる。葉は対生し，長さ2～4㌢の長倒卵形～長楕円形で，やわらかい。枝先に直径約2㍉の淡青色の小さな花をびっしりつけ，長楕円形の苞葉が目立つ。**花期** 5～6月 **分布** ヨーロッパ原産

オトコエシ　山野にふつうに見られ，全体に強剛な感じがする　62.9.12　日野市

❶オトコエシの花は白色。❷オトコエシの果実は長さ約3㍉のそう果。花が終わると小苞が大きくなって，果実をとり巻き，うちわのような翼になる。❸ノヂシャの花は漏斗状で先端は5裂する。雄しべは3個。花の下部には大きなまるい子房が見えている。

ヨーロッパ原産のノヂシャ　88.5.7　日野市

マツムシソウ目　スイカズラ科

キキョウ科
CAMPANULACEAE

世界に広く分布し、花の美しいものが多い。花が放射相称のキキョウ属やホタルブクロ属などのグループと、花が左右相称のミゾカクシ属のグループに分けられる。

キキョウ属
Platycodon

キキョウ
P. grandiflorus

〈桔梗〉 漢名の桔梗を音読みしたもの。根を薬用（せき止めなど）にすることが中国から伝えられ、広まったのでキキョウの名も定着したらしい。『万葉集』の山上憶良の歌「秋の七草」に登場する朝貌の花はキキョウではないかといわれる。
日当たりのよい草地に生える高さ0.5〜1㍍の多年草。太い黄白色の根があり、地中に深くのびる。葉は互生し、長さ4〜7㌢の狭卵形で鋭い鋸歯がある。茎の先に青紫色の花が数個つく。花冠は直径4〜5㌢の鐘形。二重や白花などの園芸種も多い。❀花期 7〜9月 ✿分布 北，本，四，九

キキョウ 秋を代表する花として昔から親しまれてきた 86.8.8 長野県白馬村

開花直後のキキョウの花は青い雌しべを黄白色の5個の雄しべが囲んでいる。雄しべが花粉をだして倒れてしまってから、花柱の先が5つに開く。これは自花受粉を防ぐためのシステムで、雄蕊先熟という。

キク目　キキョウ科

ヒナギョウ属
Wahlenbergia

ヒナギキョウ
W. marginata
〈雛桔梗〉

日当たりのよい道ばたや堤防などに多い高さ20〜40㌢の多年草。茎は細く,まばらに枝分かれする。下部の葉は長さ2〜4㌢,幅3〜8㍉のへら形または倒披針形で,ふちは白く,しばしば鈍い波状の鋸歯がある。枝先に青紫色の花を1個ずつ上向きにつける。萼片は長さ2〜3㍉の披針形で直立する。花冠は長さ5〜6㍉の漏斗状鐘形で,5深裂する。雄しべは5個。雌しべは1個。蒴果は長さ6〜8㍉。 花期 5〜8月 分布 本(関東地方以西),四,九,沖

キキョウソウ属
Triodanis

日本に自生種のない属で,ホタルブクロ属に近い。

キキョウソウ
T. perfoliata
〈桔梗草/別名ダンダンギキョウ〉

北アメリカ原産の高さ30〜80㌢の1年草。各地に帰化しているが,それほど多くはない。日当たりのよい乾いたところに生える。茎には開出毛がまばらに生えた稜がある。葉は互生し,長さ約1.5㌢の円形または卵形で基部は浅い心形。花は葉腋に1〜3個つく。はじめは閉鎖花だけだが,のちに上部にふつうの花をつける。花冠は紫色で直径1.5〜1.8㌢。雄しべは5個。花柱の先は3裂する。 花期 5〜7月 分布 北アメリカ原産

ヒナギキョウ 雛の名にふさわしいかわいらしい花をつける　87.8.6　浜松市

❶雌性期のヒナギキョウの花。花柱が3裂し,受粉を待っている。❷キキョウソウの蒴果は長さ約6㍉で先端に萼片が残る。熟すと横に3個の穴があいて,穴をあげぶたのようにおおっていた子房の側壁がそり返り,小さな種子がこぼれ落ちる。

北米原産のキキョウソウ　86.6.9　八王子市

キク目　キキョウ科

ホタルブクロ属
Campanula

ホタルブクロ
C. punctata
　　var. punctata

〈蛍袋〉 ぶら下がって咲く花を提灯に見立てて、火垂(提灯の古語)をあてたという説と、子供が花のなかにホタルを入れて遊んだからという説があるが、一般には蛍袋と書くことが多い。チョウチンバナ、ツリガネソウ、トックリバナ、アメフリバナ、ポンポンバナ、ホタルグサなど、ホタルブクロの特徴がよくでている楽しい方言名も多い。

山野や丘陵に生える高さ40～80㌢の多年草。茎には粗い開出毛がある。根生葉は卵心形で花期には枯れる。茎葉は互生し、長さ5～8㌢、幅1.5～4㌢の三角状卵形または披針形で不ぞろいな鋸歯がある。茎の上部に長さ4～5㌢の大きな鐘形の花をつける。花冠は淡紅紫色または白色で濃色の斑点があり、先は浅く5裂する。萼片の湾入部にはそり返った付属体がある。本州の山地には萼片に付属体のない**ヤマホタルブクロ** var. hondoensis がある。
花期 6～7月　**分布** 北, 本, 四, 九

シマホタルブクロ
C. microdonta
〈島蛍袋〉

ホタルブクロの近縁種で、伊豆諸島に多い。全体に毛が少なく、花は長さ3㌢とやや小さいが、数は多い。花冠は白色で斑点はほとんどない。**花期** 6～7月　**分布** 本(関東地方の太平洋岸)

ホタルブクロ　鐘形の大きな花は木陰や崖などでよく目立つ　11.6.15　八王子市

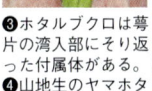

❸ホタルブクロは萼片の湾入部にそり返った付属体がある。
❹山地生のヤマホタルブクロには付属体はないが、湾入部がふくらむのが特徴。
❺シマホタルブクロには付属体のあるホタルブクロ型と付属体のないヤマホタルブクロ型がある。

シマホタルブクロ　87.7.13　八丈島

キク目　キキョウ科

ツルニンジン属
Codonopsis

ツルニンジン
C. lanceolata

〈蔓人参／別名ジイソブ〉 根が朝鮮人参に似ていることによる。朝鮮人参の偽物として出まわったこともある。バアソブに対してジイソブとも呼ばれる。山麓や平地の林内に生えるつる性の多年草。葉は互生するが、側枝の先ではふつう3〜4個集まってつき、長さ3〜10㌢の長卵形で、裏面は粉白を帯びる。花は側枝の先に下向きにつき、白緑色で内側に紫褐色の斑点がある。花冠は長さ2.5〜3.5㌢の広鐘形。根は倒卵状紡錘形で、先端が細くなる。萼片は長さ2〜2.5㌢。蒴果は直径2〜2.5㌢。種子は淡褐色で翼がある。 花期 8〜10月 分布 北,本,四,九
✚キキョウ科は茎を切ると白い乳液をだすものが多い。牧野富太郎によるとツルニンジンの乳液は切り傷に効くという。

ツルニンジン 悪臭があり、つるを切ると白い乳液がでる 85.9.6 奥多摩

❶ツルニンジンの花は直径2.5〜3.5㌢の広鐘形で、先は浅く5裂し、裂片はそり返る。外側は白緑色で内側には紫褐色の斑点がある。花柱の先が大きくふくれて3裂し、裂片の幅が広いのはツルニンジン属の特徴のひとつ。ツルニンジンは雄しべ先熟で、5個の雄しべはすでに花粉をだし終わっている。❷うしろから見たツルニンジンの蒴果。葉のような萼片がよく目立つ。蒴果は熟すと上部から裂開する。❸なかの種子は淡褐色で光沢はなく、片側に種子より大きな翼がある。

キク目　キキョウ科

バアソブ
C. ussuriensis

〈婆ソブ〉 ソブは長野県木曽地方の方言でそばかすのこと。花冠の内側の斑点を老婆の顔のそばかすにたとえたもの。ツルニンジンの別名ジイソブの「ジイ」は爺で，婆に対してつけられたもの。

山地の林縁や原野にややまれに生えるつる性の多年草。ツルニンジンに似ているがやや小さく，全体に白い毛が散生する。根は球状で大きく，臭気がある。つるは細くてやわらかく，切ると白い乳液がでる。葉は長さ2.5〜5㌢の卵形または卵状楕円形で，とくに裏面に白い毛が多い。花は長さ2〜2.5㌢のやや球形の鐘形で，先端は浅く5裂する。花冠の内側の上部は紫色で，下半部に濃紫色の斑点がある。萼片は長さ1〜1.5㌢。蒴果は直径1〜1.3㌢で，光沢のある黒褐色の種子が入っている。種子には翼はない。

花期 7〜8月
分布 北, 本, 四, 九

バアソブ ツルニンジンより全体にやや小型で花期がやや早い 09.7.18 茅野市

❹バアソブの花の構造はジイソブと同じで，平たい子房からのびた花柱の先が大きくふくれ，キノコのように見える。❺❻バアソブの蒴果。なかは3室に分かれ，光沢のある黒褐色の種子が入っている。種子には翼がなく，色も形もツルニンジンとは異なる。❼葉の裏面やふちに白い毛があるのもツルニンジンとの区別点。

キク目 キキョウ科

ミゾカクシ属 Lobelia

キキョウ科の花のほとんどは放射相称で葯は離生しているが、このミゾカクシ属は花が左右相称で葯が合着して花柱をとり巻いているのが特徴。平地ではミゾカクシ、山地ではサワギキョウがこの仲間。

ミゾカクシ
L. chinensis

〈溝隠／別名アゼムシロ〉 溝の近くに生え、溝を隠すように繁茂することによる。別名は田のあぜにムシロを敷いたように群生する様子からつけられた。湿り気のあるところに生える高さ10〜15㌢の多年草。茎は細く、地をはって長くのび、節から根をだしてふえる。葉は長さ1〜2㌢、幅2〜4㍉の披針形で左右2列にまばらに互生する。葉腋から長い花柄をのばし、淡紅紫色を帯びた花を1個つける。花が終わると花柄は下を向く。花冠は長さ約1㌢でほぼ同じ大きさに5裂する。❀花期 6〜10月 ❀分布 日本全土

ミゾカクシ 田のあぜなど、湿り気のあるところに群生する 86.9.5 日野市

❶ミゾカクシの花は左右相称。花冠の裂片は横向きに2個、下向きに3個と片寄ってつく。雄しべは葯が合着して花柱をとり囲み、ヘビが鎌首をもたげたように見える。雄しべが花粉をだしてから雌しべの柱頭が顔をだす。

ツルギキョウ
Codonopsis javanica ssp. japonica

関東地方以西の山地にまれに生えるツルギキョウはつる性で、ツルニンジンやバアソブに似ているが、果実が蒴果ではなく、液果なのが大きな特徴。液果は直径約1㌢のほぼ球形で赤紫色に熟す。種子は卵状楕円形。

ミツガシワ科
MENYANTHACEAE

5属約70種があり，主に北半球に分布する。リンドウ科に近縁と考えられたこともあったが，現在ではこの考えは否定されている。

アサザ属 Nymphoides

アサザ
N. peltata
〈莕菜・荇菜〉 池や沼に生える多年生の水草。地下茎は水底の泥のなかを長くはい，太く長い茎をだす。葉は長い葉柄があって水面に浮かび，直径5〜10cmの卵形または円形。基部は深い心形で，ふちには浅い波状の鋸歯があり，裏面は褐紫色を帯びる。葉腋から花柄を数本だし，黄色の花を水面に開く。花冠は直径3〜4cmで5深裂し，裂片の先端はへこみ，ふちは糸状に細かく裂ける。雄しべは5個，雌しべは1個。果実は蒴果で狭卵形。種子は扁平でふちに柱状突起がある。花期 6〜8月 分布 本，四，九

ガガブタ
N. indica
池や沼に生える多年生の水草。茎は細長く，水底の泥中にひげ根を下ろす。葉は水面に浮かび，直径7〜20cmの卵状円形。葉腋から花柄を多数だし，中心部が黄色の白い花を水面に開く。花冠は直径約1.5cmで5深裂し，裂片の内側には白く長い毛が生える。果実は蒴果で長さ4〜5mmの楕円形。種子はふくらんだ広楕円形で光沢があり，なめらか。花期 7〜9月 分布 本，四，九

アサザ 花は朝開き，昼にはもう閉じてしまう1日花 85.8.26 霞ガ浦

アサザ属の花は，リンドウ科と違ってつぼみがらせん状にねじれない。花冠は5深裂して平開する。❷アサザの花は黄色で，花冠の裂片のふちは波打ち，糸状に細かく裂ける。❸ガガブタの花は白色で中心部は黄色。花冠の裂片の内側いちめんに白い毛が多い。花のない時期は葉の微妙な違いが区別点。

ガガブタ 87.8.26 霞ガ浦

キク目 ミツガシワ科

アシズリノジギク　高知県の足摺岬に多く，晩秋から初冬にかけて訪れた人の目を楽しませてくれる。ノジギクの仲間

キク科
ASTERACEAE

被子植物のなかで、もっとも進化した植物群で、世界に20000種もあるといわれる。日本には約350種が自生し、帰化植物も100種以上ある。キク科の植物は変異を起こしやすく、さまざまな環境に適応して種をふやしてきた。変異を起こしやすい性質を利用して、キクをはじめ、ダリア、ガーベラ、ヒャクニチソウなど、多くの園芸植物がつくりだされた。野菜ではシュンギク、レタス、ゴボウなどがあり、食用油をとるヒマワリ、もぐさにするヨモギ、蚊とり線香をつくるジョチュウギクなど、有用植物が多い。キク科で花といっているのは、じつは小さな花(小花)が多数集まったもので、頭花とか頭状花と呼ばれている。頭花の下部は総苞に包まれている。小花の花冠の下部は筒状で、先が舌状になったものを舌状花、先が5裂したものを筒状花という。雄しべは5個あり、ふつう花糸は離れているが、葯は合着して集葯雄蕊になっている。果実はそう果で、冠毛があるものが多い。キク科の分類では、そう果の形などで、キク亜科とタンポポ亜科とに大きく分けられている。キク亜科の頭花には、キクやヨメナなどのように筒状花と舌状花があるものと、アザミのようにすべて筒状花のものとがある。タンポポ亜科の頭花はすべて舌状花で、筒状花はない。

では花つきもよく、もっとも美しい。黄花はツワブキ　86.11.28　足摺岬

キク目　キク科

キク属 Chrysanthemum

多年草で、そう果に冠毛がなく、葉の下面に二叉分岐する独特の毛（丁字状毛）が生える。舌状花と筒状花をもつもののほか、筒状花のみをつけるものもある。キク属は東アジアを中心に約40種がある。観賞用に栽培されるキク（イエギク）は野生品がなく、中国におけるチョウセンノギクとシマカンギクの雑種が起源とされ、日本には奈良時代以降に渡来したと考えられている。キクの栽培は江戸時代に大きく発展し、現在でも活発に品種改良が行われている。

ノジギク
C. japonense
〈野路菊〉

海沿いの日当たりのよい傾斜地に生える高さ60〜90㌢の多年草。近年、海岸の埋め立てが進み、めっきり少なくなった。地下茎をのばしてふえる。茎の基部は倒れ、上部は斜上する。葉は長さ3〜5㌢、幅約2.5〜4㌢の広卵形で5中裂、ときに3中裂し、基部は心形、ときに切形。質はやや厚く、表面は緑色でまばらに毛が生え、裏面は丁字状毛が密生して灰白色になる。頭花は直径3〜5.5㌢。舌状花は白色で、のちに淡紅色を帯びる。まれに舌状花が淡黄色のものもある。総苞は長さ約8㍉の半球形で、総苞片は3列に並ぶ。外片は内片より短く、灰白色の毛が密生する。🌼**花期** 10〜12月 **分布** 本（兵庫・広島・山口県）、四（高知県物部川から太平洋岸に沿っ

ノジギク 西日本の海岸の比較的広い範囲に分布する　86.11.28　足摺岬

ノジギクの仲間を見分けるときのポイントは葉。❶セトノジギクの葉は比較的薄い。❷アシズリノジギクの葉は厚く、切れこみが少なく、ふちに短毛が密生して白くふちどられる。❸サツマノジギクの葉の裏面には銀白色の丁字状毛が密生している。ほかのノジギクの葉の裏面の毛は灰白色なので、見分けやすい。❹ノジギク、❺アシズリノジギク、❻サツマノジギク、❼オオシマノジギクの頭花。このなかでサツマノジギクの頭花が直径4〜5㌢と比較的大きい。いずれも黄色の筒状花のまわりを白い舌状花が囲んでいる。❽ノジギク、❾アシズリノジギク、❿オオシマノジギクの下から見た頭花。萼のように見えるのが総苞で、総苞片が3列に並んでいる。ノジギクの仲間はいずれも外片が内片より短い。キク属は総苞片のふちがかさかさした膜質（乾膜質）になっているのが特徴。〈サツマノジギク、オオシマノジギクの解説は516頁〉

セトノジギク　87.11.9　柳井市

て愛媛県まで)，九(大分・宮崎・鹿児島県)

✚ ノジギクは1884年に牧野富太郎が発見し，命名したもの。牧野はノジギクを栽培菊の原種と考えたが，これを否定する見方もある。また栽培菊が野生化したものという説もある。

セトノジギク
C. japonense
　var. debile
〈瀬戸野路菊〉

ノジギクの変種で，瀬戸内沿岸に分布する。ノジギクに比べて葉が薄く，花の数が少ない。花期　10～12月　分布　本(瀬戸内海沿岸)，四(愛媛県)

アシズリノジギク
C. japonense
　var. ashizuriense
〈足摺野路菊〉

ノジギクの変種で，高知県の足摺岬から愛媛県の佐田岬までの海岸に分布する。葉は3中裂し，ノジギクよりやや小さいが厚く，表面のふちに短毛が密生して白くふちどられるのが特徴。花期　10～12月　分布　四(高知・愛媛県)

アシズリノジギク　四国の足摺岬から佐田岬の海岸に生える　86.11.28　足摺岬

キク目　キク科

キク属 Chrysanthemum

サツマノギク
C. ornatum
〈薩摩野菊〉

熊本県から鹿児島県,屋久島の海岸に生える高さ25～50㌢の多年草。分布は限られているが,個体数は多い。茎や葉には銀白色の毛が密生している。葉は長さ4～6㌢で,羽状に浅く裂ける。頭花は直径4～5㌢と大きい。🌼花期 11～12月 🗾分布 九（南部）

オオシマノジギク
C. crassum
〈大島野路菊〉 奄美大島の野路に多いから。屋久島と奄美諸島の海岸に生える高さ30～40㌢の多年草。ノジギクより葉は厚く,長さ3～5.5㌢あり,3中裂する。頭花は直径約3㌢

サツマノギク　熊本県から鹿児島県,屋久島まで分布する　86.11.30　薩摩半島

オオシマノジギク　屋久島と奄美大島の海岸に生える　88.11.14　奄美大島

キク目　キク科

で、花柄が長い。🌸**花期** 11〜12月 🌿**分布** 九（南部）

リュウノウギク
C. makinoi

〈竜脳菊〉茎や葉に竜脳のような香りの揮発性の油が含まれていることによる。竜脳は、ボルネオやスマトラ原産のリュウノウジュからとれる香料で、樟脳の香りに似ている。リュウノウギクの葉をすりつぶし、ショウガをまぜたものは肩こりや腰痛に効くといわれている。

日当たりのよい丘陵や山地に生える高さ40〜80㌢の多年草。石灰岩地に多い。茎は細く、毛が密生する。葉は長さ4〜8㌢の卵形〜広卵形で、ふつう3中裂し、ふちには大きな鋸歯がある。基部はくさび形。裏面は丁字状毛が密生して灰白色。頭花は直径2.5〜5㌢。舌状花は白色、ときに淡紅色を帯びる。総苞は長さ約7㍉の半球形。総苞片は3列に並び、すべてほぼ同じ長さ。🌸**花期** 10〜11月 🌿**分布** 本（福島県・新潟県以西）、四、九（宮崎県）

ワカサハマギク
C. wakasaense

〈若狭浜菊〉若狭地方の海岸に多いことによる。

福井県から鳥取県までの日本海側の海岸に生える多年草。全体にリュウノウギクより大きく、葉は長さ5〜10㌢。頭花は直径2.5〜6㌢で、花つきがよい。2倍体で、染色体数はリュウノウギクの2n＝18に対し、2n＝36。🌸**花期** 10〜11月 🌿**分布** 本（福井県〜鳥取県）

リュウノウギク 葉をもむと竜脳に似た香りがする 07.11.20 千葉県鋸南町

ワカサハマギク 87.11.23 越前岬

❶リュウノウギクの頭花は直径2.5〜5㌢。❷ワカサハマギクはやや大きい。❸ワカサハマギクの総苞片は3列に並び、みなほぼ同長。❹ワカサハマギクの葉の裏面。丁字状毛が密生して灰白色。

キク属 Chrysanthemum

ナカガワノギク
C. yoshinaganthum
〈那賀川野菊〉

徳島県那賀川の中流の川岸に生える高さ約60㌢の多年草。丈夫で栽培しやすいので，庭などによく植えられる。茎は斜上し，よく分枝する。葉は長さ4〜5㌢，幅1.5〜2.5㌢の倒卵状くさび形で，上半部は3中裂する。表面は緑色で短毛が密生し，裏面は丁字状毛が密生して灰白色になる。頭花は直径3〜4㌢。舌状花は1〜2列に並び，白色，のちに淡紅色を帯びる。総苞片は3列に並び，ほぼ同長。外片は線形。
🌱花期 10〜12月
分布 四（徳島県）

ワジキギク
C. cuneifolium
〈鷲敷菊〉

ナカガワノギクとシマカンギクの雑種。那賀川流域の鷲敷町で発見され，相生町，阿南市にもある。ナカガワノギクより全体に毛が少なく，葉が薄い。またシマカンギクとは葉の基部がくさび形で，総苞外片が線形であることなどで区別できる。
🌱花期 11月　分布 四（徳島県）

ナカガワノギク　徳島県の那賀川の中流にだけ見られる　86.11.9　徳島県鷲敷町

ワジキギク　撮影／冨成

❶ナカガワノギクの総苞片は3列に並び，外片は線形で，灰白色の毛が密生する。内片は幅が広く，ふちは乾膜質。❷ナカガワノギクの葉の裏面は丁字状毛が密生して灰白色になる。ワジキギクはナカガワノギクより全体に毛が少なく，葉の裏面も淡緑色。

キク目　キク科

イワギク
C. zawadskii
　ssp. latilobum
　　var. dissectum
〈岩菊〉

山地の岩場などに生える高さ10～60㌢の多年草。東アジアからシベリア，ヨーロッパ東部まで広く分布し，しばしば石灰岩地の残存植物となっている。日本では北海道から九州まで，転々と隔離分布している。地下茎を長くのばしてふえる。下部の葉は長さ1～3.5㌢，幅1～4㌢で，2回羽状に深裂または全裂し，長さ2～4.5㌢の長い柄がある。表面は光沢があり，裏面は淡緑色で腺点がある。頭花は直径3～6㌢あり，舌状花は白色。総苞は長さ6～7㍉。総苞片は3列に並び，ほぼ同長。外片は線形で毛は少ない。❀花期　7～10月 ❂分布　北, 本, 四, 九
✚イワギクは地方によって，葉の切れこみ方や裂片の幅などに変化がある。北海道の日本海側の海岸には，**エゾノソナレギク，ピレオギク**と呼ばれるものがあり，葉が厚くて，切れこみが浅く，裂片の幅が広い。九州の長崎県と鹿児島県には，全体にやや小型で，葉の切れこみが浅いものがあり，チョウセンノギク var. latilobum という。

イワギク　チョウセンノギクと考えられていたタイプ　84.11.2　長崎県平戸島

〈上〉エゾノソナレギク，ピレオギクと呼ばれる型のイワギク。北海道の日本海側の海岸に分布する　04.9.29　小樽市
撮影／梅沢
〈右〉典型的なイワギク　12.10.3　白山市

イワギクの頭花。総苞片は3列に並び，外片は線形。

キク目　キク科

キク属 Chrysanthemum

シマカンギク
C. indicum
〈島寒菊／別名アブラギク・ハマカンギク〉
牧野富太郎は『牧野新日本植物図鑑』で「本種は山地に多く，島地を好まない。したがって島寒菊の名は不適当である」として，アブラギクを正名としている。江戸時代に，長崎では花を油にひたしたものを油菊と呼んで傷薬にした。

山麓の日当たりのよいところに生える高さ30〜80 cmの多年草。九州などでは古くから栽培されていた。地下茎は横にのび，先端に新苗をつくる。茎の下部は倒れ，上部は立ち上がる。葉は長さ3〜5 cm，幅2.5〜4 cmで，5中裂する。裏面には丁字状毛があるが淡緑色。頭花は黄色で直径約2.5 cm。総苞片は4列に並び，外片は長楕円形〜卵形。
花期 10〜12月
分布 本（近畿地方以西），四，九

オッタチカンギク
C. indicum
　　var. maruyamanum
〈乙立寒菊〉
島根県出雲市乙立町立久恵峡で見つかった。シマカンギクより葉が小さく，3中裂する。総苞外片は線形。花期 10〜12月 分布 本（島根県）

シマカンギク　秋から初冬に西日本の山麓を黄色に彩る　86.11.30　薩摩半島

シマカンギク　直径2.5 cm

オッタチカンギク　87.11.18　出雲市

ツルギカンギク　剣山　撮影／冨成

キク目　キク科

ツルギカンギク
C. indicum
　　var. tsurugisanense
〈剣寒菊〉
徳島県剣山の標高1800㍍付近の石灰岩地に生える。葉は2回羽状に中裂し，裂片の先はとがる。頭花は直径1.1～1.3㌢と小さい。🌼花期　10～11月　🗾分布　四（徳島県）

イヨアブラギク
C. indicum
　　var. iyoense
〈伊予油菊〉
愛媛県北部に分布する。葉の裏面には丁字状毛が密生し，茎の上部には軟毛が密生する。葉は深裂する。🌼花期　10～12月　🗾分布　四（愛媛県）

サンインギク
C. ×aphrodite
〈山陰菊〉
富山県から山口県までの日本海側と，さらに瀬戸内海に沿って山口県光市の島田川まで分布する。シマカンギクより全体に大きい。葉は長さ5～7㌢で，裏面は白い軟毛が生えているので，白っぽく見える。頭花は直径3～4.5㌢と大きいが，数は少ない。総苞片は3列。舌状花は白色または黄色。🌼花期　10～12月　🗾分布　本（富山県～山口県）

✜シマカンギクの仲間はいずれもよく似ているので区別が非常に難しい。山口県光市虹ガ浜周辺にはサンインギクとノジギクの雑種とされるニジガハマギク C. × shimotomaii がある。シマカンギクによく似ているが，葉がやや厚く，頭花は直径2.5～3.5㌢とやや大きく，総苞外片は細い。

イヨアブラギク　愛媛県北部に分布し，茎の上部に毛がある　87.11.20　北条市

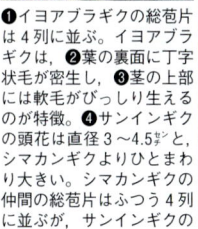

❶イヨアブラギクの総苞片は4列に並ぶ。イヨアブラギクは，❷葉の裏面に丁字状毛が密生し，❸茎の上部には軟毛がびっしり生えるのが特徴。❹サンインギクの頭花は直径3～4.5㌢と，シマカンギクよりひとまわり大きい。シマカンギクの仲間の総苞片はふつう4列に並ぶが，サンインギクの総苞片は3列に並ぶ。

サンインギク　86.11.5　高知市牧野植物園

キク目　キク科　521

キク属 Chrysanthemum

オキノアブラギク
C. okiense
〈隠岐の油菊〉

島根県の隠岐,山口県の見島の海岸の崖に生える高さ約60㌢の多年草。地下茎をのばしてふえる。茎の下部は倒れる。葉は長さ4～5㌢で5深裂し,裏面は丁字状毛があるが淡緑色。頭花は黄色で直径1.5～2㌢。総苞は長さ約5㍉。総苞片は3列に並び,外片は狭長楕円形または卵形。花柄には白い毛が密生する。
🌼**花期** 11月 **分布** 本(隠岐,見島)

アワコガネギク
C. boreale

〈泡黄金菊/別名キクタニギク〉 小さな黄金色の花が密集して咲く様子を泡にたとえたもの。別名は菊渓菊で,京都北山の菊渓にちなむ。

山麓のやや乾いた崖などに生える高さ1～1.5㍍の多年草。茎は叢生し,上部には白い軟毛が多い。葉は長さ5～7㌢の広卵形で羽状に深裂し,裂片の先はとがる。頭花は黄色で直径約1.5㌢。総苞は長さ約4㍉。総苞片は3～4列に並び,外片は線形または狭長楕円形。
🌼**花期** 10～11月 **分布** 本(岩手県～近畿地方),九(北部)
✚アワコガネギクは江戸時代にはシマカンギクとまちがえられ,アブラギク(シマカンギクの別名)と呼ばれたこともある。花が大きいほか,シマカンギクは横にはう長い地下茎があるのに対し,アワコガネギクの地下茎は短く,横にはのびない。

オキノアブラギク　島根県隠岐と山口県見島の海岸に生える　87.11.16　隠岐

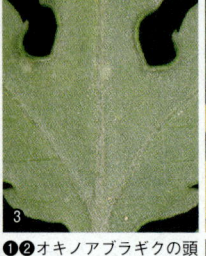

❶❷オキノアブラギクの頭花は直径1.5～2㌢。総苞片は3列に並び,外片は狭長楕円形～卵形。❸オキノアブラギクの葉の裏には丁字状毛があるが,それほど多くないので,ノジギクの仲間のように白くならない。
❹❺アワコガネギクの頭花は直径約1.5㌢と小さい。総苞片は3～4列に並び,外片は線形～狭長楕円形。

アワコガネギク　内陸に生える黄色の野生菊。シマカンギクより頭花がすこし小さい　86.11.13　陣場山

キク目　キク科

キク属 Chrysanthemum

イソギク
C. pacificum
〈磯菊〉

千葉県の犬吠埼から静岡県の御前崎までの太平洋岸、伊豆諸島の海岸の崖などに生える高さ20〜40㌢の多年草。古くから栽培され、花が小さいので、菊人形の着物によく使われる。細い地下茎をのばして、四方に広がる。茎は斜上し、上部まで密に葉をつける。葉は厚く、長さ4〜8㌢、幅1.5〜2.5㌢の倒披針形〜倒卵形で、上半部はやや浅く裂け、基部はくさび形。表面は緑色で腺点があり、ふちは白い。裏面は丁字状毛が密生して銀白色になる。頭花は密集して多数つき、黄色の筒状花だけからなり、直径約5㍉。総苞は半球形で、総苞片は3列に並ぶ。外片は卵形で内片より短く、白い毛がある。**花期** 10〜12月 **分布** 本(千葉県〜静岡県、伊豆諸島)

シオギク
C. shiwogiku
〈潮菊・塩菊／別名シオカゼギク〉

室戸岬を中心に、西は高知県物部川、東は徳島県蒲生田岬までの海岸の崖などに生える高さ30〜40㌢の多年草。地下茎をのばしてふえる。葉は厚く、長さ5〜6.5㌢、幅2.5〜3㌢の倒卵形〜長楕円形で、上半部は浅〜中裂し、ふちは白い。裏面は丁字状毛が密生して銀白色。頭花は黄色の筒状花だけからなり、直径0.8〜1㌢とイソギクより大きいが、数は少ない。総苞は半球形で、総苞片は3列に並ぶ。

イソギク 関東から静岡県御前崎までの海岸に生える野生菊 07.11.21 銚子市

❶イソギクの頭花は直径約5㍉と小さい。❸シオギクは直径0.8〜1㌢、❻キイシオギクは両者の中間で直径約8㍉。頭花の大きさのほか、総苞外片も区別点。❷イソギクの総苞外片は卵形。❹シオギクは線形〜狭長楕円形、❼キイシオギクは両者の中間の形。❺シオギクの葉の裏。イソギク、シオギクもともに、銀白色の丁字状毛が密生している。葉の幅や切れこみが区別点だが、その差は微妙で難しい。

キク目　キク科

外片は線形または狭長楕円形で内片より短く、白い毛が多い。**花期** 11〜12月 **分布** 四（徳島・高知県）

キイシオギク
C. kinokuniense
〈紀伊潮菊／別名キノクニシオギク〉

シオギクによく似た種で、三重県志摩半島の大王崎から紀伊半島をぐるっとまわって、和歌山県日ノ御崎までの海岸に生える。イソギクとシオギクの中間的な形で、葉はイソギクに似ていて、シオギクより細い。頭花は直径8㍉内外で、イソギクより大きく、シオギクとの中間くらい。花柄が長いので、イソギクほど密集しない。**花期** 10〜12月 **分布** 本（三重・和歌山県）

✚キク属の頭花は、中心に筒状の両性花が集まり、まわりに舌状の雌花が並ぶものが多いが、イソギク、シオギク、キイシオギクはまわりの雌花が舌状にならないので、いわゆる菊の花らしくない。高山に生えるイワインチンやオオイワインチンも、キク属のなかで、舌状花とならない仲間。いずれも雑種ができやすい。イソギクと栽培菊との雑種は昔から栽培され、栽培されていたものが逃げだして野生化しているところもある。シオギクと栽培菊との雑種も近年ふえている。日ノ御崎周辺ではキイシオギクとシマカンギクの雑種がよく見られ、ヒノミサキシオギクと呼ばれる。キイシオギクと栽培菊、リュウノウギクの雑種も発見されている。

シオギク　四国の室戸岬を中心にした海岸に生える　07.11.7　高知県室戸岬

キイシオギク　88.11.19　日ノ御崎

キク目　キク科

キク属 Chrysanthemum

コハマギク
C. yezoense
〈小浜菊〉

北海道の根室市から茨城県日立市付近までの太平洋側の海岸に生える高さ10〜50㌢の多年草。地下茎を横に長くのばし、先端から新芽をだしてふえる。茎の上部はときに紫色を帯びる。根生葉と下部の葉は長い柄があり、葉身は長さ1〜4㌢の広卵形で5中裂または5浅裂し、厚くて腺点がある。頭花は直径約5㌢で、舌状花は白色。総苞外片は線形で、内片は幅が広い。❀**花期** 9〜12月 ❀**分布** 北、本(茨城県以北)
✚宮城県宮戸島には、コハマギクと栽培菊の雑種、ミヤトジマギク C. miyatojimense がある。

ハマギク属
Nipponanthemum

ハマギク
N. nipponicum
〈浜菊〉

青森県から茨城県那珂湊市までの太平洋側に分布し、海岸の日当たりのよい崖や砂地に生える高さ0.5〜1㍍の亜

コハマギク 北海道と茨城県以北の太平洋側の海岸に生える 87.10.22 高萩市

❶❷コハマギクの頭花は直径約5㌢。総苞片は3列に並び、外片は線形で内片より細い。舌状花の裏側がすこし赤みを帯びている。❸コハマギクの葉の裏面。腺点が目立つ。❹❺ハマギクの頭花は直径約6㌢。総苞片は4列に並び、外片の幅が内片より広い。❻❼ミコシギクの頭花は直径3〜6㌢。総苞片は線形で3列に並ぶ。

低木。茎は太く、木質化し、越冬した茎から新芽をだしてふえる。葉は密に互生し、長さ5〜9㌢、幅1.5〜2㌢のへら形で、厚くて表面は光沢がある。ふちには波状の鋸歯がある。頭花は直径約6㌢。舌状花は白色。総苞は長さ約1㌢の球形。総苞片は4列に並び、わずかに細毛がある。外片は卵状長楕円形。舌状花のそう果は鈍い三角柱、筒状花のそう果は円柱形で10脈がある。🌼**花期** 9〜11月 ◎**分布** 本(茨城県以北)
✤ハマギクは花が大きく美しいので、古くから栽培されている。江戸時代初期にはすでに園芸化され、1681年に出版された『花壇綱目』にも登場している。

ハマギク 日当たりのよい海岸の崖などに大きな株をつくる 87.10.21 高萩市

ミコシギク属
Leucanthemella

ミコシギク
L. linearis
〈別名ホソバノセイタカギク〉

日当たりのよい湿地に生える高さ0.3〜1㍍の多年草。地下茎を横に長くのばし、先端から新芽をだしてふえる。下部の葉は花期にはない。茎葉は無柄で、長さ4.5〜9㌢、幅2〜3㍉と細く、ふつう1〜2対に羽裂し、ふちは裏面に曲がる。頭花は直径3〜6㌢で、舌状花は白色。総苞は長さ5〜6㍉。総苞片は3列に並び、ほぼ同長。外片は線形。そう果は10脈が目立つ。🌼**花期** 9〜11月 ◎**分布** 本(茨城県以西)、九
✤キク属の大部分はそう果を水につけると、ふくれて粘るが、ミコシギク属は粘らない。

ミコシギク 葉が細く、ホソバノセイタカギクともいう 87.10.2 岡山県哲西町

キク目 キク科

ヨモギ属 Artemisia

キク科には珍しい風媒花が多く、花粉が散りやすいように下向きに咲く。頭花は小さく、すべて筒状花で舌状花はない。中心部に両性花が多数あり、まわりに雌花がある。

ヨモギ
A. indica
　　var. *maximowiczii*

〈蓬〉 葉を乾燥して、綿毛だけ集めたものが灸に使うもぐさ(艾)で、よく燃える意味から善燃草とか、よくふえるので四方草という説などがあるが、ふつう蓬と書く。綿毛をかぶった若葉で草餅をつくるので、モチグサとしてよく知られている。

山野にふつうに生える高さ0.5〜1.2㍍の多年草。地下茎をのばしてふえる。根生葉や下部の葉は花のころは枯れる。茎葉は長さ6〜12㌢、幅4〜8㌢で羽状に深裂する。裂片は2〜4対あり、ふちには鋸歯がある。表面は緑色で、裏面は綿毛が密生して灰白色。茎の先に大きな円錐花序をだし、小さな頭花を下向きに多数つける。頭花は直径約1.5㍉、長さ約3㍉の長楕円状鐘形。

🌼花期　9〜10月
分布　本、四、九、沖、小笠原

イヌヨモギ
A. keiskeana

〈犬蓬〉 ヨモギに似ているが役に立たないことによる。

やや乾いた丘陵に生える高さ30〜80㌢の多年草。花をつけない茎は低く、先端にロゼット状に葉をつける。ロゼット状の葉は長さ3〜10㌢、幅1.5〜4㌢

ヨモギ　山野にごくふつうに生える。小さな頭花が多数つく　84.9.23　日野市

❶ヨモギの頭花は小さく、直径約1.5㍉、長さ約3㍉。中心部に両性花、まわりに雌花があり、どちらも結実する。総苞片は4列に並び、ふちは乾膜質。外片は短い。写真はもう受粉して、柱頭がしおれている。❷ヨモギの葉の裏面は綿毛におおわれている。この綿毛を集めたものが灸に使うもぐさ。

白い綿毛におおわれたヨモギの若葉

イヌヨモギ　87.10.3　岡山市

の広いさじ形で、ふちには大きな鋸歯がある。花茎の下部の葉は花期には枯れる。茎葉は長さ4.5～8.5㌢の倒卵形～さじ形で、ふちには大きな鋸歯がある。頭花は直径約3㍉の球形で、下向きに咲く。

花期 8～10月 分布 北,本,四,九

シロヨモギ
A. stelleriana

〈白蓬〉 全体が白い綿毛におおわれ、雪のように白いことによる。

日当たりのよい海岸の砂地に生える高さ30～60㌢の多年草。地下茎を長くのばしてふえる。葉は厚く、長さ3～9㌢で羽状に中裂する。裂片は2～3対あり、先端はとがらない。頭花は直径0.8～1㌢、長さ約7㍉のほぼ球形。

花期 8～10月 分布 北,本（茨城県・新潟県以北）

カワラニンジン
A. carvifolia

〈河原人参〉 河原に多く、葉がニンジンに似ていることによる。

河原や荒れ地、畑などに生える高さ0.4～1.5㍍の2年草。古い時代に中国から薬用植物として渡来したものが、野生化したのではないかと考えられている。茎はよく分枝する。根生葉は長さ10～15㌢、幅4～5㌢で2回羽状に細かく裂け、裂片の先は鋭く、ニンジンの葉に似ている。茎葉は互生し、根生葉よりやや小さく、鮮やかな緑色。大型の円錐花序に小さな頭花を下向きに多数つける。頭花は直径5～6㍉で緑黄色。

花期 8～9月 分布 本,四,九

シロヨモギ 全体に多肉質で、白い綿毛におおわれている 85.7.28 野付半島

❸カワラニンジンの頭花は直径5～6㍉。枝の同じ側に並んでつく。中心部に両性花、まわりに雌花があり、ヨモギと同じようにどちらも結実する。

❹カワラニンジンの葉は2回羽状に細かく裂け、終裂片は幅1.5～2㍉。530頁のクソニンジンとよく似ているが、クソニンジンの葉は3回羽状に全裂する。

カワラニンジン 87.9.8 浦和市

キク目 キク科

ヨモギ属 Artemisia

フクド
A. fukudo
〈別名／ハマヨモギ〉
満潮時には海水につかるような,河口の泥地などに生える2年草。花が咲くと枯れてしまう。全体に白緑色を帯び,メロンに似たよい香りがする。主軸は短く,花をつけず,側枝が高さ30〜90㌢にのびてよく分枝し,円錐状に多数の頭花をつける。根生葉は主軸の先にロゼット状につき,2〜3回掌状に細かく深裂する。終裂片は幅約2㍉で,先はとがらない。側枝は紫色を帯び,葉は羽状に深裂する。頭花は直径5〜7㍉,長さ3〜5㍉の倒円錐形。
花期 9〜10月
分布 本(近畿地方以西),四,九

クソニンジン
A. annua
〈糞人参〉 葉をもむと強いにおいがするところからつけられた。人家付近や都市周辺の荒れ地,道ばたなどに生える高さ0.8〜1.5㍍の1年草。温帯から熱帯に広く分布し,日本のものはカワラニンジンと同様,古い時代に薬用植物として中国から渡来し,野生化したと考えられている。茎は緑色で,よく分枝する。葉は長さ4.5〜7㌢で,3回羽状に細かく全裂し,ニンジンの葉に似ている。終裂片は幅0.5㍉と細く,先はとがる。表面には粉状の細毛がある。上部の葉は小さい。頭花は小さく,直径約1.5㍉の球形で,円錐状に多数つく。
花期 8〜10月
分布 本,四

フクド 満潮時には海水につかるようなところに多い 87.10.1 広島県倉橋町

❶フクドの頭花は長さ3〜5㍉。総苞は円錐状で,総苞片は3〜4列に並ぶ。外片は卵形で内片より短い。❷フクドの根生葉。葉柄を含めて長さ14〜21㌢あり,葉身は2〜3回掌状に深裂する。終裂片は線形で,先はまるい。花のころには枯れてしまう。❸クソニンジンの頭花は球形で,直径約1.5㍉と非常に小さい。

クソニンジン 87.9.15

キク目 キク科

カワラヨモギ
A. capillaris
〈河原蓬〉

河原や海岸の砂地などに生える高さ0.3〜1㍍の多年草。茎の下部は木質化する。花のつかない茎は短く,先端にロゼット状に葉をつける。ロゼット状の葉は長い柄があり,葉身は2回羽状に全裂し,終裂片は糸状で,多くは両面に灰白色の絹毛が密生し,白っぽく見える。花茎の葉はふつう無毛で,1〜2回羽状に全裂し,終裂片は糸状。頭花は円錐状に多数つき,直径1.5〜2㍉の球形〜卵形。**花期** 9〜10月 **分布** 本,四,九,沖

オトコヨモギ
A. japonica

〈男蓬〉 果実が小さいので,果実はないと考えて雄のヨモギとしたといわれる。

日当たりのよい山野にふつうに生える多年草。全体にほとんど毛がない。花をつけない茎の葉は長さ3.5〜8㌢のへら形で,上半部に鋸牙がある。花をつける茎は高さ0.5〜1㍍になる。中部の葉はふつう長さ4〜8㌢のへら状くさび形で,上半部に鋸牙があるものから羽状に切れこむものまで変化が多い。頭花は円錐状に多数つき,直径約1.5㍉の卵形。**花期** 8〜11月 **分布** 日本全土

✤ヨモギ属のなかで,528頁のヨモギから530頁のクソニンジンまでは頭花の雌花も両性花も結実するが,カワラヨモギとオトコヨモギは雌花だけが結実し,両性花は結実しない。

カワラヨモギ 石のごろごろした河原によく群生している 87.8.19 韮崎市

❹カワラヨモギの頭花。まだ開花していないが,開花しても地味で目立たない花だ。ヨモギなどと違って,両性花は結実しない。❺カワラヨモギの花のつかない茎の葉。糸のように細かく裂け,両面とも灰白色の絹毛におおわれているので,花茎につく緑色の葉と比べると,別の植物のように見える。

オトコヨモギ 11.9.11 高知市

キク目 キク科

トキンソウ属
Centipede

トキンソウ
C. minima

〈吐金草／別名タネヒリグサ・ハナヒリグサ〉成熟した頭花を指で押すと黄色の果実がでてくることによる。

庭や道ばた，畑などにごくふつうに見られる小型の1年草。茎は細くてよく枝分かれし，地をはって長さ5〜20㌢になり，ところどころから根をだす。葉は互生し，長さ1〜2㌢，幅3〜6㍉のくさび形で，先端に3〜5個の鋸歯がある。葉腋に小さな球形の頭花をつける。頭花は直径3〜4㍉で，筒状花だけからなる。🌼花期 7〜10月 🌏分布 日本全土

シカギク属
Tripleurospermum

花のあと花床がふくれて円錐形になるのが特徴。カミツレもこの属。

シカギク
T. tetragonospermum

〈鹿菊〉 糸状に細かく裂けた葉をシカの角に見立てたもの。

海岸の砂地に生える高さ15〜50㌢の1年草。北海道のほか，アジア東北部に広く分布する。葉は3回羽状に全裂し，終裂片は糸状。頭花は上部の枝先に1個ずつつき，直径約4㌢。中心部に黄色の筒状花が多数集まり，まわりに白色の舌状花が1列に並ぶ。🌼花期 7〜8月 🌏分布 北

コシカギク属
Matricaria

コシカギク
M. matricarioides

〈小鹿菊／別名オロシャギク〉 シカギクより花が小さいことによ

トキンソウ 地をはい，小さいので見のがしてしまいそう　86.7.11　八王子市

❶トキンソウの頭花は直径3〜4㍉で，舌状花はなく，筒状花だけが集まったもの。中心部に両性花が10個ぐらいつき，まわりに雌花が多数つく。両性花の花冠はごく小さく，緑色の子房の方が目立つ。両性花も雌花も結実する。上はつぼみで，褐紫色の両性花がよく目立つ。

シカギク　05.8.6　浜中町　撮影／梅沢　コシカギク　89.7.4　礼文島

532　キク目　キク科

る。1913年発行の『樺太植物誌』にはオロシャギクの名ででている。北半球の寒地に広く分布する高さ10〜30㌢の1年草。北海道ではふつうに見られ，本州にも帰化している。葉は2回羽状に全裂し，終裂片は線形。頭花は直径6〜9㍉で，舌状花はなく，すべて黄色の筒状花。🌼花期　7〜9月　◎分布　北

ノコギリソウ属
Achillea

セイヨウノコギリソウ
A. millefolium
〈西洋鋸草〉

ヨーロッパ原産の高さ0.3〜1㍍の多年草。観賞用に栽培されていたものが各地に野生化している。茎の中部の葉は長さ6〜9㌢の長楕円形〜線状楕円形で，2〜3回羽状に深裂し，裂片は線形。上部の枝先に白色または淡紅色を帯びた小さな頭花が多数集まってつく。🌼花期　7〜8月　◎分布　ヨーロッパ原産

マメカミツレ属 Cotula

マメカミツレ
C. australis

オーストラリア原産の1年草。1940年ごろ見つかり，現在では暖地を中心に帰化している。茎の下部は地をはい，上部は斜上して高さ5〜25㌢になる。葉は2回羽状に深裂し，終裂片は線形〜線状披針形。頭花は直径5〜8㍉で，中心部に黄白色の筒状花が多数あり，まわりに雌花が並ぶ。雌花には花冠がなく雌しべだけになっている。総苞片は緑色で1列に並び，花より大きくて目立つ。🌼花期　通年　◎分布　オーストラリア原産

セイヨウノコギリソウ　かなり標高の高いところにも生える　87.7.4　車山高原

❷セイヨウノコギリソウの頭花は直径3〜5㍉。ふちに雌性の舌状花がふつう5個並び，中心部に両性の筒状花がある。写真では見えないが，花床には膜質の鱗片がある。花のあと花床はふくれて円錐形になる。

マメカミツレ　81.5.21　八王子市

キク目　キク科　533

シオン属 Aster

かつては冠毛の形質が重視され，冠毛を欠くミヤマヨメナ属，冠毛が短いヨメナ属，舌状花と筒状花で冠毛の長さが異なるハマベノギク属，冠毛が等しく長いものが狭義のシオン属として区別されてきた。しかし，ここではいずれも広義のシオン属としてまとめた。冠毛の形質の違いが必ずしも進化の道筋を示すわけではないことが分かってきたからである。ここでいうシオン属はユーラシアに約150種が分布する。

オオユウガギク
A. robustus
〈大柚香菊〉

湿地や田のあぜなどに多い高さ1〜1.5㍍の多年草。地下茎をのばしてふえる。葉は厚く，下部や中部の葉は長さ8〜10㌢㍍，幅約2.5㌢㍍の長楕円状披針形で，先端はとがり，基部はしだいに狭くなる。ふちには欠刻状の大きな鋸歯がまばらにある。上部の葉は線状披針形。頭花は直径3〜3.5㌢㍍。ふちに淡青紫色の舌状花が1列あり，中心部に黄色の筒状花が多数集まる。総苞は長さ5〜6㍉。総苞片は3列に並び，外片は内片より短い。そう果は長さ3〜3.5㍉の扁平な倒卵形で，冠毛は長さ約1㍉。🌸**花期** 8〜10月 ◎**分布** 本（愛知県以西），四，九

オオユウガギク　西日本に分布する。草むらにゆれる薄紫の花は，冬を目の前にした

ヨメナ
A. yomena
〈嫁菜／別名オハギ〉

『万葉集』にはウハギの名で登場し，古くから若菜摘みの草として知られている。「嫁」は

ヨメナ　09.10.31　長崎県平戸市

❶

❷

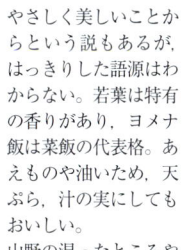

やさしく美しいことからという説もあるが、はっきりした語源はわからない。若葉は特有の香りがあり、ヨメナ飯は菜飯の代表格。あえものや油いため、天ぷら、汁の実にしてもおいしい。

山野の湿ったところや道ばたにふつうに生える高さ0.5～1.2mの多年草。茎ははじめ赤みを帯び、上部でよく枝分かれする。茎の下部や中部の葉は長さ8～10cm、幅約3cmの卵状長楕円形で、ふちには粗い鋸歯があり、3脈がやや目立つ。枝先に直径約3cmの帯青紫色の頭花を1個ずつつける。そう果は長さ約3mmの扁平な倒卵形で、冠毛は長さ約0.5mm。

花期 7～10月 **分布** 本(中部地方以西)、四、九

✤ヨメナは雑種起源ともいわれる。大陸から朝鮮半島を経由して日本に入ったオオユウガギクと、中国中南部から入ってきたコヨメナ A. indicus の交雑によってできたという。

自然が見せる最後の花舞台　87.10.2　岡山県哲西町

❶オオユウガギクの頭花は直径3～3.5cm。ふちに淡青紫色の舌状花が1列あり、中心部に黄色の筒状花が多数集まる。ヨメナに比べると、舌状花が細く、数が多い。❷オオユウガギクの総苞は長さ5～6mm。総苞片は3列に並び、外片は内片より短い。キク属と違ってふちは乾膜質にはならない。❸❹オオユウガギクのそう果は長さ3～3.5mmの扁平な倒卵形。❺ヨメナのそう果はすこし小さくて、長さ約3mm。いずれもまばらに毛がある。冠毛は短く、オオユウガギクが長さ約1mm、ヨメナは長さ約0.5mm。ヨメナやカントウヨメナ、ユウガギクなどのヨメナ類は冠毛が短い。またキク属には冠毛がないので区別できる。

キク目　キク科

シオン属 Aster
ユウガギク
A. iinumae

〈柚香菊〉 ユズ(柚)の香りがする菊の意味といわれるが、実際にはあまり感じられない。山野の草地、道ばたなどにふつうに生える高さ0.4～1.5mの多年草。地下茎をのばしてふえる。茎はよく分枝する。葉は薄く、下部や中部の葉は長さ7～8cm、幅3～4cmの卵状長楕円形または長楕円形。ふちは浅く裂けるものや羽状に中裂するものもある。頭花は直径約2.5cmで、わずかに青紫色を帯びる。そう果は長さ約2.5mmの扁平な倒卵形で冠毛はごく短く、長さ約0.25mm。**花期** 7～10月 **分布** 本(近畿地方以北)

ユウガギク ユズの香りのする柚香菊といわれるが、実際はあまりにおわない。

カントウヨメナ 本州の関東地方以北に分布する 87.10.21 勝田市

キク目 キク科

カントウヨメナ
A. yomena var. dentatus
〈関東嫁菜〉

田のあぜや川べりなどに生える高さ0.5〜1㍍の多年草。地下茎をのばしてふえる。葉は披針形〜卵状長楕円形でふちには粗い鋸歯があり、ユウガギクより厚く、ヨメナよりは薄い。頭花は淡青紫色で直径約3㌢。❀花期 7〜10月 ❁分布 本(関東地方以北)

✚ヨメナの仲間はよく似ていて区別が難しい。染色体数は、ユウガギク2n=18、ヨメナ2n=63〜64、オオユウガギク2n=72、カントウヨメナ2n=63〜66。染色体数の違いが種の区別の手がかりになることもある。

東北地方から近畿地方にかけて分布する　86.9.27　八王子市

❶ユウガギクの頭花は直径約2.5㌢。舌状花は白に近い。❷❸カントウヨメナの頭花は直径約3㌢。舌状花は淡青紫色。筒状花と舌状花では花柱の先の形が違うのがわかる。❹カントウヨメナのそう果。冠毛はヨメナよりさらに短い。❺ユウガギクの葉は、❻カントウヨメナの葉より薄く、しばしば羽状に中裂する。

キク目　キク科　537

シオン属
Aster

ヤマジノギク
A. hispidus
var. hispidus
〈山路野菊／別名アレノノギク〉

日当たりのよい乾いた草地に生える高さ0.3～1㍍の2年草。茎はよく分枝し、かたくて粗い毛が生える。根生葉は花期には枯れる。茎葉は長さ5～7㌢、幅0.4～2㌢の倒披針形で、基部はしだいに細くなり、両面に粗い毛がある。上部の葉は線形。頭花は直径3～4㌢。舌状花は淡青紫色で1列に並ぶ。総苞は長さ7～8㍉。総苞片は2列に並び、ほぼ同じ長さで先は鋭くとがる。そう果は長さ2.5～3㍉の扁平な倒卵形。筒状花のそう果の冠毛は長さ3.5～4㍉と長く、赤褐色を帯びる。舌状花の冠毛は白色で長さ0.5㍉。 **花期** 9～10月 **分布** 本（東海地方以西）、四、九

ヤナギノギク
A. hispidus
var. leptocladus

〈柳野菊〉ヤマジノギクの変種。蛇紋岩地に生え、茎や葉が紫色を帯び、葉は幅1.5～3㍉の線形で、頭花が小さい、典型的な蛇紋岩変形植物の特徴を備える。頭花は直径2.5～3㌢で、筒状花の冠毛は舌状花の冠毛よりも短い。 **花期** 10～11月 **分布** 本（静岡県、愛知県）、四（高知県）

ソナレノギク
A. hispidus
var. insularis
〈磯馴野菊〉

ヤマジノギクの変種で、高知県南西部の大月町

ヤマジノギク　東海地方以西の内陸部の草地に生える　08.11.5　山口県秋吉台

ヤナギノギク　86.11.5　高知市

ソナレノギク　11.11.7　宿毛市

キク目　キク科

の柏島と周辺の海岸に生える。茎は太く，基部からよく分枝する。葉は長さ6〜7 cm，幅1〜1.3 cmのさじ形で厚くて光沢があり，両面とも無毛。頭花は直径4〜4.5 cmと大きく美しい。❁花期 10〜11月
◎分布 四（高知県）

ハマベノギク
A. arenarius
〈浜辺野菊〉

海岸の砂地に生える。茎は基部からよく分枝して地をはい，上部は立ち上がる。茎葉は長さ2〜2.5 cm，幅8〜9 mmのさじ形で厚い。頭花は直径約3.5 cm。❁花期 7〜10月 ◎分布 本（富山県以西の日本海側），九

✚この仲間の分布は興味深い。母種のヤマジノギクは伊豆半島の爪木崎を東限に西日本の内陸部に分布している。ハマベノギクは富山県から九州にかけての日本海側の海岸に分布し，九州南部ではヤマジノギクとの中間的な型が見られる。ヤナギノギクとソナレノギクは局地的分布をしている。

ハマベノギク　後ろの褐色の実はハマゴウ　13.9.25　石川県塩屋海岸

❶ハマベノギクの頭花は直径約3.5 cm。舌状花は藤色に近い。❷総苞片は先がとがり，ヤマジノギクより厚みがある。❸❹そう果は扁平な倒卵形。筒状花のものは冠毛は赤褐色で長い。舌状花の冠毛は白色で短い。❺葉はさじ形で厚く，ふちに曲がった毛がある。

キク目　キク科

シオン属 Aster

シオン
A. tataricus
〈紫苑〉

山地の湿った草地に生える多年草。本州の中国地方と九州にまれに野生があるが、庭などに植えられることが多い。平安時代から観賞用に栽培されていたようである。根を煎じたものがせき止め、去痰剤になることから、はじめは薬用植物として朝鮮か中国から入ってきたと考えられている。高さは1～2メートル。茎にはまばらに剛毛がある。根生葉は花のころは枯れてないが、大型のへら状長楕円形で、大きいものは長さ65センチにもなる。茎葉は長さ20～35センチ、幅6～10センチの卵形または長楕円形で、上部のものほど小さく、幅も狭い。頭花は直径3～3.5センチ。舌状花は1列で淡青紫色。花柄には短毛が密生する。総苞は長さ約7ミリの半球形。総苞片は3列で先はとがり、ふちは乾膜質。外片はすこし短い。そう果は長さ約3ミリのやや扁平な倒卵状長楕円形で黒紫色を帯び、毛がある。冠毛は汚白色または赤みを帯び、長さ6ミリほど。 **花期** 8～10月 **分布** 本（中国地方）、九

ヒメシオン
A. fastigiatus
〈姫紫苑〉

湿り気のある草地や田のあぜなどに生える多年草で高さ0.3～1メートル。葉は線状披針形または披針形で、ふちには短毛があり、裏面は緑白色で短毛と腺点がある。下部の葉は長さ5.5～12センチ、幅0.4～1.5センチで、

シオン 丈が1～2メートルと高く、花つきもいいので花盛りのころはみごと。野生のもの

キク目 キク科

上部のものほど小さくなる。頭花は直径7〜9㍉と小さく、舌状花は白色。総苞は長さ約4㍉の筒形。そう果は長さ約1.2㍉の扁平な長楕円形で短毛がある。冠毛は長く長さ4㍉ほど。🌼**花期** 8〜10月 🌏**分布** 本、四、九

サワシロギク
A. rugulosus
〈沢白菊〉

日当たりのよい酸性の湿地に生える多年草。茎は細く、ほとんど分枝せず、高さ50〜60㌢になる。葉は厚くてしわが目立ち、ふちはかたい毛があってざらつく。根生葉は花期にはない。下部の葉は線状披針形で、長い柄がある。中部の葉は長さ7〜10㌢、幅約1㌢の披針形で柄は短いかまたはない。上部の葉はごく小さい。頭花は少なく、直径約2.7㌢で長い柄の先につく。舌状花は白色でのちにやや紅紫色を帯びる。そう果には粗い毛があり、冠毛は淡褐色。🌼**花期** 8〜10月 🌏**分布** 北、本、四、九

ヒメシオン 11.10.3 群馬県嬬恋村

は少ない 82.9.29 植栽

❶シオンの下部の葉は大きくて柄があるが、上部のものほど小さくなり、柄もほとんどなくなる。❷❸シオンの頭花は直径3〜3.5㌢。舌状花は1列で淡青紫色。総苞は半球形。総苞片は3列に並び、先はとがり、ふちは乾いた膜質で淡紅色を帯びるのが特徴。外片は内片より短い。❹❺ヒメシオンの頭花は小さく直径7〜9㍉。舌状花は白色。長い冠毛が目立つ。総苞は筒形。総苞片は4列に並び、背部は緑色で、白い短毛が密生している。❻❼サワシロギクの頭花は直径約2.7㌢。舌状花ははじめ白色で、しばらくたつと紅紫色を帯びる。筒状花のわきに冠毛がのぞいている。総苞片は3列に並び、外片は短い。

サワシロギク 豊橋市

シオン属 Aster

ノコンギク
A. microcephalus var. *ovatus*
〈野紺菊〉

山野のいたるところにふつうに見られる高さ0.5～1mの多年草。地下茎をのばしてふえる。茎はよく枝分かれし，短毛が密生する。葉も両面に短毛が生え，ざらつく。根生葉は卵状長楕円形。花茎の根生葉は花のころは枯れる。茎葉は長さ6～12cm，幅3～5cmの卵状長楕円形～長楕円形で，3脈が目立ち，ふちには大きな鋸歯がまばらにある。頭花は直径約2.5cm。舌状花は淡青紫色で1列。総苞は半球形で長さ4.5～5mm。総苞片は緑色で先端は紫色を帯び，3列に並ぶ。そう果は長さ1.5～3mmの扁平な倒卵状長楕円形。冠毛はヨメナより長く，長さ4～6mm。
花期 8～11月
分布 本，四，九
✣ノコンギクの基本変種はチョウセンノコンギク（シベリアノコンギク）で，朝鮮半島や中国に分布している。この仲間は非常に変異に富み，多くの亜種，変種に分けられている。

コンギク
A. microcephalus var. *ovatus* 'Hortensis'
〈紺菊〉

ノコンギクの自生品種のなかから選ばれたもので，古くから観賞用に栽培されている。舌状花は青紫色～紅紫色。
花期 8～11月

シロヨメナ
A. ageratoides
〈白嫁菜〉

山野に生える高さ0.3～1mの多年草。葉は長

ノコンギク 山野でもっともよく見られる野菊 08.9.28 群馬県嬬恋村

❶ノコンギクの頭花は直径約2.5cm。中心に黄色の筒状花が多数あり，まわりに淡青紫色の舌状花が1列並ぶ。❷そう果は扁平な倒卵状長楕円形。表面には短毛があり，冠毛は剛毛状で長さ4～6mm。ノコンギクの仲間は筒状花にも舌状花にも長い冠毛があるので，冠毛がごく短いヨメナと見分けられる。

コンギク 87.11.8 八王子市

542　キク目　キク科

楕円状披針形で先は鋭くとがり、基部はくさび形。ふちには大きな鋸歯がある。頭花は直径1.5～2㌢と小さく、舌状花は白色。総苞は筒状。🌼**花期** 8～11月 🌏**分布** 本, 四, 九

イナカギク
A. semiamplexicaulis
〈田舎菊／別名ヤマシロギク〉

日当たりのよい山地に生える高さ0.5～1㍍の多年草。茎には白い軟毛が密生する。葉は長楕円状披針形で、先はしだいに細くなってとがり、基部はやや茎を抱く。ふちにはまばらに鋸歯があり、両面とも白い短毛が密生する。頭花は直径約2㌢で、舌状花は白色。総苞は鐘形。🌼**花期** 9～11月 🌏**分布** 本(東海地方以西), 四, 九
✣江戸時代の『草木図説』にでてくるヤマシロギクを牧野富太郎はシロヨメナと考えたが、北村四郎はイナカギクにあたるとしている。ここでは北村説に従った。

タテヤマギク
A. dimorphophyllus
〈立山菊〉 富山県の立山ではなく、山中湖南方に連なる三国山脈の1峰、立山の名をとったもの。産地が限られた珍しい野菊。山地に生え、高さ20～50㌢になる。葉は長い柄があり、卵円形で先はとがり、基部は心形。葉の形は変異が多い。頭花は直径2～3㌢あり、まばらにつく、舌状花は白色。そう果は有毛。🌼**花期** 8～10月 🌏**分布** 本(神奈川県, 静岡県)

シロヨメナ ヨメナに似た白い花が咲く。地域的変異が多い 86.10.27 高尾山

イナカギク 大台ガ原 撮影／木原

タテヤマギク 丹沢 撮影／永田

キク目 キク科

シオン属 Aster

カワノギク
A. kantoensis
〈河原野菊〉

関東地方と静岡県東部の河原に生える高さ50〜70センチの多年草。茎は葉を多数つけ、上部でよく分枝する。根生葉や下部の葉は花期には枯れる。茎の中部の葉は長さ6〜7センチ、幅3〜5ミリの線形で、先は鈍く、基部はしだいに細くなる。頭花は直径3.5〜4センチ。舌状花は白色〜淡紫色。総苞片は2列に並び、線状披針形でふちは乾いた膜質。そう果は扁平な倒卵形。冠毛は帯赤色で長さ4〜5ミリ。🌼**花期** 10〜11月 ❀**分布** 本(関東地方,静岡県東部)

シラヤマギク
A. scaber
〈白山菊〉

山地の乾いた草地や道ばたなどにふつうに見られる高さ1〜1.5メートルの多年草。茎や葉には短毛があってざらざらする。下部の葉には狭い翼のある長い柄があり、葉身は長さ9〜24センチ、幅6〜18センチの心形で先は鋭くとがり、ふちには粗い鋸歯がある。上部の葉ほど小さく、柄も短い。葉にはしばしば虫えいができる。頭花は直径1.8〜2.4センチ。舌状花は白色。総苞片は3列に並び、長楕円形でふちは乾いた膜質。外片は内片より短い。そう果はややまるい倒披針状長楕円形。冠毛は長さ3.5〜4ミリ。🌼**花期** 8〜10月 ❀**分布** 北,本,四,九
✚シラヤマギクの若苗はヨメナに対してムコナと呼ばれ、食用にすることがある。

カワラノギク　石のごろごろした河原によく群生する　86.10.28　東京都羽村町

シラヤマギク　86.9.8　陣場山

キク目　キク科

ダルマギク
A. spathulifolius

〈達磨菊〉 海岸の岩の上に咲く様子がダルマが座っているように見えるところからつけられたとか,葉がまるいのをダルマにたとえたとかいわれている。西日本の対馬海流に沿った海岸の岩上に生える多年草。全体に長い軟毛と腺毛がある。茎の基部はやや木質化する。花がつかない茎には長さ3～9㎝,幅1.5～5.5㎝の倒卵状へら形の葉がロゼット状につく。花のつく茎はよく枝分かれして高さ約25㎝になり,葉は長楕円状へら形。頭花は直径3.5～4㎝。舌状花は青紫色,まれに白色。総苞片は3列に並び,先が鋭くとがった線形。そう果は扁平な長楕円形。冠毛は長さ4～5㎜。花期 10～11月 分布 本(中国地方の日本海側),九

ダルマギク 大輪の美しい花が咲く。全体に毛が多い 10.11.3 下関市

❶❷カワラノギクの頭花は直径3.5～4㎝。舌状花は白色～淡紫色。紫色がもっと濃いものもある。総苞片は線状披針形で2列に並び,ふちは乾膜質だが,幅は狭い。内片と外片は同長。総苞片の間から赤みを帯びた冠毛が見えている。❸シラヤマギクの頭花は直径1.8～2.4㎝。舌状花は白色で数は少ない。❹ダルマギクの葉はまるみがあり,厚くてやわらかい。両面とも長い軟毛と腺毛がびっしり生えているので,ビロードのように見えるが,さわるとベタベタする。

ダルマギク 花はふつう青紫色だが,まれに白花もある 84.11.2 長崎県田平町

キク目 キク科 545

シオン属 Aster

ウラギク
A. tripolium

〈浦菊／別名ハマシオン〉 和名も別名も海岸に多いことによる。種小名の tripolium は,リビアの首都トリポリの名にちなんだもの。海岸近くや内陸の塩分のある湿地にしばしば大群生する高さ25～55㌢の2年草。葉は長さ6.5～10㌢の披針形で厚く,表面はやや光沢がある。基部はわずかに茎を抱く。上部の葉は線形。頭花は多数つき,直径約2㌢。舌状花は淡紫色。そう果は扁平な狭長楕円形で長さ2.5～3㍉。冠毛は花のころは長さ5㍉ぐらいだが,花が終わるとのびて長さ1.5㌢ほどになり,やや褐色を帯びる。**花期** 8～11月 **分布** 本(関東地方以西の太平洋側),四,九

キダチコンギク
A. pilosus

〈木立紺菊〉

北アメリカ原産の多年草で,朝鮮戦争のころに軍需物資と一緒に入ってきたといわれる。北九州市で最初に発見され,現在では暖地の河原や荒れ地によく見られる。茎はよく分枝して高さ0.4～1.2㍍になり,下部は木質化する。枝の先はしばしば垂れ下がる。葉は互生し,披針形または線状披針形で先は鋭くとがり,ふちに開出毛がある。頭花は直径約1.5㌢。舌状花は白色またはやや淡紫色を帯びる。総苞片はほぼ3列に並び,外片は短い。**花期** 10～11月 **分布** 北アメリカ原産

ウラギク 沿海地の湿地によく群生している 86.10.18 東京都江東区

❶ウラギクの頭花は直径約2㌢。舌状花は淡紫色。総苞は筒状で長さ約7㍉。総苞片は3列に並び,外片は披針形で小さい。❷ウラギクの冠毛は花が終わるとどんどんのび,果期には長さ1.5㌢ぐらいになる。❸キダチコンギクの頭花は直径約1.5㌢。舌状花は白色。

キダチコンギク 86.10.18 東京都江東区

ホウキギク
A. subulatus
　var. subulatus

〈箒菊〉 細かく分かれた上部の枝をほうきに見立てたもの。

北アメリカ原産の1年草で、明治末期に大阪で発見され、現在では各地に雑草化している。茎はよく分枝し、高さ0.5〜1.2メートル。葉は基部から先端までほぼ同幅の線形で、基部はすこし茎を抱く。頭花は直径5〜6ミリ。舌状花は白色、まれに淡紫色。冠毛は筒状花より長く、花後さらにのびて総苞の外につきでる。🌸**花期** 8〜10月 ⊛**分布** 北アメリカ原産

ヒロハホウキギク
A. subulatus
　var. sandwicensis

〈広葉箒菊〉

北アメリカ原産の1年草で、ホウキギクの変種。1960年代に北九州で気づかれ、現在では本州の中部地方以西の各地に広がり、ところによってはホウキギクより多い。ホウキギクに似ているが、枝が横に広がり、頭花が大きく、葉は幅が広く、先端がとがり、基部は茎を抱かない。冠毛は筒状花より短い。🌸**花期** 8〜10月 ⊛**分布** 北アメリカ原産

オオホウキギク
A. subulatus
　var. elongatus

〈大箒菊〉

熱帯アメリカ原産の1年草。葉は細い線形で先はしだいに細くなり、基部は茎を抱く。上部の枝は、上向きにのびる。頭花は直径約1センチで、数が少ない。🌸**花期** 8〜10月 ⊛**分布** 熱帯アメリカ原産

ホウキギク　花期も終わりに近づき、長くのびた冠毛が目立つ　87.9.8　浦和市

❹ヒロハホウキギクの頭花は直径7〜9ミリで、ホウキギクよりやや大きい。冠毛は筒状花より短く、筒状花の間にわずかに見えている。

❺ヒロハホウキギクの葉は先がとがり、ホウキギクやオオホウキギクと違って、基部は茎を抱かない。

❻オオホウキギクの頭花は直径約1センチ。総苞片は線形で、先は鋭くとがる。

ヒロハホウキギク　87.9.15　江東区

オオホウキギク　87.9.15　東京都江東区

キク目　キク科　547

ムカシヨモギ属
Erigeron

北アメリカに多い。日本には高山生のものが3種ある。ここでとりあげた平地で見られるものはすべて帰化植物。舌状花はシオン属に比べて細く、多列に並ぶ。総苞片も細い。

ヒメジョオン
E. annuus
〈姫女苑〉

北アメリカ原産の1〜2年草。明治維新のころ渡来し、現在では日本中に広がり、市街地や農村だけでなく、亜高山帯にまで入りこんでいる。茎は高さ0.3〜1.3㍍になり、粗い毛がある。内部には白い髄がつまっている。根生葉は花のころには枯れる。下部の葉は卵形で長い柄があり、ふちには粗い鋸歯がある。上部の葉は披針形で先はとがり、基部はしだいに細くなり、茎を抱かない。頭花は直径約2㌢と小さく、上部の枝先に多数つく。舌状花は白色またはわずかに淡紫色を帯びる。舌状花の冠毛は短く、筒状花の冠毛は長い。総苞片は披針形〜線状披針形で2〜3列に並ぶ。そう果は長さ約0.8㍉の長楕円形。🌼**花期** 6〜10月 **分布** 北アメリカ原産

✤ヒメジョオンが日本に入ってきた当時は柳葉姫菊と呼ばれ、珍重されたらしい。北アメリカでは結石や利尿剤として使われたという。

ヘラバヒメジョオン
E. strigosus
〈箆葉姫女苑／別名ヤナギバヒメジョオン〉
北アメリカ原産の1〜2年草で、大正時代に

ヒメジョオン　つぼみのときもあまりうなだれない　87.6.5　日野市

ヘラバヒメジョオン　87.6.5　日野市

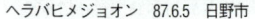

❶ヒメジョオンの頭花は直径約2㌢。舌状花はふつう白色で、100個ほどある。
❷ヘラバヒメジョオンの葉は名のとおりへら形で、鋸歯はほとんどない。

キク目　キク科

渡来した。肥沃なところよりやせて乾いた土地を好み、川岸の土手、丘陵から高原にまで入りこんでいる。茎には白い髄があり、花もヒメジョオンそっくりだが、葉はへら形で全縁のものが多い。🌸**花期** 7〜10月 🌏**分布** 北アメリカ原産

✤ヒメジョオンとヘラバヒメジョオンは舌状花の冠毛が短いので、ムカシヨモギ属から分けて、ヒメジョオン属 Stenactis とする考えもある。

ハルジオン
E. philadelphicus

〈春紫苑／別名ハルジョオン〉 和名は牧野富太郎の命名。ヒメジョオンとの対比からハルジョオンと呼ばれることも多い。

北アメリカ原産の多年草。大正時代に園芸植物として渡来した。広がるまで時間がかかるが、一度生えるとなかなかしぶとく、各地に雑草化している。茎は中空で高さ0.3〜1mになる。全体に軟毛がある。根生葉と下部の葉は長楕円形またはへら形で、翼のある柄がある。根生葉は花期にも残る。茎葉の基部は耳状にはりだして茎を抱く。頭花は直径2〜2.5cmで、つぼみのときは花序全体がうなだれている。舌状花は糸状で多数ある。渡来した当時は舌状花が紅紫色に近いものが多かったといわれるが、現在では白色に近いものが多い。舌状花も筒状花も冠毛は長い。そう果は扁平な広倒披針形。🌸**花期** 5〜7月 🌏**分布** 北アメリカ原産

ハルジオン つぼみのときは首をうなだれたように下を向く 87.5.8 稲城市

❸ハルジオンの茎は中空。❹ヒメジョオンの茎は白い髄がつまっている。どちらか迷うときには、茎を切ってみると簡単に見分けられる。❺ハルジオンの頭花は直径2〜2.5cm。舌状花はヒメジョオンよりも数が多く、写真のように淡紅色のものから白色のものまである。

キク目 キク科 549

イズハハコ属
Conyza

ヒメムカシヨモギ
C. canadensis

〈姫昔蓬／別名ゴイッシングサ・メイジソウ・テツドウグサ〉 明治維新のころ渡来し、鉄道線路に沿って広がったので御一新草、明治草、鉄道草などとも呼ばれた。

北アメリカ原産の2年草で、各地の道ばたや荒れ地にはびこっている。茎は高さ1〜2㍍になり、まばらに粗い毛がある。根生葉はへら形。茎葉は長さ7〜10㌢、幅0.5〜1.5㌢の線形で、茎をとり巻くように密に互生する。ふちにはまばらに鋸歯がある。両面とも粗毛があり、ふちには長い毛がある。茎の上部に小さな頭花を円錐状に多数つける。頭花は直径約3㍉。舌状花は白色。総苞は筒形。総苞片は線形で、3〜5列に並ぶ。そう果は長さ約1㍉。冠毛は淡褐色で長さ約2.5㍉。 ●花期 8〜10月 ●分布 北アメリカ原産

オオアレチノギク
C. sumatrensis

〈大荒れ地野菊〉

南アメリカ原産の2年草で、大航海時代（15〜17世紀前半）に世界各地へ広がった。インドネシアのスマトラ島に帰化していたものを標本にして種小名がつけられた。日本には大正時代に渡来した。茎は高さ1〜2㍍になり、開出した軟毛が多い。茎や葉は灰色がかった灰緑色。根生葉は倒披針形。茎葉は狭披針形で両面に短毛が生える。茎の上部に小さ

ヒメムカシヨモギ 北アメリカから世界中に広がった雑草　87.9.19　河口湖

❶❷ヒメムカシヨモギの頭花。筒状花のまわりに白い舌状花が多数並ぶ。舌状部は小さいが、はっきり見える。総苞片は淡緑色の線形で3〜5列に並ぶ。❸オオアレチノギクの舌状花は舌状部がほとんど目立たず、花柱より短い。❹ヒメムカシヨモギの茎の毛はまばらだが、❺オオアレチノギクの茎には開出した毛が多い。

550　キク目　キク科

な頭花を円錐状に多数つける。頭花は長さ約5㍉。舌状花は舌状部が小さく、総苞に隠れてほとんど目立たない。総苞は卵形または短い筒形。そう果は長さ約1.5㍉。冠毛は長さ4㍉。花期　7〜10月　分布　南アメリカ原産

アレチノギク
C. bonariensis
〈荒れ地野菊〉
南アメリカ原産の1〜2年草。明治のなかごろに渡来し、大正から昭和初期には多かったが、現在では少なくなった。全体に灰白色の毛が多い。茎は高さ30〜50㌢で、茎より高くのびる枝をだすのが特徴。下部の葉は羽状に裂ける。茎葉は線形で、ふちはやや波打つ。頭花はオオアレチノギクよりやや大きい。舌状花は小さくて目立たない。花期　5〜10月　分布　南アメリカ原産
✤これらのイズハハコ属の仲間は舌状花の舌状部が短く、ほとんど目立たないが、ムカシヨモギ属 Erigeron に入れる考えもある。

オオアレチノギク　南アメリカ原産の帰化植物　81.8.16　多摩市

アレチノギク　86.7.4　東京都江東区

オオアレチノギクとアレチノギクの若苗。区別は難しい　83.7.10

アキノキリンソウ属
Solidago

北アメリカにとくに多く、アメリカを代表する野草のひとつ。頭花のふちに舌状花が1列に並び、中心部に筒状花がある。舌状花も筒状花も結実する。

アキノキリンソウ
S. virgaurea
　　ssp. asiatica

〈秋の麒麟草／別名アワダチソウ〉

日当たりのよい山野に生える高さ30～80㌢の多年草。根生葉はふつう花期には枯れる。茎葉は長さ7～9㌢の卵形～卵状楕円形で、基部は細くなって葉柄の翼に続く。枝の上部に直径約1.3㌢の黄色の頭花を多数つける。そう果は円柱形。冠毛は長さ約3.5㍉。🌼花期 8～11月 🌏分布 北、本、四、九

セイタカアワダチソウ
S. altissima

〈背高泡立草／別名セイタカアキノキリンソウ〉

北アメリカ原産の多年草。観賞用に栽培されていたものが野生化し、戦後急速に全国に広がった。炭鉱の閉山の時期や、ベトナム戦争のころふえたので、閉山草とかベトナム草とも呼ばれた。川の土手や荒れ地に大群生し、高さ2.5㍍にもなる。地下茎をのばしてふえる。茎や葉には短毛があってざらざらする。葉は長さ6～13㌢の披針形で、先はとがる。茎の先に長さ10～50㌢の大型の円錐花序をだし、直径約6㍉の黄色の頭花を多数つける。🌼花期 10～11月 🌏分布 北アメリカ原産
✤セイタカアワダチソ

セイタカアワダチソウ　戦後、北九州を出発点にまたたくまに広がった。地下茎を網状

アキノキリンソウ　87.10.2　新見市

❶❷アキノキリンソウの頭花は直径約1.3㌢。中心に両性の筒状花、まわりに雌性の舌状花がある。総苞は狭い鐘形で、総苞片はほぼ4列に並ぶ。外片は短い。

552　キク目　キク科

ウはほかの植物の生長をおさえるような物質をだして、自分の勢力範囲を拡大するといわれる。一時は花粉症の元凶として騒がれたが、元来虫媒花であり、関係ないことが明らかになった。繁殖力が強烈で嫌われることが多いが、花の少ない秋の蜜源植物として養蜂業者には重宝されている。

オオアワダチソウ
S. gigantea
 ssp. serotina
〈大泡立草〉
北アメリカ原産の多年草。明治時代に観賞用として渡来した。セイタカアワダチソウほど大繁殖はしないが、各地に野生化している。茎や葉はほとんど無毛で、ざらつかない。花序はややまばらで、頭花はセイタカアワダチソウよりやや大きく、花期がすこし早い。
花期 7〜9月 分布 北アメリカ原産

にはりめぐらし、大群落をつくる 86.10.18 東京都江東区

❸❹セイタカアワダチソウの頭花。茎の上部に多くの枝をだし、枝の上側にかたよって黄色の小さな頭花をびっしりとつける。舌状花は雌性で、舌状部は細くて小さく、長さ4㍉ほど。総苞は長さ3〜3.5㍉。総苞片は線形で3列に並ぶ。よく似たオオアワダチソウは頭花がやや大きく、舌状花の幅もすこし広い。❺セイタカアワダチソウの果実。

オオアワダチソウ 86.8.8 長野県白馬村

キク目 キク科 553

オグルマ属 Inula

頭花のふちに雌性の舌状花が並び、中心部に両性の筒状花が多数集まる。キク科の分類で重視される形質のひとつに、雄しべの葯の下部の形がある。オグルマ属の葯の下部は尾状にとがっている。ほかにヤマハハコ属、ハハコグサ属、ヤブタバコ属などがこの形の葯をもち、外見はあまり似ていないものがひとつのグループにまとめられている。

カセンソウ
I. salicina var. asiatica
〈歌仙草〉

日当たりのよい山野の湿地に生える高さ60～80㌢の多年草。地下茎を長くのばしてふえる。茎は細いがかたく、やや密に毛が生える。根生葉は鱗片状で、下部のやや大型の葉とともに花のころにはない。中部の葉は長さ5～8㌢、幅1～2㌢の長楕円状披針形で、先端はとがり、基部は茎を抱く。洋紙質でやや薄いがかたく、ふちにはまばらな鋸歯がある。裏面は脈が隆起して目立つ。頭花は黄色で直径3.5～4㌢あり、枝先にふつう1個ずつつく。総苞は長さ約1㌢、幅約2㌢の半球形。総苞片はほぼ同じ長さで、4列に並ぶ。そう果は長さ約1.5㍉の円柱形で無毛。冠毛は長さ約8㍉。花期7～9月 分布 北、本、四、九

ミズギク
I. ciliaris
〈水菊〉

山地の湿原などに生える高さ25～50㌢の多年草。茎はふつう枝分かれせず、先端に頭花を

カセンソウ　日当たりのよい山野の湿地などによく見られる　86.7.31　伊豆

❶カセンソウの頭花は直径3.5～4㌢。花柱の形は筒状花と舌状花では違っている。❷カセンソウのそう果の表面は無毛。よく似たオグルマは有毛。❸ミズギクの頭花は直径3～4㌢。❹カセンソウの葉はややかたい洋紙質で、裏面の脈が浮きでる。

1個上向きにつける。根生葉は花のころも残り、長さ4〜10cm、幅0.8〜1.5cmのへら形で全縁。茎葉は卵状披針形で小さく、基部はやや茎を抱く。頭花は黄色で直径3〜4cm。総苞は半球形。総苞片は4〜5列で、外片には毛が多い。そう果は長さ約1.5mmの円柱形でまばらに毛がある。冠毛は長さ約4.5mm。
花期 6〜10月 **分布** 本（近畿地方以東）、九（宮崎県）
✛尾瀬や東北地方の湿地には葉の裏に腺点の多いオゼミズギクvar. glandulosa がある。

オグルマ
I. britannica
　　ssp. japonica

〈小車〉 放射状に整然と並んだ舌状花を小さな車に見立てたもの。中国では頭花を健胃、利尿などの薬用にする。
湿地や田のあぜなどに生える高さ20〜60cmの多年草。茎には軟毛があり、上部で枝分かれする。根生葉や下部の葉は花のころには枯れる。茎葉は長さ5〜10cm、幅1〜3cmの広披針形〜長楕円形で、先端はとがり、基部はなかば茎を抱く。枝先に黄色の頭花を1個ずつつける。頭花は直径3〜4cm。総苞は長さ7〜8mmの半球形。総苞片はほぼ同長で、5列に並ぶ。そう果は長さ約1〜1.5mmの円柱形で毛がある。冠毛は長さ約4.5mm。
花期 7〜10月 **分布** 北，本，四，九
✛オグルマはカセンソウと似ているが、葉はカセンソウよりやわらかく、裏面の脈は隆起しない。

ミズギク　花のころにもロゼット状の根生葉が残っている　87.8.6　豊橋市

オグルマ　87.8.26　茨城県岩間町

ヤマハハコ属
Anaphalis

総苞片に特徴がある。乾いた膜質で光沢があり、まるで花びらのように見える。日本に自生するヤマハハコ属はすべて雌雄異株。雄株の頭花はほとんどが筒状の両性花。雌株の頭花はほとんどが雌花で、少数の両性花がまじる。雌花の花冠は糸のように細く、伸長した花柱より短い。両性花は結実しない。ハハコグサ属とよく似ているが、ハハコグサ属は両性花も雌花も結実するので、別の属として分けられている。

カワラハハコ
A. margaritacea ssp. yedoensis
〈河原母子〉

河原に生える多年草。茎は下部からよく枝分かれして、こんもりとまるい株をつくり、高さ30〜50㌢になる。地下茎をのばしてふえるので、群生することが多い。全体に細い毛が多く、白っぽく見える。葉は長さ3〜6㌢、幅1〜2㍉の細長い線形で、ふちは裏面に巻く。裏面には白い綿毛が密生する。枝先に小さな頭花を多数つける。総苞は長さ約5㍉の球形で、総苞片は5〜6列に並び、白色の乾いた膜質で、光沢があり、下部は黄褐色を帯びる。雌雄異株。雄株には筒状の両性花が集まった頭花がつく。雌株の頭花はふちに糸状の雌花が多数あり、中心部に筒状の両性花がすこしまじる。両性花は結実しない。そう果は長楕円形。❀花期 8〜10月
◎分布 北,本,四,九

カワラハハコ 名のとおり、石のごろごろしているような河原に群生する。ドライフラ

❶カワラハハコの雄株。❷雄株の頭花。筒状の両性花が白い花びらのような総苞片に囲まれている。❸雌株の頭花。まだ総苞片が完全に開いていない。ほとんどが雌花で、黄色の花柱がのびている。雌花の花冠は両性花よりはるかに細く、目立たない。

ヤマハハコ A. margaritacea ssp. margaritacea
カワラハハコの基本亜種で、山地や北地に生える。茎はあまり分枝せず、葉の幅は1〜1.5㌢とより広い。

ワー向きの花だ　87.9.28　長野県小谷村

キク目　キク科

ハハコグサ属
Gnaphalium

頭花は小さく，中心に筒状の両性花が少数あり，まわりに細い糸状の雌花が多数ある。どちらも結実する。総苞片は乾いた膜質。

ハハコグサ
G. affine

〈母子草／別名ホオコグサ・オギョウ〉 全体に綿毛が多く，冠毛がほおけだつことから古くはホオコグサと呼び，これが転訛したという説がある。『文徳実録』(879年)には母子草で登場している。春の七草のひとつで，オギョウ(御形)とも呼ばれる。古くは餅につきこんだが，その後ヨモギにとってかわられた。道ばたや畑などにふつうに見られる高さ15～40㌢の1～2年草。古代に朝鮮半島を経て入ってきたと考えられている。全体に綿毛におおわれ，白っぽく見える。根生葉は花のころは枯れる。茎葉は長さ2～6㌢，幅0.4～1.2㌢のへら形または倒披針形。茎の先は短く枝分かれし，枝先に黄色の小さな頭花を多数つける。総苞は長さ約3㍉の球状鐘形。総苞片は淡黄色。そう果は長さ約0.5㍉の長楕円形。冠毛は長さ約2㍉。❀花期 4～6月 ❁分布 日本全土

チチコグサ
G. japonicum

〈父子草〉 ハハコグサに対してつけられた。山野の道ばたや荒れ地に生える高さ15～30㌢の多年草。匍枝をだしてふえる。根生葉は花期にも残り，長さ2.5～10㌢の線状披針形。表面は薄く綿毛が生え，

ハハコグサ 春の七草のオギョウはこのハハコグサ 87.4.23 八王子市

❶ハハコグサはロゼットをつくって冬を越す。❷❸ハハコグサの頭花。両性花のまわりに細い雌花がある。花柱は花冠より短い。総苞片は乾膜質で淡黄色。❹チチコグサの頭花。小花や総苞片は暗紫褐色を帯びる。

チチコグサ 87.5.15 日野市

キク目 キク科

裏面は綿毛が密生して白っぽい。茎葉は線状で少ない。頭花は茎の先にまるく集まり、花序の下に披針形の苞葉が放射状につく。総苞は長さ約5㍉の鐘形。総苞片は暗紫褐色を帯びる。そう果の冠毛はばらばらになって落ちる。🌼花期 5〜10月 🌼分布 日本全土

タチチチコグサ
G. calviceps
〈立父子草〉

アメリカ大陸原産の1〜2年草。熱帯を中心に広がり、日本でも暖地の都会の荒れ地や道ばたなどに帰化している。高さは15〜35㌢になり、下部で枝を分け、葉を多数つける。茎の上半部の葉のつけ根に小さな頭花を多数穂状につける。頭花は長さ約3㍉。下部はやや太く、基部に綿毛が密生している。🌼花期 4〜9月 🌼分布 アメリカ大陸原産

チチコグサモドキ
G. uliginosum

熱帯アメリカ原産の1〜2年草。日本には大正中期から昭和初期に渡来し、戦後急速に分布を広げた。高さ10〜30㌢になり、全体に綿毛が多く、灰白色を帯びる。葉は長さ1.5〜4㌢、幅約1㌢のへら形で、先はまるくて短い突起がある。茎の上部の葉腋からでた枝に淡褐色の小さな頭花が数個ずつかたまってつく。総苞は長さ4〜5㍉の卵形。そう果は楕円形。冠毛は基部が環状に合着しているので、そう果から離れてもばらばらにはならない。🌼花期 4〜9月 🌼分布 熱帯アメリカ原産

タチチチコグサ 暖地に帰化しているが、あまり多くはない 86.6.22 八王子市

❺タチチチコグサの総苞の下部はややふくれ、基部にだけ綿毛が密生する。❻チチコグサモドキの頭花はやや淡褐色を帯び、総苞の下部はまるくふくらむ。❼チチコグサモドキの冠毛は基部が合着しているのが特徴。

チチコグサモドキ 86.6.27 日野市

キク目 キク科

ガンクビソウ属
Carpesium

頭花は下向きにつき、中心部に両性の筒状花、まわりに雌性の筒状花がある。肉眼では見えないが、ルーペで見ると、筒状花の花冠と子房の間に粘液を分泌する腺があることがわかる。この腺からでる粘液でそう果は粘着し、動物の体や衣服などにくっついて運ばれる。そう果は円柱形で、先は細く短いくちばし状になり、冠毛はない。

ヤブタバコ
C. abrotanoides

〈藪煙草〉やぶによく生え、根生葉や下部の葉が大きくてしわがあり、タバコの葉に似ていることによる。葉をしぼった汁ははれものや打ち身に効能があるとされ、古くから民間薬として使われた。またそう果は条虫の駆除薬にされる。

人家近くのやぶや林のふちなどに多い1～2年草。茎は太く、高さ0.5～1㍍で生長がとまり、上部から長い枝を放射状にのばす。根生葉と下部の葉は長さ25～30㌢、幅10～15㌢の広楕円形～長楕円形で、薄くて両面とも短毛が生え、裏面には腺点がある。根生葉は花のころは枯れる。上部の葉は長楕円形で、上のものほど小さい。上部の葉腋に黄色の頭花を下向きに1個ずつつける。頭花は直径約1㌢で、ほとんど柄がない。総苞は鐘状球形。総苞片は3列に並び、外片は短い。そう果は臭気があり、長さ約3.5㍉の円柱形。先は細くなり、粘液をだして動物など

ヤブタバコ 茎の上部から長い枝を四方にのばした姿が独特　87.9.5　日野市

❶ヤブタバコは頭花にほとんど柄がないのが特徴。中心部には両性の筒状花があり、まわりに雌性の筒状花がある。総苞は鐘状球形で総苞片は3列に並ぶ。外片は小さくて先はまるく、中片と内片は長楕円形。❷コヤブタバコの総苞は長さ7～8㍉の広鐘形。外片は葉状で、先はまるくてそり返る。内片は白色でかたい。

キク目　キク科

にくっついて運ばれる。
🌸花期 9〜10月 ❀
分布 日本全土

コヤブタバコ
C. cernuum
〈小藪煙草〉

山野の林内にふつうに見られる高さ0.5〜1㍍の2年草。茎は太く、よく枝分かれし、下部には白い軟毛が密生する。根生葉は花のころには枯れてない。下部の葉は長さ9〜25㌢、幅4〜6㌢のさじ状長楕円形でやわらかい。基部はしだいに狭くなり、葉柄の翼に続く。ふちには不ぞろいの鋸歯があり、両面ともやや密に白い軟毛が生える。中部の葉は長楕円形ですこし小さい。枝先に緑白色の頭花を下向きにつける。頭花は直径1.5〜1.8㌢。頭花の基部には長さ2〜5㌢の線状披針形の苞葉が多数つく。総苞は長さ7〜8㍉の広鐘形。外片は葉状で幅が広く、先はそり返る。内片は白い。そう果は長さ4.5〜5㍉の円柱形。
🌸花期 7〜9月 ❀
分布 日本全土

コヤブタバコ　名前とは逆に頭花はヤブタバコより大きい　87.9.5　日野市

シュウブンソウ　Rhynchospermum verticillatum

山地に生えるシュウブンソウは全体の感じがヤブタバコに似ている。茎は高さ0.5〜1㍍で生長がとまり、2〜4個の枝を横にのばす。ヤブタバコと同じような形だが、シュウブンソウの方が全体に小さい。葉は長さ7〜15㌢、幅2〜3㌢の長楕円状披針形で、先はとがり、上半部には波状の浅い歯牙がある。両面とも短い剛毛がある。葉腋からでた短い柄の先に淡黄緑色の小さな頭花をつける。頭花は直径4〜5㍉。中心部には先が5裂した両性の筒状花がある。まわりには非常に小さいが、れっきとした舌状花が2列に並んでいる。ヤブタバコ属の頭花は舌状花がない。キク科を大きく分けるときは葯の下部の形や花柱の形が重視されるので、外見はヤブタバコの仲間と似ているが、シュウブンソウ属は葯の下部が尾状にならず、花柱の先が扁平なので、シオン属などと同じグループに入れられている。

キク目　キク科　561

ガンクビソウ属
Carpesium

オオガンクビソウ
C. macrocephalum
〈大雁首草〉

林のなかの湿り気のあるところにややまれに生える高さ約1㍍の多年草。茎はよく枝分かれし、縮れた短毛が生える。上部の枝は頭花のすぐ下が太い。根生葉は花のころにはない。下部の葉は根生葉と同じくらい大きく、長さ30～40㌢、幅10～13㌢の広卵形で、薄くてやわらかい。先端はとがり、基部は葉柄の広い翼に続く。ふちには不ぞろいの重鋸歯がある。中部の葉は倒卵状楕円形で、上部のものほど小さい。この仲間では頭花がもっとも大きく、直径2.5～3.5㌢あり、基部には線形～披針形の苞葉が多数輪生してよく目立つ。総苞は椀状で長さ0.8～1㌢。総苞外片は苞葉と似てい

オオガンクビソウ　ガンクビソウ属では頭花がもっとも大きい　87.8.14　高尾山

❶オオガンクビソウの頭花は直径3㌢ぐらいあり、ヒマワリを小型にしたような感じがする。ちょうど今が花盛りで、ガンクビソウ属共通の花柱の形がよくわかる。花柱は2裂し、裂片は線形で先はまるい。❷ガンクビソウの頭花は直径6～8㍉。総苞は卵球形で先が細まり、なるほどキセルの雁首によく似ている。❸サジガンクビソウの頭花は直径0.8～1.5㌢の半球形で、総苞片は5列に並び、外片は内片より短く、そり返る。中片と内片は長楕円形で、先はややまるい。内片は白っぽくなって緑白色。まわりの雌花は花柱をのばして花盛りだが、内側の両性花は大部分がまだつぼみ。

❶

キク目　キク科

ガンクビソウ　山野のやぶなどに多い。頭花は目立たない　86.10.3　八王子市

サジガンクビソウ　87.7.28　八王子市

。内片は線状へら形で緑白色。そう果は長さ約6㍉の円柱形で、先は細くて粘る。🌼**花期**　8〜10月　**分布**　北，本(中部地方以北)

ガンクビソウ
C. divaricatum

〈雁首草〉　下向きにつく頭花がキセルの雁首に似ていることによる。山地の木陰などに生える高さ0.3〜1.5㍍の多年草。茎は軟毛が密生し，上部でよく分枝する。枝はやや横向きにでる。根生葉は花のころにはない。下部の葉は長さ7〜20㌢の卵形または卵状長楕円形で，ふちには不ぞろいの浅い鋸歯がある。両面とも軟毛が生え，裏面には腺点がある。中部の葉は長楕円形で先はとがる。頭花は直径6〜8㍉と小さく，基部に披針形の苞葉が2〜4個輪生する。総苞は卵球形。総苞片は4列に並び，外片は短い。そう果は長さ約3.5㍉。🌼**花期**　6〜10月　**分布**　本，四，九

サジガンクビソウ
C. glossophyllum

〈匙雁首草〉　根生葉をさじに見立てたもの。やや乾いた山地や丘陵の木陰に生える高さ25〜50㌢の多年草。茎や葉には開出毛がある。根生葉は花のころも残り，長さ9〜15㌢，幅2.5〜3.5㌢の倒披針形で，鋸歯はほとんどない。茎葉は小さく，まばらにつき，上部では線状披針形になる。枝先に緑白色の頭花を下向きに1個ずつつける。頭花は直径0.8〜1.5㌢で，基部に苞葉がある。🌼**花期**　8〜10月　**分布**　本，四，九，沖

キク目　キク科

オカオグルマ属
Tephroseris

サワオグルマ
T. pierotii

〈沢小車〉 オグルマに似ていて、湿ったところに多いことによる。
日当たりのよい山間の湿地などに多い高さ50～80㌢の多年草。茎は太くてやわらかい。根生葉はロゼット状で、長さ12～25㌢、幅1.5～7㌢のへら状披針形で、はじめはクモ毛が密生する。茎葉は卵状披針形で先はとがり、基部は茎を抱く。頭花は散房状につき、黄色で直径3.5～5㌢。そう果は無毛。花期 4～6月 分布 本、四、九、沖

オカオグルマ
T. integrifolia
　　ssp. kirilowii

〈丘小車〉
日当たりのよい乾いた草地に生える高さ20～65㌢の多年草。サワオグルマによく似ているが、根生葉はやや小型でクモ毛が密生する。そう果は毛が多い。花期 4～6月 分布 本、四、九

キオン属 Senecio

キオンは黄苑の意味。頭花はふちに舌状花が1列に並び、中心に筒状花があり、両方とも結実する。まれにノボロギクのように舌状花がなく、筒状花だけのもある。総苞片は1列に並ぶ。冠毛は剛毛状に長くのびる。

タイキンギク
S. scandens

〈堆金菊／別名ユキミギク〉 黄金色の花がかたまって咲く様子による。別名は雪見菊で冬に咲くからである。和歌山県南部や高知県

サワオグルマ　休耕田などによく群生している　87.6.4　群馬県水上町

オカオグルマ　86.5.15　八王子市

❶サワオグルマの頭花。❷❸タイキンギクの頭花。舌状花は1列。内側の筒状花の先は5裂し、葯が合着した葯筒から花柱がのびでている。花柱の枝はそり返り、先端は食いちぎられたような形をしている。筒状花は盛りをすぎると赤みを帯びる。総苞の基部には小さな小苞がある。❹ノボロギクの頭花には舌状花はない。総苞片の基部には先端が黒い線形の小苞がある。❺ノボロギクのそう果。表面に10個の脈があり、脈に沿って上向きの毛が生える。冠毛は白色で、細くて長い。

の海岸の崖などに生える多年草。茎はつる状にのびて長さ2〜5mになる。葉は長さ8〜11cmの長三角形で先端はとがり、下部の葉は羽状に中裂する。茎の先に黄色の頭花を散房状に多数つける。頭花は直径1.3〜1.4cm。
花期 11〜3月 分布 本(和歌山県南部)、四(高知県)

ノボロギク
S. vulgaris

〈野襤褸菊〉 ボロギクとはサワギクの別名。サワギクに似て、野に生えることによる。
ヨーロッパ原産の1年草。明治のはじめに渡来し、現在では道ばたや畑などにふつうに生える。茎や葉はやわらかく、よく分枝して高さ約30cmになる。葉は互生し、不規則な羽状に裂ける。頭花は黄色で、ふつう筒状花だけが集まり、舌状花はまれにしかない。総苞は長さ0.8〜1cmの筒状で、基部に小さな小苞がある。冠毛は白色。
花期 ほぼ通年 分布 ヨーロッパ原産

タイキンギク 和歌山県と高知県の海岸に生える 07.11.28 土佐清水市

ノボロギク 08.4.12 八王子市

フキ属 Petasites

両性花は結実せず，機能的に雄性，柱頭はこん棒状。雌性花の柱頭は糸状。

フキ
P. japonicus
〈蕗〉

山野に生える多年草。地下茎をのばしてふえる。葉は幅15〜30cmの腎円形で，基部は深い心形。はじめ両面とも毛があるが，のちには無毛。葉柄は長さ60cm，直径1cmほどになる。葉がでる前に花茎をのばし，散房状に頭花をつける。花茎には平行脈の目立つ苞が多数つく。雌雄異株。雄株は高さ10〜25cmになり，黄白色の頭花を多数つける。雌株ははじめ密に頭花をつけるが，のちに高さ45cmくらいにのびる。そう果は長さ約3.5mmの円柱形。冠毛は長さ約1.2cm。花期3〜5月 分布 本，四，九，沖

淡緑色の苞に包まれた若い花茎がフキノトウ。ほろ苦い早春の味として親しまれている。葉柄はきゃらぶきや煮物に，葉身はつくだ煮などにするほか，せき止め，去痰などの民間薬にも利用する。

アキタブキ
P. japonicus
　　ssp. giganteus
〈秋田蕗〉

フキの変種で，葉が大きく，葉身は直径1.5m，葉柄は長さ2mにもなり，ふつう紫色を帯びる。苞の長さ6.5〜10cm。フキノトウも大きい。ふつう栽培されているのはこのアキタブキの栽培品種である。花期 3〜5月 分布 北，本（北部）

フキ　苞に包まれた若い花茎がフキノトウで，食用にする　86.5.6　小千谷市

フキは雌雄異株。❶雄株の頭花は黄色っぽく，すべて両性の筒状花だが，結実しない。合着した黄色の葯筒の間からこん棒状の花柱がのびだしている。❷❸雌株の頭花は白っぽい。細い糸状の多数の雌花のなかに雄花と同じ形の両性花が数個まじる。この両性花は花粉ができない。雌花の花柱は糸状。❹そう果。❺葉。

アキタブキ　81.6.17　八甲田山

ツワブキ属
Farfugium

ツワブキ
F. japonicum

〈石蕗〉 葉に光沢があるフキの意味の艶蕗がなまったといわれる。ほかの花が終わったころに黄色の花が咲き，初冬の季語になっている。石蕗と書くことが多い。葉柄はフキと同じように，きゃらぶきにして食べる。

海岸の岩の上や崖などに生える多年草。庭などにもよく植えられ，園芸品種も多い。根生葉は長さ10～38㌢の柄があり，葉身は長さ4～15㌢，幅6～30㌢の腎心形で，厚くて光沢がある。若葉はにぎりこぶしのようにまるまり，灰褐色の軟毛をかぶっている。葉の間から高さ30～75㌢の太い花茎をのばし，黄色の頭花を散房状につける。そう果は長さ5～6.5㍉。冠毛は褐色を帯びる。
花期 10～12月
分布 本（太平洋側では福島県以西，日本海側では石川県以西），四，九，沖

ツワブキ　葉に斑が入ったものなど，園芸品種も多い　11.11.7　高知県大月町

❻ ツワブキの頭花は直径4～6㌢。花柄は1.5～7㌢と長い。まわりには雌性の舌状花が1列に並び，中心部に両性の筒状花が多数集まる。写真の花は開きはじめで，筒状花はまだ全部開いていない。総苞は筒形で，総苞片は1列に並ぶ。

ノブキ Adenocaulon himalaicum
山地の木陰や谷間などに生える高さ50～80㌢の多年草。葉は長い葉柄があり，葉身は三角状腎形で裏面には白い綿毛が密生する。フキの葉にやや似ているが，葉の先がややとがり，葉柄に狭い翼があるので見分けがつく。頭花はまわりに雌花，中心部に両性花があり，両性花は結実しない。そう果は放射状に並び，冠毛はなく，先の方に腺体がある。

キク目　キク科　567

ベニバナボロギク属
Crassocephalum

ベニバナボロギク
C. crepidioides
〈紅花襤褸菊〉

アフリカ原産の1年草。茎は上部でよく分枝し，高さ30〜70cmになる。葉は互生し，長さ10〜20cmの倒卵状長楕円形。下部の葉は羽状に裂ける。花序は先が垂れ，下向きに頭花をつける。頭花はすべて細い筒状花からなり，花冠の上部はレンガ色，下部は白色。総苞は長さ約1cmで，総苞内片はきれいに1列に並び，外片はごく小さい。🌸花期 8〜10月 🌏分布 アフリカ原産

タケダグサ属
Erechtites

ダンドボロギク
E. hieraciifolius

〈段戸襤褸菊〉 1933年に愛知県の段戸山で発見されたことによる。北アメリカ原産の1年草。茎はやわらかく，高さ0.5〜1.5mになる。葉は長さ5〜40cmの線形または線状披針形で，ふちには不ぞろいの鋸歯があり，ときに羽状に裂ける。上部の葉は茎を抱く。茎の上部に円錐花序をだし，小さな頭花を多数上向きにつける。頭花はすべて細い筒状花からなり，花冠の先は淡黄色〜緑黄色，下部は白色。総苞は長さ1〜1.5cmで，総苞内片は1列にきれいに並ぶ。外片はごく小さい。🌸花期 9〜10月 🌏分布 北アメリカ原産

✤ベニバナボロギクとダンドボロギクは山林の伐採跡などの荒れ地に，いち早く入りこんで広がるが，すぐに姿

ベニバナボロギク　台湾では若葉を食用にするという　86.9.3　日野市

ダンドボロギク　86.10.3　八王子市

❶ベニバナボロギクの頭花は下向きに咲く。花柱は2裂し，裂片はしばらくするとクルリと巻く。❷ダンドボロギクの頭花。小花はすべて糸のように細い筒状花。❸総苞が開いて，白い冠毛がパッと広がったところ。中心部にはまだ細い筒状花が残っている。冠毛はそう果から脱落しやすい。

を消してしまう。アメリカでは山火事の跡などによく生えるので、fire weed（火の草）と呼ばれる。戦後まずダンドボロギクが広がり、ベニバナボロギクはその後渡来して九州を出発点に、あっというまに関東まで広がった。

センボンヤリ属
Leibnitzia

頭花に2型があり、春のものはふちに舌状花が1列に並び、中心部に筒状花がある。秋の花は閉鎖花で、すべて筒状花からなる。

センボンヤリ
L. anandria

〈千本槍／別名ムラサキタンポポ〉 秋の閉鎖花を槍に見立てたもの。別名は春の花の色からつけられた。

山地や丘陵の日当たりのよい草地などに生える多年草。葉は根もとに集まってロゼット状になる。春の葉は卵形で、ふちには欠刻があり、裏面には白いクモ毛が密生する。秋の葉は長さ10〜16ｾﾝﾁ、幅3〜4ｾﾝﾁの倒卵状長楕円形で、羽状に中裂する。頭花にも2型ある。春の花は直径約1.5ｾﾝﾁで、高さ5〜15ｾﾝﾁの花茎の先に1個つく。頭花はまわりに裏面が紫色を帯びた舌状花が1列に並び、中心部に筒状花がある。夏から秋には高さ30〜60ｾﾝﾁの花茎をのばし、先端に閉鎖花を1個つける。閉鎖花は筒状花だけが集まったもので、長さ約1.5ｾﾝﾁの総苞に包まれたまま実る。そう果は長さ約6ﾐﾘ。冠毛は淡褐色で長さ約1ｾﾝﾁ。**花期** 4〜6月、9〜11月 **分布** 日本全土

センボンヤリ 春の花は花冠の裏面が紫色を帯びる　86.5.10　長野県聖高原

❹センボンヤリの閉鎖花の内部。そう果が実りはじめている。❺成熟すると淡褐色の冠毛がパッと広がり、風に乗って飛ぶ。

センボンヤリの閉鎖花　87.9.29　東尋坊

キク目　キク科

メナモミ属
Sigesbeckia

キク科の分類では花床に鱗片があるかないかも重視される。メナモミ属をはじめ、コゴメギク属、タカサブロウ属、ハマグルマ属、センダングサ属、ヒマワリ属、キクイモモドキ属などの花床には鱗片があり、それぞれ小花を1個ずつ抱いている。このなかでメナモミ属は総苞片と花床の鱗片に腺毛が密生して粘るのが特徴。冠毛はない。

メナモミ
S. pubescens 〈豨薟〉

山野に生える高さ0.6〜1.2㍍の1年草。茎の上部には白い開出毛が密生する。葉は翼のある長い柄があって対生し、葉身は長さ8〜19㌢、幅7〜18㌢の卵形または卵状三角形。裏面は脈上に白い毛が密生してビロードのようになる。枝先に黄色の頭花が散房状に集まってつく。頭花は直径約2㌢で、まわりに舌状花が1列に並び、内側に筒状花がある。総苞片は5個あり、開出する。総苞片や花床の外側の鱗片には腺毛が密生して粘り、そう果と一緒に動物などにくっついて運ばれる。花柄にも腺毛がある。🌸花期 9〜10月 ◎分布 日本全土

コメナモミ
S. glabrescens 〈小豨薟〉

山野の荒れ地や道ばたなどに生える高さ0.35〜1㍍の1年草。メナモミに比べて全体に小さく、ほっそりしている。茎や葉には短い伏毛がまばらに生えるが、

メナモミ 茎や葉の裏面に開出した長い毛が密生する 86.10.6 高尾山

コメナモミ 82.9.29 八王子市

❶メナモミの頭花。まわりに先が3裂した舌状花、中心部に筒状花がある。総苞片は長くて開出し、腺毛が密生してヒトデのように見える。総苞片のように見えるのは鱗片で、それぞれ小花を1個ずつ抱いている。外側の鱗片にも腺毛が多い。

長い開出毛はない。葉は長さ5〜13㌢。頭花もやや小さく、花柄には腺毛はない。🌼**花期** 9〜10月 🌐**分布** 日本全土

コゴメギク属
Galinsoga

ハキダメギク
G. quadriradiata

〈掃溜菊〉 東京の世田谷のはきだめではじめて見つかったことによる。牧野富太郎の命名。熱帯アメリカ原産の1年草。大正時代に東京で見つかり、現在は関東地方以西の各地に広がっている。茎は2分岐をくり返し、高さ15〜60㌢になる。葉は対生し、卵形〜卵状披針形で、波状の浅い鋸歯がある。上部の枝先に小さな頭花を1個ずつつける。頭花は直径約5㍉で、まわりに白色の舌状花がふつう5個並び、内側に黄色の筒状花が多数つく。総苞は半球形。総苞片と花柄には腺毛がある。そう果には鱗片状の冠毛がある。🌼**花期** 6〜11月 🌐**分布** 北アメリカ原産

タカサブロウ属
Eclipta

タカサブロウ
E. thermalis

〈高三郎／別名モトタカサブロウ〉 やや湿り気のある道ばたなどに生える高さ20〜70㌢の1年草。茎や葉には剛毛があってざらざらする。葉は対生し、長さ3〜10㌢、幅0.5〜2.5㌢の披針形。頭花は直径約1㌢で、まわりに白色の舌状花が2列に並び、内側に緑白色の筒状花がつく。🌼**花期** 8〜9月 🌐**分布** 本，四，九，沖

ハキダメギク 東京周辺にとくに多い。手前はスベリヒユ 87.10.7 調布市

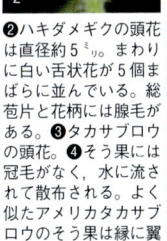

❷ハキダメギクの頭花は直径約5㍉。まわりに白い舌状花が5個まばらに並んでいる。総苞片と花柄には腺毛がある。❸タカサブロウの頭花。❹そう果には冠毛がなく、水に流されて散布される。よく似たアメリカタカサブロウのそう果は縁に翼がない。

タカサブロウ 86.10.9 日野市

キク目 キク科

ハマグルマ属
Melanthera

ネコノシタ
M. prostrata

〈猫の舌/別名ハマグルマ〉 葉の感触がネコの舌に似ていることによる。別名は浜車で、花を車輪に見立てた。海岸の砂地に生える多年草。茎には剛毛があり、長く地をはってよく分枝し、上部は斜上して高さ約60㌢になる。葉は対生し、長さ1.5～4.5㌢、幅0.4～1.4㌢の長楕円形で厚く、ふちにはまばらに鋸歯がある。両面とも短い剛毛がある。頭花は直径1.6～2.2㌢で、茎の先に1個つく。総苞は半球形。そう果は長さ3.5～4㍉。冠毛は環状で目立たない。🌼花期 7～10月 🌏分布 本(関東地方・北陸地方以西)、四、九、沖、小笠原

✤葉が卵形で長さ3～12㌢とやや大きいオオハマグルマ M. robusta は紀伊半島から沖縄にかけて分布する。ネコノシタが茎の先に頭花を1個つけるのに対し、オオハマグルマは頭花をふつう3個つける。

キダチハマグルマ
M. biflora
〈木立浜車〉

海岸に生えるつる性の亜低木。茎には剛毛があり、長くのびてほかのものにはい登る。葉は長さ7～14㌢、幅3～8㌢の卵形で、先端は短くとがり、ふちには鋸歯がある。枝先に直径2～3㌢の黄色の頭花を3～6個つける。そう果は長さ3～3.5㍉。🌼花期 5～10月 🌏分布 九(南部)、沖、小笠原

ネコノシタ 夏の海岸の砂浜をおおい、黄色の花をつける 86.7.24 三浦半島

キダチハマグルマ 87.4.28 沖縄

キク目 キク科

センダングサ属
Bidens

そう果の冠毛が芒状になり、この芒状の冠毛に下向きの鋭い刺があるのが特徴。果実が動物の体や衣服にひっかかって運ばれる植物の代表である。総苞片が小さくてあまり目立たず、そう果が線形のセンダングサやコセンダングサなどのグループと、総苞片が大きく目立ち、そう果の幅が広くて扁平なアメリカセンダングサやタウコギなどのグループとに分けられる。いずれも花床に鱗片があり、小花を1個ずつ抱いているのはオナモミ属やハマグルマ属などと同じ。

センダングサ
B. biternata

〈栴檀草〉 葉の形が樹木のセンダンの葉に似ていることによる。やや湿り気のある道ばたや河原などに生える高さ0.3～1.5ﾒｰﾄﾙの1年草。古い時代に帰化したものといわれている。茎には4稜があり、縮れた毛が生えている。下部の葉は対生、上部の葉は互生し、長さ9～15ｾﾝﾁの1～2回羽状複葉。小葉は卵形で、先端は短くとがり、ふちには細かな鋸歯がある。上部の枝先に黄色の頭花をつける。頭花は直径0.7～1ｾﾝﾁで、まわりにはふつう5個の舌状花があるが、結実しない。総苞片は長さ3～6.5ﾐﾘの線形で先端は鋭くとがる。そう果は長さ1～2ｾﾝﾁの線形で、先端には下向きの刺のある冠毛が3～4個ある。✿花期 9～10月 ❀分布 本（関東地方以西），四，九

センダングサ 近年コセンダングサに圧倒されつつある 86.9.27 西多摩

❶ネコノシタの頭花は直径1.6～2.2ｾﾝﾁ。まわりには舌状花が1列に並ぶ。中心部のまだ開いていない筒状花の横に緑色のものが見える。これは花床の鱗片で、小花を1個ずつ抱いている。❷ネコノシタのそう果は舟形の鱗片に1個ずつ包まれている。冠毛は目立たない。❸ネコノシタの葉は厚く、両面に短い剛毛があってざらざらする。その感触がネコになめられたときとそっくりなので、猫の舌とつけられた。❹センダングサの頭花。舌状花はふつう5個あるが、2～3個しかなかったり、まれにまったくないものもある。花床の鱗片はよく発達し、先端が小花の上にのぞいている。❺❻センダングサの果実。結実するのは筒状花だけで、熟すと放射状に広がる。そう果には4稜があり、先端に芒状の冠毛が3～4個ある。この芒状の冠毛にある下向きの鋭い刺で、動物の体や衣服などにひっかかって運ばれる。

キク目 キク科

センダングサ属 Bidens

コセンダングサ
B. pilosa var. pilosa
〈小栴檀草〉

原産地ははっきりわからないが、世界の熱帯から暖帯に広く分布している高さ0.5～1.1㍍の1年草。牧野富太郎によると、明治時代には近畿地方にかなり広がっていた。現在では関東地方以西の荒れ地や河原にしばしば群生している。葉は下部では対生、上部では互生する。中部の葉は長さ12～19㌢あり、3全裂または羽状に全裂する。頂小葉の先端は細長くとがる。上部の枝先に黄色の頭花をつける。頭花には舌状花はなく、筒状花だけが集まる。総苞片はへら形で先はとがり、7～8個が1列に並ぶ。そう果は線形、芒状の冠毛は3～4個。🌸花期　9～11月

シロノセンダングサ
B. pilosa var. minor
〈白の栴檀草／別名シロバナセンダングサ・コシロノセンダングサ〉

コセンダングサの変種で、世界の熱帯から暖

コセンダングサ　名前は「小」だが、草丈もセンダングサとほとんど変わらず、繁殖

❶コセンダングサの頭花。舌状花を欠き、両性の筒状花だけが集まっている。花冠の先は5裂する。頭花の下に緑色の総苞片も見えている。❷そう果はやや平たい線形で、4稜があり、先端には下向きの刺のある冠毛が3～4個ある。そう果の横には細長い鱗片が残っている。❸コセンダングサの葉。頂小葉の先端が細長くとがる。センダングサとの区別点のひとつ。❹シロノセンダングサの頭花。母種のコセンダングサが舌状花を欠くのに対し、白色の舌状花が目立つ。❺タチアワユキセンダングサの頭花。舌状花はシロノセンダングサよりさらにひとまわり大きい。❻タチアワユキセンダングサのそう果。

キク目　キク科

帯に広く分布している。日本には幕末に渡来したといわれ，近年暖地を中心に急に多くなってきている。全体の姿はコセンダングサそっくりだが，頭花には白色の舌状花が4〜7個ある。舌状花はふつう長さ5〜7㍉で，結実せず，筒状花だけが実る。🌼花期　9〜11月

タチアワユキセンダングサ
B. pilosa
　var. radiata
〈立泡雪栴檀草／別名シロノセンダングサ・オオバナノセンダングサ〉
コセンダングサの変種。北アメリカ原産で，戦後，四国，薩南諸島，沖縄に見られるようになり，とくに沖縄では道ばたや空き地などに繁茂している。シロノセンダングサと似ているが，舌状花がまるくて大きく，数もやや多い。頭花は直径約3㌢。沖縄には茎が地をはうハイアワユキセンダングサ f. decumbens も帰化している。🌼花期　3〜11月　🌼分布　北アメリカ原産

力も旺盛。都市近郊の荒れ地によく群生している　86.10.12　日野市

シロノセンダングサ　86.10.10　高尾山

タチアワユキセンダングサ　88.11.15　奄美大島

センダングサ属 Bidens

アメリカセンダングサ
B. frondosa
〈別名／セイタカタウコギ〉

北アメリカ原産の1年草。昭和初期には珍しかったが、現在では北海道を除いて、各地の湿り気のある荒れ地や道ばたにふつうの雑草になっている。茎は暗紫色で、4稜があって角ばり、高さ0.5～1.5㍍になる。葉は長い柄があって対生し、下部のものは2回3出複葉、上部のものは3出複葉。小葉はすべて有柄で長さ3～13㌢の卵状披針形。先端はとがり、ふちには鋸歯がある。頭花は黄色で、上部の枝先に1個ずつつく。舌状花は小さく、あまり目立たない。総苞片は6～12個あり、葉のように大きくて目立つ。そう果は扁平で長さ6～7㍉。上部の方が幅が広く、先端には下向きの刺のある芒状の冠毛が2個ある。🌸花期 9～10月 ◎分布 北アメリカ原産

タウコギ
B. tripartita

〈田五加木〉 水田に生え、葉の様子が樹木のウコギに似ていることからつけられた。
田のあぜや湿地、休耕田などに多い高さ0.2～1.5㍍の1年草。戦前は非常に多く、水田のやっかいな雑草だったが、戦後は除草剤のせいかめっきり少なくなった。あぜなどに生えるものは、いつも上部を刈られるので、丈が低く、ずんぐりしているものが多いようだ。葉は対生し、長さ5～13㌢で、ふつう3～5

アメリカセンダングサ　茎は暗紫色で角ばる　11.10.13　川崎市

❶アメリカセンダングサの頭花。緑色で葉のように見える総苞片が頭花よりはるかに大きくて目立つ。舌状花は小さい。❷そう果は扁平で幅が広い。先端に芒状の冠毛が2個あり、下向きの刺で動物などにひっかかって散布される。

キク目　キク科

深裂し，裂片のふちには鈍い鋸歯がある。茎の上部のものは単葉で裂けない。頭花は黄色で枝先に1個ずつつく。はじめは直径7〜8ミリと小さいが，のちには直径2.5〜3.5センチと大きくなる。舌状花はなく，すべて両性の筒状花で，花床の鱗片に1個ずつ抱かれている。総苞片は長さ1.5〜4センチの倒披針形で，葉のように見えて目立つ。そう果は扁平でやや幅が広く，長さ0.7〜1.1センチ。先端に下向きの刺のある芒状の冠毛が2個ある。

花期 8〜10月

分布 日本全土

✤明治37〜38年ごろ，タウコギが結核の薬になると評判になり，大ブームになったことがあった。新聞や雑誌などがとりあげ，特効薬としてもてはやしたので，日本中で有名になったという。実際にはそれほど効能がなかったとみえ，ブームもすぐに去ってしまったらしい。こうしたブームはいつの世にもあるものだ。

タウコギ　総苞片がとくに大きく，小さな葉のように見える　86.10.16　八王子市

❸タウコギの頭花。はじめは小さいが，花のあと直径2.5〜3.5センチと大きくなる。舌状花はない。緑色で葉のような総苞片が目立つ。❹

❺そう果は熟すにつれて放射状に開く。❹ではまだ枯れた花冠や小花を抱いていた鱗片が残っている。先端に芒状の冠毛が2個ある。

キク目　キク科　577

ヒマワリ属
Helianthus

キクイモ
H. tuberosus

〈菊芋〉 花が菊の花に似ていて、地中に大きな塊茎をつくることによる。塊茎はイヌリンという多糖類を多く含む。イヌリンは果糖、アルコールの原料になる。

北アメリカ原産の多年草で、幕末のころ渡来した。戦時中に加工用、飼料用によく栽培された。現在はあまり栽培されていないが、ときに畑のすみや山麓などに野生化して残っている。北海道には多いようだ。茎は高さ1.5～3㍍になり、葉とともにざらざらする。下部の葉は対生、上部のものは互生し、卵形または卵状楕円形で、基部は葉柄に流れて翼となる。上部の枝先に黄色の頭花を1個ずつつける。頭花は直径6～8㌢で、内側には筒状花が多数集まり、まわりには10～20個の鮮黄色の舌状花が1列に並ぶ。総苞は半球形で、総苞片はふつう3列に並び、上半部はそり返る。果実はできにくい。花期9～10月 分布 北アメリカ原産

イヌキクイモ
H. strumosus

〈犬菊芋〉 キクイモに似ているが、塊茎が小さくて役に立たないことによる。

北アメリカ原産の多年草。キクイモによく似ているが、花期が早く、7月ごろに咲きはじめ、塊茎はごく小さいか、またはないことで区別される。頭花は直径6～8㌢で、舌状花は9

キクイモ 戦時中には各地で栽培されたため、よく見られたが、現在では都市周辺では

イヌキクイモ 87.9.18 多摩市

①

②

キク目 キク科

〜15個とキクイモよりやや少ない。また舌状花の先端がややとがること、総苞片がふつう2列に並ぶことなどもキクイモとの区別点だが、区別するのはなかなか難しい。🌼**花期** 7〜8月 **分布** 北アメリカ原産

キクイモモドキ属
Heliopsis

キクイモモドキ
H. helianthoides
北アメリカ原産の多年草。地下茎は短く、塊茎をつくらない。茎は若いうちは短毛があり、高さ0.5〜1.5㍍になる。葉はすべて対生し、卵形または長卵形でやや薄く、無毛で表面にはすこし光沢がある。頭花は橙黄色で直径5〜7㌢。舌状花は8〜15個あり、色が変わっても残る。総苞片は2列に並ぶ。そう果は長さ約3㍉で、冠毛はない。🌼**花期** 7〜9月 **分布** 北アメリカ原産

あまり見られなくなった　86.9.24　黒姫山山麓

❶キクイモの頭花。筒状花は5裂し、葯が合着した葯筒から花柱がのびている。花柱は2裂し、裂片はクルリと巻きこむ。❷イヌキクイモの頭花。❸イヌキクイモの塊茎は節のある紡錘形で、キクイモより小さい。❹キクイモの塊茎は大きくサトイモのような形をしている。キクイモとイヌキクイモは地上部での区別は困難だが、根茎を見るとすぐわかる。❺キクイモの葉柄には狭い翼がある。

キクイモモドキ　83.7.1　東京都薬用植物園

キク目　キク科

ヒヨドリバナ属
Eupatorium

頭花はすべて両性の筒状花からなり、2裂して長くのびた花柱が目立つ。冠毛は剛毛状で、かたくてもろい。

フジバカマ
E. japonicum
〈藤袴〉

本州の関東地方以西、四国、九州の川の土手などに野生する高さ1～1.5mの多年草。奈良時代に中国から渡来したものと考えられている。葉は短い柄があって対生し、長さ8～13cmの長楕円形～長楕円状披針形で、ふつう3深裂する。頭花は淡紅紫色で、散房状に多数つく。❀花期 8～9月 ✿分布 中国原産
✚フジバカマの葉は生乾きのとき、桜餅の桜の葉と同じクマリンの香りがする。古代の中国では身につけたり、浴槽に入れたりした。

サワヒヨドリ
E. lindleyanum
〈沢鵯〉

山野の日当たりのよい湿地に生える高さ40～80cmの多年草。茎の上部には縮毛が密生する。葉は無柄で対生、ときに輪生し、長さ6～12cm、幅1～2cmの披針形、ときに3深裂する。裏面には腺点がある。頭花は淡紫色まれに白色で、密な散房状につく。❀花期 8～10月 ✿分布 日本全土
✚山地生のヒヨドリバナ E. chinense は葉がやや薄く、短い柄がある。

アゲラティナ属
Ageratina

マルバフジバカマ
A. altissima
〈丸葉藤袴〉

北アメリカ原産の高さ

フジバカマ 秋の七草のひとつだが、野生は少ない 88.9.12 東京都薬用植物園

サワヒヨドリ 87.10.11 八王子市

580 キク目 キク科

0.3〜1.3mの多年草。昭和初期に神奈川県の箱根で見つかり、現在では各地に広がっている。葉は長さ2〜5cmの長い柄があって対生し、葉身は長さ7〜15cm、幅4〜9cmの卵形。ふちには粗い鋸歯がある。頭花は白色で、密な散房状につく。🌸**花期** 9〜10月 ◎**分布** 北アメリカ原産

✤日本に野生するヒヨドリバナ属は頭花はふつう5個の筒状花からなり、総苞片は大小があって2〜3列に並ぶのに対し、マルバフジバカマは筒状花が15〜25個と多く、総苞片はほぼ同長で1列に並ぶ。

ヌマダイコン属
Adenostemma

頭花はすべて両性の筒状花からなり、長くのびた花柱の形など、ヒヨドリバナ属とよく似ているが、冠毛がこん棒状で、粘液をだす。

ヌマダイコン
A. lavenia

〈沼大根〉 葉の質がダイコンの葉に似ていることによる。

湿地や水辺に生える高さ0.3〜1mの多年草。葉は長い柄があって対生し、葉身は長さ4〜20cm、幅3〜12cmの卵形または卵状長楕円形で、ふちには鈍い鋸歯がある。茎の上部はよく枝分かれし、枝先に直径5〜8mmの頭花をつける。総苞は半球形。総苞片は花のあとそり返る。そう果には腺点または小さな突起が密にある。冠毛は長さ約1mmのこん棒状で、粘液をだして動物などにつく。🌸**花期** 9〜11月 ◎**分布** 本(関東地方以西),四,九,沖

マルバフジバカマ 葉はフジバカマとちがい3裂しない 87.9.22 箱根

❶フジバカマの頭花には5個の筒状花がある。総苞は2〜3列に並ぶ。❷❸サワヒヨドリの頭花。筒状花の先は5裂し、2裂した長い花柱がのびだしている。総苞片は10個ほどが2列に並ぶ。冠毛も見えている。❹マルバフジバカマの頭花の筒状花は15〜25個と多い。総苞片はほぼ同じ長さで1列に並ぶ。❺ヌマダイコンの頭花。総苞は半球形で、総苞片は2列に並ぶ。❻ヌマダイコンの葉。

ヌマダイコン 12.9.5 南房総市

キク目　キク科

オナモミ属 Xanthium

キク科は大部分が虫媒花だが、オナモミ属は風媒花で、花のつくりも変わっている。頭花は単性で、雄頭花と雌頭花がある。雄頭花は両性の筒状花が多数球状に集まったもので、総苞片は離生する。ほかのキク科とは逆に雄しべは花糸が合生し、葯が離生している。雌頭花の総苞片は合着して壺状になり、なかに雌花が2個入っている。雌花には花冠がないので、雌しべが裸の状態で入っている。雌しべは総苞に包まれたまま成熟し、2個のそう果になる。このそう果を包んだ総苞を果苞または壺状体と呼ぶ。果苞には先端がカギ状に曲がった刺が多く、動物などにくっついて運ばれる。頭花が単性で雌花に花冠がないこと、葯が離生していることなどの特徴からオナモミ属はブタクサ属とともにひとつのグループにまとめられている。

オオオナモミ
X. occidentale

北アメリカ原産の1年草。1929年の岡山県ではじめて見つかり、現在では各地に広く帰化している。茎は褐紫色を帯びるものが多く、高さ0.5～2㍍になる。葉は長い柄があって互生し、卵形または広卵形で3～5浅～中裂する。ふちには不ぞろいの鋸歯があり、両面ともざらつく。雌雄同株。雄頭花は葉腋からでた短い花序につく。雌頭花は雄花序の基部に集まってつく。果苞は長さ1.8～2.5㌢の楕円形で、先端にくちばし状

オオオナモミ　市街地ではオナモミよりはるかに多い　86.10.11　三浦半島

❶オオオナモミの雄頭花。花糸は合生して筒をつくり、葯は離生している。❷雌頭花。総苞片が合着して壺形になり、なかに花冠がなく雌しべだけになった雌花が2個入っている。花柱は総苞の外につきでる。❸果苞。雌頭花の総苞は成熟すると肥厚してかたくなる。先端にはくちばし状の突起が2個あり、表面にはカギ状の刺が密生する。❹イガオナモミの果苞。カギ状の刺に鱗片状の毛と腺毛がある。❺オナモミの果苞。細かな毛が多く、腺毛もすこしまじる。

の突起が2個ある。表面には長さ3〜6㍉の刺が密生する。熟すと褐色になる。❀花期 8〜11月 ❀分布 北アメリカ原産

イガオナモミ
X. strumarium
　　ssp. italicum

戦後、本州と九州北部に帰化し、全国に広がりつつある1年草。南北アメリカ、西ヨーロッパからハワイにまで分布しているが、はっきりした原産地は不明。茎はふつう淡緑色で多くの黒紫色の斑点があり、高さ0.4〜1.2㍍になる。葉は長い柄があって互生し、卵形で多くは3浅裂する。ふちには不ぞろいの浅い鋸歯があり、両面ともざらつく。果苞は長さ2〜3㌢とオオオナモミより大きく、果苞の表面や刺に鱗片状の毛がある。熟すと黒っぽくなる。❀花期 7〜10月

オナモミ
X. strumarium

道ばたや荒れ地に生える高さ0.2〜1㍍の1年草。日本には古い時代にアジア大陸から入ってきたのではないかと考えられている。葉は長い柄があり、卵状三角形で3浅裂し、ふちには不ぞろいの粗い鋸歯がある。両面ともざらつく。果苞は長さ0.8〜1.4㌢とオオオナモミより小さく、ややまばらにつく。表面の刺もやや短い。❀花期 8〜10月 ❀分布 日本全土

✚漢方ではオナモミの果実を蒼耳子と呼び、解熱、鎮痛などに使われる。切り傷や虫さされには葉をもんでつけるとよい。

イガオナモミ　果苞が大きく、鱗片状の毛が多いのが特徴　86.10.11　三浦半島

オナモミ　87.9.12　東京都薬用植物園

キク目　キク科

ブタクサ属 Ambrosia

花粉症を起こすことで知られる風媒花で、日本で見られるのはすべて帰化植物。頭花は単性で、雄頭花と雌頭花がある。雄頭花の総苞片は合着して笠形になり、なかに5～20個の両性の筒状花が入っている。雌頭花の総苞片は壺形に合着し、なかに花冠がない雌しべだけの雌花が1個入っている。花柱は長く、総苞の外にのびている。果期には総苞は肥厚してかたくなり、1個のそう果を包みこむ。

ブタクサ
A. artemisiifolia
〈豚草〉 豚草は英名のhogweedを直訳したもの。rag weed（ぼろ草）とも呼ばれている。
北アメリカ原産の1年草。明治初期に渡来したが、定着したのは昭和になってから。現在では各地で雑草化し、夏から秋にかけての花粉症の原因のひとつになっている。茎はふつう軟毛があり、高さ0.3～1㍍になる。葉はやわらかく、下部では対生、上部では互生し、2回羽状に深裂する。雄頭花は直径3～4㍉で、細長い総状花序に下向きにつく。雌頭花は雄花序の基部の葉腋に2～3個集まるが、ほとんど目立たない。雌頭花の総苞は果期には長さ3～5㍉になり、先端はとがり、そのまわりを約6個の突起が囲んでいる。 花期 7～10月 分布 北アメリカ原産

ブタクサモドキ
A. psilostachya
北アメリカ原産の多年草で、日本では1915年

ブタクサ この仲間はいずれも花粉病の元凶として有名　91.8.22　日野市

ブタクサモドキ　87.10.10　高尾山

に横浜で最初に気づかれた。都市周辺や港などに見られるが、ブタクサほど多くはない。茎は高さ0.3～1㍍になる。葉はやや厚く、羽状に深裂し、裂片の先はとがる。表面にはかたい毛があってざらつき、総苞にもかたくて短い毛がある。🌼**花期** 8～9月 ◎**分布** 北アメリカ原産

オオブタクサ
A. trifida
〈大豚草／別名クワモドキ〉

北アメリカ原産の1年草。1952年に静岡県の清水港で見つかり、現在では各地の河川敷などに広がっている。ブタクサより少ないが、大群落をつくり、一度生えるとなかなか消えない。茎は毛が多く、よく分枝して高さ3㍍にもなる。葉は長い柄があって対生し、葉身は長さ20～30㌢あり、ふつう掌状に3～5裂する。雄頭花の総苞片は片側に3本の黒い線がある。🌼**花期** 8～9月 ◎**分布** 北アメリカ原産

オオブタクサ　高さ3㍍以上にもなり、大量の花粉を飛ばす　86.9.4　日野市

❶ブタクサモドキの葉の裏。葉は羽状に深裂し、表面はかたい毛があってざらつく。❷オオブタクサの果実。花のあと肥厚してかたくなった総苞が1個のそう果を包みこみ、先端がとがってコマのような形になる。まわりには6個の突起が並んでいる。❸ブタクサ、❹ブタクサモドキ、❺オオブタクサの雄花序。雄頭花の総苞片は合着して笠形になり、なかに12～16個の黄色の筒状花がある。葯は離生し、先端に細長い付属物がある。雌しべは結実しない。

キク目　キク科　585

アザミ属 Cirsium

北半球に約300種ある大きな属で、日本にも150種以上ある。葉には刺があり、頭花はすべて筒状花で、両性または雌性。花柱の途中に毛の生えたまるいふくらみがある。この毛は集粉毛と呼ばれ、筒状に合生した葯から花粉を押しだす働きをする。花柱は2裂しているが、ほとんど直立し、先端だけがすこし開く。冠毛は羽毛状で脱落しやすい。頭花の咲く向き、総苞の形、総苞片がそり返るかそり返らないかなどが見分けるときのポイント。種間雑種ができやすいので、分布が接するところでは種類の区別が難しい。

ノアザミ
C. japonicum
〈野薊〉

山野に生える高さ0.5〜1mの多年草。各地にもっともふつうに見られるアザミで、春から初夏にかけて咲く。根生葉は花期にも残り、羽状に中裂する。茎葉の基部は茎を抱き、鋭い刺が多い。頭花は紅紫色で直径4〜5cmあり、枝先に上向きにつく。まれに花が白色のものもある。総苞は幅2〜4cmの球形。総苞片は6〜7(〜9)列、直立し、粘液をだして粘る。
🌼花期 5〜8月 🌐分布 本、四、九
✤切り花用に花屋で売っている頭花が濃紅色のものはノアザミの改良品。江戸時代には多くの品種がつくられた。

ノハラアザミ
C. oligophyllum
〈野原薊〉
乾いた草地に生える高さ約0.4〜1mの多年草。

ノアザミ 春〜初夏にかけて咲くのはこのノアザミであることが多い 八王子市

❶ノアザミの雄性期の頭花。盛んに花粉をだしている。筒状の葯のなかにある花柱に集粉毛があり、花を刺激すると花糸が縮んで葯筒が下がり、集粉毛が花粉をトコロテン式に押しだす。花粉をだし終わると花柱がのびて雌性期に入る。❷ノアザミの総苞は鐘形。総苞片はそり返らず、粘るのが特徴。❸ノハラアザミの雌性期の頭花。総苞は鐘形。総苞片はややそり返る。

ノハラアザミ 87.9.22 箱根

キク目 キク科

根生葉は花期にも残り、長さ約30㌢で羽状に深裂し、ふちには鋭い刺がある。中脈は赤みを帯びることが多い。茎葉は上部のものほど小さく、基部は茎を抱く。頭花は紅紫色で、枝先にしばしば2〜3個集まって上向きにつく。総苞は幅1.5〜2㌢の鐘形で、粘らない。総苞片は斜上する。🌸**花期** 8〜10月 🌏**分布** 本（中部地方以北）

ハマアザミ
C. maritimum

〈浜薊／別名ハマゴボウ〉 別名は浜牛蒡で、地中に深くのびた根が食用になる。太平洋側の海岸の砂地に生える高さ15〜60㌢の多年草。葉は厚くて光沢がある。根生葉は長さ15〜35㌢で羽状に深裂し、裏面の脈上に毛がある。茎葉の基部はほとんど茎を抱かない。頭花は紅紫色で、短い枝の先に上向きにつき、葉状の苞が目立つ。総苞は幅2〜2.8㌢の筒形。🌸**花期** 6〜12月 🌏**分布** 本（伊豆諸島・伊豆半島以西）、四、九

ツクシアザミ
C. suffultum

〈筑紫薊〉 九州の山野にふつうに見られることによる。
高さ約1㍍になる多年草。葉は長さ25〜35㌢で羽状に中〜深裂し、裂片は鋭くとがり、太い刺が目立つ。表面の中脈に沿って白斑がある。頭花は紅紫色で直径4〜5㌢あり、横向きまたは斜め下向きにつく。総苞は幅2〜3.5㌢の鐘形。総苞片は6〜7列、外片は斜上する。🌸**花期** 9〜11月 🌏**分布** 九

ハマアザミ 厚くて光沢のある葉がいかにも海浜植物らしい　86.11.20　下田市

❹ハマアザミの頭花。総苞は筒形で、総苞片は上半部がやや斜開する。花のすぐ下には苞が1〜6個あって目立つ。

ツクシアザミ　07.8.25　伊万里市

キク目　キク科

アザミ属 Cirsium

ナンブアザミ
C. tonense

〈南部薊〉 南部地方つまり岩手県産のアザミの意味。

本州の中部地方以北の雪の多いところにふつうに生える高さ1〜2mの多年草。根生葉は花期には枯れてない。茎葉は長さ20〜30cmの楕円状披針形で，鋸歯のあるものから羽状に中裂するものまで変異が多い。基部は茎を抱かない。頭花は紅紫色で直径2.5〜3cmあり，枝先に横向きまたは斜め下向きにつく。総苞は幅約2cmの筒形。総苞片は8〜9列に並び，外片と内片は先が長くのび，そり返るかまたは開出する。🌸**花期** 8〜10月 **分布** 本（中部地方以北）

タイアザミ
C. incomptum

〈大薊／別名ハコネアザミ〉 関東地方の山野にごくふつうに生える。根生葉は花期に枯れてない。ナンブアザミに比べて葉の切れこみが深く，葉や総苞片の刺が太くて長い。🌸**花期** 9〜11月 **分布** 本（関東地方，中部地方南部）

イガアザミ
C. incomptum var. comosum

タイアザミの変種。関東地方の海岸近くに生える。丈はやや低いが，茎は太い。葉や総苞片の刺はトネアザミよりはるかに太くて長く，全体に荒々しい感じがする。頭花はやや大きく，花柄が短いので，かたまってつく。🌸**花期** 8〜10月 **分布** 本（関東地方）

ナンブアザミ　地域的な変異が多い　13.10.04　群馬県高山村

❶ナンブアザミの頭花は直径2.5〜3cmで，総苞片は8〜9列。❷タイアザミの頭花。白い葯筒からのびだした花柱にまるくふくらんだ部分がある。これが集粉毛で，葯筒から花粉を押しだす働きをする。❸ヨシノアザミの頭花はやや小さく，刺も短い。❹ハチオウジアザミの頭花は小型で多数。

キク目　キク科

ヨシノアザミ
C. yoshinoi

〈吉野薊〉 植物学者吉野善介を記念したもの。近畿地方や中国地方,四国の山野にふつうに見られる。ナンブアザミやトネアザミに比べて,頭花がやや小さく,葉や総苞片の刺が短い。葉の表面にしばしば白斑が入り,腺体が発達して総苞はよく粘る。

花期 9〜11月
分布 本（近畿・中国地方),四

ハチオウジアザミ
C. tamastoloniferum

〈八王子薊〉 高さ2㍍に達するアザミだが,頭花は小型で多数が下向きに咲く。地中にストロンを出す。茎葉は羽状に深裂する。総苞は狭筒形,直径5〜6㍉。総苞片は8〜9列,短く反曲〜斜上する。腺体は痕跡的で総苞は粘らない。東京都（八王子)の山間の湿地に生える。

関東地方でもっともふつうなタイアザミ。刺が太くて長い　86.11.13　八王子市

イガアザミ　13.09.22　三浦半島

ハチオウジアザミ　12.10.7　八王子市

アザミ属 Cirsium

キセルアザミ
C. sieboldii

〈煙管薊／別名マアザミ〉 葉がまばらにしかつかない茎と頭花の様子を煙管に見立てたもの。別名は馬薊。
湿地に生える高さ0.5〜1㍍の多年草。根生葉は長さ15〜55㌢と大きく、ふつう羽状に裂け、裂片と裂片の間は広く開く。花期にもロゼット状に残る。茎葉は小さい。頭花は紅紫色で、茎の先に横向きまたは斜め下向きにつき、花が終わると上を向く。総苞は幅2〜3㌢の鐘形。総苞片は8〜10列に並び、開出しない。外片はきわめて短い。そう果は長さ4〜4.5㍉。❀花期 9〜10月 ❀分布 本、四、九

タカアザミ
C. pendulum

〈高薊〉 頭花の柄が長く、上へ高くのび上がっていることによる。河原やすこし湿り気のある草地などに生える高さ1〜2㍍の2年草。北方系のアザミで、アジア東北部に広く分布する。茎は角ばり、直径1㌢以上ある。根生葉や下部の葉は花期には枯れてなくなる。茎葉は長さ15〜25㌢あり、羽状に深裂する。裂片は細くて5〜6対ある。頂裂片は尾状に長くとがり、側裂片は間が広くあく。頭花は紅紫色で直径2.5〜3.5㌢あり、長い柄の先に下向きにつく。花冠は長さ約2㌢。総苞は卵球形。総苞片は11〜12列に並び、外片はそり返る。
❀花期 8〜10月 ❀分布 北、本（長野県以北）

キセルアザミ 花期にも魚の骨のような根生葉がある 87.9.11 茨城県岩間町

タカアザミ 86.10.2 八王子市

❶キセルアザミの頭花。横向きまたは斜め下向きに咲くが、花のあとは直立して上を向く。❷タカアザミの頭花。長い柄の先にぶら下がって下向きにつく。

ヒレアザミ属
Carduus

花はアザミ属とよく似ているが、冠毛が羽毛状でなく、剛毛状でざらつく点が異なる。

ヒレアザミ
C. crispus
　ssp. agrestis

〈鰭薊〉　茎に翼、いわゆるヒレがある。道ばたや河原の土手などに生える高さ0.7〜1mの多年草。ユーラシアに広く分布し、日本のものは古い時代に大陸から帰化したものではないかといわれている。茎には幅の広い翼があり、よく目立つ。翼のふちには歯牙があり、先端は刺になる。茎の下部の葉は長さ5〜20cmあり、不規則な羽状に中〜深裂し、ふちには刺が多数ある。頭花は紅紫色で直径2〜2.5cmあり、枝先に数個集まってつく。総苞は幅1.7〜2.7cmの鐘形または半球形。総苞片は8〜9列に並び、外片と中片はそり返る。そう果は長さ約3mmの長楕円形。冠毛は長さ約1.5mm。花冠が白色のものをシロバナヒレアザミf. albusという。

花期　5〜7月　分布　本, 四, 九

ヒレアザミ　幅広くはりだした茎の翼がよく目立つ　87.5.19　山梨県長坂町

❸ヒレアザミの頭花。すべて筒状花で、深く5裂する。中心部はまだつぼみで花床の鱗片が見えている。❹総苞片は7〜8列に並ぶ。❺茎全体に翼(ヒレ)があり、ふちには刺が生えている。

キク目　キク科

ヤマボクチ属
Synurus

ハバヤマボクチ
S. excelsus
〈葉場山火口〉

葉場山とは草刈り場のある山のこと。火口は火打石でだした火花を移しとるもの。この仲間の葉の綿毛を集めて火口とした。
日当たりのよい草地などに生える高さ1〜2㍍の多年草。全体に白いクモ毛がある。茎は太くてかたく，紫褐色を帯びる。茎の下部の葉は長さ10〜20㌢の三角形で，基部はほこ形にはりだす。ふちには欠刻状の歯牙があり，裏面には白い綿毛が密生する。上部の葉はしだいに小さくなって卵状三角形。頭花は直径4〜5㌢で，枝先に下向きにつく。筒状花は黒紫色。総苞片は多列に並び，細くて先はとがり，開出する。 花期 10月 分布 本(福島県以西)，四，九

オヤマボクチ
S. pungens
〈雄山火口〉

日当たりのよい山野に生える高さ1〜1.5㍍の多年草。茎は太くて紫色を帯び，上部で枝分かれする。茎の下部の葉は長さ15〜35㌢の三角状卵形で基部は心形。ふちには欠刻状の歯牙があり，裏面には白い綿毛が密生する。上部の葉は小型。頭花は直径4〜5㌢で下向きにつく。筒状花は暗紫色。 花期 9〜10月 分布 北，本(青森県〜岐阜県)，四
✚ハバヤマボクチとオヤマボクチの若葉はヨモギのかわりに餅に入れる。根も食べられる。

ハバヤマボクチ　すらりとのびた茎の先に大きな花をつける　85.9.26　奥多摩

キク目　キク科

オヤマボクチ　葉の基部は心形で，ゴボウの葉に似ている　86.10.27　高尾山

❶ハバヤマボクチの頭花。総苞はやや鐘形。開いたばかりでまだクモ毛をかぶっている。❷オヤマボクチの頭花。総苞は鐘形。さかんに花粉をだしている。❸ハバヤマボクチの葉は三角状ほこ形で基部は横にはりだす。❹オヤマボクチの葉はやや三角状の卵形で基部は心形。❺ハバヤマボクチも❻オヤマボクチも葉の裏に綿毛が密生する。❼❽オヤマボクチのつぼみ。総苞片は白いクモ毛をかぶっている。❾オヤマボクチ。まんなかの筒状花はまだつぼみで，褐色の冠毛が見える。❿ハバヤマボクチ。ヤマボクチ属もアザミ属と同じように，花柱分岐の下にふくらみがあり，葯筒から花粉を押しだす働きをする。

キク目　キク科

キツネアザミ属
Hemistepta

キツネアザミ
H. lyrata

〈狐薊〉 花がアザミに似ているが、よく見るとかなり違うことによる。

道ばたや田畑、空き地などにふつうに見られる高さ60〜90㌢の2年草。葉はやわらかく、羽状に深裂し、裂片の間は広くあく。頭花は紅紫色で直径約2.5㌢あり、枝先に上向きにつく。総苞は球形で、総苞片は8列に並び、背面の上部にとさか状の突起がある。そう果は多数の稜があり、冠毛は羽毛状。🌸花期 5〜6月 ◎分布 本、四、九、沖

オケラ属
Atractylodes

オケラ
A. ovata

〈朮〉 古名のウケラがなまったもの。『万葉集』にもでてくるが、語源ははっきりしない。若芽は食用になる。地下茎は芳香があり、健胃剤に用いるほか、正月の屠蘇にも使われる。また昔は地下茎をいぶして湿気をはらい、カビ防止にも使った。

やや乾いた草地に生える高さ0.3〜1㍍の多年草。茎は細くてかたく、はじめは白い軟毛がある。葉は長い柄があり、3〜5裂する。裂片のふちには刺状の鋸歯がある。頭花は直径1.5〜2㌢で、総苞の周囲に魚の骨のような苞がある。筒状花は白色まれにやや紅色を帯びる。雌雄異株。そう果は毛が多く、冠毛は羽毛状。🌸花期 9〜10月 ◎分布 本、四、九

キツネアザミ 花はアザミに似ているが、葉に刺はない 86.5.16 八王子市

オケラ 86.10.3 八王子市

❶オケラの雌頭花。総苞の周囲に魚の骨のような苞があるのが特徴。❷オケラの雌花。筒状花の先は5裂し、花柱が長くつきでている。雄しべはない。❸キツネアザミの頭花。総苞片に突起があるのが特徴。花柱の先は2裂して開出する。

594 キク目 キク科

タンポポ属
Taraxacum

キク科のなかで,タンポポ属から616頁のアキノノゲシ属まではタンポポ亜科として分けられている。タンポポ亜科は頭花が両性の舌状花だけからなり,舌状花の先に5歯があること,茎や葉に乳管があるので,切ると白い乳液がでることが特徴。タンポポ属はタンポポ亜科のなかでも大きなグループで,世界に約400種あり,とくに北半球に多い。日本には約20種が自生している。葉はすべて根生し,ロゼット状になる。葉腋から花茎をのばし,先端に頭花を1個つける。花茎は分枝せず,葉もつかないのが特徴。頭花は日が当たると開き,曇ったり,暗くなると閉じる。そう果の先端はくちばし状に長くのび,その先に羽毛状の冠毛がつく。

カントウタンポポ 市街地ではこんなみごとな群落はすっかり少なくなってしまった 82.4.20 八王子市

タンポポ属 Taraxacum

カントウタンポポ
T. platycarpum
〈関東蒲公英／別名アズマタンポポ〉

野原や道ばたなどに生える多年草。葉は根生し、長さ20～30㌢、幅2.5～5㌢の倒披針形で羽状に深裂するか欠刻がある。葉腋から高さ15～30㌢の花茎をのばし、直径3.5～4㌢の黄色の頭花を1個つける。総苞は長さ1.5～2㌢。総苞片は狭卵形または広披針形で直立し、上部に角状突起がある。

🌼**花期** 3～5月
分布 本（関東地方、山梨・静岡県）

✣カントウタンポポはエゾタンポポとヒロハタンポポの中間的な形質をもっているので、北村四郎は両者の雑種ではないかと推測している。

セイヨウタンポポ
T. officinale

ヨーロッパ原産の多年草。明治時代に渡来し、現在では都市周辺ではもっともふつうのタンポポになっている。葉の裂け方は変化が多く、一定していない。頭花は直径3.5～5㌢。総苞外片がつぼみのときからそり返っているのが特徴。北海道のものは葉が厚く、花も大きい。札幌農学校創立のころ、野菜として栽培していたものが野生化したといわれている。そう果は灰褐色。🌼**花期** 3～9月 **分布** ヨーロッパ原産

✣最近都市周辺でふえている**アカミタンポポ**
T. laevigatum もヨーロッパ原産で、セイヨウタンポポに似ているが、そう果が赤みを帯びる。

カントウタンポポ　自然の残っている農村などにはまだ多い　88.4.26　多摩市

タンポポの頭花はすべて両性の舌状花からなる。舌状花の先端には5歯がある。❶セイヨウタンポポの頭花。総苞外片がそり返るのが特徴で、ちょっと花をひっくり返してみるとすぐわかる。❷カントウタンポポの頭花。総苞片は直立し、開花しても外片はそり返らない。総苞片の上部には小さな小角突起がある。❸アカミタンポポのそう果。色が赤みを帯びているので、灰褐色のセイヨウタンポポと区別できる。在来のタンポポよりそう果の数が多いので、繁殖力も強い。もう風がちょっと吹いただけで、飛んでいける状態。❹セイヨウタンポポの頭花の断面。白い部分が子房で、上部の緑色の部分は花のあとのびて、くちばし状になる。

キク目　キク科

セイヨウタンポポ　都市部で見かける美しい風景のひとつ　85.4.24　多摩市

セイヨウタンポポ　上の写真と同じ場所　85.5.8　多摩市

タンポポ戦争

都市部を中心に，在来のタンポポが，セイヨウタンポポにしだいに追いやられ，姿を消している。これを外国産タンポポの日本侵略と考え，タンポポ戦争という言葉も生まれている。

セイヨウタンポポは強力な繁殖力をもった手強い侵略者。①花は主に春咲くが，その後も1年中ポツポツと咲く，②受粉しなくても単為生殖によって結実する，③都市化の波に洗われている悪い環境にも適応できるなどが主な武器。これらの武器を十分生かせる都市近郊では，在来のタンポポの敗北はほぼ決定したといっていい。

タンポポ戦争の勝敗は自然破壊のバロメーターといえるわけで，自然の残っているところでは，まだ在来のタンポポががんばっている。

キク目　キク科

タンポポ属 Taraxacum

エゾタンポポ
T. hondoense
〈蝦夷蒲公英〉

北海道, 東北地方, 関東地方北部, 中部地方にふつうに生える多年草。葉は長さ3〜35㌢, 幅2〜8㌢の倒披針形または披針形でやや厚く, 羽状に深裂するか歯牙がある。花茎の上部には毛が密生する。頭花は濃黄色で直径約4㌢とやや大きく, 小花の数も多い。総苞は開花時に長さ約2.5㌢。総苞外片は卵形〜広卵形。内片は細く, 背面がやや黒色を帯びることがある。そう果は褐色で長さ4〜5㍉の長楕円形。冠毛は長さ5〜8㍉。頭花が淡黄色のものをウスジロエゾタンポポ f. alboflavescens, 帯紅色のものをベニバナタンポポ f. rubicundum という。✿花期 3〜5月 ❀分布 北, 本(中部地方以北)

ヒロハタンポポ
T. platycarpum
　var. longeappendiculatum
〈広葉蒲公英／別名トウカイタンポポ〉 葉の幅が広いものから狭いものまでいろいろある。別名は東海地方に多いことによる。

葉は長さ10〜30㌢, 幅1.8〜6㌢の倒披針形で, 羽状に中〜浅裂する。花茎の上部には毛が密生する。頭花は黄色で直径約3㌢。総苞は開花時に長さ約1.5㌢。外片は長楕円形または狭長楕円形で, 大きな小角突起が目立つ。そう果は緑色を帯びた黄褐色で長さ3〜4㍉。✿花期 3〜5月 ❀分布 本(千葉県〜和歌山県潮岬の太平洋岸)

エゾタンポポ　中部・関東地方以北のタンポポ。北海道に多い　83.5.4　茅野市

ヒロハタンポポ　83.4.9　浜松市

❶エゾタンポポの頭花は直径約4㌢。総苞は開花時に長さ約2.5㌢と大きい。外片は卵形または広卵形で直立し, 小角突起はふつうない。❷ヒロハタンポポの頭花は直径約3㌢。総苞は長さ約1.5㌢。外片は長楕円形または狭長楕円形で, ふつう直立するが, ときに開出し, 大きな小角突起があるのが特徴。

キク目　キク科

カンサイタンポポ
T. japonicum
〈関西蒲公英〉
関西に多いやや小さなタンポポ。葉は長さ15〜30㌢、幅3〜5㌢の倒披針状線形で、羽状に中裂し、裂片はそり返る。花茎は細く、高さ20㌢ほどになり、やや数が少ない。頭花は黄色で直径2〜3㌢と小さく、小花の数も少ない。総苞は開花時に長さ約1.3㌢。総苞外片は内片の半分以下の長さで、長楕円状披針形または卵状披針形。ふつう小角突起はなく、あっても小さい。そう果は淡黄褐色で長さ3.5〜4㍉。🌸花期 4〜5月 ◎分布 本（長野県以西）、四、九、沖

シロバナタンポポ
T. albidum
〈白花蒲公英〉
西日本の人家の近くにふつうに生える多年草。葉は長さ15〜20㌢、幅3〜7㌢の披針形で、羽状に中〜深裂する。ほかのタンポポの葉と比べると、立った感じがする。また葉や総苞は淡緑色で、葉の脈は白い。花茎は高さ30〜40㌢になり、先端に白色の頭花を1個つける。頭花は直径約4㌢。セイヨウタンポポと同じように単為生殖をする。総苞は開花時には長さ約2㌢。総苞外片は卵状長楕円形または卵形で、内片より短く、上部には小角突起があって目立つ。そう果は褐色で長さ約4㍉の長楕円形。🌸花期 4〜5月 ◎分布 本（関東地方西部以西）、四、九
✚四国や九州にはシロバナタンポポしかないところもある。

カンサイタンポポ　関西にふつうに見られる小ぶりのタンポポ　83.4.7　岡山市

❸カンサイタンポポの頭花はやや小さくふつう直径約2.5㌢。総苞は開花時に長さ約1.3㌢。外片は卵状披針形で内片の半分以下。ふつう小角突起はなく、あってもごく小さい。
❹シロバナタンポポの頭花は直径約4㌢。総苞は淡緑色。外片は卵状長楕円形または卵形で、黒っぽい大きな小角突起が目立つ。

シロバナタンポポ　87.3.24　土佐市

キク目　キク科　599

エゾコウゾリナ属
Hypochaeris

ブタナ
H. radicata

〈豚菜〉 フランスの俗名 Salade de pore（ブタのサラダ）を訳したものという。

ヨーロッパ原産の多年草。1933年に札幌で気づかれ，その後各地に帰化しているのが判明した。葉はすべて根生し，分裂しないものから羽状に深裂するものまで変化がある。花茎は高さ50㌢以上になり，上部で1～3個枝分かれする。頭花は黄色で直径3～4㌢。そう果には刺状の突起が密生し，先は長くくちばし状にのびる。冠毛は羽毛状。🌼花期 6～9月 分布 ヨーロッパ原産

コウゾリナ属 Picris

コウゾリナ
P. hieracioides
　ssp. japonica

〈髪剃菜〉 髪剃はカミソリのこと。茎や葉に剛毛があり，さわるとざらついて，手が切れそうなのをカミソリにたとえたもの。

山野の草地や道ばたなどにごくふつうに生える高さ0.3～1㍍の2年草。根生葉は花期には枯れる。下部の葉は長さ6～15㌢の倒披針形で，基部はしだいに細まって翼のある柄となる。なかほどの葉は長さ4～12㌢の披針形で基部は茎を抱く。枝先に直径2～2.5㌢の黄色の頭花をつける。総苞はやや黒っぽい緑色。内片は線状披針形で剛毛がある。外片は短い。そう果は赤褐色で，冠毛は羽毛状。🌼花期 5～10月 分布 北，本，四，九

ブタナ　遠くから見るとタンポポに似ているが，草丈が高い　86.6.7　八王子市

コウゾリナ　86.5.13　多摩市

❶ブタナの頭花は直径3～4㌢。総苞片の背面には白色の毛が1列になって生えている。花茎の途中には退化して鱗片状になった葉が見えている。❷コウゾリナの頭花は直径2～2.5㌢。❸コウゾリナの茎。赤褐色の剛毛がびっしりと生えている。

600　キク目　キク科

コウリンタンポポ属
Pilosella

コウリンタンポポ
P. aurantiaca

〈紅輪蒲公英／別名エフデギク〉

ヨーロッパ原産の多年草で，明治中期に観賞用として渡来したといわれる。繁殖力が強く，現在では北海道に多く帰化している。根茎は長く，多数の匍枝をだしてふえる。根生葉は長楕円状倒披針形または線状披針形。花茎は高さ20～50㌢になり，全体に黒っぽい毛が密生し，葉はないか，または小さな葉が1～2個つく。花茎の先に直径約2.5㌢の頭花を10個ほどつける。小花はすべて舌状花で橙赤色，乾燥すると暗赤色になる。総苞片は膜質で黒っぽい毛が密生し，短い腺毛もまじる。そう果は赤褐色で円柱形。冠毛は汚白色。**花期** 6～8月 **分布** ヨーロッパ原産

コウリンタンポポ　北海道に多く帰化している　86.7.6　北海道斜里町

❹❺ヤネタビラコの頭花。舌状花だけが集まったもの。総苞は長さ6～9㍉。内片は12～15個あり，1列に並ぶ。外側には細かい毛が密生し，腺毛もまじる。内側にも細かい毛が生える。外片は外側のものほど短く，幅も細くなる。

フタマタタンポポ属
Crepis

ヤネタビラコ
C. tectorum

〈屋根田平子〉　種形容語のtectorum（屋根の）をもとにしてつけられた。ヨーロッパ原産の1年草。近年，東日本を中心に帰化していることが知られるようになった。茎には白い縮毛があり，高さ約80㌢になる。根生葉はへら状長披針形で，ふつう羽状に浅く裂ける。茎葉は細く，基部は茎を抱く。頭花は淡黄色。総苞は長さ6～9㍉。そう果は赤褐色～紫褐色で長さ約3.5㍉。**花期** 5～6月 **分布** ヨーロッパ原産

ヤネタビラコ　87.5.25　八王子市

キク目　キク科

アゼトウナ属
Crepidiastrum

ホソバワダン
C. lanceolatum

西日本の海岸の岩場や礫地に生える多年草。茎は太くて短く、根茎状になり、先端に根生葉をロゼット状につける。根生葉は長さ5〜15㌢、幅2〜4㌢のさじ状長楕円形で、基部は細くなって長い柄のようになる。ふつう鮮やかな緑色をしているが、しばしば淡紫色を帯びる。根生葉の葉腋から側枝をだし、上部は斜上して高さ20〜30㌢になる。茎葉は小さく、基部は茎を抱く。頭花は黄色で直径1〜1.5㌢。**花期** 10〜1月 **分布** 本(島根・山口県)、四、九、沖

ワダン
C. platyphyllum

海岸の岩場や礫地に生える多年草。茎は太くて短く、根茎状になり、先端に根生葉をロゼット状につける。根生葉はやや厚くてやわらかく、長さ8〜18㌢、幅4.5〜7㌢の倒卵形または楕円形で先はまるい。根生葉の葉腋から側枝を放射状にだす。側枝は斜上して高さ30〜60㌢になり、上部ほど葉が密につく。側枝の上部の葉は長さ5.5〜8.5㌢の倒卵形。側枝の先に直径1〜1.5㌢の黄色の頭花を密につける。**花期** 9〜11月 **分布** 本(千葉・神奈川・静岡県、伊豆諸島)

アゼトウナ
C. keiskeanum
〈畔唐菜〉

伊豆半島以西の太平洋側の海岸の岩場などに生える多年草。茎は太くて短く、根茎状にな

ホソバワダン ワダンより葉や舌状花の幅が狭い 84.11.7 鹿児島県野間半島

ワダン 86.10.15 三浦半島

❶ホソバワダンの頭花。舌状花の先には5歯がある。もう花粉をだし終わり、柱頭は2裂してそり返り、受粉の準備が完了している。

❷ワダンの頭花。舌状花はホソバワダンより幅が広い。雄性期から雌性期への移行期で、柱頭は葯筒からのびだしているが、まだそり返らず、自分の花粉をいっぱいつけている。

キク目 キク科

り，先端に根生葉を多数つける。根生葉は長さ3～10㌢，幅1～2㌢の倒卵形で厚い。ふちには小さな鈍い鋸歯があり，先はまるく，基部は細く柄のようになる。根生葉の葉腋から側枝をだし，上部は斜上して高さ約10㌢になる。枝先に直径約1.5㌢の黄色の頭花を密につける。🌼花期　8～12月
🌐分布　本（伊豆半島～紀伊半島），四，九

ヤクシソウ
C. denticulatum

〈薬師草〉　薬師堂のそばで最初に見つけられたからとか，根生葉が薬師如来の光背に似ているからとか，また薬用にされたからとか，諸説があるが，よくわからない。

山野の日当たりのよいところに生える2年草。全体に無毛で，よく分枝して高さ0.3～1.2㍍になる。茎は赤紫色を帯びるものが多い。根生葉は長い柄のあるさじ形でかたまってつき，花期には枯れてない。茎葉は互生し，長さ5～10㌢，幅2～5㌢の長楕円形または倒卵形で，ふちには浅い鋸歯があり，基部は後方に大きくはりだして茎を抱く。裏面はやや白っぽい。枝先や上部の葉腋に直径約1.5㌢の黄色の頭花を数個ずつつける。総苞は黒っぽい緑色で長さ7～9㍉の円筒形。花のあと下部はふくれてかたくなる。そう果は黒褐色で長さ2.5～3.5㍉。冠毛は純白色。葉が羽状に深裂するものをハナヤクシソウ f. pinnatipartitum という。
🌼花期　8～11月
🌐分布　北，本，四，九

アゼトウナ　ロゼット葉は小さいが，頭花は大きい　86.11.7　高知県大月町

❸アゼトウナの頭花は直径約1.5㌢。舌状花の基部に冠毛がある。
❹ヤクシソウの頭花は直径約1.5㌢。12～13個の舌状花が咲き終わると頭花は下向きになる。

ヤクシソウ　86.11.13　館山市

キク目　キク科

ニガナ属 Ixeridium

ニガナ
I. dentatum
 ssp. dentatum

〈苦菜〉茎や葉を切ると苦みのある乳液がでる。日当たりのよいところにごくふつうに見られる多年草。茎は直立して高さ20～50センチになる。根生葉は長い柄があり、葉身は長さ3～10センチ、幅0.5～3センチの広披針形～倒卵状長楕円形。茎葉はやや短くて柄はなく、基部はまるくはりだして茎を抱く。枝先に直径約1.5センチの黄色の頭花をつける。舌状花はふつう5個。そう果は長さ3～3.5ミリの紡錘形。花期 5～7月 分布 日本全土

シロバナニガナ
I. dentatum
 ssp. nipponicum
  var. albiflorum

〈白花苦菜〉

ニガナの亜種。舌状花が白色で、8～10個と数が多い。全体にニガナより大きく、高さ40～70センチになる。舌状花が黄色のものを**ハナニガナ**（オオバナニガナ）f. amplifolium という。

ニガナ 人里近くから丘陵、山地まで、いたるところにふつうに見られ、春の野山を黄

シロバナニガナ 01.7.9 霧ガ峰

❶❷ニガナの頭花は直径約1.5センチ。ふつう5個の舌状花がある。暗褐色の葯筒から花粉をいっぱいつけた花柱がのび、先が開きはじめている。総苞は長さ7～9ミリの円筒形。外片は非常に小さく、鱗片状になっている。❸ハナニガナの頭花は大きくて直径約2センチ。舌状花は8～10個もある。ニガナの亜種シロバナニガナの品種とされている。ニガナのなかにときどきまじっている。

キク目 キク科

花期 5〜7月
分布 日本全土

タカサゴソウ属
Ixeris

ハマニガナ
I. repens

〈浜苦菜／別名ハマイチョウ〉ニガナに似ていて，海岸に生えることによる。別名は葉がイチョウによく似ているからという。

海岸の砂地に生える多年草。地下茎を長くのばしてふえる。葉は厚く，長い柄がある。砂をかぶっても，葉を砂の上にだす。葉身は長さ，幅とも3〜5㌢で，掌状に3〜5中〜全裂し，変化が多い。基部は心形。葉腋から長さ約10㌢の花茎をのばし，直径2〜3㌢の黄色の頭花をつける。総苞は長さ約1㌢の円筒形。外片は外側のものほど短い。そう果は長さ6〜7㍉で，上部のくちばし状の部分は短い。
花期 4〜10月
分布 日本全土

タカサゴソウ
I. chinensis
　ssp. strigosa

〈高砂草〉白花を白髪に見立て，能の「高砂」にでてくる老爺と老婆を連想したものという。日当たりのよい乾いた草地や丘陵に生える高さ約30㌢の多年草。根生葉は長さ8〜15㌢の披針形で，羽状に裂けるものから全縁のものまで変化が多い。茎葉は互生し，基部は茎を抱く。上部の枝先に直径2〜2.5㌢の頭花をつける。舌状花は白色で，淡い紫色のふちどりがある。総苞は長さ約1㌢。そう果は長さ約6㍉。
花期 4〜7月
分布 本, 四, 九

色に彩る。白い花はヒメジョオン 88.5.24 日野市

ハマニガナ 87.7.9 大洗海岸

タカサゴソウ 76.6.3 撮影／木原

キク目　キク科

タカサゴソウ属 Ixeris

ジシバリ
I. stolonifera

〈地縛り／別名イワニガナ〉 細長い茎が地面をはい、ところどころで根を下ろしてふえ、まるで地面を縛るように見えることによる。またすこしでも土があれば、岩上にも生えるので岩苦菜とも呼ぶ。山野の日当たりのよいところに生える多年草。葉は薄く、長い柄がある。葉身は長さ0.9～3㌢、幅0.8～2.5㌢の卵円形～広卵形。花茎は高さ8～15㌢になり、直径2～2.5㌢の黄色の頭花を1～3個つける。総苞は長さ0.8～1㌢の円柱形。内片は1列に並び、外片は小さい。そう果は長さ4～6㍉の紡錘形。❀花期 4～6月 ◉分布 日本全土

オオジシバリ
I. japonica

〈大地縛り〉 ジシバリに似ていて、花や葉が大きいことによる。やや湿り気のある道ばたや水田などにごくふつうに見られる多年草。細く白い茎は地中を浅くはい、節々から葉を出してまわりに広がる。葉は長さ6～20㌢、幅1.5～3㌢の倒披針形～へら状楕円形で、ときに下部が羽状に切れこむこともある。質はやわらかく、白っぽい緑色をしている。花茎は高さ約20㌢になり、直径2.5～3㌢の黄色の頭花を2～3個つける。総苞は長さ約1.2㌢。そう果は長さ7～8㍉。冠毛は長さ7㍉ほどで白く、風に乗って分布を広げる。❀花期 4～5月 ◉分布 日本全土

ジシバリ ゲンゲ（レンゲソウ）の咲く田のあぜなどでよく見かける。細い茎が長く

❶ジシバリの頭花は直径2～2.5㌢。❷ジシバリのそう果。やや扁平で先が細長いくちばし状になる。❸オオジシバリの頭花は直径2.5～3㌢。ほかの花の花粉がもらえないと、花柱の先はクルリと巻いて、同花受粉をする。

キク目 キク科

地をはって広がる　81.5.2　静岡県春野町

ジシバリ　81.5.2　静岡県春野町

❸

オオジシバリ　08.5.17　川崎市

キク目　キク科

タカサゴソウ属 Ixeris

カワラニガナ
I. tamagawaensis

〈河原苦菜〉 名前は河原に生えることによる。関東の多摩川に多く、種小名も「多摩川の」という意味。

河原の礫地や砂地に生える高さ15〜30㌢の多年草。全体に毛はなく、白っぽい。根は紡錘状で深く地中に入る。葉は根もとに集まってつき、長さ8〜15㌢、幅3〜5㍉の広線形で、先端はとがる。上部の枝先に直径1.5〜2㌢の淡黄色の頭花をつける。総苞は緑色で長さ約1㌢の円筒形。そう果は長さ約6㍉。冠毛は白色で長さ5〜6㍉。

花期 5〜8月 分布 本(中部地方以北)

ノニガナ
I. polycephala

〈野苦菜〉

水田のまわりなどのやや湿り気のあるところに生える高さ15〜40㌢の多年草。全体にやや軟弱な感じがする。根生葉は長さ10〜25㌢、幅0.7〜1.7㌢の線状披針形で、先端は鋭くとがり、ふちには粗い鋸歯がある。基部は細くなって柄のようになる。茎葉は長さ7〜15㌢の広線形で、根生葉より幅が広く、基部は矢じり形で、茎を抱く。茎の先や枝先に直径約8㍉の黄色の頭花を数個ずつつける。総苞は長さ5〜6㍉。果期には円錐形になる。そう果は長さ3〜3.5㍉の紡錘形で、稜が高く翼状になる。葉が羽状に切れこむものをキクバノニガナ f. dissecta という。

花期 4〜5月
分布 本、四、九

カワラニガナ 河原に生え、よく大きな株をつくっている 87.8.19 韮崎市

キク目 キク科

スイラン属 Hololeion

スイラン
H. krameri

〈水蘭〉 細長い葉がシュンランに似ていて，湿地に生えることからついたといわれる。山麓，原野の湿地や水辺によく群生する高さ0.5～1㍍の多年草。地中に白っぽい匐枝を長くのばしてふえる。葉は根生，または下部に集まり，長さ15～50㌢，幅1～3㌢の線状披針形で先端は鋭くとがり，裏面は粉白色を帯びる。上部の葉は線形でごく小さい。茎の先に直径3～3.5㌢の黄色の頭花をまばらにつける。

花期 9～10月
分布 本（中部地方以西），四，九

ノニガナ　やや湿り気のあるところに生える　87.5.19　山梨県大泉村

❶ノニガナの頭花は直径約8㍉。舌状花は15個ぐらいある。同じ黄色でも，ニガナなどよりやや色が淡い。花が終わると，花冠は赤みを帯びる。❷ノニガナの茎のなかほどにつく葉は長さ7～15㌢あり，根生葉より幅が広く，先は細く長くとがる。基部は両側が鋭くとがった矢じり形になり，茎を抱くのが特徴。スイラン　87.10.1　広島市

❸スイランの頭花は直径3～3.5㌢。花柱の先がそり返りはじめている。❹総苞は内片，外片とも披針形で，それぞれ2列に並ぶ。

キク目　キク科

オニタビラコ属
Youngia

オニタビラコ
Y. japonica

〈鬼田平子〉 鬼は大型の意味。タビラコはコオニタビラコの別名。コオニタビラコに似ていて,大きいことによる。

道ばたや公園,庭のすみなどによく生える高さ0.2～1㍍の1～2年草。ところによっては群生するが,独立して生えていることも多い。全体にやわらかく,細かい毛がある。茎や葉を切ると白い乳液がでる。根生葉はロゼット状につき,長さ8～25㌢,幅1.7～6㌢で,頭大羽状に深裂する。頂裂片は三角状卵形で先はまるい。茎の下部の葉は根生葉に比べ,先がとがる。上部の葉は少なく,小型ですこし褐紫色を帯びることが多い。茎の先に直径7～8㍉の黄色の頭花を散房状につける。花期はふつう5～10月だが,南の地方では1年中咲いているところもある。総苞は長さ4～5㍉の円筒形。内片は1列に並び,外片はごく小さい。総苞片はそう果が熟すとそり返る。冠毛は白色。●花期 5～10月 ●分布 日本全土

オニタビラコの頭花は直径7～8㍉と小さく,散房状に多数つく。花のあと総苞の基部はふくらむ。

オニタビラコ　コオニタビラコとは葉を比べると区別できる　86.5.13　八王子市

キク目　キク科

ヤブタビラコ属
Lapsanastrum

そう果に冠毛がないのが特徴。タンポポ亜科で冠毛がないのは、このヤブタビラコ属だけ。

コオニタビラコ
L. apogonoides

〈小鬼田平子／別名タビラコ〉 田平子は,水田にロゼット状の根生葉を平たく広げる様子を表現したもの。春の七草のホトケノザは本種で,若葉は食べられる。

水田に多い2年草。根生葉はやわらかく,長さ4～10cm,幅1～2cmあり,頭大羽状に深裂する。根生葉の間から長さ4～25cmの細い茎を多数斜上する。茎葉は小さい。頭花は黄色で直径約1cm。花が終わると花柄がのびて下向きになる。総苞は円筒形。内片は5～6個あり,外片は鱗片状。

🌸**花期** 3～5月
分布 本,四,九

ヤブタビラコ
L. humile

〈藪田平子〉

人家近くの林のふちや田のあぜなどによく生える高さ20～40cmの2年草。コオニタビラコに似ているが,やや軟毛が多く,根生葉がやや立ち上がる。全体にやわらかく,茎は斜上したり,倒れたりする。根生葉は長さ5～15cm,幅1.5～3cmあり,頭大羽状に深裂する。茎葉は小さい。頭花は黄色で直径約8mm。総苞は円筒形。内片は7～8個あり,外片は鱗片状。花が終わると頭花は下向きになり,総苞はふくれて卵球形になる。

🌸**花期** 5～7月
分布 北,本,四,九

コオニタビラコ 春の七草のホトケノザは本種 08.4.4 あきる野市

❶コオニタビラコの頭花は直径約1cm。6～9個の舌状花がある。❷ヤブタビラコの頭花は直径約8mm。18～20個の舌状花がある。❸コオニタビラコのそう果は長さ約4.5mm。先端に2～4個の突起がある。❹ヤブタビラコのそう果は長さ約2.5mm。先端に突起はない。どちらも冠毛はない。

ヤブタビラコ 87.4.25 浦和市

キク目 キク科

ノゲシ属 Sonchus

頭花には舌状花が80個以上ある。そう果はやや扁平で，先は細くなるが，くちばし状にはならない。冠毛の基部は合着し，環状になってそう果から外れる。

ノゲシ
S. oleraceus

〈野罌粟／別名ハルノノゲシ〉 葉がケシの葉に似ていることによる。別名は花が春から初夏にかけて咲くので，秋に花をつけるアキノノゲシに対してつけられた。

道ばたや畑のふちなどに生える高さ0.5〜1㍍の2年草。茎は中空で多数の稜がある。葉はやわらかく，長さ15〜25㌢，幅5〜8㌢で羽状に切れこみ，ふちには不ぞろいの鋸歯がある。鋸歯の先はしばしば刺状にとがるが，さわっても痛くない。基部は両側が先のとがった三角状にはりだして，茎を抱く。頭花は黄色で直径約2㌢。舌状花は多数ある。総苞は長さ1.2〜1.5㌢。花柄と総苞にはしばしば腺毛があり，粘る。花のあと総苞の下部はふくれ，そう果が熟すとそり返る。そう果は長さ約3㍉の狭倒卵形で，縦の脈と横じわがある。冠毛は白色で長さ約6㍉。

花期 4〜7月
分布 日本全土

✤ノゲシは世界各地でふつうに見られる雑草のひとつ。ヨーロッパから世界中に広がり，日本には有史以前に中国を経て入ったものと考えられている。中国では苦菜とか苗苦菜と呼ばれ，古代は食用にしていたらしい。

ノゲシ　ふつう4〜7月に花が咲くのでハルノノゲシとも呼ぶ　82.6.10　小金井市

❶ノゲシの葉はやわらかい。基部の両側が三角状にはりだして茎を抱く。❷ノゲシの頭花は直径約2㌢。ノゲシ属の頭花はたくさんの舌状花が集まったもの。

ノゲシ　87.5.1　東京都江東区

オニノゲシ
S. asper
〈鬼野罌粟〉

ノゲシに似ているが、葉に刺があって全体に荒々しい感じがすることによる。

ヨーロッパ原産の2年草。明治時代に渡来し、現在では各地の道ばたや荒れ地に広がっている。茎は中空で多数の稜があり、高さ0.5～1㍍になる。葉は長さ15～25㌢あり、基部はまるくはりだして茎を抱く。鋸歯の先は鋭い刺になり、さわると痛い。頭花は黄色で直径約2㌢。花柄と総苞片にはときに腺毛がある。そう果には縦の脈はあるが、ノゲシのような横じわはない。🌼花期　4～10月　◎分布　ヨーロッパ原産

オニノゲシ　葉のふちの刺は鋭く、さわると痛い　87.5.1　東京都江東区

❸オニノゲシの葉は濃い緑色で表面は光沢がある。鋸歯の先の刺は鋭く、さわると痛い。基部はまるくはりだす。❹ハチジョウナの頭花は直径3～4㌢と大きい。

ハチジョウナ
S. brachyotus

〈八丈菜〉　八丈島の原産と誤認してつけられたもの。実際には北国の海岸に多い。

海岸の砂地や荒れ地に生える高さ30～80㌢の多年草。地下茎を長くのばしてふえる。葉は互生し、長さ10～20㌢、幅2～5㌢の長楕円状披針形または狭長楕円形で、ふちには欠刻状の歯牙がある。基部はややまるくはりだして茎を抱き、裏面は粉白を帯びる。茎の先に直径3～4㌢の鮮黄色の頭花を数個つける。総苞は長さ1.6～2㌢あり、綿毛が密生する。総苞片は4～5列に並び、外片は卵状三角形。そう果は長さ約3㍉で、縦の脈がある。冠毛は白色で長さ約1.2㍉。🌼花期　8～10月　◎分布　北、本、四、九

ハチジョウナ　82.9.9　館山市

キク目　キク科

アキノノゲシ属
Lactuca

大型のものが多く，果実が扁平で先が細くくちばし状になるのが特徴。頭花の小花はすべて舌状花。サラダでおなじみのレタスやサラダ菜もこの属。

アキノノゲシ
L. indica
〈秋の野罌粟〉

日当たりのよい荒れ地や草地などに生える高さ0.6～2㍍の1～2年草。葉は互生し，茎の下部の葉は長さ10～30㌢で逆向きの羽状に裂ける。茎の上部の葉はほとんどが全縁で小さい。茎の上部に直径約2㌢の頭花を円錐状に多数つける。頭花はふつう淡黄色，まれに白色，淡紫色で，昼間開き，夕方にはしぼむ。そう果は長さ約5㍉で，短いくちばしがある。
🌼**花期** 8～11月 ◎**分布** 日本全土
✚葉の幅が細く，羽裂しないものをホソバアキノノゲシ f. indivisa という。

トゲヂシャ
L. serriola
〈刺萵苣／別名アレチヂシャ〉

ヨーロッパ原産で，高さ1～2㍍になる大型の1～2年草。1949年に北海道ではじめて確認され，現在では局地的に人里近くの荒れ地に広がっている。茎や葉の裏面にはしばしば刺が1列に並ぶ。葉は互生し，羽状に裂けるものと裂けないものがある。頭花は直径約1.2㌢で黄白色。そう果は長さ約3㍉で，長いくちばしがある。🌼**花期** 7～9月 ◎**分布** ヨーロッパ原産

アキノノゲシ　丈が高くて，ほかの草から抜きんでている　87.10.21　勝田市

キク目　キク科

トゲチシャ　87.8.19　甲府市

❶アキノノゲシの頭花は直径約2㌢。❷総苞は長さ約1㌢。総苞片は覆瓦状に重なりあい、ふちは黒っぽい。❸茎を切ると白い乳液がでる。属名のLactucaのLacはこの乳液の意味。❹トゲチシャの葉の裏面の主脈には刺が1列に並ぶ。❺頭花は直径約1.2㌢で、❻総苞片は3列に並ぶ。

キク目　キク科　615

アキノノゲシ属
Lactuca

ヤマニガナ
L. raddeana
var. elata

〈山苦菜〉 山地の林縁や草原などに生え、茎は円柱形で緑色、粗い毛が生え、高さ0.6〜2㍍。葉は卵形〜卵状楕円形または楕円形で先が鋭くとがり、ふちには鋸歯がある。しばしば下部の葉は不ぞろいの大きさの羽状に裂け、基部は広いくさび形となり長い柄につづく。裏面の脈上に沿って毛があり、切ると白い乳液がでる。夏から秋にかけて分枝し、狭い円錐花序に小形で黄色の頭花を多数つける。総苞は長さ1㌢ぐらい、小花はすべて舌状花よりなり、数は8〜10個。
花期 8〜9月
分布 北, 本, 四, 九

ムラサキニガナ
L. sororia

〈紫苦菜〉 山林のふちや林内などに生える多年草。茎は直立し、細長く、中空でやわらかく、無毛で高さ0.6〜1.2㍍。葉は互生し、茎の下部につく葉はふつう羽状に裂けているが、上部へいくほど小さくなり、しだいに披針形となる。ふちには浅い鋸歯があり、葉身は自然に葉柄に流れてつながり、その境がはっきりしない。茎も葉も切ると白い乳液がでる。夏から秋にかけて茎先で分枝し、大きな円錐花序をつけ、多数の頭花をつける。総苞は長さ1.2㌢で紫色、頭花は紫色の舌状花からなり、下向きに咲く。
花期 6〜8月
分布 本, 四, 九

ヤマニガナ 96.8.3 八王子市

ムラサキニガナ 86.7.28 高尾山

❶ヤマニガナの頭花は狭い円錐花序に多数つき、直径1㌢。上向きに咲く。❷ムラサキニガナの頭花は直径1㌢で、紫色の舌状花よりなり、下向きに咲く。総苞は長さ1.2㌢ぐらい。

学名索引

数字の前に野とあるのは本書、山とあるのは『山に咲く花』に掲載

A

Abutilon theophrasti	野408
Acalypha australis	野342
Achillea alpina	
ssp. subcartilaginea	山499
var. discoidea	山498
var. longiligulata	山498
Achillea millefolium	野533
Achillea ptarmica	
ssp. macrocephala	山499
Achlys japonica	山210
Achyranthes bidentata	
var. fauriei	野284
var. japonica	野284
Achyranthes fauriei	
f. rotundifolia	野285
Achyranthes longifolia	野285
Aconitum ciliare	山211
Aconitum grossedentatum	山214
Aconitum japonicum	
ssp. ibukiense	山212
ssp. japonicum	野236,山212
ssp. maritimum	山213
ssp. napiforme	山212
ssp. subcuneatum	山213
Aconitum loczyanum	山216
Aconitum pterocaule	山216
Aconitum sachalinense	
ssp. sachalinense	山215
ssp. yezoense	山215
Aconitum sanyoense	山214
Aconitum umbrosum	山216
Aconitum zigzag	
ssp. kishidae	山214
Acorus calamus	野24
Acorus gramineus	野24
Actaea asiatica	山219
Actaea erythrocarpa	山219
Actinostemma tenerum	野394
Adenocaulon himalaicum	野567,山529
Adenophora divaricata	山487
Adenophora maximowicziana	山486
Adenophora pereskiifolia	山487
Adenophora remotiflora	山489
Adenophora takedae	山486
Adenophora triphylla	
var. japonica	山488
var. puellaris	山488
var. triphylla	山488
Adenostemma lavenia	野581
Adonis ramosa	山236
Adoxa moschatellina	野502
Aeginetia indica	野471
Aeginetia sinensis	野471
Aeschynomene indica	野375
Agastache rugosa	山422
Ageratina altissima	野580
Agrimonia coreana	山342
Agrimonia nipponica	山342
Agrimonia pilosa	
var. viscidula	野384,山342
Agropyron gmelinii	
var. tenuisetum	山191
Agrostis clavata	
ssp. clavata	山184
ssp. matsumurae	野183,山185
Agrostis gigantea	野183
Agrostis nigra	山184
Agrostis stolonifera	野183
Ainsliaea acerifolia	
var. acerifolia	山537
var. subapoda	山536
Ainsliaea apiculata	山536
Ainsliaea cordifolia	山536
Ainsliaea dissecta	山538
Ainsliaea faurieana	山535
Ajuga ciliata	
var. villosior	山416
Ajuga decumbens	野463
f. purpurea	野463
Ajuga incisa	山416
Ajuga japonica	山418
Ajuga nipponensis	野463
Ajuga shikotanensis	
f. hirsuta	山417
Ajuga yesoensis	山416
f. albiflora	山417
var. tsukubana	山417
Aletris foliata	山48
Aletris luteoviridis	山49
Aletris spicata	山49
Alisma canaliculatum	野30
Alisma plantago-aquatica	
var. orientale	野30
Allium inutile	野76
Allium macrostemon	野76
Allium monanthum	野75
Allium schoenoprasum	
var. foliosum	野74
Allium thunbergii	山142
Allium tuberosum	野75

Allium victorialis	
ssp. platyphyllum	山142
Allium virgunculae	野74
Alocasia odora	山37
Alopecurus aequalis	
var. amurensis	野186
Alopecurus japonicus	野187
Alpinia intermedia	野230
Alpinia japonica	野230
Althaea rosea	野409
Amana edulis	野48
Amana erythronioides	野48
Amaranthus blitum	野282
Amaranthus hybridus	野282
Ambrosia artemisiifolia	野584
Ambrosia psilostachya	野584
Ambrosia trifida	野585
Amitostigma kinoshitae	山124
Ammannia coccinea	野309
Ammannia multiflora	野309
Ampelopsis glandulosa	
var. heterophylla	野306
Amphicarpaea bracteata	
ssp. edgeworthii var. japonica	野374
Amsonia elliptica	野433
Anagallis arvensis	
f. arvensis	野416
f. coerulea	野416
Anaphalis margaritacea	
ssp. margaritacea	野557,山521
ssp. yedoensis	野556
var. angustifolia	山521
Anaphalis sinica	山522
Ancistrocarya japonica	山383
Andropogon virginicus	野217
Anemone debilis	山238
Anemone flaccida	野235,山237
f. viridis	山237
Anemone hupehensis	
var. japonica	野234
Anemone keiskeana	山241
Anemone nikoensis	野235,山236
Anemone pseudoaltaica	山240
var. gracilis	山240
Anemone raddeana	山239
Anemone soyensis	山239
Anemone stolonifera	山238
Anemonopsis macrophylla	山217
Angelica acutiloba	山476
Angelica cartilaginomarginata	
var. cartilaginomarginata	山471
var. matsumurae	山471
Angelica decursiva	野493,山470
Angelica edulis	山475
Angelica genuflexa	山474
Angelica hakonensis	山477
Angelica japonica	野492
Angelica keiskei	野492
Angelica longiradiata	山472
Angelica polymorpha	山476
Angelica pubescens	山473
var. matsumurae	山473
Angelica sachalinensis	山474
Angelica shikokiana	山476
Angelica ubatakensis	山472
Angelica ursina	山475
Anthoxanthum glabrum	野175,山190
Anthoxanthum odoratum	野175
Anthriscus sylvestris	山466
Apios fortunei	山334
Aquilegia buergeriana	
var. buergeriana	山220
var. buergeriana f. flavescens	山220
var. oxysepala	山220
Arabidopsis gemmifera	山361
Arabis flagellosa	山361
Arabis hirsuta	山360
Arabis pendula	山361
Arabis serrata	
var. japonica	山360
var. serrata	山360
var. shikokiana	山360
Arabis stelleri	
var. japonica	野403
Aralia cordata	山462
Aralia glabra	山463
Arenaria serpyllifolia	野274
Arisaema angustatum	野27,山46
Arisaema heterophyllum	山39
Arisaema inaense	山46
Arisaema ishizuchiense	
ssp. brevicollum	山41
Arisaema japonicum	野26,山42
Arisaema kiushianum	山39
Arisaema limbatum	野26
Arisaema longilaminum	山46
Arisaema monophyllum	山45
Arisaema nikoense	山40
Arisaema ovale	
var. sadoense	山44
Arisaema peninsulae	山42
Arisaema ringens	野26,山40
Arisaema sazensoo	山44
Arisaema serratum	野27
Arisaema sikokianum	山41
Arisaema takedae	野27,山46
Arisaema ternatipartitum	山46
Arisaema thunbergii	
ssp. thunbergii	山38
ssp. urashima	野25,山38
Arisaema yakushimense	山42

Arisaema yamatense	
ssp. sugimotoi	山46
Aristolochia contorta	山19
Aristolochia debilis	野20
Aristolochia kaempferi	山18
Aristolochia shimadae	山19
Arrhenatherum elatius	山188
Artemisia annua	野530
Artemisia capillaris	野531
Artemisia carvifolia	野529
Artemisia fukudo	野530
Artemisia indica	
var. maximowiczii	野528
Artemisia japonica	野531
Artemisia keiskeana	野528
Artemisia montana	山497
Artemisia stelleriana	野529
Artemisia stolonifera	山497
Arthraxon hispidus	野223
Aruncus dioicus	
var. kamtschaticus	山344
Arundina graminifolia	山97
Arundinella hirta	野192,山201
Arundo donax	野166
Asarum asperum	山30
Asarum blumei	山27
Asarum caulescens	山20
Asarum curvistigma	山23
Asarum dimidiatum	山26
Asarum fauriei	
var. takaoi	山30
Asarum heterotropoides	山21
Asarum hexalobum	山26
Asarum ikegamii	
var. fujimakii	山22
Asarum kiusianum	山25
Asarum kurosawae	山29
Asarum megacalyx	山28
Asarum minamitanianum	山24
Asarum misandrum	山20
Asarum muramatsui	山23
Asarum nipponicum	野19,山28
Asarum rigescens	
var. brachypodion	山29
Asarum sakawanum	山24
Asarum savatieri	山31
ssp. pseudosavatieri	山22
Asarum sieboldii	山21
Asarum subglobosum	山25
Asarum tamaense	野19,山26
Asparagus cochinchinensis	野82
Asparagus schoberioides	山151
Aster ageratoides	野542,山516
Aster arenarius	野539
Aster dimorphophyllus	野543,山513
Aster fastigiatus	野540
Aster glehnii	
var. hondoensis	山512
Aster hispidus	
var. hispidus	野538,山510
var. insularis	野538
var. leptocladus	野538
Aster iinumae	野536
Aster kantoensis	野544
Aster komonoensis	山509
Aster maackii	山513
Aster microcephalus	
var. angustifolius	山514
var. ovatus	野542,山514
var. ovatus 'Hortensis'	野542
var. ripensis	山515
Aster miquelianus	山508
Aster pilosus	野546
Aster robustus	野534
Aster rugulosus	野541
Aster savatieri	山508
Aster scaber	野544,山509
Aster semiamplexicaulis	野543,山516
Aster sohayakiensis	山512
Aster spathulifolius	野545
Aster subulatus	
var. elongatus	野547
var. sandwicensis	野547
var. subulatus	野547
Aster tataricus	野540
Aster tenuipes	山517
Aster tripolium	野546
Aster viscidulus	山517
Aster yomena	野534
var. dentatus	野537
Astilbe formosa	山282
Astilbe glaberrima	
var. saxatilis	山282
Astilbe microphylla	野298
Astilbe odontophylla	山282
Astilbe platyphylla	山283
Astilbe simplicifolia	山283
Astilbe thunbergii	野298
Astragalus sinicus	野348
Asyneuma japonicum	山490
Atractylodes ovata	野594
Atriplex patens	野289
Atriplex prostrata	野289
Atriplex subcordata	野289
Avena fatua	野152
Avena sativa	野152

B

Balanophora japonica	野296,山264
Balanophora nipponica	山264
Balanophora tobiracola	山265
Balanophora yakushimensis	山265

Barbarea orthoceras	山362
Barbarea vulgaris	山362
Bassia scoparia	野291
Beckmannia syzigachne	野181
Bidens biternata	野573
Bidens frondosa	野576
Bidens pilosa	
var. minor	野574
var. pilosa	野574
var. radiata	野575
Bidens tripartita	野576
Bistorta officinalis	
ssp. japonica	山252
Bistorta suffulta	山253
Bistorta tenuicaulis	山254
Bletilla striata	山100
Blutaparon wrightii	野285
Blyxa japonica	野35
Boehmeria biloba	野389
Boehmeria gracilis	野390,山349
Boehmeria japonica	
var. longispica	野390
Boehmeria nivea	
var. concolor f. nipononivea	野388
Boehmeria platanifolia	野391
Boehmeria silvestrii	野390,山349
Boehmeria spicata	山349
Boenninghausenia albiflora	
var. japonica	山363
Bolboschoenus fluviatilis	
ssp. yagara	野110
Bolboschoenus koshevnikovii	野111
Bothriospermum zeylanicum	野418
Brachypodium sylvaticum	野153,野191
Brasenia schreberi	野17
Brassica juncea	野396
Brassica napus	野396
Briza maxima	野170
Briza minor	野170
Bromus diandrus	野157
Bromus japonicus	野156
Bromus remotiflorus	山192
Bromus sitchensis	野156
Bromus tectorum	野157
var. glabratus	野157
Brylkinia caudata	山196
Bulbophyllum drymoglossum	山95
Bulbophyllum inconspicuum	山95
Bulbostylis barbata	野115
Bulbostylis densa	野115
Bupleurum longiradiatum	
var. elatius	山465
var. shikotanense	山465
Bupleurum stenophyllum	野501
Burmannia championii	山50
Burmannia itoana	山51
Burmannia liukiuensis	山51

C

Cabomba caroliniana	野16
Calamagrostis brachytricha	野180,山187
Calamagrostis epigeios	野179,山185
Calamagrostis hakonensis	野180,山186
Calamagrostis pseudophragmites	野178,山186
Calamagrostis purpurea	
ssp. langsdorfii	山186
Calanthe discolor	野54,山90
f. rosea	野54
f. rufoaurantiaca	野54
Calanthe gracilis	
var. venusta	山91
Calanthe puberula	山91
Calanthe striata	野54,山90
Calanthe tricarinata	山89
Calla palustris	山37
Callitriche japonica	野479
Callitriche palustris	野479
Caltha fistulosa	山221
Caltha palustris	
var. enkoso	山221
var. nipponica	山221
Calypso bulbosa	
var. speciosa	山104
Calystegia hederacea	野442
Calystegia pubescens	野442
Calystegia soldanella	野441
Campanula glomerata	
var. dahurica	山485
Campanula microdonta	野507
Campanula punctata	
var. hondoensis	野507,山485
var. punctata	野507,山485
Canavalia lineata	野371
Capillipedium parviflorum	野215
Capsella bursa-pastoris	野401
Cardamine anemonoides	山358
Cardamine appendiculata	山358
Cardamine leucantha	山357
Cardamine lyrata	山359
Cardamine regeliana	山359
Cardamine scutata	野404
Cardamine tanakae	山357
Cardamine yezoensis	山359
Cardiandra alternifolia	山365
Cardiocrinum cordatum	野47,山78
var. glehnii	山78
Carduus crispus	
ssp. agrestis	野591
Carex aequialta	野128

Carex alopecuroides	
var. chlorostachya	野143
Carex alterniflora	野131
Carex aphanolepis	野142
Carex augustinowiczii	山163
Carex biwensis	野149
Carex blepharicarpa	山165
Carex bohemica	野128
Carex brownii	山166
Carex brunnea	野140
Carex canescens	山156
Carex capillacea	山154
Carex capricornis	野147
Carex chrysolepis	山165
Carex clivorum	山173
Carex conica	野133
Carex curvicollis	山163
Carex dickinsii	野148
Carex dimorpholepis	野129
Carex dispalata	野145
Carex doenitzii	山162
Carex duvaliana	山173
Carex fernaldiana	山174
Carex fibrillosa	野134
Carex filipes	
var. filipes	山167
var. rouyana	野138,山167
Carex foliosissima	山176
Carex forficula	山157
Carex fulta	山153
Carex gibba	野126
Carex grallatoria	
var. grallatoria	山154
var. heteroclita	山154
Carex hakonensis	山154
Carex heterolepis	山158
Carex humilis	
var. nana	野137
Carex idzuroei	野144
Carex incisa	野130
Carex insaniae	山177
Carex ischnostachya	野139
Carex japonica	野142
Carex kiotensis	山159
Carex kobomugi	野125
Carex lanceolata	野137
Carex lenta	
var. lenta	野141
var. sendaica	野141
Carex leucochlora	野134
var. aphanandra	山171
Carex limosa	山164
Carex longirostrata	山177
Carex lyngbyei	山160
Carex maackii	野127
Carex macrocephala	野125
Carex magellanica	
ssp. irrigua	山165
Carex maximowiczii	野130
Carex michauxiana	
ssp. asiatica	山168
Carex middendorffii	山160
Carex miyabei	野148
Carex mollicula	山169
Carex morrowii	野132,山175
Carex multifolia	野132
Carex nervata	野135
Carex neurocarpa	野126
Carex nubigena	
ssp. albata	山155
Carex okuboi	山162
Carex olivacea	
ssp. confertiflora	野144
Carex omiana	山157
Carex otaruensis	山158
Carex oxyandra	山178
Carex parciflora	
var. macroglossa	野139
var. parciflora	山168
Carex phacota	山160
Carex pilosa	山168
Carex pisiformis	山172
Carex planiculmis	山170
Carex podogyna	山161
Carex pudica	山171
Carex pumila	野147
Carex reinii	山166
Carex rhizopoda	野149
Carex rhynchophysa	山170
Carex rochebrunei	野127
Carex rugata	野135
Carex sachalinensis	
var. longiuscula	山174
Carex sadoensis	山159
Carex satsumensis	山166
Carex scabrifolia	野145
Carex scita	山164
Carex semihyalofructa	山153
Carex siderosticta	山178
Carex stenostachys	
var. ikegamiana	野132
var. stenostachys	山172
Carex stipata	山156
Carex temnolepis	山176
Carex thunbergii	野129
Carex transversa	野140
Carex tristachya	野131
Carex vesicaria	山170
Carex wahuensis	
var. bongardii	野136
Carpesium abrotanoides	野560
Carpesium cernuum	野561

Carpesium divaricatum ······ 野563,山524	Chloranthus serratus ············ 野22,山32
var. abrotanoides ················· 山525	Chrysanthemum × aphrodite ······· 野521
var. matsuei ······················· 山524	Chrysanthemum boreale ···· 野522,山495
Carpesium faberi ······················ 山526	Chrysanthemum crassum ············ 野516
Carpesium glossophyllum ··········· 野563	Chrysanthemum cuneifolium ······· 野518
Carpesium macrocephalum	Chrysanthemum indicum ··· 野520,山496
························ 野562,山525	var. iyoense ························ 野521
Carpesium rosulatum ················ 山525	var. maruyamanum ··············· 野520
Carpesium triste ······················· 山526	var. tsurugisanense ········ 野521,山496
Caryopteris divaricata ··············· 山440	Chrysanthemum japonense ·········· 野514
Caryopteris incana ···················· 山441	var. ashizuriense ·················· 野515
Cassytha filiformis ···················· 野21	var. debile ·························· 野515
Caulophyllum robustum ·············· 山210	Chrysanthemum kinokuniense ····· 野525
Cayratia japonica ····················· 野305	Chrysanthemum makinoi ··· 野517,山495
Celosia argentea ······················· 野283	Chrysanthemum okiense ·············· 野522
Centella asiatica ······················· 野501	Chrysanthemum ornatum ············ 野516
Centipeda minima ···················· 野532	Chrysanthemum pacificum ·········· 野524
Centranthera cochinchinensis	Chrysanthemum shiwogiku ·········· 野524
ssp. lutea ·························· 野473	Chrysanthemum wakasaense ······· 野517
Cephalanthera erecta ·········· 野57,山113	Chrysanthemum yezoense ············ 野526
var. subaphylla ···················· 山113	Chrysanthemum yoshinaganthum
Cephalanthera falcata ········· 野56,山112	································ 野518
Cephalanthera longibracteata	Chrysanthemum zawadskii
························· 野57,山112	ssp. latilobum var. dissectum ···· 野519
Cerastium fontanum	Chrysosplenium album
ssp. vulgare var. angustifolium	var. album ························· 山273
································ 野275	var. stamineum ···················· 山273
Cerastium glomeratum ············· 野275	Chrysosplenium alternifolium
Cerastium pauciflorum	var. sibiricum ····················· 山275
var. amurense ······················ 山261	Chrysosplenium echinus ············· 山276
Chamaecrista nomame ··············· 野377	Chrysosplenium fauriei ·············· 山268
Chamaele decumbens ················ 野498	Chrysosplenium flagelliferum ······ 山274
Chamaesyce humifusa ··············· 野340	Chrysosplenium grayanum ·········· 山267
Chamaesyce maculata ··············· 野340	Chrysosplenium japonicum ········· 山275
Chamaesyce nutans ·················· 野341	Chrysosplenium kamtschaticum ··· 山268
Chamaesyce prostrata ··············· 野340	var. aomorense ···················· 山268
Chamerion angustifolium ············ 山302	Chrysosplenium kiotoense ·········· 山269
Chelidonium majus	Chrysosplenium macrostemon
ssp. asiaticum ······················ 野244	var. atrandrum ···················· 山271
Chelonopsis longipes ················ 山424	var. macrostemon ················· 山271
Chelonopsis moschata ··············· 山424	var. shiobarense ··················· 山270
Chenopodium acuminatum	Chrysosplenium maximowiczii ····· 山267
var. vachelii ······················· 野287	Chrysosplenium nagasei
Chenopodium album ················· 野286	var. nagasei ························ 山269
var. centrorubrum ················· 野287	var. porphyranthes ················ 山270
Chenopodium ambrosioides ········ 野288	Chrysosplenium pilosum
var. anthelminticum ··············· 野288	var. sphaerospermum ············ 山274
Chenopodium ficifolium ············· 野287	Chrysosplenium pseudopilosum
Chenopodium pumilio ··············· 野288	var. divaricatistylosum ··········· 山272
Chimaphila japonica ················· 山380	var. pseudopilosum ··············· 山272
Chimaphila umbellata ················ 山380	Chrysosplenium ramosum ··········· 山270
Chionographis hisauchiana ·········· 山63	Chrysosplenium rhabdospermum ·· 山274
Chionographis japonica ··············· 山63	Chrysosplenium tosaense ············ 山275
Chionographis koidzumiana ········· 山63	Cicuta virosa ···························· 山468
Chloranthus fortunei ··················· 山32	Cimicifuga biternata ········ 野237,山218
Chloranthus japonicus ········· 野22,山32	Cimicifuga japonica ·················· 山218

Cimicifuga simplex	山217
Circaea alpina	山304
Circaea cordata	山303
Circaea erubescens	山304
Circaea mollis	野312,山303
Cirsium borealinipponense	山548
Cirsium buergeri	山550
Cirsium confertissimum	山550
Cirsium dipsacolepis	山549
Cirsium gyojanum	山551
Cirsium incomptum	野588,山554
var. comosum	野588
Cirsium inundatum	山556
Cirsium japonicum	
var. horridum	山546
var. ibukiense	山547
var. japonicum	野586,山547
Cirsium kamtschaticum	山544
Cirsium lineare	山549
Cirsium makinoi	野588,山554
Cirsium maritimum	野587
Cirsium microspicatum	山552
Cirsium nipponicum	
var. shikokianum	山554
Cirsium norikurense	山556
Cirsium oligophyllum	野586,山548
Cirsium pectinellum	山544
Cirsium pendulum	野590
Cirsium purpuratum	山544
Cirsium sieboldii	野590,山548
Cirsium spicatum	山553
Cirsium suffultum	野587,山555
Cirsium suzukaense	山551
Cirsium taishakuense	山546
Cirsium tamastoloniferum	野589
Cirsium tenuipedunculatum	山552
Cirsium ugoense	山546
Cirsium yakusimense	山553
Cirsium yatsualpicola	山555
Cirsium yezoense	山546
Cirsium yoshinoi	野589,山554
Cladium jamaicense	
ssp. chinense	野108
Cladopus austrosatsumensis	山328
Cladopus doianus	山328
Cladopus japonicus	山328
Cleistogenes hackelii	野171
Clematis apiifolia	野239
Clematis japonica	野241,山244
Clematis lasiandra	山244
Clematis patens	野242
Clematis speciosa	山246
Clematis stans	山246
var. austrojaponensis	山246
Clematis terniflora	野240
Clematis tosaensis	山245
Clematis williamsii	山245
Clinopodium chinense	
ssp. grandiflorum	山430
Clinopodium gracile	野459
Clinopodium micranthum	
var. micranthum	山430
var. sachalinense	山430
Clinopodium multicaule	山431
var. yakusimense	山431
Clintonia udensis	山66
Cnidium japonicum	野495
Codonopsis javanica	
ssp. japonica	野510,山492
Codonopsis lanceolata	野508
Codonopsis ussuriensis	野509
Coeloglossum viride	
var. bracteatum	山123
Coelopleurum gmelinii	山470
Coix lacryma-jobi	野224
Commelina communis	野226
Commelina diffusa	野226
Comospermum yedoense	山151
Conandron ramondioides	野448,山411
var. pilosus	野448
Convallaria majalis	
var. manshurica	山143
Convolvulus arvensis	野443
Conyza bonariensis	野551
Conyza canadensis	野550
Conyza sumatrensis	野550
Coptis japonica	山229
var. major	山229
Coptis quinquefolia	山228
Coptis ramosa	山229
Coptis trifolia	山228
Coptis trifoliolata	山228
Corchoropsis crenata	野407
Cornus canadensis	山364
Cortusa matthioli	
ssp. pekinensis	
var. sachalinensis	山371
Corydalis decumbens	野247
Corydalis fumariifolia	
ssp. azurea	山248
Corydalis heterocarpa	
var. japonica	野248
Corydalis incisa	野247
Corydalis lineariloba	野248,山248
Corydalis ochotensis	山249
Corydalis ophiocarpa	山250
Corydalis orthoceras	山248
Corydalis pallida	
var. pallida	山251
var. tenuis	山251
Corydalis raddeana	山249
Corydalis speciosa	山250

Cotula australis	野533
Crassocephalum crepidioides	野568
Cremastra appendiculata	
var. variabilis	山93
Crepidiastrum chelidoniifolium	山566
Crepidiastrum denticulatum	野603
Crepidiastrum keiskeanum	野602
Crepidiastrum lanceolatum	野602
Crepidiastrum platyphyllum	野602
Crepis tectorum	野601
Crinum asiaticum	
var. japonicum	野73
Crocosmia ×crocosmiiflora	野64
Croomia heterosepala	山54
Croomia hyugaensis	山55
Croomia kinoshitae	山54
Croomia saitoana	山55
Crotalaria sessiliflora	野360
Cryptotaenia canadensis	
ssp. japonica	野497
Curculigo orchioides	山131
Cuscuta australis	野447
Cuscuta campestris	野446
Cuscuta chinensis	野447
Cuscuta japonica	野446
Cymbidium goeringii	野54,山88
Cymbidium kanran	山88
Cymbidium macrorhizon	山89
Cymbidium nagifolium	山89
Cymbopogon tortilis	
var. goeringii	野216
Cynanchum caudatum	山400
Cynanchum wilfordii	山400
Cynodon dactylon	野190
Cynoglossum furcatum	
var. villosulum	山385
Cyperus amuricus	野99
Cyperus brevifolius	
var. leiolepis	野105
Cyperus congestus	野105
Cyperus cyperoides	野102
Cyperus difformis	野103
Cyperus exaltatus	
var. iwasakii	野101
Cyperus flaccidus	野104
Cyperus flavidus	野107
Cyperus glomeratus	野100
Cyperus haspan	
var. tuberiferus	野104
Cyperus iria	野99
Cyperus microiria	野98
Cyperus nipponicus	野103
Cyperus odoratus	野102
Cyperus orthostachyus	野99
Cyperus polystachyos	野107
Cyperus rotundus	野100
Cyperus sanguinolentus	野106
Cyperus serotinus	野106
Cypripedium debile	山128
Cypripedium japonicum	野53,山128
Cypripedium macranthos	
var. flavum	山130
var. speciosum	山128
Cypripedium yatabeanum	山130

D

Dactylis glomerata	野163
Dactyloctenium aegyptium	野173
Dactylostalix ringens	山93
Datura metel	野440
Datura stramonium	野440
Daucus carota	
ssp. carota	野500
Deinanthe bifida	山364
Delphinium anthriscifolium	野243
Dendrobium catenatum	山94
Dendrobium moniliforme	山94
Desmodium laxum	野365
Desmodium paniculatum	野365
Desmodium podocarpum	
ssp. oxyphyllum var. japonicum	野364
ssp. podocarpum	野364
Dianthus armeria	野278
Dianthus japonicus	野279
Dianthus shinanensis	山255
Dianthus superbus	
var. longicalycinus	野278,山255
var. superbus	山255
Diarrhena japonica	山198
Diaspananthus uniflora	山538
Dichocarpum dicarpon	山223
Dichocarpum hakonense	山225
Dichocarpum nipponicum	山224
var. sarmentosum	山224
Dichocarpum pterigionocaudatum	山226
Dichocarpum stoloniferum	山225
Dichocarpum trachyspermum	山224
Dichocarpum univalve	山224
Digitaria ciliaris	野204
Digitaria radicosa	野205
Digitaria violascens	野205
Dimeria ornithopoda	
var. tenera	野218
var. tenera f. microchaeta	野218
Diodia teres	野428
Dioscorea gracillima	野40,山53
Dioscorea japonica	野37,山52
Dioscorea polystachya	野38
Dioscorea quinquelobata	山53
Dioscorea septemloba	山53
Dioscorea tenuipes	野40

Dioscorea tokoro	野39,山52
Diphylleia grayi	山209
Dipsacus japonicus	山484
Disporum ×hishiyamanum	山87
Disporum lutescens	山87
Disporum sessile	野52,山87
Disporum smilacinum	野52,山86
Disporum viridescens	山86
Dopatrium junceum	野484
Draba nemorosa	野398
Dracocephalum argunense	山423
Drosera anglica	山262
Drosera indica	野251
Drosera peltata	
var. nipponica	野251
Drosera rotundifolia	野250,山262
Drosera spathulata	野250
Dumasia truncata	野373
Dunbaria villosa	野373

E

Eccoilopus cotulifer	野214
Echinochloa crus-galli	
var. aristata	野206
var. crus-galli	野206
Echinochloa oryzicola	野207
Echinops setifer	山565
Eclipta thermalis	野571
Egeria densa	野35
Eichhornia crassipes	野229
Elatostema densiflorum	山352
Elatostema involucratum	山353
Elatostema japonicum	山353
Elatostema laetevirens	山352
Eleocharis acicularis	
var. longiseta	野122
Eleocharis congesta	野121
Eleocharis kuroguwai	野123
Eleocharis mamillata	
var. cyclocarpa	野122,山179
Eleocharis parvinux	野122
Eleocharis wichurae	野121
Eleusine indica	野173
Elsholtzia ciliata	野458
Elsholtzia nipponica	野458
Elymus racemifer	野153
Elymus tsukushiensis	
var. transiens	野153
Enemion raddeanum	山227
Ephippianthus sawadanus	山102
Ephippianthus schmidtii	山102
Epilobium amurense	山305
ssp. cephalostigma	山305
Epilobium faurieri	山305
Epilobium pyrricholophum	
	野312,山305
Epimedium diphyllum	山208
Epimedium grandiflorum	
var. grandiflorum	山206
var. higoense	山206
var. thunbergianum	山206
Epimedium koreanum	山208
Epimedium sempervirens	山207
Epimedium ×setosum	山208
Epimedium trifoliatobinatum	山207
Epipactis papillosa	山111
var. sayekiana	野58
Epipactis thunbergii	野58,山111
Epipogium aphyllum	山110
Epipogium japonicum	山110
Epipogium roseum	山110
Eragrostis cilianensis	野166
Eragrostis curvula	野169
Eragrostis ferruginea	野169
Eragrostis minor	野167
Eragrostis multicaulis	野167
Eranthis pinnatifida	山223
Erechtites hieraciifolius	野568
Erigeron annuus	野548
Erigeron philadelphicus	野549
Erigeron strigosus	野548
Erigeron thunbergii	
ssp. glabratus var. angustifolius	山518
ssp. thunbergii	山518
Eriocaulon cinereum	野90
Eriocaulon decemflorum	野93
Eriocaulon nudicuspe	野90
Eriocaulon parvum	野90
Eriocaulon robustius	野92
Eriocaulon taquetii	野92
Eriochloa villosa	野201
Eriophorum gracile	山180
Eriophorum scheuchzeri	
var. tenuifolium	山180
Eriophorum vaginatum	
ssp. fauriei	山180
Erythronium japonicum	野43,山72
Eupatorium chinense	山542
Eupatorium glehnii	
var. hakonense	山542
Eupatorium japonicum	野580
Eupatorium laciniatum	山543
Eupatorium lindleyanum	野580,山543
Eupatorium variabile	山543
Euphorbia adenochlora	野338
Euphorbia ebracteolata	野339
Euphorbia helioscopia	野336
Euphorbia jolkinii	野339
Euphorbia lasiocaula	野336,山323
Euphorbia sieboldiana	野337

Euphrasia insignis
  ssp. iinumae ·················· 山444
  ssp. insignis var. japonica ········ 山444
Euphrasia maximowiczii ············ 山444
Euphrasia microphylla ············· 山445
Euphrasia multifolia ··············· 山445
Euryale ferox ···················· 野16
Eutrema japonicum ················ 山355
Eutrema tenue ···················· 山356

F

Fagopyrum dibotrys ··············· 野259
Fagopyrum esculentum ············ 野259
Fallopia dentatoalata ·············· 野271
Fallopia japonica
  var. japonica ················· 野270
Fallopia multiflora ················ 野271
Fallopia sachalinensis ············· 山252
Farfugium japonicum ·············· 野567
Fatoua villosa ···················· 野387
Festuca arundinacea ·············· 野158
Festuca japonica ················· 山194
Festuca parvigluma ········ 野158,山193
Festuca pratensis ················· 野158
Festuca rubra ·············· 野159,山192
Filipendula camtschatica ············ 山343
Filipendula glaberrima ············· 山344
Filipendula multijuga ·············· 山343
Fimbristylis autumnalis ············ 野119
Fimbristylis complanata
  f. exaltata ···················· 野118
Fimbristylis dichotoma
  var. tentsuki ·················· 野116
Fimbristylis littoralis ·············· 野120
Fimbristylis ovata ················ 野120
Fimbristylis sericea ··············· 野118
Fimbristylis sieboldii ·············· 野117
Fimbristylis subbispicata ··········· 野116
Fimbristylis velata ················ 野117
Fragaria iinumae ················· 山340
Fragaria nipponica ················ 山340
Fritillaria amabilis ················ 山71
Fritillaria japonica ················ 山70
Fritillaria kaiensis ············ 野49,山70
Fritillaria koidzumiana ············· 山70
Fritillaria muraiana ··············· 山71
Fritillaria shikokiana ·············· 山71

G

Gagea lutea ··················· 野49,山68
Gagea vaginata ··················· 山68
Galeola septentrionalis ············· 山114
Galeopsis bifida ·················· 山426
Galinsoga quadriradiata ············ 野571
Galium gracilens ·················· 野424
Galium japonicum ················ 山389
Galium kamtschaticum
  var. acutifolium ··············· 山390
  var. kamtschaticum ············· 山391
  var. minus ···················· 山391
Galium kikumugura ··············· 山390
Galium kinuta ···················· 山392
Galium niewerthii ················· 野423
Galium odoratum ················· 山392
Galium paradoxum
  ssp. franchetianum ············· 山390
Galium pogonanthum ·············· 山390
Galium pseudoasprellum ··········· 野425
Galium spurium
  var. echinospermon ············· 野423
Galium trachyspermum ············ 野424
Galium trifidum
  ssp. columbianum ·············· 野425
Galium trifloriforme ··············· 山389
Galium triflorum ················· 山389
Galium verum
  ssp. asiaticum ················· 野422
  ssp. asiaticum
    var. asiaticum f. lacteum ········ 野422
Gastrochilus matsuran ·············· 山96
Gastrodia elata ··················· 野59
  f. pallens ····················· 野59
Gastrodia pubilabiata ·············· 山115
Gastrodia verrucosa ··············· 山115
Gentiana makinoi ················· 山395
Gentiana scabra
  var. buergeri ············ 野430,山394
Gentiana sikokiana ················ 山394
Gentiana squarrosa ················ 野430
Gentiana thunbergii
  var. minor ···················· 山393
  var. thunbergii ················ 山393
Gentiana triflora
  var. japonica ·················· 山395
Gentiana yakushimensis ············ 山396
Gentiana zollingeri ········· 野430,山393
Geranium carolinianum ············ 野307
Geranium erianthum ·············· 山298
Geranium krameri ················· 山298
Geranium onoei
  var. onoei f. alpinum ············ 山299
  var. onoei f. onoei ·············· 山299
Geranium robertianum ············· 山300
Geranium shikokianum
  var. kaimontanum ·············· 山296
  var. shikokianum ··············· 山296
  var. yoshiianum ················ 山296
Geranium sibiricum ··············· 山300
Geranium soboliferum
  var. hakusanense ··············· 山297
  var. kiusianum ················· 山297
Geranium thunbergii ··············· 野307

Geranium tripartitum ··············· 山301	Heliotropium japonicum ············· 野420
Geranium wilfordii ················· 山301	Helonias breviscapa ············ 野41,山64
var. chinensis ························ 山301	Helonias kawanoi ······················· 山65
Geranium yesoense	Helonias leucantha ······················ 山65
var. hidaense ························ 山295	Helonias orientalis ············· 野41,山64
var. nipponicum ····················· 山295	Hemarthria sibirica ···················· 野222
var. yesoense ························ 山295	Hemerocallis citrina
Geum aleppicum ············ 野384,山339	var. vespertina ······················ 山140
Geum japonicum ···················· 野384	Hemerocallis dumortieri
Geum macrophyllum	var. esculenta ······················ 山138
var. sachalinense ··················· 山339	var. exaltata ························ 山138
Geum ternatum ······················ 山340	Hemerocallis fulva
Glaucidium palmatum ············· 山246	var. disticha ·························· 野67
Glaux maritima	var. kwanso ··························· 野66
var. obtusifolia ······················ 野416	var. littorea ··························· 野67
Glechoma hederacea	Hemistepta lyrata ···················· 野594
ssp. grandis ··························· 野452	Hepatica nobilis
Glehnia littoralis ···················· 野494	var. japonica ························· 山243
Glyceria acutiflora	var. japonica f. magna ·········· 山243
ssp. japonica ·························· 野162	var. japonica f. variegata ········ 山242
Glyceria ischyroneura ············· 野162	Heracleum lanatum ················· 山478
Glyceria leptolepis ·················· 山195	Heracleum sphondylium
Glycine max	var. nipponicum ·········· 野490,山478
ssp. soja ······························· 野375	var. turugisanense ················· 山478
Gnaphalium affine ·················· 野558	Herminium lanceum ················ 山124
Gnaphalium calviceps ············· 野559	Hetaeria agyokuana ················· 山109
Gnaphalium hypoleucum ········· 山522	Hieracium umbellatum ············· 山565
Gnaphalium japonicum ············ 野558	Holcus lanatus ······················· 野151
Gnaphalium uliginosum ··········· 野559	Hololeion krameri ··················· 野609
Gonostegia hirta ···················· 山348	Honckenya peploides
Goodyera biflora ···················· 山107	var. major ····························· 野274
Goodyera foliosa	Hordeum murinum ·················· 野189
var. laevis ····························· 山107	Hosta ×alismifolia ··················· 山148
Goodyera pendula ·················· 山107	Hosta kikutii
Goodyera schlechtendaliana ········ 山106	var. kikutii ···························· 山149
Goodyera velutina ·················· 山106	var. polyneuron ····················· 山149
Goodyera viridiflora ················ 山106	Hosta longipes
Gymnadenia camtschatica ········· 山125	var. gracillima ······················ 山150
Gymnadenia cucullata ·············· 山125	var. longipes ························· 山150
Gynostemma pentaphyllum ······· 野395	Hosta longissima ······················ 野78
	Hosta sieboldiana ············· 野79,山148

H

Habenaria dentata ·················· 山122	Hosta sieboldii
Habenaria flagellifera ·············· 山123	var. sieboldii f. spathulata ·野78,山150
Habenaria linearifolia ·············· 山121	Houttuynia cordata ···················· 野18
Habenaria sagittifera ········· 野61,山122	Hoya carnosa ························· 山405
Hakonechloa macra ················ 山198	Humulus lupulus
Halenia corniculata ················· 山397	var. cordifolius ············· 野387,山345
Haloragis micrantha ················ 野304	var. lupulus ·························· 山345
Hedyotis brachypoda ··············· 野426	Humulus scandens ·················· 野386
Hedyotis strigulosa	Hydrilla verticillata ···················· 野35
var. parvifolia ······················· 野426	Hydrobryum floribundum ·········· 山329
Helianthus strumosus ·············· 野578	Hydrobryum japonicum ············ 山329
Helianthus tuberosus ··············· 野578	Hydrobryum puncticulatum ········ 山329
Helictotrichon hideoi ··············· 山189	Hydrocharis dubia ····················· 野34
Heliopsis helianthoides ············ 野579	Hydrocotyle javanica ··············· 山461
	Hydrocotyle maritima ·············· 野489

Hydrocotyle ramiflora ······· 野489,山461
Hydrocotyle sibthorpioides ········· 野488
Hydrocotyle yabei ················· 野488
Hylomecon japonicum ········ 野246,山251
 f. dissecta ················· 野246,山251
 f. subintegra ····················· 野246
Hylotelephium cauticola ············· 山290
Hylotelephium erythrostictum ····· 山291
Hylotelephium sieboldii ············· 山290
Hylotelephium verticillatum ······· 山291
Hypericum ascyron ················· 山324
Hypericum erectum ········ 野344,山325
Hypericum gracillimum ············· 山324
Hypericum kiusianum
 var. kiusianum ····················· 山326
 var. yakusimense ·················· 山326
Hypericum laxum ····················· 野345
Hypericum perforatum
 ssp. chinense ······················· 野344
Hypericum pseudopetiolatum ······· 山326
Hypericum senanense ················· 山324
Hypericum sikokumontanum ······· 山327
Hypericum tosaense ················· 山327
Hypochaeris radicata ················· 野600
Hypoxis aurea ······················· 山131
Hystrix duthiei
 ssp. longearistata ·················· 山192

I

Impatiens hypophylla ················· 山367
Impatiens noli-tangere ··············· 山366
Impatiens textorii ············ 野410,山366
Imperata cylindrica
 var. koenigii ······················· 野209
Indigofera pseudotinctoria ········· 野360
Inula britannica
 ssp. japonica ············· 野555,山520
Inula ciliaris ························· 野554
Inula linariifolia ····················· 山520
Inula salicina
 var. asiatica ······················· 野554
Ipomoea coccinea ····················· 野445
Ipomoea indica ······················· 野444
Ipomoea pes-caprae ················· 野444
Ipomoea purpurea ··················· 野444
Ipomoea quamoclit ··················· 野445
Ipomoea triloba ······················· 野445
Iris domestica ························· 山137
Iris ensata
 var. spontanea ············· 野63,山134
Iris gracilipes ·················· 野64,山136
Iris japonica ··························· 野64
Iris laevigata ··················· 野62,山134
Iris pseudacorus ······················· 野63
Iris rossii ···························· 山136
Iris sanguinea ················· 野62,山132

Iris setosa ···························· 山132
Isachne globosa ······················· 野171
Ischaemum anthephoroides ········ 野220
Ischaemum aristatum
 var. crassipes ······················· 野220
Isodon effusus ························ 山437
Isodon inflexus ············· 野454,山436
Isodon longitubus ···················· 山437
Isodon shikokianus
 var. intermedius ···················· 山438
 var. shikokianus ···················· 山439
Isodon trichocarpus ·················· 山436
Isodon umbrosus ····················· 山438
 var. latifolius ······················· 山438
 var. leucanthus f. kameba ······· 山438
Ixeridium dentatum
 ssp. dentatum ······················· 野606
 ssp. nipponicum var. albiflorum · 野606
 ssp. nipponicum
  var. albiflorum f. amplifolium ·· 野606
Ixeris chinensis
 ssp. strigosa ······················· 野605
Ixeris japonica ······················· 野606
Ixeris polycephala ··················· 野608
Ixeris repens ························· 野605
Ixeris stolonifera ····················· 野606
Ixeris tamagawaensis ··············· 野608

J

Jasminanthes mucronata ············· 山405
Juncus alatus ························· 野95
Juncus diastrophanthus ············· 野94
Juncus effusus
 var. decipiens ······················· 野96
Juncus leschenaultii ·················· 野94
Juncus maximowiczii ··············· 山152
Juncus papillosus ····················· 野95
Juncus polyanthemus ················· 野96
Juncus setchuensis
 var. effusoides ······················· 野96
Juncus tenuis ························· 野96
Justicia procumbens ··················· 野450

K

Keiskea japonica ····················· 山434
Kirengeshoma palmata ··············· 山365
Koeleria macrantha ··················· 野151
Kummerowia stipulacea ············· 野361
Kummerowia striata ··················· 野361

L

Lactuca indica ························· 野614
Lactuca raddeana
 var. elata ··················· 野616,山567
 var. raddeana ······················· 山567
Lactuca serriola ······················· 野614

Lactuca sororia ············· 野616,山568	Lilium concolor ························· 山76
Lactuca triangulata ················ 山568	Lilium japonicum ············· 野46,山74
Lamium album	Lilium lancifolium ············ 野44,山74
var. barbatum ······················ 野456	Lilium leichtlinii
Lamium amplexicaule ············· 野455	f. pseudotigrinum ···················· 山74
Lamium humile ························ 山425	Lilium longiflorum ···················· 野47
Lamium purpureum ················· 野455	Lilium maculatum ····················· 野46
Laportea bulbifera ··················· 山346	ssp. dauricum ·························· 野46
Laportea cuspidata ··················· 山346	Lilium medeoloides ··················· 山76
Lapsanastrum apogonoides ········ 野611	Lilium rubellum ························ 山74
Lapsanastrum humile ················ 野611	Lilium speciosum ······················ 野45
Lathraea japonica ···················· 山452	Limnophila sessiliflora ············· 野484
Lathyrus davidii ······················ 野370	Limonium tetragonum ·············· 野252
Lathyrus japonicus ··················· 野371	Linaria japonica ······················ 野485
Lathyrus palustris	Lindernia crustacea ·················· 野474
var. pilosus ····························· 山333	Lindernia dubia
Lathyrus pratensis ··················· 山332	ssp. major ······························ 野475
Lathyrus quinquenervius ··· 野370,山333	Lindernia micrantha ················· 野474
Lecanorchis japonica ················ 山116	Lindernia procumbens ·············· 野475
Lecanorchis nigricans ··············· 山116	Lindernia setulosa ···················· 野474
Lecanthus peduncularis ············· 山350	Linnaea borealis ······················ 山484
Leersia japonica ······················ 野176	Liparis formosana ···················· 山100
Leersia sayanuka ····················· 野176	Liparis japonica ························ 山99
Leibnitzia anandria ·················· 野569	Liparis krameri ························· 山98
Lemna aoukikusa ······················ 野29	Liparis kumokiri ························ 山98
Leontopodium japonicum ·········· 山523	Liparis makinoana ····················· 山99
var. spathulatum ······················ 山523	Liparis nervosa ······················· 山100
Leonurus japonicus ·················· 野457	Lipocarpha microcephala ·········· 野108
Leonurus macranthus ··············· 山424	Liriope minor ··························· 野83
Lepidium didymum ·················· 野402	Liriope muscari ························· 野83
Lepidium virginicum ················ 野402	Listera japonica ······················ 山109
Leptochloa chinensis ················ 野172	Lithospermum erythrorhizon ······ 山383
Leptochloa fusca ····················· 野172	Lithospermum zollingeri ··········· 山383
Lespedeza cuneata ··················· 野362	Lloydia triflora ························· 山68
var. serpens ···························· 野362	Lobelia chinensis ····················· 野510
Lespedeza inschanica ··············· 野363	Lobelia sessilifolia ··················· 山491
Lespedeza pilosa ····················· 野363	Lolium ×hybridum ··················· 野155
Leucanthemella linearis ············ 野527	Lolium multiflorum ·················· 野154
Leucosceptrum japonicum ········· 山433	Lolium perenne ······················· 野154
f. barbinervium ······················ 山433	Lophatherum gracile ················· 山197
Leucosceptrum stellipilum	Lotus corniculatus
var. radicans ··························· 山432	var. corniculatus ······················ 野350
Leymus mollis ························· 野155	var. japonicus ························· 野350
Libanotis ugoensis	var. japonicus f. versicolor ······· 野350
var. japonica ··························· 山467	Lotus pedunculatus ·················· 野351
Ligularia angusta ···················· 山531	Loxocalyx ambiguus ················· 山425
Ligularia dentata ····················· 山532	Ludwigia decurrens ·················· 野313
Ligularia euodon ····················· 山530	Ludwigia epilobioides ··············· 野313
var. takeyukii ·························· 山533	Ludwigia peploides
Ligularia hodgsonii ·················· 山533	ssp. stipulacea ························ 野314
Ligularia japonica ··················· 山531	Luzula capitata ························· 野97
Ligularia kaialpina ··················· 山533	Luzula multiflora ·············· 野97,山152
Ligularia stenocephala ············· 山530	Luzula plumosa
Lilium auratum ··················· 野45,山75	ssp. dilatata ···························· 山152
var. platyphyllum ······················ 野45	Lycopus cavaleriei ···················· 野462
Lilium callosum ························ 山76	Lycopus lucidus ······················· 野462

Lycopus maackianus	野462, 山429
Lycopus uniflorus	山429
Lycoris radiata	野68
Lycoris sanguinea	野70
var. kiushiana	野70
Lycoris ×squamigera	野70
Lysichiton camtschatcense	山34
Lysimachia acroadenia	山370
Lysimachia barystachys	野413
Lysimachia clethroides	野413
Lysimachia fortunei	野414
Lysimachia japonica	野415
Lysimachia mauritiana	野415
Lysimachia sikokiana	山370
Lysimachia thyrsiflora	山369
Lysimachia vulgaris	
var. davurica	野414, 山369
Lythrum anceps	野308
Lythrum salicaria	野309

M

Macleaya cordata	野245
Maianthemum bifolium	山143
Maianthemum dilatatum	山143
Malaxis monophyllos	山101
Malva mauritiana	野408
Malva neglecta	野409
Malva verticillata	野409
Marsdenia tomentosa	山404
Matricaria matricarioides	野532
Mazus miquelii	野469
Mazus pumilus	野468
Medicago lupulina	野357
Medicago minima	野356
Medicago polymorpha	野355
Medicago sativa	野355
Meehania urticifolia	山423
Melampyrum laxum	
var. laxum	山443
var. nikkoense	山443
var. yakusimense	山443
Melampyrum roseum	
var. japonicum	山442
var. roseum	山442
Melanthera biflora	野572
Melanthera prostrata	野572
Melica nutans	山196
Melica onoei	山196
Melilotus officinalis	
ssp. albus	野359
ssp. suaveolens	野359
Mentha canadensis	
var. piperascens	野452
Mentha japonica	野453
Mentha suaveolens	野453
Menyanthes trifoliata	山494
Mercurialis leiocarpa	山323
Mertensia maritima	
ssp. asiatica	野420
Metaplexis japonica	野434
Meterostachys sikokianus	山294
Micranthes fusca	
ssp. kikubuki	山286
Micranthes japonica	山286
Micranthes sachalinensis	山286
Microstegium japonicum	野219, 山204
Microstegium vimineum	
f. vimineum	野219
f. willdenowianum	野218
Milium effusum	山190
Mimulus nepalensis	山453
Mimulus sessilifolius	山453
Miricacalia makinoana	山529
Miscanthus condensatus	野211
Miscanthus floridulus	野212
Miscanthus oligostachyus	山204
Miscanthus sacchariflorus	野212
Miscanthus sinensis	野210, 山202
Miscanthus tinctorius	山204
Mitchella undulata	山388
Mitella acerina	山278
Mitella furusei	
var. furusei	山280
var. subramosa	山280
Mitella integripetala	山277
Mitella japonica	山281
Mitella koshiensis	山280
Mitella nuda	山277
Mitella pauciflora	山278
Mitella stylosa	
var. makinoi	山279
var. stylosa	山279
Mitella yoshinagae	山281
Mitrasacme indica	野432
Mitrasacme pygmaea	野432
Mitrastemma yamamotoi	野417
Moehringia lateriflora	山260
Molinia japonica	山198
Mollugo stricta	野293
Mollugo verticillata	野293
Monochasma sheareri	野472
Monochoria korsakowii	野228
Monochoria vaginalis	野228
Monotropa hypopithys	山381
Monotropa uniflora	山381
Monotropastrum humile	山382
Mosla dianthera	野460
Mosla hirta	野460
Mosla japonica	山432
Mosla scabra	野461
Muhlenbergia huegelii	山200
Muhlenbergia japonica	山200

Murdannia keisak	野227
Myosotis scorpioides	野419
Myosotis sylvatica	山384
Myriactis japonensis	山535
Myriophyllum ussuriense	野304
Myrmechis japonica	山109

N

Nabalus tanakae	山566
Nanocnide japonica	野388
Narcissus tazetta	野72
Narthecium asiaticum	山48
Nasturtium officinale	野404
Neanotis hirsuta	野427
Nelumbo nucifera	野17
Nemosenecio nikoensis	山528
Neoachmandra japonica	野394
Neofinetia falcata	野55
Neottia acuminata	山108
Neottia nidus-avis	
var. mandshurica	山108
Nepeta subsessilis	山422
Nephrophyllidium crista-galli	
ssp. japonicum	山494
Nicandra physalodes	野439
Nipponanthemum nipponicum	野526
Nuphar japonica	山16
Nuphar pumila	
var. ozeensis	山17
var. pumila	山17
Nymphaea tetragona	山16
Nymphoides indica	野511
Nymphoides peltata	野511

O

Oberonia japonica	山102
Oenanthe javanica	野497
Oenothera biennis	野317
Oenothera glazioviana	野316
Oenothera grandis	野318
Oenothera rosea	野319
Oenothera speciosa	野318
Oenothera stricta	野317
Omphalodes japonica	野418
Omphalodes krameri	山385
Ophiopogon jaburan	野85
Ophiopogon japonicus	野85
Ophiopogon planiscapus	野85
Ophiorrhiza japonica	山386
Opithandra primuloides	山411
Oplismenus undulatifolius	野208
Orchis cyclochila	山126
Orchis fauriei	山127
Oreorchis patens	山93
Orobanche coerulescens	野470
Orobanche minor	野470

Orostachys japonica	野302
Orostachys malacophylla	
var. iwarenge	野302
Orthilia secunda	山378
Orychophragmus violaceus	野406
Oryza sativa	野177
Osmorhiza aristata	野499
Ostericum sieboldii	野499,山468
Ottelia alismoides	野34
Oxalis acetosella	山331
Oxalis articulata	野346
Oxalis corniculata	野346
Oxalis debilis	
ssp. corymbosa	野346
Oxalis griffithii	山330
var. kantoensis	山330
Oxalis obtriangulata	山331

P

Pachysandra terminalis	野249
Paederia scandens	野429
Paeonia japonica	山266
Paeonia obovata	山266
Panax japonicus	山463
f. dichrocarpus	山463
Panicum bisulcatum	野200
Panicum dichotomiflorum	野200
Papaver dubium	野244
Papaver rhoeas	野245
Parasenecio adenostyloides	山502
Parasenecio amagiensis	山502
Parasenecio auriculatus	
var. bulbifer	山504
Parasenecio delphiniifolius	山501
Parasenecio farfarifolius	
var. acerinus	山503
var. bulbiferus	山503
var. farfarifolius	山503
Parasenecio hastatus	
ssp. orientalis	山505
ssp. orientalis var. ramosus	山506
Parasenecio kamtschaticus	山504
Parasenecio kiusianus	山507
Parasenecio maximowiczianus	山506
var. alatus	山506
Parasenecio nikomontanus	山504
Parasenecio peltifolius	山507
Parasenecio tebakoensis	山501
Parasenecio yatabei	山507
Paris tetraphylla	山59
Paris verticillata	山58
Parnassia foliosa	
var. foliosa	山307
var. japonica	山307

Parnassia palustris
　var. palustris ……………… 山306
　var. tenuis ……………… 山306
　var. yakusimensis ……………… 山306
Paspalum dilatatum ……………… 野202
Paspalum distichum ……………… 野202
Paspalum thunbergii ……………… 野202
Patrinia gibbosa ……………… 山480
Patrinia scabiosifolia ……………… 野503
Patrinia triloba
　var. palmata ……………… 山479
　var. takeuchiana ……………… 山480
　var. triloba ……………… 山479
Patrinia villosa ……………… 野504
Pecteilis radiata ……………… 野61
Pedicularis gloriosa ……………… 山450
Pedicularis keiskei ……………… 山446
Pedicularis nipponica ……………… 山450
Pedicularis ochiaiana ……………… 山451
Pedicularis oederi
　ssp. heteroglossa ……………… 山448
Pedicularis refracta ……………… 山448
Pedicularis resupinata
　ssp. oppositifolia ……………… 山446
　ssp. oppositifolia
　　var. microphylla ……………… 山447
　ssp. teucriifolia　var. caespitosa ·· 山447
Pedicularis schistostegia ……………… 山449
　f. rubriflora ……………… 山449
Pellionia minima ……………… 山352
Pellionia radicans ……………… 山352
Peltoboykinia tellimoides ……………… 山285
Peltoboykinia watanabei ……………… 山285
Pennisetum alopecuroides ……………… 野193
　f. viridescens ……………… 野193
Penthorum chinense ……………… 野299
Peracarpa carnosa ……………… 山490
Perilla citriodora ……………… 山431
Perillula reptans ……………… 山432
Peristrophe japonica
　var. subrotunda ……………… 野450, 山414
Persicaria chinensis ……………… 野259
Persicaria debilis ……………… 山252
Persicaria filiformis ……………… 野254
Persicaria hastatosagittata ……………… 野257
Persicaria hydropiper ……………… 野265
Persicaria japonica ……………… 野264
Persicaria lapathifolia
　var. incana ……………… 野261
　var. lapathifolia ……………… 野261
Persicaria longiseta ……………… 野262
Persicaria maackiana ……………… 野255
Persicaria macrantha
　ssp. conspicua ……………… 野264
Persicaria maculosa
　ssp. hirticaulis　var. pubescens ·· 野262
Persicaria muricata ……………… 野258
Persicaria nepalensis ……………… 野258
Persicaria orientalis ……………… 野260
Persicaria perfoliata ……………… 野255
Persicaria posumbu ……………… 野263
Persicaria pubescens ……………… 野264
Persicaria sagittata
　var. sibirica ……………… 野257
Persicaria senticosa ……………… 野256
Persicaria thunbergii ……………… 野256
Persicaria viscofera ……………… 野265
Persicaria viscosa ……………… 野260
Pertya glabrescens ……………… 山541
Pertya ×hybrida ……………… 山540
Pertya rigidula ……………… 山539
Pertya robusta ……………… 山539
Pertya scandens ……………… 山541
Pertya triloba ……………… 山540
Petasites japonicus ……………… 野566
　ssp. giganteus ……………… 野566, 山534
Petrosavia sakuraii ……………… 山47
Peucedanum japonicum ……………… 野494
Phacellanthus tubiflorus ……………… 山452
Phacelurus latifolius ……………… 野222
Phalaris arundinacea ……………… 野174
Phalaris canariensis ……………… 野174
Phedimus aizoon
　var. aizoon ……………… 山292
　var. floribundus ……………… 山292
Phleum pratense ……………… 野188, 山188
Phragmites australis ……………… 野164
Phragmites japonicus ……………… 野164
Phragmites karka ……………… 野165
Phryma leptostachya
　ssp. asiatica ……………… 野468
Phtheirospermum japonicum ……………… 野473
Phyla nodiflora ……………… 野451
Phyllanthus lepidocarpus ……………… 野343
Phyllanthus ussuriensis ……………… 野343
Physaliastrum echinatum ……………… 山407
Physaliastrum japonicum ……………… 山407
Physalis alkekengi
　var. franchetii ……………… 野438
Physalis angulata ……………… 野438
Physalis chamaesarachoides ……………… 山406
Phytolacca acinosa ……………… 野295
Phytolacca americana ……………… 野295
Phytolacca japonica ……………… 野295
Picris hieracioides
　ssp. japonica ……………… 野600
Pilea angulata
　ssp. petiolaris ……………… 山351
Pilea japonica ……………… 山351
Pilea peploides ……………… 山351
Pilea pumila ……………… 山350
Pilosella aurantiaca ……………… 野601

Pinellia ternata	野28
Pinellia tripartita	野28,山45
Pinguicula ramosa	山460
Pinguicula vulgaris	
var. macroceras	山460
Plantago asiatica	野476
Plantago japonica	野477
Plantago lanceolata	野478
Plantago virginica	野478
Platanthera amabilis	山118
Platanthera florentii	山120
Platanthera hologlottis	山120
Platanthera japonica	山120
Platanthera mandarinorum	
ssp. mandarinorum	
var. oreades	山118
ssp. ophrydioides	山117
Platanthera minor	野60
Platanthera sachalinensis	山119
Platanthera takedae	
ssp. uzenensis	山118
Platanthera tipuloides	
ssp. nipponica	山119
ssp. tipuloides var. sororia	山119
Platycodon grandiflorus	野505,山492
Pleurospermum uralense	山477
Poa acroleuca	野160
Poa annua	野160
Poa pratensis	野161
Poa sphondylodes	野161
Poa tuberifera	山194
Pogonatherum crinitum	野223
Pogonia japonica	野60,山116
Pogonia minor	山116
Pogostemon yatabeanus	野459
Polemonium caeruleum	
ssp. kiushianum	山368
ssp. laxiflorum	山368
Pollia japonica	野227
Polygala japonica	野378,山335
Polygala reinii	野379,山335
Polygala tatarinowii	野378,山335
Polygonatum falcatum	野81
Polygonatum humile	野82,山147
Polygonatum involucratum	野82,山146
Polygonatum lasianthum	野81,山146
Polygonatum odoratum	
var. maximowiczii	山147
var. pluriflorum	野80,山146
Polygonum aviculare	野253
Polygonum polyneuron	野253
Polypogon fugax	野184
Ponerorchis graminifolia	山126
Ponerorchis joo-iokiana	山126
Portulaca oleracea	野294
Potamogeton distinctus	野36
Potamogeton oxyphyllus	野36
Potentilla ancistrifolia	
var. dickinsii	山337
Potentilla anemonifolia	野382
Potentilla centigrana	山337
Potentilla chinensis	野381
Potentilla cryptotaeniae	山338
Potentilla fragarioides	
var. major	野380
Potentilla freyniana	野380
Potentilla hebiichigo	野383
Potentilla indica	野383
Potentilla niponica	野381
Potentilla riparia	山338
Potentilla rosulifera	山338
Potentilla togasii	山337
Prenanthes acerifolia	山566
Primula farinosa	
ssp. modesta var. matsumurae	山372
Primula japonica	山372
Primula jesoana	
var. jesoana	山373
var. pubescens	山373
Primula kisoana	山373
Primula reinii	山374
Primula sieboldii	野411
Primula sorachiana	山372
Primula tosaensis	山374
var. brachycarpa	山374
Prunella vulgaris	
ssp. asiatica	野456
Pseudopyxis depressa	山387
Pseudopyxis heterophylla	山387
Pseudostellaria heterantha	山260
var. linearifolia	山260
Pseudostellaria	
heterophylla	野274,山261
Pseudostellaria palibiniana	山261
Pseudostellaria sylvatica	山261
Pternopetalum tanakae	山466
Pterygocalyx volubilis	山396
Pterygopleurum neurophyllum	野495
Pueraria lobata	野374
Pulsatilla cernua	野242
Pyrola alpina	山378
Pyrola asarifolia	
ssp. incarnata	山379
Pyrola japonica	山379
Pyrola nephrophylla	山378

R

Ranunculus cantoniensis	野233
Ranunculus japonicus	野232

Ranunculus nipponicus
  var. japonicus ······················山235
  var. nipponicus ·····················山235
  var. submersus ·····················山235
Ranunculus sceleratus ···················野234
Ranunculus silerifolius
  var. glaber ·························野233
  var. silerifolius ····················山234
Ranunculus ternatus ·····················野232
Ranunculus yakushimensis ··········山234
Ranzania japonica ························山209
Raphanus sativus
  var. hortensis
    f. raphanistroides ··················野406
Reineckea carnea ···························野83
Rhynchosia acuminatifolia ············野372
Rhynchosia volubilis ······················野372
Rhynchospermum verticillatum ····野561
Rhynchospora alba ·······················山179
Rhynchospora fauriei ····················野124
Rhynchospora fujiiana ··················野124
Rodgersia podophylla ···················山284
Rorippa dubia ······························野399
Rorippa indica ······························野398
Rorippa palustris ··························野398
Rotala indica ································野310
Rotala mexicana ···························野310
Rubia argyi ··································野421
Rubia chinensis
  f. mitis ·······························山388
Rubus ikenoensis ··························山336
Rubus pedatus ······························山336
Rubus pseudojaponicus ················山336
Rumex acetosa ······························野266
Rumex acetosella
  ssp. pyrenaicus ····················野266
Rumex conglomeratus ···················野269
Rumex japonicus ··························野269
Rumex longifolius ·························山254
Rumex obtusifolius ·······················野268

S

Saccharum spontaneum
  var. arenicola ······················野208
Sacciolepis indica ·························野199
  var. oryzetorum ···················野199
Sagina japonica ····························野272
Sagina maxima ······························野272
Sagittaria aginashi ·······················野33
Sagittaria pygmaea ·······················野31
Sagittaria trifolia ··························野32
Sagittaria trifolia 'Caerulea' ··········野33
Salicornia europaea ······················野292
Salicornia virginica ·······················野292
Salomonia ciliata ··························野378
Salpichroa origanifolia ··················野440

Salsola komarovii ·························野290
Salvia glabrescens ························山427
  f. robusta ···························山427
Salvia japonica ·····························野464
Salvia koyamae ····························山428
Salvia lutescens
  var. crenata ························山426
  var. intermedia ····················山426
Salvia nipponica ···············野464,山428
Salvia plebeia ·······························野464
Salvinia natans ·······························野29
Sambucus chinensis ······················野502
Sanguisorba officinalis ··················野385
Sanguisorba tenuifolia
  var. alba ·····························山341
  var. purpurea ······················山341
  var. grandiflora ···················山341
  var. parviflora ·····················野385
Sanicula chinensis ························山464
Sanicula rubriflora ·······················山464
Sanicula tuberculata ·····················山464
Sarcochilus japonicus ······················山96
Saururus chinensis ························野18
Saussurea amabilis ·······················山564
Saussurea gracilis ·························山560
Saussurea japonica ·······················山559
Saussurea maximowiczii ···············山563
Saussurea modesta ·······················山561
Saussurea nikoensis ······················山560
Saussurea nipponica ·····················山561
Saussurea pulchella ······················山559
Saussurea savatieri ·······················山562
Saussurea sawadae ······················山565
Saussurea sikokiana ······················山562
Saussurea sinuatoides ···················山564
Saussurea tanakae ·······················山563
Saussurea triptera ·······················山563
Saussurea ussuriensis ···················山561
Saxifraga cortusifolia ····················山287
Saxifraga fortunei
  var. alpina ···························山288
  var. obtusocuneata ··············山288
Saxifraga nipponica ··········野297,山287
Saxifraga sendaica ·······················山289
  f. laciniata ··························山289
Saxifraga stolonifera ·········野297,山287
Scabiosa japonica ·························山483
Schizachyrium brevifolium ···········野216
Schizocodon ilicifolius
  var. australis ······················山377
  var. intercedens ··················山377
Schizocodon soldanelloides
  var. magnus ························山376
  var. soldanelloides ···············山376
Schizopepon bryoniifolius ············山354
Schoenoplectus hotarui ················野112

Schoenoplectus juncoides	野112
Schoenoplectus lineolatus	野112
Schoenoplectus tabernaemontani	野114
Schoenoplectus triangulatus	野113
Schoenoplectus triqueter	野114
Scilla scilloides	野77
Scirpus fuirenoides	野109,山183
Scirpus mitsukurianus	野109
Scirpus sylvaticus	
var. maximowiczii	山182
Scirpus wichurae	野110,山182
Scopolia japonica	山410
Scrophularia alata	山412
Scrophularia buergeriana	山412
Scrophularia duplicatoserrata	山413
Scrophularia kakudensis	野449
Scrophularia musashiensis	山413
Scutellaria brachyspica	野467
Scutellaria dependens	野465,山419
Scutellaria indica	野466
var. parvifolia	野466
Scutellaria kiusiana	山420
Scutellaria laeteviolacea	山420
var. abbreviata	山421
Scutellaria muramatsui	山421
Scutellaria pekinensis	
var. transitra	山419
var. ussuriensis	山419
Scutellaria rubropunctata	山420
Scutellaria shikokiana	山419
Scutellaria strigillosa	野467
Sedum bulbiferum	野300
Sedum japonicum	
ssp. japonicum	山293
ssp. oryzifolium	野301
Sedum lineare	山293
Sedum makinoi	山294
Sedum mexicanum	野300
Sedum sarmentosum	野301
Sedum subtile	山293
Sedum tosaense	山294
Semiaquilegia adoxoides	野236
Senecio cannabifolius	山527
Senecio nemorensis	山527
Senecio scandens	野564
Senecio vulgaris	野565
Serratula coronata	
ssp. insularis	山557
Setaria chondrachne	野198,山199
Setaria faberi	野197
Setaria pallidefusca	野197
Setaria palmifolia	野199
Setaria pumila	野196
Setaria × pycnocoma	野198
Setaria viridis	野194
f. misera	野195
var. pachystachys	野195
Sherardia arvensis	野428
Shortia uniflora	
var. kantoensis	山375
var. orbicularis	山375
Sicyos angulatus	野395
Sigesbeckia glabrescens	野570
Sigesbeckia pubescens	野570
Silene aomorensis	山258
Silene armeria	野279
Silene baccifera	
var. japonica	野281
Silene firma	野281
Silene gallica	
var. quinquevulnera	野280
Silene gracillima	山257
Silene kiusiana	山256
Silene miqueliana	山256
Silene repens	山258
Silene sieboldii	山256
Silene wilfordii	山256
Silene yanoei	山258
Siphonostegia chinensis	野472
Sisymbrium luteum	山362
Sisymbrium officinale	野400
Sisymbrium orientale	野400
Sisyrinchium angustifolium	野65
Sisyrinchium rosulatum	野65
Sium ninsi	野498
Smilacina japonica	山144
Smilacina robusta	山144
Smilacina viridiflora	山145
Smilacina yesoensis	山145
Smilax nipponica	野42
Smilax riparia	野42
Solanum capsicoides	野436
Solanum carolinense	野436
Solanum japonense	山408
Solanum lyratum	山408
Solanum maximowiczii	山409
Solanum megacarpum	山409
Solanum nigrum	野437
Solanum ptychanthum	野437
Solidago altissima	野552
Solidago gigantea	
ssp. serotina	野553
Solidago minutissima	山519
Solidago virgaurea	
ssp. asiatica	野552,山519
Solidago yokusaiana	山519
Sonchus asper	野613
Sonchus brachyotus	野613
Sonchus oleraceus	野612
Sophora flavescens	山332

Sorghum halepense	野224
Sparganium erectum	野86
Spathoglottis plicata	山97
Spergula arvensis	
var. sativa	野273
Spergularia marina	野273
Spiranthes sinensis	
var. amoena	野56
Spirodela polyrhiza	野29
Spodiopogon depauperatus	山201
Spodiopogon sibiricus	野215
Sporobolus fertilis	野185
var. purpureosuffusus	野185
Sporobolus japonicus	野185
Spuriopimpinella calycina	山467
Stachys aspera	
var. hispidula	野457
Stellaria aquatica	野277
Stellaria diversiflora	山259
Stellaria media	野276
Stellaria monosperma	
var. japonica	山259
Stellaria neglecta	野276
Stellaria sessiliflora	山259
Stellaria uliginosa	
var. undulata	野277
Stigmatodactylus sikokianus	山117
Stipa pekinensis	山189
Streptopus amplexifolius	
var. papillatus	山67
Streptopus streptopoides	
ssp. japonicus	山67
ssp. japonicus f. atrocarpus	山67
ssp. streptopoides	山67
Strobilanthes oligantha	山414
Strobilanthes wakasana	山415
Suaeda glauca	野290
Suaeda maritima	野290
Swertia bimaculata	山399
Swertia japonica	野431,山398
Swertia pseudochinensis	野431,山398
Swertia swertopsis	山399
Swertia tashiroi	山397
Swertia tosaensis	山398
Symplocarpus foetidus	
var. latissimus	山36
Syneilesis palmata	山500
Syneilesis tagawae	山500
Synurus excelsus	野592
Synurus palmatopinnatifidus	山558
Synurus pungens	野592,山558

T

Taeniophyllum glandulosum	山96
Tanakaea radicans	山284
Taraxacum albidum	野599
Taraxacum hondoense	野598
Taraxacum japonicum	野599
Taraxacum laevigatum	野596
Taraxacum officinale	野596
Taraxacum platycarpum	野596
var. longeappendiculatum	野598
Tephroseris flammea	
ssp. glabrifolia	山528
Tephroseris integrifolia	
ssp. kirilowii	野564
Tephroseris pierotii	野564
Tetragonia tetragonoides	野294
Teucrium japonicum	野461,山418
Teucrium viscidum	
var. miquelianum	山418
Thalictrum actaeifolium	山231
Thalictrum aquilegiifolium	
var. intermedium	山230
var. sibiricum	山230
Thalictrum baicalense	山230
Thalictrum integrilobum	山233
Thalictrum minus	
var. hypoleucum	山232
var. stipellatum	山232
Thalictrum rochebrunianum	山230
Thalictrum sekimotoanum	野238
Thalictrum simplex	
var. brevipes	野238
Thalictrum tuberiferum	山232
Thalictrum yakusimense	山232
Theligonum japonicum	山386
Themeda triandra	
var. japonica	野217
Thermopsis lupinoides	野377
Thesium chinense	野296,山263
Thesium refractum	山263
Thismia abei	山50
Thlaspi arvense	野401
Tiarella polyphylla	山276
Tilingia holopetala	山469
Tilingia tsusimensis	山469
Tillaea aquatica	野303
Tipularia japonica	山102
Tofieldia japonica	山47
Tofieldia nuda	山47
Torilis japonica	野500
Torilis scabra	野500
Torreyochloa natans	山195
Trapa japonica	野311
Triadenum japonicum	野345
Tribulus terrestris	野320
Trichophorum alpinum	山183
Trichosanthes cucumeroides	野393
Trichosanthes kirilowii	
var. japonica	野393
Trichosanthes multiloba	山354

Tricyrtis affinis	野51,山81
Tricyrtis flava	山84
ssp. ohsumiensis	山84
Tricyrtis formosana	野51
Tricyrtis hirta	野50,山80
Tricyrtis ishiiana	山85
Tricyrtis latifolia	山81
Tricyrtis macrantha	山82
Tricyrtis macranthopsis	山85
Tricyrtis macropoda	野51,山80
Tricyrtis nana	山82
Tricyrtis perfoliata	山82
Trientalis europaea	山371
Trifolium campestre	野354
Trifolium dubium	野354
Trifolium lupinaster	山332
Trifolium pratense	野352
Trifolium repens	野352
Trigonotis brevipes	山384
Trigonotis guilielmii	山384
Trigonotis peduncularis	野419
Trillium apetalon	山56
f. album	山58
Trillium camschatcense	山57
Trillium ×hagae	山58
Trillium ×miyabeanum	山58
Trillium tschonoskii	山56
Triodanis perfoliata	野506
Triosteum pinnatifidum	山482
Triosteum sinuatum	山482
Tripleurospermum tetragonospermum	野532
Tripterospermum trinervium	山396
Trisetum bifidum	野150
Triumfetta japonica	山363
Trollius hondoensis	山222
Trollius shinanensis	山222
Tubocapsicum anomalum	山406
Tulotis ussuriensis	山121
Turritis glabra	野403
Tylophora aristolochioides	山404
Typha domingensis	野88
Typha latifolia	野87
Typha orientalis	野88

U

Urena lobata	
ssp. sinuata	野408
Urtica angustifolia	山348
Urtica laetevirens	山348
Urtica platyphylla	山347
Urtica thunbergiana	山347
Utricularia aurea	野486
Utricularia bifida	野487
Utricularia caerulea	野487
Utricularia japonica	野486
Utricularia uliginosa	野487

V

Valeriana fauriei	山481
Valeriana flaccidissima	山481
Valerianella locusta	野504
Vallisneria natans	野34
Veratrum album	
ssp. oxysepalum	山60
Veratrum maackii	
var. japonicum	山62
var. maackii	野41,山62
var. parviflorum	山62
Veratrum stamineum	山60
var. micranthum	山60
Verbascum thapsus	野449
Verbena officinalis	野451
Veronica americana	山457
Veronica arvensis	野481
Veronica hederifolia	野481
Veronica japonensis	山456
Veronica laxa	山457
Veronica linariifolia	山455
Veronica miqueliana	山456
Veronica onoei	山457
Veronica ornata	野483
Veronica ovata	
ssp. kiusiana	山454
ssp. miyabei var. japonica	山454
Veronica peregrina	
f. xalapensis	野482
Veronica persica	野480
Veronica polita	
var. lilacina	野480
Veronica rotunda	
var. petiolata	山455
Veronica subsessilis	山455
Veronica undulata	野482
Veronicastrum axillare	山459
Veronicastrum japonicum	
var. japonicum f. album	山458
var. australe	山458
var. japonicum	山458
Veronicastrum sibiricum	
ssp. yezoense	山459
Veronicastrum villosulum	山459
Vicia amoena	野369
Vicia cracca	野369
Vicia hirsuta	野366
Vicia japonica	野369
Vicia pseudo-orobus	山334
Vicia sativa	
ssp. nigra	野366
Vicia sepium	山334
Vicia tetrasperma	野367
Vicia unijuga	野367

Vicia villosa
　ssp. varia ················野369
Vigna angularis
　var. nipponensis ···········野376
Vigna marina ··················野376
Vincetoxicum acuminatum ········山401
Vincetoxicum atratum ············山402
Vincetoxicum japonicum ····野434,山401
Vincetoxicum katoi ···············山402
Vincetoxicum macrophyllum
　var. nikoense ·················山402
Vincetoxicum magnificum ··········山400
Vincetoxicum pycnostelma ········野435
Vincetoxicum sublanceolatum
　var. albiflorum ···············山403
　var. macranthum ···············山403
　var. sublanceolatum ·······野435,山403
Viola acuminata ············野324,山320
Viola alliariifolia ···············山310
Viola betonicifolia
　var. albescens ···············野329
Viola bissetii ···············野334,山316
Viola brevistipulata
　ssp. brevistipulata ·············山308
Viola chaerophylloides
　var. sieboldiana ··············山309
Viola collina ··················山318
Viola diffusa ··················野327
Viola eizanensis ··············山309
　var. simplicifolia ···············山309
Viola grayi ··················野323
Viola grypoceras ···············野321
Viola hirtipes ··················山313
Viola hondoensis ············野326,山318
Viola inconspicua
　ssp. nagasakiensis ·········野328,山315
Viola japonica ··················野330
Viola keiskei ··················野332
Viola kusanoana ···············山319
Viola langsdorfii
　ssp. sachalinensis ···············山319
Viola mandshurica ··············野328
Viola maximowicziana ···········山314
Viola mirabilis
　var. subglabra ···············野324
Viola obtusa ··················野322
Viola orientalis ··················山308
Viola ovato-oblonga ···············山322
Viola papilionacea ···············野327
Viola patrinii ··················山312
Viola phalacrocarpa ···············野330
　f. glaberrima ···············野330
Viola raddeana ··················野325
Viola rossii ··················山315
Viola rostrata ··················山321
Viola sacchalinensis ···············山320
Viola selkirkii ··················山314
Viola shikokiana ··············山317
Viola sieboldii ············野334,山314
Viola thibaudieri ···············山312
Viola tokubuchiana
　var. takedana ···············山313
Viola vaginata ············野334,山316
Viola variegata
　var. nipponica ···········野330,山317
Viola verecunda ············野324,山321
　var. semilunaris ···············山322
　var. subaequiloba ···············山322
　var. yakushimana ···············山322
Viola violacea
　var. makinoi ···············野333
　var. violacea ···············野333
Viola yedoensis ···············野329
Viola yezoensis ···············野332
　f. discolor ···············野333
Vitis ficifolia ··················野305
Vulpia myuros ··················野159

W

Wahlenbergia marginata ···········野506
Wolffia globosa ··················野29

X

Xanthium occidentale ···········野582
Xanthium strumarium ···········野583
　ssp. italicum ···············野583

Y

Yoania amagiensis ···············山105
Yoania japonica ··················山105
Youngia japonica ···············野610

Z

Zizania latifolia ··················野177
Zoysia japonica ···············野190
Zoysia macrostachya ···········野191

五十音順総合索引

数字の前に野とあるのは本書、山とあるのは『山に咲く花』に掲載。細い文字は別名

ア

アイアシ	野222
アイイロニワゼキショウ	野65
アイナエ	野432
アイヌタチツボスミレ	山320
アイヌワサビ	山359
アイバソウ	野110
アオイスミレ	野326,山318
アオウキクサ	野29
アオアカモジグサ	野153
アオガヤツリ	野103
アオキラン	山110
アオコウガイゼキショウ	野95
アオゴウソ	山160
アオサギソウ	野61
アオザゼンソウ	山36
アオジソ	野458
アオスゲ	野134
アオスズラン	山111
アオチカラシバ	野193
アオチドリ	山123
アオノクマタケラン	野230
アオホオズキ	山407
アオミズ	山350
アオモリマンテマ	山258
アオヤギソウ	山62
アオヤギバナ	山519
アカエビネ	野54
アカザ	野287
アカショウマ	野298
アカソ	野390,山349
アカツメクサ	野352
アカヌマゴウソ	山164
アカネ	野421
アカネスミレ	野330
アカバナ	野312,山305
アカバナヒメイワカガミ	山377
アカバナユウゲショウ	野319
アカバナルリハコベ	野416
アカヒダボタン	山270
アカボシタツナミソウ	野420
アカマンマ	野262
アカミタンポポ	野596
アカミノルイヨウショウマ	山219
アキカラマツ	野232
アキギリ	山427
アキザキヤツシロラン	山115
アギスミレ	山322
アキタブキ	野566,山534
アキチョウジ	山437,435
アギナシ	野33
アキノウナギツカミ	野257
アキノウナギヅル	野257
アキノエノコログサ	野197
アキノキリンソウ	野552,山519
アキノギンリョウソウ	山381
アキノタムラソウ	野464
アキノノゲシ	野614
アキノハハコグサ	山522
アキノミチヤナギ	野253
アキメヒシバ	野205
アケボノシュスラン	山107
アケボノスミレ	野334,山315
アケボノソウ	山399
アサザ	野511
アサツキ	野74
アサマヒゴタイ	山562
アサマフウロ	山297
アサマリンドウ	山394
アシ	野164
アシカキ	野176
アシズリノジギク	野515
アシタバ	野492
アシボソ	野219
アズマイチゲ	山239
アズマカモメヅル	山403
アズマガヤ	山192
アズマギク	山518
アズマシライトソウ	山63
アズマシロカネソウ	山224
アズマタンポポ	野596
アズマツメクサ	野303
アズマヤマアザミ	山552,435
アズマレイジンソウ	山216
アゼガヤ	野172
アゼガヤツリ	野107
アゼスゲ	野129
アゼトウガラシ	野474
アゼトウナ	野602
アゼナ	野475
アゼナルコ	野129
アゼナルコスゲ	野129
アゼムシロ	野510
アソサイシン	山20
アソタカラコウ	山533
アソノコギリソウ	山499
アッケシソウ	野292
アツモリソウ	山128
アブノメ	野484
アブラガヤ	野110,山182
アブラギク	野520,山496
アブラシバ	山166
アブラススキ	野214

639

植物名	頁
アポイアズマギク	山518
アマギカンアオイ	山23
アマチャヅル	野395
アマドコロ	野80,山146
アマナ	野48
アマニュウ	山475
アミガサソウ	野342
アミダガサ	山332
アメリカアゼナ	野475
アメリカアリタソウ	野288
アメリカイヌホオズキ	野437
アメリカスミレサイシン	野327
アメリカセンダングサ	野576
アメリカネナシカズラ	野446
アメリカフウロ	野307
アメリカミズキンバイ	野313
アメリカヤマゴボウ	野295
アヤメ	野62,山132
アラカワカンアオイ	山22
アリアケスミレ	野329
アリドオシラン	山109
アリノトウグサ	野304
アリマウマノスズクサ	山19
アリワラススキ	野212
アレチウリ	野395
アレチギシギシ	野269
アレチヂシャ	野614
アレチヌスビトハギ	野365
アレチノギク	野551
アレノノギク	野538,山510
アワ	野198
アワコガネギク	野522,山495
アワゴケ	野479
アワコバイモ	山71
アワスゲ	野128
アワダチソウ	野552,山519
アワボスゲ	山166

イ

植物名	頁
イ	野96
イオウソウ	野414
イガアザミ	野588
イガオナモミ	野583
イガガヤツリ	野107
イガホオズキ	山407
イカリソウ	山206
イグサ	野96
イケマ	山400
イシミカワ	野255
イシモチソウ	野251
イズカニコウモリ	山502
イソギク	野524
イソスゲ	野136
イソスミレ	野323
イソフサギ	野285
イソヤマテンツキ	野117
イタチガヤ	野223
イタチササゲ	野370
イタドリ	野270
イチゲキスミレ	山308
イチゲシュスラン	山106
イチゲフウロ	山300
イチゴツナギ	野161
イチビ	野408
イチヤクソウ	山379
イチョウバイカモ	山235
イチョウラン	山93
イチリンソウ	野235,山236
イッスンキンカ	山519
イトイ	山152
イトイヌノヒゲ	野93
イトスゲ	山174
イトハナビテンツキ	野115
イトラッキョウ	野74
イナカギク	野543,山516
イナヒロハテンナンショウ	山46
イナモリソウ	山387
イヌアワ	野198,山199
イヌカキネガラシ	野400
イヌカモジグサ	山191
イヌガラシ	野398
イヌキクイモ	野578
イヌクグ	野102
イヌコウジュ	野461
イヌゴマ	野457
イヌショウマ	野237,山218
イヌシロネ	野462
イヌセンブリ	山398
イヌタデ	野262
イヌトウキ	山476
イヌトウバナ	山430
イヌナズナ	野398
イヌノフグリ	野480
イヌビエ	野206
イヌビユ	野282
イヌホオズキ	野437
イヌホタルイ	野112
イヌメドハギ	野363
イヌヤマハッカ	山438
イヌヨモギ	野528
イネ	野177
イノコズチ	野284
イブキコゴメグサ	山444
イブキスミレ	野324
イブキゼリモドキ	山469
イブキトラノオ	山252
イブキトリカブト	山212
イブキヌカボ	山190
イブキノエンドウ	山334
イブキフウロ	山295
イブキボウフウ	山467
イボクサ	野227
イモカタバミ	野346
イヨアブラギク	野521

イヨカズラ	野434,山401
イヨフウロ	山296
イラクサ	山347
イロハソウ	山254
イワアカバナ	山305
イワイチョウ	山494
イワウチワ	山375
イワカガミ	山376
イワカラマツ	野238
イワギク	野519
イワギボウシ	山150
イワギリソウ	山411
イワキンバイ	山337
イワザクラ	山374
イワシャジン	山486
イワショウブ	山47
イワゼキショウ	山47
イワセントウソウ	山466
イワタイゲキ	野339
イワタカンアオイ	山29,31
イワタバコ	野448,山411
イワダレソウ	野451
イワトユリ	野46
イワニガナ	野606
イワニンジン	山477
イワネコノメソウ	山276
イワノガリヤス	山186
イワハタザオ	山360
イワボタン	山271
イワユキノシタ	山284
イワレンゲ	野302
インチンナズナ	野402

ウ

ウキクサ	野29
ウキヤガラ	野110
ウゴアザミ	山546
ウシオツメクサ	野273
ウシクグ	野99
ウシクサ	野216
ウシタキソウ	山303
ウシノシッペイ	野222
ウシノヒタイ	野256
ウシハコベ	野277
ウスカワゴロモ	山329
ウスゲタマブキ	山503
ウスバサイシン	山21,31
ウスユキソウ	山523
ウチョウラン	山126
ウチワダイモンジソウ	山288
ウツボグサ	野456
ウド	山462
ウバタケニンジン	山472
ウバユリ	野47,山78
ウマゴヤシ	野355
ウマスゲ	野144
ウマノアシガタ	野232
ウマノスズクサ	野20
ウマノチャヒキ	野157
ウマノミツバ	野497,山464
ウミミドリ	野416
ウメガサソウ	山380
ウメバチソウ	山306
ウラギク	野546
ウラシマソウ	野25,山38
ウラハグサ	山198
ウラベニイチゲ	山239
ウリカワ	野31
ウリクサ	野474
ウワバミソウ	山353
ウンラン	野485

エ

エイザンスミレ	山309
エゾアザミ	山544
エゾアゼスゲ	山163
エゾアブラガヤ	野110
エゾイチゲ	山239
エゾイラクサ	山347
エゾウキヤガラ	野111
エゾエンゴサク	山248
エゾオオサクラソウ	山373
エゾカワラナデシコ	山255
エゾカンゾウ	山138
エゾキケマン	山250
エゾキスミレ	山310
エゾクガイソウ	山459
エゾコウホネ	山17
エゾシロネ	山429
エゾスカシユリ	野46
エゾスズラン	山111
エゾゼンテイカ	山138
エゾタツナミソウ	山419
エゾタンポポ	野598
エゾトリカブト	山215
エゾニュウ	山475
エゾネコノメソウ	山275
エゾノアオイスミレ	山318
エゾノカワヂシャ	山457
エゾノギシギシ	野268
エゾノコウボウムギ	野125
エゾノコギリソウ	山499
エゾノサワアザミ	山544
エゾノシシウド	山470
エゾノシモツケソウ	山344
エゾノソナレギク	野519
エゾノタチツボスミレ	野324,山320
エゾノチャルメルソウ	山277
エゾノヨツバムグラ	山391
エゾノヨロイグサ	山474
エゾノリュウキンカ	山221
エゾノレンリソウ	山333
エゾハタザオ	山361
エゾヒナノウスツボ	山412

641

エゾヒメアマナ	山68
エゾフウロ	山295
エゾミソハギ	野309
エゾムラサキ	山384
エゾリンドウ	山395
エゾワサビ	山359
エゾワタスゲ	山180
エチゴキジムシロ	山337
エドドコロ	野40
エナシヒゴクサ	野142
エノキグサ	野342
エノコログサ	野194
エビカズラ	野305
エビヅル	野305
エビネ	野54,山90
エヒメアヤメ	山136
エフデギク	野601
エボシグサ	野350
エンコウソウ	山221
エンシュウハグマ	山538
エンバク	野152
エンビセンノウ	山256
エンレイソウ	山56

オ

オウギカズラ	山418
オウレン	山229
オウレンダマシ	野498
オオアキギリ	山427
オオアブラススキ	野215
オオアマドコロ	山147
オオアラセイトウ	野406
オオアレチノギク	野550
オオアワガエリ	野188,山188
オオアワダチソウ	野553
オオイ	野114
オオイカリソウ	山207
オオイタドリ	山252
オオイヌタデ	野261
オオイヌノハナヒゲ	野124
オオイヌノフグリ	野480
オオイワカガミ	山376
オオウシノケグサ	野159,山192
オオウバユリ	山78
オオウメガサソウ	山380
オオエノコログサ	野198
オオエビネ	野54,山90
オオオナモミ	野582
オオカサスゲ	野170
オオカサモチ	山477
オオカナダモ	野35
オオカニコウモリ	山504
オオカニツリ	山188
オオカモメヅル	山404
オオガヤツリ	野106
オオカラマツ	山232
オオカワズスゲ	山156
オオガンクビソウ	野562,山525
オオキツネノカミソリ	野70
オオキヌタソウ	山388
オオキンレイカ	山480
オオクサキビ	野200
オオクサボタン	山246
オオゴカヨウオウレン	山229
オオサクラソウ	山373
オオサンショウソウ	山352
オオジシバリ	野606
オオシマノジギク	野516
オオシュロソウ	山62
オオシラヒゲソウ	山307
オオシロカネソウ	山227
オオシロショウジョウバカマ	山65
オオスズメガヤ	野166
オオスズメノチャヒキ	野157
オオスミキヌラン	山109
オオセンナリ	野439
オオダイコンソウ	野384,山339
オオダイトウヒレン	山561
オオタチツボスミレ	山319
オオタマガヤツリ	野103
オオタマツリスゲ	野138,山167
オオチゴユリ	山86
オオチドメ	野489,山461
オオチャルメルソウ	山281
オオツメクサ	野273
オオツルイタドリ	野271
オオトウヒレン	山562
オオナンバンギセル	野471
オオニガナ	山566
オオニシキソウ	野341
オオニワゼキショウ	野65
オオヌマハリイ	野122,山179
オオネズミガヤ	山200
オオバイカイカリソウ	山208
オオバウマノスズクサ	山18
オオバキスミレ	山308
オオバギボウシ	野79,山148
オオバクサフジ	山334
オオバコ	野476
オオバコウモリ	山506
オオバジャノヒゲ	野85
オオバショウマ	山218
オオバセンキュウ	山474
オオバタケシマラン	山67
オオバタチツボスミレ	山319
オオバタネツケバナ	山359
オオバタンキリマメ	野372
オオバチドメ	山461
オオハナウド	山478
オオハナコマツヨイグサ	野318
オオバナニガナ	野604
オオバナノエンレイソウ	山57
オオバナノセンダングサ	野575
オオバヌスビトハギ	野365

オオバノトンボソウ	野60
オオバノヤエムグラ	野425
オオバノヨツバムグラ	山390
オオバミゾホオズキ	山453
オオバユキザサ	山145
オオバヨメナ	山508
オオハリイ	野121
オオハンゲ	野28,山45
オオヒゲスゲ	野136
オオヒナノウスツボ	野449
オオブタクサ	野585
オオフタバムグラ	野428
オオベニタデ	野260
オオホウキギク	野547
オオマツヨイグサ	野316
オオマムシグサ	野27,山46
オオマルバノテンニンソウ	山432
オオマルバノホロシ	山409
オオミズトンボ	山121
オオミスミソウ	山243
オオムギ	野189
オオモミジガサ	山529
オオヤマオダマキ	山220
オオヤマカタバミ	山331
オオヤマサギソウ	山119
オオヤマハコベ	山259
オオヤマフスマ	山260
オオユウガギク	野534
オオヨモギ	山497
オオルリソウ	山385
オオレイジンソウ	山216
オカオグルマ	野564
オカスミレ	野330
オカタツナミソウ	野467
オカトラノオ	野413
オカヒジキ	野290
オガルカヤ	野216
オギ	野212
オキナグサ	野242
オキノアブラギク	野522
オギョウ	野558
オギヨシ	野212
オクエゾサイシン	山21
オククルマムグラ	山389
オクトリカブト	山213
オクノアズマイチゲ	山239
オクノカンスゲ	山176
オクノユリワサビ	山356
オクモミジハグマ	山536
オクヤマオトギリ	山324
オクヤマコウモリ	山506
オグラセンノウ	山256
オグルマ	野555,山520
オケラ	野594
オゼコウホネ	山17
オタカラコウ	山530
オタルスゲ	山158
オッタチカンギク	野520
オトギリソウ	野344,山325
オトコエシ	野504
オトコヨモギ	野531
オトメアオイ	山31
オトメシャジン	山488
オトメソウ	山285
オドリコソウ	野456
オナガカンアオイ	山24
オナモミ	野583
オニアザミ	山548
オニウシノケグサ	野158
オニウド	野492
オニカンゾウ	野66
オニシオガマ	山450
オニシバ	野191
オニシモツケ	山343
オニスゲ	野148
オニタビラコ	野610
オニドコロ	野39,山52
オニナルコスゲ	山170
オニノゲシ	野613
オニノヤガラ	野59
オニバス	野16
オニユリ	野44,山74
オノエラン	山127
オノマンネングサ	山293
オハギ	野534
オバナ	野210,山202
オヒシバ	野173
オヘビイチゴ	野382
オミナエシ	野503,山493
オモイグサ	野471
オモダカ	野32
オヤブジラミ	野500
オヤマボクチ	野592,山558
オヤマリンドウ	山395
オヤリハグマ	山540
オランダガラシ	野404
オランダミミナグサ	野275
オロシャギク	野532

カ

カイコバイモ	野49,山70
カイジンドウ	山416
カイタカラコウ	山533
カイフウロ	山296
カエデドコロ	山53
ガガイモ	野434
ガガブタ	野511
カガリビソウ	野472
カギガタアオイ	山23
カキツバタ	野62,山134
カキドオシ	野452
カキネガラシ	野400
カキノハグサ	野379,山335
カキラン	野58,山111

643

カゲロウラン	山109	カリマタガヤ	野218
カコソウ	野456	カリマタスズメノヒエ	野202
カコマハグマ	山540	カリヤス	山204
カザグルマ	野242	カリヤス	野223
カサスゲ	野145	カリヤスモドキ	山204
カシワバハグマ	山539,435	カワゴケソウ	山328
カズノコグサ	野181	カワゴロモ	山329
カスマグサ	野367	カワヂシャ	野482
カゼクサ	野169	カワヂブシ	山214
カセンソウ	野554	カワミドリ	山422
カタカゴ	野43,山72	カワラアカザ	野287
カタクリ	野43,山72	カワラケツメイ	野377
カタシログサ	野18	カワラサイコ	野381
カタバミ	野346	カワラスガナ	野106
カタワグルマ	山332	カワラスゲ	野130
カッコソウ	山373	カワラナデシコ	野278,山255,493
ガッサンチドリ	山118	カワラニガナ	野608
カテンソウ	野388	カワラニンジン	野529
カナビキソウ	野296,山263	カワラノギク	野544
カナムグラ	野386	カワラハハコ	野556
カナリークサヨシ	野174	カワラマツバ	野422
カナリヤクサヨシ	野174	カワラヨモギ	野531
カニコウモリ	山502	カンアオイ	野19,山28,31
カニツリグサ	野150	カンエンガヤツリ	野101
カノコソウ	山481	カンガレイ	野113
カノコユリ	野45	ガンクビソウ	野563,山524
カノツメソウ	野467	ガンクビヤブタバコ	山526
カフカシオガマ	山449	カンサイタンポポ	野599
カブダチアッケシソウ	野292	カンスゲ	野132,山175
ガマ	野87	カンススキ	野212
カマヤリソウ	山263	カントウカンアオイ	山28
カミコウチテンナンショウ	山41	カントウタンポポ	野596
カメバヒキオコシ	山438,435	カントウマムシグサ	野27
カモアオイ	山20	カントウミヤマカタバミ	山330
カモガヤ	野163	カントウヨメナ	野537
カモジグサ	野153	カントリソウ	野452
カモノハシ	野220	カンラン	山88
カモメソウ	山126		
カモメラン	山126	**キ**	
カヤツリグサ	野98		
カヤツリスゲ	野128	キイシオギク	野525
カヤラン	山96	キイジョウロウホトトギス	山85
カラクサナズナ	野402	キイレツチトリモチ	山265
カラスウリ	野393	キエビネ	野54,山90
カラスノエンドウ	野366	キオン	山527
カラスノエンドウ	山334	キカシグサ	野310
カラスノゴマ	野407	キカラスウリ	野393
カラスビシャク	野28	キキョウ	野505,山492,493
カラスムギ	野152	キキョウソウ	野506
カラハナソウ	野387,山345	キクアザミ	野561
カラフトダイコンソウ	山339	キクイモ	野578
カラフトネコノメソウ	山275	キクイモモドキ	野579
カラフトハナシノブ	山368	キクザキイチゲ	山240
カラフトブシ	山215	キクザキイチリンソウ	山240
カラマツソウ	山230	キクタニギク	野522,山495
カラムシ	野388	キクバオウレン	山229
カリガネソウ	山440	キクバドコロ	山53
		キクバヤマボクチ	山558

キクムグラ	山390
キクモ	野484
キケマン	野248
キジカクシ	山151
ギシギシ	野269
キジムシロ	野380
キシュウギク	山512
キシュウスズノヒエ	野202
キショウブ	野63
キジョラン	山404
キスゲ	山140
キスミレ	山308
キセルアザミ	野590, 山548
キセワタ	山424
キンチドリ	山117
キダチコンギク	山546
キダチハマグルマ	野572
キチジョウソウ	野83
キッコウハグマ	山536
キツネアザミ	野594
キツネガヤ	山192
キツネササゲ	野373
キツネノカミソリ	野70
キツネノボタン	野233
キツネノマゴ	野450
キツリフネ	山366
キヌタソウ	山392
キノクニシオギク	野525
キバナアキギリ	野464, 山428
キバナイカリソウ	山208
キバナカワラマツバ	野422
キバナサバノオ	山226
キバナシオガマ	山448
キバナチゴユリ	山87
キバナツメクサ	野354
キバナノアツモリソウ	山130
キバナノアマナ	野49, 山68
キバナノコマノツメ	山311
キバナノショウキラン	山105
キバナノセッコク	山94
キバナノツキヌキホトトギス	山82
キバナノホトトギス	山84
キバナノヤマオダマキ	山220
キバナノレンリソウ	山333
キバナハタザオ	山362
キビ	野201
キビヒトリシズカ	山32
キブネギク	野234
キミカゲソウ	山143
キュウリグサ	野419
ギョウギシバ	野190
ギョウジャアザミ	山551
ギョウジャニンニク	山142
キヨスミウツボ	山452
キランソウ	野463
キリアサ	野408
キリガミネトウヒレン	山561
キリシマシャクジョウ	山51
キリシマテンナンショウ	山44
キリンソウ	山292
キレンゲショウマ	山365
キンエノコロ	野196
キンガヤツリ	野102
キンギンナスビ	野436
キンコウカ	山48
キントキヒゴタイ	山565
キンバイザサ	山131
キンバイソウ	山222
ギンバイソウ	山364
キンポウゲ	野232
キンミズヒキ	野384, 山342
キンラン	野56, 山112
ギンラン	野57, 山113
ギンリョウソウ	山382
ギンリョウソウモドキ	山381
キンレイカ	山479
ギンレイカ	山370

ク

クガイソウ	山458
クグ	野102
クサアジサイ	山365
クサイ	野96
クサコアカソ	野390, 山349
クサスギカズラ	野82
クサスゲ	野135
クサタチバナ	山401
クサテンツキ	野119
クサドウ	野155
クサナギオゴケ	山402
クサニワトコ	野502
クサネム	野375
クサノオウ	野244
クサノオウバノギク	山566
クサビエ	野207
クサフジ	野369
クサボタン	山246
クサマオ	野388
クサヤツデ	山538
クサヤマブキ	野246
クサヨシ	野174
クサレダマ	野414, 山369
クシロワチガイソウ	山261
クズ	野374, 山493
クスダマツメクサ	野354
クソニンジン	野530
クチナシグサ	野472
クマガイソウ	野53, 山128
クマツヅラ	野451
クモキリソウ	山98
クモラン	山96
クララ	山332
クリンソウ	山372
クリンユキフデ	山253

645

クルマギク	山517
クルマバザクロソウ	野293
クルマバソウ	山392
クルマバツクバネソウ	山58
クルマバナ	山430
クルマバハグマ	山539
クルマムグラ	山389
クルマユリ	山76
グレーンスゲ	山168
クレソン	野404
クロアブラガヤ	山182
クローバー	野352
クロクモソウ	山286
クログワイ	野123
クロコヌカグサ	山184
クロスゲ	山160
クロバナウマノミツバ	山464
クロバナヒキオコシ	山436
クロフネサイシン	山26
クロホシクサ	野90
クロボシソウ	山152
クロミノタケシマラン	山67
クロムヨウラン	山116
クロモ	野35
クロヤツシロラン	山115
クワイ	野33
クワガタソウ	山456
クワクサ	野387
クワズイモ	山37
クワモドキ	野585
グンナイフウロ	山299
グンバイヅル	山457
グンバイナズナ	野401
グンバイヒルガオ	野444

ケ

ケアリタソウ	野288
ケイヌビエ	野206
ケイビラン	山151
ケイワタバコ	野448
ケカモノハシ	野220
ケキツネノボタン	野233
ケゴンアカバナ	山305
ケスゲ	山173
ケチヂミザサ	野208
ケナツノタムラソウ	山426
ケブカツルカコソウ	山417
ゲンゲ	野348
ゲンジスミレ	野330, 山317
ゲンノショウコ	野307

コ

コアカザ	野287
コアカソ	山349
コアゼガヤツリ	野104
コアツモリソウ	山128
コアニチドリ	山124
コイケマ	山400
コイチヤクソウ	山378
コイチヨウラン	山102
ゴイッシングサ	野550
コイヌノハナヒゲ	野124
コイヌノヒゲ	野93
コイブキアザミ	山550
コイワカンスゲ	山165
コイワザクラ	山374
コウガイゼキショウ	野94
コウキヤガラ	野111
ゴウシュウアリタソウ	野288
コウシュウヒゴタイ	山564
コウシンソウ	山460
コウシンヤマハッカ	山438
コウスユキソウ	山523
ゴウソ	野130
コウゾリナ	野600
コウトウシラン	山97
コウボウ	野175, 山190
コウボウシバ	野147
コウボウムギ	野125
コウホネ	山16
コウマゴヤシ	野356
コウメバチソウ	山306
コウモリソウ	山506
コウヤボウキ	山541
コウライテンナンショウ	山42
コウライヒメノダケ	山471
コウリンカ	山528
コウリンタンポポ	野601
コオニタビラコ	野611
コオニユリ	山74
コオロギラン	山117
コガネイチゴ	山336
コガネサイコ	山465
コガネネコノメソウ	山274
コガマ	野88
ゴカヨウオウレン	山228
コカラマツ	山232
コカンスゲ	山166
コキクザキイチゲ	山240
ゴキヅル	野394
コキンバイ	山340
コキンバイザサ	山131
コキンレンカ	山479
コクラン	山100
コケイラン	山93
コケオトギリ	野345
コケスゲ	山154
コケスミレ	山322
コケトウバナ	山431
コケミズ	山351
コケリンドウ	野430
ゴゴメイ	野96
コゴメガヤツリ	野99
コゴメスゲ	野140

コゴメツメクサ	野354	コミヤマカタバミ	山331
コゴメナキリスゲ	野140	コミヤマスミレ	山314
コゴメバオトギリ	野344	コムギ	野189
コゴメハギ	野359	コメガヤ	山196
コシオガマ	野473	コメツブウマゴヤシ	野357
コシカギク	野532	コメツブツメクサ	野354
コシジオウレン	山228	コメナモミ	野570
コシノカンアオイ	山28	コメヒシバ	野205
コシノコバイモ	山70	コモウセンゴケ	野250
コシノチャルメルソウ	山280	コモチマンネングサ	野300
コシノホンモンジスゲ	野132	コモチミミコウモリ	山504
コジャク	山466	コモノギク	山509
コジュズスゲ	野139	コヤクシマショウマ	山282
コショウジョウバカマ	山65	コヤブタバコ	野561
コシロネ	野462	ゴヨウイチゴ	山336
コシロノセンダングサ	野574	ゴリンバナ	野502
コスズメガヤ	野167	コンギク	野542
コスミレ	野330	コンロンソウ	山357
ゴゼンタチバナ	山364	**サ**	
コセンダングサ	野574		
コタヌキラン	山162	サイコクサバノオ	山224
コチヂミザサ	野208	サイゴクトキワヤブハギ	野365
コチャルメルソウ	山278	サイトウガヤ	野180,山187
コチョウショウジョウバカマ	野41,山64	サイハイラン	山93
コツブキンエノコロ	野197	サイヨウシャジン	山488
コツブヌマハリイ	野122	サオトメカズラ	野429
コナウキクサ	野29	サカネラン	山108
コナギ	野228	サガミジョウロウホトトギス	山85
コナスビ	野415	サカワサイシン	山24
コニシキソウ	野340	サギゴケ	野469
コヌカグサ	野183	サギスゲ	山180
コバイケイソウ	山60	サギソウ	野61
コバギボウシ	野78,山150	サギノシリサシ	野114
コハコベ	野276	サクユリ	野45
コバナガンクビソウ	山526	サクライソウ	山47
コバナナベワリ	山55	サクラスミレ	山313
コバナノワレモコウ	野385	サクラソウ	野411
コバノイチヤクソウ	山378	サクラソウモドキ	山371
コバノイラクサ	山348	サクラタデ	野264
コバノカモメヅル	野435,山403	サクララン	山405
コバノタツナミ	野466	ザクロソウ	野293
コバノトンボソウ	山119	サケバヒヨドリ	山543
コバノヨツバムグラ	野424	ササエビネ	山93
コハマアカザ	野289	ササガヤ	野219,山204
コハマギク	野526	ササキビ	野199
コハリスゲ	山154	ササクサ	山197
コバンソウ	野170	ササバエンゴサク	野248
コヒルガオ	野442	ササバギンラン	野57,山112
コフウロ	山301	ササユリ	野46,山74
コブナグサ	野223	サジオモダカ	野30
ゴマクサ	野473	サジガンクビソウ	野563
コマツカサススキ	野109,山183	サジナ	野36
コマツナギ	野360	ザゼンソウ	山36
ゴマナ	山512	サツキヒナノウスツボ	山413
ゴマノハグサ	山412	サッポロスゲ	山168
コマンネンソウ	山293	サツマイナモリ	山386
コミカンソウ	野343	サツマノギク	野516

647

サデクサ	野255
サドカンスゲ	山176
サドスゲ	山159
サナエタデ	野261
サナギスゲ	山154
サバノオ	山223
サマニカラマツ	山233
サヤヌカグサ	野176
サユリ	野46
サラシナショウマ	山217
ザラツキイチゴツナギ	野161
サルダヒコ	野462
サルメンエビネ	山89
サワアザミ	山546
サワオグルマ	野564
サワオトギリ	山326
サワギキョウ	山491
サワギク	山528
サワシロギク	野541
サワスゲ	野142
サワトンボ	山121
サワハコベ	山259
サワヒヨドリ	野580,山543
サワルリソウ	山383
サンインギク	野521
サンインシロカネソウ	山224
サンガイグサ	野455
サンカクイ	野114
サンカヨウ	山209
サンショウソウ	山352
サンショウモ	野29
サンダイガサ	野77
サンヨウアオイ	山26
サンヨウブシ	山214
サンリンソウ	山238

シ

ジイソブ	野508
シオカゼギク	野524
シオガマギク	山446
シオギク	野524
シオクグ	野145
シオツメクサ	野273
シオデ	野42
シオマツバ	野416
シオヤキソウ	山300
シオン	野540
シカギク	野532
シカクイ	野121
ジガバチソウ	山98
シキンカラマツ	山230
シギンカラマツ	山231
シコクアザミ	山554
シコクスミレ	野334,山317
シコクチャルメルソウ	山279
シコクナベワリ	山54
ジゴクノカマノフタ	野463

シコクハタザオ	山360
シコクフウロ	山296
シコクママコナ	山443
シシウド	野491,山473
シシキリガヤ	野108
ジシバリ	野606
ジシバリ	野164
シソ	野458
シソバウリクサ	野475
シソバタツナミ	山420
シタキソウ	山405
シデアブラガヤ	野110
シデシャジン	山490
シナガワハギ	野359
シナダレスズメガヤ	野169
シナノアキギリ	山428
シナノオトギリ	山324
シナノキンバイソウ	山222
シナノコザクラ	山374
シナノナデシコ	山255
ジネンジョ	野37,山52
シノノメソウ	山399
シバ	野190
シハイスミレ	野333
シバスゲ	野135
シベリアメドハギ	野363
シマカンギク	野520,山496
シマシュスラン	山106
シマスズメノヒエ	野202
シマタヌキラン	山162
シマツユクサ	野226
シマホタルブクロ	野507
シムラニンジン	野495
シモツケソウ	山343
シモバシラ	山434
シャガ	野64
シャク	野466
シャクジョウソウ	山381
シャクチリソバ	野259
ジャコウソウ	山424
ジャコウチドリ	山120
シャジクソウ	山332
ジャノヒゲ	野85
ジュウニヒトエ	野463
シュウブンソウ	野561
シュウメイギク	野234
ジュズスゲ	野139
ジュズダマ	野224
シュスラン	山106
シュロソウ	山62
ジュンサイ	野17
シュンラン	野54,山88
ショウキラン	山105
ショウジョウスゲ	山165
ショウジョウバカマ	野41,山64
ショウブ	野24
ジョウロウスゲ	野147

ジョウロウホトトギス	山82
ショカツサイ	野406
シライトソウ	山63
シラオイエンレイソウ	山58
シラゲアズマイチゲ	山239
シラゲガヤ	野151
シラゲヒメジソ	野460
シラコスゲ	野149
シラスゲ	野143
シラタマホシクサ	野90
シラネアオイ	山246
シラネアザミ	山560
シラネセンキュウ	山476
シラヒゲソウ	山307
シラヤマギク	野544,山509
シラン	山100
シロアカザ	野286
シロイトスゲ	野131
シロカネソウ	山225
シロクガイソウ	山458
シロザ	野286
シロスミレ	山312
シロツメクサ	野352
シロテンマ	野59
シロネ	野462
シロノセンダングサ	野574
シロノセンダングサ	野575
シロバナイナモリソウ	山387
シロバナエンレイソウ	山56
シロバナカモメヅル	山403
シロバナサクラタデ	野264
シロバナシナガワハギ	野359
シロバナセンダングサ	野574
シロバナタンポポ	野599
シロバナニガナ	野604
シロバナニシキゴロモ	山417
シロバナネコノメソウ	山273
シロバナノヘビイチゴ	山340
シロバナハンショウヅル	山245
ジロボウエンゴサク	野247
シロヨメナ	野542,山516,435
シロヨモギ	野529
ジンジソウ	山287
ジンバイソウ	山120
ジンヨウキスミレ	山311

ス

スイセン	野72
スイバ	野266
スイラン	野609
スカシタゴボウ	野398
スカシユリ	野46
スカンポ	野266
スゲユリ	山76
スズアザミ	山551
スズカカンアオイ	山29,31
スズカケソウ	山459

スズガヤ	野170
ススキ	野210,山202,493
スズコウジュ	山432
スズサイコ	野435
スズシロソウ	山361
スズムシソウ	山99
スズムシバナ	山414
スズメウリ	野394
スズメガヤ	野166
スズメカルカヤ	野216
スズメグサ	野276
スズメノアワ	野201
スズメノエンドウ	野366
スズメノオゴケ	野434,山401
スズメノカタビラ	野160
スズメノチャヒキ	野156
スズメノテッポウ	野186
スズメノヒエ	野202
スズメノヒエ	野97
スズメノマクラ	野186
スズメノヤリ	野97
スズラン	山143
スズラン	野58,山111
ズソウカンアオイ	山22
ズダヤクシュ	山276
スダレギボウシ	山149
ステゴビル	野76
スナスゲ	野134
スナヅル	野21
スナビキソウ	野420
スハマソウ	山242
スベリヒユ	野294
スミレ	野328
スミレサイシン	野334,山316
スルガテンナンショウ	山46

セ

セイコノヨシ	野165
セイタカアキノキリンソウ	野552
セイタカアワダチソウ	野552
セイタカカゼクサ	野169
セイタカスズムシソウ	山99
セイタカタウコギ	野576
セイタカトウヒレン	山563
セイタカヨシ	野165
セイバンモロコシ	野224
セイヨウアブラナ	野396
セイヨウカラシナ	野396
セイヨウカラハナソウ	山345
セイヨウタンポポ	野596
セイヨウノコギリソウ	野533
セイヨウヒルガオ	野443
セイヨウミヤコグサ	野350
セイヨウヤマガラシ	山362
セキショウ	野24
セキショウモ	野34
セキヤノアキチョウジ	山437

セッコク	山94
セツブンソウ	山223
セトガヤ	野187
セトノジギク	野515
セナミスミレ	野*323*
ゼニアオイ	野408
ゼニバアオイ	野409
セリ	野497
セリバオウレン	山229
セリバシオガマ	山446
セリバヒエンソウ	野243
セリバヤマブキソウ	野246,山251
センジュガンピ	山257
センダイスゲ	野141
センダイソウ	山289
センダイハギ	野377
センダングサ	野573
ゼンテイカ	山138
セントウソウ	野498
センニンソウ	野240
センブリ	野431,山398
センボンヤリ	野569

ソ

ソウシシヨウニンジン	山463
ソクシンラン	山49
ソクズ	野502
ソコベニシロカネソウ	山*224*
ソナレノギク	野538
ソナレムグラ	野426
ソバ	野259
ソバナ	山489
ソラチコザクラ	山372

タ

タイアザミ	野*588*,山*554*
タイキンギク	野564
ダイコンソウ	野384
ダイサギソウ	山122
タイシャクアザミ	山546
ダイセンキスミレ	山310
ダイダイエビネ	野54
タイツリスゲ	野*130*
タイトゴメ	野301
タイヌビエ	野207
タイミンガサ	山507
ダイモンジソウ	山288
タイワンホトトギス	野51
タウコギ	野576
タカアザミ	野590
タカオバレンガヤ	野*172*
タカオヒゴタイ	山564
タカオフウロ	山301
タカクマヒキオコシ	山438
タカクマホトトギス	山84
タカサゴソウ	野605
タカサブロウ	野571

タガソデソウ	山261
タカトウダイ	野336,山323
タカネオトギリ	山327
タカネグンナイフウロ	山299
タカネスミレ	山311
タガネソウ	山178
タカネハンショウヅル	山244
タガラシ	野234
タキミチャルメルソウ	山279
タケシマラン	山67
ダケスゲ	山165
ダケゼリ	山*467*
タケニグサ	野245
タコノアシ	野299
タゴボウ	野*313*
タシロラン	山110
タチアオイ	野409
タチアザミ	山556
タチアワユキセンダングサ	野575
タチイヌノフグリ	野481
タチオオバコ	野*478*
タチガシワ	山400
タチカメバソウ	山384
タチコゴメグサ	山444
タチシオデ	野42
タチスミレ	山325
タチチチコグサ	野559
タチツボスミレ	野321
タチドコロ	野40,山53
タチネコノメソウ	山275
タチフウロ	山298
タチモ	野304
ダッタンソバ	野259
タツナミソウ	野466
タツノツメガヤ	野173
タツノヒゲ	山198
タデスミレ	山312
タデノウミコンロンソウ	山*358*
タテヤマギク	野543,山513
タテヤマリンドウ	山393
タニガワコンギク	山515
タニガワスゲ	山157
タニギキョウ	山490
タニジャコウソウ	山424
タニスゲ	野*130*
タニソバ	野258
タニタデ	山304
タヌキノショクダイ	山50
タヌキマメ	野360
タヌキモ	野486
タヌキラン	山161
タネツケバナ	野404
タネヒリグサ	野*532*
タビラコ	野419,611
タマガヤツリ	野103
タマガワホトトギス	山81
タマズサ	野*393*

タマツリスゲ	山167
タマノカンアオイ	野19,山26
タマブキ	山503
タムラソウ	山557
ダルマギク	野545
ダルマソウ	山36
タレユエソウ	山136
タワラムギ	野170
ダンギク	山441
タンキリマメ	野372
ダンダンギキョウ	野506
ダンチク	野166
ダンドボロギク	野568
タンナトリカブト	山212

チ

チガヤ	野209
チカラグサ	野173
チカラシバ	野193
チクセツニンジン	山463
チゴザサ	野171
チゴユリ	野52,山86
チシマアザミ	山544
チシマオドリコソウ	山426
チシマネコノメソウ	山268
チシマフウロ	山298
チシママンテマ	山258
チシマワレモコウ	山341
チダケサシ	野298
チチコグサ	野558
チチコグサモドキ	野559
チチブシロカネソウ	山227
チヂミザサ	野208
チドメグサ	野488
チビウキクサ	野29
チモシー	山188
チャガヤツリ	野99
チャヒキグサ	野152
チャボシライトソウ	山63
チャボツメレンゲ	山294
チャボホトトギス	山82
チャルメルソウ	山280
チャンパギク	野245
チュウゴクアブラガヤ	野110
チョウジソウ	野433
チョウジタデ	野313
チョウセンアサガオ	野440
チョウセンガリヤス	野171
チョウセンキンミズヒキ	山342
チョウセンヤマニガナ	野567
チョクザキミズ	山350
チョロギダマシ	野457
チリメンジソ	野458

ツ

ツキヌキソウ	山482
ツキミソウ	野316
ツクシアオイ	山25
ツクシアザミ	野587,山555
ツクシクサボタン	山246
ツクシコゴメグサ	山445
ツクシシオガマ	山448
ツクシスミレ	野327
ツクシゼリ	山472
ツクシタツナミソウ	山420
ツクシトラノオ	山454
ツクシネコノメソウ	山274
ツクシノダケ	山471
ツクシフウロ	山297
ツクシポドステモン	山328
ツクシミカエリソウ	山432
ツクバキンモンソウ	山417
ツクバトリカブト	山213
ツクバネソウ	山59
ツシマトウキ	山469
ツシマノダケ	山469
ツシマママコナ	山442
ツチアケビ	山114
ツチトリモチ	野296,山264
ツバメオモト	山66
ツボクサ	野501
ツボスミレ	野324,山321
ツボミオバコ	野478
ツマトリソウ	山371
ツメクサ	野272
ツメレンゲ	野302
ツユクサ	野226
ツリガネニンジン	山488
ツリシュスラン	山107
ツリフネソウ	野410,山366
ツリフネラン	山104
ツルアリドオシ	山388
ツルガシワ	山402
ツルカノコソウ	山481
ツルギカンギク	野521,山496
ツルギキョウ	野510,山492
ツルキケマン	山249
ツルギハナウド	山478
ツルキンバイ	山338
ツルケマン	山249
ツルシロカネソウ	山225
ツルソバ	野259
ツルドクダミ	野271
ツルナ	野294
ツルニガクサ	山418
ツルニンジン	野508
ツルネコノメソウ	山274
ツルフジバカマ	野369
ツルボ	野77
ツルマオ	山348
ツルマメ	野375
ツルマンネングサ	野301
ツルヨシ	野164
ツルリンドウ	山396

ツレサギソウ	山120
ツワブキ	野567

テ

テイショウソウ	山536
テキリスゲ	山159
テツドウグサ	野550
テッポウユリ	野47
テバコマンテマ	山258
テバコモミジガサ	山501
テリハキンバイ	山338
デワノタツナミソウ	山421
テンキグサ	野155
テングスミレ	山321
テンツキ	野116
テンニンソウ	山433

ト

トイシノエンレイソウ	山58
トウオオバコ	野477
トウカイタンポポ	野598
トウキ	山476
トウゲブキ	山533
トウゴクサバノオ	山224
トウゴクシソバタツナミ	山421
トウシンソウ	野96
トウダイグサ	野336
トウテイラン	山483
トウノウネコノメ	山272
トウバナ	野459
トウムギ	野224
トウモロコシ	野225
トウヤク	野431
トガクシショウマ	山209
トガクシソウ	山209
トカチキスミレ	山311
トキソウ	野60,山116
トキホコリ	山352
トキリマメ	野372
トキワイカリソウ	山207
トキワカワゴケソウ	山328
トキワススキ	野212
トキワハゼ	野468
トキンソウ	野532
トクサラン	山91
ドクゼリ	野497,山468
ドクダミ	野18
トクワカソウ	山375
トゲアザミ	山546
トゲソバ	野256
トゲチシャ	野614
トコロ	野39,山52
トサオトギリ	山327
トサコバイモ	山71
トサノチャルメルソウ	山281
トサノモミジガサ	山529
ドジョウツナギ	野162

トダシバ	野192,山201
トダスゲ	野128
トチカガミ	野34
トチバニンジン	山463
トネアザミ	野588,山554
トビシマカンゾウ	山138
トボシガラ	野158,山193
トマリスゲ	山160
トモエシオガマ	山447
トモエソウ	山324
トラキチラン	山110
トラノオスズカケ	山459
トリアシショウマ	山282
トリガタハンショウヅル	山245
トンボソウ	山121

ナ

ナエバキスミレ	山310
ナガイモ	野38
ナカガワノギク	野518
ナガサキオトギリ	山326
ナガジラミ	野499
ナガバカラマツ	山233
ナガハグサ	野161
ナガハシスミレ	山321
ナガバシュロソウ	野41,山62
ナガバタチツボスミレ	山322
ナガバノイシモチソウ	野251
ナガバノウナギツカミ	野257
ナガバノウナギヅル	野257
ナガバノコウヤボウキ	山541
ナガバノスミレサイシン	野334,山316
ナガバノモウセンゴケ	山262
ナガバミズギボウシ	野78
ナガボノアカワレモコウ	山341
ナガボノシロワレモコウ	山341
ナガミノツルケマン	山249
ナガミヒナゲシ	山244
ナギナタガヤ	山159
ナギナタコウジュ	野458
ナギラン	山89
ナキリスゲ	野141
ナズナ	野401
ナツエビネ	山91
ナツズイセン	野70
ナツトウダイ	野337
ナツノタムラソウ	山426
ナデシコ	野278,山255
ナベナ	山484
ナベワリ	山54
ナミキソウ	野467
ナヨクサフジ	野369
ナヨナヨコゴメグサ	山445
ナリヤラン	山97
ナルカミスミレ	山309
ナルコスゲ	山163
ナルコビエ	野201

ナルコユリ	野81
ナンゴクウラシマソウ	山38
ナンゴククガイソウ	山458
ナンテンハギ	野367
ナンバンギセル	野471
ナンバンハコベ	野281
ナンブアザミ	野588,山554
ナンブソウ	山210

ニ

ニイタカスゲ	山171
ニオイタチツボスミレ	野322
ニオイタデ	野260
ニガクサ	野461,山418
ニガナ	野604
ニシキゴロモ	山416
ニシキソウ	野340
ニシキミヤコグサ	野350
ニシダスゲ	野127
ニシノホンモンジスゲ	山172
ニッコウキスゲ	山138
ニッコウネコノメ	山270
ニッコウハリスゲ	山153
ニッコウヤマオトギリ	山324
ニッポンイヌノヒゲ	野92
ニョイスミレ	野324,山321
ニョホウチドリ	山126
ニラ	野75
ニリンソウ	野235,山237
ニワゼキショウ	野65
ニワホコリ	野167
ニワヤナギ	野253

ヌ

ヌカキビ	野200
ヌカボ	野183,山185
ヌスビトハギ	野364
ヌマガヤ	山198
ヌマガヤツリ	野100
ヌマダイコン	野581
ヌマトラノオ	野414
ヌマハリイ	野122,山179
ヌメリグサ	野199

ネ

ネコジャラシ	野194
ネコノシタ	野572
ネコノメソウ	山267
ネコハギ	野363
ネコヤマヒゴタイ	山561
ネジバナ	野56
ネズミガヤ	山200
ネズミノオ	野185
ネズミノシッポ	野159
ネズミムギ	野154
ネナシカズラ	野446
ネバリタデ	野265

ネバリノギラン	山48
ネビキミヤコグサ	野351
ネムロガヤ	山186
ネムロコウホネ	山17
ネムロシオガマ	山449
ネムロチドリ	山123

ノ

ノアサガオ	野444
ノアザミ	野586,山547
ノアズキ	野373
ノウゴウイチゴ	山340
ノウルシ	野338
ノカラマツ	野238
ノガリヤス	野180,山187
ノカンゾウ	野67
ノギラン	山49
ノゲイトウ	野283
ノゲイヌムギ	野156
ノゲシ	野612
ノコギリソウ	山498
ノコンギク	野542,山514
ノササゲ	野373
ノジギク	野514
ノジスミレ	野329
ノジトラノオ	野413
ノシラン	野85
ノダイオウ	山254
ノダケ	野493,山470
ノタヌキモ	山486
ノヂシャ	野504
ノチドメ	野489
ノッポロガンクビソウ	山524
ノテンツキ	野118
ノニガナ	野608
ノハナショウブ	野63,山134
ノハラアザミ	野586,山548
ノハラナデシコ	野278
ノビエ	野206
ノビネチドリ	山125
ノヒメユリ	山76
ノビル	野76
ノブキ	野567,山529
ノブドウ	野306
ノボロギク	野565
ノマメ	野375
ノミノツヅリ	野274
ノミノフスマ	野277
ノヤマノトンボソウ	野60
ノラニンジン	野500
ノリクラアザミ	山556

ハ

バアソブ	野509
バイカイカリソウ	山208
バイカオウレン	山228
バイカモ	山235

653

バイケイソウ	山60	ハバヤマボクチ	野592
ハイコヌカグサ	野183	ハマアオスゲ	野134
ハイニシキソウ	野340	ハマアカザ	野289
ハイヌメリ	野199	ハマアザミ	野587
ハイヌメリグサ	野199	ハマアズキ	野376
ハイメドハギ	野362	ハマイチョウ	野605
ハエドクソウ	野468	ハマウツボ	野470
ハエトリソウ	野468	ハマウド	野492
ハガクレツリフネ	山367	ハマエノコロ	野195
バカナス	野437	ハマエンドウ	野371
ハキダメギク	野571	ハマオモト	野73
ハクサンオミナエシ	山479	ハマカキラン	野58
ハクサンスゲ	山156	ハマガヤ	野172
ハクサンハタザオ	山361	ハマカンギク	野520, 山496
ハクサンフウロ	山295	ハマカンゾウ	野67
ハクバブシ	山214	ハマギク	野526
ハグロスミレ	山333	ハマグルマ	野572
ハグロソウ	野450, 山414	ハマゴボウ	野587
ハコネギク	山517	ハマサジ	野252
ハコネシロカネソウ	山225	ハマシオン	野546
ハコネラン	山102	ハマスゲ	野100
ハコベ	野276	ハマススキ	野208
ハコベホオズキ	野440	ハマゼリ	野495
ハゴロモモ	野16	ハマダイコン	野406
ハシカグサ	野427	ハマツメクサ	野272
ハシリドコロ	山410	ハマナタマメ	野371
ハス	野17	ハマナデシコ	野279
ハダカホオズキ	野406	ハマニガナ	野605
ハタガヤ	野115	ハマニンジン	野495
ハタザオ	野403	ハマニンニク	野155
ハチオウジアザミ	野589	ハマネナシカズラ	野447
ハチジョウススキ	野211	ハマハコベ	野274
ハチジョウソウ	野492	ハマハタザオ	野403
ハチジョウナ	野613	ハマビシ	野320
パチパチグサ	野484	ハマヒルガオ	野441
ハッカ	野452	ハマベノギク	野539
ハトムギ	野225	ハマベンケイソウ	野420
ハナアオイ	野409	ハマボウフウ	野494
ハナイカリ	山397	ハマボッス	野415
ハナイバナ	野418	ハママツナ	野290
ハナウド	野490, 山478	ハマミチヤナギ	野253
ハナカズラ	山211	ハマユウ	野73
ハナグワイ	野32	ハマヨモギ	野530
ハナシノブ	山368	バランギボウシ	山148
ハナゼキショウ	山47	ハリイ	野121
ハナタデ	野263	ハリガネスゲ	山154
ハナチダケサシ	山282	ハリベンチャルメルソウ	山279
ハナニガナ	野604	ハルオミナエシ	山481
ハナネコノメ	山273	ハルガヤ	野175
ハナビガヤ	山196	ハルカラマツ	山230
ハナゼキショウ	山95	ハルザキヤマガラシ	山362
ハナヒリグサ	野532	ハルジオン	野549
ハナマガリスゲ	山168	ハルジョオン	野549
ハナミョウガ	野230	ハルタデ	野262
ハナヤエムグラ	野428	ハルトラノオ	山254
ハネガヤ	山189	ハルナユキザサ	山144
ハハコグサ	野558	ハルノノゲシ	野612

ハルユキノシタ	野297,山287
ハルリンドウ	山393
バレンシバ	野192
ハンカイシオガマ	山450
ハンカイソウ	山531
ハンゲ	野28
ハンゲショウ	野18
ハンゴンソウ	山527
ハンショウヅル	野241,山244
バンジンガンクビソウ	山526

ヒ

ヒイラギソウ	山416
ヒエ	野207
ヒエガエリ	野184
ヒエスゲ	山177
ヒオウギ	山137
ヒオウギアヤメ	山132
ヒカゲイノコズチ	野284
ヒカゲシラスゲ	山170
ヒカゲスゲ	野137
ヒカゲスミレ	野332
ヒカゲヒメジソ	野460
ヒガンバナ	野68
ヒキノカサ	野232
ヒキヨモギ	野472
ヒゲシバ	野185
ヒゲスゲ	野136
ヒゲナガスズメノチャヒキ	野157
ヒゲネワチガイソウ	山261
ヒゴイカリソウ	山206
ヒゴクサ	野142
ヒゴシオン	山513
ヒゴスミレ	山309
ヒゴタイ	山565
ヒシ	野311
ヒダカエンレイソウ	山58
ヒダカミセバヤ	山290
ヒダボタン	山269
ヒツジグサ	山16
ヒデリコ	野120
ヒトツバエゾスミレ	山309
ヒトツバショウマ	山283
ヒトツバテンナンショウ	山45
ヒトツボクロ	山102
ヒトモトススキ	野108
ヒトリシズカ	野22,山32
ヒナガヤツリ	野104
ヒナギキョウ	野506
ヒナゲシ	野245
ヒナシャジン	山486
ヒナスゲ	山154
ヒナスミレ	山313
ヒナタイノコズチ	野284
ヒナノウスツボ	山413
ヒナノカンザシ	野379
ヒナノキンチャク	野378,山335
ヒナノシャクジョウ	山50
ヒナヒゴタイ	山559
ヒナワチガイソウ	山260
ひのもと	野47
ヒメアカバナ	山305
ヒメアギスミレ	山322
ヒメアザミ	山550
ヒメアシボソ	野218
ヒメアブラススキ	野215
ヒメイカリソウ	山207
ヒメイズイ	野82,山147
ヒメイチゲ	山238
ヒメイワギボウシ	山150
ヒメウズ	野236
ヒメウマノアシガタ	山234
ヒメウラシマソウ	山39
ヒメウワバミソウ	山353
ヒメオドリコソウ	野455
ヒメカイウ	山37
ヒメガマ	野88
ヒメカリマタガヤ	野218
ヒメカンアオイ	山30
ヒメガンクビソウ	山525
ヒメカンスゲ	野133
ヒメキクタビラコ	山535
ヒメキンミズヒキ	山342
ヒメクグ	野105
ヒメクズ	野373
ヒメゴウソ	山160
ヒメコバンソウ	野170
ヒメゴヨウイチゴ	山336
ヒメサユリ	山74
ヒメシオン	野540
ヒメジソ	野460
ヒメシャガ	野64,山136
ヒメジョオン	野548
ヒメシラスゲ	山169
ヒメシロネ	野462,山429
ヒメスイバ	野266
ヒメスゲ	山178
ヒメスミレ	野328,山315
ヒメスミレサイシン	野334
ヒメセンナリホオズキ	野438
ヒメタガソデソウ	山260
ヒメタケシマラン	山67
ヒメタマスゲ	山153
ヒメチドメ	野488
ヒメテキリスゲ	山158
ヒメテンツキ	野119
ヒメテンナンショウ	山44
ヒメドコロ	野40
ヒメトラノオ	山455
ヒメナエ	野432
ヒメナミキ	野465,山419
ヒメニラ	野75
ヒメノガリヤス	野180,山186
ヒメノダケ	山471

ヒメハギ	野378,山335	ヒロハユキザサ	山145
ヒメハッカ	野453	ヒンジガヤツリ	野108
ヒメヒオウギズイセン	野64	ビンボウカズラ	野305
ヒメヒカゲスゲ	野137		
ヒメヒゴタイ	山559		

フ

ヒメヒラテンツキ	野119	フウチソウ	山198
ヒメフウロ	山300	フウラン	野55
ヒメフタバラン	山109	フウロケマン	山251
ヒメヘビイチゴ	山337	フキ	野566
ヒメホタルイ	野112	フキノトウ	野566
ヒメマイヅルソウ	山143	フキヤミツバ	山464
ヒメミカンソウ	野343	フキユキノシタ	山286
ヒメミソハギ	野309	フギレオオバキスミレ	山310
ヒメムカシヨモギ	野550	フギレキスミレ	山311
ヒメムヨウラン	山108	フクオウソウ	山566
ヒメヤブラン	野83	フクシマシャジン	山487
ヒメユリ	山76	フクジュソウ	山236
ヒメヨツバムグラ	野424	フクド	野530
ヒメレンゲ	山293	フサジュンサイ	野16
ヒメワタスゲ	山183	フジアザミ	山544
ヒュウガギボウシ	山149	フシグロ	野281
ヒュウガナベワリ	山55	フシグロセンノウ	山256
ヒヨクソウ	山457	フシダカフウロ	山301
ヒヨコグサ	野276	フジテンニンソウ	山433
ヒヨドリジョウゴ	山408	フジナデシコ	野279
ヒヨドリバナ	山542	フシネハナカタバミ	野346
ヒラギシスゲ	山163	フジバカマ	野580,山493
ヒラテンツキ	野118	フジハタザオ	山360
ヒルガオ	野442	ブタクサ	野584
ヒルザキツキミソウ	野318	ブタクサモドキ	野584
ヒルナ	野36	ブタナ	野600
ヒルムシロ	野36	フタバアオイ	山20,31
ヒレアザミ	野591	フタバハギ	野367
ピレオギク	野519	フタバムグラ	野426
ヒレタゴボウ	野313	フタリシズカ	野22,山32
ビロードスゲ	野148	フッキソウ	野249
ビロードタツナミ	野466	フデクサ	野125
ビロードテンツキ	野118	フデリンドウ	野430,山393
ビロードモウズイカ	野449	フトイ	野114
ビロードラン	山106	フトボナギナタコウジュ	野458
ヒロハアマナ	野48	フナバラソウ	山402
ヒロハイヌノヒゲ	野92	フモトスミレ	野334,山314
ヒロハウシノケグサ	野158	フユアオイ	野409
ヒロハギシギシ	野268	フラサバソウ	野481
ヒロハクサフジ	野369		

ヘ

ヒロハコンロンソウ	山358	ヘクソカズラ	野429
ヒロバスゲ	山177	ヘツカリンドウ	山397
ヒロハタンポポ	野598	ベニカヤラン	山96
ヒロハテンナンショウ	山44	ベニカンゾウ	野67
ヒロハトラノオ	山454	ベニシュスラン	山107
ヒロハノカワラサイコ	野381	ベニタイゲキ	野339
ヒロハノコウガイゼキショウ	野94	ベニバナイチヤクソウ	山379
ヒロハノドジョウツナギ	山195	ベニバナオオケタデ	野260
ヒロハノヒトツバヨモギ	山497	ベニバナボロギク	野568
ヒロハヒメイチゲ	山239	ベニバナヤマシャクヤク	山266
ヒロハホウキギク	野547	ヘビイチゴ	野383
ヒロハヤマヨモギ	山497		

ヘラオオバコ	野478
ヘラオモダカ	野30
ヘラバヒメジョオン	野548
ベンケイソウ	山291
ペンペングサ	野401

ホ

ホウキギ	野291
ホウキギク	野547
ボウシバナ	野226
ホウチャクソウ	野52,山87
ホウチャクチゴユリ	山87
ホオコグサ	野558
ホオズキ	野438
ホガエリガヤ	山196
ホクチアザミ	山560
ホクリクネコノメ	山268
ホクロ	野54,山88
ホコガタアカザ	野289
ホザキイチヨウラン	山101
ホザキノツキヌキソウ	山482
ホザキノミミカキグサ	野487
ホシアサガオ	野445
ホシクサ	野90
ホソアオゲイトウ	野282
ホソイ	野96
ホソエノアザミ	山552
ホソネズミムギ	野155
ホソバイラクサ	山348
ホソバオグルマ	山520
ホソバガンクビソウ	山525
ホソバカンスゲ	山176
ホソバコゴメグサ	山444
ホソバコンギク	山514
ホソバシュロソウ	野41,山62
ホソバテンナンショウ	野27,山46
ホソバドジョウツナギ	山195
ホソバナコバイモ	山71
ホソバノアマナ	山68
ホソバノギク	山512
ホソバノキソチドリ	山119
ホソバノキリンソウ	山292
ホソバノコウガイゼキショウ	野95
ホソバノセイタカギク	野527
ホソバノツルリンドウ	山396
ホソバノヤマハハコ	山521
ホソバノヨツバムグラ	野425
ホソバハグマ	山535
ホソバハマアカザ	野289
ホソバヒカゲスゲ	野137
ホソバヒメトラノオ	山455
ホソバヒメミソハギ	野309
ホソバヤマブキソウ	野246
ホソバワダン	野602
ホソムギ	野154
ホタルイ	野112
ホタルカズラ	山383
ホタルサイコ	山465
ホタルブクロ	野507,山485
ボタンヅル	野239
ボタンネコノメソウ	山269
ボタンボウフウ	野494
ホッスガヤ	野178,山186
ホップ	山345
ホップツメクサ	野354
ホテイアオイ	野229
ホテイラン	山104
ホド	山334
ホドイモ	山334
ホトケノザ	野455
ホトトギス	野50,山80
ボロギク	山528
ホロムイスゲ	山160
ホンタデ	野265
ボンテンカ	野408
ボントクタデ	野264
ホンモンジスゲ	山172

マ

マアザミ	野590,山548
マイヅルソウ	山143
マイヅルテンナンショウ	山39
マオ	野388
マカラスムギ	野152
マキノスミレ	野333
マコモ	野177
マスクサ	野126
マスクサ	野98
マスクサスゲ	野126
マタデ	野265
マツカサススキ	野109
マツカゼソウ	山363
マツナ	野290
マツバイ	野122
マツバスゲ	野149
マツマエスゲ	山177
マツムシソウ	山483
マツモトセンノウ	山256
マツヨイグサ	野317
マツラン	山96
マネキグサ	山425
マノセカワゴケソウ	山328
ママコナ	山442
ママコノシリヌグイ	野256
マムシグサ	野26,山42
マメカミツレ	野533
マメグンバイナズナ	野402
マメスゲ	山171
マメダオシ	野447
マメヅタラン	山95
マヤラン	山89
マルスゲ	野114
マルバアカソ	野390
マルバアサガオ	野444

マルバイノコヅチ	野285
マルバウマノスズクサ	山19
マルバエゾニュウ	山475
マルバキンレイカ	山480
マルバクワガタ	山457
マルバケスミレ	山318
マルバコンロンソウ	山357
マルバスミレ	野332
マルバダケブキ	山532
マルバチャルメルソウ	山277
マルバヌスビトハギ	野364
マルバネコノメソウ	山271
マルバノイチヤクソウ	山378
マルバノホロシ	山409
マルバハッカ	野453
マルバフジバカマ	野580
マルバマンネングサ	山294
マルバヤハズソウ	野361
マルバルコウ	野445
マルミカンアオイ	山25
マルミノウルシ	野339
マルミノヤマゴボウ	野295
マンジュシャゲ	野68
マンセンカラマツソウ	山230
マンテマ	野280

ミ

ミカヅキグサ	山179
ミカワシオガマ	山447
ミカワチャルメルソウ	山280
ミカワバイケイソウ	山60
ミクリ	野86
ミクリスゲ	野148
ミコシガヤ	野126
ミコシギク	野527
ミコシグサ	野307
ミサヤマチャヒキ	山189
ミシマサイコ	野501
ミシマバイカモ	山235
ミジンコウキクサ	野29
ミズアオイ	野228
ミズオオバコ	野34
ミズオトギリ	野345
ミズガヤツリ	野106
ミズギク	野554
ミズギボウシ	野78
ミズキンバイ	野314
ミズタガラシ	山359
ミズタビラコ	山384
ミズタマソウ	野312,山303
ミズタマソウ	野90
ミズチドリ	山120
ミズトラノオ	野459
ミズトンボ	野61,山122
ミズナ	山353
ミズハコベ	野479
ミズバショウ	山34

ミズハナビ	野104
ミズヒキ	野254
ミズマツバ	野310
ミスミソウ	山243
ミセバヤ	山290
ミゾイチゴツナギ	野160
ミゾカクシ	野510
ミゾガワソウ	山422
ミゾコウジュ	野464
ミゾサデクサ	野255
ミゾソバ	野256
ミソハギ	野308
ミゾホオズキ	山453
ミタケスゲ	山168
ミチシバ	山196
ミチシバ	野169,193
ミチノクエンゴサク	山248
ミチノクネコノメソウ	山268
ミチバタガラシ	野399
ミチヤナギ	野253
ミツガシワ	山494
ミツバ	野497
ミツバオウレン	山228
ミツバコンロンソウ	山358
ミツバゼリ	野497
ミツバツチグリ	野380
ミツバテンナンショウ	山46
ミツバノバイカオウレン	山228
ミツバフウロ	山301
ミツバベンケイソウ	山291
ミツモトソウ	山338
ミドリニリンソウ	山237
ミドリハコベ	野276
ミドリユキザサ	山145
ミナモトソウ	山338
ミノコバイモ	山70
ミノゴメ	野162,181
ミノスゲ	野145
ミノボロ	野151
ミノボロスゲ	山155
ミミカキグサ	野487
ミミガタテンナンショウ	野26
ミミコウモリ	山504
ミミナグサ	野275
ミヤコアオイ	山30
ミヤコアザミ	山563
ミヤコグサ	野350
ミヤマアオスゲ	山174
ミヤマアキノキリンソウ	山568
ミヤマアシボソスゲ	山164
ミヤマアブラススキ	山201
ミヤマイラクサ	山346
ミヤマウズラ	山106
ミヤマウド	山463
ミヤマカタバミ	山330
ミヤマガラシ	山362
ミヤマカラマツ	山232

ミヤマカンスゲ	野132
ミヤマキケマン	山251
ミヤマキスミレ	山311
ミヤマコアザミ	山547
ミヤマコウモリソウ	山503
ミヤマコンギク	山517
ミヤマシウド	山473
ミヤマシラスゲ	野144
ミヤマスミレ	山314
ミヤマタゴボウ	山370
ミヤマタニソバ	山252
ミヤマタニタデ	山304
ミヤマタムラソウ	山426
ミヤマツチトリモチ	山264
ミヤマトウバナ	山430
ミヤマナデシコ	山255
ミヤマナミキ	山419
ミヤマナルコユリ	野81,山146
ミヤマニガウリ	山354
ミヤマネコノメソウ	山271
ミヤマハコベ	山259
ミヤマヒキオコシ	山439
ミヤマママコナ	山443
ミヤマミズ	山351
ミヤマムグラ	山390
ミヤマモジズリ	山125
ミヤマヤブタバコ	山526
ミヤマヨメナ	山508

ム

ムカゴイラクサ	山346
ムカゴソウ	山124
ムカゴツヅリ	山194
ムカゴトンボ	山123
ムカゴニンジン	野498
ムカゴネコノメソウ	山267
ムギクサ	野189
ムギグワイ	野48
ムギラン	山95
ムコナ	野544
ムサシアブミ	野26,山40
ムサシノキスゲ	野67
ムサシワチガイソウ	山260
ムシクサ	野482
ムシトリスミレ	山460
ムシトリナデシコ	野279
ムシャナルコスゲ	野143
ムシャリンドウ	山423
ムツオレガヤツリ	野102
ムツオレグサ	野162
ムヨウラン	山116
ムラサキ	山383
ムラサキウマゴヤシ	野355
ムラサキエノコログサ	野195
ムラサキカタバミ	野346
ムラサキケマン	野247
ムラサキサギゴケ	野469
ムラサキセンブリ	野431,山398
ムラサキタンポポ	野569
ムラサキツメクサ	野352
ムラサキニガナ	野616,山568
ムラサキネズミノオ	野185
ムラサキハナナ	野406
ムラサキフタバラン	山109
ムラサキミズトラノオ	野459
ムラサキミミカキグサ	野487

メ

メアゼテンツキ	野117
メイジソウ	野550
メウマノチャヒキ	野157
メガルカヤ	野217
メキシコマンネングサ	野300
メグサ	野452
メシバ	野204
メタカラコウ	山530
メドハギ	野362
メナモミ	野570
メノマンネングサ	山293
メハジキ	野457
メヒシバ	野204
メマツヨイグサ	野317
メヤブマオ	野391
メリケンカルカヤ	野217

モ

モイワシャジン	山487
モウセンゴケ	野250,山262
モエギスゲ	野131
モジズリ	野56
モミジガサ	山501
モミジカラスウリ	山354
モミジコウモリ	山507
モミジタマブキ	山503
モミジチャルメルソウ	山278
モミジドコロ	山53
モミジハグマ	山537
モミジバショウマ	山283
モミジバセンダイソウ	山289
モモイロキランソウ	野463
モリアザミ	山549
モリイチゴ	山340
モロコシ	野225
モロコシソウ	山370

ヤ

ヤイトバナ	野429
ヤエザキイチリンソウ	山237
ヤエムグラ	野423
ヤガミスゲ	野127
ヤガラ	野110
ヤクシソウ	野603
ヤクシマアザミ	山553
ヤクシマウメバチソウ	山306

ヤクシマオトギリ	山326
ヤクシマカラマツ	山232
ヤクシマカワゴロモ	山329
ヤクシマシオガマ	山451
ヤクシマチドリ	山118
ヤクシマツチトリモチ	山265
ヤクシマテンナンショウ	山42
ヤクシマフウロ	山296
ヤクシマママコナ	山443
ヤクシマムグラ	山391
ヤクシマリンドウ	山396
ヤクモソウ	野457
ヤグルマソウ	山284
ヤセウツボ	野470
ヤチカワズスゲ	山157
ヤチスゲ	山164
ヤチマタイカリソウ	山206
ヤツガタケムグラ	山389
ヤッコソウ	野417
ヤツシロソウ	山485
ヤツタカネアザミ	山555
ヤナギアザミ	山549
ヤナギイノコズチ	野285
ヤナギスブタ	野35
ヤナギタデ	野265
ヤナギタンポポ	山565
ヤナギトラノオ	山369
ヤナギノギク	野538
ヤナギバヒメジョオン	野548
ヤナギモ	野36
ヤナギラン	山302
ヤネタビラコ	野601
ヤノネグサ	野258
ヤハズエンドウ	野366
ヤハズキンバイ	野317
ヤハズソウ	野361
ヤハズハハコ	山522
ヤハズヒゴタイ	山563
ヤハズマンネングサ	山294
ヤバネハハコ	山522
ヤブエンゴサク	野248,山248
ヤブカラシ	野305
ヤブカンゾウ	野66
ヤブジラミ	野500
ヤブスゲ	野127
ヤブタデ	野263
ヤブタバコ	野560
ヤブタビラコ	野611
ヤブツルアズキ	野376
ヤブニンジン	野499
ヤブヘビイチゴ	野383
ヤブマオ	野390
ヤブマメ	野374
ヤブミョウガ	野227
ヤブムグラ	野423
ヤブラン	野83
ヤブレガサ	山500
ヤブレガサモドキ	山500
ヤマアイ	山323
ヤマアザミ	山553
ヤマアゼスゲ	山158
ヤマアブラガヤ	山182
ヤマアワ	野179,山185
ヤマイ	野116
ヤマイワカガミ	山377
ヤマウツボ	山452
ヤマエンゴサク	野248,山248
ヤマオオイトスゲ	山173
ヤマオダマキ	山220
ヤマカモジグサ	野153,山191
ヤマガラシ	山362
ヤマキケマン	山250
ヤマキツネノボタン	山234
ヤマクワガタ	山456
ヤマゴボウ	野295
ヤマサギソウ	山118
ヤマジオウ	山425
ヤマジソ	山432
ヤマジノギク	野538,山510
ヤマジノホトトギス	野51,山81
ヤマシャクヤク	山266
ヤマシロギク	野543,山516
ヤマシロネコノメ	山272
ヤマスズメノヒエ	野97,山152
ヤマスズメノヤリ	野97
ヤマゼリ	野499,山468
ヤマタイミンガサ	山507
ヤマタツナミソウ	山419
ヤマタバコ	山531
ヤマチドメ	野489,山461
ヤマデラボウズ	山264
ヤマトウバナ	山431
ヤマトキソウ	山116
ヤマトキホコリ	山352
ヤマトグサ	山386
ヤマトテンナンショウ	山46
ヤマトボシガラ	山194
ヤマトユキザサ	山145
ヤマトリカブト	野236,山212
ヤマニガナ	野616,山567
ヤマヌカボ	山184
ヤマネコノメソウ	山275
ヤマノイモ	野37,山52
ヤマノカミノシャクジョウ	山114
ヤマノコギリソウ	山498
ヤマハギ	山493
ヤマハタザオ	山360
ヤマハッカ	野454,山436
ヤマハナソウ	山286
ヤマハハコ	野557,山521
ヤマヒヨドリバナ	山543
ヤマブキショウマ	山344
ヤマブキソウ	野246,山251
ヤマホオズキ	山406

ヤマホタルブクロ ············· 野507,山485
ヤマホトトギス ················· 野51,山80
ヤマホロシ ···························· 山408
ヤマミズ ······························· 山351
ヤマムグラ ···························· 山390
ヤマユリ ························· 野45,山75
ヤマヨモギ ···························· 山497
ヤマラッキョウ ························ 山142
ヤマルリソウ ··························· 野418
ヤマルリトラノオ ······················ 山454
ヤラメスゲ ···························· 山160
ヤリクサ ······························· 野186
ヤリテンツキ ··························· 野120
ヤワタソウ ···························· 山285
ヤワラスゲ ···························· 野140

ユ

ユウガギク ···························· 野536
ユウゲショウ ··························· 野319
ユウコクラン ··························· 山100
ユウシュンラン ························ 山113
ユウスゲ ······························· 山140
ユウレイタケ ··························· 山382
ユキグニハリスゲ ····················· 山153
ユキザサ ······························· 山144
ユキノシタ ····················· 野297,山287
ユキミギク ···························· 野564
ユキミソウ ···························· 野464
ユキミバナ ···························· 山415
ユキモチソウ ··························· 山41
ユキワリイチゲ ························ 山241
ユメノシマガヤツリ ···················· 野105
ユモトマムシグサ ······················ 山40
ユリワサビ ···························· 山356

ヨ

ヨウシュチョウセンアサガオ ········ 野440
ヨウシュヤマゴボウ ··················· 野295
ヨウラクラン ··························· 山102
ヨゴレネコノメ ························ 山271
ヨシ ···································· 野164
ヨシタケ ······························· 野166
ヨシノアザミ ··············· 野589,山554
ヨシノシズカ ···················· 野22,山32
ヨツバハコベ ··························· 野274
ヨツバヒヨドリ ························ 山542
ヨツバムグラ ··························· 野424
ヨブスマソウ ··························· 山505
ヨメナ ································· 野534
ヨモギ ································· 野528

ラ

ライムギ ······························· 野189
ラショウモンカズラ ··················· 山423
ラセイタソウ ··························· 野389
ラセンソウ ···························· 山363
ランヨウアオイ ······················ 山27,31

リ

リュウキンカ ··························· 山221
リュウノウギク ················ 野517,山495
リュウノヒゲ ··························· 野85
リンドウ ························ 野430,山394
リンネソウ ···························· 山484

ル

ルイヨウショウマ ······················ 山219
ルイヨウボタン ························ 山210
ルコウソウ ···························· 野445
ルリシャクジョウ ······················ 山51
ルリソウ ······························· 山385
ルリトラノオ ··························· 山455
ルリニワゼキショウ ··················· 野65
ルリハコベ ···························· 野416

レ

レイジンソウ ··························· 山216
レブンアツモリソウ ··················· 山130
レブンコザクラ ························ 山372
レモンエゴマ ··························· 山431
レンゲショウマ ························ 山217
レンゲソウ ···························· 野348
レンプクソウ ··························· 野502
レンリソウ ····················· 野370,山333

ワ

ワカサハマギク ························ 野517
ワサビ ································· 山355
ワジキギク ···························· 野518
ワスレナグサ ··························· 野419
ワセオバナ ···························· 野208
ワタスゲ ······························· 山180
ワダソウ ······················ 野274,山261
ワタナベソウ ··························· 山285
ワダン ································· 野602
ワチガイソウ ··························· 山260
ワニグチソウ ·················· 野82,山146
ワルナスビ ···························· 野436
ワレモコウ ···························· 野385

参考文献

大井次三郎著
『日本植物誌』顕花篇　改訂増補新版

大井次三郎著・北川政夫改訂
『新日本植物誌』顕花篇

北村四郎ほか共著
『原色日本植物図鑑』草本編Ⅰ～Ⅲ

佐竹義輔ほか編
『日本の野生植物』草本Ⅰ～Ⅲ

牧野富太郎著『牧野新日本植物図鑑』

奥山春季著　新訂増補
『原色日本植物外植物図譜』1～3

奥山春季編『寺崎日本植物図鑑』

原寛著『日本種子植物集覧』1～3

長田武正著『原色日本帰化植物図鑑』

長田武正著『日本帰化植物図鑑』

長田武正著 検索入門『野草図鑑』1～8

長田武正著『原色野草観察検索図鑑』

木村康一・木村孟淳共著
『原色日本薬用植物図鑑』

北村四郎・本田正次ほか監修
週刊朝日百科『世界の植物』1～120

橋本保著『日本のスミレ』

井波一雄著『日本スミレ図譜』

浜栄助著『原色日本のスミレ』

吉川純幹著
『日本スゲ属植物図譜』1～3

桑原義晴著
『日本イネ科植物生態図譜』1～4

沼田真也著『日本原色雑草図鑑』

浅井康宏編
『江東区の野草』『続江東区の野草』

家永善文ほか共著『図解植物観察事典』

石戸忠著『目で見る植物用語集』

堀田満編『植物の生活誌』

田中肇著『花と昆虫』

阪本寧男著『雑穀のきた道』
──ユーラシア民族植物誌から

田中孝治著
カラー版ホーム園芸『薬になる植物百科』

深津正著
『植物和名語源新考』『植物和名の語源』

前川文夫著『植物の名前の話』

中村浩著『植物名の由来』

木村陽二郎著『図説草木辞苑』

大場秀章編著『植物分類表』

米倉浩司・梶田忠(2003-)「BG Plants 和名－学名インデックス」(YList), http://bean.bio.chiba-u.jp/bgplants/ylist_main.html

取材協力者一覧

新井二郎　伊沢達也　稲垣典年　大野隼夫　小渕伸司　大森雄治　酒井藤夫・啓子　佐久間裕子　野津大　蓮見和子　藤井猛　渡辺重行　渡辺ヨシノ

あとがき

解説／畔上能力

　この本の特徴のひとつは，ロングの生態写真のほか，部分の超アップ写真を加えて，ひとつの種類を多角的に紹介したことである。イラストでは表現しきれなかった質感や，微細な部分の構造をお伝えできるのは望外の成果だと思う。

　以前，平野氏がガマの穂を手に訪ねてきたことがある。ガマの雌花穂をレンズを通して観察していたら，雌しべがかすかに動くという。そんなはずはないと思いながらも，じっと見ていると，たしかにザワザワと動く。これはおもしろい，と資料をあれこれ調べてみたが，そのような記述はどこにもない。新発見か！　何が原因かとルーペでたんねんにのぞいてみたら，なんと2㍉足らずの透明な蛆がたくさんはいまわっていた。ときにはこんな失敗もあったが，ふだん見慣れている植物でも，超アップで見ると今まで気づかなかった微小な世界の生態や美しさが垣間見えて非常に楽しかった。読者の方々にもこの本で，そんな植物の楽しみ方を知っていただければと思う。

解説／菱山忠三郎

　平野氏の撮影にはよく同行させてもらい，いろんなところをまわり，それぞれの地の植物を見ることができた。新しい土地をたずねること，めずらしい植物，初めてのものに会える喜びも格別だった。車の中での会話も楽しかった。

　平野氏の真摯な撮影姿勢にはいつも敬服させられた。適当な株を見つけると，しばらく考えてから撮影にかかる。ロングの写真をひとわたり撮影し終えるとおもむろに超アップの撮影にとりかかる。リングフラッシュをつけた超アップ用カメラのことを私たちは"パカ"と呼んだ。ピントがあったところでシャッターを押すと，レンズの前に取りつけたリングフラッシュが"パカッ"と光るからである。彼がパカパカ，パカパカやっているのを，自分の写真を撮り終えてしまった私たちは，しんぼうづよく待っていた。そしてついに彼のことを，彼の名前の隆久をもじって，"パカヒサ"と呼ぶようになってしまった。最近は比較的簡単に接写できるカメラがいろいろあるが，初版本のころはこれが画期的なものだったのかとも思う。私たちもまだ若く，いわば珍道中でもあり，思い出深い撮影行だった。

解説／西田尚道

　初版の20数年前，恩師・林弥栄先生からこの本の一部をやってみないかとのお誘いがあったとき，不安に思いながら引き受けました。そして，先生に出来た原稿をチェックして頂きましたところ，ほぼ，全頁真っ赤に訂正されていました。そのようにお世話になった林先生が亡くなられてはや20数年，いまだに山野で分からない植物に合う度に「林先生がその曲がり角から出てきてくれないかなあ」と全く進歩ない私です。

　今回は門田先生に大変お世話になりました。そして，山と渓谷社の本間様をはじめ多くの皆様にお世話になりました。併せて初版の川畑様，故・小堀様に感謝する次第です。この本が多くの植物愛好家の方々にご支援頂けることを願っています。

著者紹介

初版監修　林　弥栄（はやしやさか）
農林省・林野庁に35年間勤務し，その間全国の植物を調査研究。日本林学賞，日本造園学会賞を受賞。元農林省林業試験場浅川実験林林長，元東京農業大学専任教授。理学博士。1991年4月23日死去。

改訂版監修　門田裕一（かどたゆういち）
1949年大阪府生まれ。東京大学大学院理学系研究科植物学専攻修士課程修了。専門分野は顕花植物の分類・地理学的研究。国立科学博物館植物研究部の研究官，主任研究官，室長を経て2006年より研究主幹。理学博士。

写真　平野隆久（ひらのたかひさ）
1946年東京都生まれ。東京経済大学卒業。在学中から，昆虫写真家浜野栄次氏に師事し，自然の持つ美しさにひかれる。その後，植物写真を中心に撮影を続け，幼児雑誌，図鑑等に作品を発表している。現在，朝日カルチャーセンター講師。

解説　畔上能力（あぜがみちから）
1933年東京都生まれ。東京経済大学卒業。子供のころから自然に親しむ。東京都公園審議会委員，東京都自然環境保全審議会委員を経て，現在，㈳日本植物友の会理事，多摩市・稲城市文化財保護審議会委員，朝日カルチャーセンター(新宿)講師など幅広い活動を続けている。

解説　菱山忠三郎（ひしやまちゅうざぶろう）
1936年東京都生まれ。成蹊大学，東京農工大学卒業。八王子高校講師などを経て，現在林業を広く営むかたわら，植物の研究を続けている。朝日カルチャーセンター(立川)講師として，その絶妙なユーモア感覚にあふれた講義が好評を博している。

解説　西田尚道（にしだなおみち）
1938年東京都生まれ。東京農工大学林学科卒業。東京都公園緑地部の神代植物公園などに勤務の後，木場公園など東京都公園協会を経て，現在，練馬区花とみどりの相談所相談員，朝日カルチャーセンター（立川）講師，日本花の会サクラアドバイザー。「生涯サクラ馬鹿」。サクラをはじめ全ての植物に興味を持つ。

解説協力　植村修二・内野秀重
写真提供　畔上能力・内野秀重・梅澤　俊・門田裕一・木原　浩・北村　治・酒井藤夫・多田多恵子・冨成忠夫・長石ゆり・永田芳男
初版デザイン／中野達彦　初版編集／川畑博高・小堀民恵　初版イラスト／石川美枝子
改訂版デザイン／株式会社DNPメディア・アート　野本　渉・砂坪将司　改訂版編集／本間二郎・井澤健輔・草柳佳昭　改訂版編集協力／㈲オフィス・ユウ（田中幸子、佐藤壮太）、香取建介

■本書は1989年10月に発行した『山溪ハンディ図鑑1 野に咲く花』を、大幅に増補改訂したものです。

山溪ハンディ図鑑1　野に咲く花　増補改訂新版

2013年3月30日　初版第1刷発行
2019年8月 1日　初版第4刷発行

監修──林　弥栄　改訂版監修──門田裕一　写真──平野隆久
発行人──川崎深雪
発行所──株式会社　山と溪谷社
住　所──〒101-0051　東京都千代田区神田神保町1丁目105番地
　　　　　http://www.yamakei.co.jp/
印刷・製本──大日本印刷株式会社

- 乱丁・落丁のお問合せ先
  山と溪谷社自動応答サービス　TEL 03-6837-5018
  受付時間／10:00-12:00、13:00-17:30（土日、祝日を除く）
- 内容に関するお問合せ先
  山と溪谷社　TEL 03-6744-1900　（代表）
- 書店・取次様からのお問合せ先
  山と溪谷社受注センター　TEL 03-6744-1919　FAX 03-6744-1927

ISBN978-4-635-07019-5

Copyright©2013 Yama-Kei Publishers Co.,Ltd. All rights reserved.
Printed in Japan

＊定価はカバーに表示してあります。
＊本書の一部あるいは全部を無断で複写・転写することは著作権者および発行所の権利の侵害となります。
　あらかじめ小社までご連絡ください。